#홈스쿨링
#교과서_완벽반영

우등생
수학

Chunjae
Makes
Chunjae

▼

[우등생] 초등 수학 4-1

기획총괄 김안나
편집/개발 김현주
디자인총괄 김희정
표지디자인 윤순미, 여화경
내지디자인 박희춘
내지이미지 ma_nud_sen/shutterstock.com
제작 황성진, 조규영

발행일 2024년 9월 15일 개정초판 2024년 9월 15일 1쇄
발행인 (주)천재교육
주소 서울시 금천구 가산로9길 54
신고번호 제2001-000018호
고객센터 1577-0902

※ 정답 분실 시에는 천재교육 홈페이지에서 내려받으세요.
※ KC 마크는 이 제품이 공통안전기준에 적합하였음을 의미합니다.
※ 주의
책 모서리에 다칠 수 있으니 주의하시기 바랍니다.
부주의로 인한 사고의 경우 책임지지 않습니다.
8세 미만의 어린이는 부모님의 관리가 필요합니다.

우등생 홈스쿨링

학년, 학기 선택

메뉴

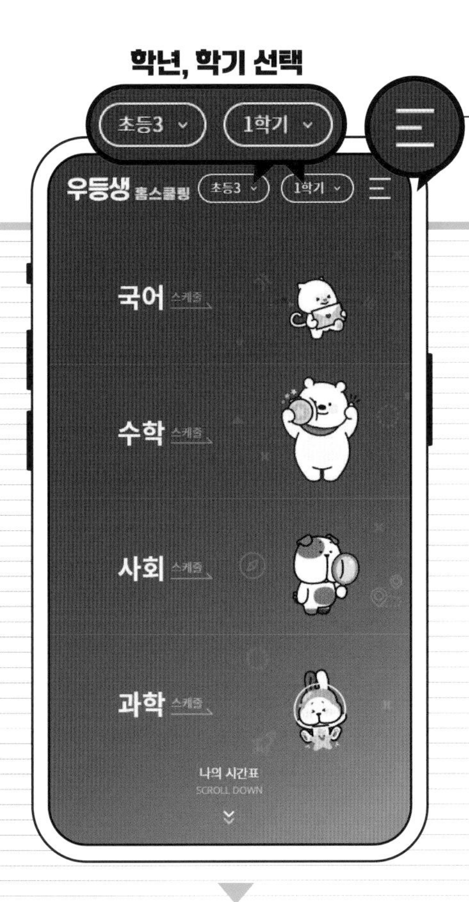

★

수학

스케줄표

온라인 학습

개념강의

문제풀이

단원 성취도 평가

학습자료실

학습 만화

문제 생성기

학습 게임

서술형+수행평가

정답

검정 교과서 자료

★ **과목별 스케줄표와 통합 스케줄표를 이용할 수 있어요.**

통합 스케줄표

우등생 국어, 수학, 사회, 과학 과목이 함께 있는 12주 스케줄표

★ **교재의 날개 부분에 있는 「진도 완료 체크」 QR코드를 스캔하면 온라인 스케줄표에 자동으로 체크돼요.**

22개정 검정 교과서 학습 구성 &

우등생 수학 단원 구성 안내

영역	핵심 개념	3~4학년군 검정교과서 내용 요소	우등생 수학 단원 구성
수와 연산	수	- 다섯 자리 이상의 수 - 분수 - 소수	(3-1) 6. 분수와 소수 (3-2) 4. 분수 (4-1) 1. 큰 수
	사칙 계산	- 세 자리 수의 덧셈과 뺄셈 - 자연수의 곱셈과 나눗셈 - 분모가 같은 분수의 덧셈과 뺄셈 - 소수의 덧셈과 뺄셈	(3-1) 1. 덧셈과 뺄셈 (3-1) 3. 나눗셈 (3-1) 4. 곱셈 (3-2) 1. 곱셈 (3-2) 2. 나눗셈 (4-1) 3. 곱셈과 나눗셈 (4-2) 1. 분수의 덧셈과 뺄셈 (4-2) 3. 소수의 덧셈과 뺄셈
도형과 측정	평면도형	- 도형의 기초 - 원의 구성 요소 - 여러 가지 삼각형 - 여러 가지 사각형 - 다각형 - 평면도형의 이동	(3-1) 2. 평면도형 (3-2) 3. 원 (4-1) 4. 평면도형의 이동 (4-2) 2. 삼각형 (4-2) 4. 사각형 (4-2) 6. 다각형
	입체도형		
	양의 측정	- 시각과 시간(초) - 길이(mm, km) - 들이(L, mL) - 무게(kg, g, t) - 각도(°)	(3-1) 5. 길이와 시간 (3-2) 5. 무게와 들이 (4-1) 2. 각도
변화와 관계	규칙성과 관계	- 규칙 - 동치 관계	(4-1) 6. 규칙 찾기
자료와 가능성	자료처리	- 그림그래프 - 막대그래프 - 꺾은선그래프	(3-2) 6. 그림그래프 (4-1) 5. 막대그래프 (4-2) 5. 꺾은선그래프
	가능성		

어떤 교과서를 사용해도 수학 교과 교육과정을 꼼꼼하게 모두 학습할 수 있는 교과 기본서는 우등생 수학!

홈스쿨링 52회 스케줄표

다음의 표는 우등생 수학을 공부하는 데 알맞은 학습 진도표입니다.
본책과 평가 자료집을 52회로 나누어 공부하는 스케줄입니다.

어떤 교과서를 쓰더라도 ALWAYS 우등생 | 수학 4-1

홈스쿨링

오답노트

▶ 동영상 강의

1. 큰 수

1회	2회	3회	4회	5회	6회	7회	8회	9회	10회
1단계	2단계	1단계 2단계	1단계	2단계	3단계	4단계	단원평가	기본+실력	과정중심+창의융합
6~11쪽 ▶	12~13쪽	14~17쪽 ▶	18~21쪽 ▶	22~25쪽	26~29쪽 ▶	30~31쪽 ▶	32~35쪽	평가 자료집 2~6쪽	평가 자료집 7~9쪽
월 일	월 일	월 일	월 일	월 일	월 일	월 일	월 일		

2. 각도

11회	12회	13회	14회	15회	16회	17회	18회
1단계 2단계	1단계 2단계	1단계 2단계	3단계	4단계	단원평가	기본+실력	과정중심+창의융합
36~43쪽 ▶	44~49쪽 ▶	50~55쪽 ▶	56~59쪽 ▶	60~61쪽 ▶	62~65쪽	평가 자료집 10~14쪽	평가 자료집 15~17쪽
월 일	월 일	월 일	월 일	월 일	월 일	월 일	월 일

3. 곱셈과 나눗셈

19회	20회	21회	22회	23회	24회	25회	26회	27회
1단계	2단계	1단계	2단계	3단계	4단계	단원평가	기본+실력	과정중심+창의융합
66~71쪽 ▶	72~73쪽	74~77쪽 ▶	78~79쪽	80~83쪽 ▶	84~85쪽 ▶	86~89쪽	평가 자료집 18~22쪽	평가 자료집 23~25쪽
월 일	월 일	월 일	월 일	월 일	월 일	월 일	월 일	

4. 평면도형의 이동

28회	29회	30회	31회	32회	33회	34회	35회	36회
1단계 2단계	1단계 2단계	1단계 2단계	1단계 2단계	3단계	4단계	단원평가	기본+실력	과정중심+창의융합
90~95쪽 ▶	96~97쪽 ▶	98~101쪽 ▶	102~105쪽 ▶	106~109쪽 ▶	110~111쪽 ▶	112~115쪽	평가 자료집 26~30쪽	평가 자료집 31~33쪽
월 일	월 일	월 일	월 일	월 일	월 일	월 일	월 일	월 일

5. 막대그래프

37회	38회	39회	40회	41회	42회	43회
1단계 2단계	1단계 2단계	3단계	4단계	단원평가	기본+실력	과정중심+창의융합
116~123쪽 ▶	124~129쪽 ▶	130~133쪽 ▶	134~135쪽 ▶	136~139쪽	평가 자료집 34~38쪽	평가 자료집 39~41쪽
월 일	월 일	월 일	월 일	월 일	월 일	월 일

6. 규칙 찾기

44회	45회	46회	47회	48회	49회	50회	51회	52회
1단계	2단계	1단계	1단계 2단계	3단계	4단계	단원평가	기본+실력	과정중심
140~145쪽 ▶	146~149쪽	150~153쪽 ▶	154~157쪽 ▶	158~161쪽 ▶	162~163쪽 ▶	164~167쪽	평가 자료집 42~46쪽	평가 자료집 47~48쪽
월 일	월 일	월 일	월 일	월 일	월 일	월 일	월 일	월 일

홈스쿨링 40회 스케줄표

다음의 표는 우등생 수학을 공부하는 데 알맞은 학습 진도표입니다.
본책을 40회로 나누어 공부하는 스케줄입니다. (1주일에 5회씩 공부하면 학습하는 데 8주가 걸립니다.)
시험 대비 기간에는 평가 자료집을 사용하시면 좋습니다.

어떤 **교과서**를 쓰더라도 **ALWAYS 우등생** | 수학 4·1

홈스쿨링

오답노트

동영상 강의

1. 큰 수								2. 각도	
1회 1단계	2회 2단계	3회 1단계+2단계	4회 1단계	5회 2단계	6회 3단계	7회 4단계	8회 단원평가	9회 1단계+2단계	10회 1단계+2단계
6~11쪽	12~13쪽	14~17쪽	18~21쪽	22~25쪽	26~29쪽	30~31쪽	32~35쪽	36~43쪽	44~49쪽
월 일	월 일	월 일	월 일	월 일	월 일	월 일	월 일	월 일	월 일

2. 각도				3. 곱셈과 나눗셈					
11회 1단계+2단계	12회 3단계	13회 4단계	14회 단원평가	15회 1단계	16회 2단계	17회 1단계	18회 2단계	19회 3단계	20회 4단계
50~55쪽	56~59쪽	60~61쪽	62~65쪽	66~71쪽	72~73쪽	74~77쪽	78~79쪽	80~83쪽	84~85쪽
월 일	월 일	월 일	월 일	월 일	월 일	월 일	월 일	월 일	월 일

3. 곱셈과 나눗셈	4. 평면도형의 이동							5. 막대그래프	
21회 단원평가	22회 1단계	23회 2단계	24회 1단계	25회 1단계+2단계	26회 3단계	27회 4단계	28회 단원평가	29회 1단계+2단계	30회 1단계+2단계
86~89쪽	90~95쪽	96~97쪽	98~101쪽	102~105쪽	106~109쪽	110~111쪽	112~115쪽	116~123쪽	124~129쪽
월 일	월 일	월 일	월 일	월 일	월 일	월 일	월 일	월 일	월 일

5. 막대그래프			6. 규칙 찾기						
31회 3단계	32회 4단계	33회 단원평가	34회 1단계	35회 2단계	36회 1단계	37회 1단계+2단계	38회 3단계	39회 4단계	40회 단원평가
130~133쪽	134~135쪽	136~139쪽	140~145쪽	146~149쪽	150~153쪽	154~157쪽	158~161쪽	162~163쪽	164~167쪽
월 일	월 일	월 일	월 일	월 일	월 일	월 일	월 일	월 일	월 일

QR코드를 찍어서 답 입력!

빅데이터를 이용한

단원 성취도 평가

- 빅데이터를 활용한 단원 성취도 평가는 모바일 QR코드로 접속하면 취약점 분석이 가능합니다.
- 정확한 데이터 분석을 위해 로그인이 필요합니다.

4-1

홈페이지에 답을 입력

↓

자동 채점

↓

취약점 분석

↓

취약점을 보완할 처방 문제 풀기

↓

확인평가로 다시 한 번 평가

1단원 성취도 평가

1. 큰 수

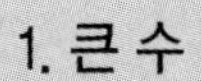

01 그림을 보고 □ 안에 알맞은 수를 써넣으시오.

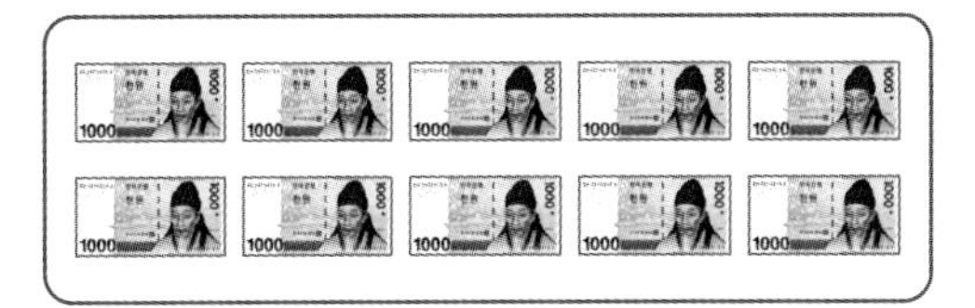

10000은 1000이 □개인 수입니다.

02 다음을 수로 나타내시오.

이만 사천오백칠십

( )

03 다음 수를 읽어 보시오.

68402457

( )

[04~05] 수를 보고 물음에 답하시오.

768154	79804	80176

04 만의 자리 숫자가 8인 수를 찾아 쓰시오.

( )

05 숫자 7이 700000을 나타내는 수를 찾아 쓰시오.

( )

06 다음 중 10000에 대한 설명으로 <u>잘못된</u> 것은 어느 것입니까? ··················(　　　　)

① 9000보다 1000만큼 더 큰 수
② 9990보다 10만큼 더 큰 수
③ 1000이 10개인 수
④ 100이 10개인 수
⑤ 9600보다 400만큼 더 큰 수

07 □ 안에 알맞은 수를 써넣으시오.

10000이 8개
1000이 12개
100이 7개
10이 5개
1이 4개
이면 □

08 다음 수에서 숫자 4가 나타내는 값을 쓰시오.

74259680

(　　　　　　　　)

09 뛰어 세기를 하였습니다. 얼마씩 뛰어 세었습니까?

359억 - 369억 - 379억 - 389억

(　　　　　　　　)씩

10 두 수 중에서 더 큰 수를 쓰시오.

48607231　　4929432

(　　　　　　　　)

11 뛰어 세기를 하였습니다. ㉠에 알맞은 수는 얼마입니까? ( )

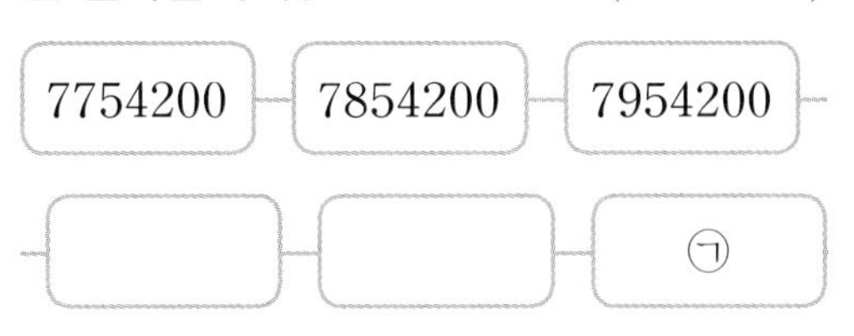

① 7984200 ② 7054200
③ 8054200 ④ 8154200
⑤ 8254200

12 ㉠과 ㉡의 크기를 비교하여 더 작은 수의 기호를 쓰시오.

㉠ 4802조
㉡ 480795139000000

( )

13 다음을 수로 나타낼 때, 0은 모두 몇 개입니까?

이백오십조 구천사십억 육천칠백만

( )개

14 인구가 가장 많은 나라를 찾아 쓰시오.

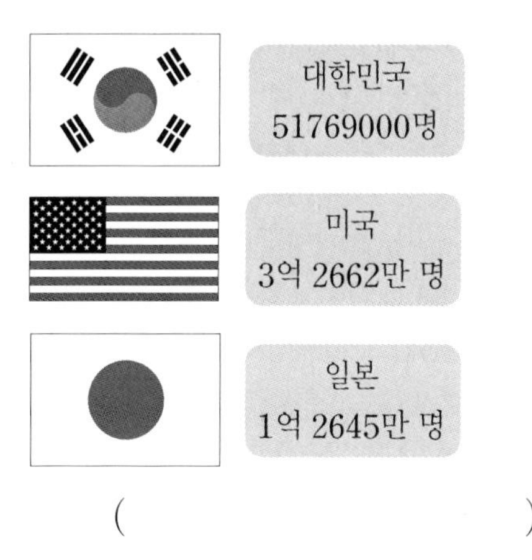

( )

15 지연이네 가족이 여행을 가기 위해 150만 원을 모으려면 몇 개월이 걸립니까?

( )개월

16 1682억을 100배 하면 숫자 6은 어느 자리의 숫자가 되는지 구하시오.

□의 자리 숫자

17 진서가 저금통을 뜯었더니 10000원짜리 지폐 2장, 1000원짜리 지폐 13장, 100원짜리 동전 5개, 10원짜리 동전 9개가 있었습니다. 저금통에 있는 돈은 모두 얼마입니까?

( )원

18 수 카드를 모두 한 번씩만 사용하여 만들 수 있는 가장 작은 수를 구하시오.

0 1 2 3

5 7 8 9

( )

19 ㉠이 나타내는 값은 ㉡이 나타내는 값의 몇 배입니까?

47840129530
(㉠: 첫 번째 4, ㉡: 두 번째 4)

( )배

20 1부터 9까지의 수 중에서 □ 안에 들어갈 수 있는 수는 모두 몇 개입니까?

1578405 < 15□4702

( )개

2단원 성취도 평가

2. 각도

01 두 각 중 더 큰 각을 찾아 기호를 쓰시오.

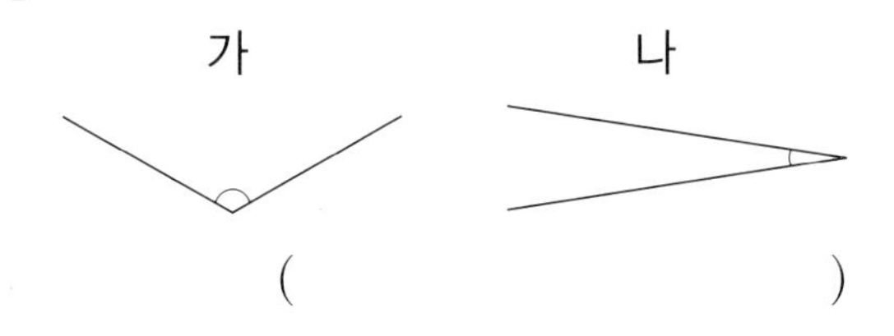

(　　　　　　　　)

02 각의 크기에 대해 바르게 설명한 사람의 이름을 쓰시오.

> 정우: 각의 크기는 변의 길이가 길수록 큰 각이야.
> 은주: 각의 크기는 두 변이 벌어진 정도가 클수록 큰 각이야.

(　　　　　　　　)

03 각의 크기가 큰 순서대로 기호를 쓰시오.

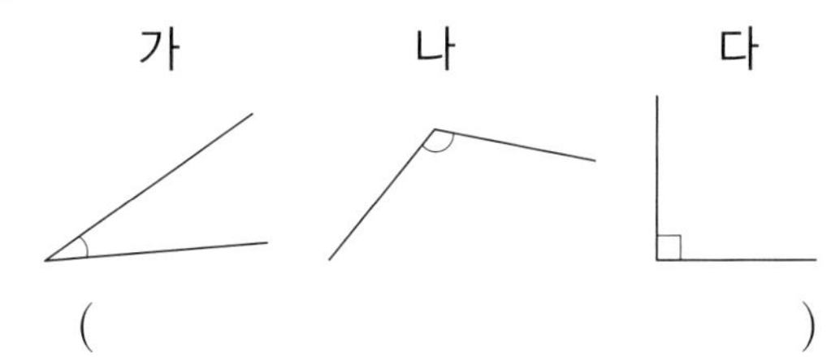

(　　　　　　　　)

04 각도를 잴 때 각도기를 바르게 이용한 것을 찾아 기호를 쓰시오.

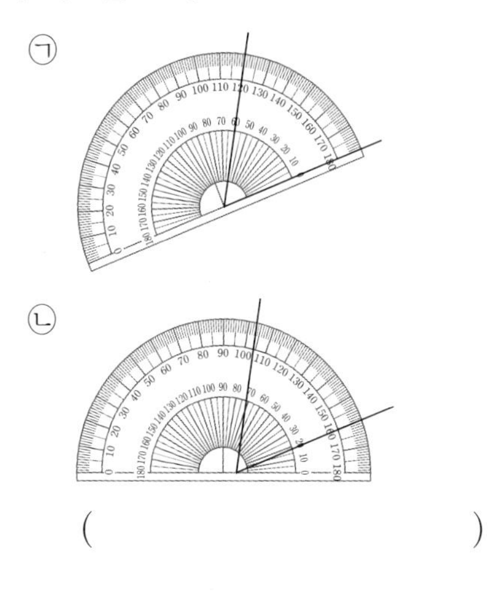

(　　　　　　　　)

05 각도를 구하시오.

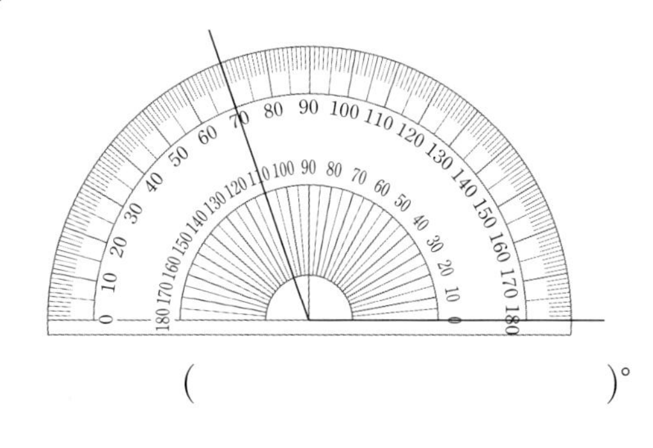

(　　　　　　　　)°

06 시계의 긴바늘과 짧은바늘이 이루는 작은 쪽의 각이 '예각'인지, '둔각'인지 알맞게 쓰시오.

(　　　　　　　　　　)

07 주어진 선분을 한 변으로 하는 예각을 그리려고 합니다. 점 ㄱ과 이어야 하는 점은 어느 것입니까? ·························(　　　　)

③
②　　　　④

①　　　ㄱ ———— ⑤

08 각도의 차를 구하시오.

$140^\circ - 75^\circ = \square^\circ$

09 각도가 더 큰 것의 기호를 쓰시오.

㉠ $25^\circ + 72^\circ$	㉡ $64^\circ + 30^\circ$

(　　　　　　　　　　)

10 사각형의 네 각의 크기의 합을 구하려고 합니다. □ 안에 알맞은 수를 써넣으시오.

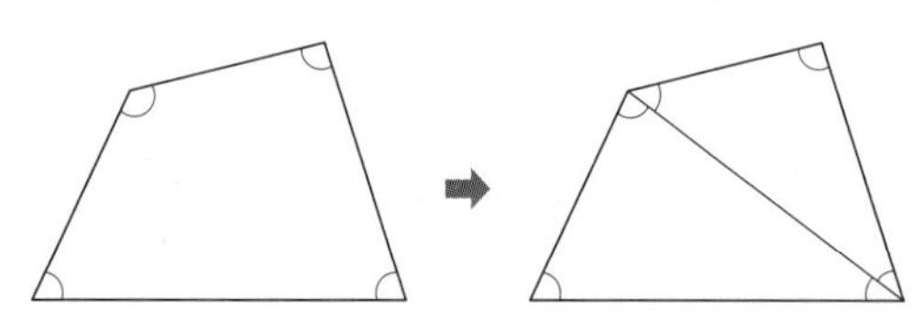

(사각형의 네 각의 크기의 합)
$=$(삼각형의 세 각의 크기의 합)$\times 2$
$= \square^\circ \times 2$
$= \square^\circ$

[11~12] 각을 보고 물음에 답하시오.

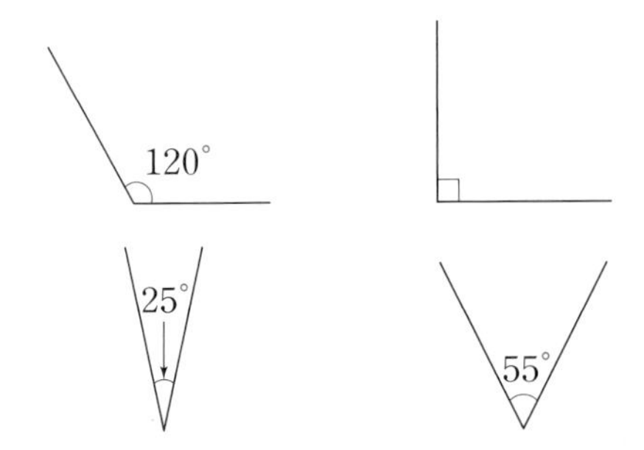

11 가장 큰 각과 가장 작은 각의 각도의 합을 구하시오.

( )°

12 가장 큰 각과 가장 작은 각의 각도의 차를 구하시오.

( )°

13 □ 안에 알맞은 수를 구하시오.

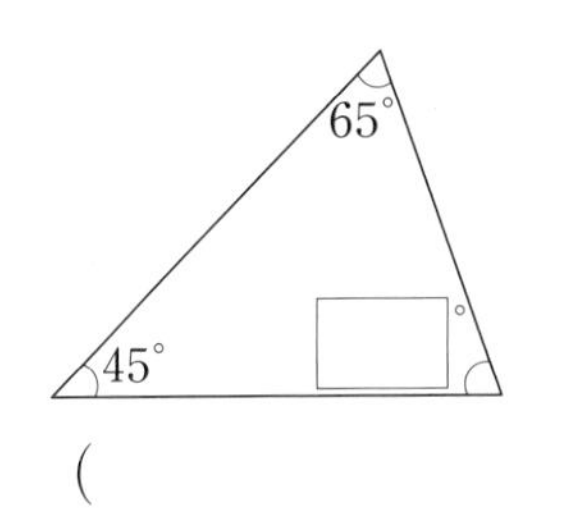

( )

14 □ 안에 알맞은 수를 구하시오.

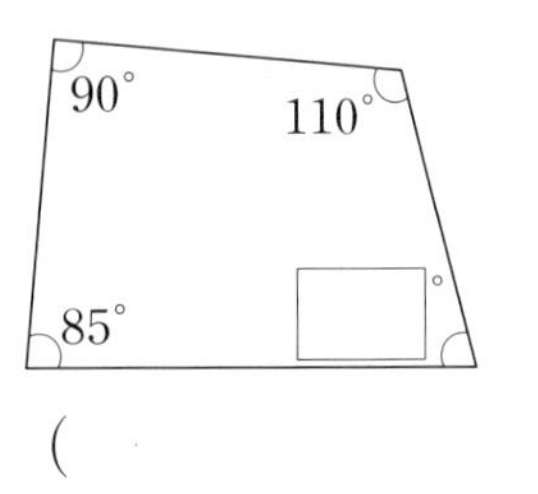

( )

15 수진이와 민수가 각도를 어림했습니다. 각도기로 잰 각도가 55°일 때 누가 더 잘 어림했는지 이름을 쓰시오.

( )

16 다음에서 찾을 수 있는 크고 작은 둔각은 모두 몇 개입니까?

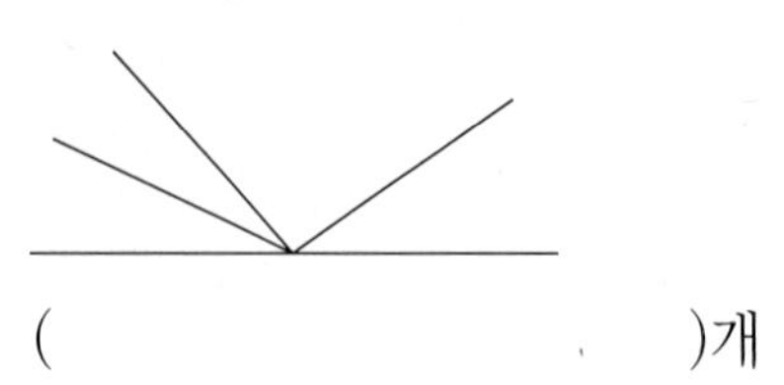

(　　　　　　　　)개

17 도형에서 ㉠과 ㉡의 각도의 합을 구하시오.

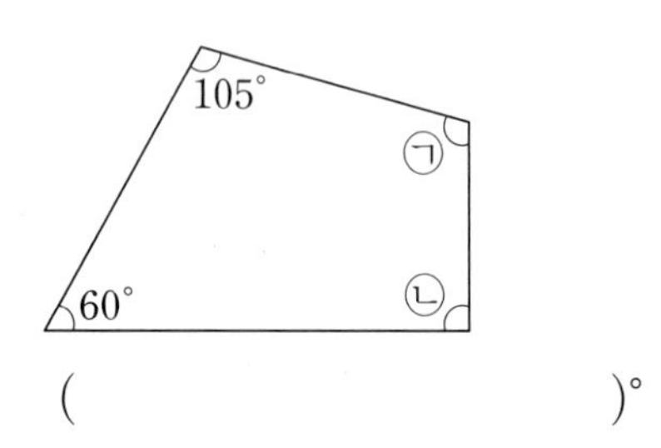

(　　　　　　　　)°

18 두 직각 삼각자를 겹쳐서 ㉠을 만들었습니다. ㉠의 각도를 구하시오.

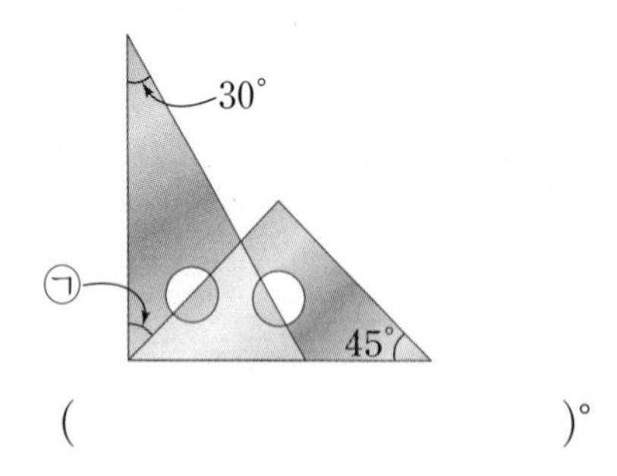

(　　　　　　　　)°

19 □ 안에 알맞은 수를 구하시오.

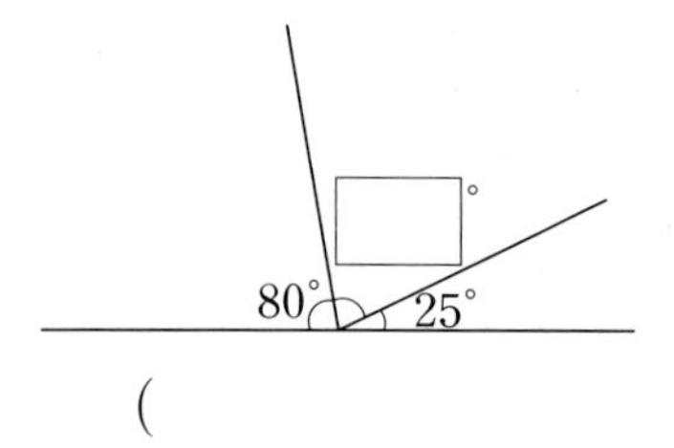

(　　　　　　　　)

20 □ 안에 알맞은 수를 구하시오.

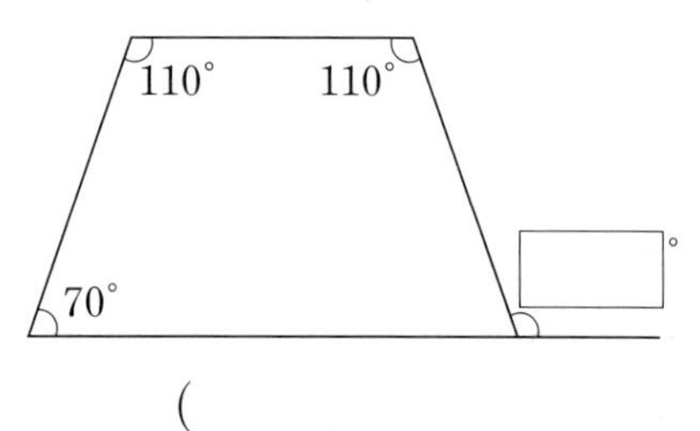

(　　　　　　　　)

3단원 성취도 평가

3. 곱셈과 나눗셈

01 다음과 같이 계산하시오.

$290 \times 3 = 870$

⇨ $290 \times 30 = 8700$

$380 \times 5 = 1900$

⇨ $380 \times 50 = \square$

[02~03] □ 안에 알맞은 수를 써넣으시오.

02

$$\begin{array}{r} 4\ 5\ 3 \\ \times \quad 3\ 0 \\ \hline \square \end{array}$$

03

$$\begin{array}{r} 6\ 7\ 2 \\ \times \quad 1\ 7 \\ \hline \square \end{array}$$

04 빈 곳에 알맞은 수를 써넣으시오.

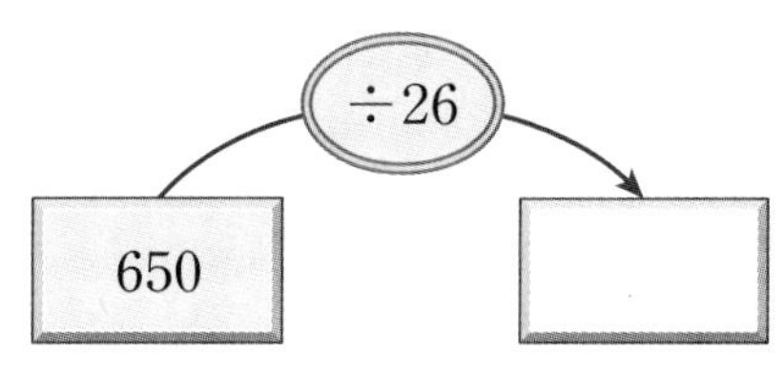

05 □ 안에 알맞은 수를 써넣으시오.

$389 \div 16 = \square \cdots \square$

06 어떤 수를 23으로 나누었을 때 나머지가 될 수 없는 수를 찾아 기호를 쓰시오.

㉠ 15 ㉡ 17 ㉢ 20 ㉣ 24

( )

07 곱이 다른 것을 찾아 기호를 쓰시오.

㉠ 300×40 ㉡ 20×600
㉢ 30×800 ㉣ 400×30

( )

[08~09] 계산을 하고 계산한 결과를 확인하려고 합니다. □ 안에 알맞은 수를 써넣으시오.

08 계산을 하시오.

$684 \div 25 = \square \cdots \square$

09 **08**에서 계산한 결과가 맞는지 확인하시오.

$25 \times \square = 675$, $675 + \square = 684$

10 □ 안에 알맞은 수를 써넣으시오.

$\square \div 32 = 11 \cdots 12$

11 몫이 더 큰 것을 찾아 기호를 쓰시오.

㉠ $704 \div 22$	㉡ $414 \div 18$

(　　　　　　　　　　)

12 가장 큰 수와 가장 작은 수의 곱을 구하시오.

517　　19　　741　　16

(　　　　　　　　　　)

13 몫이 두 자리 수인 것을 찾아 기호를 쓰시오.

㉠ $207 \div 23$	㉡ $286 \div 11$
㉢ $416 \div 52$	㉣ $312 \div 39$

(　　　　　　　　　　)

14 ㉠에 알맞은 수를 구하시오.

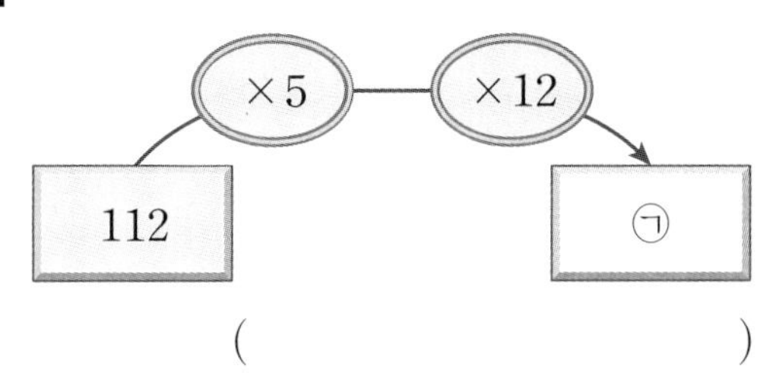

(　　　　　　　　　　)

15 곱이 가장 큰 것을 찾아 기호를 쓰시오.

㉠ 324×23
㉡ 158×72
㉢ 235×30

(　　　　　　　　　　)

16 나머지가 가장 큰 것을 찾아 기호를 쓰시오.

㉠ $569 \div 45$
㉡ $723 \div 28$
㉢ $594 \div 21$

(　　　　　　　　　　)

17 문구점에서 550원짜리 색연필을 15자루 샀습니다. 문구점에서 산 색연필의 값은 모두 얼마인지 구하시오.

(　　　　　　　　　　)원

18 민우가 240쪽인 동화책을 읽으려고 합니다. 하루에 15쪽씩 읽으면 며칠 안에 모두 읽을 수 있는지 구하시오.

(　　　　　　　　　　)일

19 색종이 324장을 한 봉지에 20장씩 담아 포장하려고 합니다. 몇 봉지까지 포장할 수 있는지 구하시오.

(　　　　　　　　　　)봉지

20 다음 수 카드를 모두 한 번씩만 사용하여 몫이 가장 큰 (세 자리 수)÷(두 자리 수)를 만들었을 때의 몫과 나머지를 각각 구하시오.

1	2	4	7	8

몫 (　　　　　　　　　　)
나머지 (　　　　　　　　　　)

4단원 성취도 평가

4. 평면도형의 이동

01 점 ㉮를 왼쪽으로 두 칸 이동하면 어디에 도착하나요?

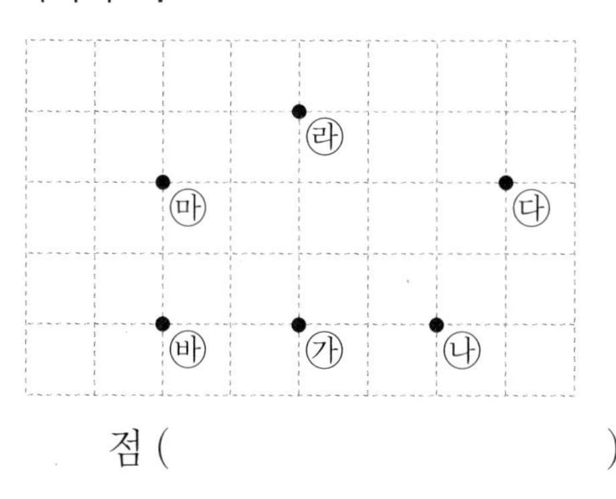

점 ( )

02 도형을 왼쪽으로 뒤집었을 때의 도형으로 알맞은 것은 어느 것입니까? ····( )

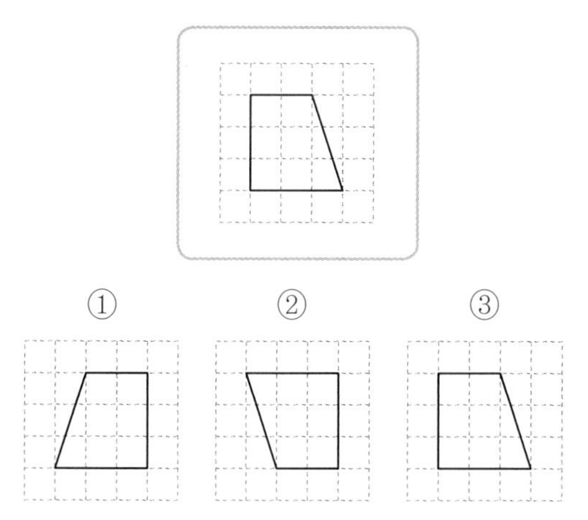

03 도형을 시계 방향으로 270°만큼 돌렸을 때의 도형으로 알맞은 것은 어느 것입니까? ····( )

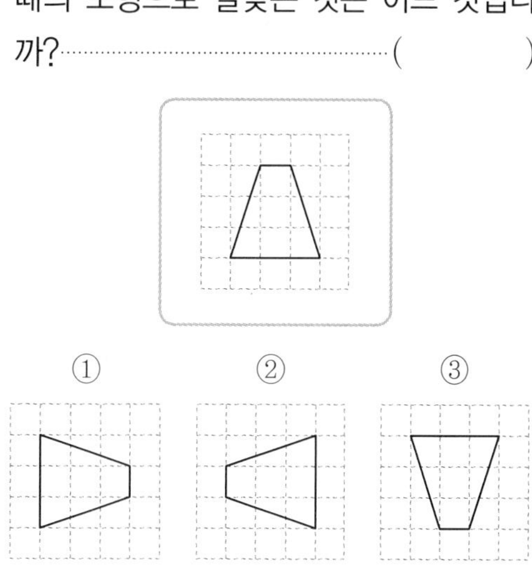

04 모양 조각을 왼쪽으로 밀었을 때의 모양을 찾아 기호를 쓰시오.

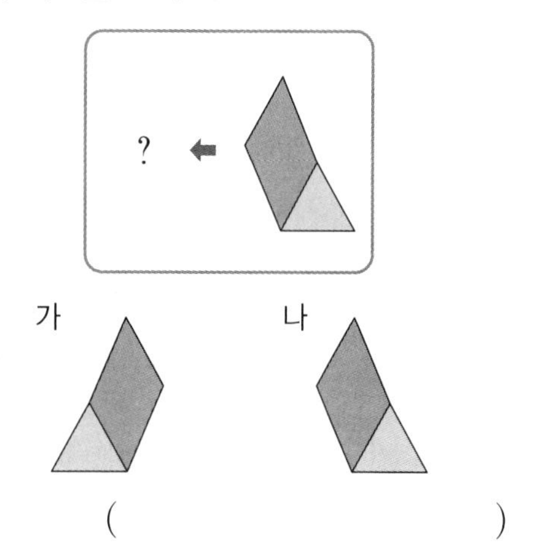

( )

05 ◫ 모양을 돌리기를 이용하여 무늬를 꾸민 것의 기호를 쓰시오.

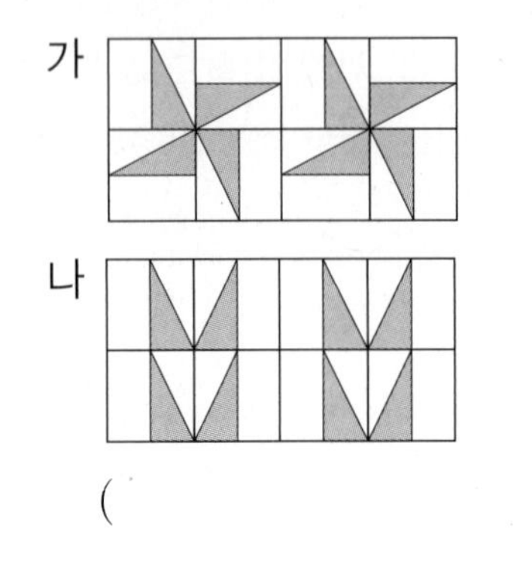

( )

06 무늬를 보고 □ 안에 알맞은 수를 써넣으시오.

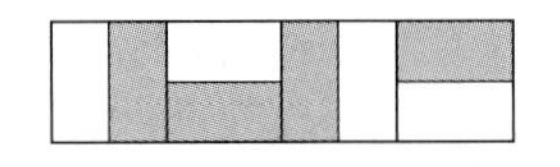

◫ 모양을 시계 방향으로 □° 만큼 돌리는 것을 반복해서 무늬를 만들었습니다.

07 나 도형은 가 도형을 오른쪽으로 몇 cm만큼 밀어서 이동한 것입니까?

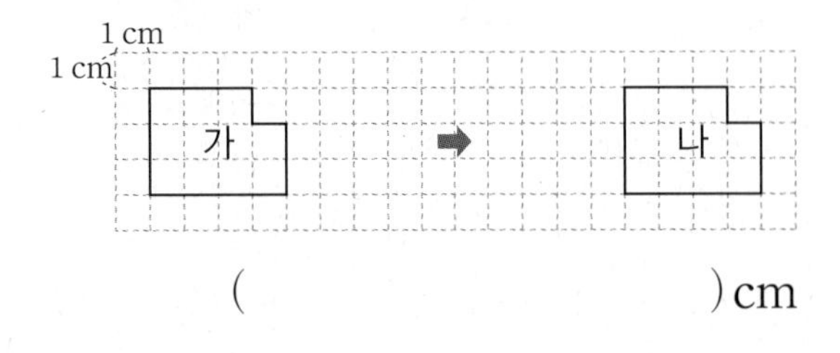

( ) cm

[08~09] 보기 에서 알맞은 도형을 골라 □ 안에 기호를 써넣으시오.

보기

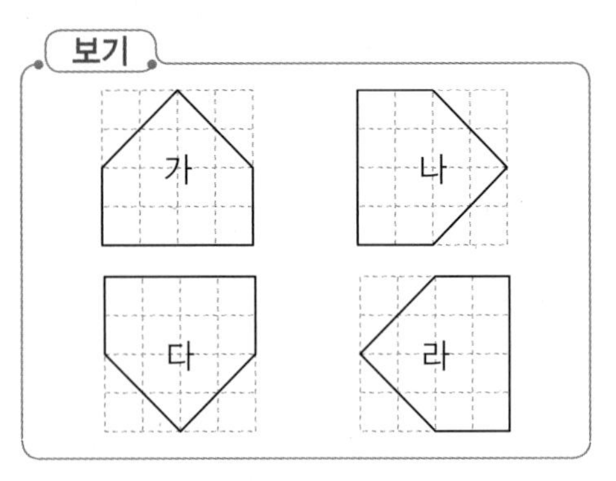

08 가 도형을 시계 반대 방향으로 90°만큼 돌리면 □ 도형이 됩니다.

09 다 도형을 시계 방향으로 180°만큼 돌리면 □ 도형이 됩니다.

10 도형을 움직인 방법을 바르게 설명한 사람의 이름을 쓰시오.

가

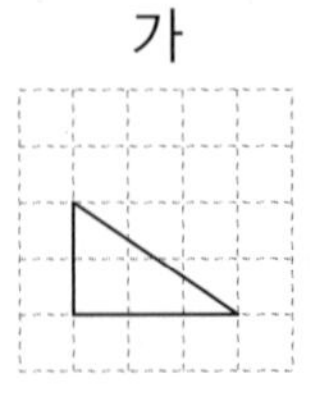

나

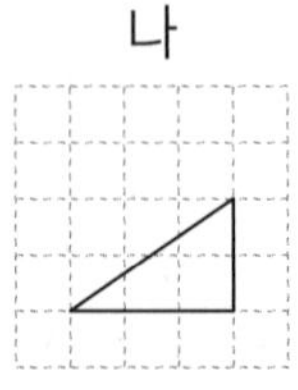

다

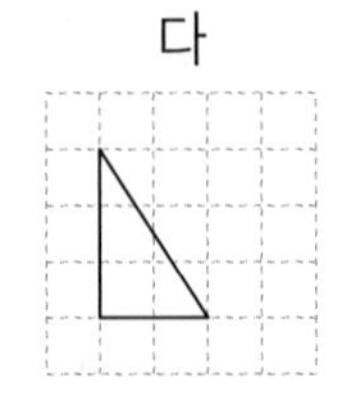

민서: 가 도형을 오른쪽으로 뒤집은 도형은 나 도형입니다.

서영: 나 도형을 시계 방향으로 180° 만큼 돌린 도형은 다 도형입니다.

( )

11 모양 조각 중에서 아래쪽으로 뒤집었을 때 모양이 처음과 같은 것은 어느 것입니까? ( )

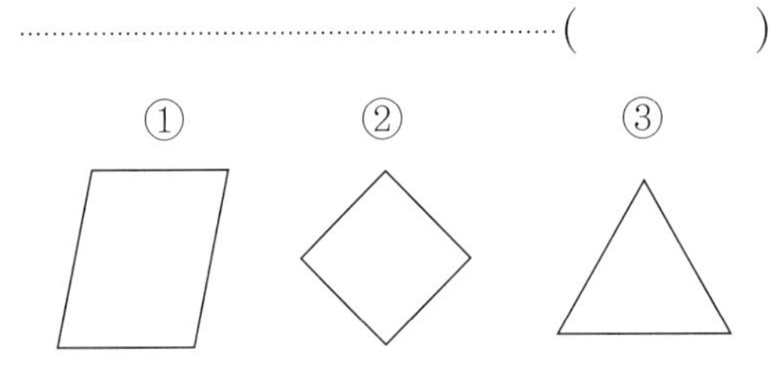

12 보기의 도형을 주어진 방향으로 돌렸을 때, 서로 같은 도형끼리 짝 지은 것은 어느 것입니까? ( )

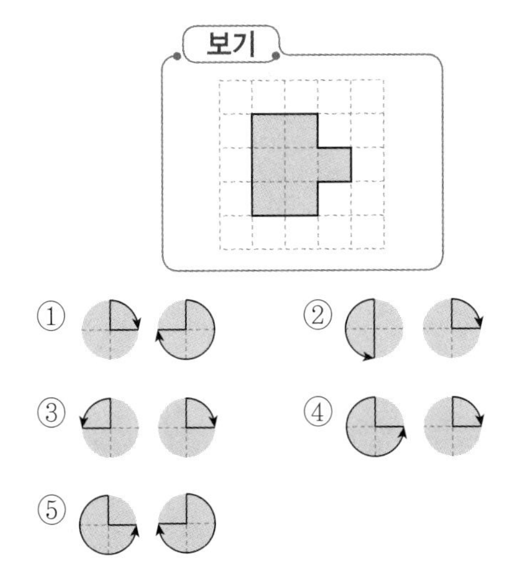

13 오른쪽으로 뒤집었을 때 모양이 변하지 않는 것은 모두 몇 개입니까?

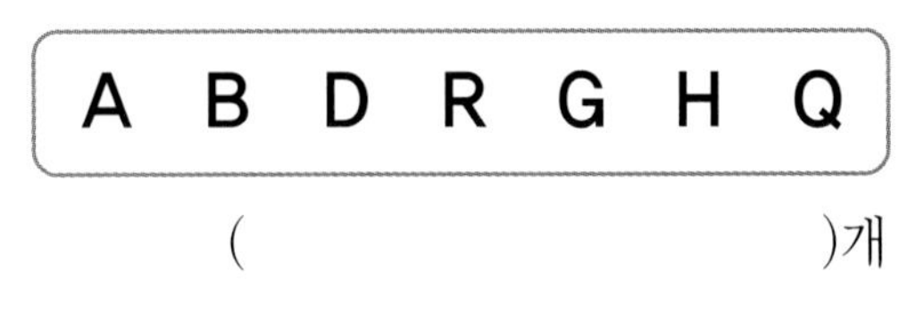

( )개

14 도형을 시계 방향으로 180°만큼 돌리고 오른쪽으로 뒤집었을 때의 도형으로 알맞은 것은 어느 것입니까? ( )

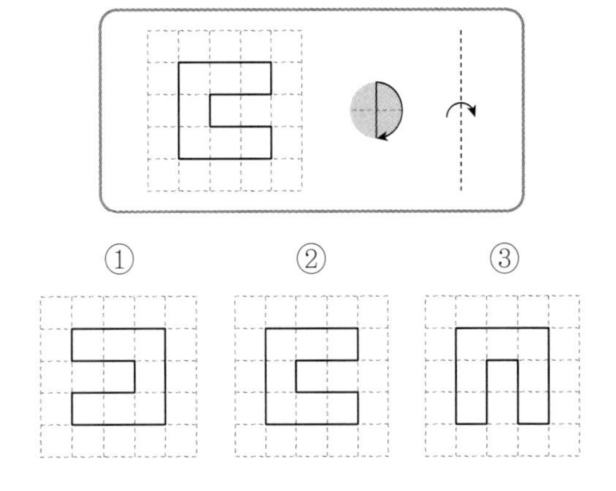

[15~16] 두 자리 수 카드 15 를 위쪽으로 뒤집었습니다. 물음에 답하시오.

15 15 를 위쪽으로 뒤집었을 때 생기는 수를 쓰시오.

( )

16 처음 수와 15 를 위쪽으로 뒤집었을 때 생기는 수의 합은 얼마입니까?

( )

17 주어진 도형을 왼쪽으로 4번 뒤집고 시계 반대 방향으로 180°만큼 2번 돌린 도형을 찾아 기호를 쓰시오.

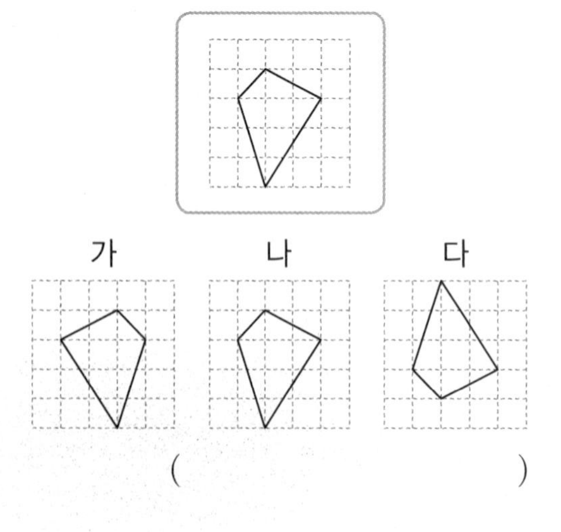

( )

[18~19] 조각을 움직여 직사각형을 완성하려고 합니다. 물음에 답하시오.

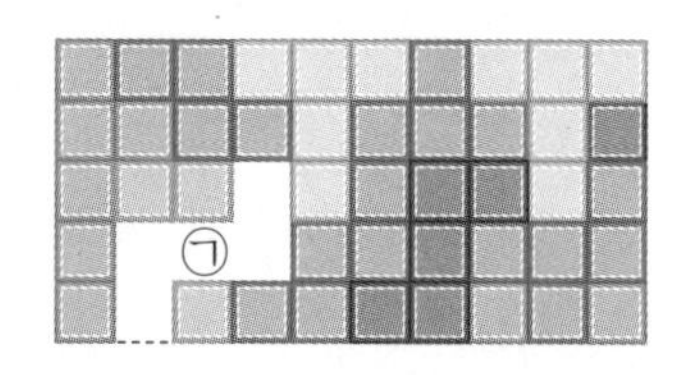

18 ㉠에 들어갈 수 있는 조각은 어느 것인지 기호를 쓰시오.

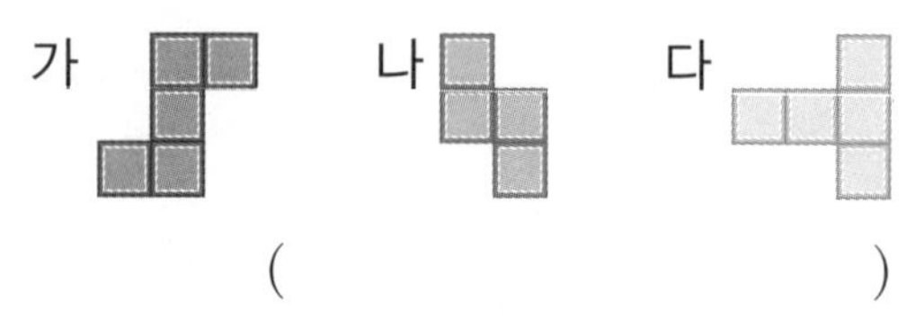

( )

19 18에서 고른 조각을 돌리기와 뒤집기를 이용하여 ㉠을 채우려면 어떻게 움직여야 하는지 보기 에서 알맞은 수를 찾아 □ 안에 써넣으시오.

보기

90, 180, 360

모양 조각을 시계 방향으로 □° 만큼 돌리고 오른쪽으로 뒤집습니다.

20 주어진 도형은 어떤 도형을 위쪽으로 뒤집은 후 시계 방향으로 270°만큼 돌려서 만든 도형입니다. 움직이기 전 처음 도형으로 알맞은 것을 찾아 기호를 쓰시오.

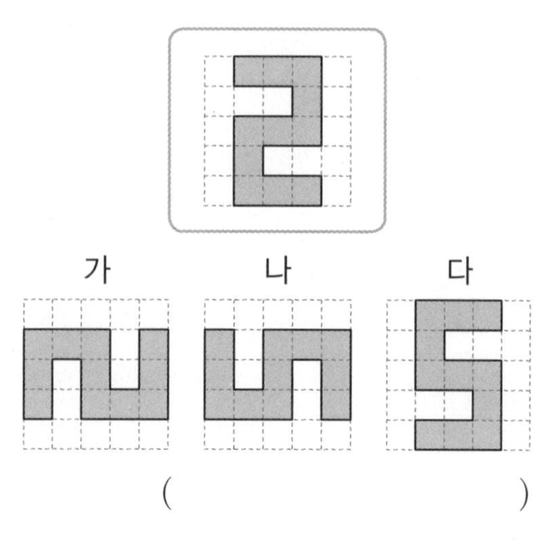

( )

5단원 성취도 평가

5. 막대그래프

01 조사한 자료를 막대 모양으로 나타낸 그래프를 무엇이라고 하는지 찾아 기호를 쓰시오.

㉠ 표 ㉡ 그림그래프 ㉢ 막대그래프

( )

[02~05] 2014년 인천 아시안 게임의 나라별 금메달 수를 나타낸 막대그래프입니다. 물음에 답하시오.

나라별 금메달 수

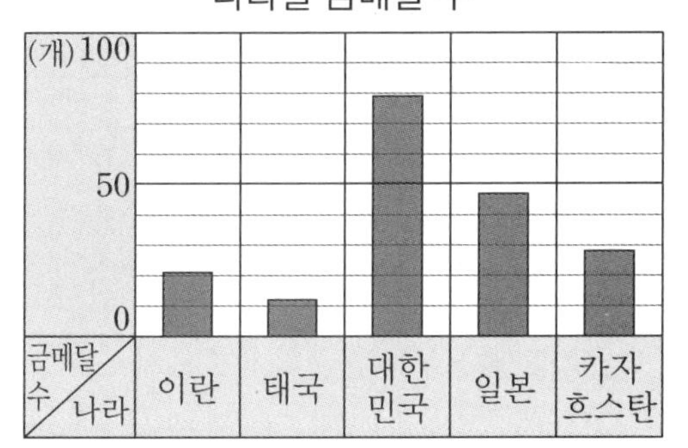

02 막대그래프의 가로와 세로는 각각 무엇을 나타내는지 기호를 쓰시오.

㉠ 나라 ㉡ 금메달 수

가로 ( )

세로 ( )

03 세로 눈금 한 칸은 금메달 몇 개를 나타냅니까?

( )개

04 금메달을 가장 많이 딴 나라는 어느 나라입니까? ( )

① 이란 ② 태국
③ 대한민국 ④ 일본
⑤ 카자흐스탄

05 금메달을 가장 적게 딴 나라는 어느 나라입니까? ( )

① 이란 ② 태국
③ 대한민국 ④ 일본
⑤ 카자흐스탄

[06~10] 영후네 반 학생들이 살고 있는 마을을 조사하여 나타낸 표입니다. 표를 보고 물음에 답하시오.

마을별 학생 수

마을	별	달	해	강	합계
학생 수(명)	7	8	5	10	30

06 막대그래프로 나타낼 때 가로에 학생 수를 나타낸다면 세로에는 무엇을 나타내야 합니까?

학생들이 살고 있는 [ ]

07 막대그래프로 나타낼 때 가로 눈금 한 칸이 학생 1명을 나타낸다면 별 마을에 사는 학생 수는 몇 칸으로 나타내야 합니까?

( )칸

08 표를 보고 막대그래프로 바르게 나타낸 것의 기호를 쓰시오.

㉠ 마을별 학생 수

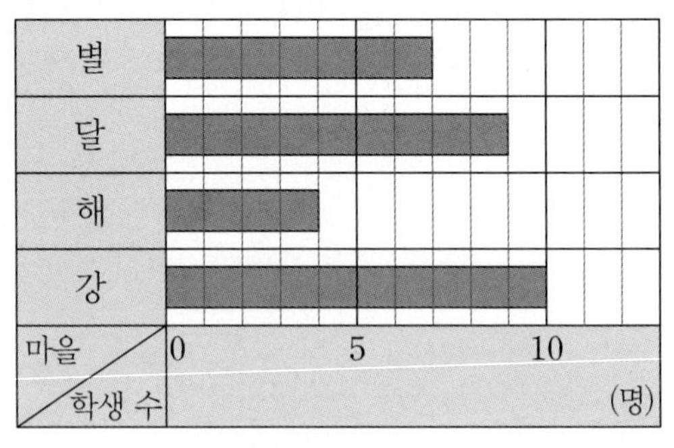

㉡ 마을별 학생 수

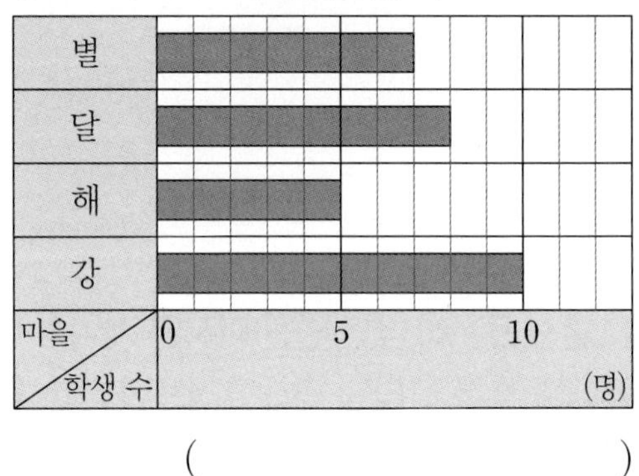

( )

09 가장 적은 학생들이 사는 마을은 어느 마을입니까?

( ) 마을

10 달 마을보다 많은 학생들이 사는 마을은 어느 마을입니까?

( ) 마을

[11~16] 서우네 반과 서연이네 반 학생들이 좋아하는 생선을 조사하여 나타낸 막대그래프입니다. 물음에 답하시오.

좋아하는 생선별 학생 수

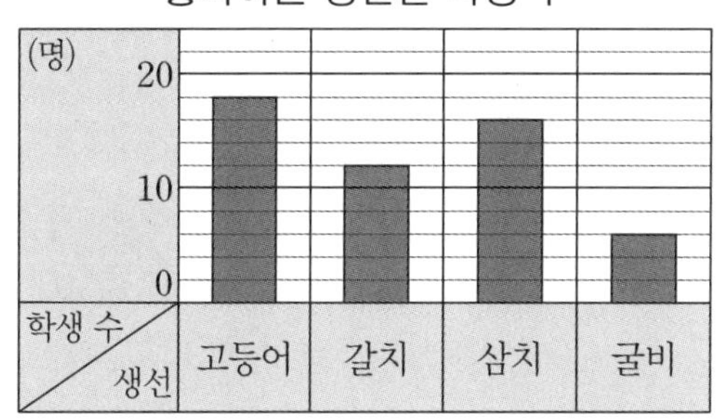

11 굴비를 좋아하는 학생은 몇 명입니까?

( )명

12 두 번째로 많은 학생들이 좋아하는 생선은 무엇입니까?

( )

13 고등어를 좋아하는 학생은 갈치를 좋아하는 학생보다 몇 명 더 많습니까?

( )명

14 갈치를 좋아하는 학생은 굴비를 좋아하는 학생의 몇 배입니까?

( )배

15 막대그래프를 보고 표의 빈칸에 알맞은 수를 써넣으시오.

좋아하는 생선별 학생 수

생선	고등어	갈치	삼치	굴비	합계
학생 수(명)	18		16		52

16 가장 많은 학생들이 좋아하는 생선을 알아보는 데 어느 자료가 한눈에 더 잘 드러나는지 기호를 쓰시오.

㉠ 표　　㉡ 막대그래프

( )

[17~20] 서진이네 집에서 걸어서 각 장소까지 가는 데 걸리는 시간을 나타낸 막대그래프입니다. 물음에 답하시오.

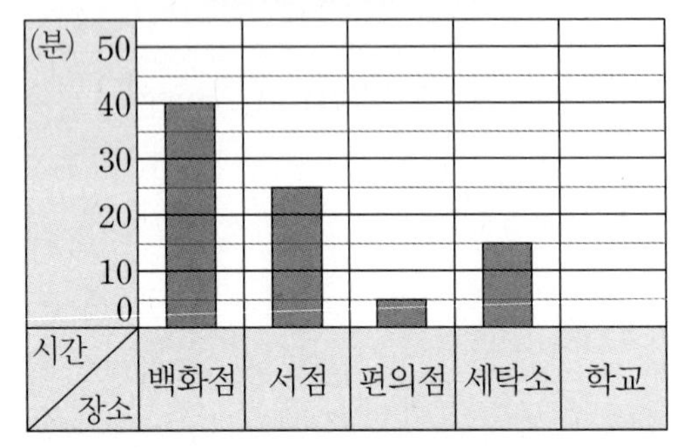

17 학교까지 가는 데 걸리는 시간은 편의점까지 가는 데 걸리는 시간의 2배입니다. 학교까지 가는 데 걸리는 시간을 나타내는 막대는 몇 칸으로 그려야 합니까?

( )칸

18 집에서부터 가는 데 걸리는 시간이 세탁소보다 오래 걸리는 장소는 몇 곳입니까?

( )곳

19 시간이 가장 오래 걸리는 장소는 가장 적게 걸리는 장소보다 몇 분 더 걸립니까?

( )분

20 집에 있던 서진이가 책을 사러 서점까지 갔다가 지갑을 두고 온 것이 생각나 다시 집으로 돌아왔습니다. 몇 분 동안 걸은 것입니까? (단, 같은 빠르기로 걸었고, 같은 길로 집으로 돌아왔습니다.)

( )분

6단원 성취도 평가

6. 규칙 찾기

01 수 배열표를 보고 □ 안에 알맞은 수를 써넣으시오.

517	527	537	547	557
417	427	437	447	457
317	327	337	347	357

규칙 가로(→)는 오른쪽으로 □ 씩 커집니다.

02 규칙적인 수의 배열에서 ■에 알맞은 수를 구하시오.

1231	1331	1431	■	1631

(　　　　　　　　)

03 규칙에 맞게 빈칸에 알맞은 수를 구하시오.

15254	15255	15256	15257	15258
25254	25255	25256	25257	25258
35254	35255	35256		35258

(　　　　　　　　)

[04~05] 수 배열의 규칙에 맞게 빈칸에 알맞은 수를 구하시오.

04

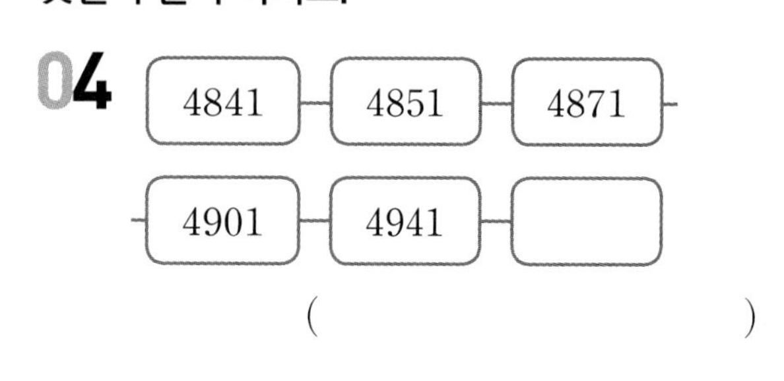

(　　　　　　　　)

05

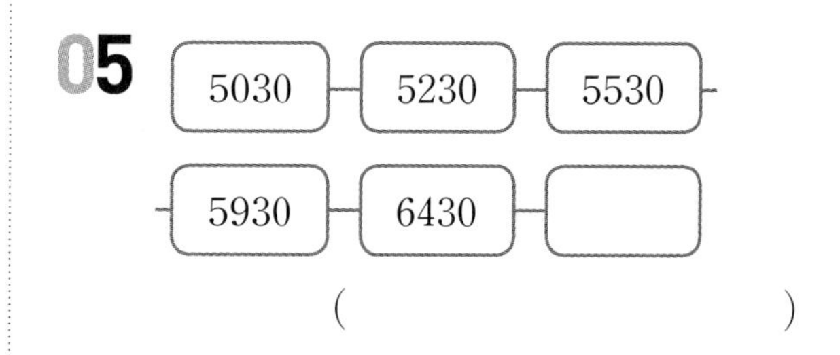

(　　　　　　　　)

06 수 배열의 규칙에 맞게 빈칸에 알맞은 수를 구하시오.

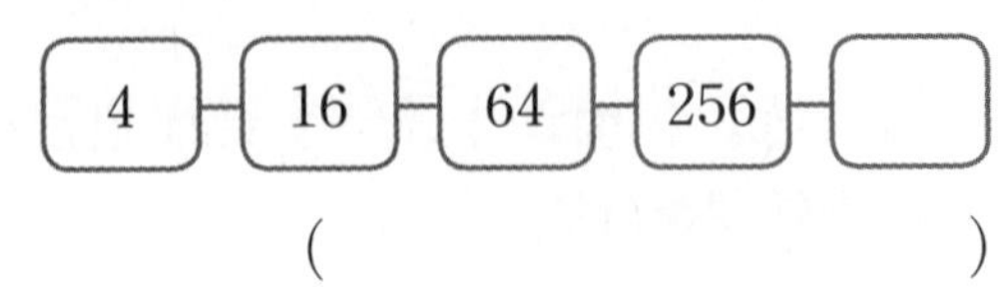

(　　　　　　　　)

[07~08] 배열을 보고 여섯째에 알맞은 모양에서 모형은 몇 개인지 구하시오.

07

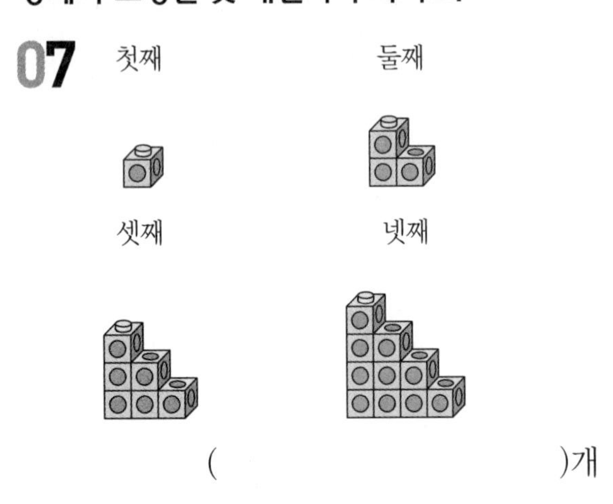

(　　　　　　　　)개

08

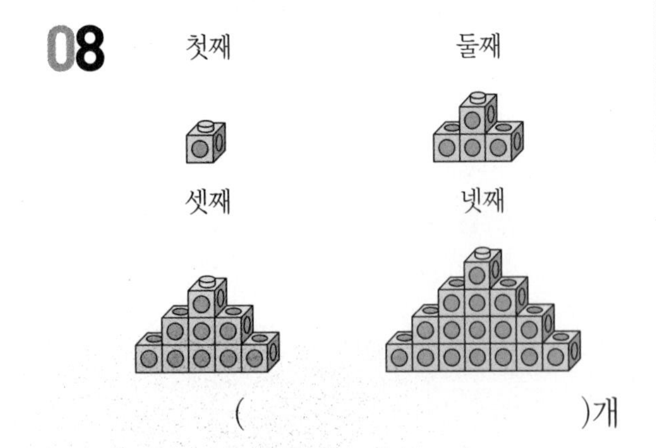

(　　　　　　　　)개

[09~10] 설명에 맞는 계산식을 찾아 기호를 쓰시오.

가

415+221=636
425+231=656
435+241=676
445+251=696

나

327+311=638
327+321=648
327+331=658
327+341=668

다

831−110=721
731−210=521
631−310=321
531−410=121

라

283−123=160
383−223=160
483−323=160
583−423=160

09 십의 자리 수가 각각 1씩 커지는 두 수의 합은 20씩 커집니다.

(　　　　　　　　)

10 같은 자리의 수가 똑같이 커지는 두 수의 차는 항상 일정합니다.

(　　　　　　　　)

[11~12] 규칙적인 계산식을 보고 물음에 답하시오.

순서	계산식
첫째	$8\times108=864$
둘째	$8\times1008=8064$
셋째	$8\times10008=80064$
넷째	$8\times100008=800064$

11 다섯째에 알맞은 식을 쓰려고 합니다. □ 안에 알맞은 수를 써넣으시오.

$8\times1000008=\square$

12 규칙을 이용하여 계산 결과가 800000064가 나오는 계산식을 쓰시오.

$\square\times\square=800000064$

13 빈칸에 알맞은 수를 써넣으시오.

$201+202+203=202\times3$

$202+203+204=203\times3$

$203+204+205=\square\times3$

[14~15] 주어진 덧셈식의 규칙에 따라 물음에 답하시오.

$200+200=400$
$300+300=600$
$400+400=800$
$500+500=■$

14 ■에 알맞은 수는 무엇입니까?

( )

15 규칙을 바르게 설명한 것을 찾아 기호를 쓰시오.

㉠ 더하는 두 수가 각각 100씩 커지면 그 합은 100씩 커집니다.
㉡ 더하는 두 수가 각각 100씩 커지면 그 합은 200씩 커집니다.
㉢ 더하는 두 수가 각각 100씩 커지면 그 합은 300씩 커집니다.

( )

16 그림을 보고 □ 안에 알맞은 수를 써넣으시오.

검은 돌: 39개　　　검은 돌: ?개
흰 돌: 21개　　　흰 돌: 41개

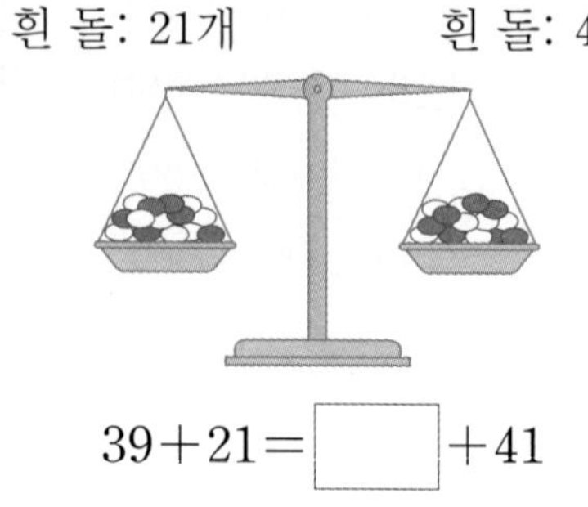

$39+21=\square+41$

17 도형과 관련된 수의 규칙에서 열째에 알맞은 수를 구하시오.

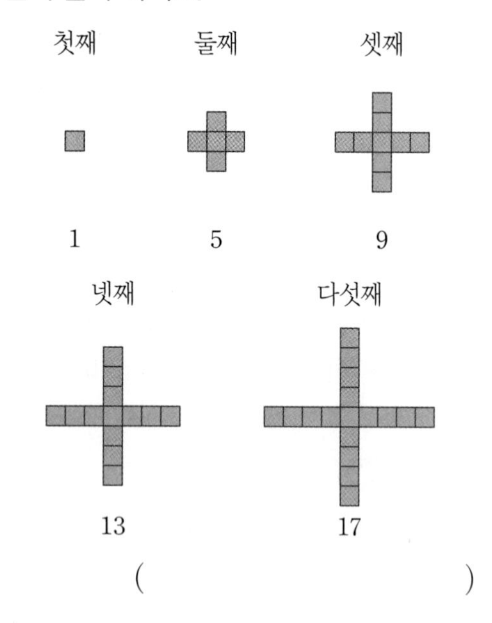

(　　　　　　　　　)

18 곱셈식에서 규칙을 찾아 계산 결과가 979가 나오는 곱셈식을 쓰시오.

$11\times56=616$
$11\times67=737$
$11\times78=858$

$\square\times\square=979$

19 배열표에서 ▲, ■에 알맞은 수의 합을 구하시오.

1	2	3	4
2	3	4	▲
3	4	■	

(　　　　　　　　　)

20 모양의 배열에서 규칙을 찾아 100째에 알맞은 모양의 모형은 몇 개인지 구하시오.

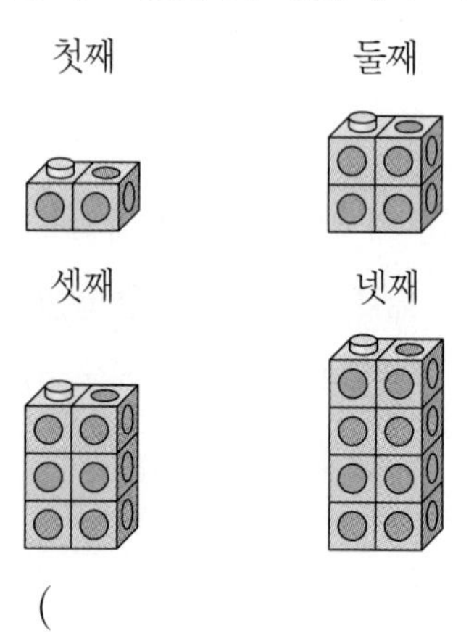

(　　　　　　　　　)개

정답과 풀이

3~6쪽 1단원

1 10	**2** 24570
3 육천팔백사십만 이천사백오십칠	
4 80176	**5** 76/8154
6 ④	**7** 92754
8 400/0000	
9 10억 또는 10/0000/0000	
10 4860/7231	**11** ⑤
12 ㉡	**13** 9
14 미국	**15** 5
16 조	**17** 33590
18 1023/5789	**19** 1000
20 2	

풀이

18 가장 작은 수는 가장 높은 자리부터 작은 수를 차례로 놓습니다. 단, 0은 가장 높은 자리에 놓을 수 없습니다. 따라서 만들 수 있는 가장 작은 수는 1023/5789입니다.

19 ㉠은 백억의 자리 숫자이므로 400/0000/0000을 나타내고, ㉡은 천만의 자리 숫자이므로 4000/0000을 나타냅니다.
따라서 ㉠이 나타내는 값은 ㉡이 나타내는 값의 1000배입니다.

20 두 수는 모두 7자리 수이므로 높은 자리의 수부터 차례로 비교하면 백만, 십만의 자리 수가 같습니다. 천의 자리 수를 비교하면 $8>4$이므로 □ 안에 들어갈 수 있는 수는 8, 9로 모두 2개입니다.

7~10쪽 2단원

1 가	**2** 은주
3 나, 다, 가	**4** ㉠
5 110	**6** 예각
7 ④	**8** 65
9 ㉠	**10** 180, 360
11 145	**12** 95
13 70	**14** 75
15 민수	**16** 5
17 195	**18** 45
19 75	**20** 110

풀이

17 $105^\circ+60^\circ+$㉠$+$㉡$=360^\circ$
⇨ ㉠$+$㉡$=360^\circ-105^\circ-60^\circ$, ㉠$+$㉡$=195^\circ$

19 직선을 이루는 각은 180°이므로
$80^\circ+\square+25^\circ=180^\circ$, $\square=180^\circ-80^\circ-25^\circ$,
$\square=75^\circ$입니다.

20

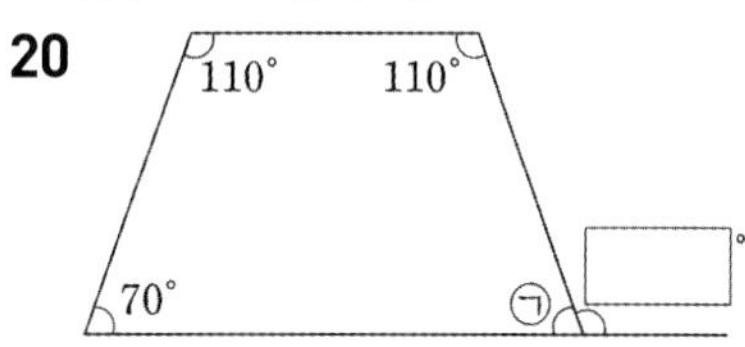

사각형의 네 각의 크기의 합은 360°이므로
$110^\circ+110^\circ+70^\circ+$㉠$=360^\circ$, $290^\circ+$㉠$=360^\circ$,
㉠$=360^\circ-290^\circ=70^\circ$입니다. 또 직선을 이루는 각은 180°이므로 $70^\circ+\square=180^\circ$,
$\square=180^\circ-70^\circ=110^\circ$입니다.

11~14쪽 3단원

1 19000	**2** 13590
3 11424	**4** 25
5 24, 5	**6** ㉣
7 ㉢	**8** 27, 9
9 27, 9	**10** 364
11 ㉠	**12** 11856
13 ㉡	**14** 6720
15 ㉡	**16** ㉠
17 8250	**18** 16
19 16	**20** 72, 10

풀이

16 ㉠ $569\div45=12 \cdots 29$
㉡ $723\div28=25 \cdots 23$
㉢ $594\div21=28 \cdots 6$
⇨ $29>23>6$

17 $550\times15=8250$(원)

18 민우가 240쪽인 동화책을 하루에 15쪽씩 읽으면 $240\div15=16$(일) 안에 모두 읽을 수 있습니다.

19 $324\div20=16 \cdots 4$
⇨ 16봉지까지 포장할 수 있습니다.

20 몫이 가장 크려면
(가장 큰 세 자리 수)÷(가장 작은 두 자리 수)
이어야 합니다.
⇨ $874\div12=72 \cdots 10$

15~18쪽 4단원

1 ㉥	**2** ①
3 ②	**4** 나
5 가	**6** 90
7 14	**8** 라
9 가	**10** 민서
11 ②	**12** ④
13 2	**14** ②
15 12	**16** 27
17 나	**18** 가
19 90	**20** 나

풀이

15 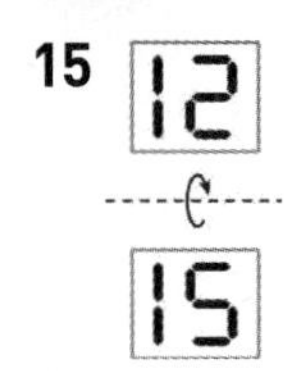

17 도형을 왼쪽으로 4번 뒤집으면 처음 도형과 같습니다. 도형을 시계 반대 방향으로 180°만큼 2번 돌리면 시계 반대 방향으로 360°만큼 돌리는 것이므로 처음 도형과 같습니다.

19 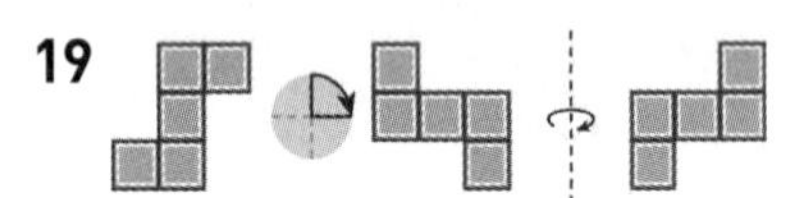

20 처음 도형을 알아보려면 움직인 도형을 움직였던 방법과 순서를 거꾸로 하여 움직입니다.

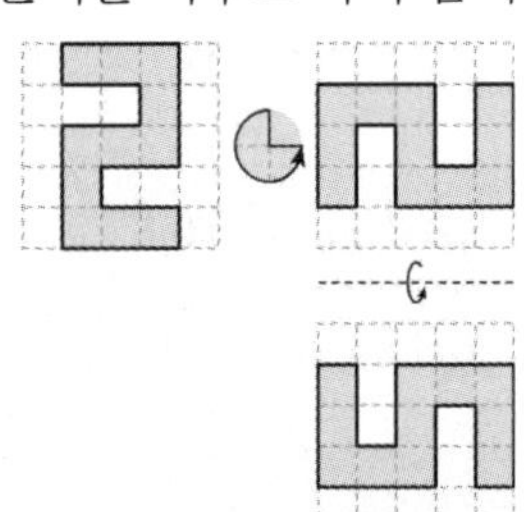

19~22쪽 5단원

1 ㉢	**2** ㉠, ㉡
3 10	**4** ③
5 ②	**6** 마을
7 7	**8** ㉡
9 해	**10** 강
11 6	**12** 삼치
13 6	**14** 2
15 12, 6	**16** ㉡
17 2	**18** 2
19 35	**20** 50

풀이

14 갈치를 나타내는 막대는 6칸, 굴비를 나타내는 막대는 3칸이므로 $6 \div 3 = 2$(배)입니다.

15 갈치: 세로 눈금 10에서 한 칸 위까지 ⇨ 12명
굴비: 3칸 ⇨ 6명

16 막대그래프가 자료의 크기를 한눈에 비교하기 쉽습니다.

17 편의점을 나타내는 막대가 한 칸이므로 학교를 나타내는 막대는 2배인 2칸으로 그립니다.

18 세탁소를 나타내는 막대보다 길이가 긴 것은 백화점, 서점입니다. ⇨ 2곳

19 막대가 가장 긴 것은 백화점이고 40분입니다.
막대가 가장 짧은 것은 편의점이고 5분입니다.
⇨ $40 - 5 = 35$(분)

20 서점까지 가는 데 걸리는 시간은 25분입니다.
⇨ $25 \times 2 = 50$(분)

23~26쪽 6단원

1 10	**2** 1531
3 35257	**4** 4991
5 7030	**6** 1024
7 21	**8** 36
9 가	**10** 라
11 8000064	**12** 8, 100000008
13 204	**14** 1000
15 ㉡	**16** 19
17 37	**18** 11, 89
19 10	**20** 200

풀이

18 곱해지는 수는 11 그대로이고, 곱하는 수의 십의 자리 수와 일의 자리 수가 각각 1씩 커지면서 계산 결과의 백의 자리 수와 일의 자리 수는 1씩 커지고, 십의 자리 수는 2씩 커지는 규칙입니다.

19 가로(→)로 가면서 1씩 커지므로 ▲는 5, ■는 5입니다. ⇨ $5 + 5 = 10$

20 한 층에 2개씩 놓여 있고 1층씩 높아지는 규칙입니다.
첫째: $2 \times 1 = 2$(개)
둘째: $2 \times 2 = 4$(개)
셋째: $2 \times 3 = 6$(개)
⋮
100째: $2 \times 100 = 200$(개)

우등생 수학 사용법

동영상 강의!

1단계의 **개념**은
동영상 강의로 공부!
3, 4단계의 문제는 모두
문제 풀이 강의를 볼
수 있어.

QR코드 스캔!

교재를 펼쳤을 때 오른쪽 페이지에 있는
QR코드를 스캔하면 우등생 홈페이지로
슝~ 갈 수 있어.
홈페이지에 있는 스케줄표에 체크하자.
내 **스케줄**은 내가 관리!

틀린 문제 저장! 출력!

학습을 마칠 때에는 **오답노트**에 어떤 문제를
틀렸는지 표시해.
나중에 틀린 문제만 모아서 다시 풀면 **실력도
쑥쑥** 늘겠지?

① 오답노트 앱을 설치 후 로그인
② 책 표지의 QR코드를 스캔하여
내 교재를 등록
③ 문항 번호를 선택하여 오답노트 만들기

문제 생성기로 반복 학습!

본책의 단원평가 1~20번 문제는 문제 생성기로
유사 문제를 만들 수 있어.
매번 할 때마다 다른 문제가 나오니깐
시험 보기 전에 연습하기 딱 좋지?
다른 문제 같은 느낌~

문제가 자꾸 만들
어져. 이게 바로
그 문제 생성기!

구성과 특징

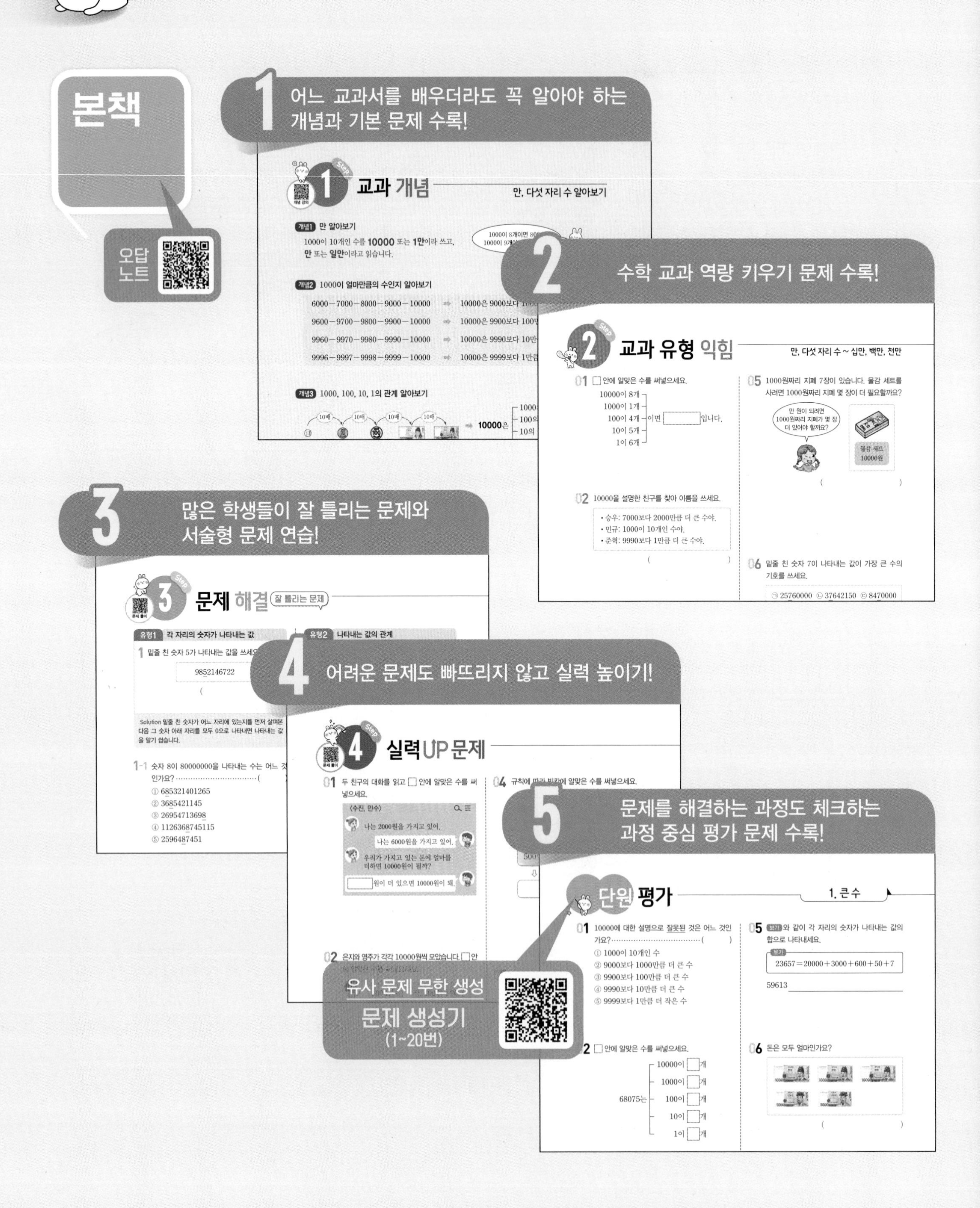
본책
오답 노트
1 어느 교과서를 배우더라도 꼭 알아야 하는 개념과 기본 문제 수록!
1 교과 개념
2 수학 교과 역량 키우기 문제 수록!
2 교과 유형 익힘
3 많은 학생들이 잘 틀리는 문제와 서술형 문제 연습!
3 문제 해결 잘 틀리는 문제
4 어려운 문제도 빠뜨리지 않고 실력 높이기!
4 실력UP문제
5 문제를 해결하는 과정도 체크하는 과정 중심 평가 문제 수록!
단원 평가
1. 큰 수
유사 문제 무한 생성
문제 생성기
(1~20번)

단원 성취도 평가

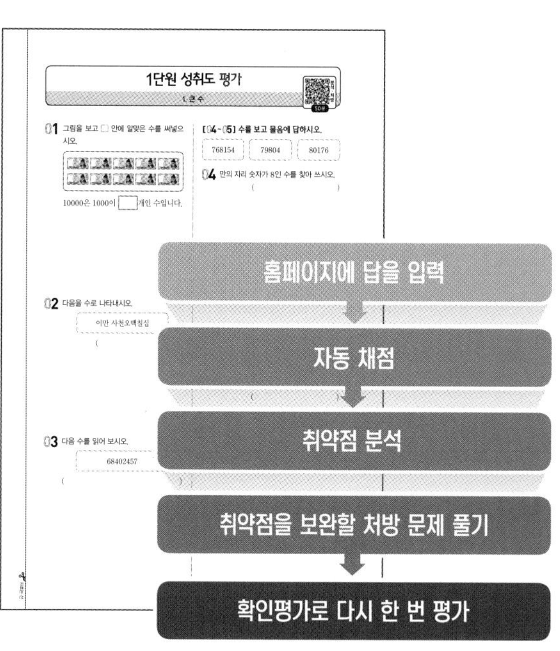

평가 자료집

- 각종 평가를 대비할 수 있는 기본 단원평가, 실력 단원평가, 과정 중심 단원평가!
- 과정 중심 단원평가에는 지필, 구술, 관찰 평가를 대비할 수 있는 문제 수록

검정 교과서는 무엇인가요?

교육부가 편찬하는 국정 교과서와 달리 일반출판사에서 저자를 섭외 구성하고, 교육과정을 반영한 후, 교육부 심사를 거친 교과서입니다.

<table>
<tr><th colspan="4">적용 시기</th><th colspan="2">2015 개정 교육과정
검정 교과서 적용</th><th colspan="4">2022 개정 교육과정 적용</th></tr>
<tr><th>구분</th><th>학년</th><th>과목</th><th>유형</th><th>22년</th><th>23년</th><th>24년</th><th>25년</th><th>26년</th><th>27년</th></tr>
<tr><td rowspan="5">초등</td><td>1, 2</td><td>국어/수학</td><td>국정</td><td></td><td></td><td>적용</td><td></td><td></td><td></td></tr>
<tr><td rowspan="2">3, 4</td><td>국어/도덕</td><td>국정</td><td></td><td></td><td></td><td rowspan="2">적용</td><td></td><td></td></tr>
<tr><td>수학/사회/과학</td><td>검정</td><td>적용</td><td></td><td></td><td></td><td></td></tr>
<tr><td rowspan="2">5, 6</td><td>국어/도덕</td><td>국정</td><td></td><td></td><td></td><td></td><td rowspan="2">적용</td><td></td></tr>
<tr><td>수학/사회/과학</td><td>검정</td><td></td><td>적용</td><td></td><td></td><td></td></tr>
<tr><td rowspan="3">중고등</td><td>1</td><td rowspan="3">전과목</td><td rowspan="3">검정</td><td></td><td></td><td></td><td>적용</td><td></td><td></td></tr>
<tr><td>2</td><td></td><td></td><td></td><td></td><td>적용</td><td></td></tr>
<tr><td>3</td><td></td><td></td><td></td><td></td><td></td><td>적용</td></tr>
</table>

과정 중심 평가가 무엇인가요?

과정 중심 평가는 기존의 결과 중심 평가와 대비되는 평가 방식으로 학습의 과정 속에서 평가가 이루어지며, 과정에서 적절한 피드백을 제공하여 평가를 통해 학습 능력이 성장하도록 하는 데 목적이 있습니다.

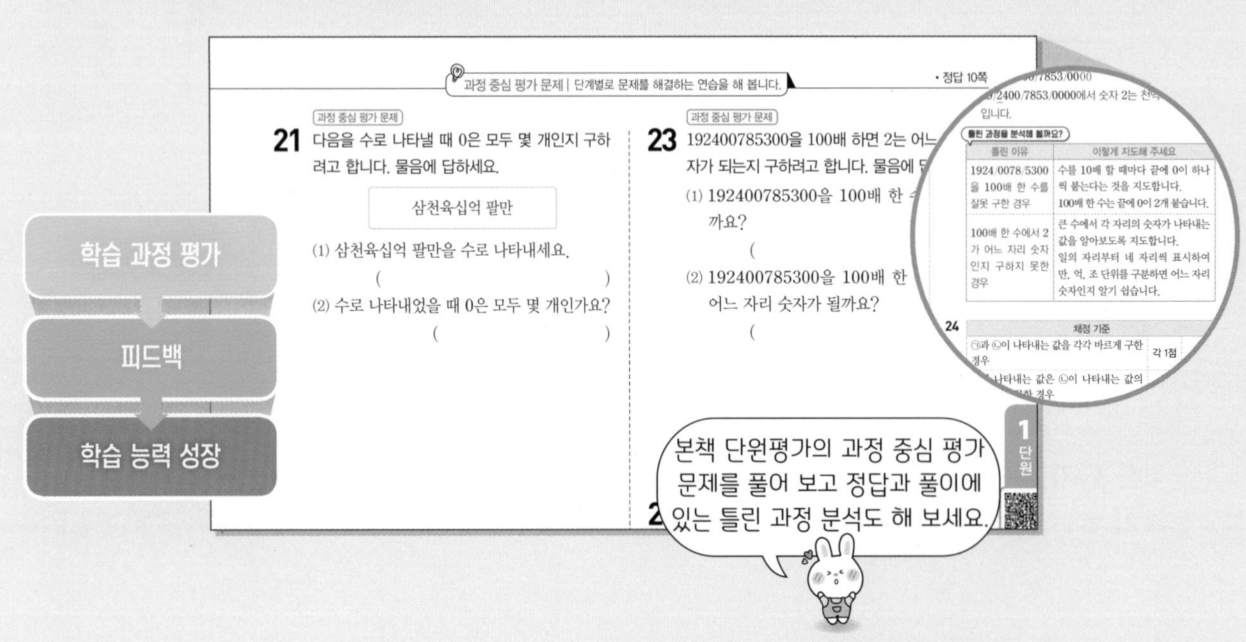

우등생 수학

4-1

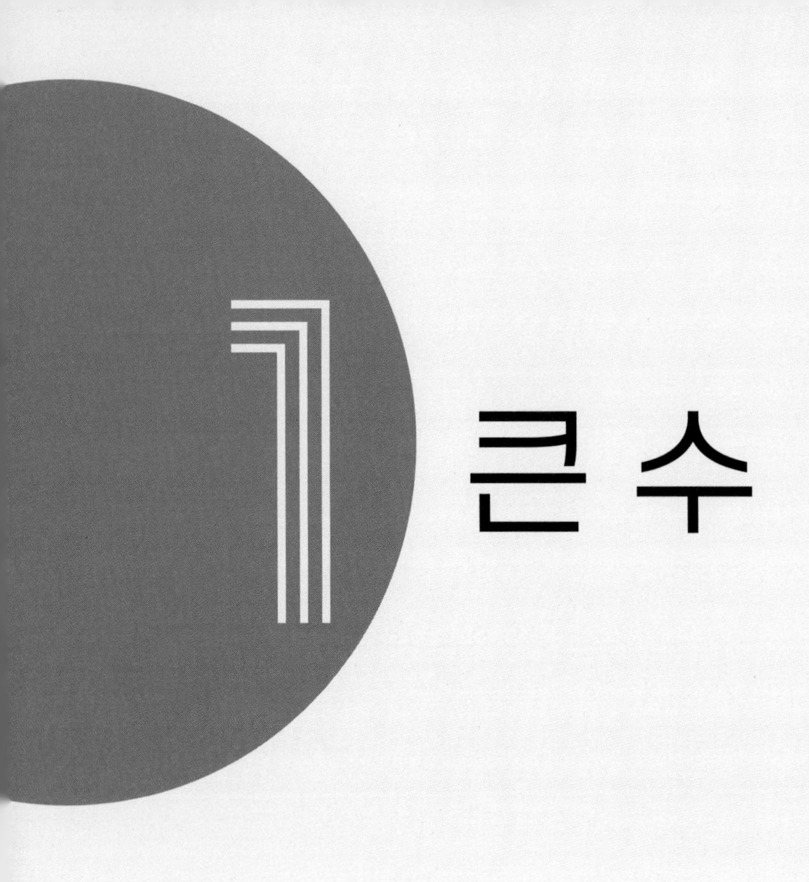

1 큰 수

웹툰으로 단원 미리보기 1화_ 군량미가 필요해!

QR코드를 스캔하여 이어지는 내용을 확인하세요.

이전에 배운 내용

2-2 100이 10개인 수

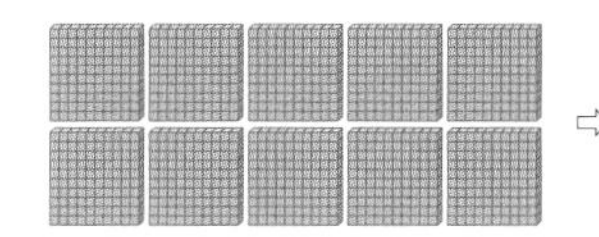

100이 10개 ⇨ 1000 (천)

2-2 네 자리 수

1000이 2개, 100이 4개, 10이 5개, 1이 7개

쓰기 2457

읽기 이천사백오십칠

2-2 네 자리 수의 크기 비교

높은 자리 수부터 차례로 비교합니다.

$3246 > 2615$ ($3>2$)

이 단원에서 배울 내용

1 Step	교과 개념	만, 다섯 자리 수 알아보기
1 Step	교과 개념	십만, 백만, 천만 알아보기
2 Step	교과 유형 익힘	
1 Step	교과 개념	억과 조 알아보기
2 Step	교과 유형 익힘	
1 Step	교과 개념	뛰어 세기
1 Step	교과 개념	수의 크기 비교
2 Step	교과 유형 익힘	
3 Step	문제 해결	잘 틀리는 문제 / 서술형 문제
4 Step	실력 UP 문제	
☆	단원 평가	

이 단원을 배우면
큰 수를 알고, 큰 수의 뛰어 세기와
크기 비교를 할 수 있어요.

Step 1 교과 개념

만, 다섯 자리 수 알아보기

개념1 만 알아보기

1000이 10개인 수를 **10000** 또는 **1만**이라 쓰고, **만** 또는 **일만**이라고 읽습니다.

1000이 8개이면 8000,
1000이 9개이면 9000이야.

개념2 1000이 얼마만큼의 수인지 알아보기

6000－7000－8000－9000－10000 ➡ 10000은 9000보다 1000만큼 더 큰 수입니다.

9600－9700－9800－9900－10000 ➡ 10000은 9900보다 100만큼 더 큰 수입니다.

9960－9970－9980－9990－10000 ➡ 10000은 9990보다 10만큼 더 큰 수입니다.

9996－9997－9998－9999－10000 ➡ 10000은 9999보다 1만큼 더 큰 수입니다.

개념3 1000, 100, 10, 1의 관계 알아보기

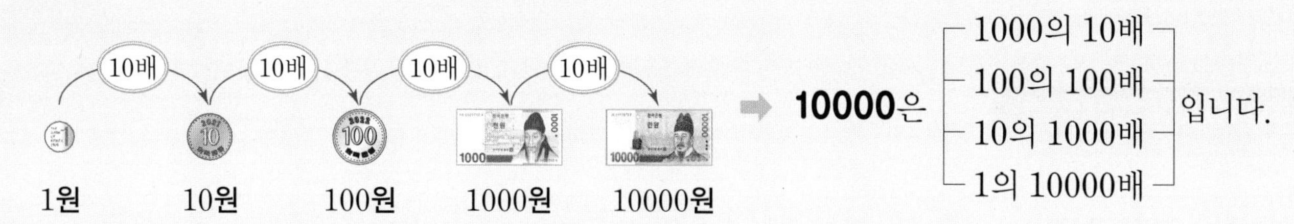

➡ **10000**은 1000의 10배, 100의 100배, 10의 1000배, 1의 10000배 입니다.

개념4 다섯 자리 수 알아보기

10000이 2개, 1000이 4개, 100이 3개, 10이 8개, 1이 7개인 수를 **24387**이라 쓰고, **이만 사천삼백팔십칠**이라고 읽습니다.

	만의 자리	천의 자리	백의 자리	십의 자리	일의 자리
숫자	2	4	3	8	7
나타내는 값	20000	4000	300	80	7

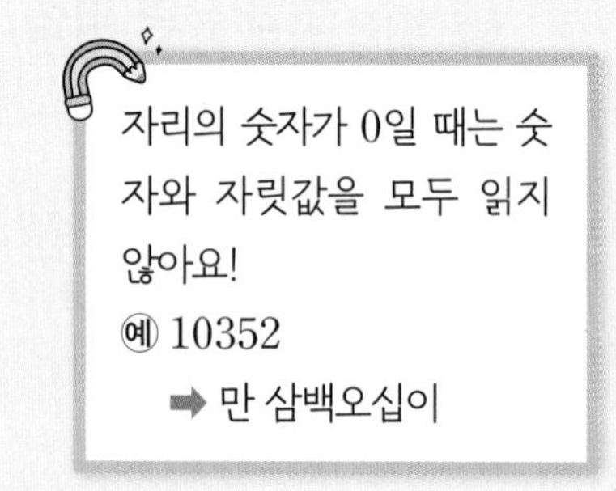

자리의 숫자가 0일 때는 숫자와 자릿값을 모두 읽지 않아요!
예 10352
➡ 만 삼백오십이

24387 = 20000 + 4000 + 300 + 80 + 7
(이만, 사천, 삼백, 팔십, 칠)

개념확인 1 □ 안에 알맞은 수나 말을 써넣으세요.

(1) 1000이 10개인 수는 □ 또는 1만이라고 씁니다.

(2) 10000은 □ 또는 일만이라고 읽습니다.

2 □ 안에 알맞은 수를 써넣으세요.

(1) 10000이 6개, 1000이 3개, 100이 9개, 10이 8개, 1이 4개인 수는 □입니다.

(2) 35472는 10000이 □개, 1000이 5개, 100이 4개, 10이 □개, 1이 2개인 수입니다.

3 그림을 보고 □ 안에 알맞은 수를 써넣으세요.

(1) 10000은 9000보다 □만큼 더 큰 수입니다.

(2) 10000은 1000이 □개인 수입니다.

4 10000이 되도록 묶어 보세요.

1000	1000	1000	1000	1000
1000	1000	1000	1000	1000
1000	1000	1000	1000	1000

5 □ 안에 알맞은 수를 써넣으세요.

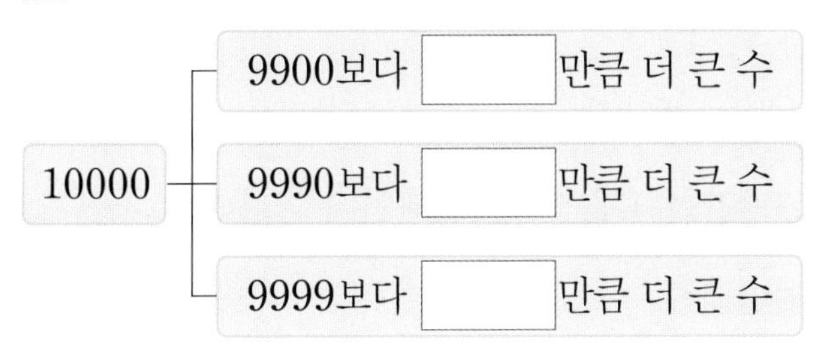

6 수직선을 보고 □ 안에 알맞은 수를 써넣으세요.

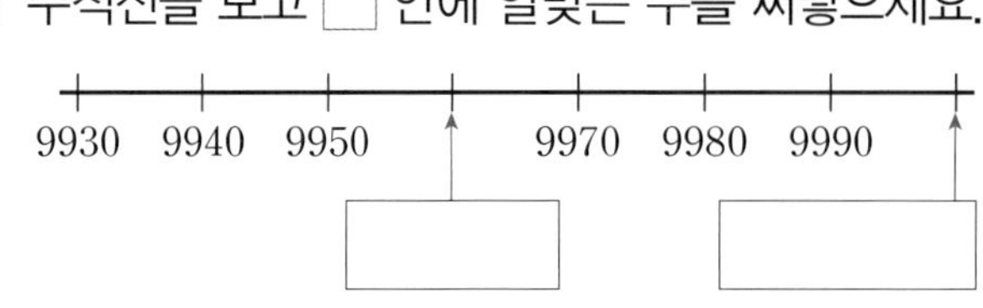

7 규칙에 따라 빈칸에 알맞은 수를 써넣으세요.

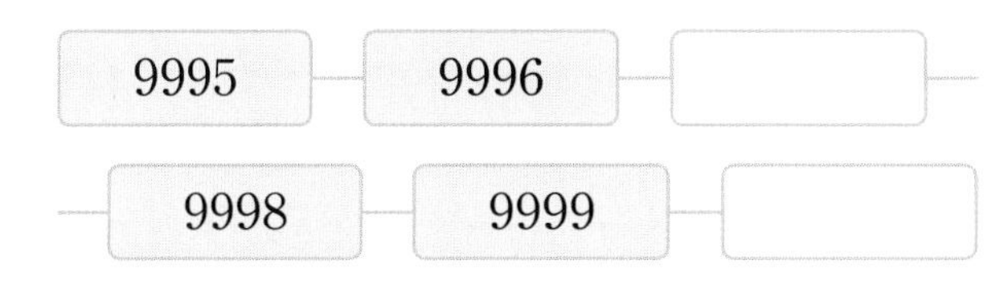

8 85217은 얼마만큼의 수인지 □ 안에 알맞은 수를 써넣으세요.

만의 자리	천의 자리	백의 자리	십의 자리	일의 자리
8	5	2	1	7

⇩

8	0	0	0	0
	5	0	0	0
		2	0	0
			1	0
				7

85217=80000+□+200+10+□

9 빈칸에 알맞은 수나 말을 써넣으세요.

32345	
	칠만 오천구백이십사
26047	
	오만 사천삼백육십이

교과 개념

십만, 백만, 천만 알아보기

개념1 십만, 백만, 천만 알아보기

10000이 (만)	쓰기	읽기
1개인 수 ➡	10000 또는 1만	만 또는 일만
10개인 수 ➡	100000 또는 10만	십만
100개인 수 ➡	1000000 또는 100만	백만
1000개인 수 ➡	10000000 또는 1000만	천만

10000이 2189개인 수를 **21890000** 또는 **2189만**이라 쓰고, **이천백팔십구만**이라고 읽습니다.

개념2 각 자리의 숫자와 나타내는 값 알아보기

8	3	2	5	0	0	0	0
천	백	십	일	천	백	십	일
			만				일

자리의 숫자가 0일 때는 숫자와 자릿값을 모두 읽지 않아요!

83250000을 각 자리의 숫자가 나타내는 값의 합으로 나타내면 다음과 같습니다.

83250000 = 80000000 + 3000000 + 200000 + 50000

참고 큰 수를 읽을 때는 일의 자리부터 네 자리씩 끊은 다음 '만', '일'을 사용하여 왼쪽부터 차례대로 읽습니다.

예 4706/2180 ➡ 사천칠백육만 이천백팔십

개념확인 1 □ 안에 알맞은 수를 써넣으세요.

(1) 10000이 10개인 수 ⇨ □

(2) 10000이 100개인 수 ⇨ □

(3) 10000이 1000개인 수 ⇨ □

개념확인 2 □ 안에 알맞은 수나 말을 써넣으세요.

(1) 87650000에서 숫자 6은 □을 나타냅니다.

(2) □은 1000만이 5개, 100만이 4개, 1만이 9개인 수입니다.

(3) 23510000에서 □의 자리 숫자는 5입니다.

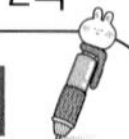

3 빈칸에 알맞은 수를 써넣으세요.

1만 →(10배) [ ] →(10배) [ ] →(10배) [ ]

4 54260000은 얼마만큼의 수인지 알아보려고 합니다. 각 자리의 숫자가 나타내는 값의 합으로 나타내세요.

5	4	2	6	0	0	0	0
천	백	십	일	천	백	십	일
			만				일

54260000

= [ ] +4000000

+ [ ] +60000

5 보기 와 같이 나타내세요.

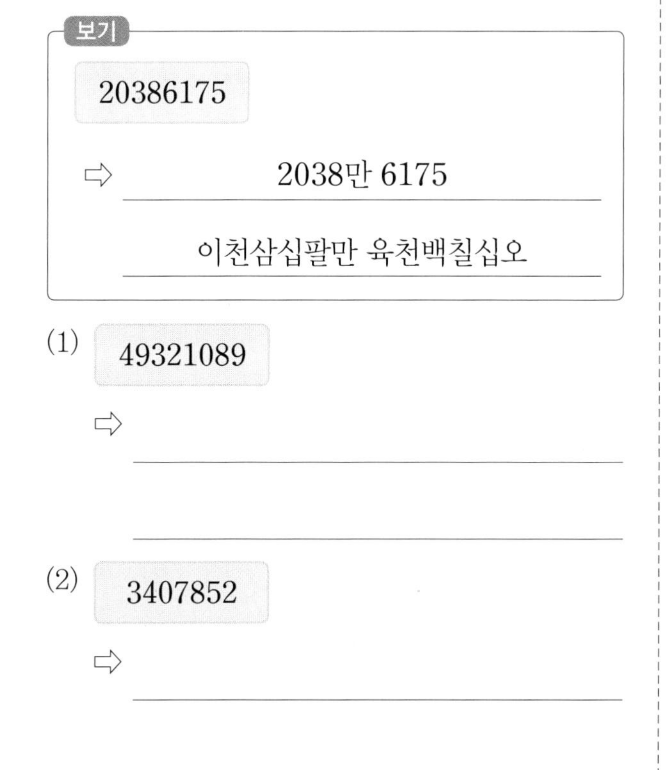

보기

20386175

⇨ 2038만 6175

이천삼십팔만 육천백칠십오

(1) 49321089

⇨ ______

______

(2) 3407852

⇨ ______

______

6 1000만이 9개, 100만이 2개, 10만이 8개, 1만이 3개인 수는 얼마인지 쓰세요.

( )

7 빈칸에 알맞은 수나 말을 써넣으세요.

6150000	
	삼천팔백오십사만
35297108	
	오천사백팔만 칠백육십

8 숫자 4가 나타내는 값을 각각 쓰세요.

45674910
㉠ ㉡

㉠ ( )
㉡ ( )

9 십만의 자리 숫자가 나타내는 값이 큰 것부터 차례로 기호를 쓰세요.

㉠ 60480000 ㉡ 7650000
㉢ 24390000 ㉣ 51760000

( )

1 단원

진도 완료 체크

Step 2 교과 유형 익힘

01 □ 안에 알맞은 수를 써넣으세요.

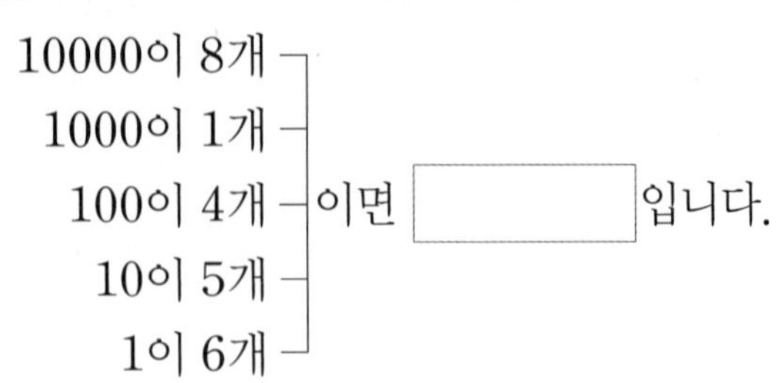

02 10000을 설명한 친구를 찾아 이름을 쓰세요.

- 승우: 7000보다 2000만큼 더 큰 수야.
- 민규: 1000이 10개인 수야.
- 준혁: 9990보다 1만큼 더 큰 수야.

( )

03 57638을 각 자리의 숫자가 나타내는 값의 합으로 나타내려고 합니다. □ 안에 알맞은 수를 써넣으세요.

57638
= □ + □ + 600
+ □ + □

04 10000원이 되려면 각각의 돈이 얼마만큼 필요한지 구하세요.

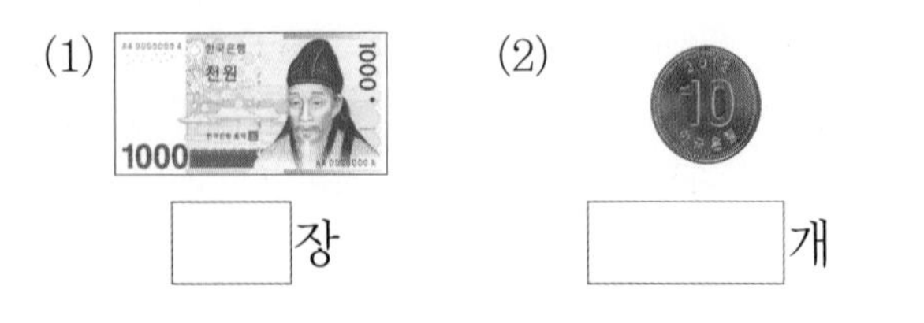

(1) □장 (2) □개

05 1000원짜리 지폐 7장이 있습니다. 물감 세트를 사려면 1000원짜리 지폐 몇 장이 더 필요할까요?

( )

06 밑줄 친 숫자 7이 나타내는 값이 가장 큰 수의 기호를 쓰세요.

㉠ 25760000 ㉡ 37642150 ㉢ 8470000

( )

07 문구점에서 인형 3개, 볼펜 6자루, 구슬 5개를 사려면 얼마가 필요한지 구하세요.

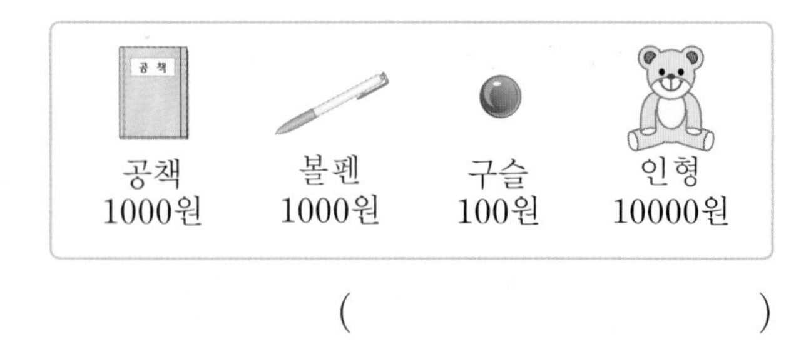

( )

서술형 문제

08 잘못 이야기한 사람을 찾아 이름을 쓰고, 바르게 고쳐 쓰세요.

( )

바르게 고치기 ______________________

09 설명하는 수가 얼마인지 쓰세요.

1000만이 6개, 10만이 37개, 1만이 9개인 수

( )

10 다음을 모두 만족하는 다섯 자리 수를 쓰고 읽으세요.

- 천의 자리 숫자는 1, 일의 자리 숫자는 8입니다.
- 숫자 5가 2개 있습니다.
- 수 모형으로 나타낼 때 십 모형은 6개 필요합니다.

쓰기 ______________________

읽기 ______________________

11 추론 1000원짜리 지폐 9장에 500원짜리 동전과 100원짜리 동전을 더해 10000원을 만들려고 합니다. 만들 수 있는 경우를 모두 구하세요.

1000원 9장

경우 1	경우 2	경우 3
500 □개	500 □개	500 □개
100 □개	100 □개	100 □개

12 문제해결 ㉠, ㉡, ㉢, ㉣에 알맞은 수가 큰 것부터 차례로 기호를 쓰세요.

- 52000에서 만의 자리 숫자는 ㉠입니다.
- 38545에서 ㉡은 40을 나타냅니다.
- 16035에서 천의 자리 숫자는 ㉢입니다.
- 86420에서 ㉣은 0을 나타냅니다.

( )

13 추론 수 카드를 모두 한 번씩만 사용하여 백만의 자리 숫자가 2인 가장 큰 여덟 자리 수를 만들고 읽으세요.

5 2 9 8 4 7 6 3

쓰기 ______________________

읽기 ______________________

1 단원

진도 완료 체크

Step 1

교과 개념

개념1 억 알아보기

1000만이 10개인 수를 **100000000** 또는 **1억**이라 쓰고, **억** 또는 **일억**이라고 읽습니다.

1억이	쓰기	읽기	
1개인 수 ➡	100000000 또는 1억	억 또는 일억	
10개인 수 ➡	1000000000 또는 10억	십억	10배
100개인 수 ➡	10000000000 또는 100억	백억	10배
1000개인 수 ➡	100000000000 또는 1000억	천억	10배

1억은 0이 8개!

1억이 9125개인 수를 **912500000000** 또는 **9125억**이라 쓰고,
구천백이십오억이라고 읽습니다.

개념2 조 알아보기

1000억이 10개인 수를 **1000000000000** 또는 **1조**라 쓰고, **조** 또는 **일조**라고 읽습니다.
1조가 2753개인 수를 2753000000000000 또는 **2753조**라 쓰고,
이천칠백오십삼조라고 읽습니다.

2	7	5	3	0	0	0	0	0	0	0	0	0	0	0	0
천	백	십	일	천	백	십	일	천	백	십	일	천	백	십	일
			조				억				만				일

2753000000000000=2000000000000000+700000000000000
+50000000000000+3000000000000

1조는 0이 12개!

개념확인 1 각 자리의 숫자가 나타내는 값의 합으로 나타내세요.

3	5	2	8	0	0	0	0	0	0	0	0
천	백	십	일	천	백	십	일	천	백	십	일
			억				만				일

352800000000
=300000000000+[ ]+[ ]+800000000

2 □ 안에 알맞은 수를 써넣으세요.

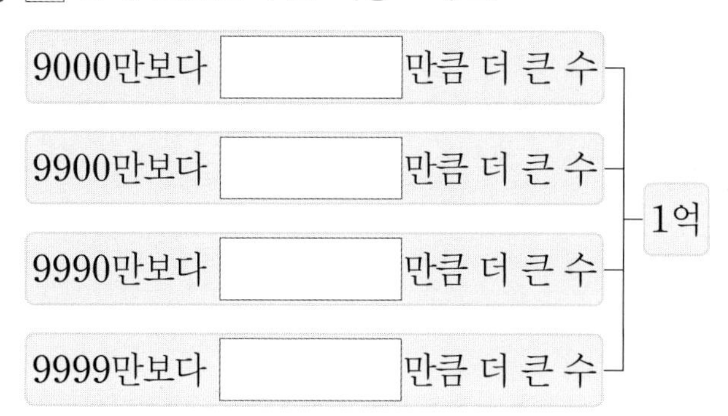

3 빈칸에 알맞은 수를 써넣으세요.

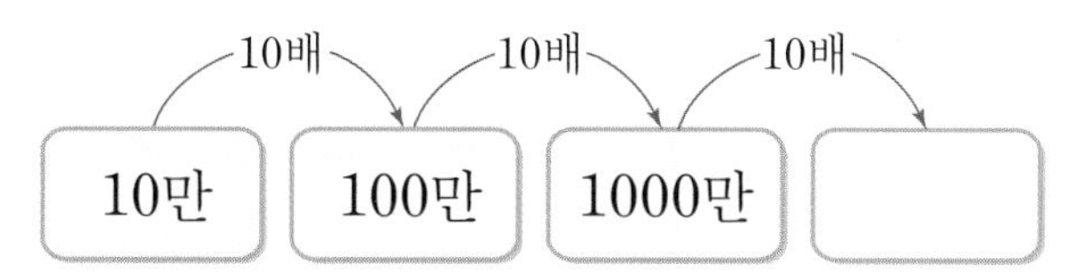

4 □ 안에 알맞은 수를 써넣으세요.

9000억보다 □ 만큼 더 큰 수
9900억보다 □ 만큼 더 큰 수 — 1조
9990억보다 □ 만큼 더 큰 수

5 6248조는 얼마만큼의 수인지 알아보려고 합니다. 표의 빈칸과 □ 안에 알맞은 수를 써넣으세요.

				0	0	0	0	0	0	0	0	0	0	0	0
천	백	십	일	천	백	십	일	천	백	십	일	천	백	십	일
			조				억				만				일

6248조＝6000조＋□＋40조＋□

6 수를 보고 □ 안에 알맞은 수를 써넣으세요.

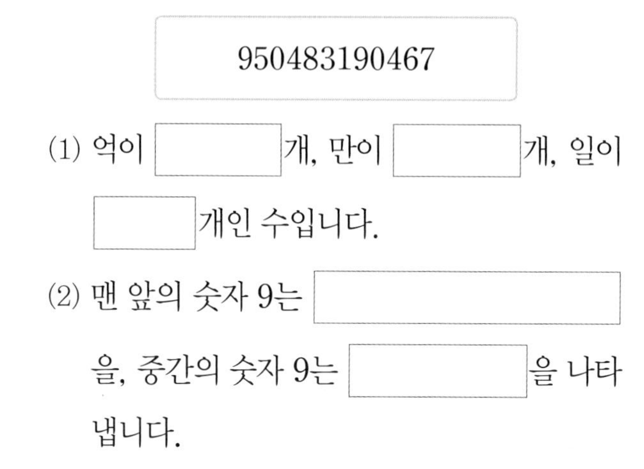

(1) 억이 □ 개, 만이 □ 개, 일이 □ 개인 수입니다.

(2) 맨 앞의 숫자 9는 □ 을, 중간의 숫자 9는 □ 을 나타냅니다.

7 빈칸에 알맞은 수를 써넣고 물음에 답하세요.

7139000000000000															
				0	0	0	0	0	0	0	0	0	0	0	0
천	백	십	일	천	백	십	일	천	백	십	일	천	백	십	일
			조				억				만				일

(1) 숫자 7이 나타내는 값은 얼마인가요?
( )

(2) 숫자 3이 나타내는 값은 얼마인가요?
( )

8 수를 읽으세요.

(1) 289104760000
( )

(2) 74300000000000
( )

9 수로 나타내세요.

(1) 팔천사백오십육억 사천칠백오십삼만
( )

(2) 조가 24개, 억이 91개, 만이 3500개인 수
( )

1 단원

교과 유형 익힘

01 1억이 3460개, 1만이 67개인 수를 바르게 나타낸 것에 ○표 하세요.

346000670000	(　　　)
346006700000	(　　　)

02 설명하는 수를 쓰세요.

1000조가 6개, 100조가 3개,
10조가 7개, 1조가 8개인 수

(　　　　　　)

03 보기 와 같이 나타내세요.

보기
103570005789753
⇨ 103조 5700억 578만 9753

(1) 9017678519503355

⇨ ______

(2) 36001461895050

⇨ ______

04 설명하는 수를 쓰고, 읽으세요.

억이 843개, 만이 5500개인 수

쓰기 ______

읽기 ______

05 설명하는 수를 쓰고, 읽으세요.

조가 6530개, 억이 501개인 수

쓰기 ______

읽기 ______

06 백억의 자리 숫자가 6인 수는 어느 것인가요? ………………(　　)

① 35163860007
② 446278064789
③ 160628971253
④ 222600063712
⑤ 653845000067

07 다음이 나타내는 수를 구하세요.

740만의 1000배인 수

(　　　　　　)

08 ㉠에 알맞은 수는 얼마인가요? ·······(　　　　)

> 1만 원짜리 지폐가 ㉠장이 있으면 1억 원이고, 1억 원짜리 수표가 ㉠장 있으면 1조 원입니다.

① 10　② 100　③ 1000
④ 10000　⑤ 100000

서술형 문제

09 100억이 48개, 억이 62개, 10만이 35개인 수를 12자리 수로 나타내려고 합니다. 0은 모두 몇 개인지 풀이 과정을 쓰고 답을 구하세요.

풀이 ____________________

____

____

____

답 ____________________

10 숫자 8이 나타내는 값이 더 큰 것을 찾아 기호를 쓰세요.

> ㉠ 268453020000000
> ㉡ 9420820545000000

(　　　　)

11 의사소통 ㉠이 나타내는 값은 ㉡이 나타내는 값의 몇 배인가요?

> 52140291073
> (㉠: 첫 번째 1, ㉡: 두 번째 1)

(　　　　)

12 추론 360000000000에 대해 잘못 설명한 것을 찾아 기호를 쓰고, 바르게 고쳐 보세요.

> ㉠ 1억이 360개인 수입니다.
> ㉡ 백억의 자리 숫자는 6입니다.
> ㉢ 각 자리의 숫자가 나타내는 값의 합으로 나타내면
> 30000000000＋6000000000입니다.

(　　　　)

바르게 고치기 ____________________

13 문제해결 1조가 73개, 1억이 6945개, 1만이 182개인 수를 100배 했을 때의 10조의 자리 숫자와 100억의 자리 숫자의 합을 구하세요.

(　　　　)

1 단원 진도 완료 체크

교과 개념

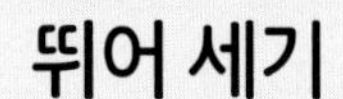

개념1 뛰어 세기

• 10000씩 뛰어 세기

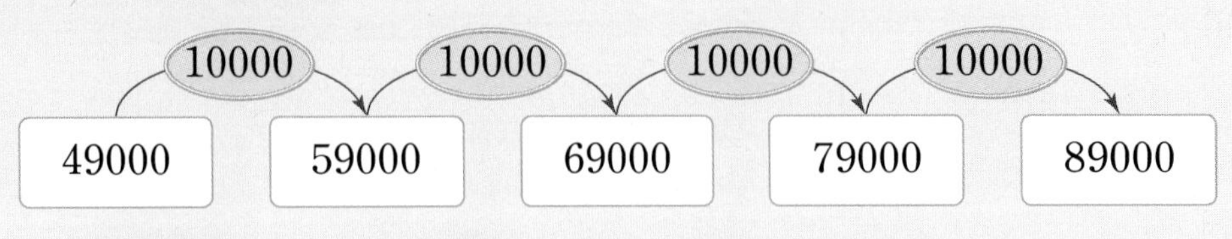

➡ **10000**씩 뛰어 세면 **만**의 자리 수가 **1**씩 커집니다.

뛰어 세기를 하는 규칙에 따라 해당하는 자리 수가 일정하게 커집니다.

• 20000씩 뛰어 세기

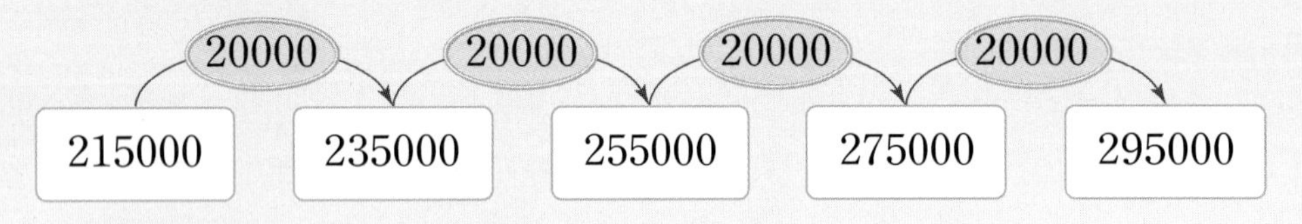

➡ **20000**씩 뛰어 세면 **만**의 자리 수가 **2**씩 커집니다.

• 10억씩 뛰어 세기

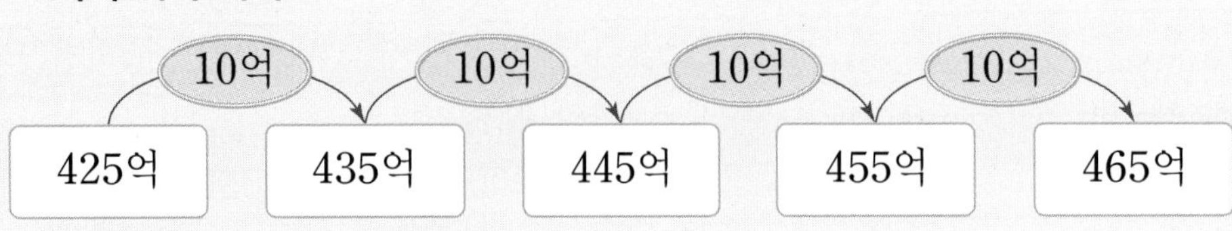

➡ **10억**씩 뛰어 세면 **십억**의 자리 수가 **1**씩 커집니다.

• **뛰어 세기 전의 수 구하기**

?−58억−59억−60억

➡ 1억씩 커지는 규칙이므로 ?는 58억보다 1억만큼 작은 수인 57억입니다.

• 10배씩 뛰어 세기

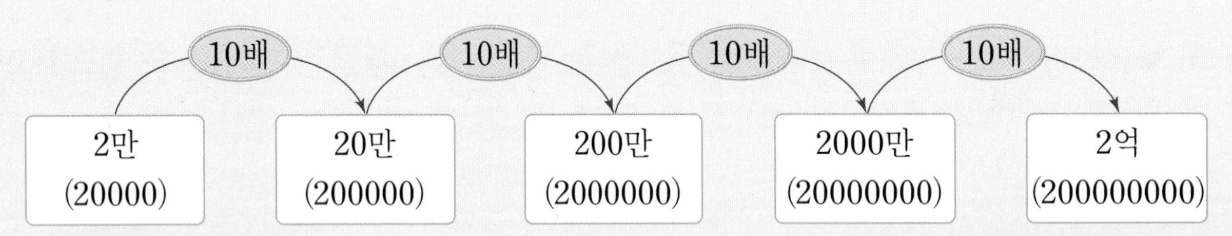

➡ **10배**씩 뛰어 세는 것은 자릿값이 한 자리씩 늘어나는 것이므로 끝자리에 **0을 1개씩** 더 붙인 것과 같습니다.

개념확인 1 □ 안에 알맞은 수를 써넣으세요.

⇨ 백만의 자리 수가 1씩 커지므로 □씩 뛰어 세기를 한 것입니다.

2 뛰어 세기를 한 것입니다. □ 안에 알맞은 수나 말을 써넣으세요.

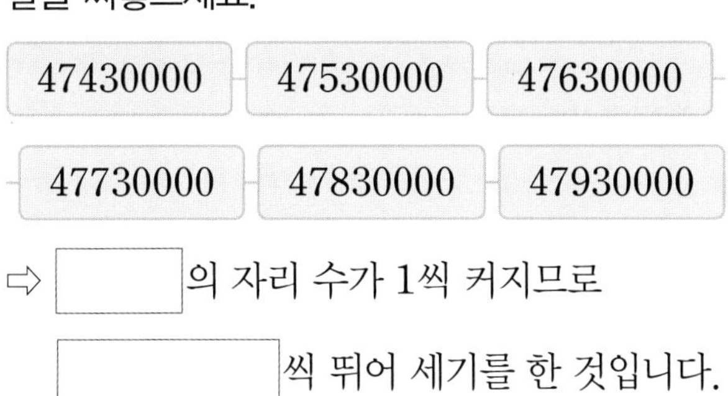

⇨ □의 자리 수가 1씩 커지므로

□씩 뛰어 세기를 한 것입니다.

3 10000씩 뛰어 세기 하세요.

4 뛰어 세기를 보고 규칙을 찾아 쓰세요.

3024억 – 4024억 – 5024억 – 6024억

□씩 뛰어 세기

5 주어진 수만큼 뛰어 세어 빈칸에 알맞은 수를 써넣으세요.

(1) 200억씩 뛰어 세기

1320억 – 1520억 – □ – □ – □ – □

(2) 30000씩 뛰어 세기

10000 – 40000 – □ – □ – □ – □

6 뛰어 세기를 하여 빈칸에 알맞은 수를 써넣으세요.

7 뛰어 세기를 하였습니다. ㉠에 알맞은 수는 어느 것인가요? ·································· (　　　)

① 5483200　　② 5485900

③ 5512900　　④ 5782900

⑤ 8482900

[8~9] 뛰어 세기를 하여 빈칸에 알맞은 수를 써넣으세요.

8

9

7조 8300억 – 7조 9300억 – □ – □ – □ – 8조 3300억

1 Step 교과 개념

개념1 큰 수의 크기 비교 방법(1)

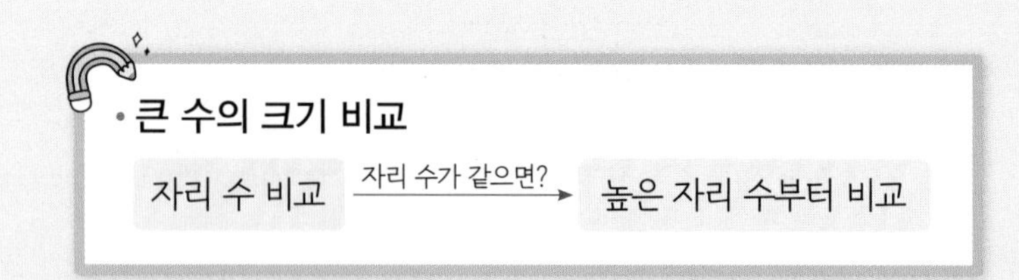

① 자리 수가 많은 수가 더 큽니다.

3807625 > 980134

7자리 수 / 6자리 수

② 자리 수가 같으면 높은 자리부터 비교하여 수가 큰 쪽이 더 큽니다.

	천만	백만	십만	만	천	백	십	일
85492610 ➡	8	5	4	9	2	6	1	0
85730926 ➡	8	5	7	3	0	9	2	6

천만, 백만의 자리 수가 각각 같으므로 십만의 자리 수를 비교해요.

개념2 큰 수의 크기 비교 방법(2)

① 247320000 (>) 2억
2억 4732만

② 85조 23억 (<) 855조 230만

③ 1조 (>) 450억

개념3 수직선을 이용하여 수의 크기 비교하기

• 3300만과 3600만의 크기 비교하기

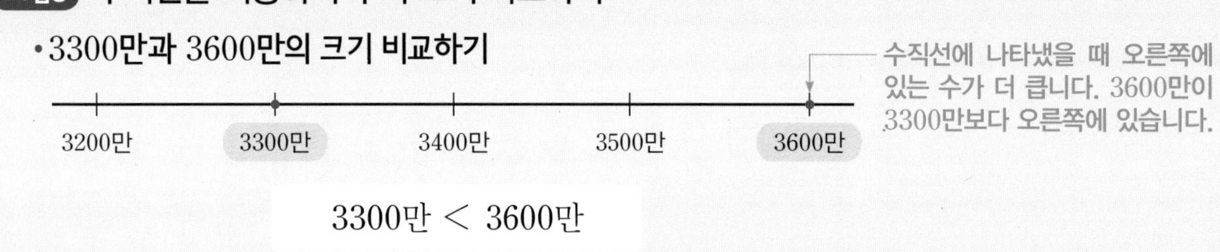

3300만 < 3600만

개념확인 1 수의 크기를 비교하여 ◯ 안에 >, < 중 알맞은 것을 써넣으세요.

(1)

천만	백만	십만	일만	천	백	십	일
1	7	3	3	0	0	0	0
	8	9	6	0	0	0	0

17330000 ◯ 8960000

(2)

천억	백억	십억	일억	천만	백만	십만	일만	천	백	십	일
5	0	7	3	0	0	0	0	0	0	0	0
5	6	4	0	0	0	0	0	0	0	0	0

507300000000 ◯ 564000000000

2 4830만과 4370만의 크기를 비교하세요.

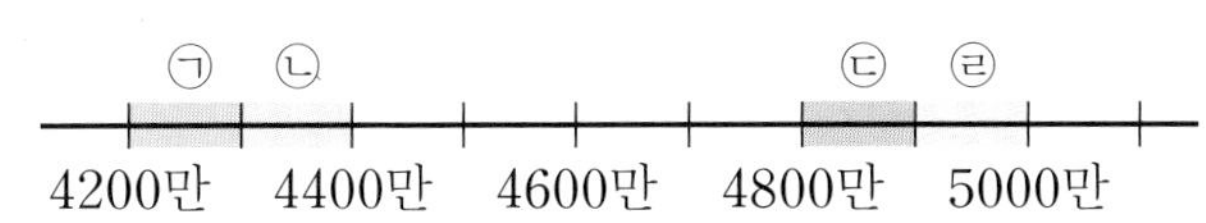

(1) 4830만은 ㉠, ㉡, ㉢, ㉣ 중 어디에 나타낼 수 있을까요?

(　　　　　　　　　　)

(2) 4370만은 ㉠, ㉡, ㉢, ㉣ 중 어디에 나타낼 수 있을까요?

(　　　　　　　　　　)

(3) 4830만과 4370만 중 어느 수가 더 클까요?

(　　　　　　　　　　)

3 더 큰 수를 말한 사람의 이름을 쓰세요.

(　　　　　　　　　　)

4 주어진 두 수를 수직선에 각각 •으로 나타내고 두 수의 크기를 비교하세요.

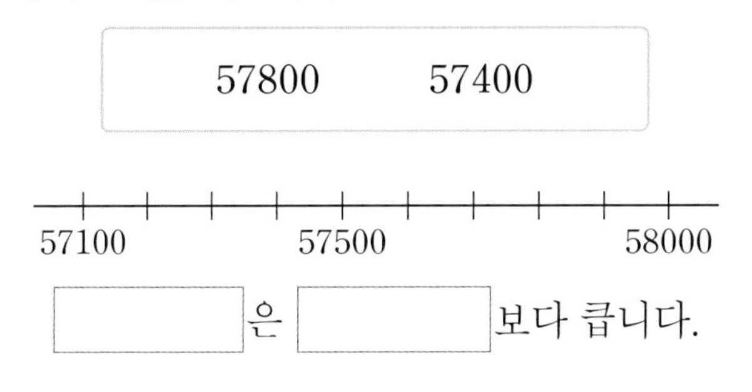

5 수의 크기를 비교하여 ○ 안에 >, < 중 알맞은 것을 써넣으세요.

(1) 58094 ○ 503500

(2) 13068071 ○ 5075423

(3) 25179128 ○ 25342897

(4) 698001237 ○ 698543200

6 수의 크기를 비교하여 ○ 안에 >, < 중 알맞은 것을 써넣으세요.

(1) 592억 60만 ○ 558억 5948만

(2) 123조 1491억 ○ 118조 2900억

7 가장 큰 수를 찾아 ○표 하세요.

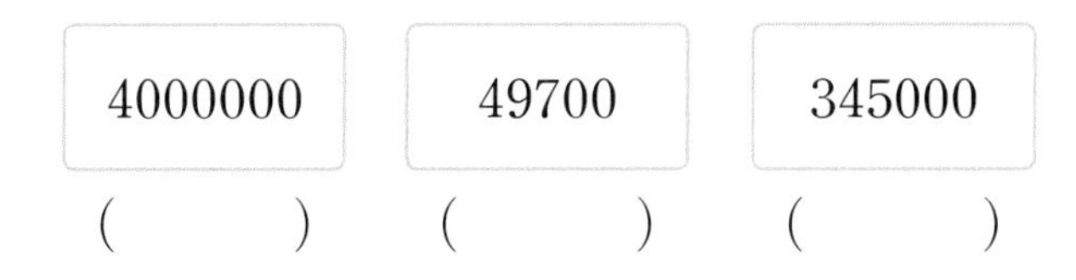

(　　) (　　) (　　)

8 가장 큰 수에 ○표, 가장 작은 수에 △표 하세요.

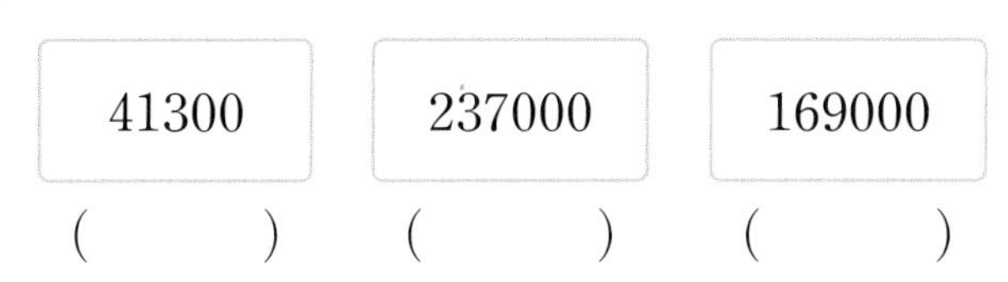

(　　) (　　) (　　)

교과 유형 익힘

01 300억씩 뛰어 세어 보세요.

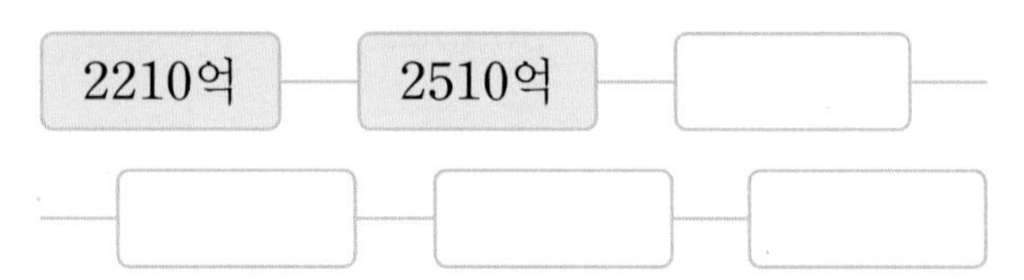

[02~03] 규칙을 따라 뛰어 세어 보세요.

02

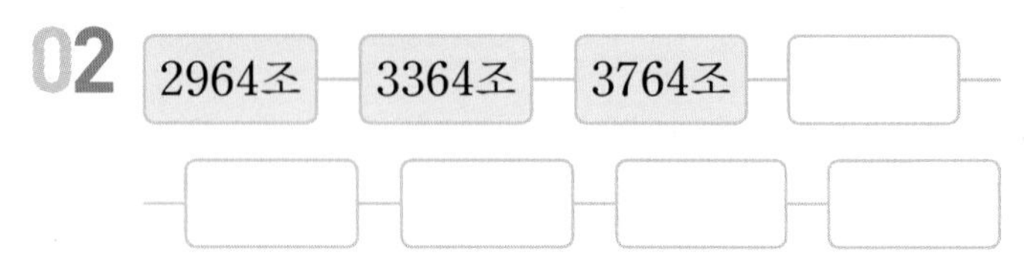

03

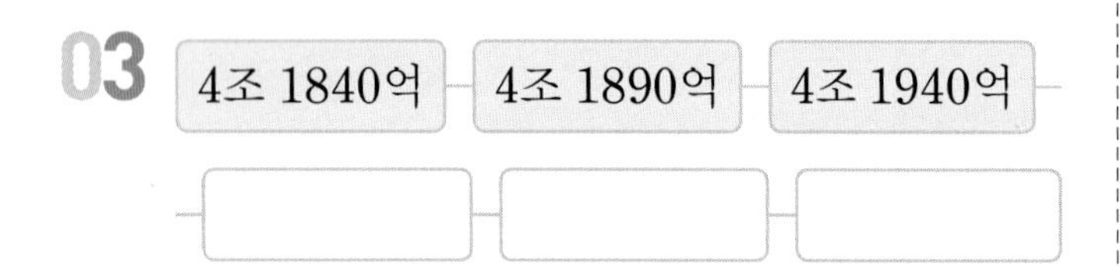

04 945000과 948000을 수직선에 ↑로 나타내고, 수의 크기를 비교하세요.

940000 ———————————— 950000

945000 ◯ 948000

05 뛰어 세기를 한 것입니다. 빈칸에 알맞은 수를 써넣고 규칙을 쓰세요.

6257900 — 6557900 — 6857900 — ☐

규칙 ______________________

06 수의 크기를 비교하여 ◯ 안에 $>$, $=$, $<$ 중 알맞은 것을 써넣으세요.

(1) 48억 7400만 ◯ 48740000

(2) 920500000000000 ◯ 920조 5000만

07 가장 비싼 물건은 무엇인가요?

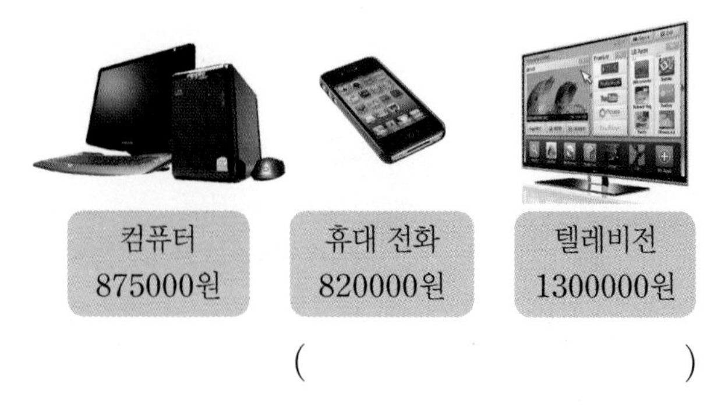

(　　　　　　　　)

08 6950억부터 2000억씩 4번 뛰어 세기 한 결과는 얼마인지 구하세요.

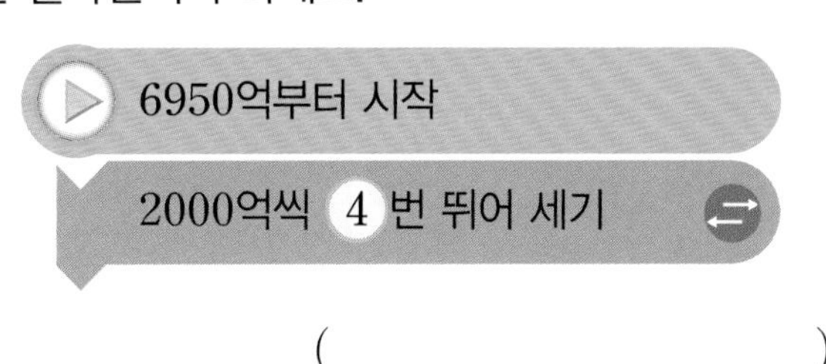

( )

09 크기 비교를 바르게 한 사람의 이름을 쓰세요.

- 민주: 3764억 < 삼천구십육억
- 성우: 1834만 5947 > 2955604
- 주성: 1702조 6000만 < 1682조

( )

10 세 수의 크기를 비교하여 작은 수부터 차례로 기호를 쓰세요.

㉠ 93784206149540
㉡ 9379023496603
㉢ 93770468763201

( )

11 추론 규칙에 따라 빈칸에 알맞은 수를 써넣으세요.

12 추론 지후네 가족은 여행을 가기 위해 120만 원을 모으려고 합니다. 다음 달부터 매월 20만 원씩 모은다면 지금부터 적어도 몇 개월이 걸릴까요?

( )

13 정보처리 수 카드를 모두 한 번씩만 사용하여 만들 수 있는 9자리 수 중 가장 큰 수와 가장 작은 수를 각각 쓰세요.

2 1 0 3 5
6 9 7 8

가장 큰 수 ( )
가장 작은 수 ( )

서술형 문제

14 어느 해의 우리나라 초등학교 4학년 남학생은 389400명이고 여학생은 335900명입니다. 남학생과 여학생 중에서 어느 쪽이 더 많은지 풀이 과정을 쓰고 답을 구하세요.

풀이 ______________________

____

____

____

답 ______________

15 그림에서 ㉠이 나타내는 수를 구하세요.

(　　　　　　　　)

16 소정이네 가족은 10월에 있는 할머니 생신 잔치를 위해 4월부터 한 달에 5만 원씩 모으기로 하였습니다. 9월까지 모은 돈은 모두 얼마일까요?

(　　　　　　　　)

17 더 큰 수의 기호를 쓰세요.

㉠ 천사십조 육백팔십억 구천사십육
㉡ 조가 1040개, 억이 1300개, 만이 4000개인 수

(　　　　　　　　)

18 규칙에 따라 뛰어 세기를 한 것입니다. ㉠에 알맞은 수를 구하세요.

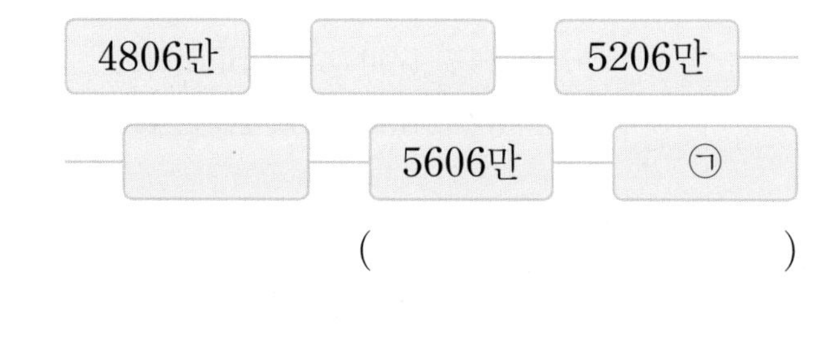

(　　　　　　　　)

19 1부터 9까지의 수 중에서 □ 안에 들어갈 수 있는 수를 모두 구하세요.

497265 < 49□837

(　　　　　　　　)

20 조건을 모두 만족하는 수를 쓰세요.

> **조건**
> - 수 카드 1, 2, 3, 4, 5를 모두 한 번씩만 사용하여 만든 수입니다.
> - 54000보다 큰 수입니다.
> - 54200보다 작은 수입니다.
> - 일의 자리 숫자는 홀수입니다.

(　　　　　　　　　　)

21 어떤 수에서 3000억씩 6번 뛰어 세었더니 4조 5000억이 되었습니다. 어떤 수는 얼마일까요?

(　　　　　　　　　　)

22 수 카드를 모두 한 번씩만 사용하여 40억보다 큰 수를 1개 만들고 읽으세요.

5 6 7 8 9

쓰기 (　　　　　　　　　　)

읽기 (　　　　　　　　　　)

23 창의 융합 세계 주요 도시의 인구수를 나타낸 지도입니다. 지도에 나타낸 도시 중 인구수가 가장 많은 도시를 찾아 쓰세요.

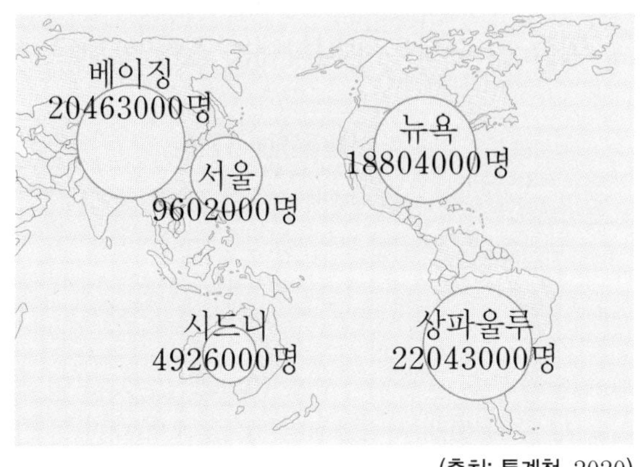

(출처: 통계청, 2020)

(　　　　　　　　　　)

24 문제 해결 □ 안에는 0부터 9까지의 수가 들어갈 수 있습니다. 두 수의 크기를 비교하여 ○ 안에 >, =, < 중 알맞은 것을 써넣으세요.

> 60901224312 ○ 609□1437845

25 문제 해결 어느 장난감 회사의 2009년 수출액은 1500만 달러입니다. 이 회사의 수출액은 매년 일정하게 증가하여 2019년에 6500만 달러가 되었습니다. 이 회사의 수출액이 앞으로도 매년 같은 금액씩 증가한다면 수출액이 처음으로 8000만 달러가 되는 해는 몇 년인가요?

(　　　　　　　　　　)

문제 해결 (잘 틀리는 문제)

유형1 각 자리의 숫자가 나타내는 값

1 밑줄 친 숫자 5가 나타내는 값을 쓰세요.

9852146722

(　　　　　　　　)

Solution 밑줄 친 숫자가 어느 자리에 있는지를 먼저 살펴본 다음 그 숫자 아래 자리를 모두 0으로 나타내면 나타내는 값을 알기 쉽습니다.

1-1 숫자 8이 80000000을 나타내는 수는 어느 것인가요? ································ (　　　)

① 685321401265
② 3685421145
③ 26954713698
④ 1126368745115
⑤ 2596487451

1-2 숫자 2가 나타내는 값이 가장 작은 수는 어느 것인가요? ································ (　　　)

① 268931　　② 336524
③ 365412　　④ 621491
⑤ 367214

1-3 숫자 3이 나타내는 값이 큰 것부터 차례로 기호를 쓰세요.

㉠ 2369885411221
㉡ 263985455669426
㉢ 879347125650

(　　　　　　　　)

유형2 나타내는 값의 관계

2 ㉠이 나타내는 값은 ㉡이 나타내는 값의 몇 배인가요?

7896754
㉠　㉡

(　　　　　　　　)

Solution 두 수가 나타내는 값을 알아본 다음 0을 같은 개수만큼 지워 보면 쉽게 알 수 있습니다.

2-1 ㉠이 나타내는 값은 ㉡이 나타내는 값의 몇 배인가요?

3267889246
㉠　㉡

(　　　　　　　　)

2-2 두 수에서 ㉠이 나타내는 값은 ㉡이 나타내는 값의 몇 배인가요?

659321　　123567
㉠　　　　　㉡

(　　　　　　　　)

2-3 두 수에서 ㉠이 나타내는 값은 ㉡이 나타내는 값의 몇 배인가요?

24325671　　123547
㉠　　　　　㉡

(　　　　　　　　)

유형3 조건을 만족하는 수

3 0부터 7까지의 수를 모두 한 번씩만 사용하여 십의 자리 숫자가 0인 가장 큰 수를 만드세요.

(　　　　　　　　　　)

Solution 자리 수만큼 □를 나열한 다음 조건을 만족하도록 □를 채워 나가면 쉽게 해결할 수 있습니다.

3-1 0부터 6까지의 수를 모두 한 번씩만 사용하여 십만의 자리 숫자가 4인 가장 작은 수를 만드세요.

(　　　　　　　　　　)

3-2 수 카드를 모두 한 번씩만 사용하여 만의 자리 숫자가 3인 가장 큰 수를 만드세요.

4 1 3 8 6 7

(　　　　　　　　　　)

3-3 수 카드를 모두 한 번씩만 사용하여 조건 을 만족하는 가장 작은 수를 구하세요.

5 3 2 0 4 6 9 7 1

조건
- 9자리 수입니다.
- 억의 자리 숫자는 7입니다.
- 일의 자리 숫자는 9입니다.

(　　　　　　　　　　)

유형4 □가 있는 수의 크기 비교

4 □ 안에 0부터 9까지 어떤 숫자를 넣어도 됩니다. 두 수의 크기를 비교하여 ○ 안에 >, < 중 알맞은 것을 써넣으세요.

42934179 ○ 42□02982

Solution □ 안에 9를 넣었는데도 작으면 □가 있는 수가 작은 수이고, □ 안에 0을 넣었는데도 크면 □가 있는 수가 큰 수입니다.

4-1 □ 안에 0부터 9까지 어떤 숫자를 넣어도 됩니다. 두 수의 크기를 비교하여 ○ 안에 >, < 중 알맞은 것을 써넣으세요.

3658□1254 ○ 365891872

4-2 □ 안에 0부터 9까지 어떤 숫자를 넣어도 됩니다. 두 수의 크기를 비교하여 ○ 안에 >, < 중 알맞은 것을 써넣으세요.

472085692 ○ 472□95832

4-3 □ 안에 0부터 9까지 어떤 숫자를 넣어도 됩니다. 작은 수부터 차례로 기호를 쓰세요.

㉠ 293905□25487
㉡ 293□04684532
㉢ 29390491□635

(　　　　　　　　　　)

1 단원

Step 3 문제 해결 (서술형 문제)

유형5

문제 해결 Key
모형 돈을 수로 나타냅니다.

문제 해결 전략
❶ 1억 원짜리 금액 구하기
❷ 만 원짜리 금액 구하기
❸ 1원짜리 금액 구하기
❹ 선우가 가진 모형 돈의 금액 구하기

5 선우가 가진 모형 돈을 세어 보니 ❶1억 원짜리가 432장, ❷만 원짜리가 1233장, ❸1원짜리가 2131개였습니다. ❹선우가 가진 모형 돈은 모두 얼마인지 풀이 과정을 보고 □ 안에 알맞은 수를 써넣어 답을 구하세요.

풀이 ❶ 1억 원짜리 432장은 □원입니다.
❷ 만 원짜리 1233장은 □원입니다.
❸ 1원짜리 2131개는 □원입니다.
❹ 선우가 가진 모형 돈은 모두 □원입니다.

답 ____________

5-1 연습 문제

선영이가 가진 모형 돈을 세어 보니 1억 원짜리가 17장, 만 원짜리가 78장, 1원짜리가 34개였습니다. 선영이가 가진 모형 돈은 모두 얼마인지 풀이 과정을 쓰고 답을 구하세요.

풀이
❶ 1억 원짜리 금액 구하기

❷ 만 원짜리 금액 구하기

❸ 1원짜리 금액 구하기

❹ 선영이가 가진 모형 돈의 금액 구하기

답 ____________

5-2 실전 문제

재영이와 진우가 가지고 있는 모형 돈이 다음과 같을 때, 누가 가지고 있는 모형 돈이 더 많은지 풀이 과정을 쓰고 답을 구하세요.

재영: 1억 원짜리 320장, 만 원짜리 9578장, 1원짜리 45개
진우: 1억 원짜리 302장, 만 원짜리 2054장, 1원짜리 8832개

풀이

답 ____________

유형6

문제 해결 Key
매달 저금한 금액만큼 뛰어 세기를 합니다.

문제 해결 전략
❶ 오늘까지 저금한 돈에서 200000원씩 5번 뛰어 세기
❷ 5개월 후의 금액 구하기

6 정민이 어머니께서 은행에 ❶저금한 돈은 오늘까지 4820000원입니다. 다음 달부터 매월 200000원씩 저금을 한다면 ❷5개월 후에 저금한 돈은 모두 얼마가 되는지 풀이 과정을 보고 □ 안에 알맞은 수를 써넣어 답을 구하세요.

풀이 ❶ 오늘까지 저금한 돈은 [   ]원이므로
4820000에서 [   ]씩 [ ]번 뛰어 셉니다.
4820000 — [   ] — [   ] — [   ] — [   ] — [   ]

❷ 따라서 5개월 후에 저금한 돈은 모두 [   ]원이 됩니다.

답 ____________

6-1 연습 문제

지은이가 은행에 저금한 돈은 오늘까지 70만 원입니다. 다음 달부터 매월 2만 원씩 저금을 한다면 7개월 후에 저금한 돈은 모두 얼마가 되는지 풀이 과정을 쓰고 답을 구하세요.

풀이
❶ 오늘까지 저금한 돈에서 2만 원씩 7번 뛰어 세기

❷ 7개월 후의 금액 구하기

답 ____________

6-2 실전 문제

불우 이웃을 돕기 위한 사랑의 모금 통장에는 매달 5000만 원씩 돈이 들어옵니다. 이번 달에도 5000만 원이 들어와서 사랑의 모금 통장에 있는 돈은 543억 원이 되었습니다. 6개월 후에는 모두 얼마가 되는지 풀이 과정을 쓰고 답을 구하세요.

풀이

답 ____________

1 단원

진도 완료 체크

실력UP문제

01 두 친구의 대화를 읽고 □ 안에 알맞은 수를 써넣으세요.

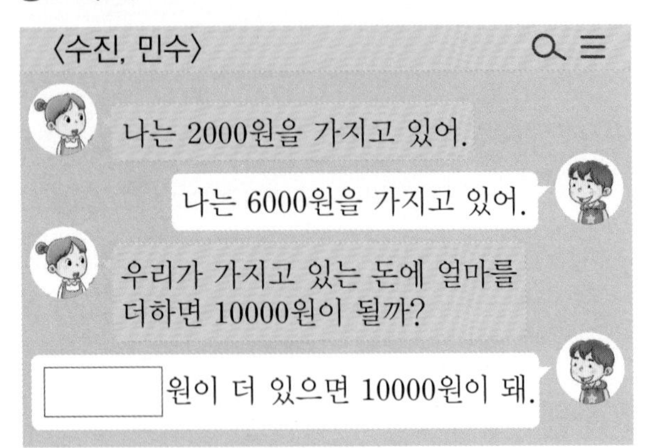

02 은지와 영주가 각각 10000원씩 모았습니다. □ 안에 알맞은 수를 써넣으세요.

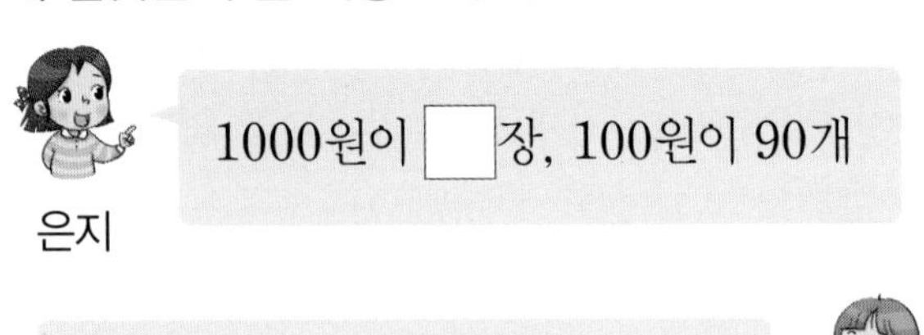

03 윤서는 자주 사용하는 물건의 세균 수를 조사하였습니다. 세균 수가 많은 것부터 차례로 기호를 쓰세요.

㉠ 
휴대 전화
2만 5000마리

㉡ 
컴퓨터 자판
274만 1340마리

㉢ 
플라스틱 컵
36200마리

( )

04 규칙에 따라 빈칸에 알맞은 수를 써넣으세요.

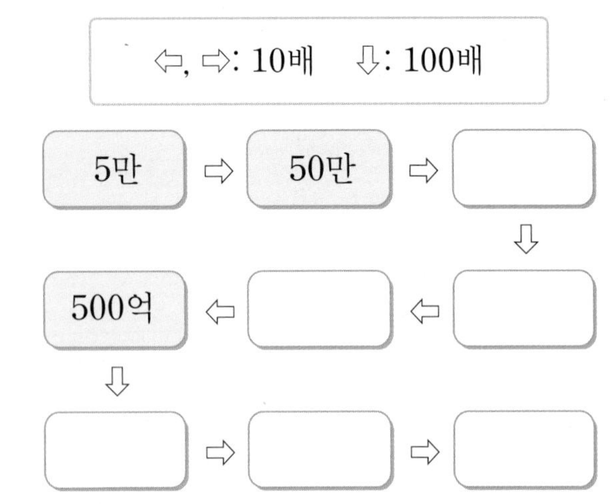

05 어느 은행에서 일주일 동안 발행한 수표는 100만 원짜리 수표가 340장, 10만 원짜리 수표가 3100장이었습니다. 이 은행이 일주일 동안 발행한 수표는 모두 얼마일까요?

( )

06 수 카드를 모두 한 번씩만 사용하여 4억보다 크면서 4억에 가장 가까운 수를 만드세요.

( )

07 어느 기업이 한 해 동안 나라별로 수출한 금액을 조사하여 나타냈습니다. 수출한 금액의 숫자 1이 나타내는 값이 가장 큰 나라는 어디일까요?

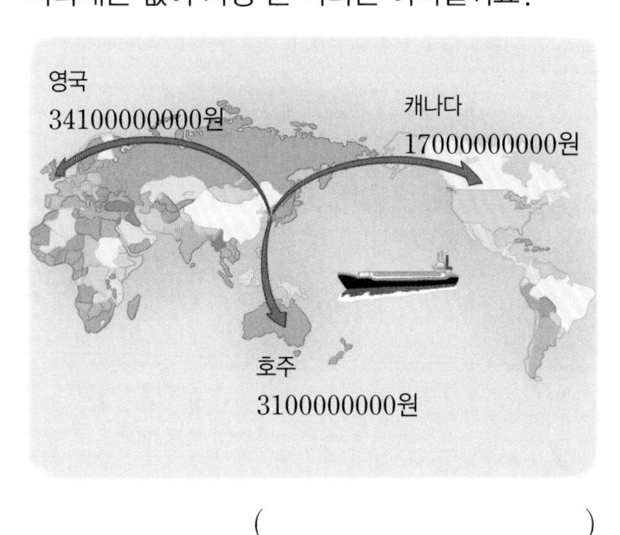

( )

08 다음은 태양과 행성 사이의 거리입니다. 태양과 가장 멀리 있는 행성과 가장 가까이 있는 행성의 거리를 수로 나타냈을 때 0의 개수의 차는 몇 개일까요?

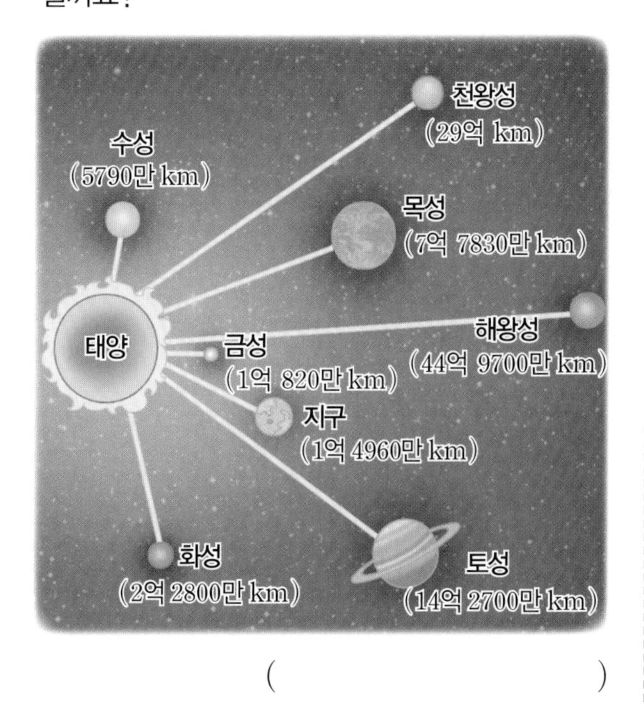

( )

09 설명하는 수를 구하세요.

- 408만보다 크고 409만보다 작은 일곱 자리 수입니다.
- 만의 자리 숫자와 백의 자리 숫자가 같습니다.
- 백만의 자리 숫자와 천의 자리 숫자가 같습니다.
- 숫자 0이 3개 있습니다.

( )

10 어떤 수에서 100억씩 4번 뛰어 셀 것을 잘못하여 1000억씩 4번 뛰어 세었더니 1조 250억이 되었습니다. 바르게 뛰어 세면 얼마일까요?

( )

서술형 문제

11 0에서 9까지의 수 중에서 □ 안에 들어갈 수 있는 수는 모두 몇 개인지 풀이 과정을 쓰고 답을 구하세요.

8□016374925 < 85104925836

풀이 ______________________

____

____

____

____

답 ______________________

1 단원

진도 완료 체크

01 10000에 대한 설명으로 잘못된 것은 어느 것인가요? ······························ (　　　)

① 1000이 10개인 수
② 9000보다 1000만큼 더 큰 수
③ 9900보다 100만큼 더 큰 수
④ 9990보다 10만큼 더 큰 수
⑤ 9999보다 1만큼 더 작은 수

02 □ 안에 알맞은 수를 써넣으세요.

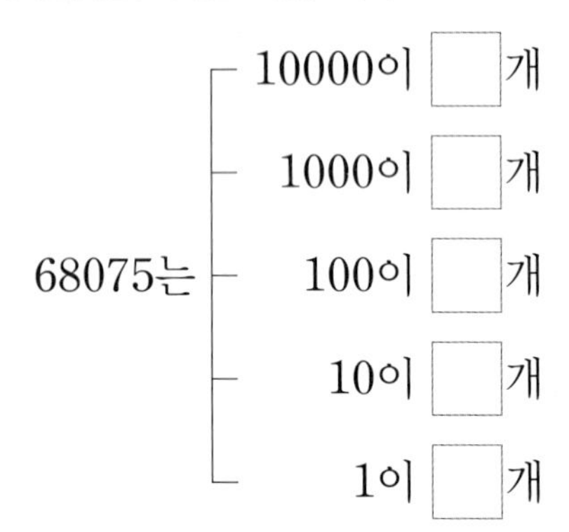

03 수를 보고 물음에 답하세요.

76258	85472	62758

(1) 만의 자리 숫자가 8인 수를 쓰세요.
(　　　　　　　　)

(2) 숫자 2가 2000을 나타내는 수를 쓰세요.
(　　　　　　　　)

04 수로 나타내거나 수를 읽으세요.

(1) 칠만 삼천오백이십구
(　　　　　　　　)

(2) 83726045010000
(　　　　　　　　　　)

05 보기 와 같이 각 자리의 숫자가 나타내는 값의 합으로 나타내세요.

보기
$23657=20000+3000+600+50+7$

59613 ____________________

06 돈은 모두 얼마인가요?

(　　　　　　　　)

07 다음은 어느 해 우리나라 주요 지역의 인구입니다. □ 안에 알맞은 수를 써넣으세요.

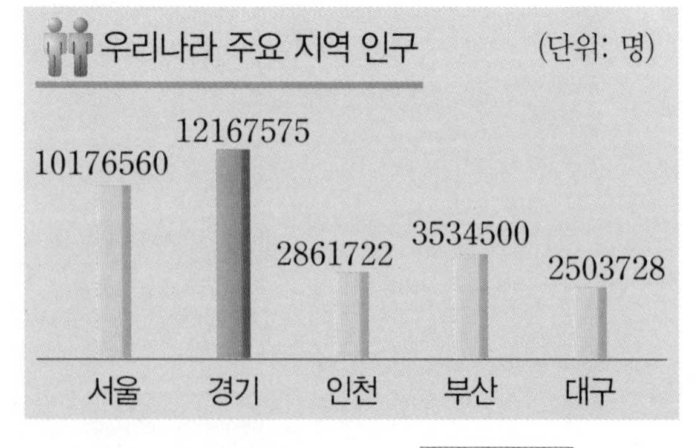

(1) 경기도의 인구수는 만이 □개, 일이 □개인 수입니다.

(2) 대구의 인구수의 백만의 자리 숫자는 □이고, □을 나타냅니다.

08 빈칸에 알맞은 수를 써넣으세요.

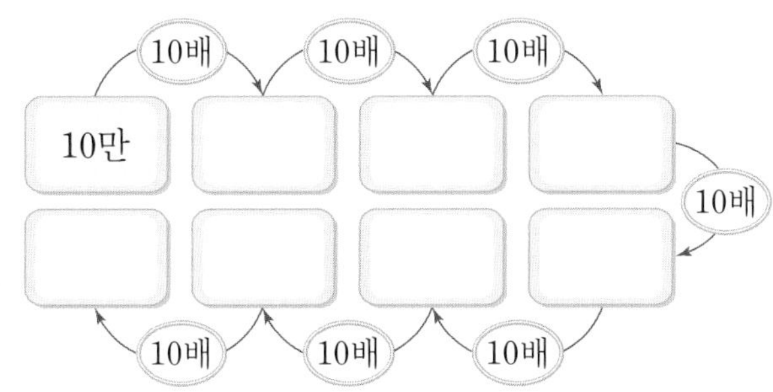

09 복권의 1등 당첨금에서 숫자 7은 얼마를 나타낼까요?

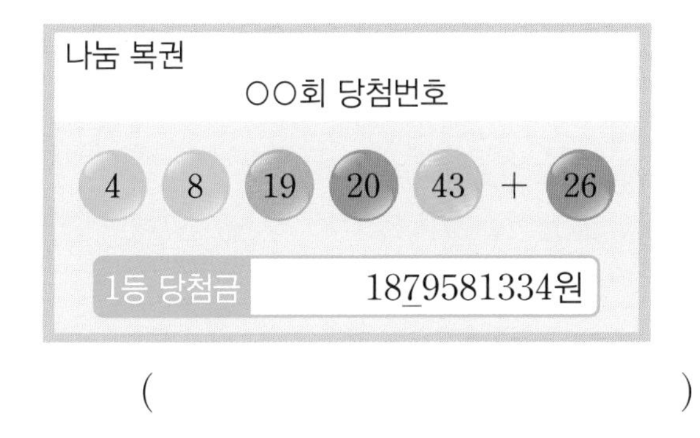

( )

10 숫자 9가 나타내는 값이 가장 작은 것은 어느 것인가요? ································ ( )

① 298501478 ② 769011463
③ 906758 ④ 497188
⑤ 69005728

11 10000이 4개, 1000이 9개, 100이 0개, 10이 7개, 1이 3개인 수는 얼마일까요?

( )

12 뛰어 세기를 하였습니다. 빈칸에 알맞은 수를 써넣으세요.

3287000		5287000
6287000		

13 수의 크기를 비교하여 ○ 안에 >, =, < 중 알맞은 것을 써넣으세요.

(1) 698001237 ○ 698543200

(2) 1847235094 ○ 십팔억 사천팔만

14 부산 아시아드 주경기장과 대전 월드컵 경기장의 전체 관람석 수를 나타낸 것입니다. 전체 관람석 수가 더 많은 곳을 쓰세요.

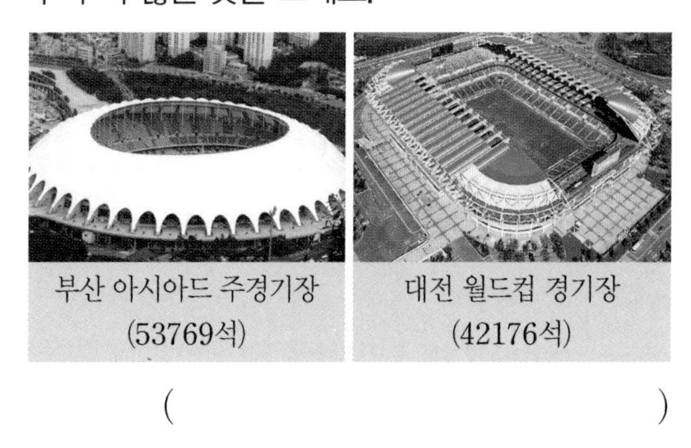
부산 아시아드 주경기장 (53769석) 대전 월드컵 경기장 (42176석)

( )

1 단원

15 다음을 수로 나타내세요.

억이 3562개, 만이 1093개, 일이 5567개인 수

(　　　　　　　　　　　　)

16 어느 김치 회사의 수출액은 1년에 10억 원씩 늘어납니다. ㉠, ㉡, ㉢에 알맞은 수를 표의 빈칸에 써넣으세요.

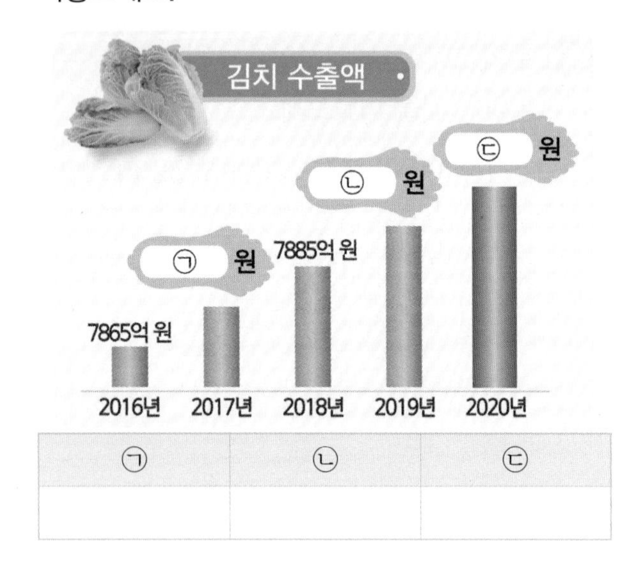

㉠	㉡	㉢

17 다음은 어느 해 우리나라 학생 수와 관련된 신문 기사입니다. 밑줄 친 세 수의 크기를 비교하여 작은 수부터 차례로 기호를 쓰세요.

○○ 신문 20○○년 3월

통계청은 올해 초·중·고교 학생 수가 5882790명이라고 밝혔습니다. 초등학교 학생 수는 ㉠ 2672843명이고, 중학교 학생 수는 ㉡ 1457490명, 고등학교 학생 수는 ㉢ 1752457명입니다.

(　　　　　　　　　　　　)

18 태양과 행성 사이의 거리입니다. 태양에서 가까운 순서대로 행성의 이름을 쓰세요.

목성	금성	지구
	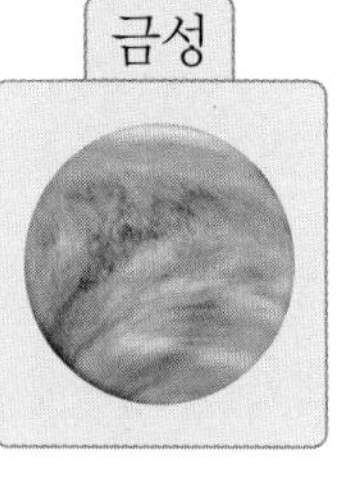	
7억 7830만 km	108200000 km	149600000 km

(　　　　　　　　　　　　)

19 수 카드를 모두 한 번씩만 사용하여 십만의 자리 숫자가 8인 가장 큰 수와 가장 작은 수를 각각 만드세요.

1　7　4　0　2　8　6　3

가장 큰 수 (　　　　　　　　　　　　)

가장 작은 수 (　　　　　　　　　　　　)

20 □ 안에는 0에서 9까지의 어떤 숫자를 넣어도 됩니다. 큰 수부터 차례로 기호를 쓰세요.

㉠ 57905□43615

㉡ 57□037□9034

㉢ 579□9187709

(　　　　　　　　　　　　)

문제 생성기
1~20번까지의 단원평가 유사 문제 제공

과정 중심 평가 문제

21 다음을 수로 나타낼 때 0은 모두 몇 개인지 구하려고 합니다. 물음에 답하세요.

삼천육십억 팔만

(1) 삼천육십억 팔만을 수로 나타내세요.

( )

(2) 수로 나타내었을 때 0은 모두 몇 개인가요?

( )

과정 중심 평가 문제

22 준서가 저금통을 뜯었더니 10000원짜리 지폐가 4장, 1000원짜리 지폐가 17장, 100원짜리 동전이 25개 있었습니다. 준서가 저금통에 모은 돈은 모두 얼마인지 풀이 과정을 쓰고 답을 구하세요.

풀이 ______

답 ______

과정 중심 평가 문제

23 192400785300을 100배 하면 2는 어느 자리 숫자가 되는지 구하려고 합니다. 물음에 답하세요.

(1) 192400785300을 100배 한 수는 얼마일까요?

( )

(2) 192400785300을 100배 한 수에서 2는 어느 자리 숫자가 될까요?

( )

과정 중심 평가 문제

24 ㉠이 나타내는 값은 ㉡이 나타내는 값의 몇 배인지 풀이 과정을 쓰고 답을 구하세요.

52140291072 ㉠ ㉡

풀이 ______

답 ______

1 단원

진도 완료 체크

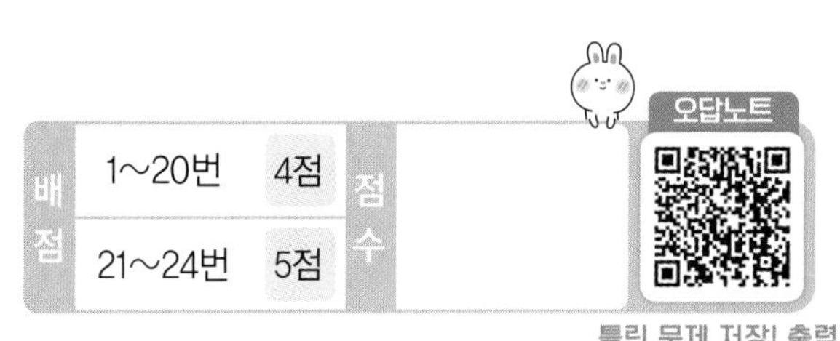

배점	1~20번	4점	점수	
	21~24번	5점		

오답노트

틀린 문제 저장! 출력!

각도

웹툰으로 단원 미리보기 2화_ 왕비는 어디에?

QR코드를 스캔하여 이어지는 내용을 확인하세요.

이전에 배운 내용

3-1 각

각: 한 점에서 그은 두 반직선으로 이루어진 도형

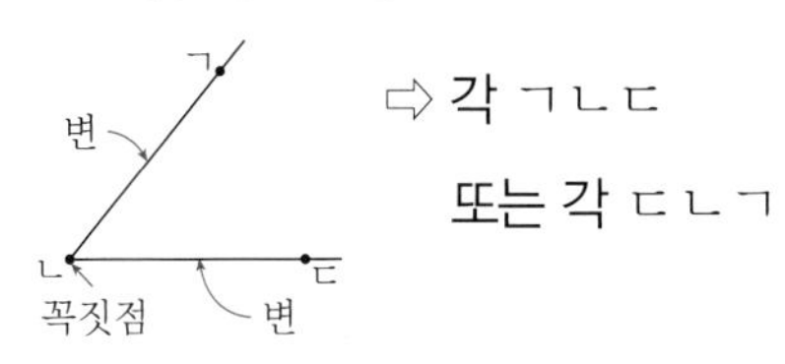

⇨ 각 ㄱㄴㄷ 또는 각 ㄷㄴㄱ

3-1 직각

직각: 그림과 같이 종이를 반듯하게 두 번 접었을 때 생기는 각

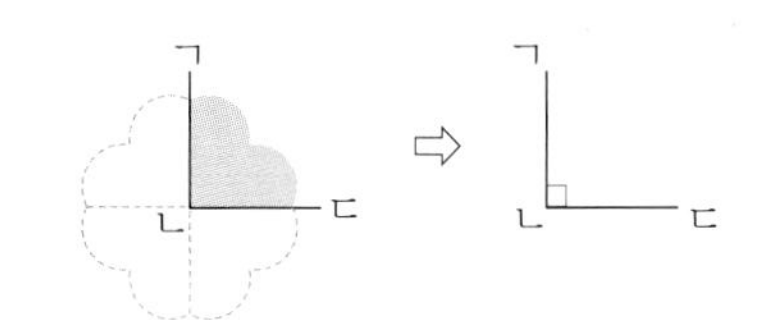

3-1 직각삼각형

직각삼각형: 한 각이 직각인 삼각형

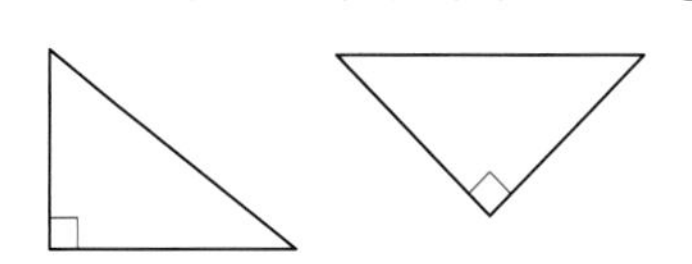

이 단원에서 배울 내용

1 Step	교과 개념	각의 크기 비교, 각도
1 Step	교과 개념	예각과 둔각
2 Step	교과 유형 익힘	
1 Step	교과 개념	각도 어림하고 재기
1 Step	교과 개념	각도의 합과 차
2 Step	교과 유형 익힘	
1 Step	교과 개념	삼각형의 세 각의 크기의 합
1 Step	교과 개념	사각형의 네 각의 크기의 합
2 Step	교과 유형 익힘	
3 Step	문제 해결	잘 틀리는 문제 / 서술형 문제
4 Step	실력 UP 문제	
	단원 평가	

이 단원을 배우면 각도, 예각, 둔각을 알고 각도의 합과 차를 구할 수 있으며 삼각형과 사각형의 각의 크기의 합을 알 수 있어요.

교과 개념

개념1 각의 크기 비교하기

변의 길이에 관계없이 **두 변이 많이 벌어질수록 큰 각**입니다.

다의 각의 크기가 가장 크고, 가의 각의 크기가 가장 작습니다.

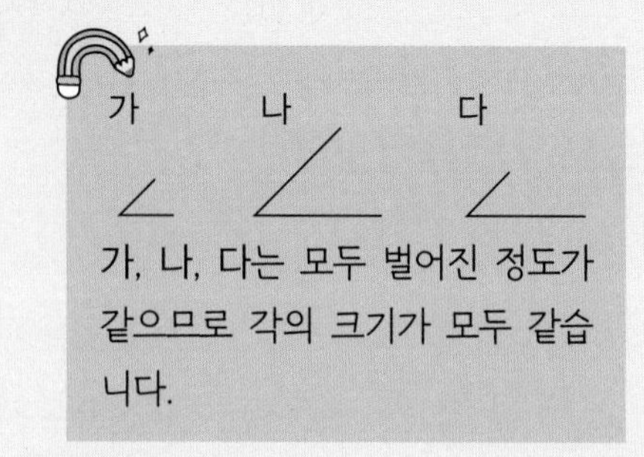

가, 나, 다는 모두 벌어진 정도가 같으므로 각의 크기가 모두 같습니다.

개념2 각의 크기 알아보기

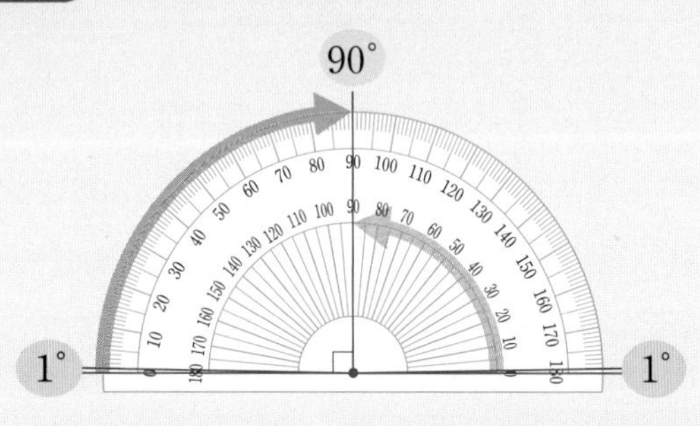

- **각도**: 각의 크기
- **도**: 각도를 나타내는 단위
- **1도(1°)**: 직각의 크기를 똑같이 90으로 나눈 것 중 하나
- **직각**의 크기: **90°**

개념3 각도기를 이용하여 각도를 재는 방법 알아보기

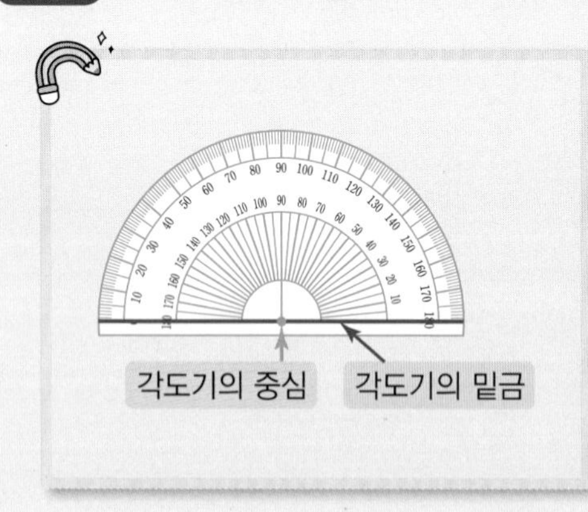

각도기를 이용하여 각도 재는 방법

① 각도기의 중심을 각의 꼭짓점에 맞추고, 각도기의 밑금을 각의 한 변에 맞춥니다.

② 각의 다른 변이 가리키는 눈금을 읽습니다. 이때, 각도기의 밑금에 맞춘 변이 0°에서 시작하는 각도기의 눈금을 읽습니다.

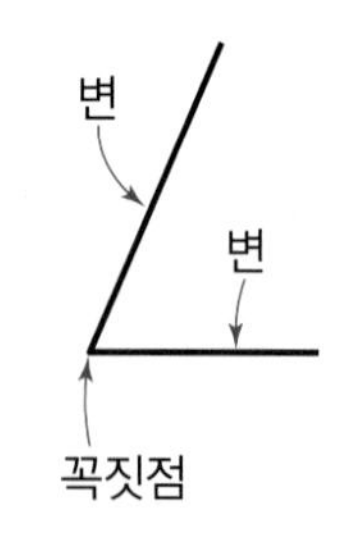

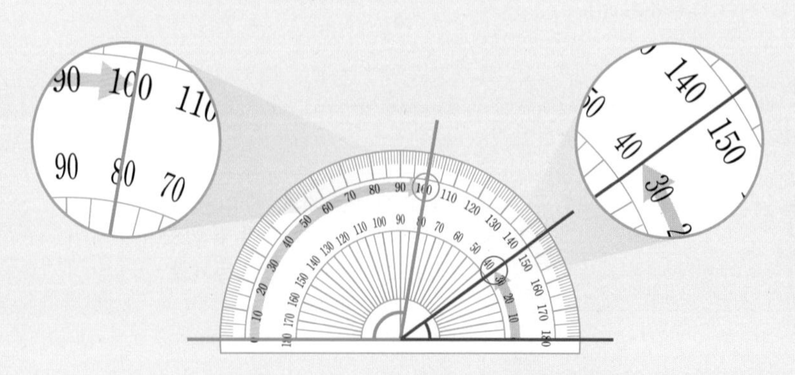

초록색으로 표시한 각의 크기는 100°이고,
분홍색으로 표시한 각의 크기는 35°입니다.

1 □ 안에 알맞은 각도를 써넣으세요.

(1) 직각의 크기를 똑같이 90으로 나눈 것 중의 하나를 1도라 하고 □ 라고 씁니다.

(2) 직각의 크기는 □ 입니다.

2 빛이 퍼지는 각 중에서 더 큰 각을 찾아 ○표 하세요.

(　　　)　　(　　　)

3 부채의 부챗살이 이루는 각의 크기는 일정합니다. 부채의 갓대가 이루는 각이 더 큰 각을 찾아 ○표 하세요.

부챗살: 부채의 뼈대를 이루는 여러 개의 대
갓대: 부채의 양쪽에 대는 두꺼운 대

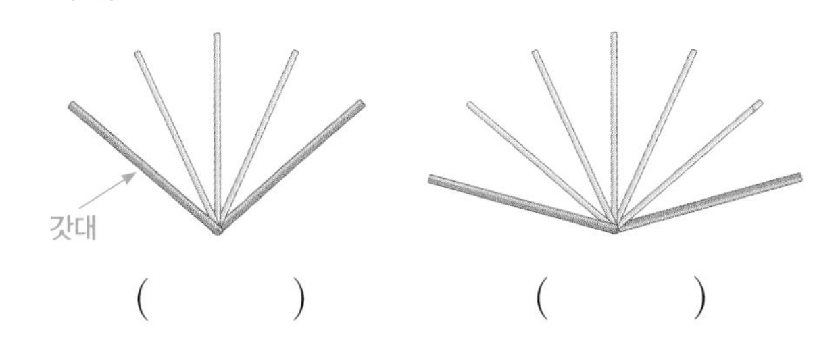

(　　　)　　(　　　)

4 각의 크기가 가장 작은 각을 찾아 기호를 쓰세요.

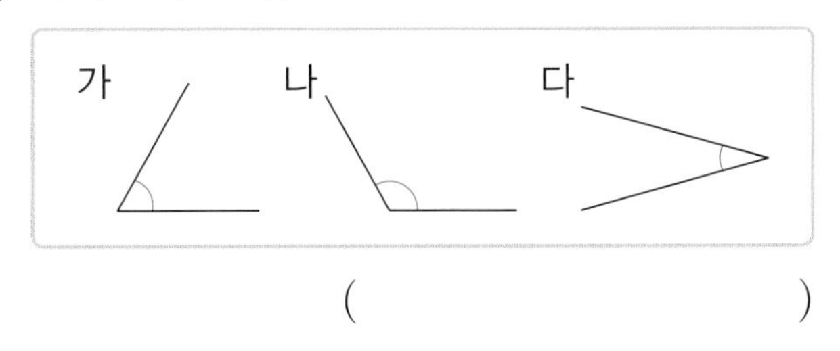

(　　　　　　)

5 각의 꼭짓점과 각도기의 중심을 바르게 맞춘 것에 ○표 하세요.

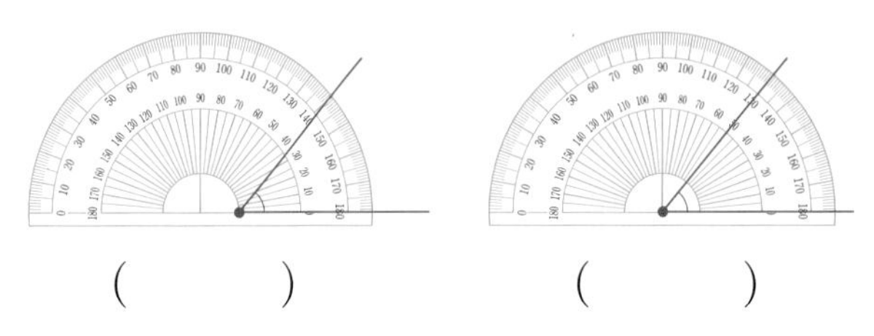

(　　　)　　(　　　)

6 각의 한 변과 각도기의 밑금을 바르게 맞춘 것에 ○표 하세요.

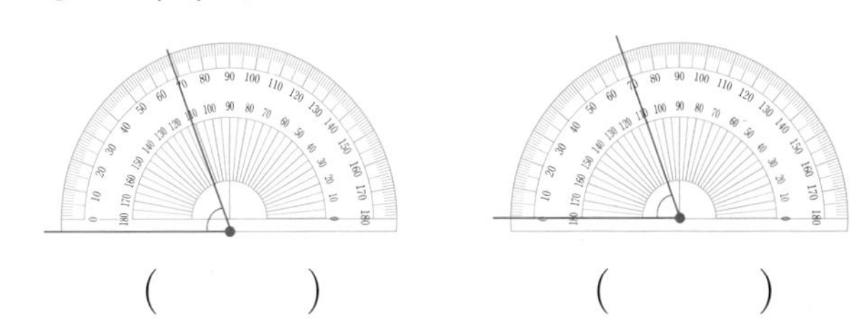

(　　　)　　(　　　)

7 각도를 구하세요.

(1)

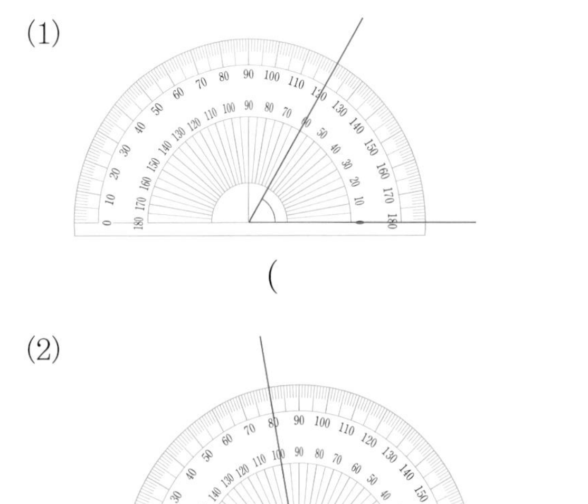

(　　　　　　)

(2)

(　　　　　　)

교과 개념

예각과 둔각

개념1 예각과 둔각 알아보기

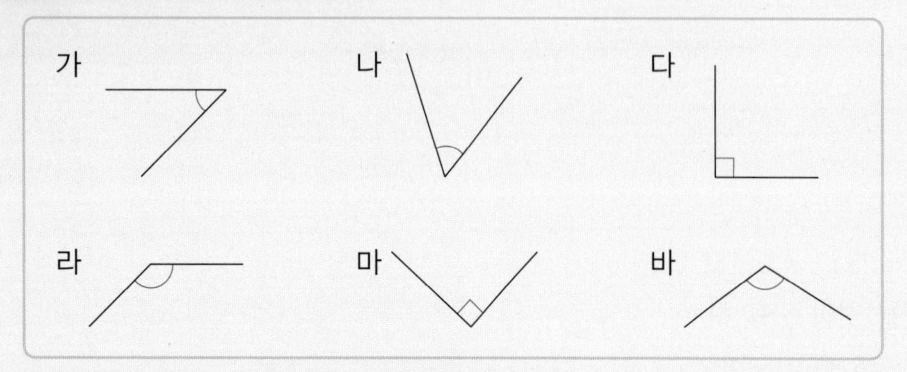

직각을 기준으로
직각보다 더 작은 각은 예각,
직각보다 더 큰 각은 둔각
으로 구분합니다.

직각을 기준으로 각을 분류해 봅니다.

직각보다 작은 각	직각	직각보다 큰 각
가, 나	다, 마	라, 바

예각(銳角)의 '예(銳)'는 '날카롭다'는 뜻을 가지며, 둔각(鈍角)의 '둔(鈍)'은 '둔하다, 무디다'는 뜻을 가지고 있습니다.

- **예각**: 각도가 0°보다 크고 직각보다 작은 각
- **둔각**: 각도가 직각보다 크고 180°보다 작은 각

예각 (0° < 예각 < 90°)	직각 (90°)	둔각 (90° < 둔각 < 180°)

개념확인 1 주어진 각을 분류하여 기호를 쓰세요.

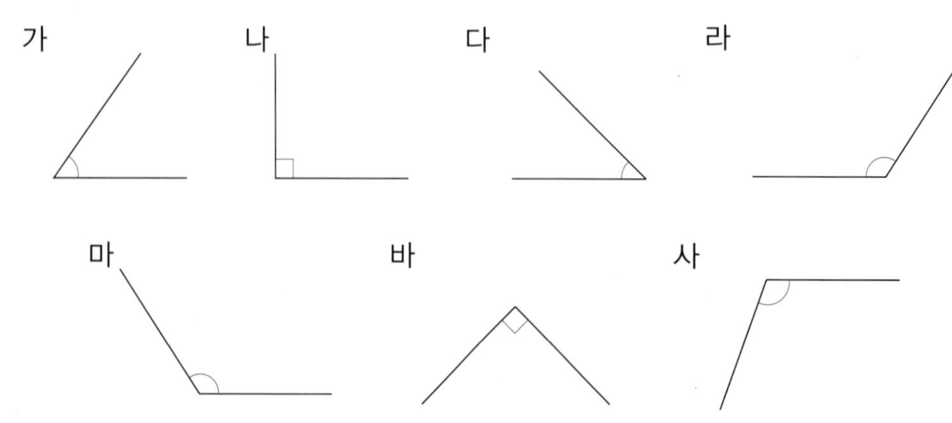

직각보다 작은 각	직각	직각보다 큰 각

2 □ 안에 알맞은 수나 말을 써넣으세요.

(1) 0°보다 크고 직각보다 작은 각을 □ 이라고 합니다.

(2) 직각보다 크고 □°보다 작은 각을 둔각이라고 합니다.

3 주어진 각이 예각, 둔각 중 어느 것인지 쓰세요.

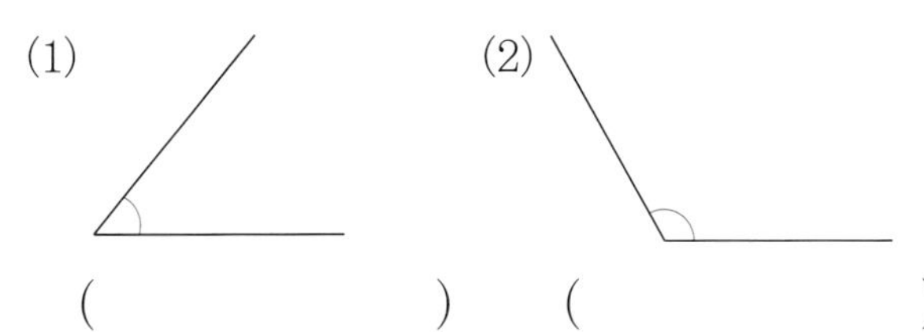

(1) (　　　　)　(2) (　　　　)

4 주어진 각을 보고 물음에 답하세요.

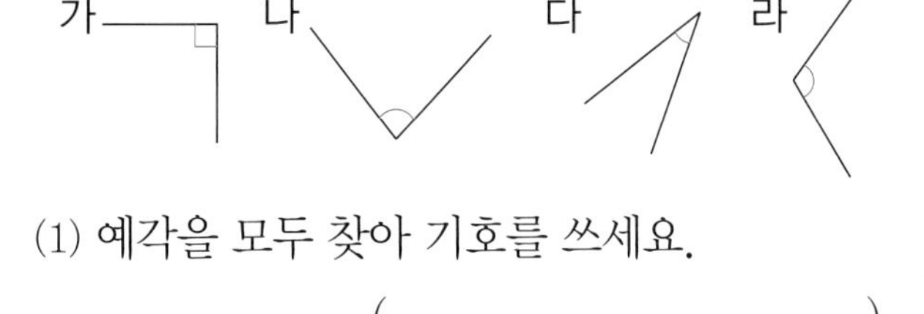

(1) 예각을 모두 찾아 기호를 쓰세요.

(　　　　)

(2) 둔각을 찾아 기호를 쓰세요.

(　　　　)

5 예각과 둔각을 찾아 쓰세요.

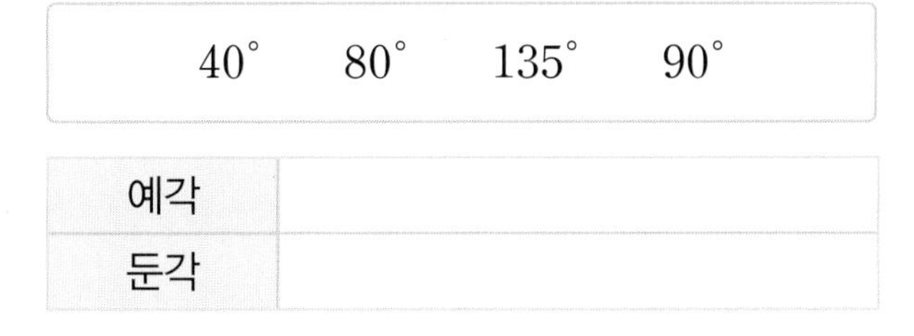

40°　80°　135°　90°

예각	
둔각	

6 시계의 긴바늘과 짧은바늘이 이루는 작은 쪽의 각이 예각, 직각, 둔각 중 어느 것인지 쓰세요.

(1)

(　　　　)

(2)

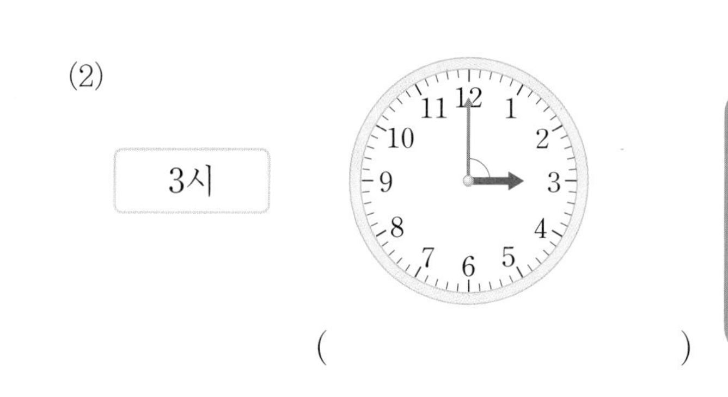

(　　　　)

(3)

(　　　　)

7 점을 이어 예각과 둔각을 그리세요.

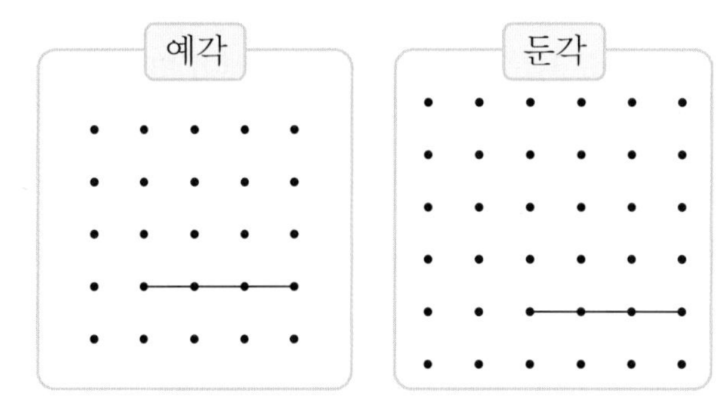

교과 유형 익힘

01 보기 를 보고 □ 안에 알맞은 수나 기호를 써넣으세요.

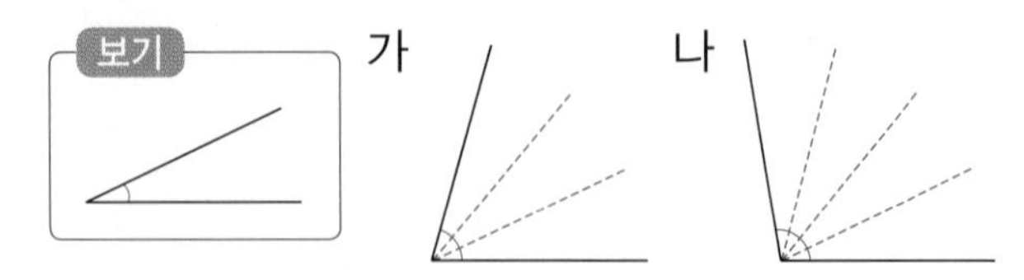

(1) 보기 의 각이 가에는 3개, 나에는 □개 들어갑니다.

(2) 가와 나 중에서 더 큰 각은 □입니다.

02 예각과 둔각을 각각 모두 찾아 기호를 쓰세요.

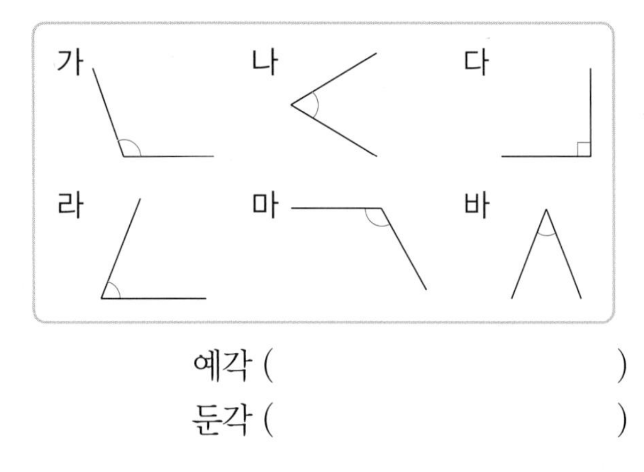

예각 (　　　　　　　　)

둔각 (　　　　　　　　)

03 각도기를 이용하여 각도를 재어 보세요.

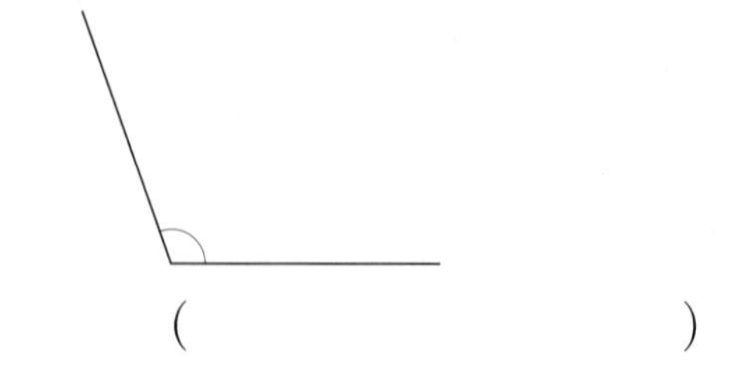

(　　　　　　　　)

04 알맞은 것끼리 선으로 이어 보세요.

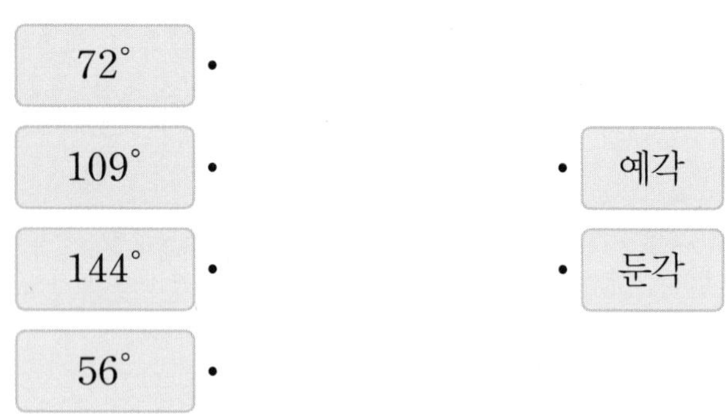

05 각도기를 이용하여 미끄럼틀에서 볼 수 있는 각 ㉠의 각도를 재어 보세요.

(　　　　　　　　)

06 선호와 미라가 각각 각을 그렸습니다. 두 각의 크기를 바르게 비교한 사람은 누구인가요?

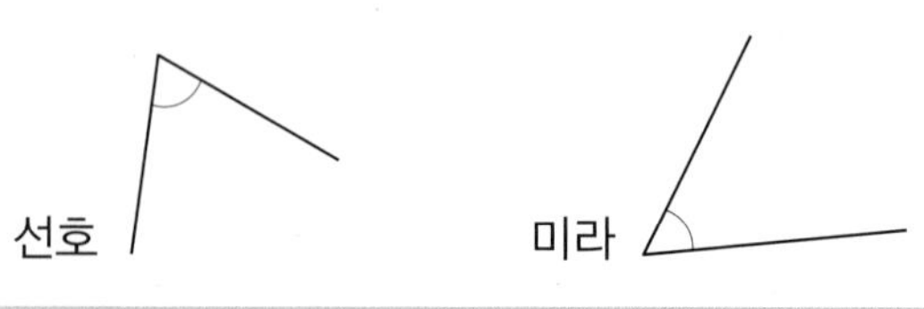

- 선호: 내가 그린 각의 두 변이 더 많이 벌어져 있어. 내가 그린 각이 더 커.
- 미라: 내가 그린 각의 두 변의 길이가 더 길어. 내가 그린 각이 더 커.

(　　　　　　　　)

서술형 문제

07 각도를 잘못 잰 이유를 쓰고, 바르게 재어 보세요.

이유 ______________________

바르게 잰 각도 ______________________

08 두 각 중에서 더 큰 각의 각도를 재어 보세요.

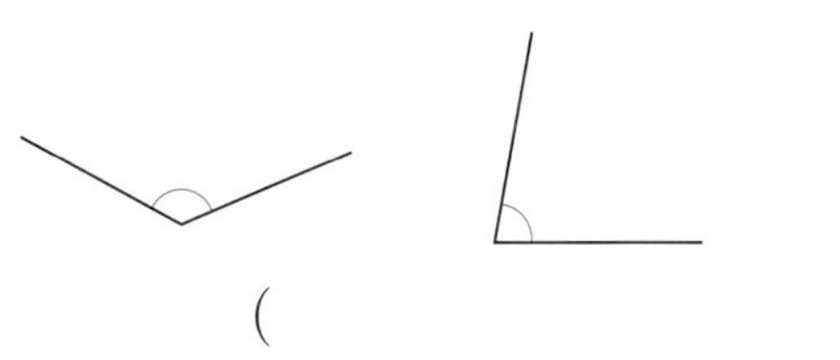

( )

09 그림에서 찾을 수 있는 예각은 모두 몇 개일까요?

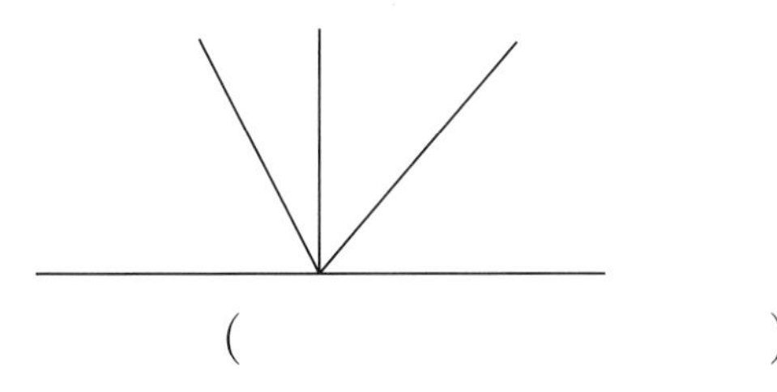

( )

10 5시 50분에 맞게 시곗바늘을 그렸을 때 긴바늘과 짧은바늘이 이루는 작은 쪽의 각은 예각과 둔각 중 어느 것인지 쓰세요.

( )

11 의사소통 모자의 각의 크기를 바르게 비교한 사람은 누구인지 쓰세요.

( )

12 정보처리 각도기를 이용하여 각도를 재어 보세요.

(1) (2)

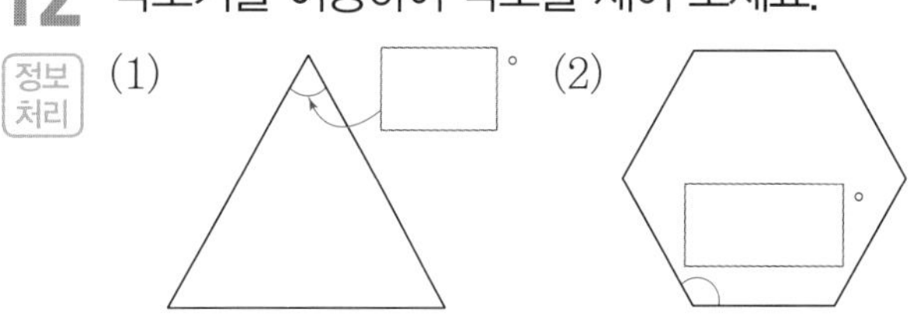

13 추론 지금 시각은 3시입니다. 지금 시각부터 30분 후의 시각에서 시계의 긴바늘과 짧은바늘이 이루는 작은 쪽의 각은 예각, 둔각 중 어느 것인지 쓰세요.

( )

2 단원

진도 완료 체크

Step 1 교과 개념

각도 어림하고 재기

개념1 각도 어림하기

• 90°, 180°를 이용하여 각도 어림하기

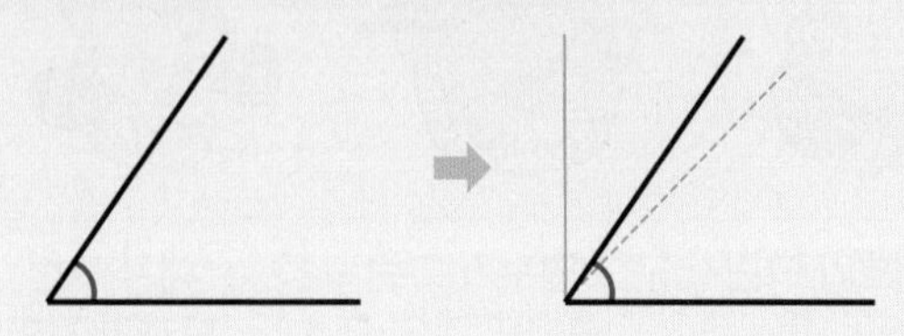

직각(90°)의 반보다 조금 더 크므로
약 50°라고 어림할 수 있습니다.

어림한 각도	약 50°	잰 각도	55°

• 삼각자의 각과 비교하여 각도 어림하기

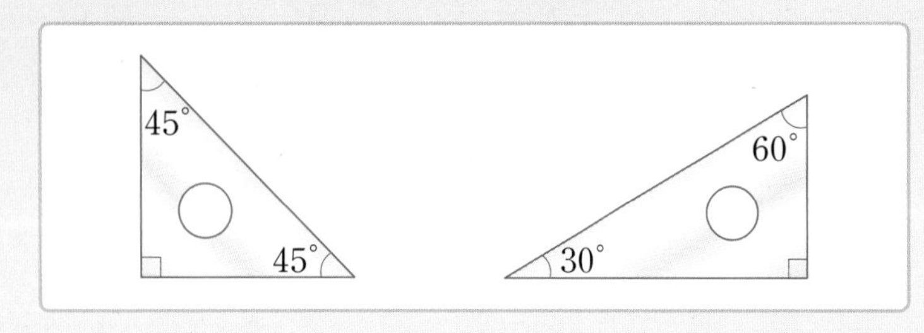

(1)

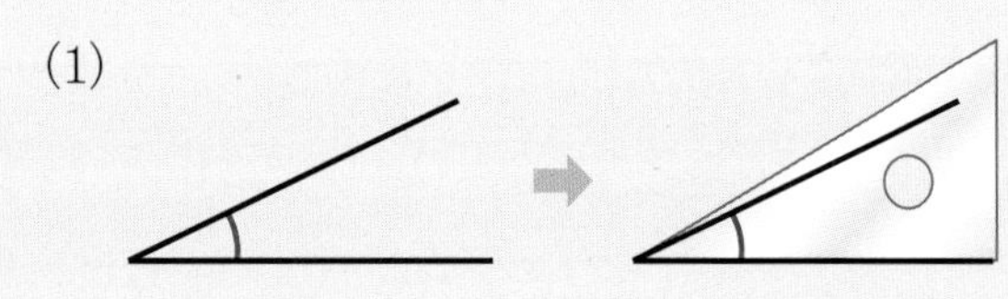

삼각자의 30°와 비교했을 때 작아 보이므로
약 20°라고 어림할 수 있습니다.

어림한 각도	약 20°	잰 각도	25°

(2)

삼각자의 90°와 비교했을 때 커 보이므로
약 100°라고 어림할 수 있습니다.

어림한 각도	약 100°	잰 각도	115°

어림한 각도와 각도기로 잰 각도의 차가 작을수록 잘 어림한 것입니다.

개념확인 1 □ 안에 알맞은 수를 써넣으세요.

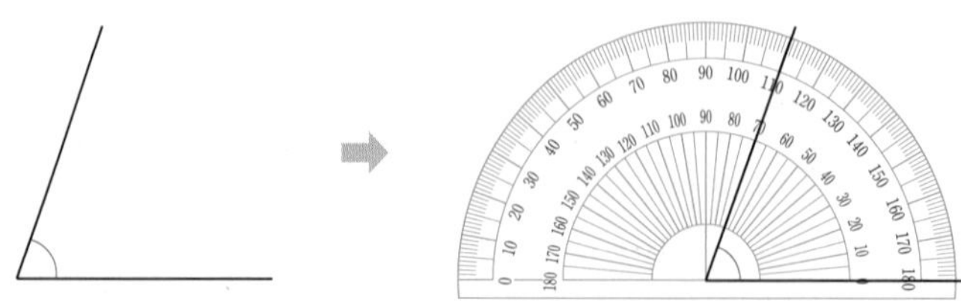

(1) 90°보다 작아 보이므로 약 □°라고 어림할 수 있습니다.

(2) 각도기로 재어 보면 □°입니다.

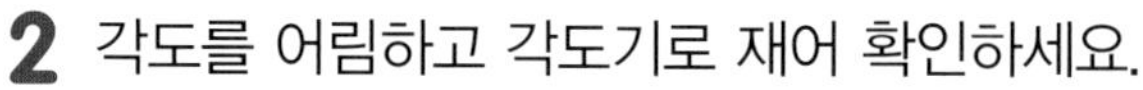

2 각도를 어림하고 각도기로 재어 확인하세요.

(1)

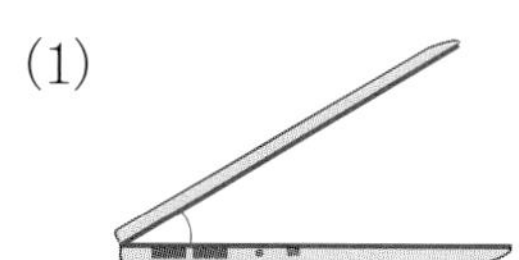

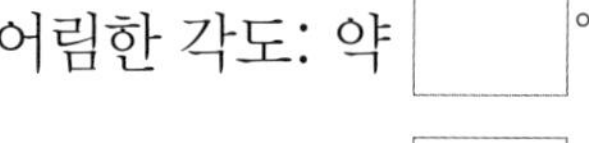

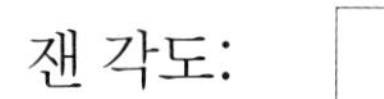

어림한 각도: 약 ☐°

잰 각도: ☐°

(2)

어림한 각도: 약 ☐°

잰 각도: ☐°

(3)

어림한 각도: 약 ☐°

잰 각도: ☐°

(4)

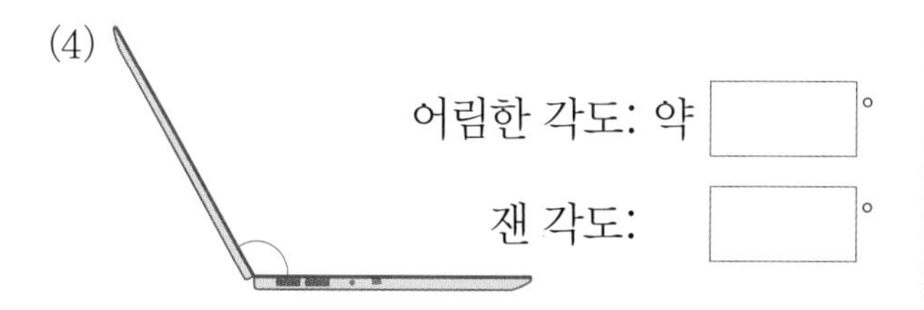

어림한 각도: 약 ☐°

잰 각도: ☐°

(5)

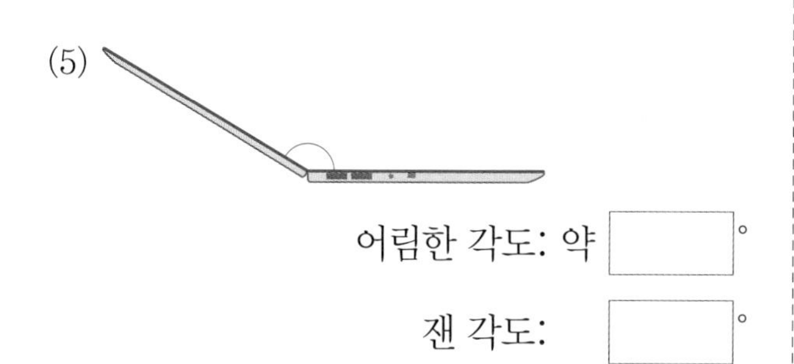

어림한 각도: 약 ☐°

잰 각도: ☐°

3 그림의 각도를 어림하고 각도기로 재어 확인하세요.

(1)

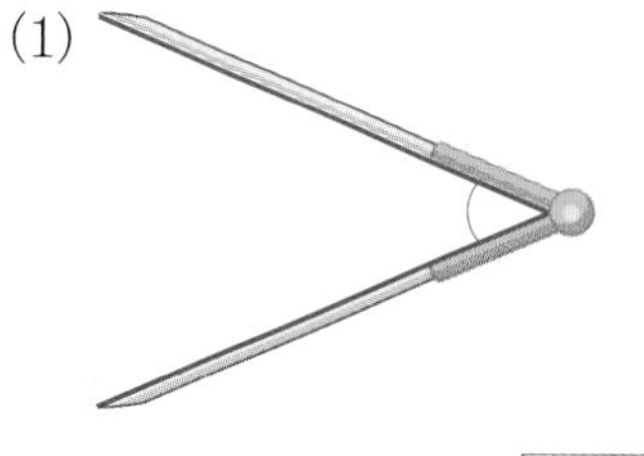

어림한 각도: 약 ☐°, 잰 각도: ☐°

(2)

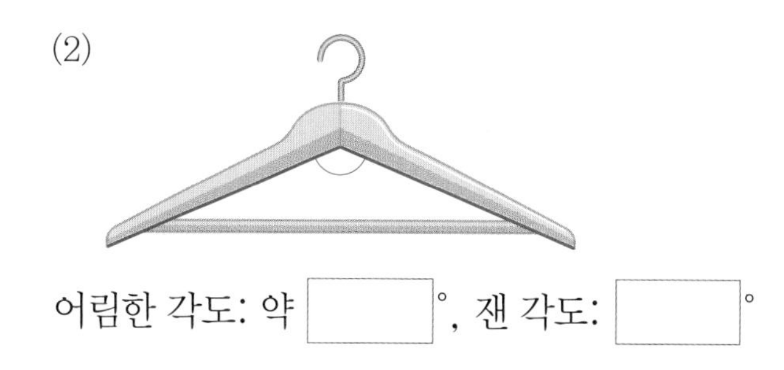

어림한 각도: 약 ☐°, 잰 각도: ☐°

4 지호와 지은이가 각도를 어림하였습니다. 각도기로 재어 보고, 누가 더 잘 어림했는지 이름을 쓰세요.

잰 각도 ☐° 이름 ______________

5 0°에서 180° 사이의 각도 중 하나를 생각하고 자만 이용하여 생각한 각도를 그려 보세요. 그린 각도를 각도기로 재어 확인하세요.

생각한 각도 ☐°, 잰 각도 ☐°

Step 1 교과 개념

개념1 각도의 합 구하기

• 자연수의 덧셈과 같은 방법으로 계산한 다음 단위(°)를 붙입니다.

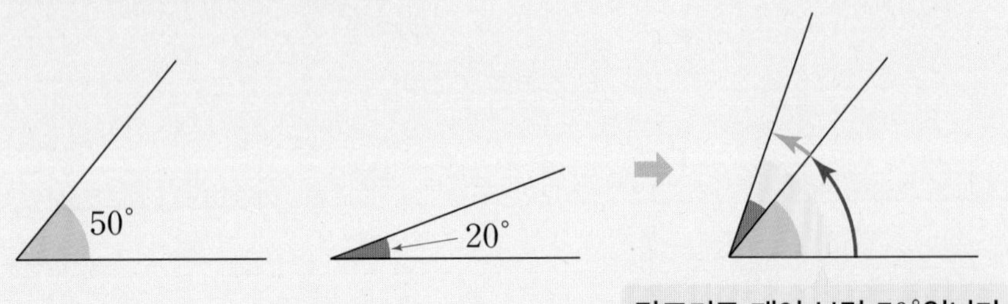

각도기로 재어 보면 70°입니다.

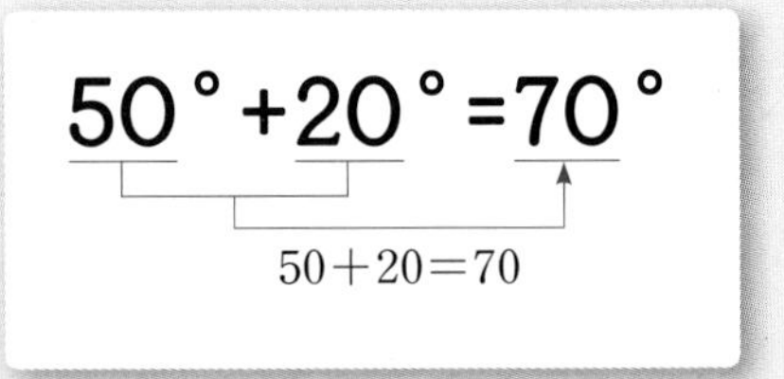

개념2 각도의 차 구하기

• 자연수의 뺄셈과 같은 방법으로 계산한 다음 단위(°)를 붙입니다.

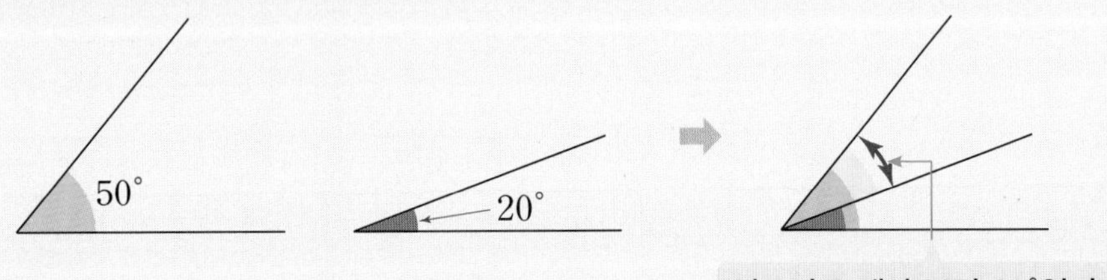

각도기로 재어 보면 30°입니다.

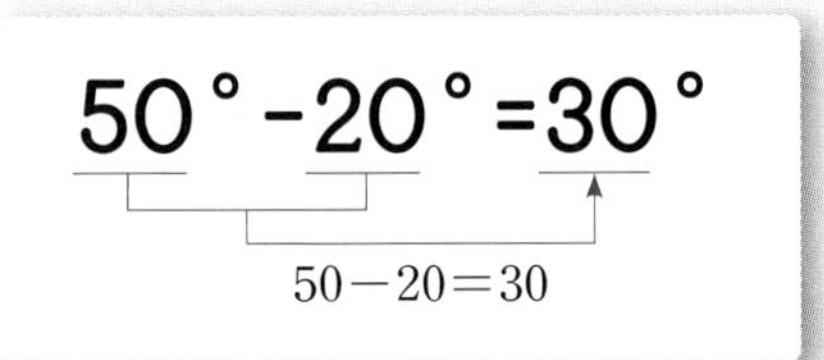

개념확인 1 각도의 합을 구하려고 합니다. □ 안에 알맞은 수를 써넣으세요.

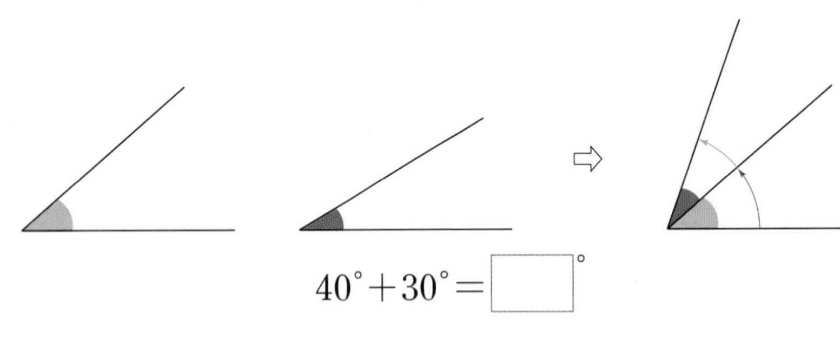

$40° + 30° = \square°$

개념확인 2 각도의 차를 구하려고 합니다. □ 안에 알맞은 수를 써넣으세요.

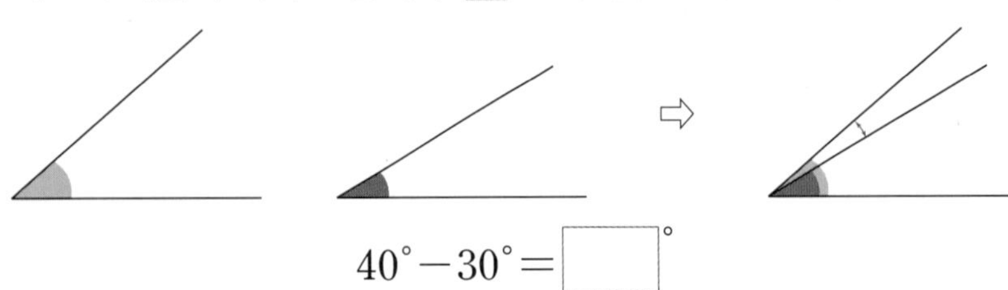

$40° - 30° = \square°$

3 각도의 합을 구하세요.

(1) $40° + 35° = \square°$

(2) $135° + 80° = \square°$

4 각도의 차를 구하세요.

(1) $55° - 20° = \square°$

(2) $125° - 70° = \square°$

5 두 각도의 합을 구하세요.

110°, 55°

(　　　　　　　　)

6 두 각도의 차를 구하세요.

28°, 75°

(　　　　　　　　)

7 혜지와 철호가 계산한 것입니다. 바르게 계산한 사람은 누구인지 쓰세요.

혜지 $45° + 85° = 120°$

철호 $57° + 48° = 105°$

(　　　　　　　　)

8 두 각도의 합과 차를 구하세요.

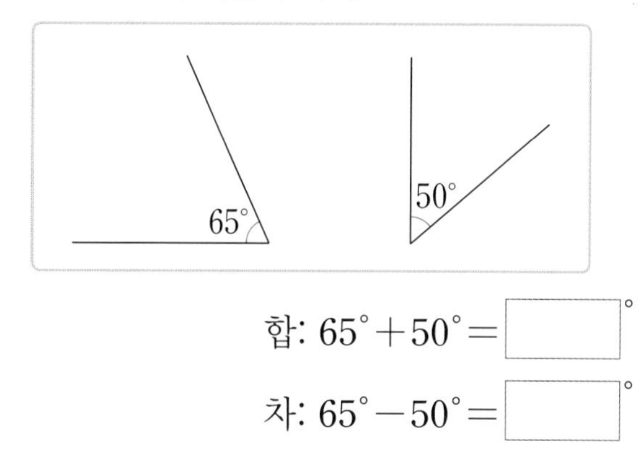

합: $65° + 50° = \square°$

차: $65° - 50° = \square°$

9 각도를 비교하여 ◯ 안에 >, =, < 중 알맞은 것을 써넣으세요.

$95° + 115°$ ◯ $245° - 85°$

10 가장 큰 각도를 찾아 기호를 쓰세요.

㉠ 직각$-15°$
㉡ 40°보다 25°만큼 더 큰 각
㉢ 73°

(　　　　　　　　)

11 □ 안에 알맞은 수를 써넣으세요.

① 직각의 크기: □°

② 직각 2개를 이어 붙인 각도: □°

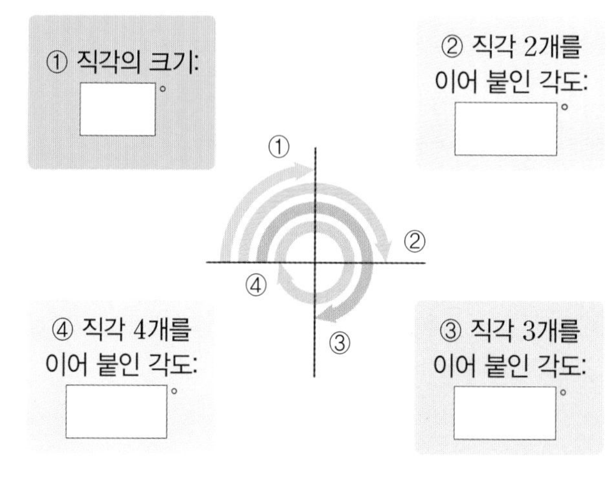

④ 직각 4개를 이어 붙인 각도: □°

③ 직각 3개를 이어 붙인 각도: □°

2 단원

교과 유형 익힘

01 두 각도의 합과 차를 각각 구하세요.

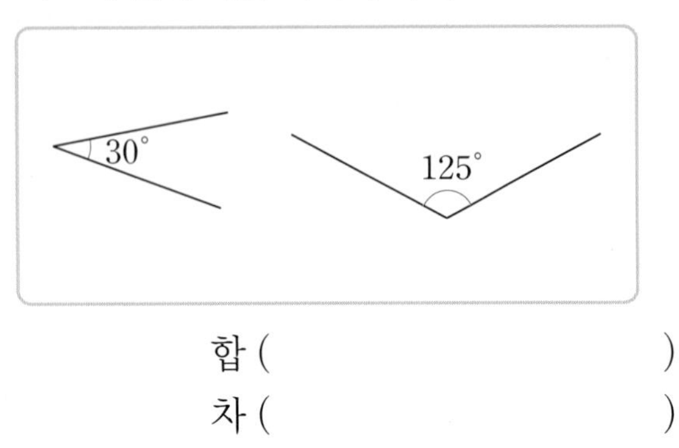

합 (　　　　　　　　)

차 (　　　　　　　　)

02 노트북이 벌어진 각도를 어림하고, 각도기로 재어 확인하세요.

어림한 각도 약 □°

잰 각도 □°

03 계산 결과가 같은 것끼리 선으로 이어 보세요.

$135^\circ-60^\circ$ •	• 60°
$120^\circ-35^\circ$ •	• 75°
$155^\circ-95^\circ$ •	• 85°

04 계산한 값이 예각이면 분홍색, 직각이면 노란색, 둔각이면 하늘색으로 색칠하세요.

$110^\circ-20^\circ$　　$150^\circ-55^\circ$　　$60^\circ+25^\circ$

05 크기가 가장 큰 각과 가장 작은 각을 찾아 각도를 재고 두 각도의 합과 차를 구하세요.

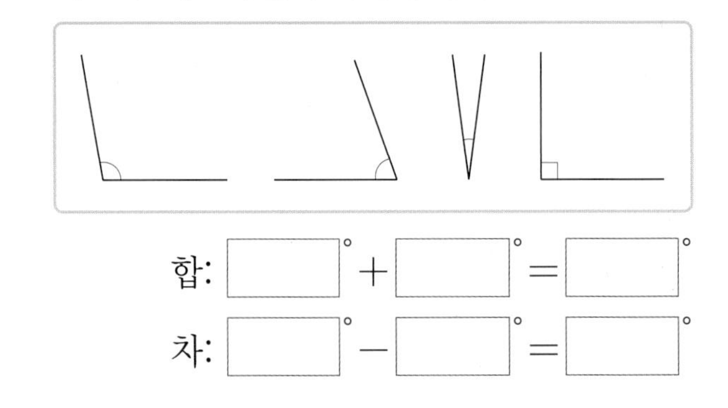

합: □° + □° = □°

차: □° − □° = □°

06 계산 결과의 크기를 비교하여 각도가 큰 것부터 차례로 기호를 쓰세요.

㉠ $120^\circ-67^\circ$　㉡ $50^\circ+45^\circ$　㉢ $22^\circ+94^\circ$

(　　　　　　　　)

07 민준이가 은성이만큼 다리를 벌리려면 몇 도 더 벌려야 할까요?

60°만큼 벌렸어.

105°까지 벌리라니깨!

민준　　은성

(　　　　　　　　)

08 민수와 지은이가 각도를 어림했습니다. 누가 어림을 더 잘했는지 각도기로 재어 확인하세요.

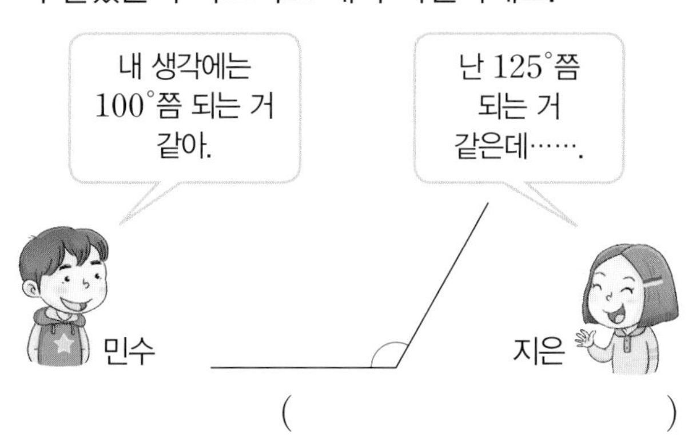

(　　　　　　　　)

서술형 문제

09 도형에서 ㉠의 각도를 구하려고 합니다. 풀이 과정을 쓰고 답을 구하세요.

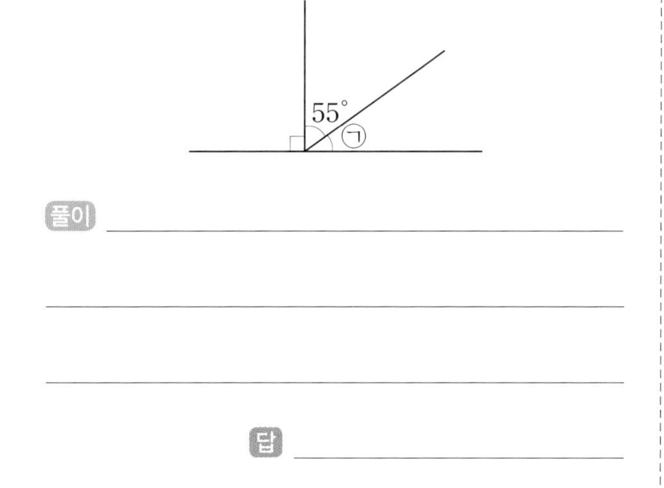

풀이 ____________________

____

____

답 ____________

10 어림하여 각도가 120°인 각을 찾아 쓰고, 각도기를 이용하여 각도가 120°인 각을 찾아 쓰세요.

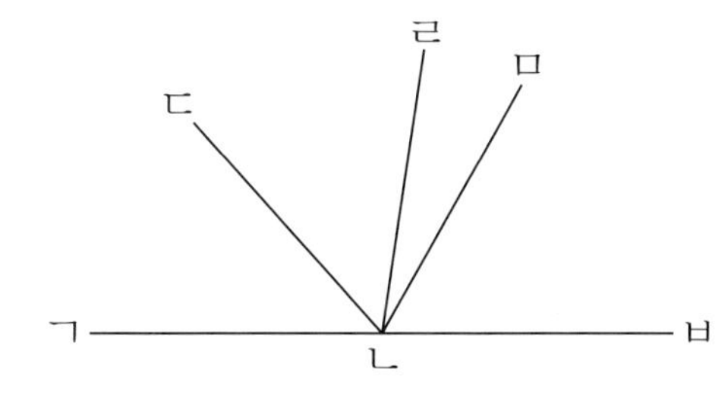

(1) 어림하여 찾은 각:

(　　　　　　　　)

(2) 각도기를 이용하여 찾은 각:

(　　　　　　　　)

11 창의융합

태우네 아버지는 각도 조절 의자에서 책을 읽은 다음 휴식을 취하려고 합니다. 휴식을 할 때에는 책을 읽을 때보다 다리 받침의 각도를 몇 도 더 높였는지 각도기를 이용하여 구하세요.

(　　　　　　　　)

12 정보처리

소정이와 기현이가 놀이 기구를 오르고 있습니다. 가와 나 중 어느 쪽이 몇 도 더 가파른지 각도기를 이용하여 구하세요.

□ 쪽이 □° 더 가파릅니다.

13 정보처리

도형에서 □ 안에 알맞은 수를 써넣으세요.

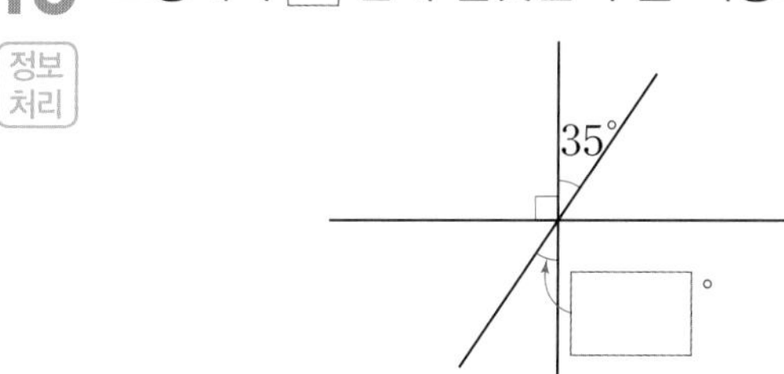

2 단원

진도 완료 체크

교과 개념

개념1 삼각형의 세 각의 크기의 합

• 각도기로 세 각의 크기를 각각 재어 세 각의 크기의 합 알아보기

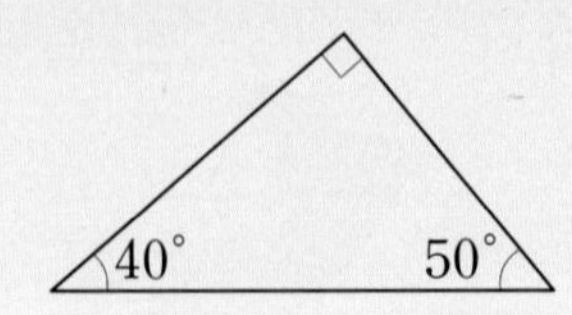

(삼각형의 세 각의 크기의 합)

$=90^\circ+40^\circ+50^\circ=180^\circ$

• 삼각형을 잘라 세 각의 크기의 합 알아보기

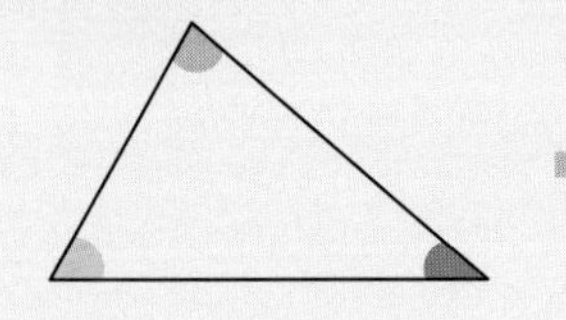

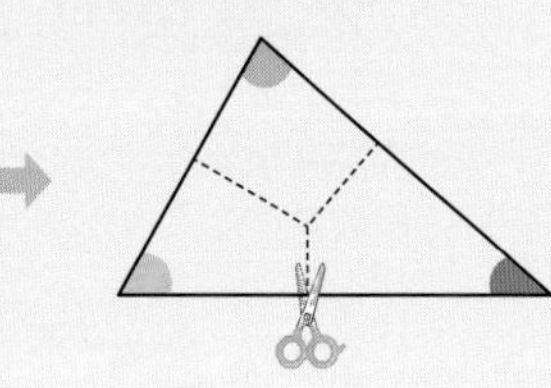

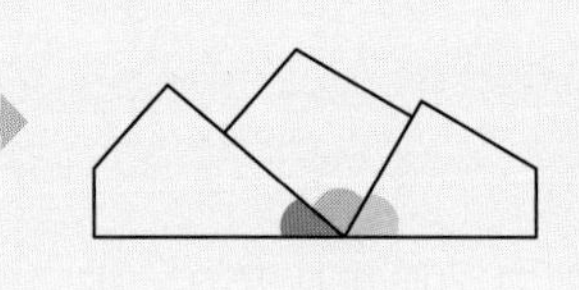

삼각형의 세 각의 크기의 합은 180° 입니다.

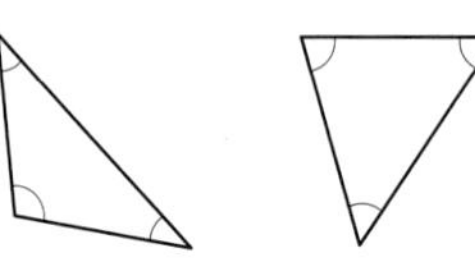

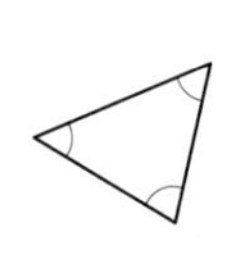

개념2 삼각형에서 나머지 한 각의 크기 구하기

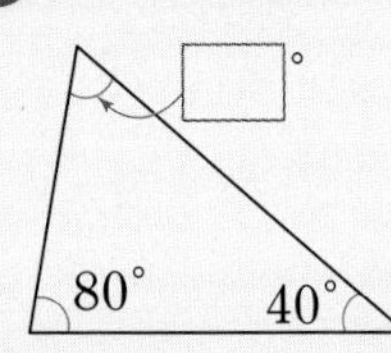

삼각형의 세 각의 크기의 합은 180°이므로

$\square+80^\circ+40^\circ=180^\circ$이고 $\square=180^\circ-80^\circ-40^\circ=60^\circ$입니다.

개념확인 1 삼각자의 세 각의 크기의 합을 알아보세요.

(1)

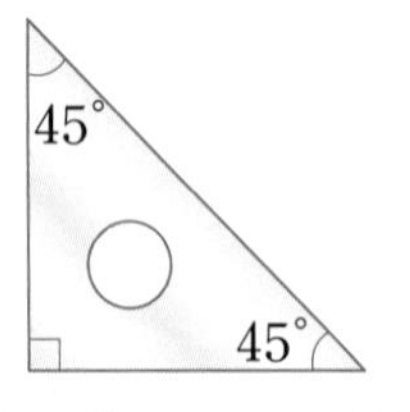

$45^\circ+\square^\circ+45^\circ=\square^\circ$

(2)

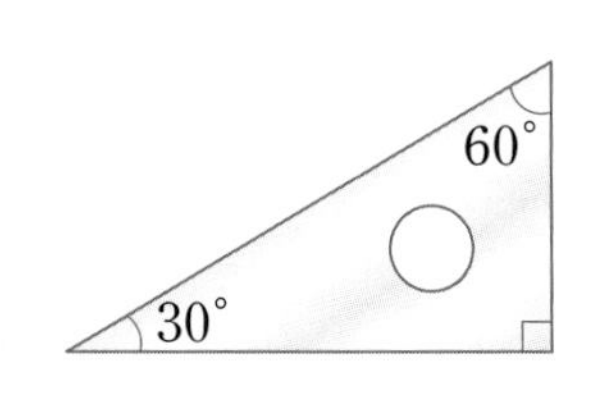

$60^\circ+30^\circ+\square^\circ=\square^\circ$

개념확인 2 □ 안에 알맞은 수를 써넣으세요.

삼각형의 세 각의 크기의 합은 □° 입니다.

3 삼각형을 잘라서 세 꼭짓점이 한 점에 모이도록 겹치지 않게 이어 붙였습니다. 삼각형의 세 각의 크기의 합은 몇 도인지 구하세요.

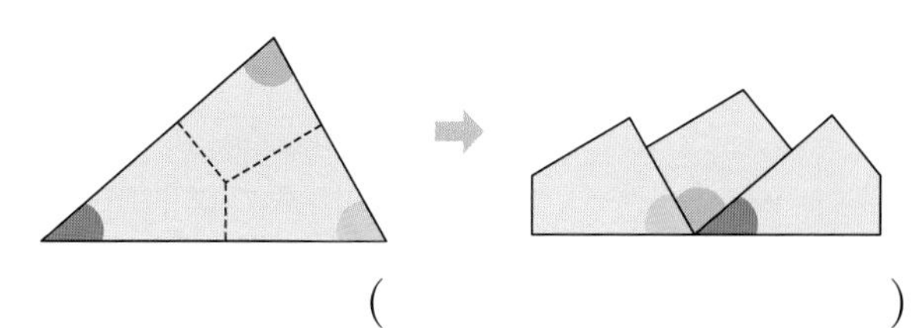

(　　　　　　　　)

4 삼각형을 보고 물음에 답하세요.

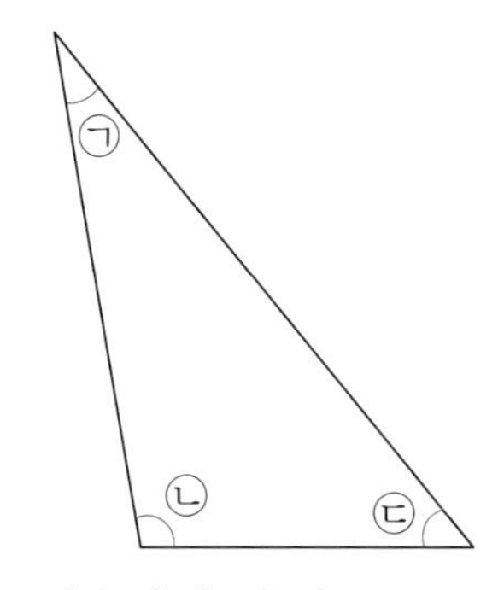

(1) 각도기를 이용하여 세 각 ㉠, ㉡, ㉢의 크기는 몇 도인지 재어 보세요.

㉠ (　　　　　　　　)

㉡ (　　　　　　　　)

㉢ (　　　　　　　　)

(2) 삼각형의 세 각의 크기의 합은 몇 도인지 알아보세요.

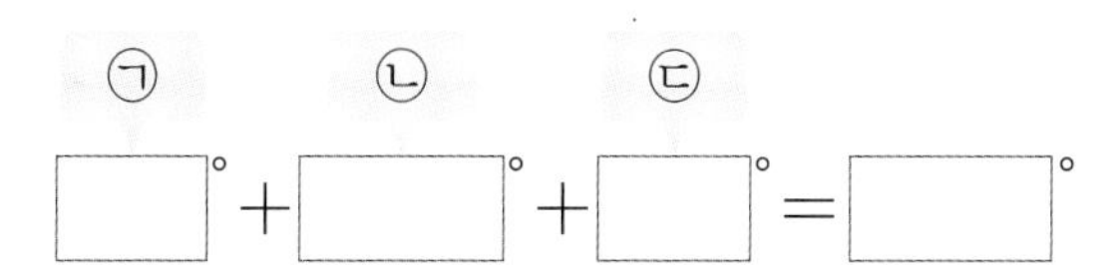

5 삼각형을 잘라서 세 꼭짓점이 한 점에 모이도록 겹치지 않게 이어 붙였습니다. ㉠의 각도를 구하세요.

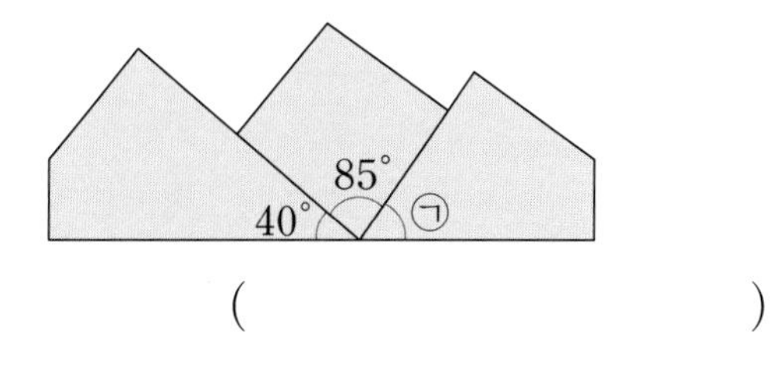

(　　　　　　　　)

[6~8] 삼각형에서 나머지 한 각의 크기를 구하세요.

6

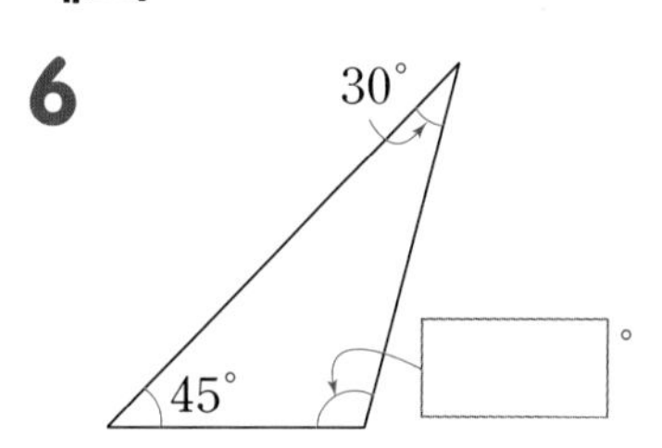

7

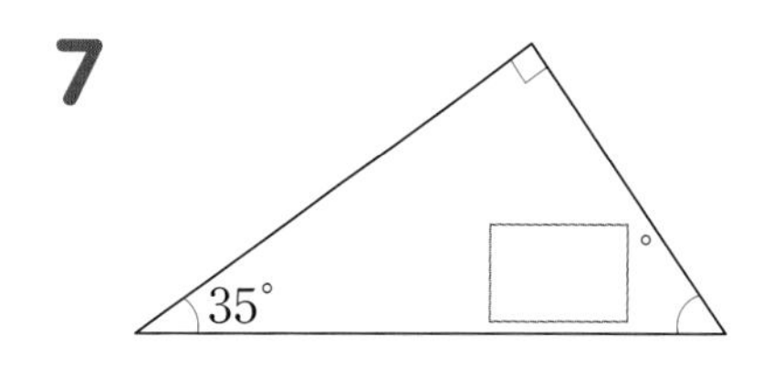

8

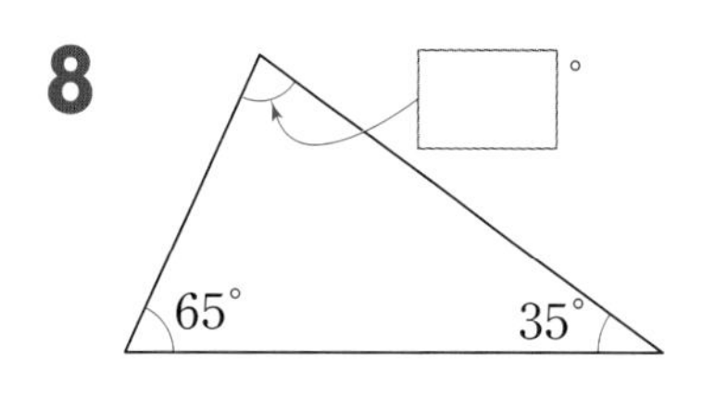

9 삼각형의 세 각의 크기가 될 수 <u>없는</u> 것에 ×표 하세요.

50°, 110°, 20°	20°, 80°, 70°
(　　　　)	(　　　　)

10 두 각의 크기의 합이 85°인 삼각형이 있습니다. 이 삼각형의 나머지 한 각의 크기는 몇 도인지 구하세요.

(　　　　　　　　)

2 단원

교과 개념

사각형의 네 각의 크기의 합

개념1 사각형의 네 각의 크기의 합

• 사각형을 잘라 네 각의 크기의 합 알아보기

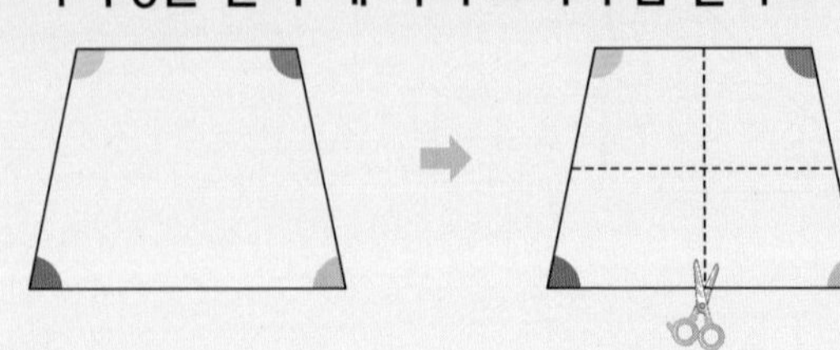

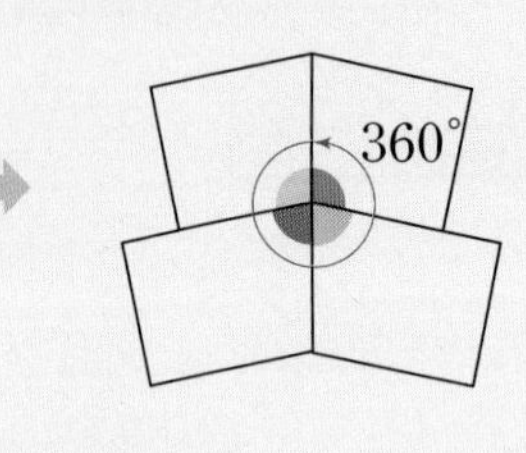

네 꼭짓점이 한 점에 모이도록 이어 붙이면 360°가 됩니다.

• 사각형을 삼각형 2개로 나누어 네 각의 크기의 합 알아보기

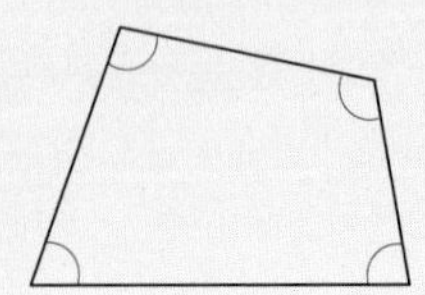

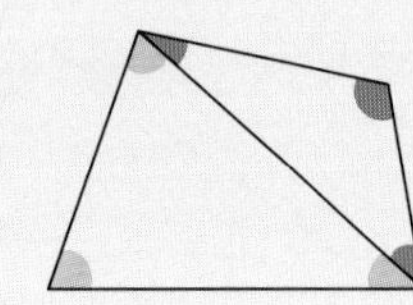

(사각형의 네 각의 크기의 합)
$=180° + 180° = 360°$

사각형의 네 각의 크기의 합은 360°입니다.

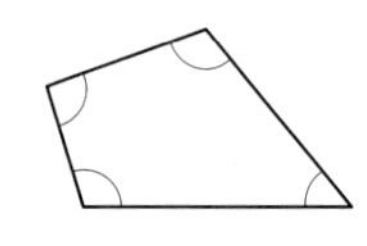

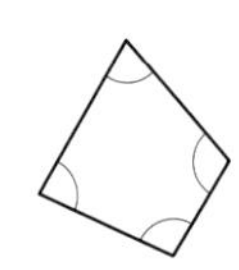

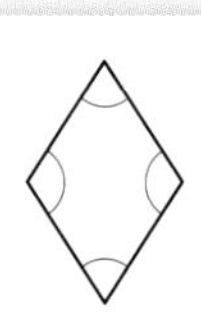

개념2 사각형에서 나머지 한 각의 크기 구하기

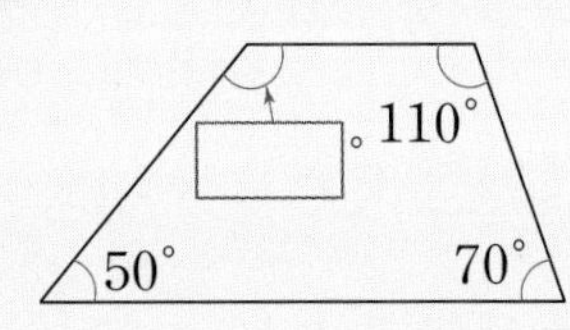

사각형의 네 각의 크기의 합은 360°이므로
$\square + 50° + 70° + 110° = 360°$,
$\square = 360° - 50° - 70° - 110° = 130°$입니다.

개념확인 1 직사각형과 정사각형의 네 각의 크기의 합을 알아보세요.

직사각형: 네 각이 모두 직각인 사각형
정사각형: 네 각이 모두 직각이고 네 변의 길이가 모두 같은 사각형

(1) 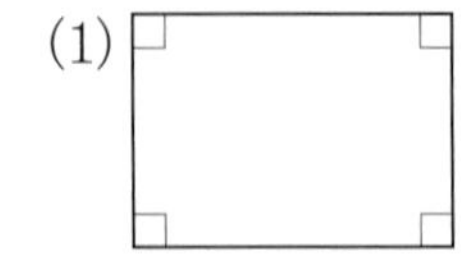

(직사각형의 네 각의 크기의 합)
$=90° + 90° + 90° + \square° = \square°$

(2) 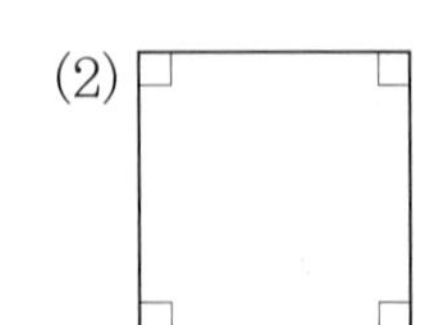

(정사각형의 네 각의 크기의 합)
$=90° + \square° + \square° + \square° = \square°$

2 사각형을 잘라서 네 꼭짓점이 한 점에 모이도록 겹치지 않게 이어 붙였습니다. 사각형의 네 각의 크기의 합은 몇 도인지 구하세요.

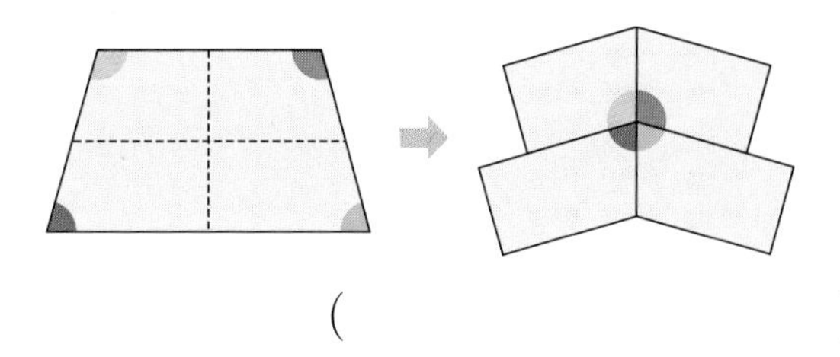

( )

3 사각형의 네 각의 크기의 합은 몇 도인지 알아보세요.

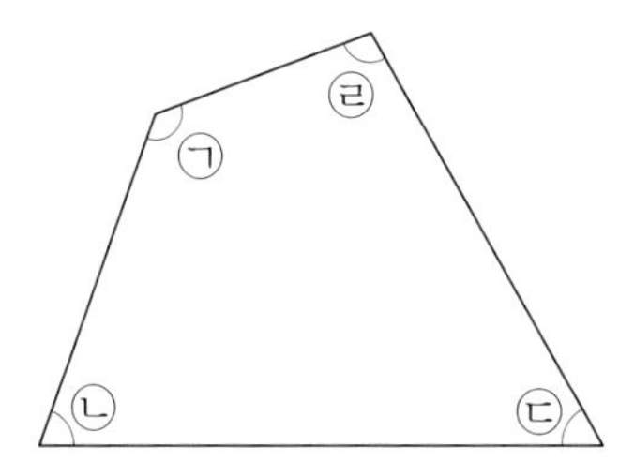

(1) 각도기를 이용하여 사각형의 네 각의 크기를 재어 보세요.

	㉠	㉡	㉢	㉣
각도				

(2) 사각형의 네 각의 크기의 합은 몇 도인가요?

( )

4 삼각형을 이용하여 사각형의 네 각의 크기의 합을 알아보세요.

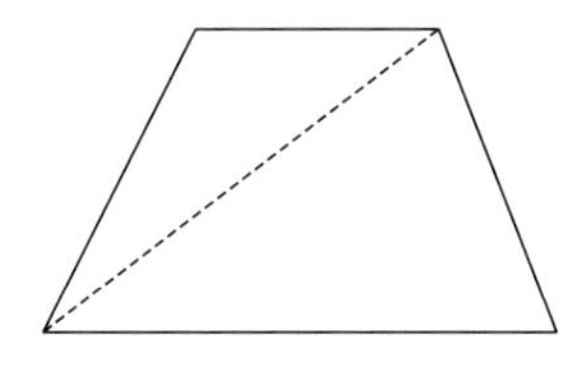

(사각형의 네 각의 크기의 합)
=(삼각형의 세 각의 크기의 합)×□
=□°

5 사각형을 잘라서 네 꼭짓점이 한 점에 모이도록 겹치지 않게 이어 붙였습니다. ㉠의 각도는 몇 도인지 구하세요.

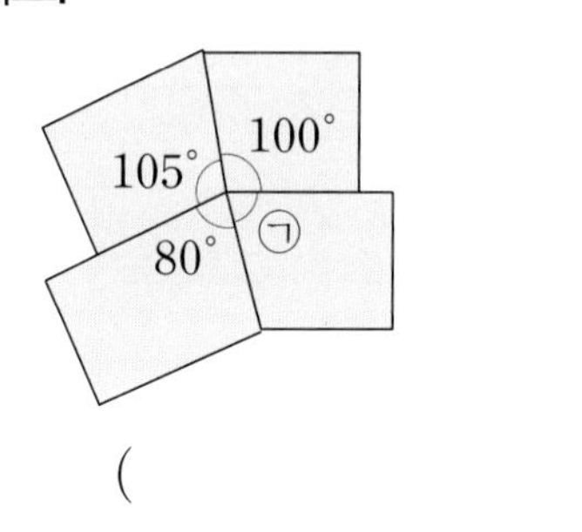

( )

[6~8] 사각형에서 나머지 한 각의 크기를 구하세요.

6

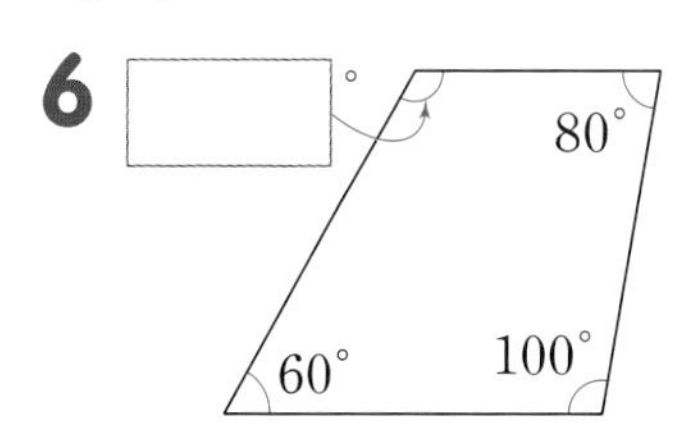

7

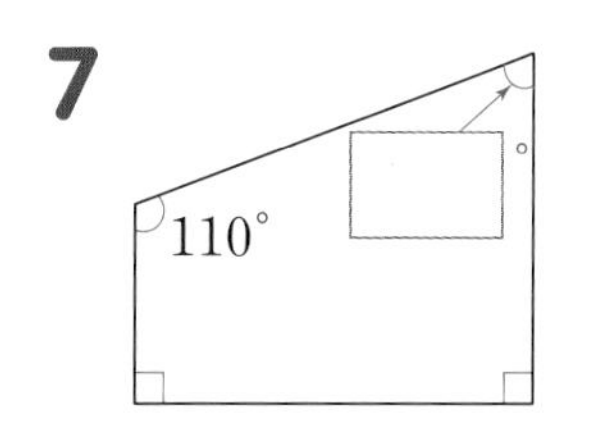

8

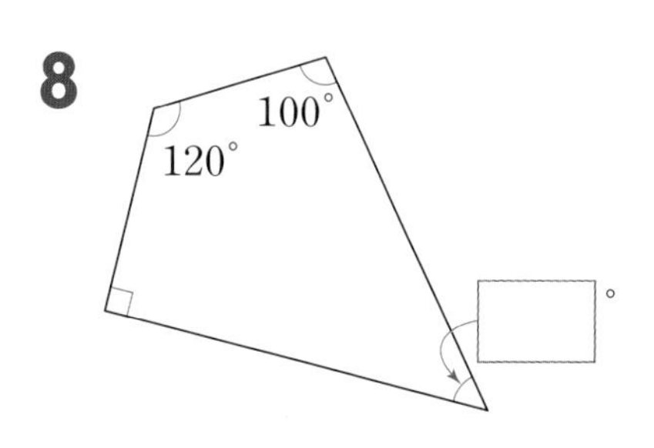

교과 유형 익힘

삼각형의 세 각의 크기의 합 ~ 사각형의 네 각의 크기의 합

[01~02] □ 안에 알맞은 수를 써넣으세요.

01

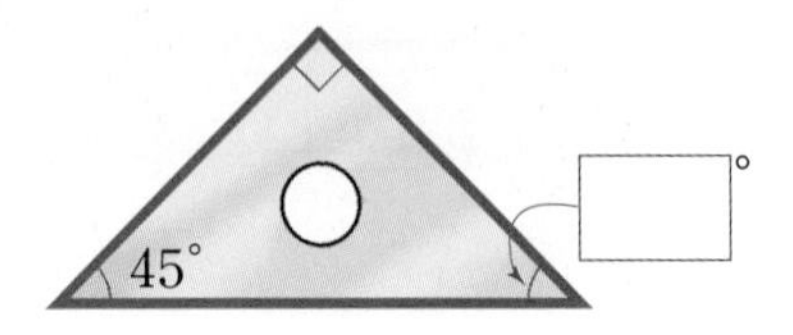

02

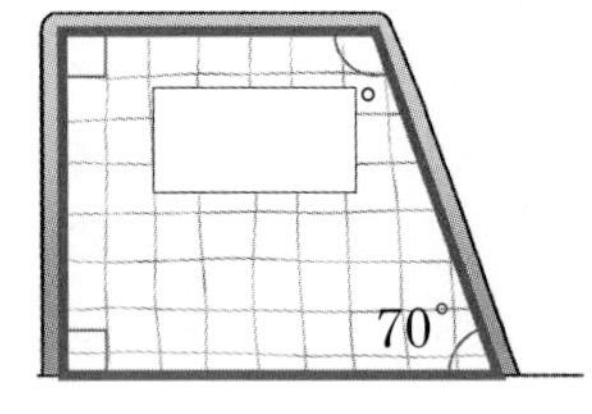

03 네 각 중 세 각의 크기가 다음과 같은 사각형의 나머지 한 각의 크기를 구하세요.

105°	55°	40°

( )

서술형 문제

04 삼각형의 세 각의 크기를 잘못 잰 친구의 이름을 쓰고, 그 이유를 쓰세요.

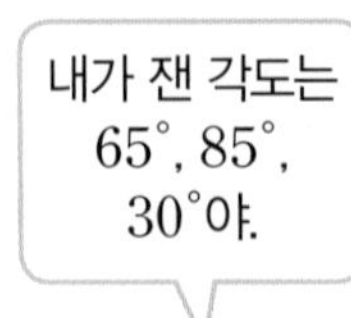

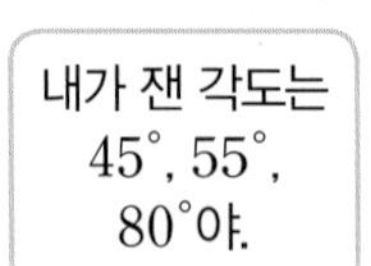

내가 잰 각도는 45°, 55°, 80°야.

선재

혜윤

건희

이름 ______

이유 ______

[05~06] ㉠과 ㉡의 각도의 합을 구하세요.

05

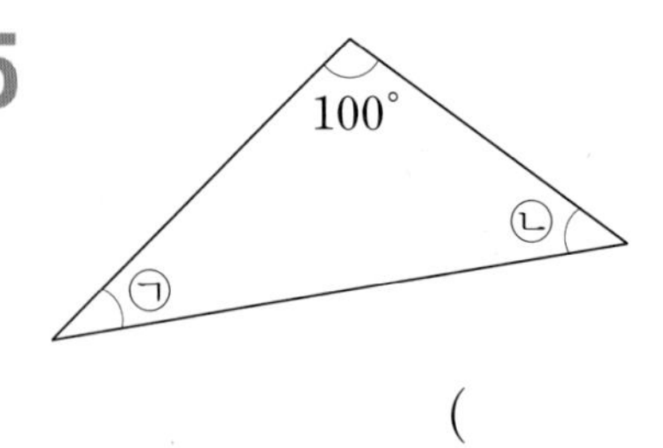

( )

06

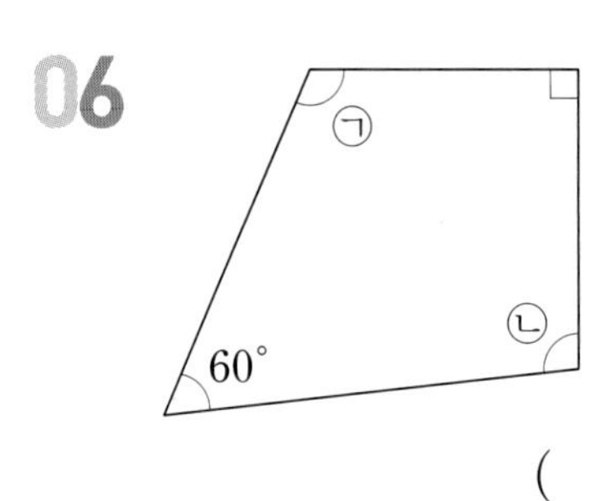

( )

07 □ 안에 알맞은 수를 써넣으세요.

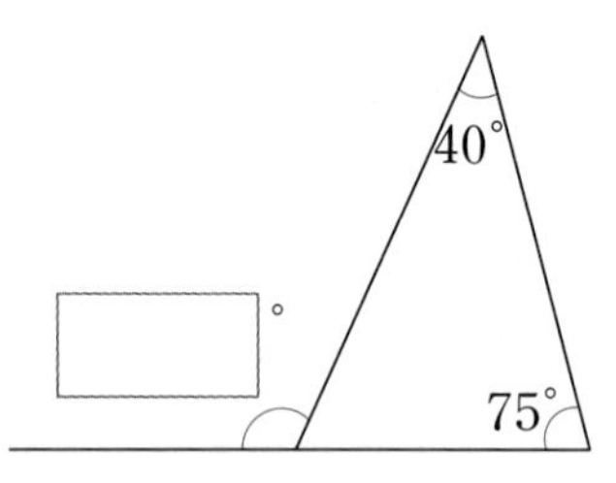

08 □ 안에 알맞은 수를 써넣으세요.

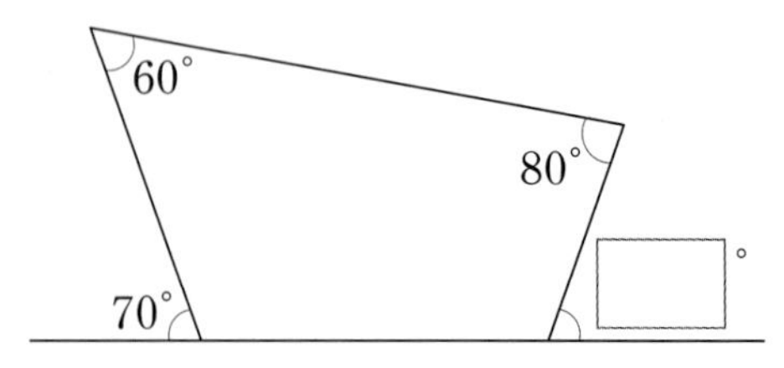

09 두 삼각자를 겹쳐 놓은 것입니다. □ 안에 알맞은 수를 써넣으세요.

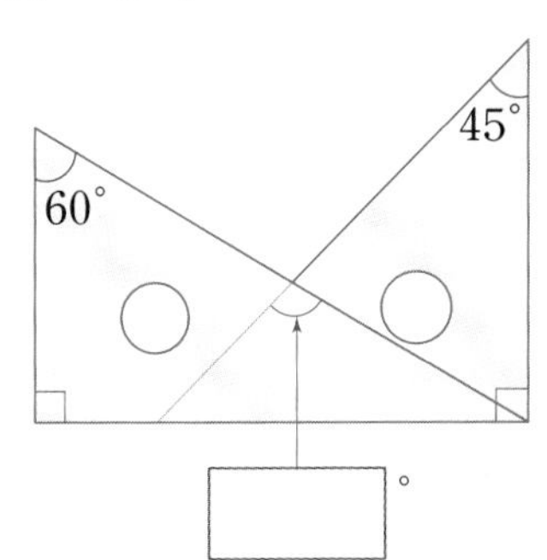

10 원 위에 있는 점 3개를 골라 점끼리 이어 삼각형을 만든 후, 만든 삼각형의 세 각의 크기를 재고 합을 구하세요.

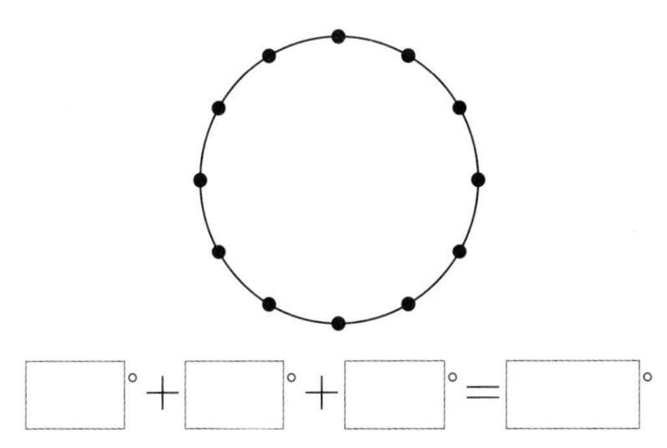

□° + □° + □° = □°

11 두 삼각자를 겹치지 않게 이어 붙여서 두 각의 합으로 만들 수 있는 각도 중 가장 작은 각도는 몇 도일까요?

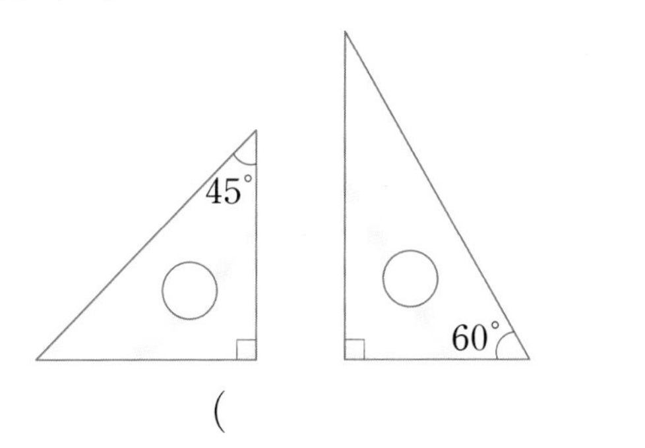

(　　　　　　　　)

12 추론 사각형을 그림과 같이 3개의 삼각형으로 나누어 사각형의 네 각의 크기의 합을 구하려고 합니다. □ 안에 알맞은 수를 써넣으세요.

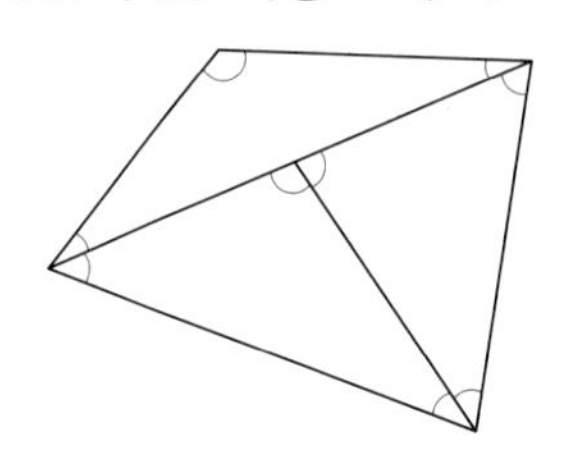

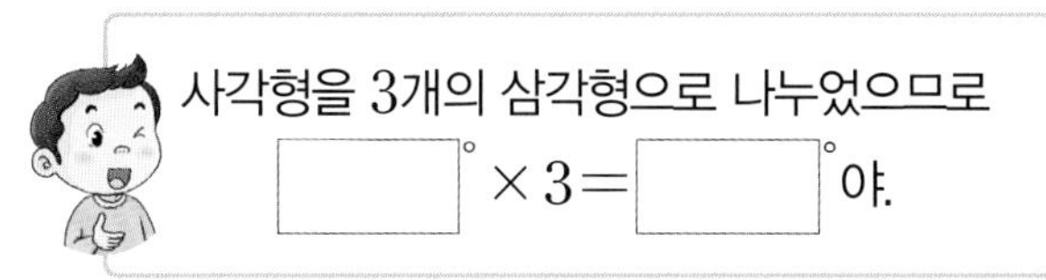

안쪽의 필요 없는 각도의 합은 빼야 하니까
□°−□°=□°가 맞아.

서술형 문제

13 의사소통 여러 가지 모양의 삼각형을 다음과 같이 접을 수 있습니다. 삼각형의 세 각의 크기의 합에 대해 알게 된 점을 설명하세요.

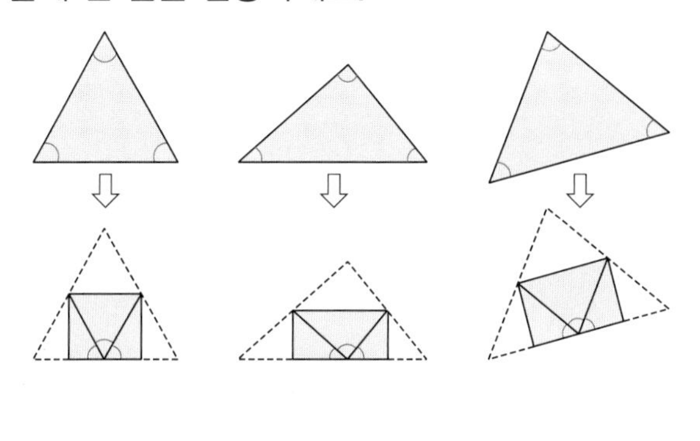

Step 3 문제 해결 (잘 틀리는 문제)

유형1 시계에서의 예각과 둔각

1 시각에 맞게 시곗바늘을 그리고 긴바늘과 짧은 바늘이 이루는 작은 쪽의 각이 예각인 것을 찾아 기호를 쓰세요.

㉠ 4시 45분　　㉡ 10시

(　　　　　)

Solution 정각이 아닌 시각에는 짧은바늘이 숫자와 숫자 사이를 가리킴에 주의합니다.

1-1 시각에 맞게 시곗바늘을 그리고 긴바늘과 짧은 바늘이 이루는 작은 쪽의 각이 둔각인 것을 찾아 기호를 쓰세요.

㉠ 8시 30분　　 6시 10분

(　　　　　)

1-2 시각에 맞게 시곗바늘을 그리고 긴바늘과 짧은 바늘이 이루는 작은 쪽의 각이 예각, 직각, 둔각 중 어느 것인지 쓰세요.

(1) 8시 55분　　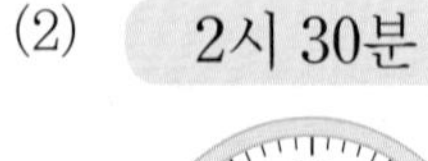

(　　　　　)　　(　　　　　)

유형2 도형에서 각도 구하기

2 ㉠의 각도를 구하세요.

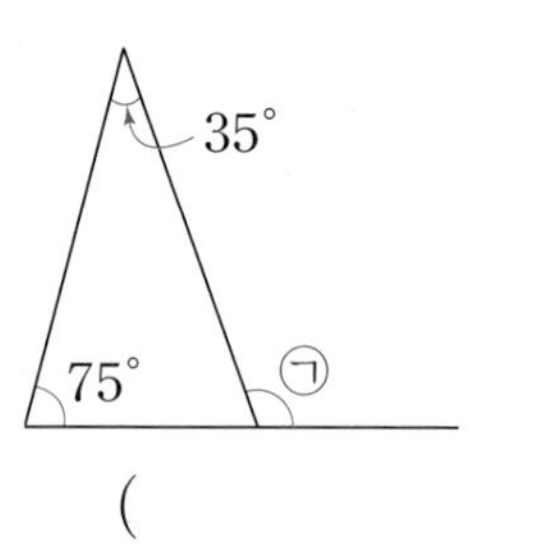

(　　　　　)

Solution 삼각형의 세 각의 크기의 합이 180°임을 이용하여 나머지 한 각의 크기를 구한 다음 직선이 이루는 각도가 180°임을 이용하여 ㉠의 각도를 구합니다.

2-1 ㉠의 각도를 구하세요.

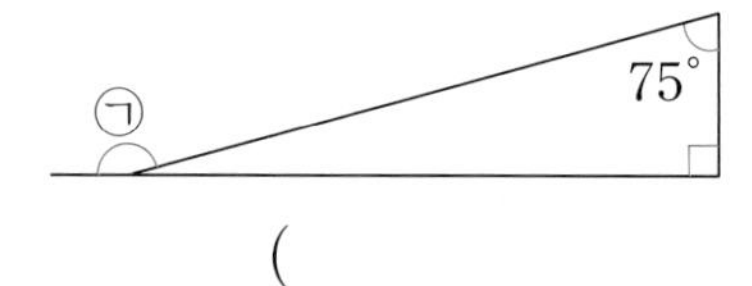

(　　　　　)

2-2 ㉠의 각도를 구하세요.

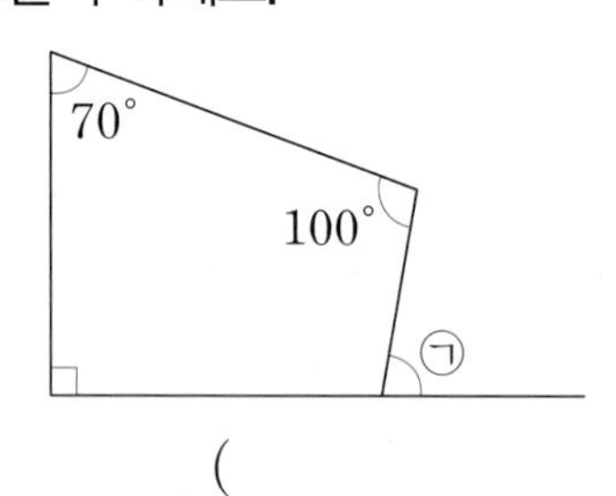

(　　　　　)

2-3 ㉠의 각도를 구하세요.

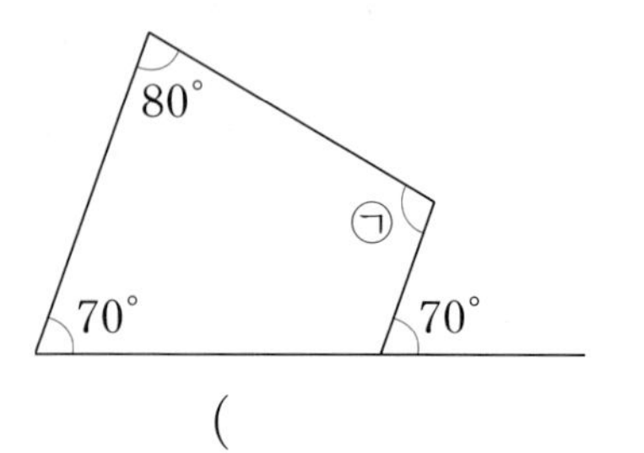

(　　　　　)

유형3 삼각자로 만든 각의 각도 구하기

3 두 삼각자를 겹쳐서 ㉠을 만들었습니다. ㉠의 각도를 구하세요.

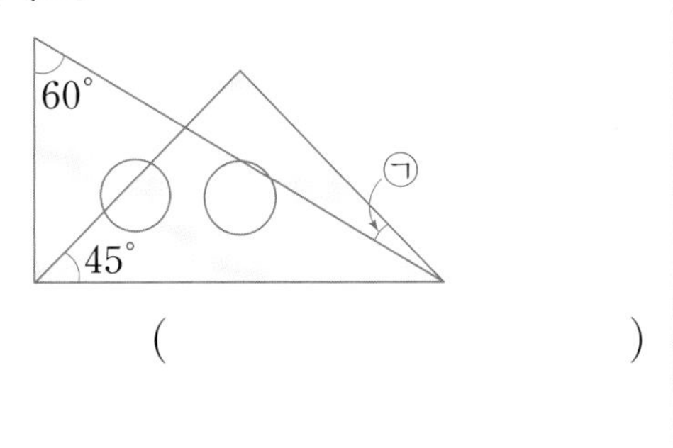

(　　　　　　　　)

Solution 삼각자의 세 각의 각도를 알고 각도의 합과 차를 계산하여 주어진 각의 각도를 구합니다.

3-1 두 삼각자를 겹쳐서 ㉠을 만들었습니다. ㉠의 각도를 구하세요.

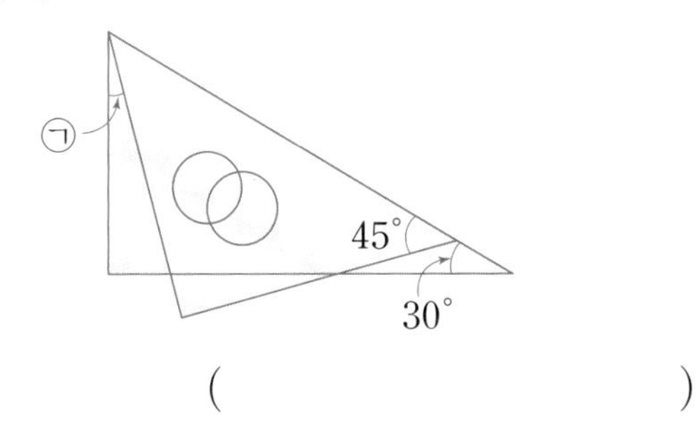

(　　　　　　　　)

3-2 두 삼각자를 겹쳐서 ㉠을 만들었습니다. ㉠의 각도를 구하세요.

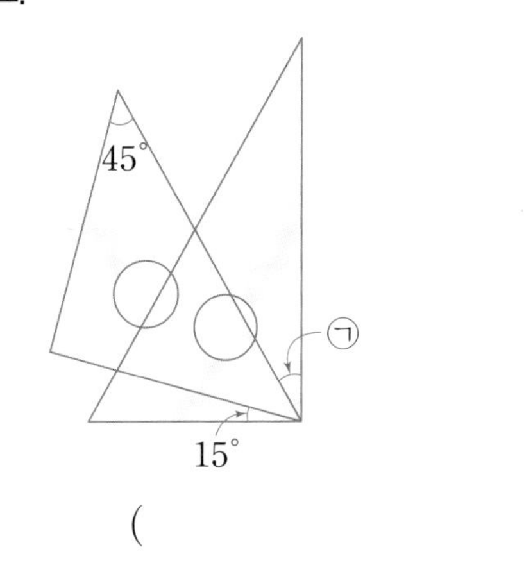

(　　　　　　　　)

유형4 각도의 차 구하기

4 피자 조각이 2개 있습니다. 두 피자 조각에서 ㉠과 ㉡의 각도의 차를 구하세요. (단, 피자 조각은 각각 각도가 똑같이 나누어지게 잘랐습니다.)

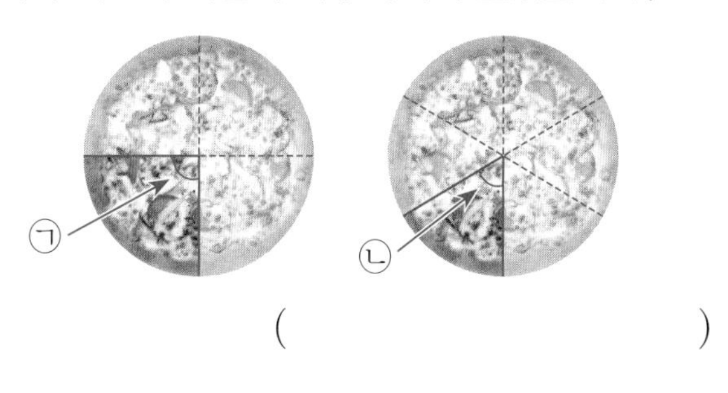

(　　　　　　　　)

Solution 180° 또는 360°를 똑같이 나누었을 때의 한 각의 크기를 구하여 각도의 차를 구합니다.

4-1 색종이를 2번 접어서 만들어진 각과 색종이를 3번 접어서 만들어진 각이 있습니다. 두 각의 각도의 차를 구하세요.

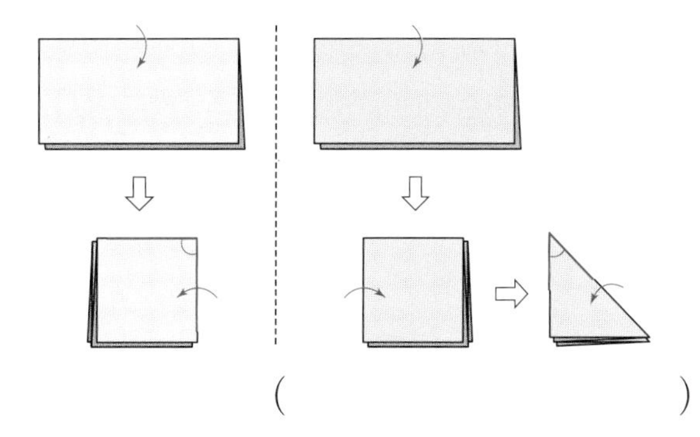

(　　　　　　　　)

4-2 직사각형 모양의 종이를 다음과 같이 접었습니다. ㉠과 ㉡의 각도의 차를 구하세요.

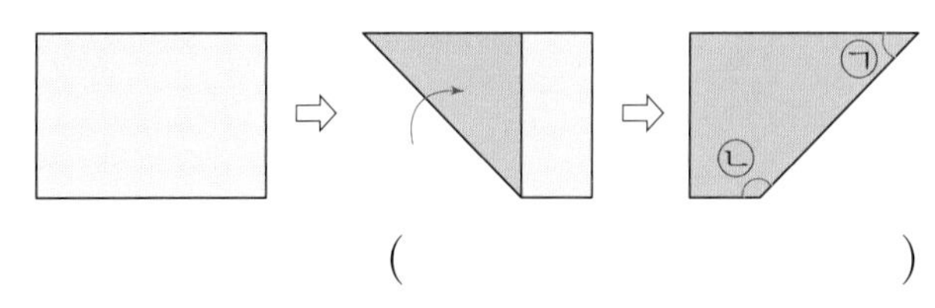

(　　　　　　　　)

2 단원

3 Step 문제 해결 (서술형 문제)

유형5

문제 해결 Key
직선이 이루는 각은 180° 입니다.

문제 해결 전략
❶ ㉠이 있는 각을 찾고 각도 알아보기
❷ ㉠의 각도 구하기

5 삼각형을 잘라서 ❶세 꼭짓점이 한 점에 모이도록 겹치지 않게 이어 붙였습니다. ❷㉠의 각도는 몇 도인지 풀이 과정을 보고 □ 안에 알맞은 수를 써넣어 답을 구하세요.

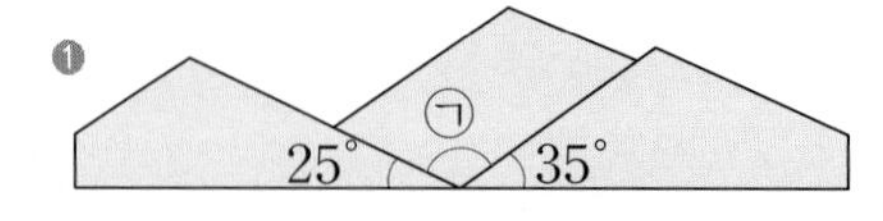

풀이 ❶ 삼각형을 잘라서 세 꼭짓점이 한 점에 모이도록 겹치지 않게 이어 붙인 각은 직선을 이루므로 □° 입니다.

❷ 따라서 $25^\circ+㉠+\square^\circ=\square^\circ$ 이고

$㉠=\square^\circ-25^\circ-\square^\circ=\square^\circ$ 입니다.

답 ______________

5-1 연습 문제

삼각형을 잘라서 세 꼭짓점이 한 점에 모이도록 겹치지 않게 이어 붙였습니다. ㉠의 각도는 몇 도인지 풀이 과정을 쓰고 답을 구하세요.

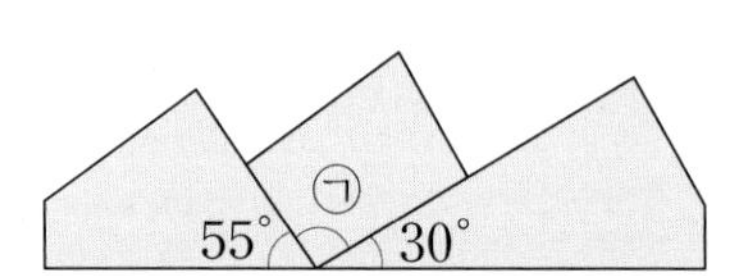

풀이
❶ ㉠이 있는 각을 찾고 각도 알아보기

❷ ㉠의 각도 구하기

답 ______________

5-2 실전 문제

삼각형을 잘라서 세 꼭짓점이 한 점에 모이도록 겹치지 않게 이어 붙였습니다. ㉠의 각도는 몇 도인지 풀이 과정을 쓰고 답을 구하세요.

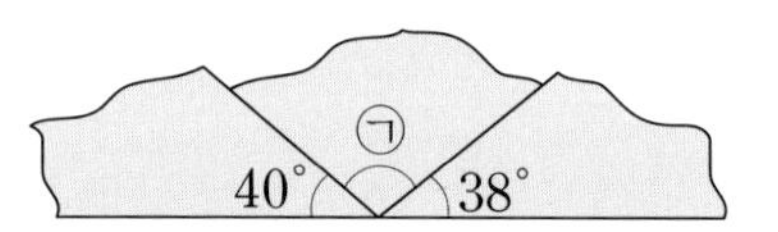

풀이

답 ______________

유형6

❶ 문제 해결 Key
사각형의 네 각의 크기의 합은 360°입니다.

문제 해결 전략
❶ 사각형의 네 각의 크기의 합이 360°임을 이용하여 식 만들기
❷ ㉠과 ㉡의 각도의 합 구하기

6 ❷ ㉠과 ㉡의 각도의 합은 몇 도인지 풀이 과정을 보고 □ 안에 알맞은 수를 써넣어 답을 구하세요.

❶ 110°, ㉡, 110°, ㉠

풀이 ❶ 사각형의 네 각의 크기의 합은 □°이므로

□° + ㉠ + □° + ㉡ = □°입니다.

❷ ㉠ + ㉡ = □° − 110° − □° = □°입니다.

따라서 ㉠과 ㉡의 각도의 합은 □°입니다.

답 ____________

진도 완료 체크

6-1 연습 문제

㉠과 ㉡의 각도의 합은 몇 도인지 풀이 과정을 쓰고 답을 구하세요.

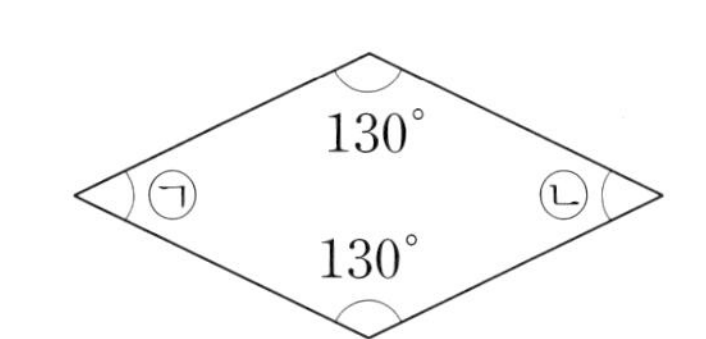

풀이
❶ 사각형의 네 각의 크기의 합이 360°임을 이용하여 식 만들기

❷ ㉠과 ㉡의 각도의 합 구하기

답 ____________

6-2 실전 문제

㉠과 ㉡의 각도의 합은 몇 도인지 풀이 과정을 쓰고 답을 구하세요.

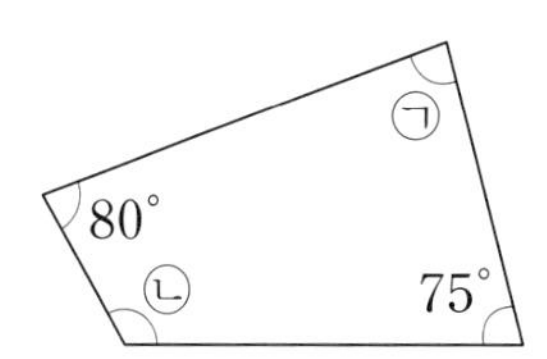

풀이

답 ____________

실력 UP 문제

01 준이가 액자를 걸었습니다. 액자가 얼마나 기울어졌나요?

(　　　　　　　　　　)

02 다음 칠교판 그림에서 선을 따라 그릴 수 있는 둔각은 모두 몇 개일까요?

(　　　　　　　　　　)

03 삼각형의 세 각의 크기의 합을 이용하여 도형에 표시된 모든 각의 크기의 합을 구하세요.

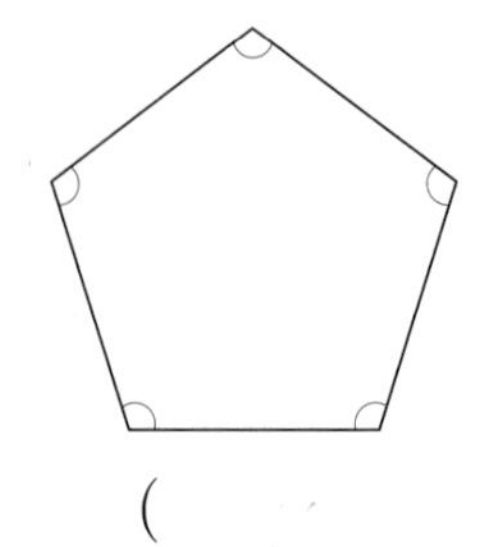

(　　　　　　　　　　)

04 삼각형을 그림과 같이 잘라서 ①과 ②의 합과 ㉠ 사이의 관계를 다음과 같이 알아보았습니다. 물음에 답하세요.

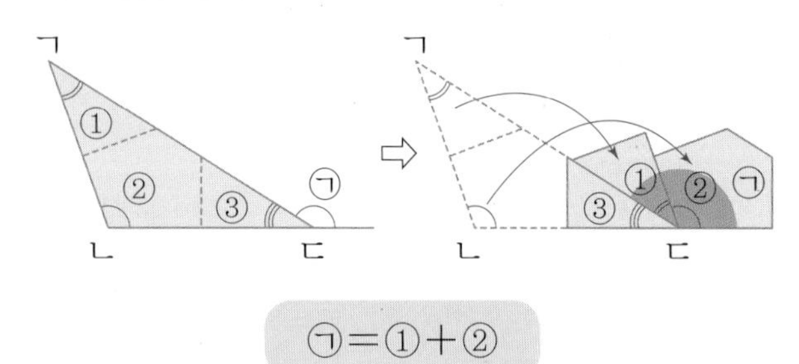

㉠=①+②

(1) □ 안에 알맞은 수를 써넣으세요.

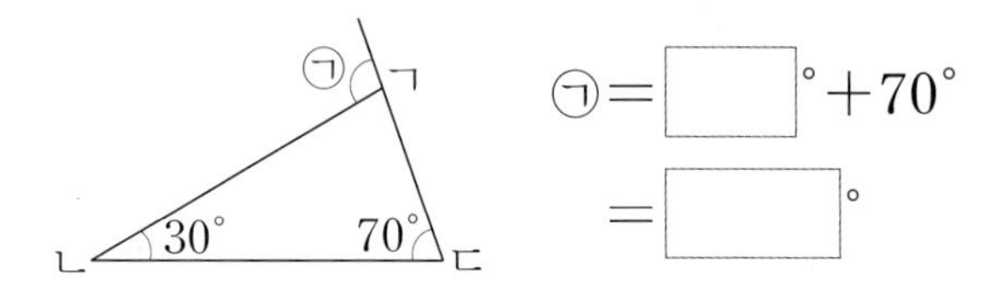

㉠=□°+70°
=□°

(2) ㉠의 크기를 잘못 나타낸 것을 찾아 기호를 쓰세요.

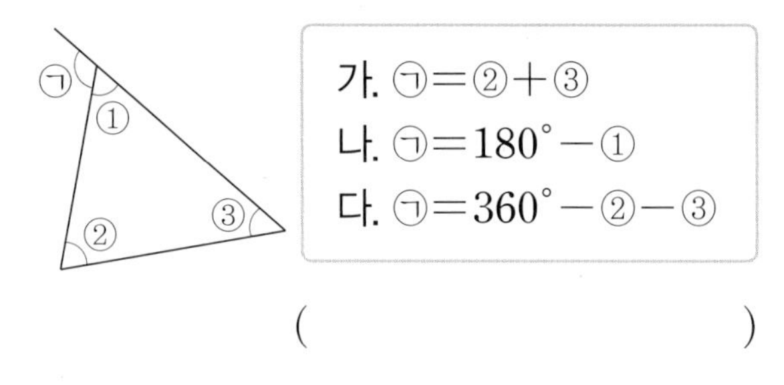

가. ㉠=②+③
나. ㉠=180°−①
다. ㉠=360°−②−③

(　　　　　　　　　　)

05 다음 삼각자 2개를 겹쳐서 만들 수 있는 각 중에서 가장 작은 각은 몇 도일까요?

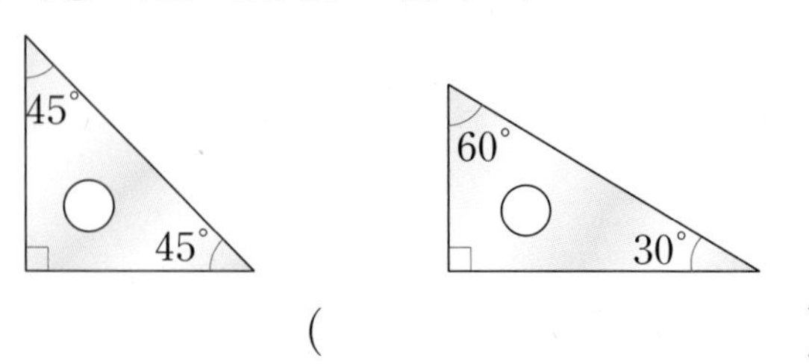

(　　　　　　　　　　)

06 삼각형 ㄱㄴㄷ에서 ★로 표시된 각 5개의 크기가 모두 같을 때, 각 ㄴㄹㄱ의 크기를 구하세요.

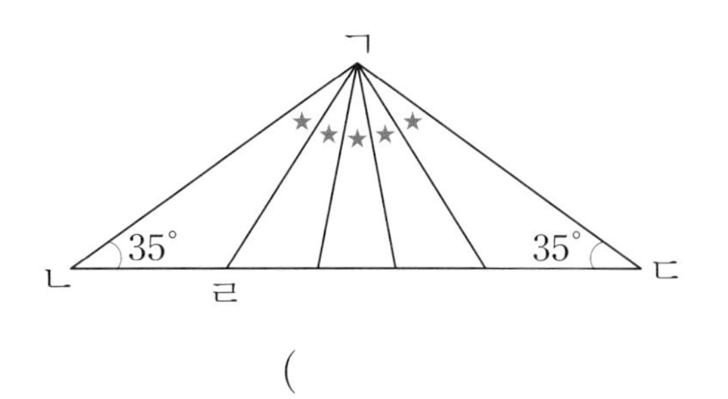

(　　　　　　　　　)

07 두 사람이 스트레칭을 하고 있습니다. ㉠은 몇 도인지 구하세요.

(　　　　　　　　　)

08 승기는 친구들과 캠프파이어를 하기 위해 나무를 쌓았습니다. ㉮, ㉯, ㉰의 합은 몇 도인지 구하세요.
(단, 나무의 두께는 생각하지 않습니다.)

(　　　　　　　　　)

09 시계가 4시를 가리킬 때, 긴바늘과 짧은 바늘이 이루는 작은 쪽의 각도를 구하세요.

(　　　　　　　　　)

10 도형에서 ㉠의 각도를 구하세요.

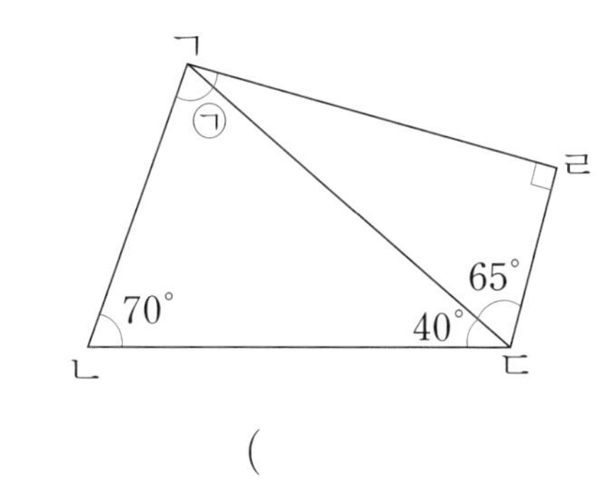

(　　　　　　　　　)

11 도형에서 ㉠의 각도를 구하세요.

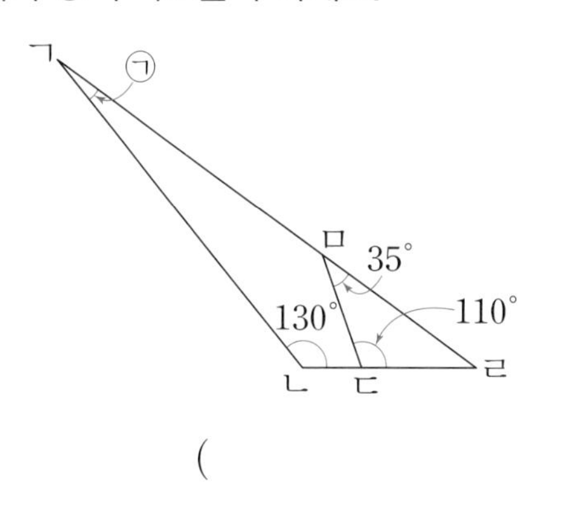

(　　　　　　　　　)

2 단원

진도 완료 체크

단원 평가

01 두 각 중에서 더 작은 각을 찾아 ○표 하세요.

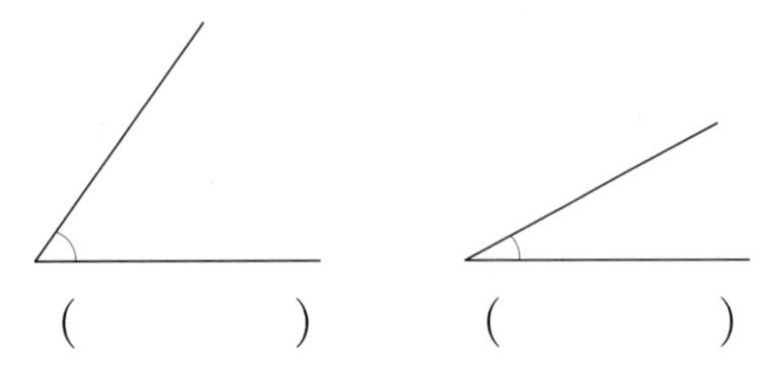

( ) ( )

02 각도를 구하세요.

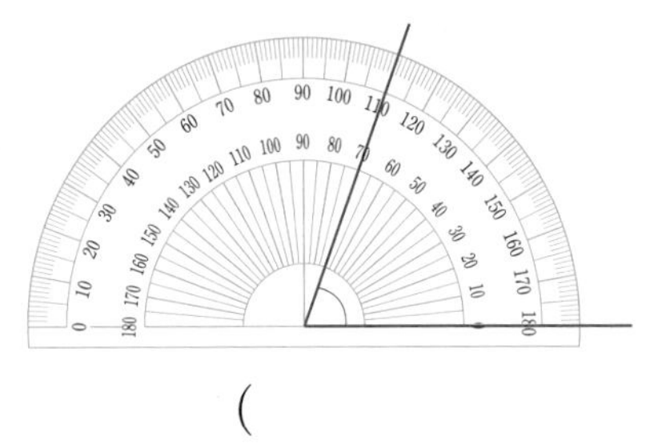

( )

03 각의 크기가 작은 순서대로 번호를 쓰세요.

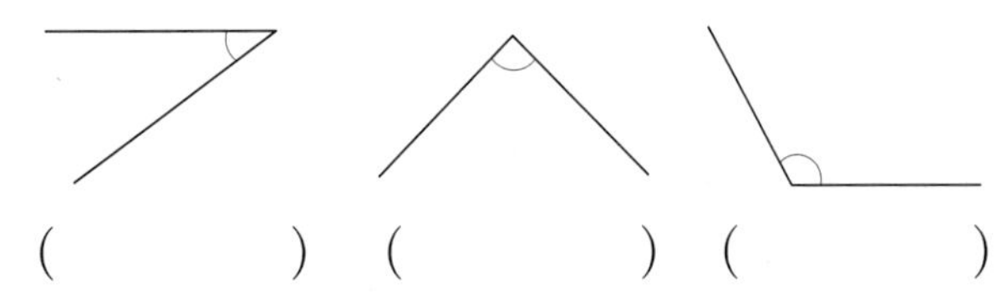

( ) ( ) ( )

04 각도가 55°인 각 ㄱㄴㄷ을 그리려고 합니다. 점 ㄴ과 이어야 하는 점은 어느 것일까요? ( )

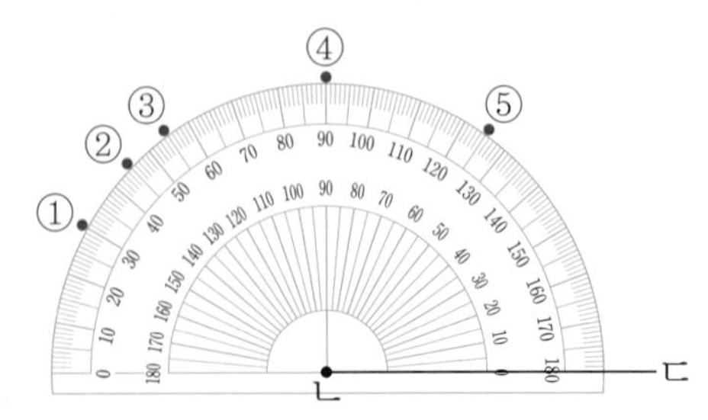

05 각을 보고 물음에 답하세요.

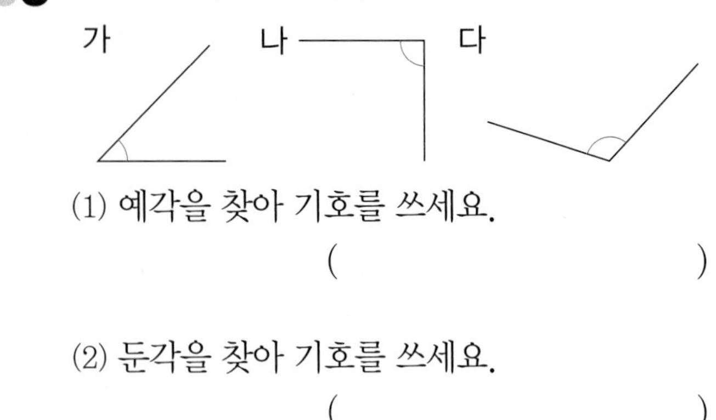

(1) 예각을 찾아 기호를 쓰세요.

( )

(2) 둔각을 찾아 기호를 쓰세요.

( )

06 시계의 긴바늘과 짧은바늘이 이루는 작은 쪽의 각이 예각, 둔각 중 어느 것인지 □ 안에 써넣으세요.

07 주어진 선분을 이용하여 예각을 그리려고 합니다. 점 ㄱ과 이어야 하는 점은 어느 것일까요?
....( )

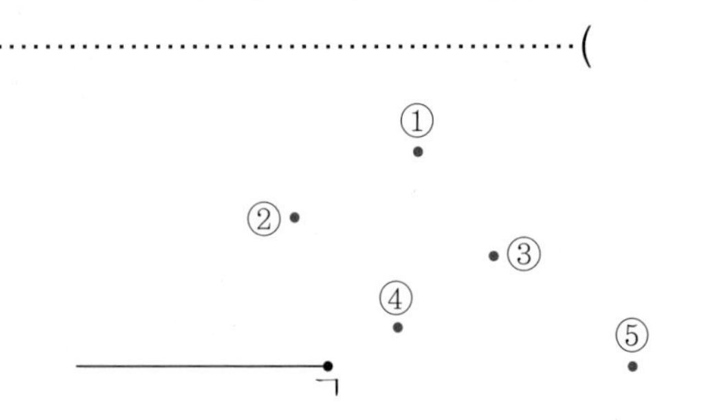

08 각도의 합과 차를 구하세요.

(1) $40^\circ + 65^\circ =$ □°

(2) $160^\circ - 85^\circ =$ □°

09 그림을 보고 □ 안에 알맞은 수를 써넣으세요.

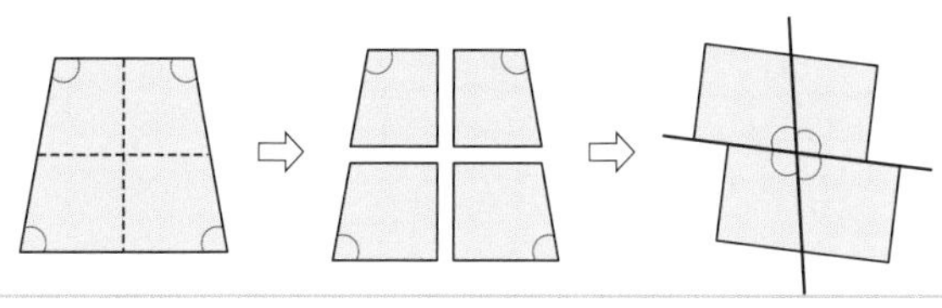

사각형의 네 각의 크기의 합은 □°입니다.

10 □ 안에 알맞은 수를 써넣으세요.

(1)

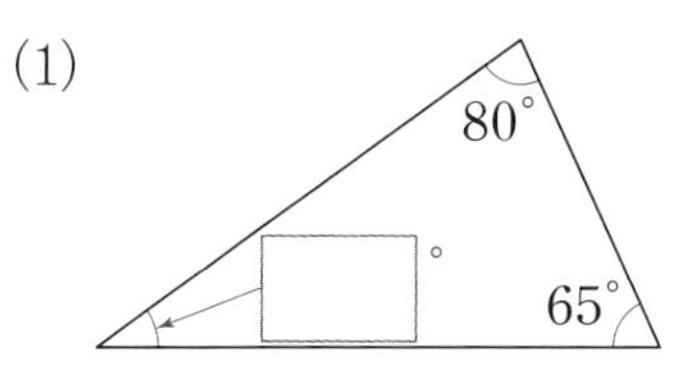

(2)

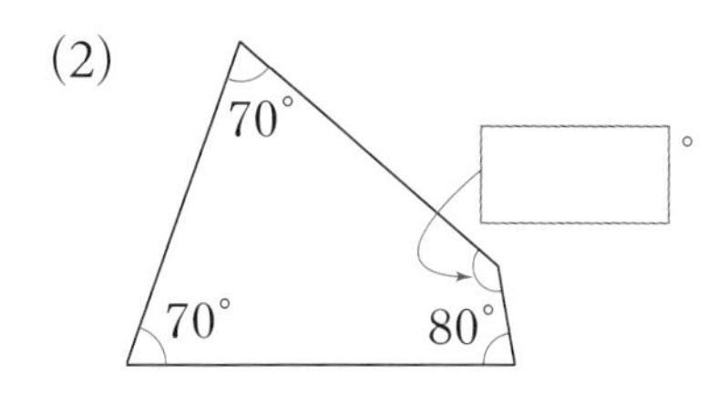

11 둔각을 하나 생각하여 자를 이용하여 그리고, 그린 각도를 각도기로 재어 확인하세요.

생각한 각도 □°, 잰 각도 □°

12 책상에 앉아 컴퓨터를 하는 바람직한 자세입니다. 허리와 다리가 이루는 각은 몇 도인지 각도를 재어 보세요.

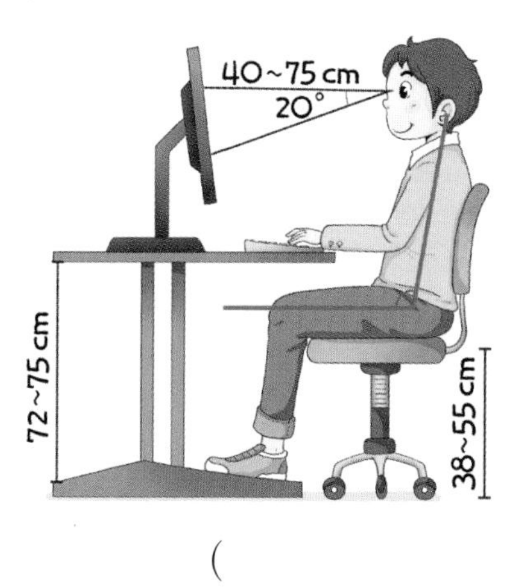

(　　　　　　　　)

13 등대에서 밤에 다니는 배에게 길을 알려 주려고 불을 비추고 있습니다. 등대에서 퍼지는 빛을 보고 두 각도의 합을 구하세요.

(　　　　　　　　)

14 사다리가 낮아서 물건에 손이 닿지 않습니다. 사다리의 다리 사이의 각을 어떻게 해야 사다리에 올라가 물건을 꺼낼 수 있을지 설명하세요.

15 각도가 가장 큰 각과 가장 작은 각을 찾아 기호를 쓰세요.

㉠ 직각$+70^\circ$
㉡ 125°보다 47°만큼 더 작은 각
㉢ 53°보다 98°만큼 더 큰 각

가장 큰 각 (　　　　　　)
가장 작은 각 (　　　　　　)

16 두 삼각자를 겹쳐서 ㉠을 만들었습니다. ㉠의 각도를 구하세요.

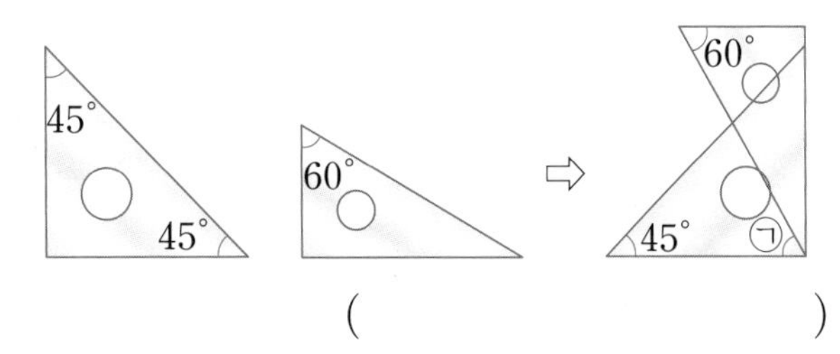

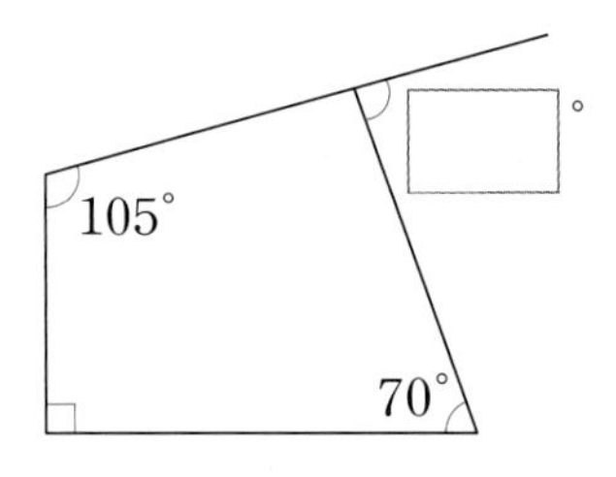

(　　　　　　)

17 원 모양의 종이를 반지름을 따라 잘라 4조각으로 나누려고 합니다. 예각이 있는 조각 2개, 둔각이 있는 조각 2개가 만들어지도록 반지름을 3개 더 그으세요.

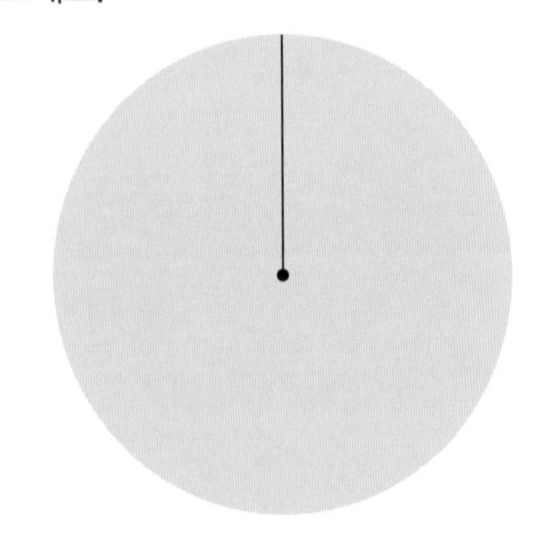

18 시계가 5시를 가리키고 있습니다. 긴바늘과 짧은바늘이 이루는 작은 쪽의 각의 각도를 구하세요.

(　　　　　　)

19 □ 안에 알맞은 수를 써넣으세요.

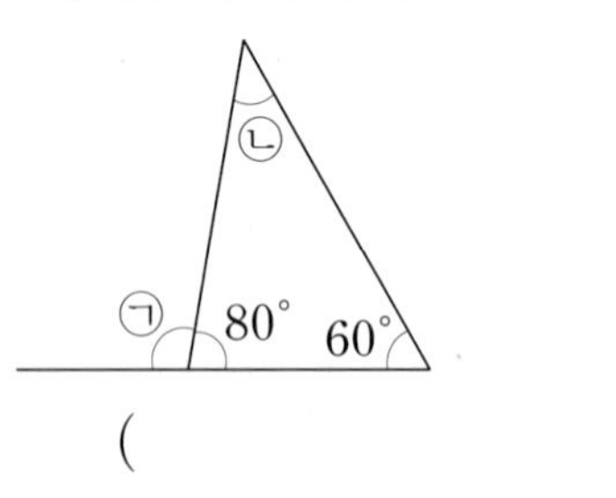

20 ㉠과 ㉡의 각도의 합을 구하세요.

(　　　　　　)

과정 중심 평가 문제

21 각 ㄷㄹㅁ의 각도를 구하려고 합니다. 물음에 답하세요.

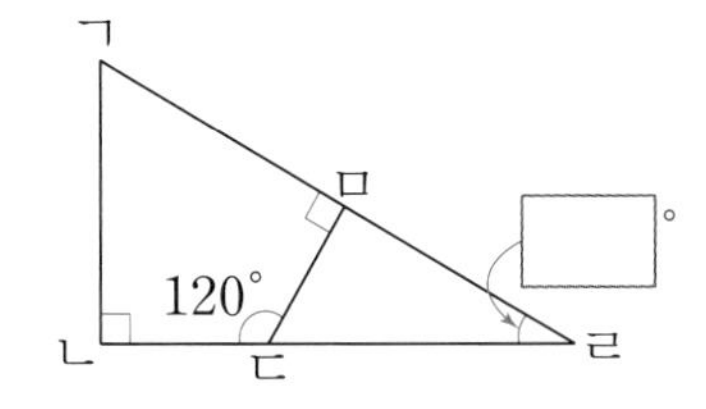

(1) 각 ㄷㅁㄹ의 각도를 구하세요.

( )

(2) 각 ㅁㄷㄹ의 각도를 구하세요.

( )

(3) 각 ㄷㄹㅁ의 각도를 구하세요.

( )

과정 중심 평가 문제

22 윤지와 인호가 각도기를 이용하여 삼각형의 세 각의 크기를 재었습니다. 각도를 잘못 잰 사람은 누구인지 쓰고, 그 이유를 설명하세요.

이름	세 각의 크기		
윤지	45°	60°	75°
인호	55°	100°	35°

( )

이유

과정 중심 평가 문제

23 다음과 같이 직사각형 모양의 종이를 접었을 때 ㉠의 각도를 구하려고 합니다. 물음에 답하세요.

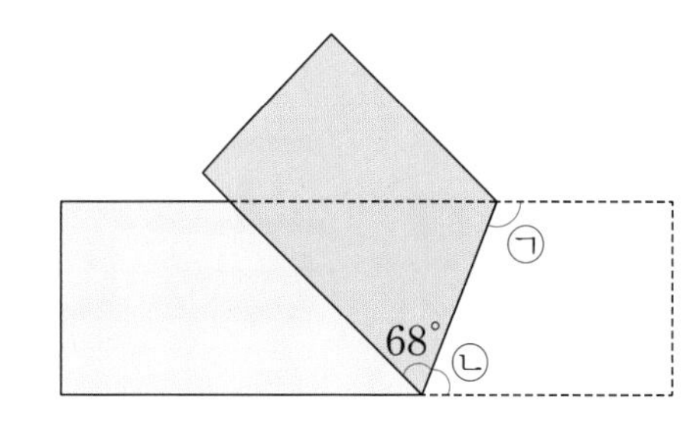

(1) ㉡의 각도는 몇 도일까요?

( )

(2) ㉠의 각도는 몇 도일까요?

( )

과정 중심 평가 문제

24 각 ㄴㄷㄱ의 크기는 얼마인지 풀이 과정을 쓰고 답을 구하세요.

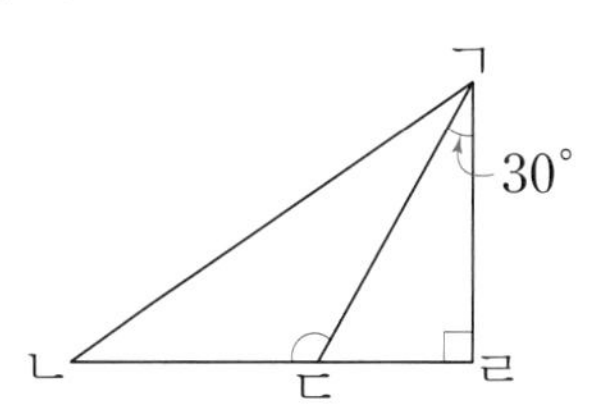

풀이

답

곱셈과 나눗셈

웹툰으로 **단원 미리보기** 3화_ 황금 곰돌이는 너무 비싸.

 QR코드를 스캔하여 이어지는 내용을 확인하세요.

이전에 배운 내용

3-2 (두 자리 수)×(두 자리 수)

		3	7	
	×	4	5	
	1	8	5	← 37×5
1	4	8	0	← 37×40
1	6	6	5	

3-2 (세 자리 수)÷(한 자리 수)

		7	2	← 몫
6)	4	3	5	
	4	2	0	← 6×70
		1	5	
		1	2	← 6×2
			3	← 나머지

3-2 계산 결과가 맞는지 확인하기

나누는 수와 몫의 곱에 나머지를 더하면 나누어지는 수가 됩니다.

$20 \div 3 = 6 \cdots 2$

⇨ 확인 $3 \times 6 = 18$, $18 + 2 = 20$
몫 나머지

이 단원에서 배울 내용

1 Step 교과 개념	(세 자리 수)×(몇십)
1 Step 교과 개념	(세 자리 수)×(두 자리 수)
2 Step 교과 유형 익힘	
1 Step 교과 개념	(두 자리 수)÷(두 자리 수), (세 자리 수)÷(두 자리 수) (1)
1 Step 교과 개념	(세 자리 수)÷(두 자리 수) (2)
2 Step 교과 유형 익힘	
3 Step 문제 해결	잘 틀리는 문제 / 서술형 문제
4 Step 실력 UP 문제	
단원 평가	

이 단원을 배우면
(세 자리 수)×(두 자리 수),
(두 자리 수)÷(두 자리 수),
(세 자리 수)÷(두 자리 수)를
계산할 수 있어요.

Step 1 교과 개념

개념 강의

(세 자리 수)×(몇십)

개념1 (세 자리 수)×(몇십)

나는 우유를 매일 293 mL씩 마셔. 20일 동안 마신 우유는 얼마나 될까?

293×20을 계산하면 돼.

293×20에서 293을 300으로 생각하면 **300×20**이므로 **6000**으로 어림할 수 있습니다.

• 293×20 **계산하기**

$293\times2=586$

10배

$293\times20=5860$

$$\begin{array}{r} 293 \\ \times\quad 2 \\ \hline 586 \end{array} \Rightarrow \begin{array}{r} 293 \\ \times\quad 20 \\ \hline 5860 \end{array}$$

10배

개념확인 1 다음 표를 완성하여 241×30의 값을 구하세요.

	천의 자리	백의 자리	십의 자리	일의 자리		결과
241		2	4	1		241
241×3					⇨	
241×30						

└→ 241×30은 241×3의 10배와 같습니다.

개념확인 2 보기 와 같이 계산하세요.

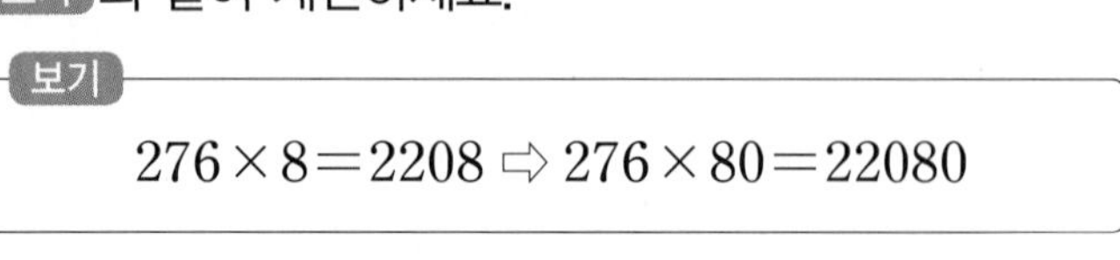

(1) 318×4=1272 ⇨ 318×40=□

(2) 140×7=□ ⇨ 140×70=□

(3) 574×6=□ ⇨ 574×60=□

3 □ 안에 알맞은 수를 써넣으세요.

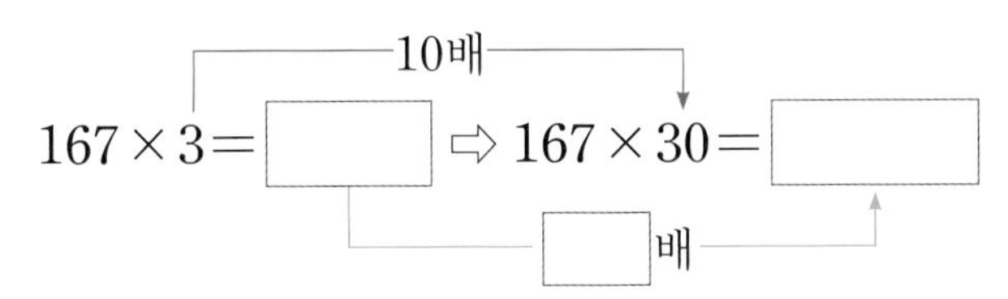

4 빈칸에 알맞은 수를 써넣으세요.

	만	천	백	십	일
343×5=		1			5
343×50=					

(□배, □배)

5 □ 안에 알맞은 수를 써넣으세요.

(1) $410 \times 2 = \square$ ⇨ $410 \times 20 = \square$

(2) $146 \times 5 = \square$ ⇨ $146 \times 50 = \square$

6 계산을 하세요.

(1) 217×30　　(2) 843×80

7 계산을 하세요.

(1) 500×90

(2) 225×30

(3) 367×60

8 계산 결과가 다른 하나를 찾아 기호를 쓰세요.

㉠ 200×60　㉡ 300×40
㉢ 260×50　㉣ 30×400

(　　　　　)

9 계산 결과를 찾아 선으로 이으세요.

30×300 •	• 4740
270×30 •	• 9000
237×20 •	• 8100

10 계산 결과가 가장 큰 것에 ○표 하세요.

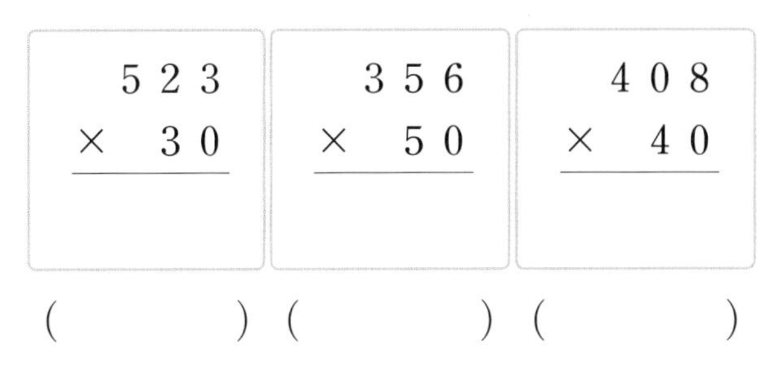

(　　) (　　) (　　)

교과 개념

(세 자리 수)×(두 자리 수)

개념1 (세 자리 수)×(두 자리 수)

예 237×28 계산하기

• **어림하기**

237을 200으로, 28을 30으로 생각하면 **200×30=6000**으로 어림할 수 있습니다.

• 237×28을 **그림으로 알아보기**

237	237	237	237	237	237	237	237	237	237
237	237	237	237	237	237	237	237	237	237

237×20=4740

237	237	237	237
237	237	237	237

237×8=1896

237×28=237×20+237×8=4740+1896=6636

• 237×28을 **세로셈으로 계산하기**

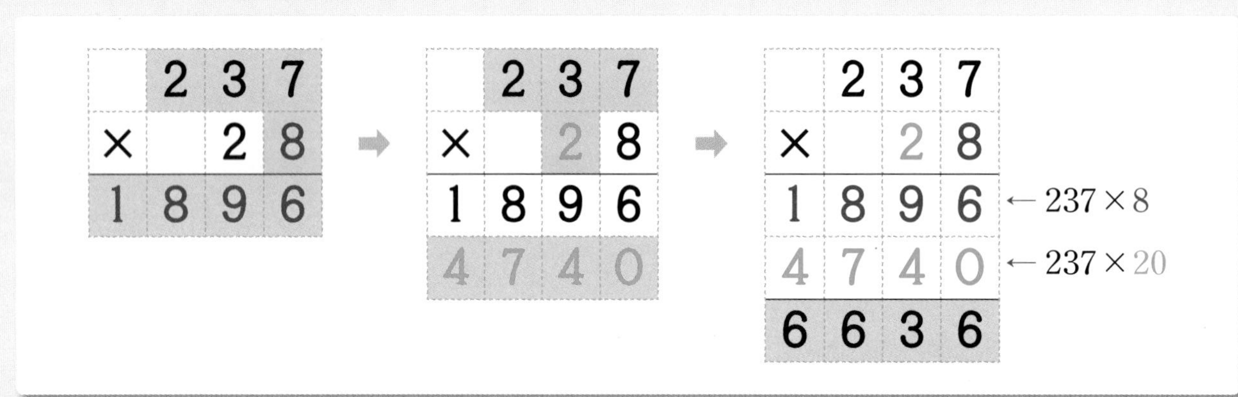

개념확인 1 □ 안에 알맞은 수를 써넣으세요.

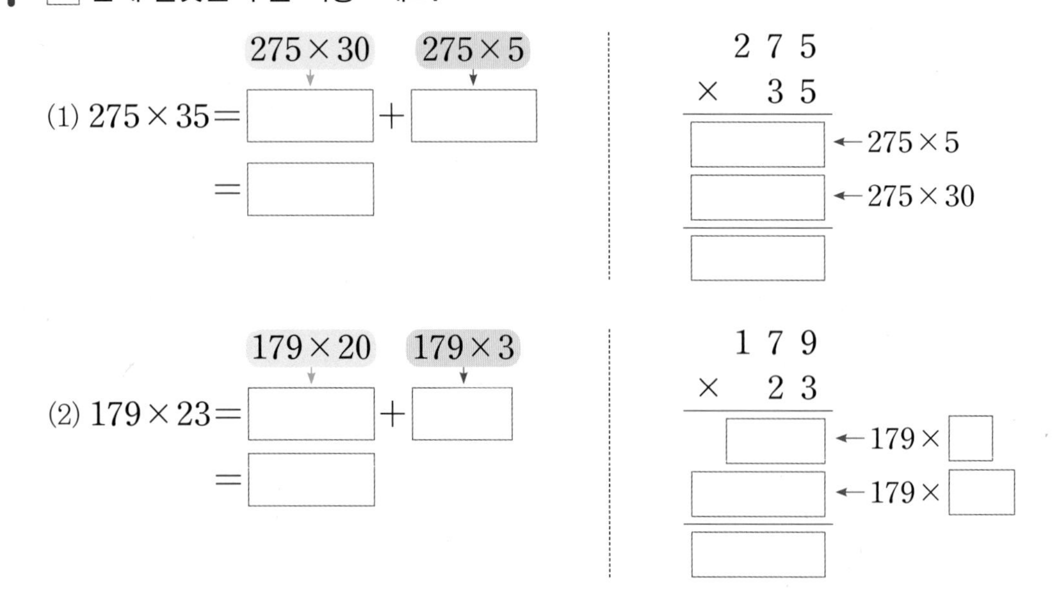

2 계산을 하세요.

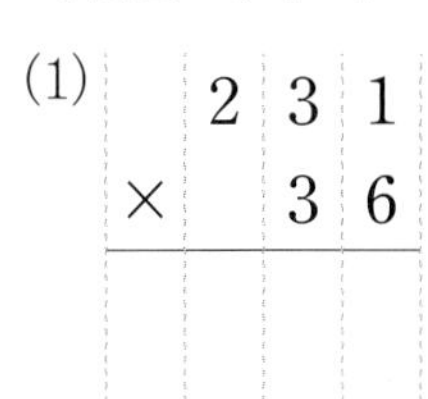

(1) $\begin{array}{r} 231 \\ \times \quad 36 \\ \hline \end{array}$

(2) $\begin{array}{r} 402 \\ \times \quad 24 \\ \hline \end{array}$

(3) $\begin{array}{r} 652 \\ \times \quad 37 \\ \hline \end{array}$

(4) $\begin{array}{r} 890 \\ \times \quad 53 \\ \hline \end{array}$

3 계산을 하세요.

(1) 359×42

(2) 640×57

4 빈칸에 알맞은 수를 써넣으세요.

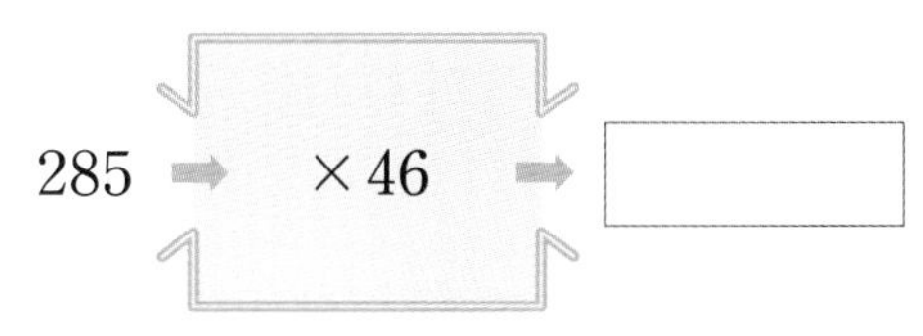

5 잘못 계산한 곳을 찾아 바르게 계산하세요.

$\begin{array}{r} 547 \\ \times \quad 23 \\ \hline 1641 \\ 1094 \\ \hline 2735 \end{array}$ ⇨

6 계산 결과를 비교하여 ◯ 안에 >, =, < 중 알맞은 것을 써넣으세요.

(1)

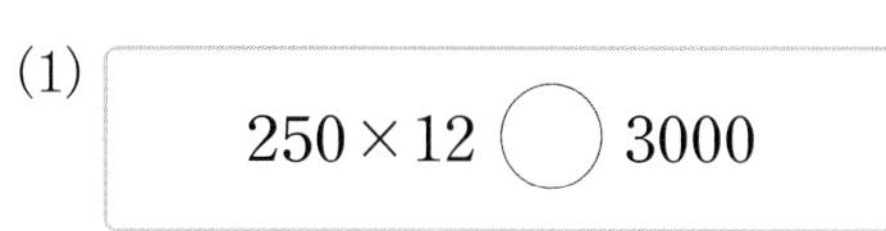

(2)

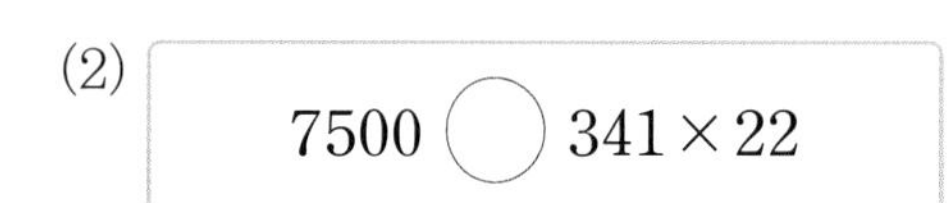

7 계산 결과에 맞게 선으로 이으세요.

584×17 •	• 8442
354×25 •	• 9928
469×18 •	• 8850

8 한 상자를 포장하는 데 리본이 150 cm 필요합니다. 23상자를 포장하는 데 필요한 리본은 몇 cm인지 식을 쓰고 답을 구하세요.

식 150×☐=☐

답 ____________

9 지아네 학교에서 291명이 우유 급식을 합니다. 31일 동안 학생들이 받은 우유는 모두 몇 개인지 식을 쓰고 답을 구하세요.

식 291×☐=☐

답 ____________

교과 유형 익힘

01 600×90을 계산하려고 합니다. $6\times9=54$에서 4를 써야 할 자리를 찾아 기호를 쓰세요.

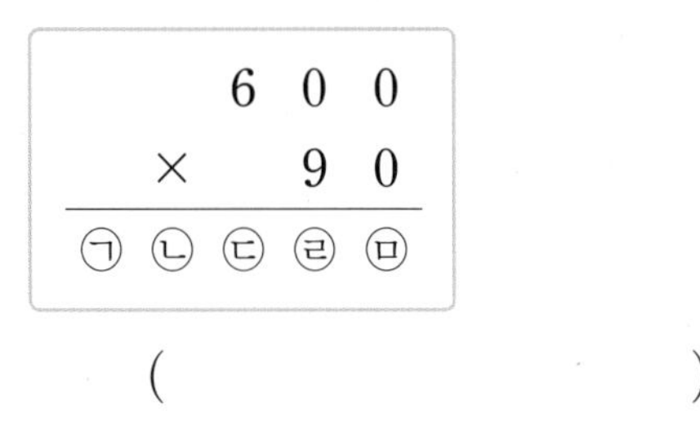

( )

02 빈칸에 두 수의 곱을 써넣으세요.

(1)

700	60

(2)
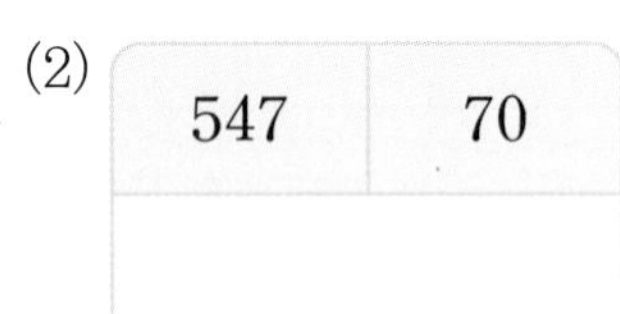

547	70

03 계산 결과를 비교하여 ◯ 안에 >, =, < 중 알맞은 것을 써넣으세요.

(1) 710×30 ◯ 800×22

(2) 854×63 ◯ 829×70

04 가장 큰 수와 가장 작은 수의 곱을 구하세요.

126　72　299　55

( )

05 계산을 하고 곱이 큰 것부터 차례로 ◯ 안에 번호를 써넣으세요.

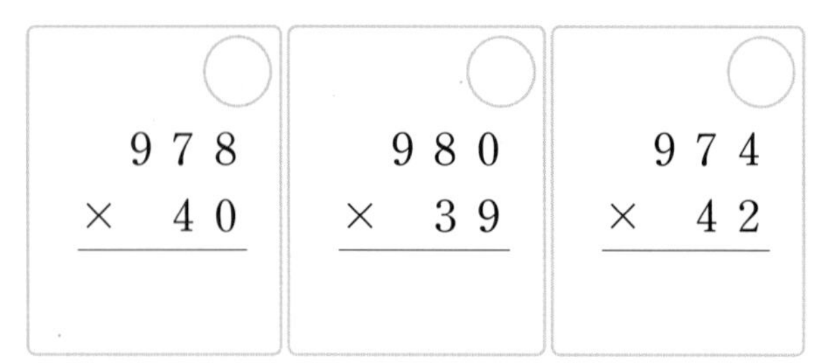

06 민호는 623×52를 다음과 같이 계산했습니다. 민호가 바르게 답을 구할 수 있도록 도움이 되는 말을 완성해 보세요.

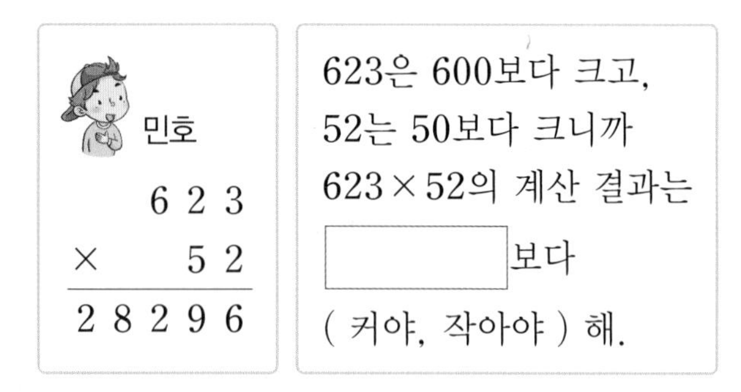

07 두 곱셈의 계산 결과의 차를 구하세요.

342×30　　429×21

( )

08 승우는 한 개에 450원인 막대사탕을 40개 사려고 합니다. 막대사탕 값은 모두 얼마인지 구하세요.

식 ______________________

답 ______________

09 '247 × 30'에 알맞은 생활 속 문제를 만든 것입니다. □ 안에 알맞은 수를 써넣고 답을 구하세요.

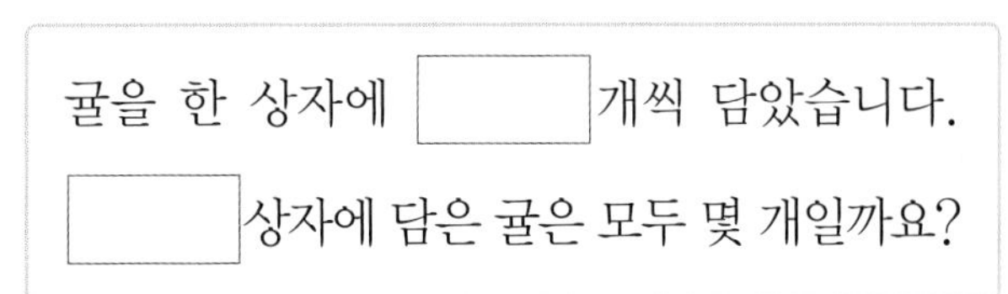

답 ____________

10 연주는 1년 동안 매일 아침에 25분씩 걷기 운동을 하였습니다. 1년을 365일로 계산한다면 연주가 1년 동안 아침에 걷기 운동을 한 시간은 모두 몇 분인지 식을 쓰고 답을 구하세요.

식 ____________

답 ____________

서술형 문제

11 민규는 매일 우유를 190 mL씩 마십니다. 민규가 8월과 9월 두 달 동안 마신 우유의 양은 모두 몇 mL인지 풀이 과정을 쓰고 답을 구하세요.

답 ____________

12 문제해결

500원짜리 동전 50개를 지폐로 바꾸려고 합니다. 지폐의 수를 가장 적게 바꾸면 지폐는 각각 몇 장이 될지 구하세요.

: □ 장

: □ 장

13 정보처리

은지와 민호 중에서 누가 책을 몇 쪽 더 많이 읽었는지 구하세요.

나는 책을 140쪽씩 26일 동안 읽었어.

나는 책을 115쪽씩 31일 동안 읽었어.

은지 민호

( ), ( )

3 단원

14 추론

수 카드

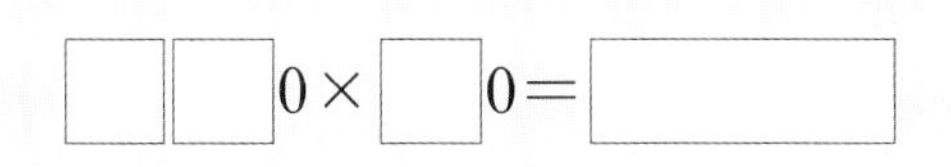

중 3장을 사용하여 계산 결과가 가장 큰 곱셈식을 만들고 계산하세요.

□□0 × □0 = □

15 창의융합

곱이 10000에 가장 가까운 수가 되도록 □ 안에 알맞은 자연수를 구하세요.

216 × □

( )

교과 개념

(두 자리 수)÷(두 자리 수), (세 자리 수)÷(두 자리 수) (1)

개념1 (몇백몇십)÷(몇십)

$120 \div 30 = 4$

$12 \div 3 = 4$

$$\begin{array}{r} 4 \leftarrow 몫 \\ 30\overline{)\,120} \\ 120 \leftarrow 30\times4 \\ \hline 0 \end{array}$$

개념2 (몇백몇십몇)÷(몇십)

• 362÷40 계산하기

$40\times7=280$
$40\times8=320$
$40\times9=360$

$$\begin{array}{r} 9 \leftarrow 몫 \\ 40\overline{)\,362} \\ 360 \\ \hline 2 \leftarrow 나머지 \end{array}$$

362(나누어지는 수) ÷ 40(나누는 수) = 9(몫)…2(나머지)

확인 $40\times9=360$, $360+2=362$

개념3 몇십몇으로 나누기 - 몫이 한 자리 수인 경우

• 78÷13 계산하기

$13\times5=65$
$13\times6=78$
$13\times7=91$

$$\begin{array}{r} 6 \leftarrow 몫 \\ 13\overline{)\,78} \\ 78 \\ \hline 0 \leftarrow 나머지 \end{array}$$

78 ÷ 13 = 6 ←몫

확인 $13\times6=78$

• 288÷41 계산하기

$41\times6=246$
$41\times7=287$
$41\times8=328$

$$\begin{array}{r} 7 \leftarrow 몫 \\ 41\overline{)\,288} \\ 287 \\ \hline 1 \leftarrow 나머지 \end{array}$$

288 ÷ 41 = 7(몫) … 1(나머지)

확인 $41\times7=287$, $287+1=288$

1 □ 안에 알맞은 수를 써넣으세요.

(1)

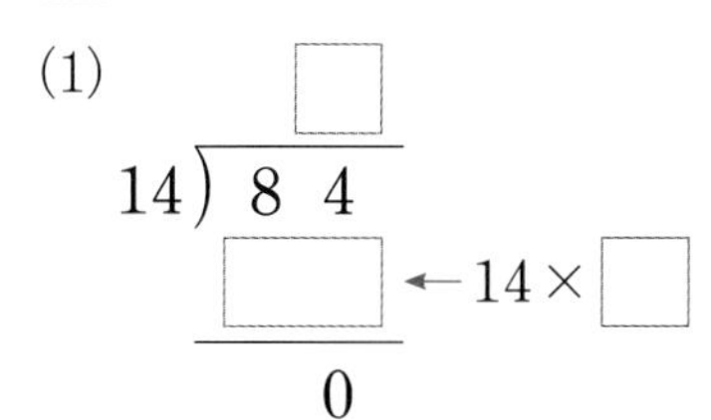

(2)

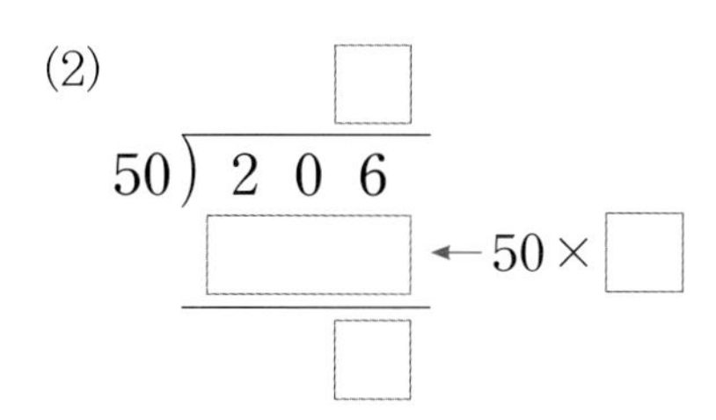

2 빈칸에 알맞은 수를 써넣고 120÷40의 몫을 구하세요.

×	1	2	3	4
40				

120÷40=□

3 계산을 하세요.

(1) 30)240 (2) 28)84

(3) 30)92 (4) 20)86

4 어림한 나눗셈의 몫으로 가장 적절한 것에 ○표 하세요.

76÷18 (4 , 6 , 40 , 50)

5 나누어떨어지는 나눗셈에 ○표 하세요.

94÷31 531÷59

( ) ( )

6 276÷29를 어림하여 계산하려고 합니다. □ 안에 알맞은 수를 써넣으세요.

(1) 276÷29를 270÷30으로 생각하면 몫은 □로 어림할 수 있습니다.

(2)

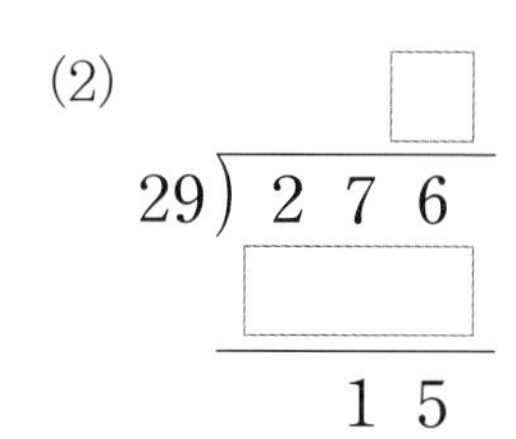

7 계산한 결과가 맞는지 확인하려고 합니다. □ 안에 알맞은 수를 써넣으세요.

(1) 645÷70=□…□

⇨ 70×□=630, 630+□=645

(2) 81÷23=□…□

⇨ 23×□=69, 69+□=81

8 97÷30의 몫과 나머지를 구하고, 계산 결과가 맞는지 확인하세요.

30)97

몫 ______

나머지 ______

확인 30×□=□, □+□=97

1 교과 개념

(세 자리 수)÷(두 자리 수) (2)

개념1 (세 자리 수)÷(두 자리 수) – 나누어떨어지는 경우

$$\begin{array}{r} 21\overline{)483} \end{array} \Rightarrow \begin{array}{r} 2 \\ 21\overline{)483} \\ 420 \\ \hline 63 \end{array} \begin{array}{l} \\ \\ \leftarrow 21\times 20 \\ \leftarrow 483-420 \end{array} \Rightarrow \begin{array}{r} 23 \\ 21\overline{)483} \\ 420 \\ \hline 63 \\ 63 \\ \hline 0 \end{array} \begin{array}{l} \\ \\ \\ \\ \leftarrow 21\times 3 \\ \leftarrow 63-63 \end{array}$$

$483\div21=23$ 확인 $21\times23=483$

개념2 (세 자리 수)÷(두 자리 수) – 나머지가 있는 경우

$$\begin{array}{r} 12\overline{)556} \end{array} \Rightarrow \begin{array}{r} 4 \\ 12\overline{)556} \\ 480 \\ \hline 76 \end{array} \begin{array}{l} \\ \\ \leftarrow 12\times 40 \\ \leftarrow 556-480 \end{array} \Rightarrow \begin{array}{r} 46 \\ 12\overline{)556} \\ 480 \\ \hline 76 \\ 72 \\ \hline 4 \end{array} \begin{array}{l} \\ \\ \\ \\ \leftarrow 12\times 6 \\ \leftarrow 76-72 \end{array}$$

$556\div12=46\cdots4$ 확인 $12\times46=552$, $552+4=556$

나눗셈은 높은 자리 수부터 계산하고, 나눗셈의 몫은 자리를 맞추어 적습니다.

개념확인 1 □ 안에 알맞은 수를 써넣으세요.

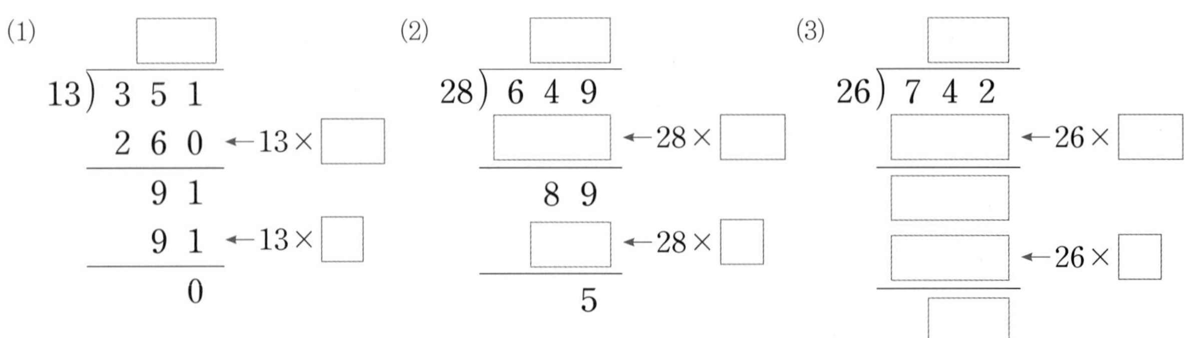

2 □ 안에 알맞은 수를 써넣으세요.

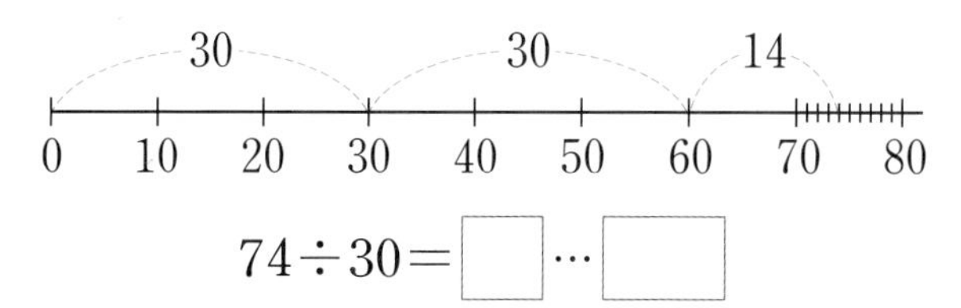

$74 \div 30 = \square \cdots \square$

3 나눗셈식을 보고 계산 결과가 맞는지 확인하세요.

$512 \div 32 = 16$

⇨ $32 \times \square = 512$

4 표를 이용하여 $437 \div 19$의 몫을 어림하여 계산하려고 합니다. 물음에 답하세요.

×	1	10	20	30
19	19			

(1) 위의 표를 완성하세요.

(2) 표를 보고 □ 안에 알맞은 수를 써넣으세요.

$437 \div 19$의 몫은 □보다 크고 □보다 작습니다.

(3) $437 \div 19$를 계산하세요.

(　　　　　　　　)

5 □ 안에 알맞은 수를 써넣으세요.

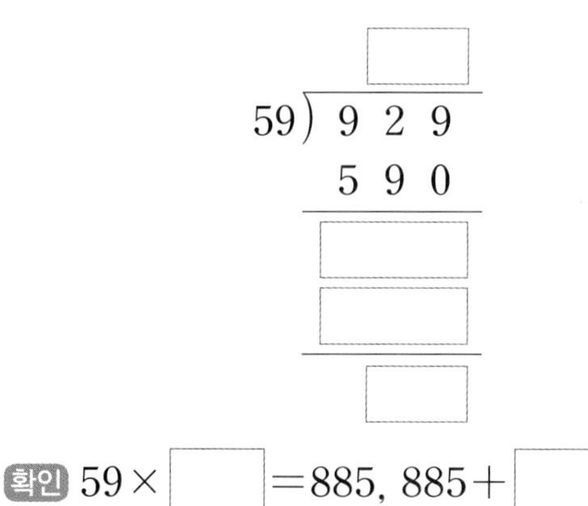

확인 $59 \times \square = 885$, $885 + \square = 929$

6 빈칸에 알맞은 수를 써넣으세요.

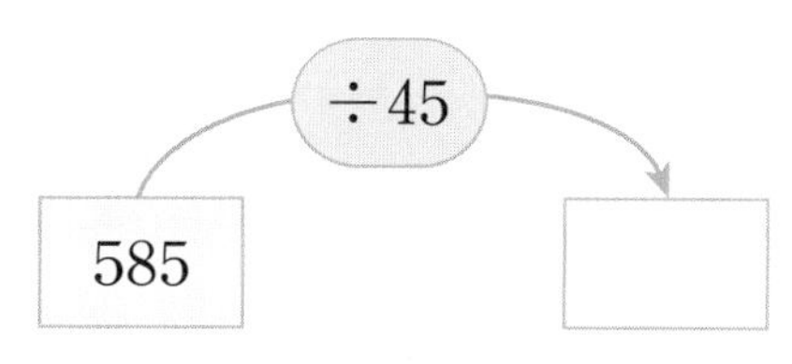

7 계산을 하세요.

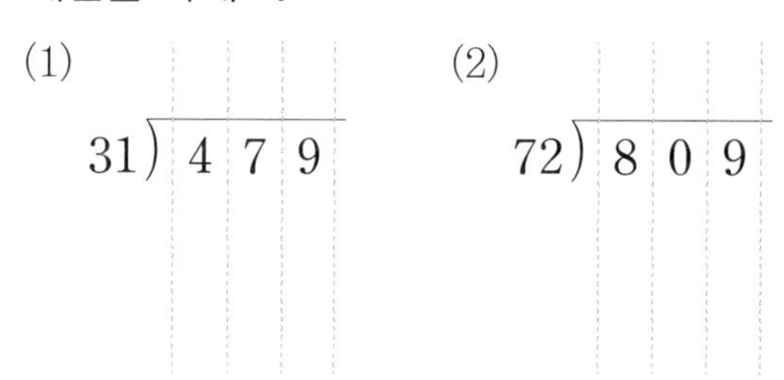

8 $459 \div 24$의 몫과 나머지를 바르게 구한 친구의 이름을 쓰세요.

(　　　　　　　　)

9 나눗셈의 몫과 나머지를 구하고, 계산 결과가 맞는지 확인하세요.

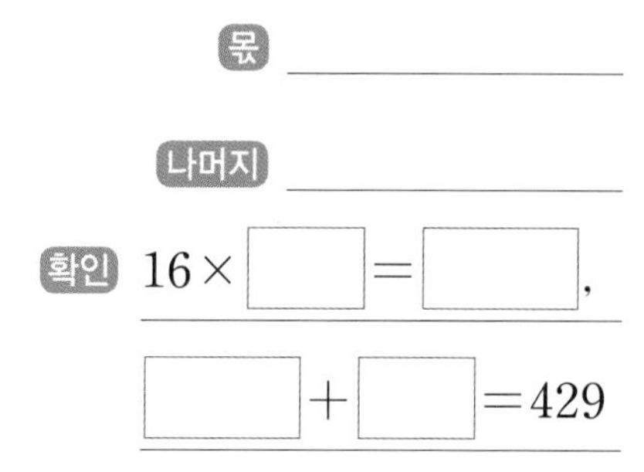

몫 ________

나머지 ________

확인 $16 \times \square = \square$,

$\square + \square = 429$

3 단원

진도 완료 체크

교과 유형 익힘

(두 자리 수)÷(두 자리 수), (세 자리 수)÷(두 자리 수) ~ (세 자리 수)÷(두 자리 수)

01 62÷20을 계산하려고 합니다. 수 모형을 20씩 묶어 보고, □ 안에 알맞은 수를 써넣으세요.

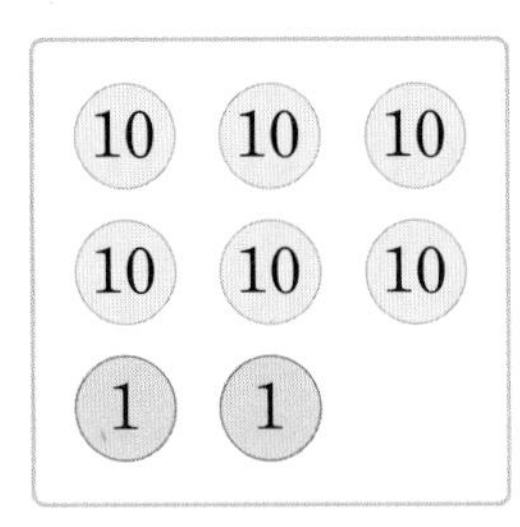

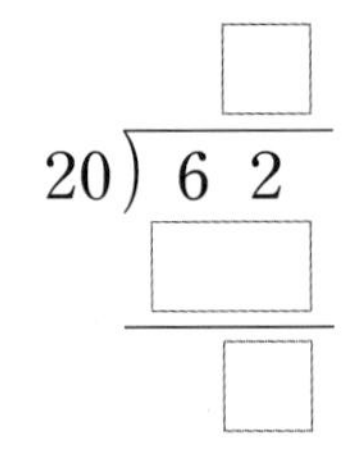

02 큰 수를 작은 수로 나눈 몫을 구하세요.

20 80

( )

03 몫과 나머지를 찾아 선으로 이어 보세요.

몫	나눗셈	나머지
3		1
	64÷13	
4		9
	86÷17	
5		12

04 □÷50에서 나머지가 될 수 없는 수를 찾아 기호를 쓰세요.

㉠ 11 ㉡ 22 ㉢ 49 ㉣ 51

( )

05 빈칸에 알맞은 수를 써넣으세요.

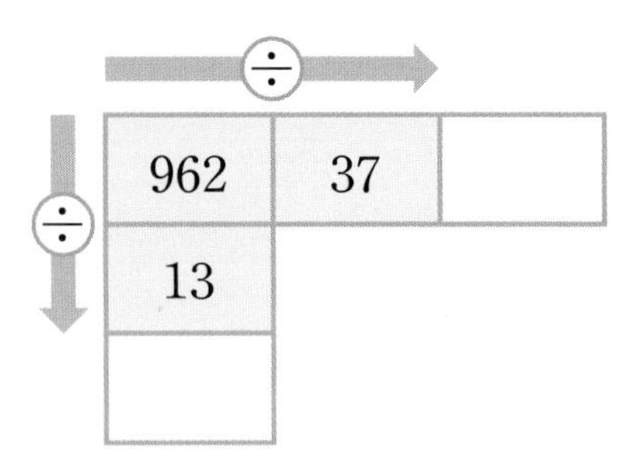

06 계산을 하고 몫이 큰 것부터 차례로 ◯ 안에 번호를 써넣으세요.

◯	◯	◯
70) 4 2 5	60) 4 9 1	30) 2 8 7

07 쿠키를 한 상자에 14개씩 담아 판매하려고 합니다. 쿠키 90개를 담으려면 상자는 몇 개가 필요하고 몇 개가 남는지 구하세요.

상자는 □개가 필요하고,

쿠키는 □개가 남습니다.

08 나누어떨어지는 식을 만들려고 합니다. 보기 에서 알맞은 수를 골라 □ 안에 써넣으세요.

보기

49 73 65

365÷□

09 □ 안에 알맞은 수를 써넣으세요.

$\square \div 22 = 7 \cdots 2$

10 색종이 90장을 학생 15명에게 똑같이 나누어 주려고 합니다. 한 사람에게 몇 장씩 나누어 주면 되는지 식을 쓰고 답을 구하세요.

식 ______________________

답 ______________

서술형 문제

11 우석이는 공연 시간이 176분인 뮤지컬을 친구들과 함께 관람했습니다. 우석이가 관람한 뮤지컬의 공연 시간은 몇 시간 몇 분인지 풀이 과정을 쓰고 답을 구하세요.

풀이 ______________________

____

____

답 ______________

12 수미네 반은 공책 160권을 20명이 똑같이 나누어 가졌고, 지호네 반은 공책 112권을 16명이 똑같이 나누어 가졌습니다. 한 명이 가진 공책이 더 많은 반은 누구네 반인가요?

( )

13 문제해결 민아가 298쪽인 동화책을 매일 30쪽씩 읽으려고 합니다. 동화책을 모두 읽으려면 며칠이 걸리나요?

( )

14 문제해결 무게가 같은 양말이 들어 있는 상자의 무게는 271 g입니다. 빈 상자의 무게가 75 g이고, 양말 한 켤레의 무게가 28 g일 때 상자에 들어 있는 양말은 몇 켤레인가요?

( )

3 단원

진도 완료 체크

15 추론 수 카드 5장을 한 번씩만 사용하여 몫이 가장 큰 (세 자리 수)÷(두 자리 수)를 만들고 계산하세요.

2 3 4 6 7

$\square\square\square \div \square\square = \square \cdots \square$

16 추론 □ 안에 알맞은 수를 써넣으세요.

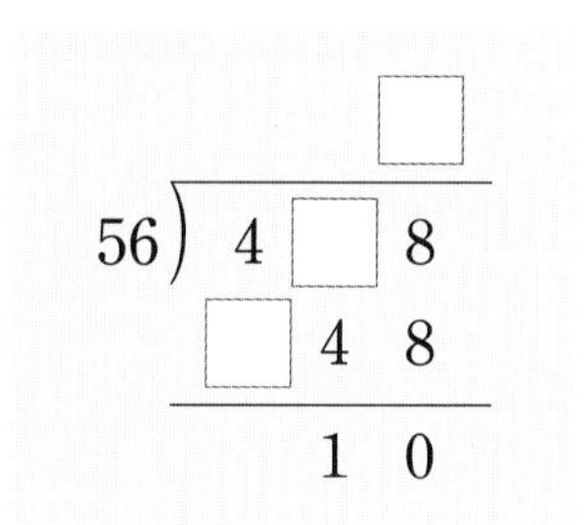

문제 해결 (잘 틀리는 문제)

유형1 □ 안에 알맞은 수 구하기

1 □ 안에 알맞은 수를 써넣으세요.

$$\begin{array}{r} 606 \\ \times \ \square 0 \\ \hline 1\square 180 \end{array}$$

Solution $606\times\square=1\square18$에서 일의 자리 숫자인 8을 이용하여 □의 값을 생각해 볼 수 있습니다.

1-1 □ 안에 알맞은 수를 써넣으세요.

$$\begin{array}{r} 537 \\ \times \ \square 0 \\ \hline 32\square 20 \end{array}$$

1-2 □ 안에 알맞은 수를 써넣으세요.

$$\begin{array}{r} 48\square \\ \times \ \square 6 \\ \hline 2886 \\ 4810 \\ \hline 76\square 6 \end{array}$$

1-3 ㉠과 ㉡에 알맞은 수의 합을 구하세요.

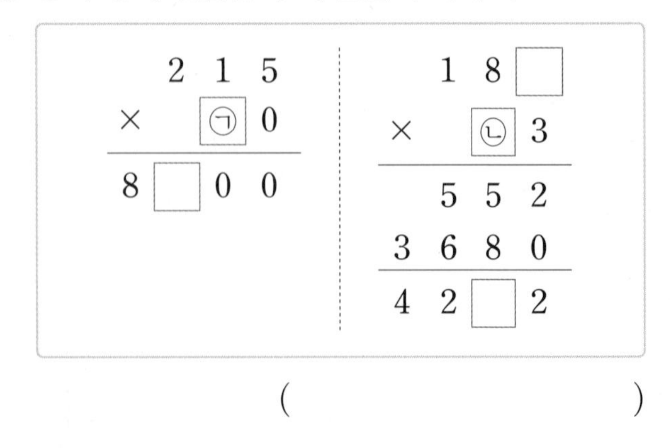

$$\begin{array}{r} 215 \\ \times \ ㉠0 \\ \hline 8\square 00 \end{array} \qquad \begin{array}{r} 18\square \\ \times \ ㉡3 \\ \hline 552 \\ 3680 \\ \hline 42\square 2 \end{array}$$

( )

유형2 어떤 수 구하기

2 어떤 수를 20으로 나누었더니 몫이 14로 나누어떨어졌습니다. 어떤 수는 얼마인지 구하세요.

( )

Solution 어떤 수를 □라 하여 나눗셈식을 세운 후 곱셈과 나눗셈의 관계를 이용하여 □의 값을 구합니다.

2-1 □ 안에 알맞은 수를 구하세요.

$\square\div30=33$

( )

2-2 어떤 수를 35로 나누었더니 몫이 12로 나누어떨어졌습니다. 어떤 수는 얼마인지 구하세요.

( )

2-3 어떤 수에 16을 곱해야 할 것을 잘못하여 나누었더니 몫이 15로 나누어떨어졌습니다. 바르게 계산한 값을 구하세요.

( )

유형3 적어도 몇 개인지 구하기

3 사과를 한 상자에 15개까지 담을 수 있습니다. 사과 100개를 모두 담으려면 적어도 몇 상자가 필요할까요?

( )

Solution 모두 담아야 하므로 15개씩 담고 남은 사과를 생각하여 몫에 1을 더해야 합니다.

3-1 사탕을 한 봉지에 12개까지 담을 수 있습니다. 사탕 78개를 모두 담으려면 적어도 몇 봉지가 필요할까요?

( )

3-2 색종이를 한 봉투에 90장까지 담을 수 있습니다. 색종이 800장을 모두 담으려면 적어도 몇 봉투가 필요할까요?

( )

3-3 밀가루를 트럭 한 대에 14포대씩 실어 운반하면 10번 운반하고 3포대가 남습니다. 이 밀가루를 한 번에 18포대까지 실을 수 있는 트럭으로 모두 운반하려면 적어도 몇 번 운반해야 할까요?

( )

유형4 수 카드를 사용하여 식 만들기

4 수 카드 4장을 한 번씩만 사용하여 몫이 가장 큰 (두 자리 수)÷(두 자리 수)를 만들었을 때의 몫을 구하세요.

1 2 4 8

( )

Solution 몫을 가장 크게 만들기 위해서는 나누어지는 수는 가장 크게 만들고 나누는 수는 가장 작게 만들어야 합니다.

4-1 수 카드 4장을 한 번씩만 사용하여 몫이 가장 큰 (두 자리 수)÷(두 자리 수)를 만들었을 때의 몫과 나머지를 구하세요.

1 5 6 9

몫 ( )

나머지 ( )

4-2 수 카드 5장을 한 번씩만 사용하여 몫이 가장 큰 (세 자리 수)÷(두 자리 수)를 만들었을 때의 몫과 나머지를 구하세요.

1 2 4 8 7

몫 ( )

나머지 ( )

4-3 수 카드 5장을 한 번씩만 사용하여 몫이 가장 큰 (세 자리 수)÷(두 자리 수)를 만들었을 때의 몫과 나머지를 구하세요.

2 3 8 0 9

몫 ( )

나머지 ( )

문제 해결 서술형 문제

유형5

문제 해결 Key

1초에 나오는 물의 양과 물을 사용한 시간을 곱하여 사용한 물의 양을 구합니다.

문제 해결 전략

❶ 어제 유미가 손을 한 번 씻을 때 사용한 물의 양 구하기

❷ 오늘 유미가 손을 한 번 씻을 때 사용한 물의 양 구하기

❸ 절약한 물의 양 구하기

5 유미는 물 절약 홍보물을 보고 손을 씻는 방법을 다음과 같이 바꿨습니다. ❸오늘 유미가 손을 한 번 씻을 때 어제보다 몇 mL의 물을 절약했는지 풀이 과정을 보고 □ 안에 알맞은 수를 써넣어 답을 구하세요.

어제	오늘
❶30초 동안 물을 사용	❷18초 동안 물을 사용
세면대의 수도꼭지에서는 1초에 130 mL의 물이 나옵니다.	

풀이 ❶ 어제 유미가 손을 한 번 씻을 때 사용한 물의 양은
$130 \times 30 =$ □ (mL)입니다.

❷ 오늘 유미가 손을 한 번 씻을 때 사용한 물의 양은
$130 \times 18 =$ □ (mL)입니다.

❸ 따라서 오늘 유미가 손을 한 번 씻을 때 어제보다 절약한 물의 양은
□ $-$ □ $=$ □ (mL)입니다.

답 ____________

5-1 연습 문제

다음과 같이 실천했을 때 한 달 동안 절약한 물은 모두 몇 L인지 풀이 과정을 쓰고 답을 구하세요.

물 절약 방법	샤워 시간 3분 줄이기	빨랫감 모아 세탁하기
한 번에 절약되는 물의 양 (L)	20	189
한 달 동안 실천 횟수(번)	118	15

풀이

❶ 샤워 시간을 3분 줄여 절약한 물의 양 구하기

❷ 빨랫감을 모아 세탁하여 절약한 물의 양 구하기

❸ 한 달 동안 절약한 물의 양 구하기

답 ____________

5-2 실전 문제

천재 아파트에 살고 있는 587가구가 모두 전기 절약 운동에 참여하고 있습니다. 이 아파트에서 하루 동안 절약한 전기 요금은 모두 얼마인지 풀이 과정을 쓰고 답을 구하세요.

전기 절약 방법	한 등 끄기	플러그 뽑기
한 가구에서 하루에 절약되는 전기 요금(원)	35	25

풀이

답 ____________

유형6

❶ 문제 해결 Key
(가로등 수)=(간격 수)+1

문제 해결 전략
❶ 가로등 사이의 간격 수 구하기

❷ 필요한 가로등 수 구하기

6 ❶길이가 360 m인 도로의 한쪽에 처음부터 끝까지 가로등을 설치하려고 합니다. 도로의 맨 앞에서부터 18 m 간격으로 가로등을 설치한다면 ❷필요한 가로등은 모두 몇 개인지 풀이 과정을 보고 □ 안에 알맞은 수를 써넣어 답을 구하세요.
(단, 가로등의 두께는 생각하지 않습니다.)

풀이 ❶ 가로등 사이의 간격 수는
(도로의 길이)÷(가로등 사이의 간격)
=360÷□=□(군데)입니다.

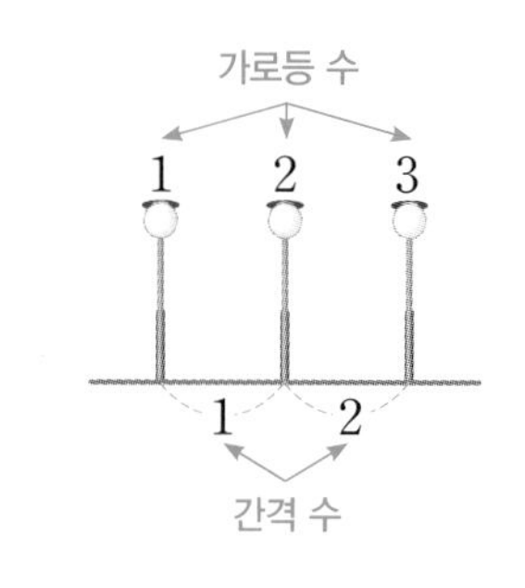

❷ 필요한 가로등 수는
가로등 사이의 간격 수보다 1개 더 많으므로
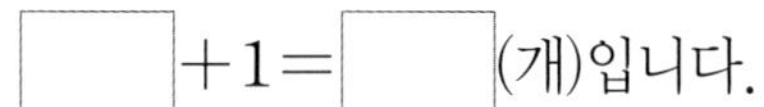
□+1=□(개)입니다.

답 ____________

6-1 연습 문제

길이가 385 m인 도로의 한쪽에 처음부터 끝까지 깃발을 꽂으려고 합니다. 도로의 맨 앞에서부터 11 m 간격으로 깃발을 꽂는다면 필요한 깃발은 모두 몇 개인지 풀이 과정을 쓰고 답을 구하세요. (단, 깃발의 두께는 생각하지 않습니다.)

풀이
❶ 깃발 사이의 간격 수 구하기

❷ 필요한 깃발 수 구하기

답 ____________

6-2 실전 문제

길이가 400 m인 도로의 한쪽에 처음부터 끝까지 나무를 심으려고 합니다. 도로의 맨 앞에서부터 10 m 간격으로 나무를 심는다면 필요한 나무는 모두 몇 그루인지 풀이 과정을 쓰고 답을 구하세요. (단, 나무의 두께는 생각하지 않습니다.)

풀이

답 ____________

실력 UP 문제

01 신문을 읽고 양궁 예선전에 출전한 선수들은 모두 몇 발을 쏘았는지 구하세요.

△△ 스포츠 일보　　2010년 ○월 ○일

2012 런던 올림픽 여자 양궁, 전원 예선 통과

여자 양궁 선수단은 독보적인 실력으로 예선전을 통과했습니다. 총 64명이 출전한 예선전에서 각 선수들은 144발씩 쏘아 경기를 치뤘습니다.
우리 선수단은 여자 양궁에서 금메달을 기대하고 있습니다.

(　　　　　　　　)

02 추의 무게에 따라 길이가 일정하게 늘어나는 용수철 저울이 있습니다. 165 g짜리 추를 매달면 몇 mm만큼 늘어나는지 구하세요.

25 g짜리 추를 매달았더니 275 mm만큼 늘어났어.

(　　　　　　　　)

03 그림의 규칙에 따라 ㉠과 ㉡에 각각 알맞은 수를 구하세요.

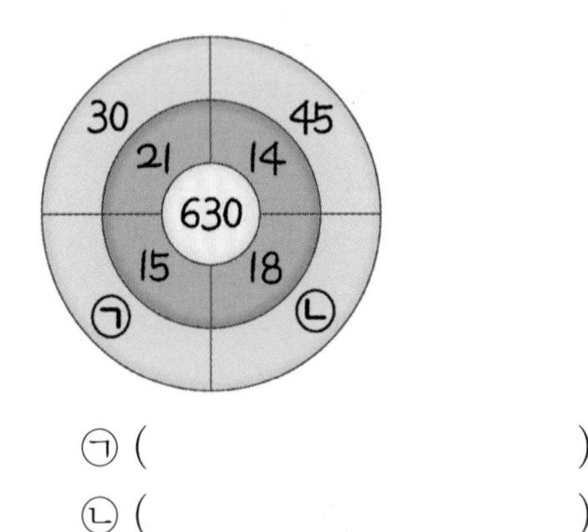

㉠ (　　　　　　　　)
㉡ (　　　　　　　　)

04 민주는 길이가 629 cm인 테이프를 한 도막이 73 cm가 되게 잘랐습니다. 73 cm짜리 도막을 몇 개까지 만들 수 있고 남는 테이프의 길이는 몇 cm일까요?

(　　　　　　), (　　　　　　)

05 다음 나눗셈의 몫이 7이라고 할 때 □ 안에 들어갈 수 없는 숫자에 ○표 하세요.

6□8÷94

(8 , 7 , 6 , 5 , 4)

06 아람이는 식목일에 나무를 심기 위해 한 자루에 36 kg인 거름흙 8자루를 모아서 다시 한 봉지에 23 kg씩 담으려고 합니다. 23 kg짜리 봉지를 모두 몇 봉지 만들 수 있는지 구하세요.

(　　　　　　　　)

07 □ 안에 알맞은 수를 써넣으세요.

$$\begin{array}{r}
\square\ \square \\
\square 3\,\overline{)\,\square\ 7\ 4} \\
7\ 3\ 0 \\
\hline
1\ \square\ \square \\
7\ \square \\
\hline
\square\ 1
\end{array}$$

08 둘레가 990 m인 원 모양 호수의 둘레를 따라 30그루의 나무를 똑같은 간격으로 심으려고 합니다. 이때 나무와 나무 사이의 간격은 몇 m인지 구하세요. (단, 나무의 두께는 생각하지 않습니다.)

( )

09 한 시간에 46개의 공을 만드는 공장이 있습니다. 하루에 8시간씩 일하고 한 달에 6일을 쉴 때 9월 한 달 동안 만들 수 있는 공은 모두 몇 개인지 구하세요.

( )

10 길이가 240 m인 도로 한쪽에 처음부터 끝까지 같은 간격으로 나무 16그루를 심으려고 합니다. 나무 사이의 간격은 몇 m로 해야 할까요? (단, 나무의 두께는 생각하지 않습니다.)

( )

11 어느 학교 4학년 학생 221명이 투호 놀이를 하기 위해 팀을 나누려고 합니다. 남는 학생 없이 모두 참여하려면 한 팀에 똑같이 몇 명씩이어야 할까요? (단, 한 팀은 10명보다 많고 15명보다 적습니다.)

▲ 투호

투호는 일정한 거리에서 화살을 던져서 병 속에 화살을 많이 넣은 팀이 이기는 전통 놀이입니다.

( )

12 어느 동물원에서는 3월 1일부터 5월 11일까지 코끼리에게 매일 똑같은 양의 사료를 주었습니다. 이 기간 동안 코끼리에게 준 사료가 모두 936 kg이라면 하루에 준 사료는 몇 kg일까요?

( )

3 단원

진도 완료 체크

01 다음과 같이 계산하세요.

$3 \times 5 = 15$
⇨ $300 \times 50 = 15000$

$9 \times 4 = 36$

⇨ $900 \times 40 =$ ☐

02 빈칸에 알맞은 수를 써넣으세요.

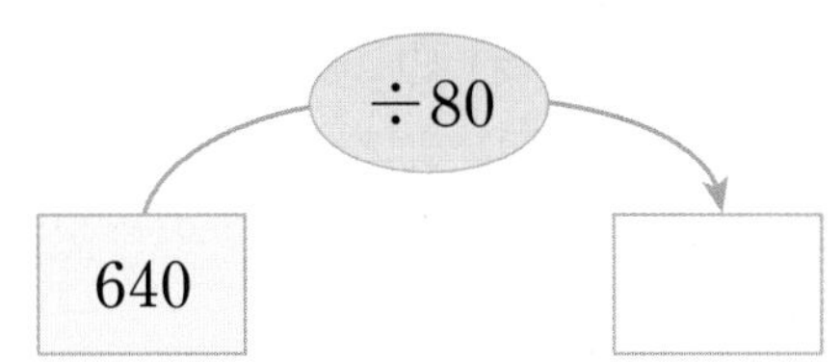

03 240×70을 계산하려고 합니다. $24 \times 7 = 168$에서 8을 써야 할 자리를 찾아 기호를 쓰세요.

```
    2 4 0
×     7 0
─────────
㉠ ㉡ ㉢ ㉣ ㉤
```

(　　　　　　　　)

04 ☐ 안에 알맞은 수를 써넣으세요.

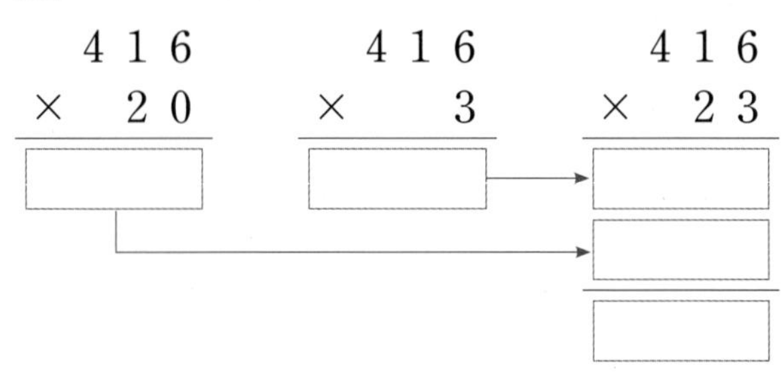

05 계산을 하세요.

(1)
```
  3 9 4
×   8 0
```

(2)
```
  5 4 2
×   3 7
```

06 어떤 수를 16으로 나누었을 때 나머지가 될 수 <u>없는</u> 수로만 짝 지어진 것을 찾아 기호를 쓰세요.

㉠ 4, 11　　㉡ 7, 12
㉢ 10, 13　　㉣ 16, 24

(　　　　　　　　)

07 표를 이용하여 $127 \div 30$의 계산을 하고 결과를 확인하세요.

×30

1	2	3	4	5
30	60	90	120	150

$127 \div 30 =$ ☐ ⋯ ☐

확인 ________________

08 계산을 하고 계산 결과가 맞는지 확인하세요.

$28 \overline{)265}$

확인 ________________

09 □ 안에 알맞은 수를 써넣으세요.

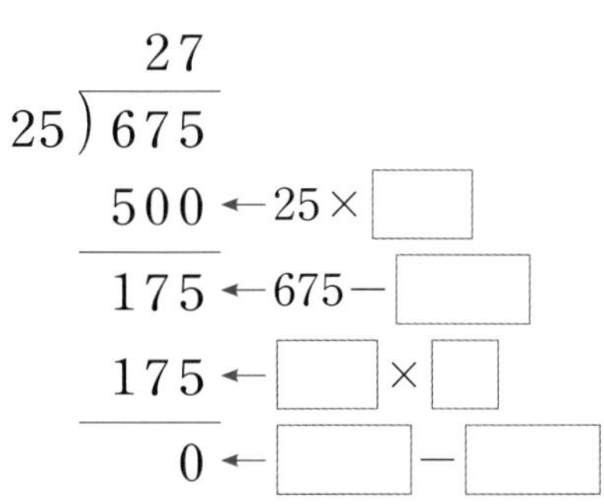

10 몫을 비교하여 ○ 안에 >, =, < 중 알맞은 것을 써넣으세요.

(1) $453 \div 63$ ○ $286 \div 35$

(2) $295 \div 36$ ○ $341 \div 47$

11 몫이 두 자리 수인 것을 모두 찾아 기호를 쓰세요.

㉠ $298 \div 35$	㉡ $729 \div 63$
㉢ $613 \div 46$	㉣ $532 \div 74$

( )

12 계산을 하고 곱이 큰 것부터 차례로 ○ 안에 번호를 써넣으세요.

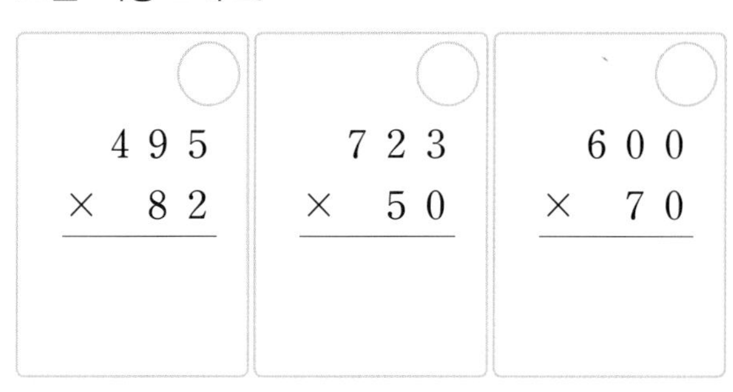

13 잘못 계산한 곳을 찾아 바르게 고치고 몫과 나머지를 각각 구하세요.

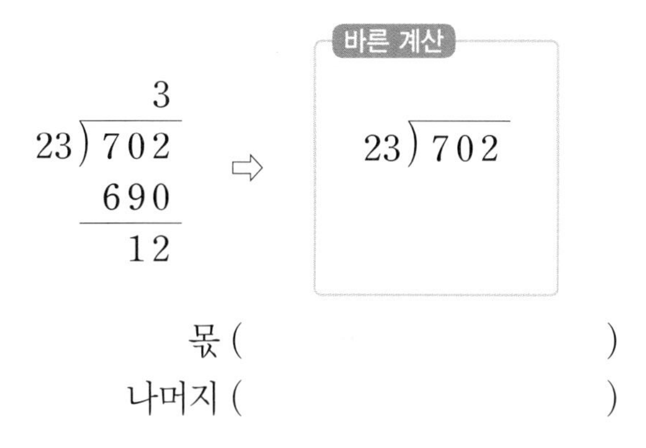

몫 ( )
나머지 ( )

14 계산을 하고 나머지가 가장 작은 것을 찾아 ○표 하세요.

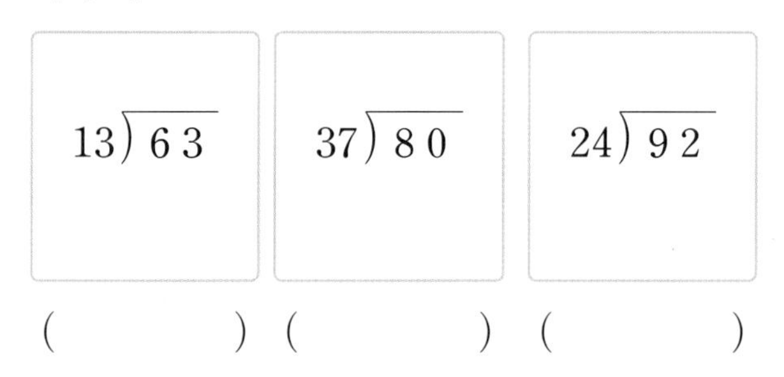

( ) ( ) ( )

3 단원

15 □ 안에 알맞은 수를 써넣으세요.

□ $\div 29 = 8 \cdots 6$

16 수학책 1권의 무게는 385 g, 익힘책 1권의 무게는 295 g입니다. 은성이네 반 30명의 수학책과 익힘책의 무게는 모두 몇 g인지 구하세요.

(   )

17 지은이의 일기를 읽고 □ 안에 알맞은 수를 써넣으세요.

5 월 17 일	날씨: 맑음

어머니께서 친구들과 나눠 먹으라고 사탕 150개를 주셨다. 내일 우리 반 친구 12명과 나눠 먹어야겠다. 계산해 보면 150÷13=□ … □ 이니까 친구들과 □ 개씩 나눠 먹으면 □ 개가 남는다. 남은 사탕도 내가 먹으면 나는 사탕을 □ 개나 먹을 수 있겠다.

18 서아는 $585 \div 13$을 다음과 같이 계산하였습니다. 다시 계산하지 않고 바르게 몫을 구하려고 합니다. □ 안에 알맞은 수를 써넣으세요.

```
      43
13) 585
    520
    ---
     65
     39
    ---
     26
```

나머지 26이 13보다 크므로 더 나눌 수 있습니다.

$26 \div 13 =$ □ 이므로 $585 \div 13$의 몫은

$43 +$ □ $=$ □ 입니다.

19 민경이네 가족은 한 바구니에 18개씩 21바구니의 고구마를 캤습니다. 민경이네 가족이 캔 고구마를 한 상자에 22개씩 담으면 남는 고구마는 몇 개일까요?

(   )

20 다음 나눗셈은 나누어떨어집니다. □ 안에 알맞은 수를 써넣으세요.

```
       □ 3
38) 8 □ 4
```

1~20번까지의 단원평가 유사 문제 제공 (문제 생성기)

과정 중심 평가 문제

21 어떤 수를 25로 나누어야 하는데 잘못하여 52로 나누었더니 몫이 13이고 나머지가 28이 되었습니다. 바르게 계산했을 때의 몫과 나머지를 구하려고 합니다. 물음에 답하세요.

(1) 어떤 수를 □라 하여 잘못 계산한 식을 쓰세요.

____

(2) 어떤 수를 구하세요.

( )

(3) 바르게 계산했을 때의 몫과 나머지를 구하세요.

몫 ( )
나머지 ( )

과정 중심 평가 문제

22 수 카드 5장을 한 번씩만 사용하여 몫이 가장 큰 (세 자리 수)÷(두 자리 수)를 만들었을 때의 몫과 나머지를 구하려고 합니다. 물음에 답하세요.

1 2 6 8 9

(1) 수 카드로 가장 큰 세 자리 수와 가장 작은 두 자리 수를 차례로 만드세요.

( ), ( )

(2) 몫이 가장 큰 (세 자리 수)÷(두 자리 수)를 만드세요.

□□□÷□□

(3) (2)의 나눗셈식을 계산하여 몫과 나머지를 구하세요.

몫 ( )
나머지 ( )

과정 중심 평가 문제

23 □ 안에 들어갈 수 있는 가장 작은 자연수를 구하는 풀이 과정을 쓰고 답을 구하세요.

$$28\times16<12\times\square$$

풀이 ______________________

답 ______________________

과정 중심 평가 문제

24 80으로 나누었을 때 나머지가 가장 큰 자연수 중 400에 가장 가까운 수를 구하는 풀이 과정을 쓰고 답을 구하세요.

풀이 ______________________

답 ______________________

3 단원

진도 완료 체크

평면도형의 이동

웹툰으로 **단원 미리보기** 4화_ 반란 세력의 정체는?

 QR코드를 스캔하여 이어지는 내용을 확인하세요.

이전에 배운 내용

2-2 무늬에서 규칙 찾기

규칙에 따라 무늬를 꾸밀 수 있습니다.

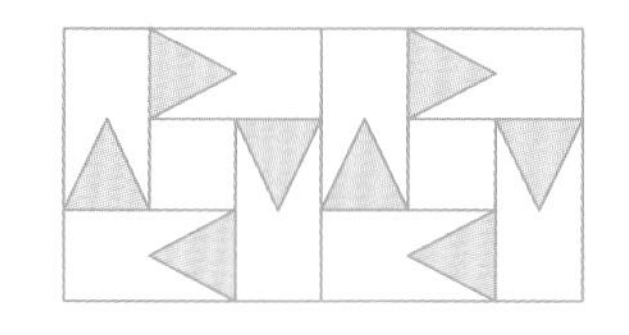

4-1 각도

각도: 각의 크기

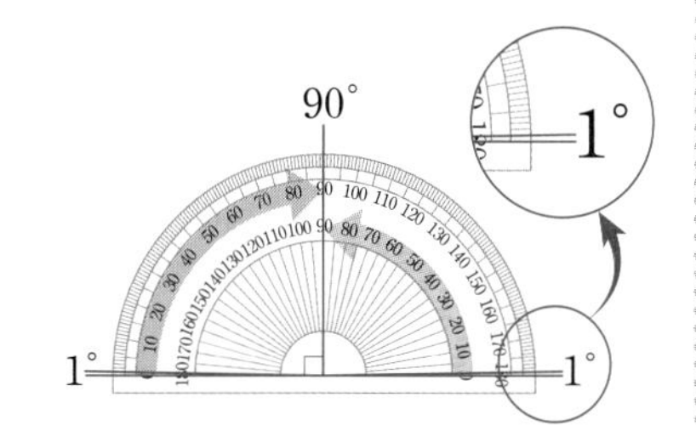

4-2 90°, 180°, 270°, 360°

① 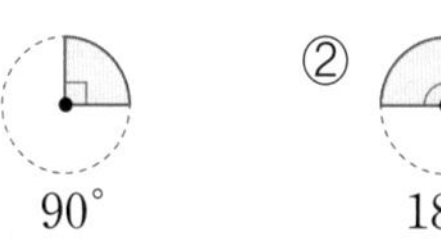
90°

② 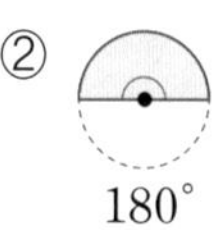
180°

③
270°

④ 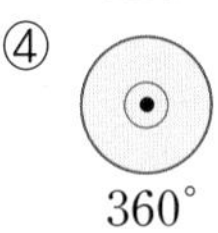
360°

이 단원에서 배울 내용

1 Step **교과 개념**	점의 이동
1 Step **교과 개념**	평면도형을 밀기
2 Step **교과 유형 익힘**	
1 Step **교과 개념**	평면도형을 뒤집기
1 Step **교과 개념**	평면도형을 돌리기
1 Step **교과 개념**	무늬 꾸미기
2 Step **교과 유형 익힘**	
3 Step **문제 해결**	잘 틀리는 문제 / 서술형 문제
4 Step **실력 UP 문제**	
단원 평가	

이 단원을 배우면 점의 이동을 할 수 있고, 평면도형을 밀고, 뒤집고, 돌릴 수 있습니다.

교과 개념

개념1 선을 따라 이동하기(1)

벌이 선을 따라 이동합니다.

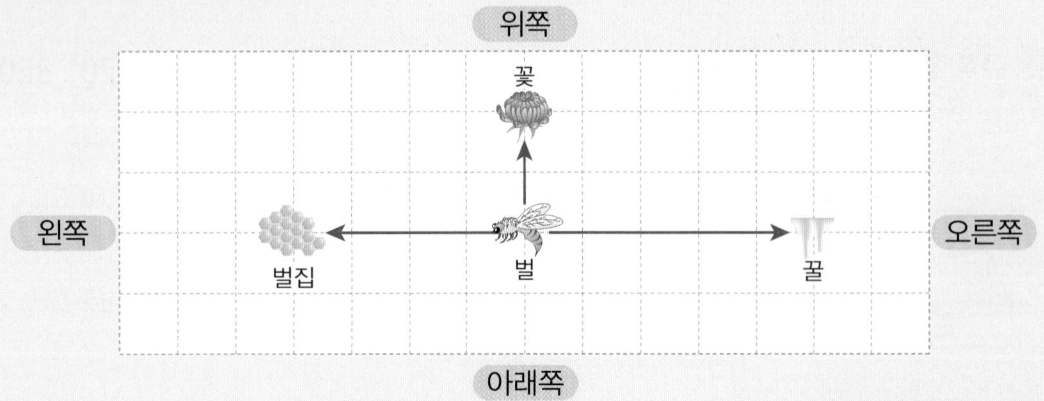

① 벌이 위쪽으로 2칸 이동하면 꽃이 있습니다.

② 벌이 오른쪽으로 5칸 이동하면 꿀이 있습니다.

③ 벌이 왼쪽으로 4칸 이동하면 벌집이 있습니다.

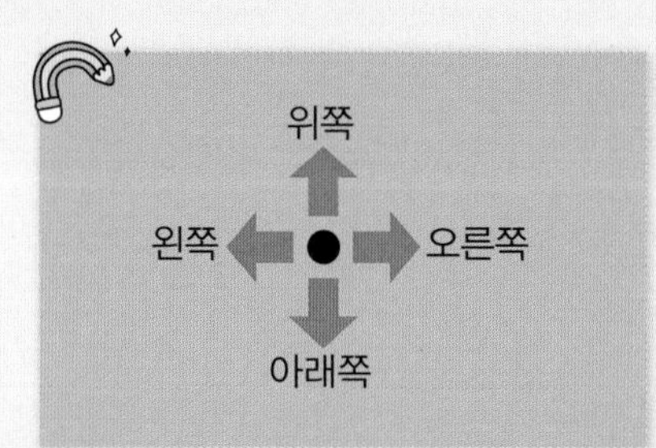

개념2 선을 따라 이동하기(2)

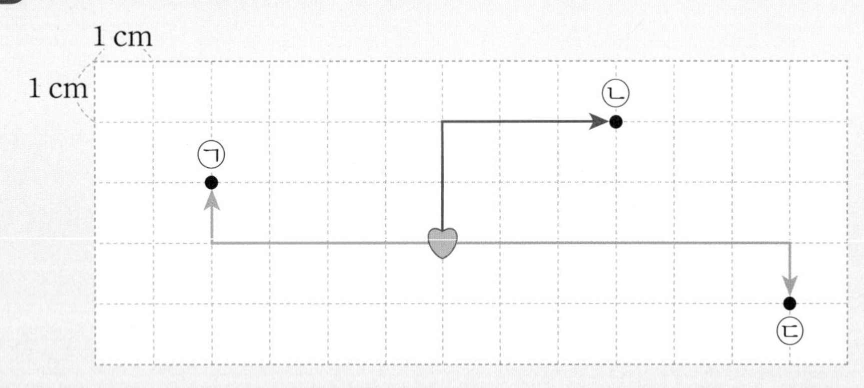

♥가 점 ㉠이 있는 곳으로 이동하려면 ➡ 왼쪽으로 4 cm, 위쪽으로 1 cm 이동해야 합니다.

♥가 점 ㉡이 있는 곳으로 이동하려면 ➡ 위쪽으로 2 cm, 오른쪽으로 3 cm 이동해야 합니다.

♥가 점 ㉢이 있는 곳으로 이동하려면 ➡ 오른쪽으로 6 cm, 아래쪽으로 1 cm 이동해야 합니다.

목적지까지 점을 이동하는 방법은 한 가지만 있는 것이 아니므로 이동 방법을 자유롭게 생각해 봅니다. 단, 점의 이동은 최단 거리로 나타냅니다.

1 이동 전과 이동 후의 바둑돌을 보고 알맞은 수나 말에 ○표 하세요.

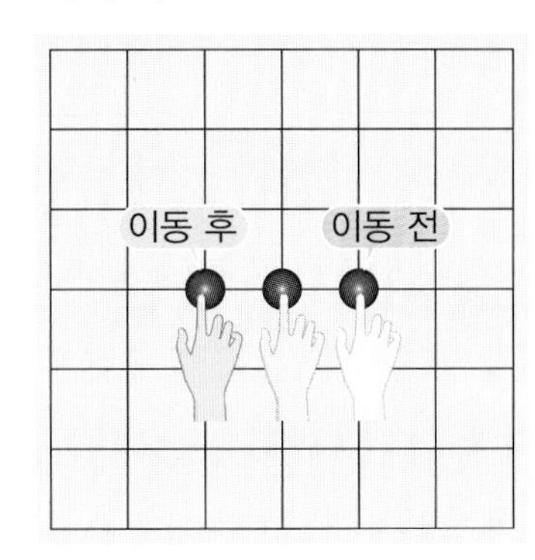

바둑돌을 (왼 , 오른)쪽으로 (2 , 3)칸 이동했습니다.

2 선을 따라 말(♝)을 이동하여 도착하는 위치의 채소를 써 보세요.

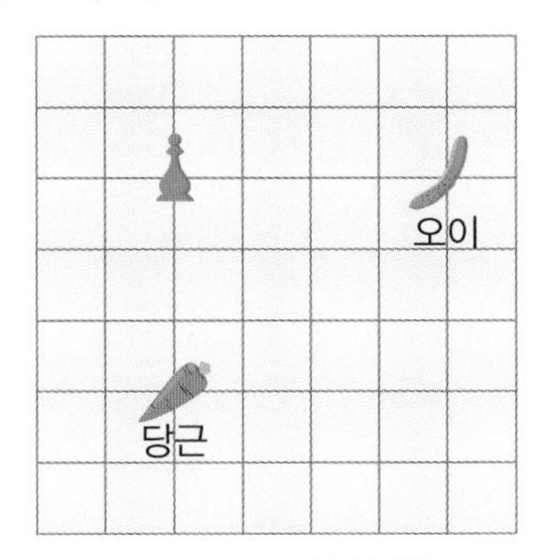

(1) 오른쪽으로 네 칸 ⇨ ☐

(2) 아래쪽으로 세 칸 ⇨ ☐

3 점 ㉠을 위쪽으로 2 cm 이동했을 때의 점을 찾아 ○표 하세요.

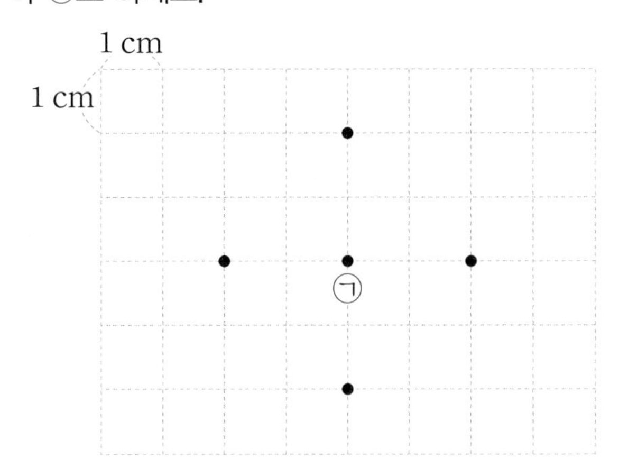

4 점을 오른쪽으로 5칸 이동한 곳에 점(•)으로 표시하세요.

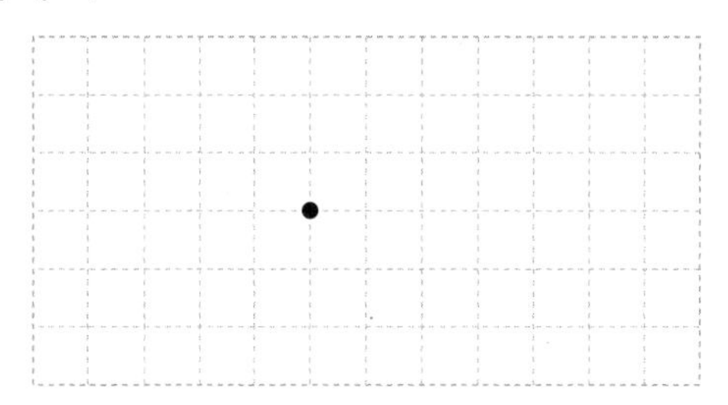

5 그림을 보고 ☐ 안에 알맞은 수나 말을 써넣으세요.

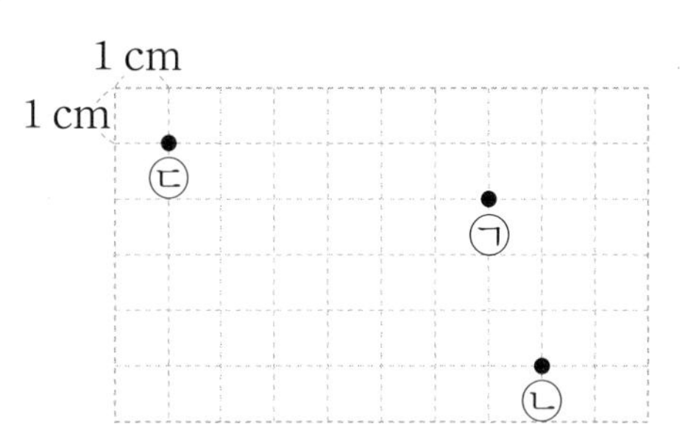

(1) 점 ㉠이 점 ㉡에 도착하려면 오른쪽으로 ☐ cm, ☐으로 ☐ cm 이동해야 합니다.

(2) 점 ㉠이 점 ㉢에 도착하려면 왼쪽으로 ☐ cm, ☐으로 ☐ cm 이동해야 합니다.

6 ☆의 위치로부터 아래쪽으로 1칸, 오른쪽으로 3칸 움직인 위치에 ♡를 표시한 것을 찾아 기호를 쓰세요.

가

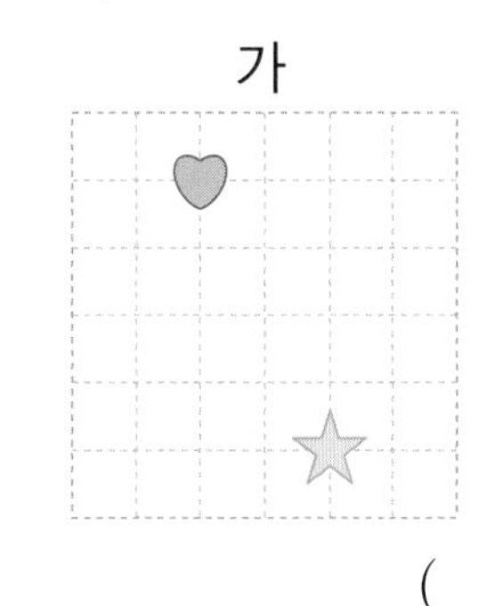

나

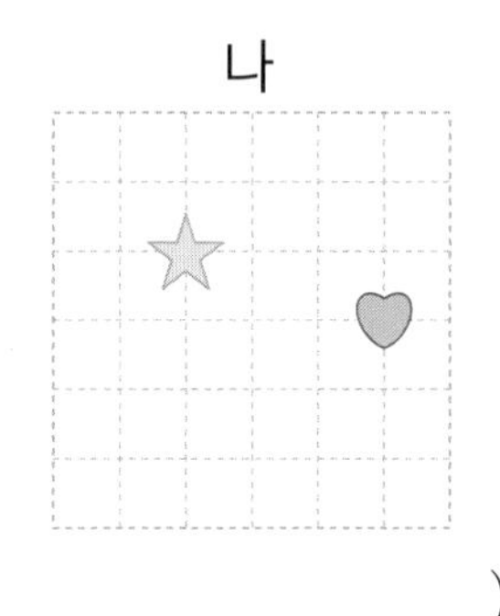

( )

교과 개념

개념1 평면도형 밀기

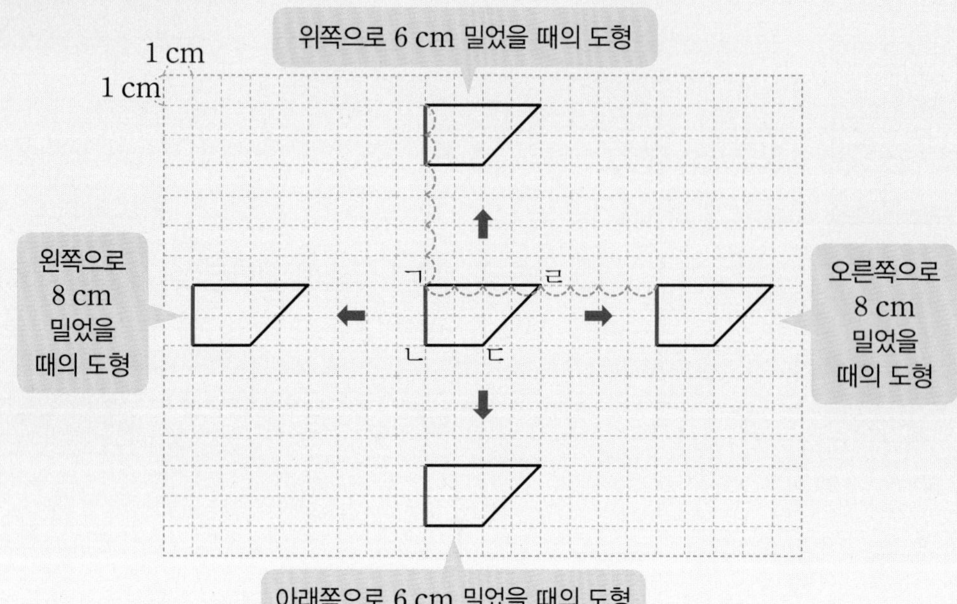

기준선을 정한 후 도형을 밀어 봅니다. 사각형 ㄱㄴㄷㄹ을 오른쪽으로 8 cm 밀려면 변 ㄱㄴ을 기준으로 오른쪽으로 8 cm 밀면 됩니다.

- 도형을 어느 방향으로 밀어도 모양은 변하지 않고 위치만 변합니다.
- 주어진 도형을 밀 때에는 한 변을 기준으로 하여 밉니다.

개념2 밀기를 이용하여 차의 위치 옮기기

- 차를 앞과 뒤로만 밀어 빨간색 자동차가 노란색 위치에 오도록 하기

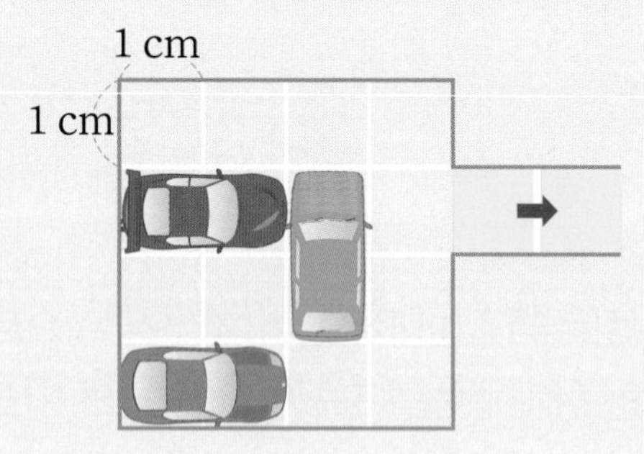

① 초록색 차를 아래쪽으로 1 cm 밉니다.

② 빨간색 차를 오른쪽으로 4 cm 밉니다.

주의 빨간색 차 끝부분까지 노란색 위치에 와야 하므로 빨간색 차를 3 cm만 민다고 생각하지 않도록 주의합니다.

빨간색 차가 나가기 위해서는 초록색 차가 비켜 줘야 합니다.
초록색 차를 위쪽으로 1 cm 밀면 빨간색 차를 계속 막고 있으므로 아래쪽으로 밀어야 합니다.

개념확인 1 평면도형의 밀기에 대한 설명입니다. 알맞은 말에 ○표 하세요.

(1) 도형을 밀면 도형의 모양은 (변합니다 , 변하지 않습니다).

(2) 도형을 밀면 도형의 위치는 (변합니다 , 변하지 않습니다).

2 모양 조각을 오른쪽으로 밀었습니다. 옳은 것을 찾아 ◯표 하세요.

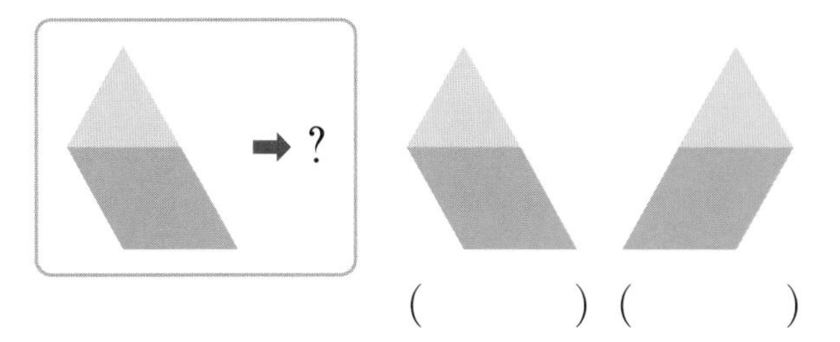

(   ) (   )

3 모양 조각을 위쪽으로 밀었습니다. 옳은 것을 찾아 ◯표 하세요.

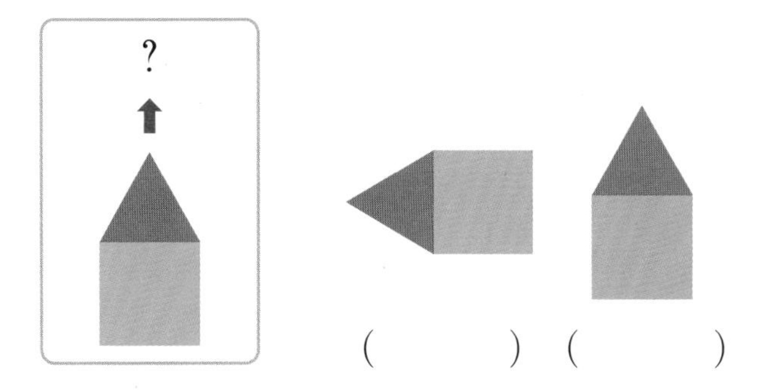

(   ) (   )

4 도형을 어떻게 움직였는지 ☐ 안에 써넣으세요.

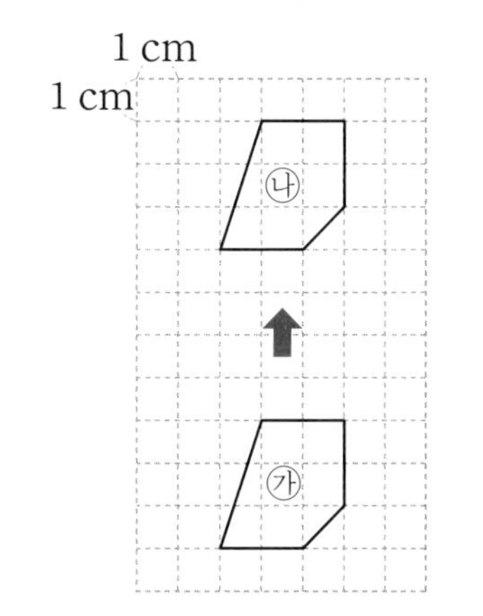

㉯ 도형은 ㉮ 도형을 ☐쪽으로 ☐ cm 밀었을 때의 도형입니다.

5 도형을 왼쪽으로 9 cm 밀었을 때의 도형을 그리세요.

6 도형을 아래쪽으로 8 cm 밀었을 때의 도형을 그리세요.

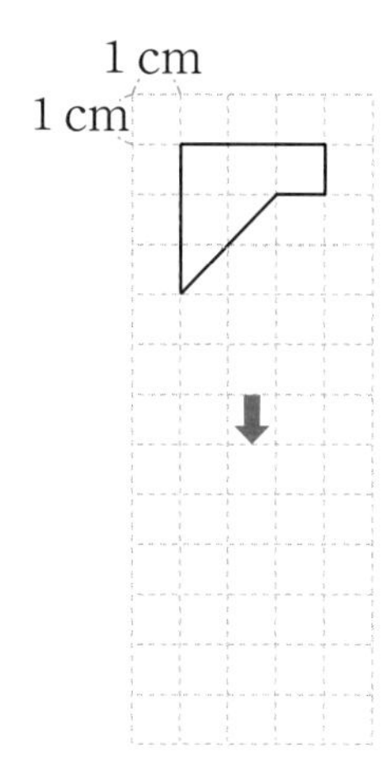

7 도형을 주어진 방향으로 각각 7 cm 밀었을 때의 도형을 그리세요.

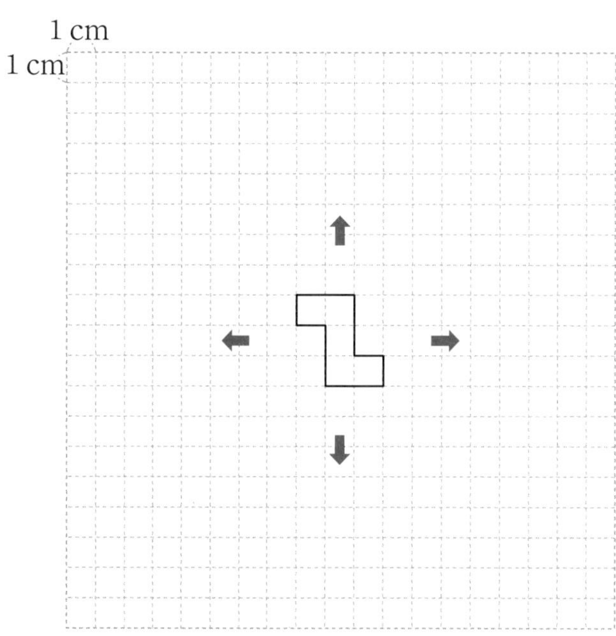

교과 유형 익힘

[01~02] 점을 다음과 같이 차례로 이동해 보세요.

01

왼쪽으로 3칸,
아래쪽으로 2칸

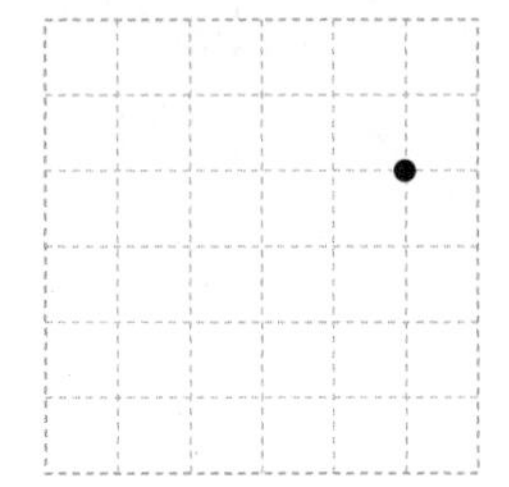

02

오른쪽으로 2칸,
위쪽으로 4칸

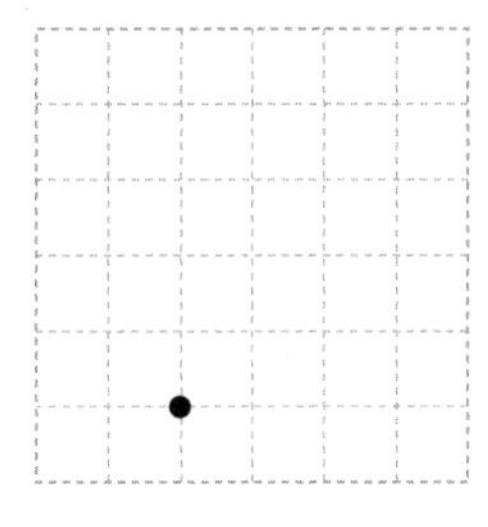

03 도형을 위쪽으로 4 cm 밀었을 때의 도형을 그리세요.

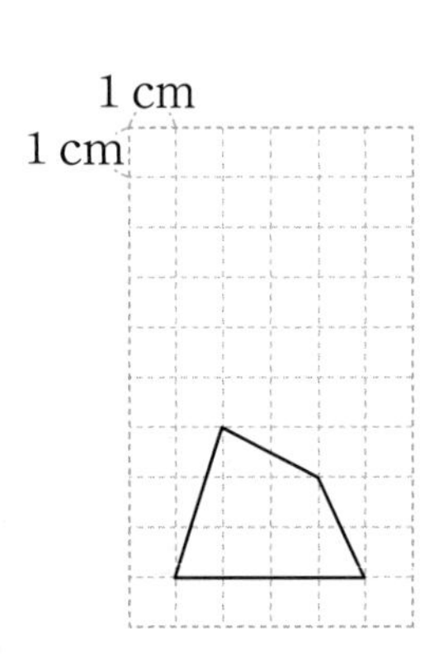

서술형 문제

04 점 가를 점 나로 이동시키는 방법을 설명하세요.

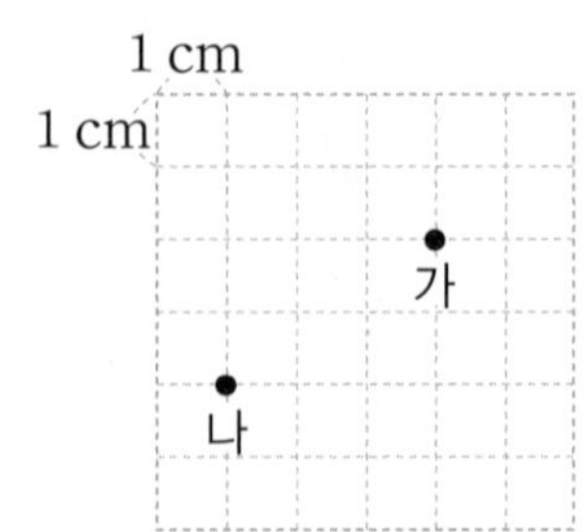

방법 ______________________

____

05 ☆을 다음과 같이 차례로 이동시켰을 때 도착하는 점의 기호를 쓰세요.

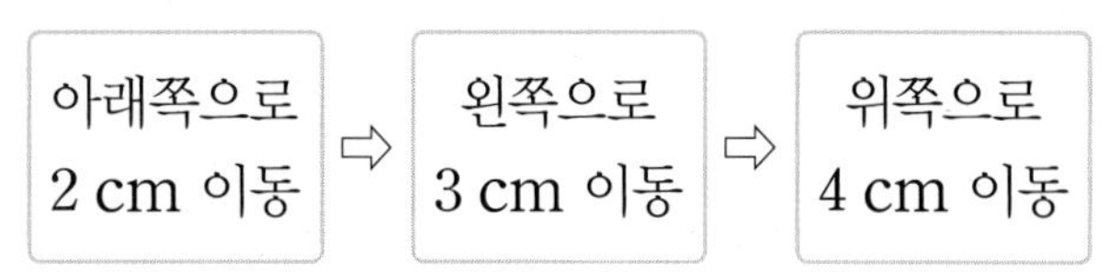

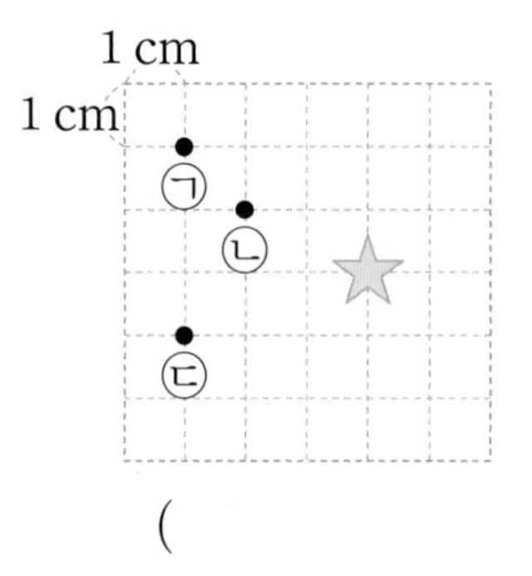

( )

서술형 문제

06 도형의 이동 방법을 설명하세요.

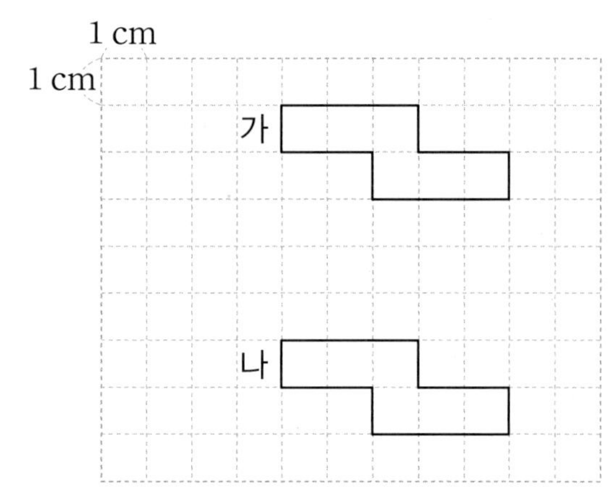

나 도형은 가 도형을 ______________________

____

07 어떤 도형을 아래쪽으로 3 cm 밀었을 때의 도형입니다. 처음 도형을 그리세요.

1 cm
1 cm

08 시작하기를 클릭하면 명령대로 도형이 이동합니다. 각각의 도형을 명령대로 움직였을 때의 도형을 그리세요.

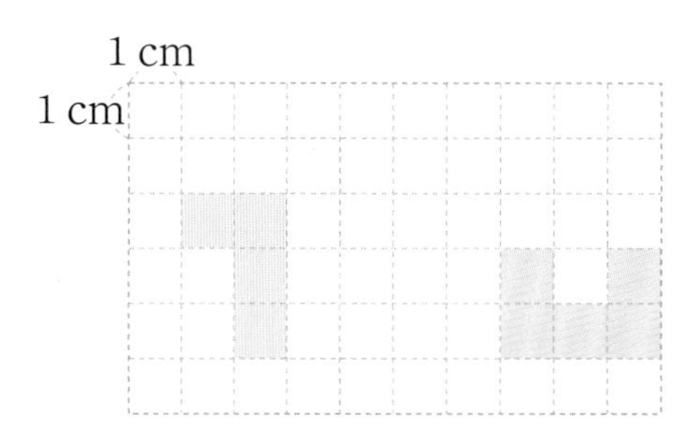

(1) 노란색 도형 이동시키기

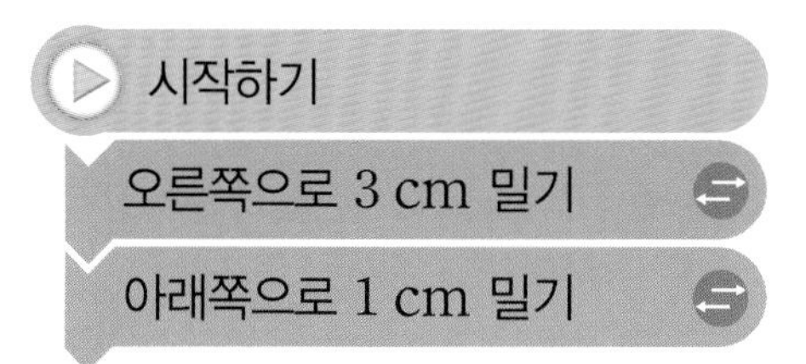

(2) 초록색 도형 이동시키기

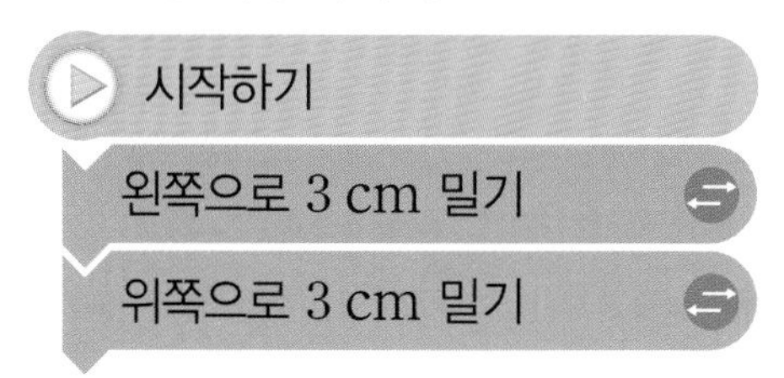

09 점을 다음과 같이 이동시켰을 때 점이 도착한 위치가 다른 사람은 누구인가요?

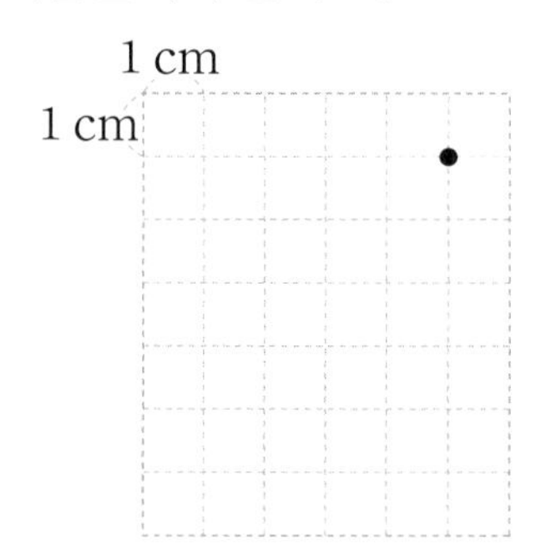

승우: 난 아래쪽으로 4 cm, 왼쪽으로 3 cm 이동시켰어.
지은: 난 아래쪽으로 2 cm, 왼쪽으로 4 cm 이동시켰어.
미란: 난 왼쪽으로 3 cm, 아래쪽으로 4 cm 이동시켰어.

( )

서술형 문제

10 정보처리 네 점을 이었을 때 네 변의 길이가 같은 사각형이 되도록 ㉠~㉣ 중 두 점을 이동하는 방법을 설명하세요.

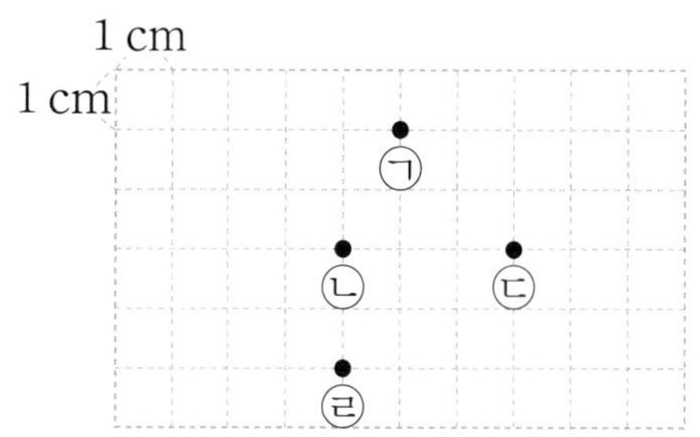

방법

11 문제해결 차들을 앞과 뒤로 밀어 빨간색 자동차가 노란색 위치에 오도록 하려고 합니다. 옮기는 방법을 완성하세요.

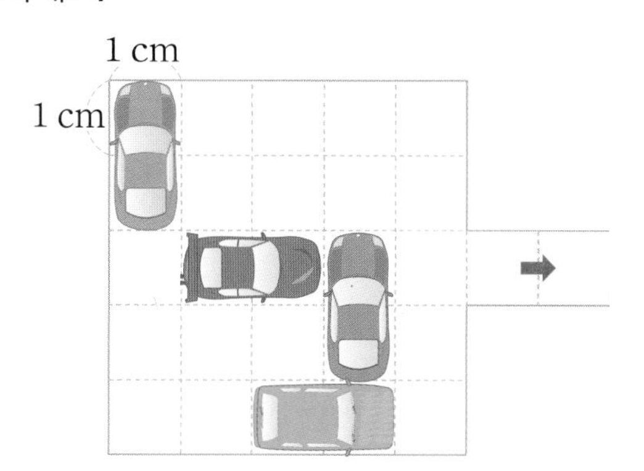

① 파란색 차를 (위 , 아래)쪽으로 ☐ cm 밉니다.

② 빨간색 차를 (왼 , 오른)쪽으로 ☐ cm 밉니다.

12 추론 규칙에 따라 사각형을 밀어서 도형을 2개 더 그리세요.

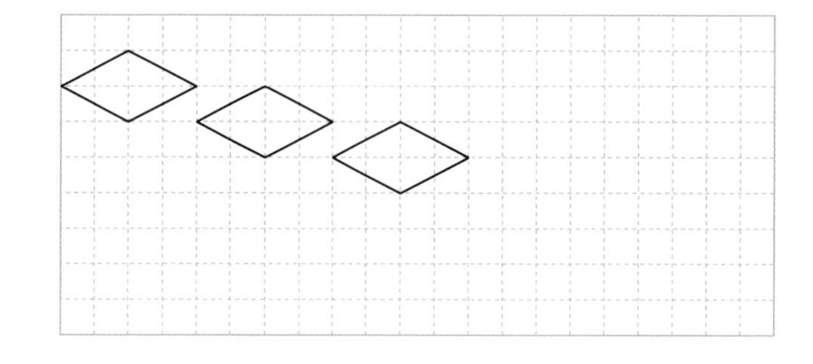

교과 개념

개념1 평면도형 뒤집기

삼각형 ㄱㄴㄷ을 위쪽이나 아래쪽으로 뒤집으면 위쪽에 있던 점 ㄱ이 아래쪽으로 바뀝니다.

ㄱ ㄴ ㄷ

삼각형 ㄱㄴㄷ을 왼쪽이나 오른쪽으로 뒤집으면 왼쪽에 있던 변 ㄱㄴ이 오른쪽으로 바뀝니다.

도형을 뒤집은 도형을 그릴 때에는 변이나 꼭짓점을 이용하여 이동한 위치를 찾아봅니다.

- 도형을 뒤집으면 도형의 방향은 뒤집는 방향에 따라 반대가 됩니다.
- 도형을 왼쪽이나 오른쪽으로 뒤집으면 도형의 왼쪽과 오른쪽의 방향이 서로 바뀝니다.
- 도형을 위쪽이나 아래쪽으로 뒤집으면 도형의 위쪽과 아래쪽의 방향이 서로 바뀝니다.
- 도형을 왼쪽으로 뒤집은 도형과 오른쪽으로 뒤집은 도형은 서로 같습니다.
- 도형을 위쪽으로 뒤집은 도형과 아래쪽으로 뒤집은 도형은 서로 같습니다.
- 도형을 뒤집었을 때의 변화를 예상한 후, 그려 보고, 실제로 뒤집어 봅니다.

참고 도장을 종이에 찍은 모양, 거울에 비친 모양은 모두 뒤집기 한 모양입니다.

도장

종이에 찍은 모양

거울에 비친 모양

개념확인 1 평면도형의 뒤집기에 대한 설명입니다. 알맞은 말에 ○표 하세요.

(1) 도형을 왼쪽이나 오른쪽으로 뒤집으면 도형의 (왼쪽과 오른쪽 , 위쪽과 아래쪽)의 방향이 서로 바뀝니다.

(2) 도형을 위쪽이나 아래쪽으로 뒤집으면 도형의 (왼쪽과 오른쪽 , 위쪽과 아래쪽)의 방향이 서로 바뀝니다.

2 그림을 보고 □ 안에 알맞은 말을 써넣으세요.

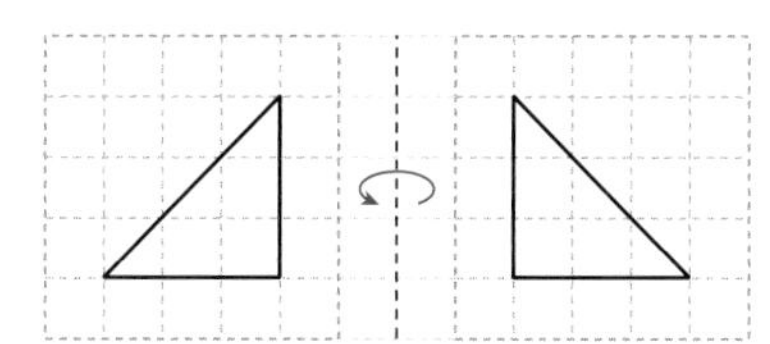

도형을 왼쪽으로 뒤집으면 오른쪽이 왼쪽으로, 왼쪽이 [ ]으로 방향이 바뀝니다.

3 그림을 보고 □ 안에 알맞은 말을 써넣으세요.

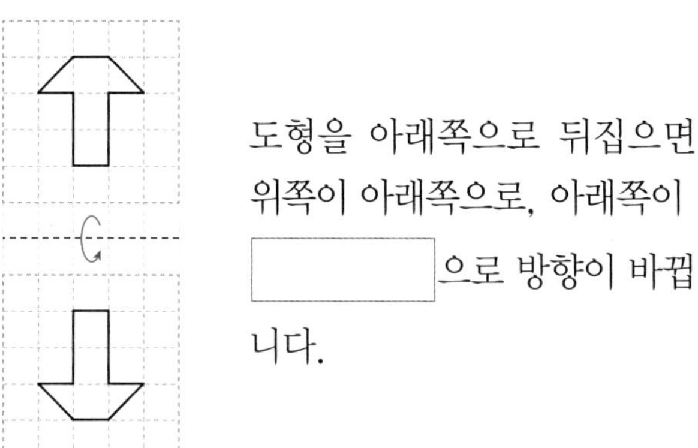

도형을 아래쪽으로 뒤집으면 위쪽이 아래쪽으로, 아래쪽이 [ ]으로 방향이 바뀝니다.

4 보기 의 도형을 위쪽으로 뒤집었습니다. 옳은 것을 찾아 ○표 하세요.

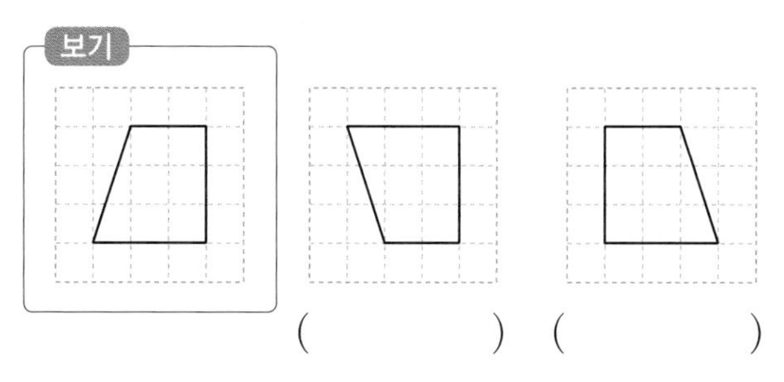

( ) ( )

5 도형을 어떻게 움직였는지 □ 안에 알맞은 말을 써넣으세요.

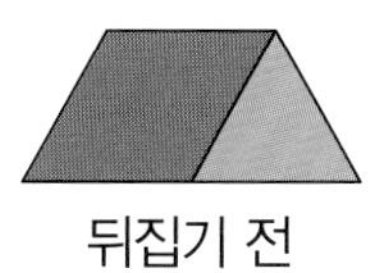
뒤집기 전

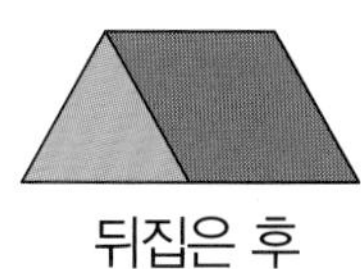
뒤집은 후

[ ]으로 뒤집었습니다.

6 도형을 오른쪽으로 뒤집었을 때의 도형을 그리세요.

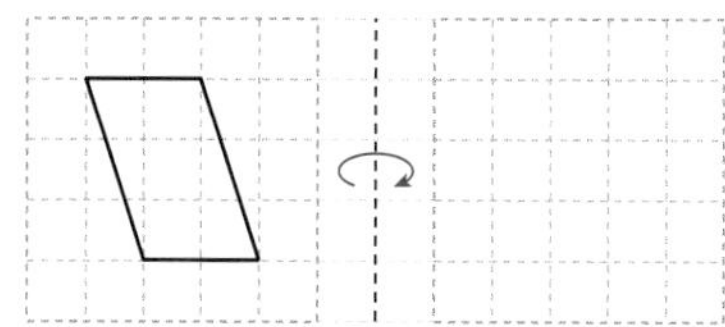

7 도형을 아래쪽으로 뒤집었을 때의 도형을 그리세요.

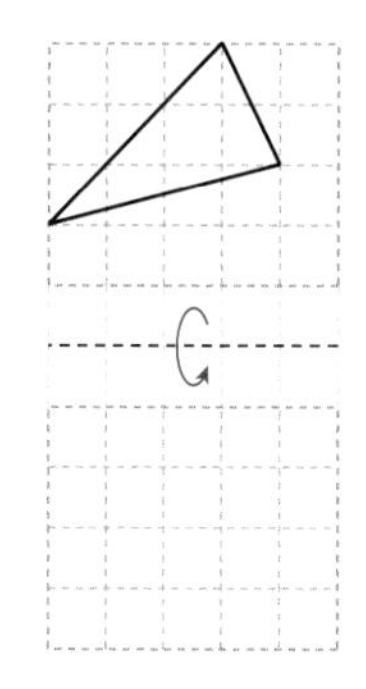

8 도형을 왼쪽으로 뒤집었을 때의 도형을 그리세요.

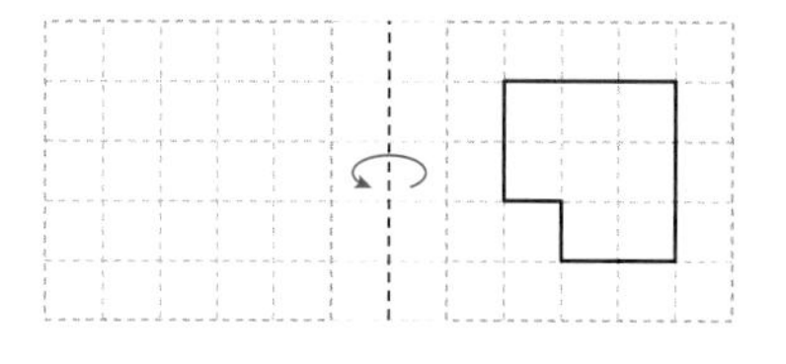

9 도형을 위쪽으로 뒤집었을 때의 도형을 그리세요.

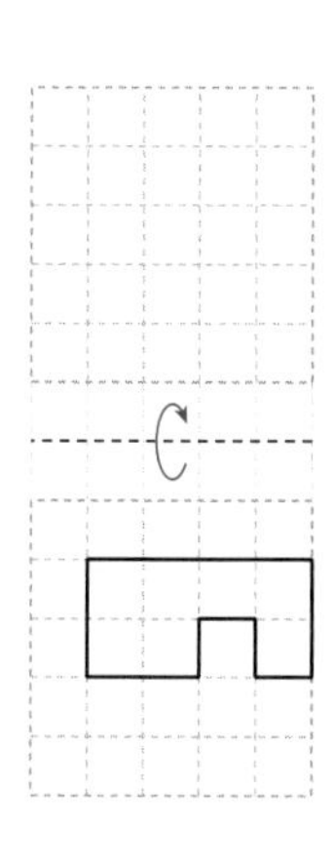

교과 개념

개념1 평면도형을 시계 방향으로 돌리기

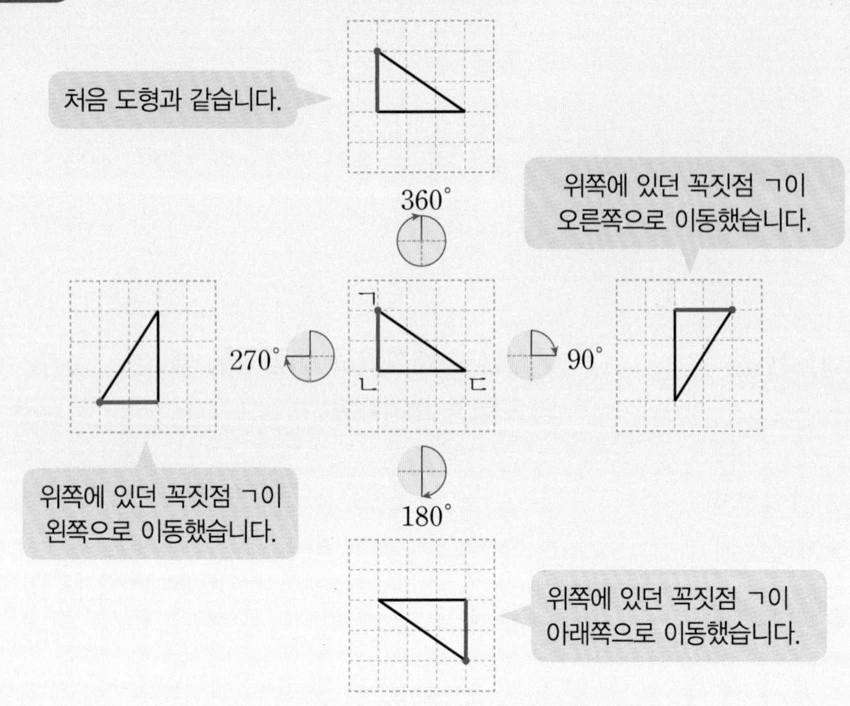

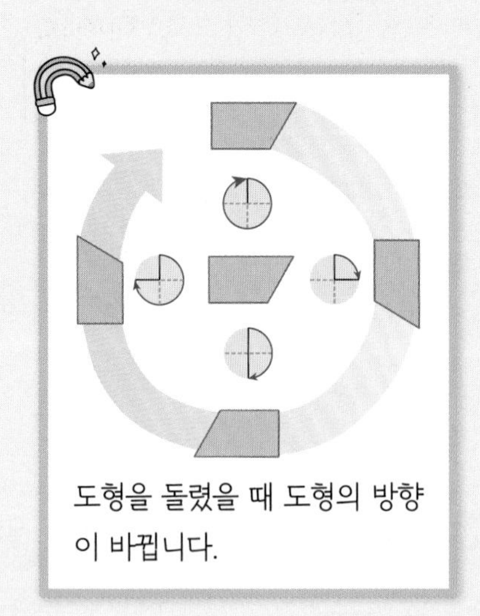

도형을 돌렸을 때 도형의 방향이 바뀝니다.

개념2 평면도형을 시계 반대 방향으로 돌리기

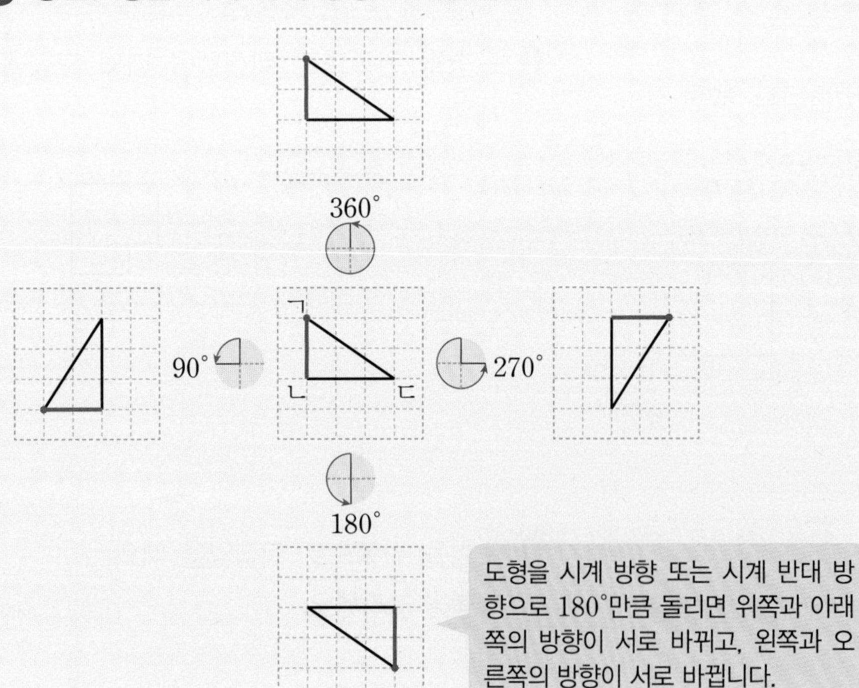

도형을 시계 방향 또는 시계 반대 방향으로 180°만큼 돌리면 위쪽과 아래쪽의 방향이 서로 바뀌고, 왼쪽과 오른쪽의 방향이 서로 바뀝니다.

- 화살표 끝이 가리키는 위치가 같으면 돌린 도형이 서로 같습니다.

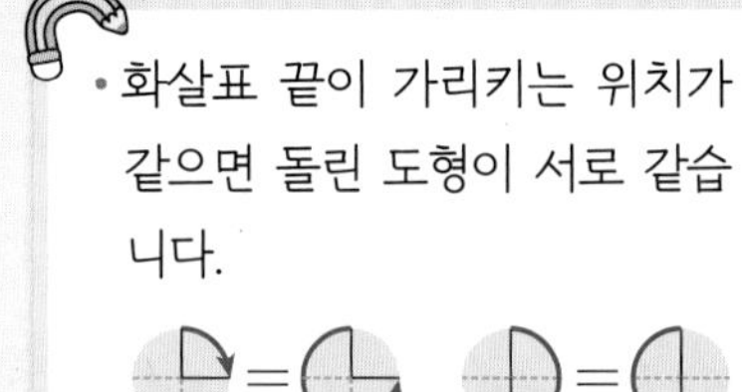

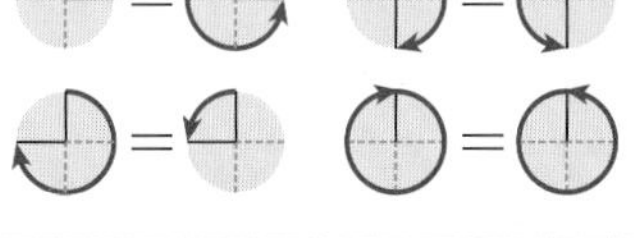

① 도형을 시계 방향으로 90°만큼 돌리면 도형의 위쪽이 오른쪽으로 방향이 바뀝니다.

② 도형을 시계 반대 방향으로 90°만큼 돌리면 도형의 위쪽이 왼쪽으로 방향이 바뀝니다.

• 정답 33쪽

1 모양 조각을 시계 방향으로 90°만큼 돌렸습니다. 옳은 것을 찾아 ○표 하세요.

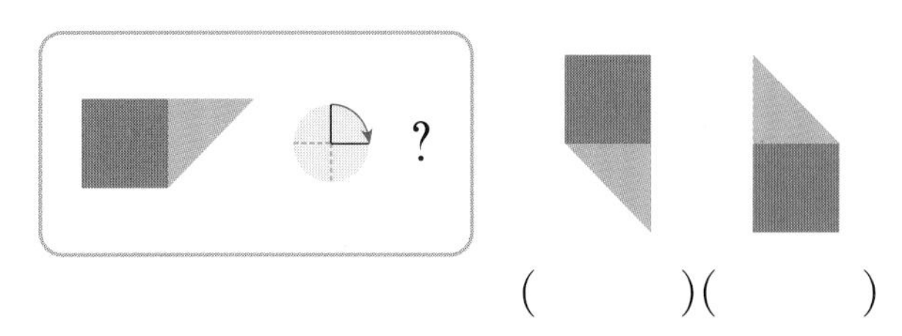

( )( )

2 모양 조각을 시계 반대 방향으로 180°만큼 돌렸습니다. 옳은 것을 찾아 ○표 하세요.

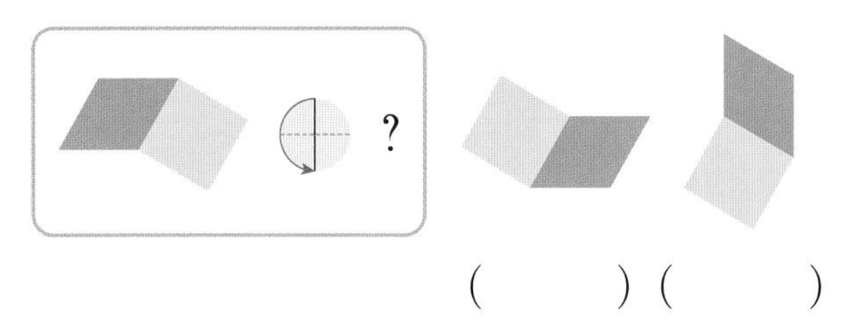

( ) ( )

3 도형을 시계 방향으로 90°만큼 돌렸을 때의 도형을 그리세요.

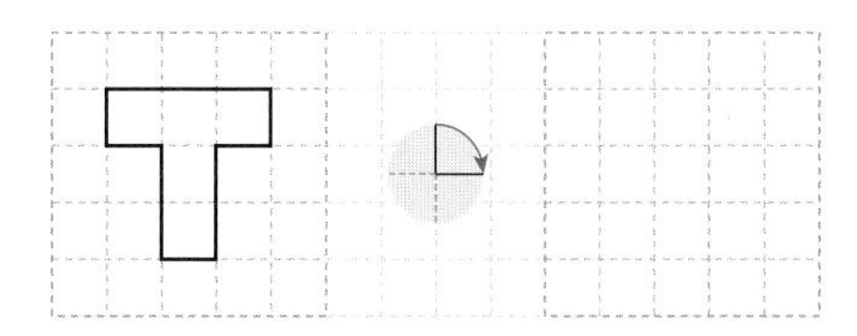

4 도형을 시계 반대 방향으로 180°만큼 돌렸을 때의 도형을 그리세요.

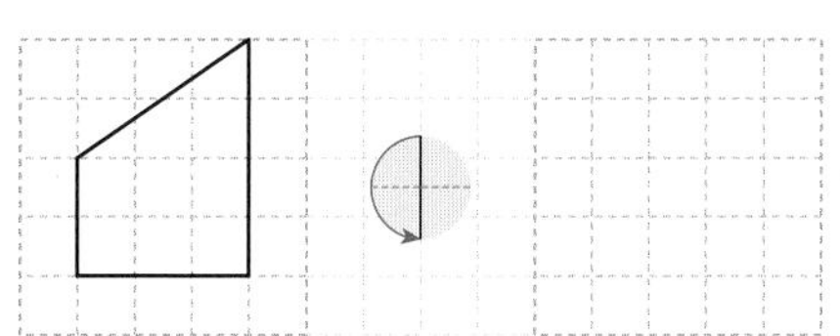

5 도형을 어떻게 돌린 것인지 □ 안에 알맞은 수를 써넣으세요.

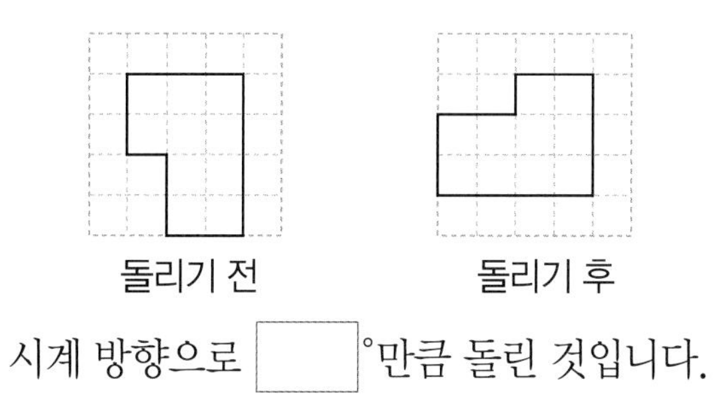

시계 방향으로 □°만큼 돌린 것입니다.

6 다음 중 오른쪽 도형을 돌린 도형이 아닌 것을 찾아 기호를 쓰세요.

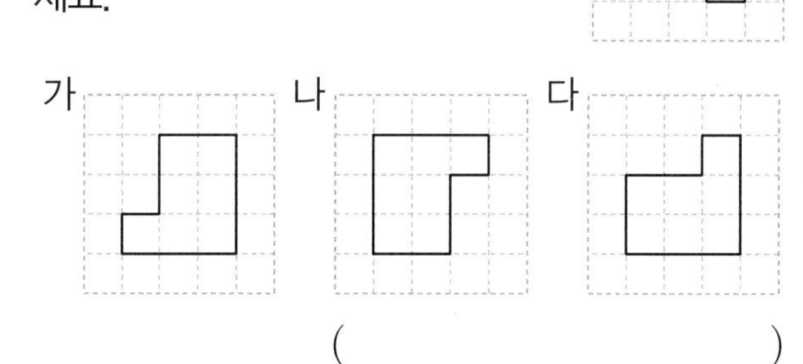

( )

7 도형을 시계 방향으로 90°, 180°, 270°, 360°만큼 돌렸을 때의 도형을 각각 그리세요.

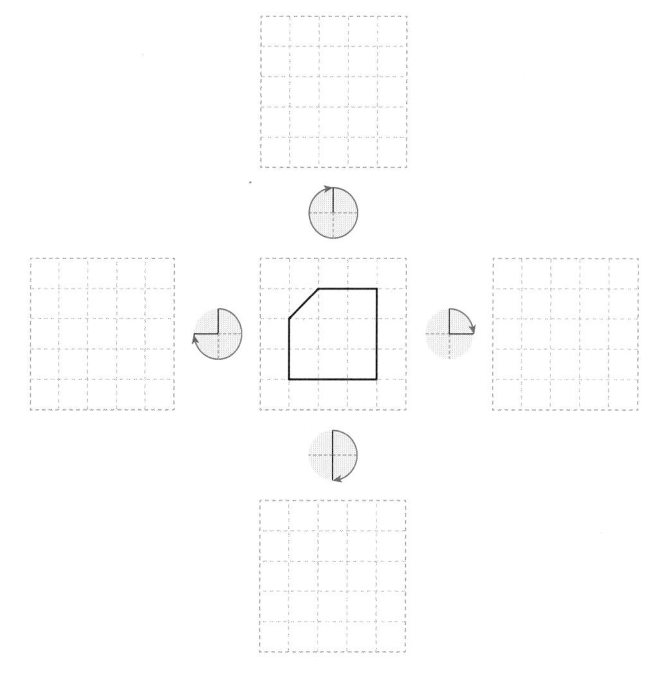

4 단원

진도 완료 체크

1 교과 개념

개념1 규칙적으로 무늬 꾸미기

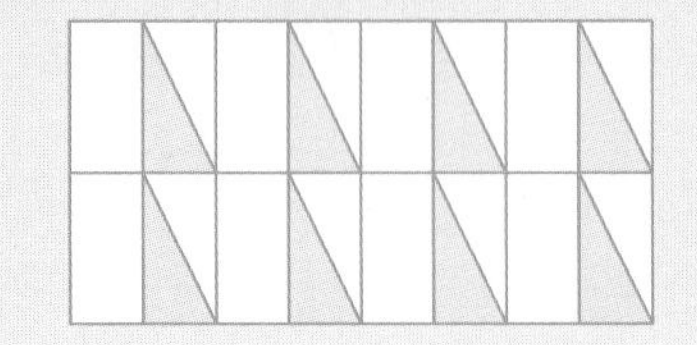

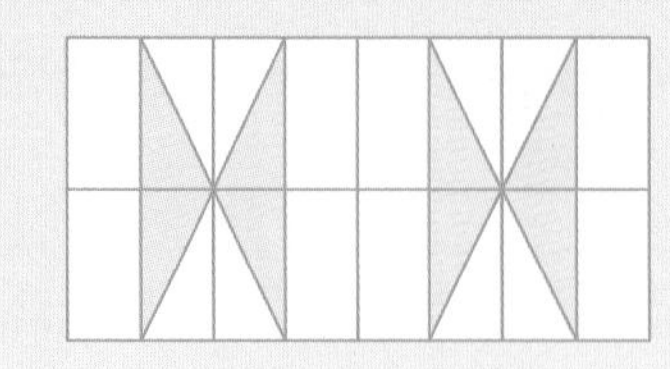

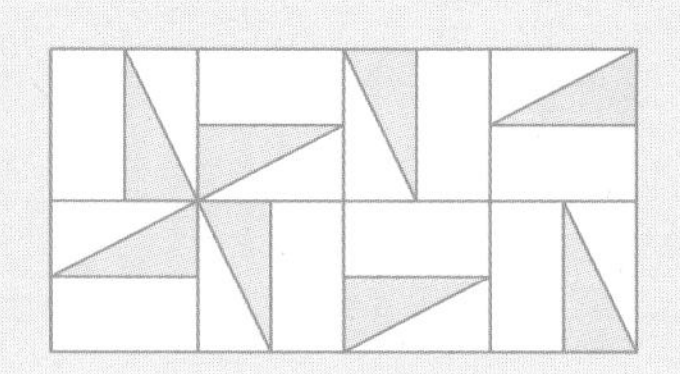

예 모양을 오른쪽과 아래쪽으로 민 후, 그 모양을 오른쪽으로 밀기를 반복하여 무늬를 만들었습니다.

예 모양을 오른쪽과 아래쪽으로 뒤집은 후, 그 모양을 오른쪽으로 뒤집기를 반복하여 무늬를 만들었습니다.

예 모양을 시계 방향으로 90°만큼 돌리기를 반복하여 위의 4칸을 만들고, 모양을 시계 반대 방향으로 90°만큼 돌리기를 반복하여 아래의 4칸을 만들어 무늬를 만들었습니다.

개념확인 1 그림을 보고 알맞은 것을 찾아 ○표 하세요.

(1)

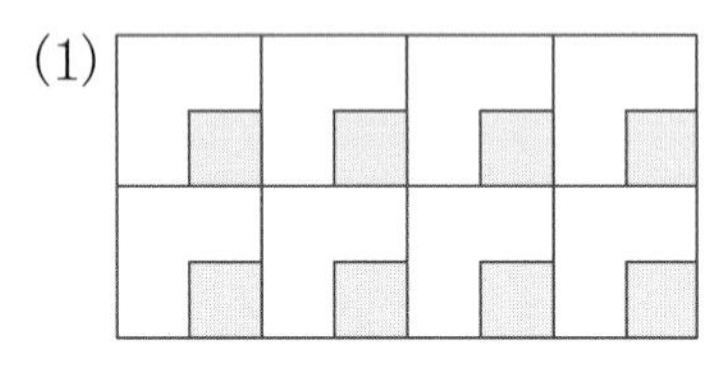

모양을 오른쪽과 아래쪽으로 (민 , 뒤집은 , 돌린) 후, 그 모양을 오른쪽으로 (밀기 , 뒤집기 , 돌리기)를 반복하여 무늬를 만들었습니다.

(2)

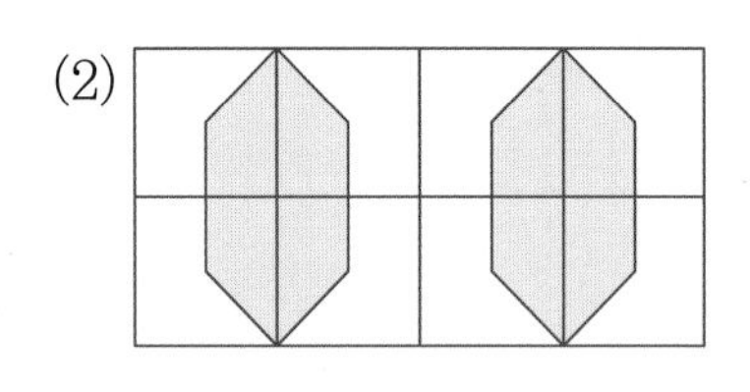

모양을 오른쪽과 아래쪽으로 (민 , 뒤집은 , 돌린) 후, 그 모양을 오른쪽으로 (밀기 , 뒤집기 , 돌리기)를 반복하여 무늬를 만들었습니다.

(3)

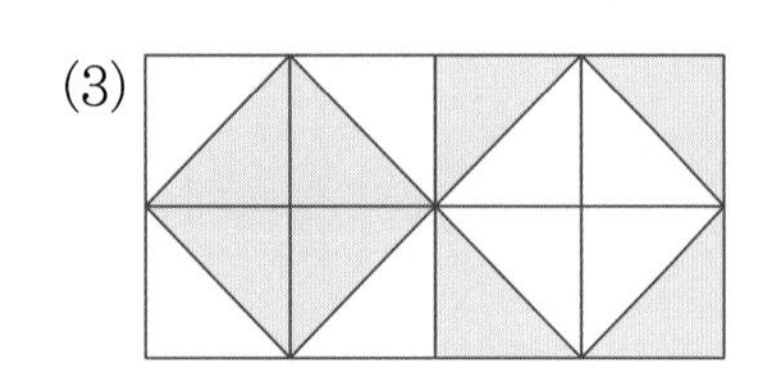

모양을 시계 방향으로 (90° , 180°)만큼 돌리기를 반복하여 위의 4칸을 만들고, 모양을 시계 반대 방향으로 (90° , 180°)만큼 돌리기를 반복하여 아래의 4칸을 만들어 무늬를 만들었습니다.

2 어떤 규칙으로 무늬를 만들었는지 ○표 하세요.

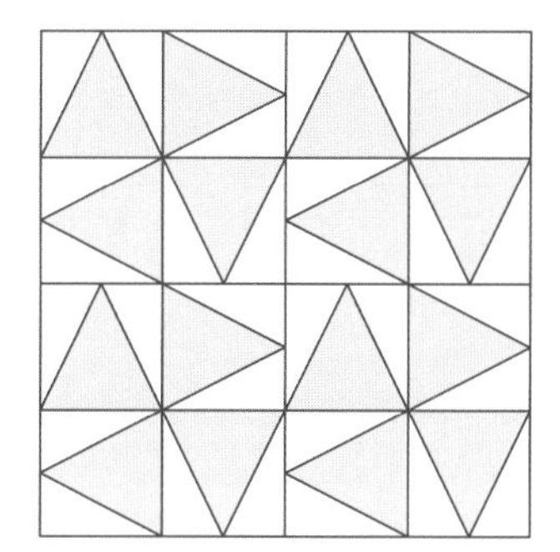

모양을 시계 방향으로 (90°, 180°)

만큼 돌리는 것을 반복해서 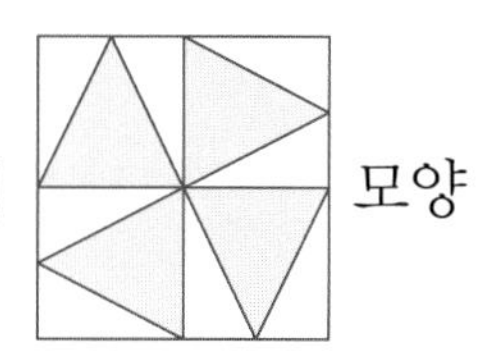 모양

을 만들고, 그 모양을 (밀어서 , 뒤집어서) 무늬를 만들었습니다.

3 다음 중 모양을 돌리기를 이용하여 만든 무늬를 찾아 기호를 쓰세요.

가 나 다

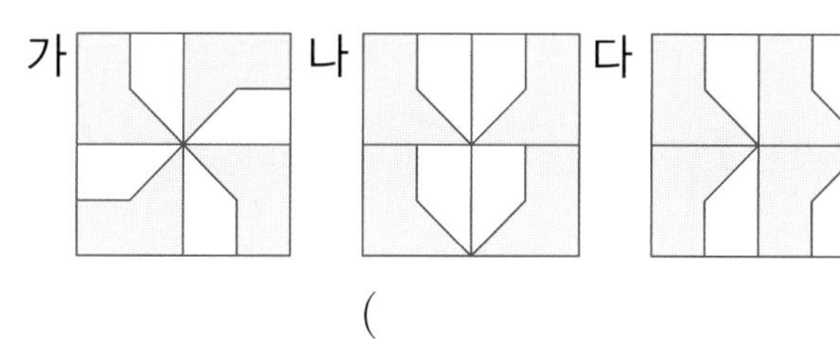

( )

4 다음 중 모양을 뒤집기를 이용하여 만든 무늬를 찾아 기호를 쓰세요.

가

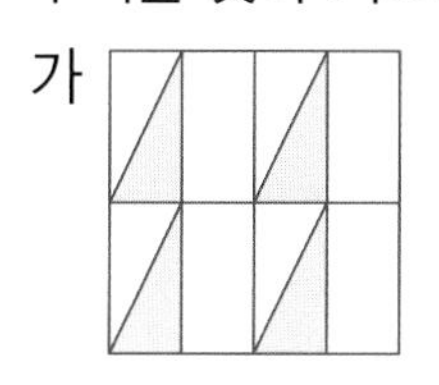

나

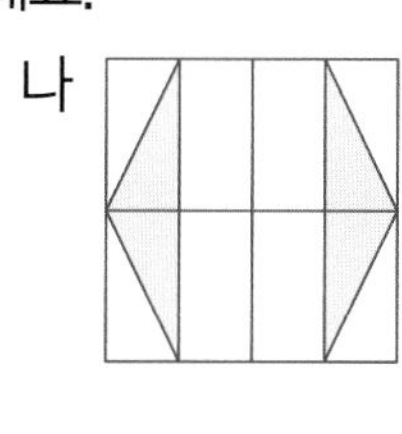

( )

5 모양을 밀기를 이용하여 규칙적인 무늬를 만드세요.

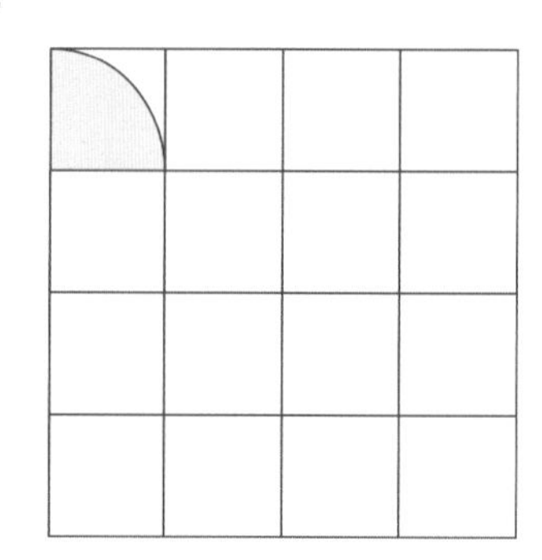

6 모양을 뒤집기를 이용하여 규칙적인 무늬를 만드세요.

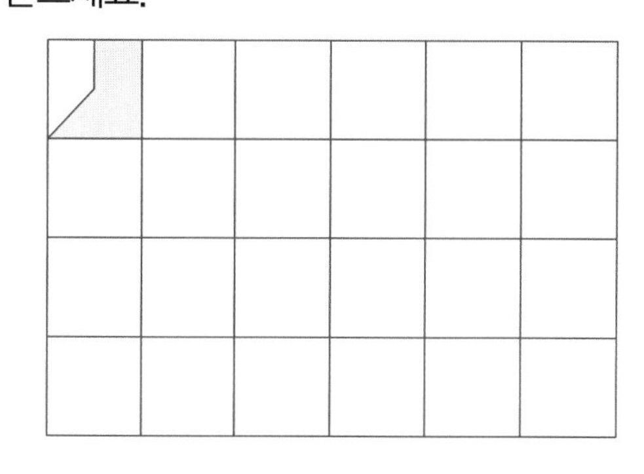

7 모양을 돌리기를 이용하여 규칙적인 무늬를 만드세요.

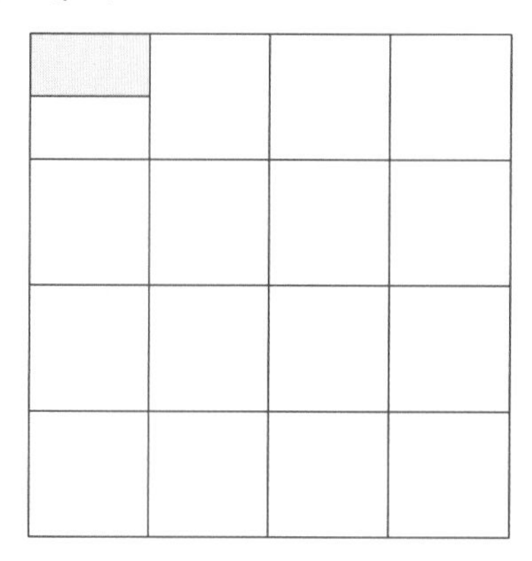

교과 유형 익힘

01 가운데 도형을 왼쪽으로 뒤집은 도형과 오른쪽으로 뒤집은 도형을 각각 그리세요.

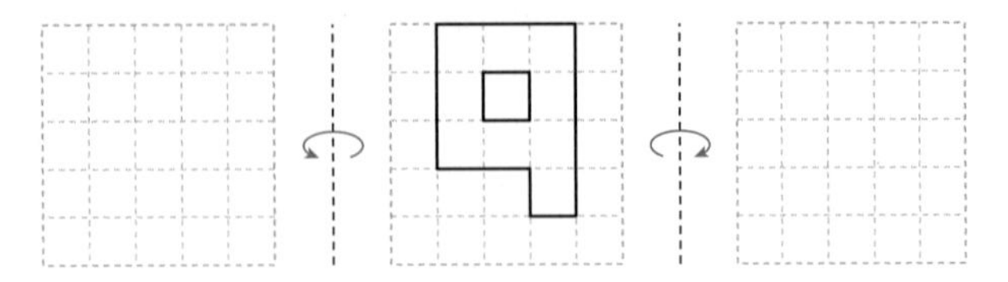

02 도형을 시계 방향으로 90°만큼 돌렸을 때의 도형과 180°만큼 돌렸을 때의 도형을 각각 그리세요.

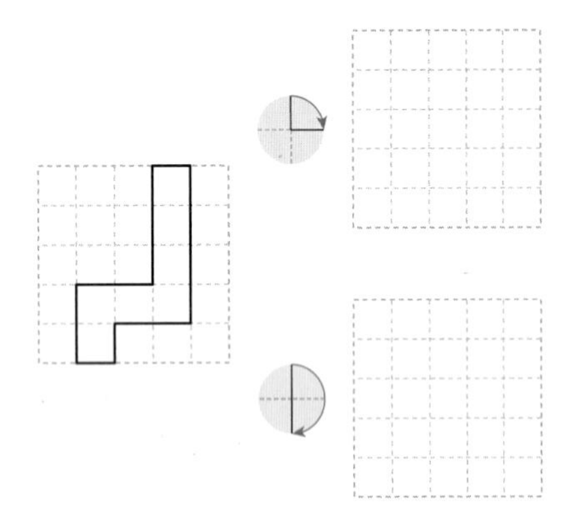

03 가운데 도형을 위쪽으로 뒤집은 도형과 아래쪽으로 뒤집은 도형을 각각 그리세요.

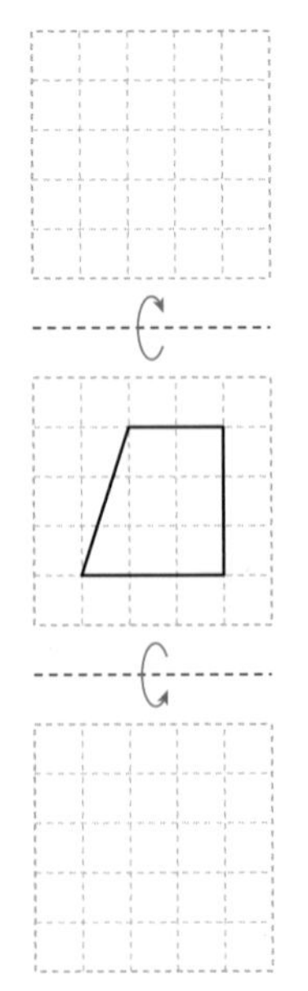

04 도형을 오른쪽으로 뒤집고 아래쪽으로 뒤집은 도형을 각각 그리세요.

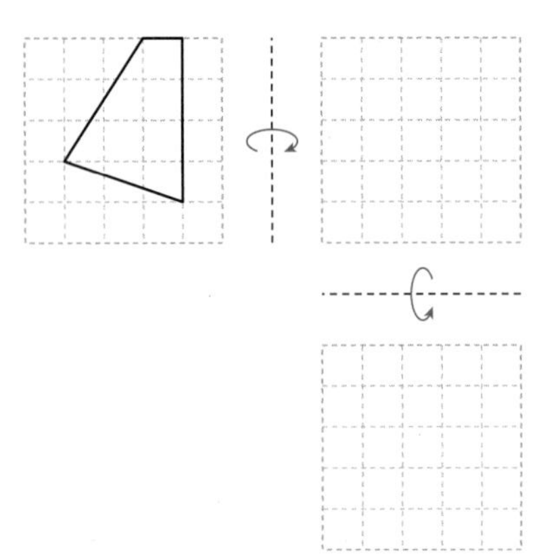

05 도형을 시계 반대 방향으로 270°만큼 돌렸을 때의 도형을 그리세요.

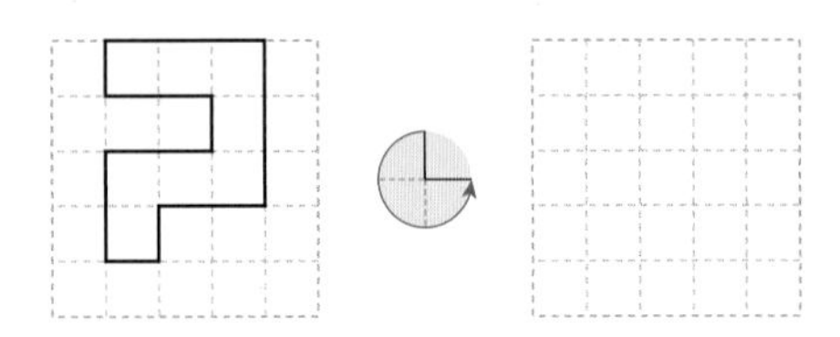

06 도형 돌리기에 대해 옳게 말한 사람의 이름을 쓰세요.

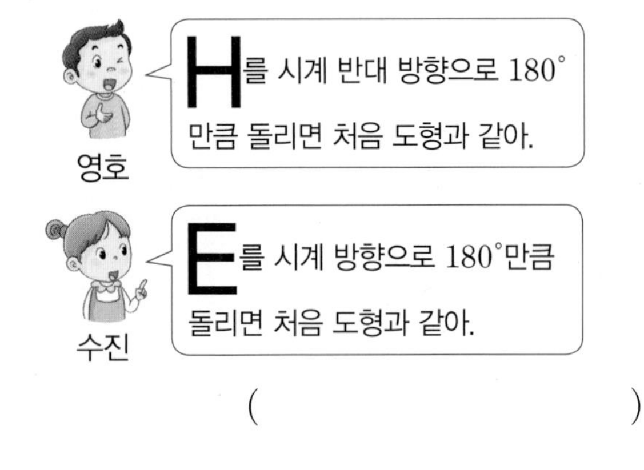

(　　　　　　　　)

07 어떤 도형을 시계 방향으로 270°만큼 돌렸더니 오른쪽 도형이 되었습니다. 처음 도형을 그리세요.

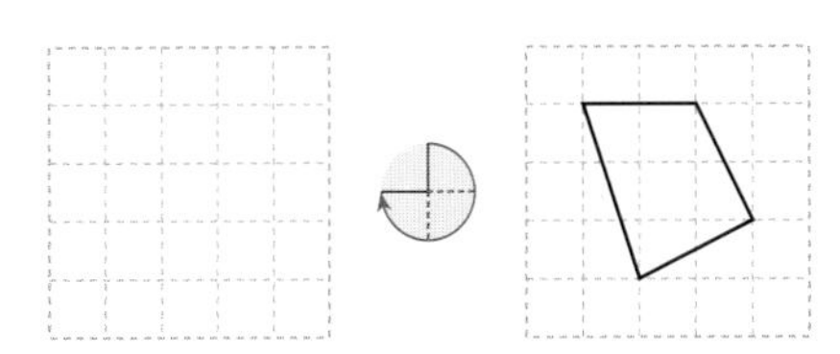

08 도형을 아래쪽으로 뒤집었을 때 도형이 변하지 않는 것을 찾아 ○표 하세요.

서술형 문제

09 보기 에서 낱말을 골라 전통 무늬를 만든 규칙을 설명해 보세요.

보기
밀기 뒤집기
오른쪽 아래쪽
돌리기 위쪽

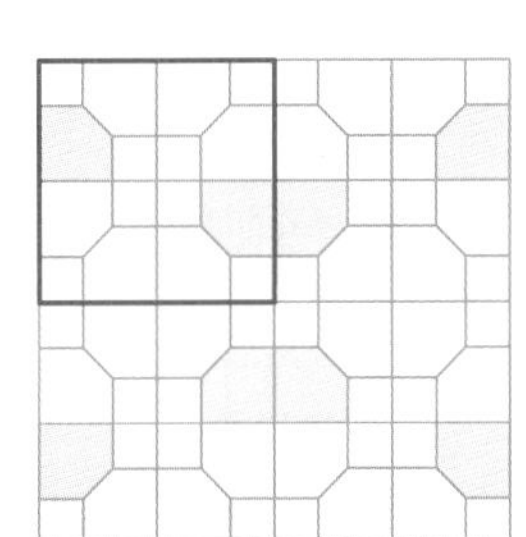

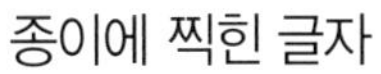 모양을 ____________________

____

____

10 창의 융합 가 조각과 라 조각을 돌려서 빈 곳에 넣으려고 합니다. 조각을 어떻게 돌려야 하는지 □ 안에 써넣으세요.

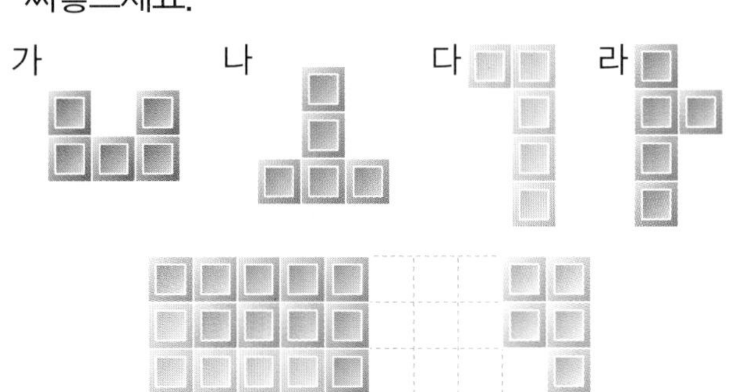

(1) 가 조각을 □ 방향으로 □°만큼 돌려야 합니다.

(2) 라 조각을 □ 방향으로 □°만큼 돌려야 합니다.

11 창의 융합 종이에 찍힌 글자를 보고 도장에 새긴 글자를 그리세요.

종이에 찍힌 글자

도장

12 추론 어떤 수를 시계 방향으로 180°만큼 돌렸더니 다음과 같습니다. 처음 수를 그리세요.

처음 수　　움직인 수

4 단원

문제 해결 (잘 틀리는 문제)

유형1 어떻게 돌렸는지 알아보기

1 왼쪽 도형을 돌렸더니 오른쪽 도형이 되었습니다. 어느 방향으로 몇 도만큼 돌린 것일까요?

( )

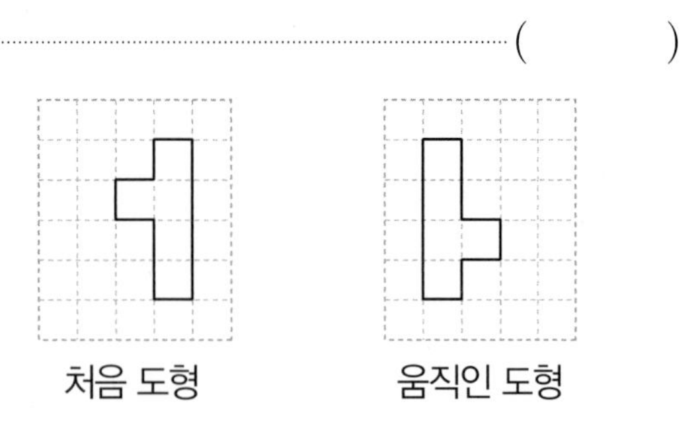

① 시계 방향으로 90°
② 시계 반대 방향으로 90°
③ 시계 방향으로 180°
④ 시계 반대 방향으로 270°
⑤ 시계 반대 방향으로 360°

Solution 도형을 90°, 180°, 270°, 360°만큼 돌려 봅니다.

1-1 왼쪽 도형을 돌렸더니 오른쪽 도형이 되었습니다. 시계 반대 방향으로 몇 도만큼 돌린 것일까요?

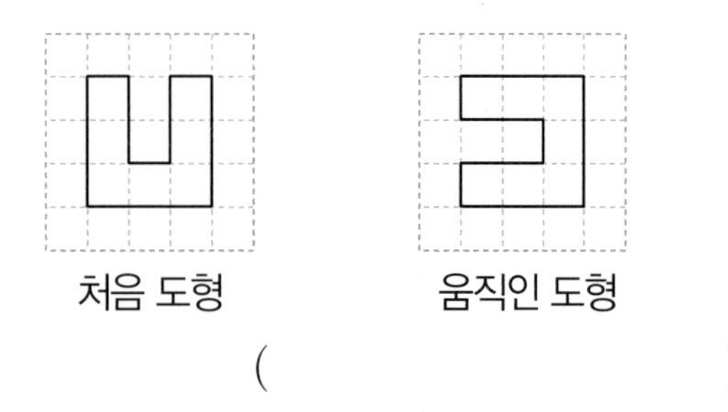

( )

1-2 왼쪽 도형을 돌렸더니 오른쪽 도형이 되었습니다. ? 안에 알맞은 것을 모두 고르세요.

( )

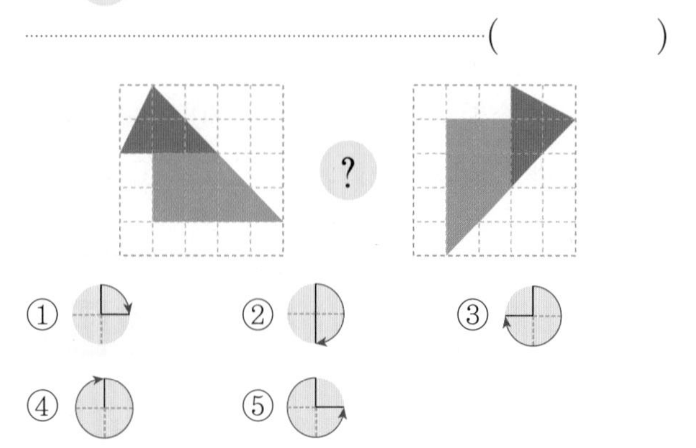

유형2 도형을 뒤집고 돌리기

2 왼쪽 도형을 아래쪽으로 뒤집고 시계 반대 방향으로 270°만큼 돌린 도형을 그리세요.

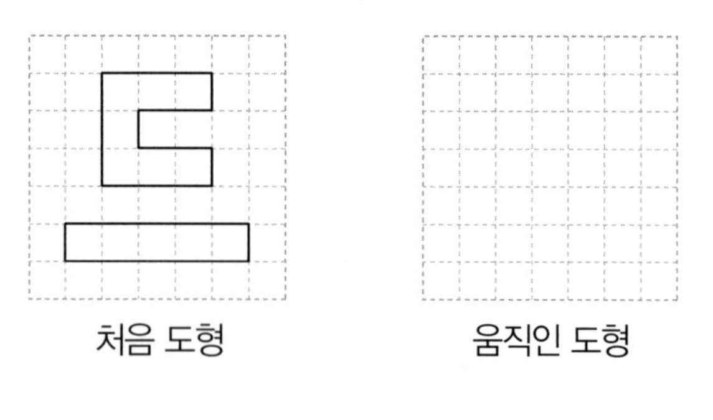

Solution 먼저 뒤집은 도형을 그리고 그 도형을 돌린 도형을 그려 봅니다.

2-1 도형을 오른쪽으로 뒤집고 시계 방향으로 180° 만큼 돌린 도형을 그리세요.

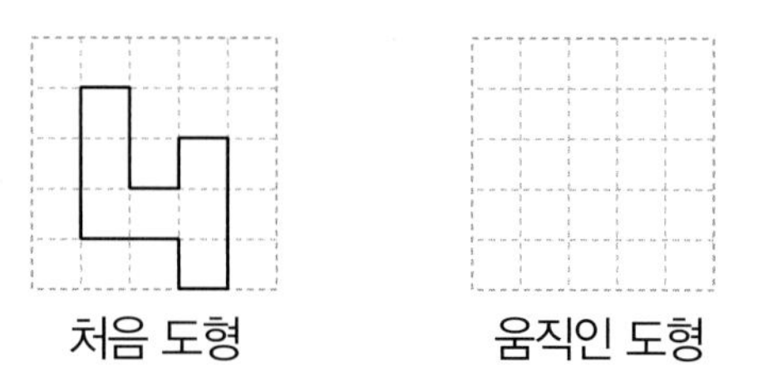

2-2 도형을 시계 방향으로 270°만큼 돌리고 오른쪽으로 뒤집은 도형을 그리세요.

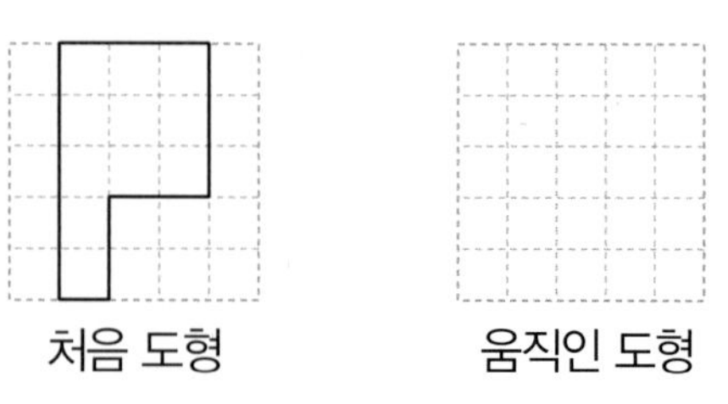

유형3 도형을 여러 번 움직이기

3 도형을 왼쪽으로 2번 뒤집은 도형을 그리세요.

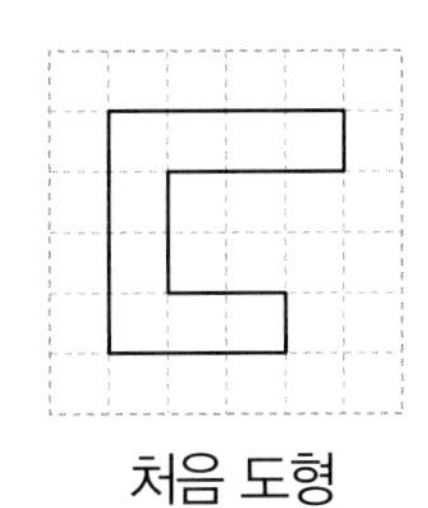

처음 도형

움직인 도형

Solution 같은 방향으로 2번 뒤집으면 처음 도형과 같음을 이용합니다.

3-1 물음에 답하세요.

(1) 도형을 위쪽으로 2번 뒤집은 도형을 그리세요.

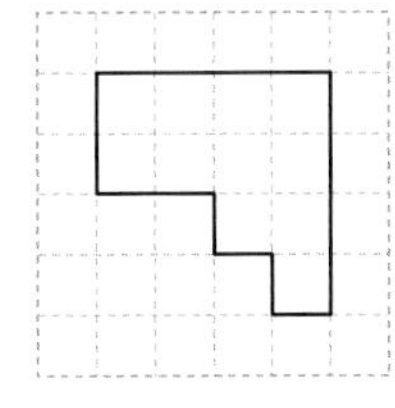

처음 도형

움직인 도형

(2) 도형을 위쪽으로 3번 뒤집은 도형을 그리세요.

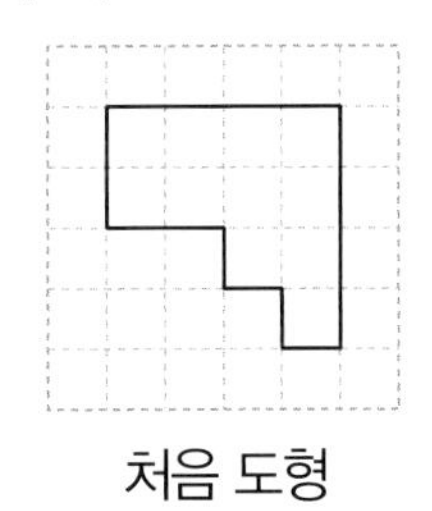

처음 도형

움직인 도형

3-2 도형을 시계 방향으로 90°만큼 2번 돌린 도형을 그리세요.

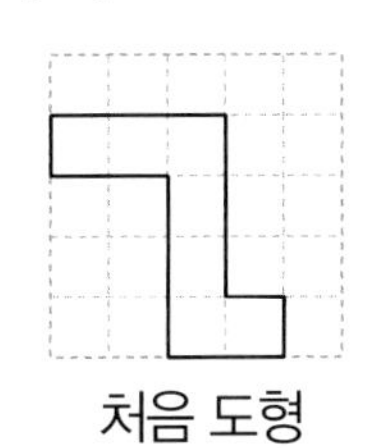

처음 도형

움직인 도형

유형4 움직이기 전 도형 알아보기

4 도형을 시계 반대 방향으로 90°만큼 돌린 도형입니다. 처음 도형을 그리세요.

처음 도형

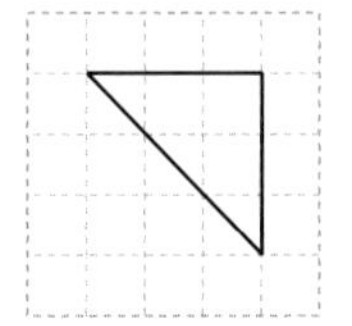

움직인 도형

Solution 거꾸로 생각해 봅니다. 시계 방향으로 90°만큼 돌리면 처음 도형이 됩니다.

4-1 도형을 시계 반대 방향으로 180°만큼 돌린 도형입니다. 처음 도형을 그리세요.

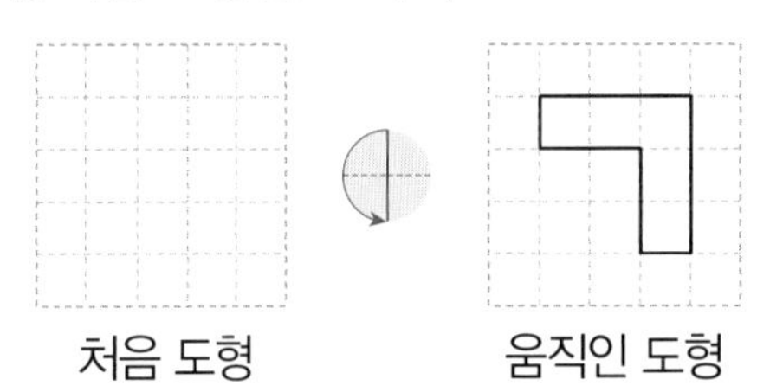

처음 도형 움직인 도형

4-2 도형을 오른쪽으로 뒤집은 도형입니다. 처음 도형을 그리세요.

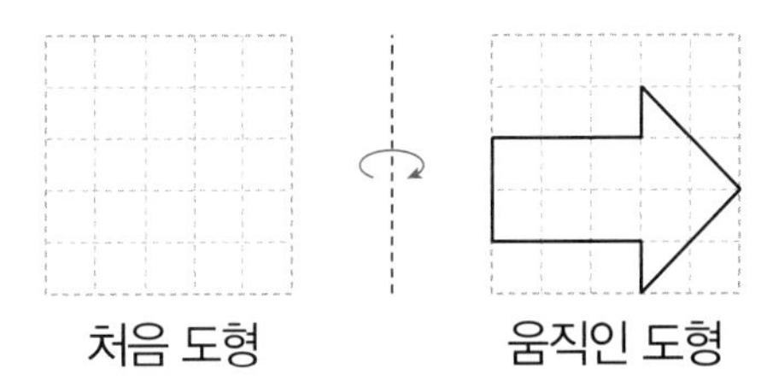

처음 도형 움직인 도형

4-3 도형을 시계 반대 방향으로 270°만큼 돌린 도형입니다. 처음 도형을 그리세요.

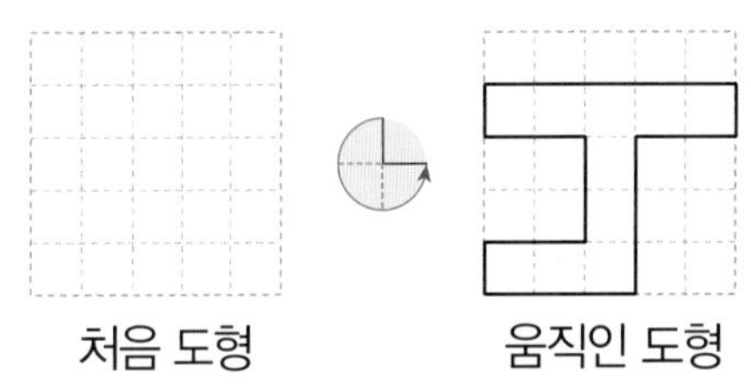

처음 도형 움직인 도형

4 단원

Step 3 문제 해결 서술형 문제

유형5

문제 해결 Key
거울을 옆에서 비추면 왼쪽과 오른쪽이 바뀝니다.

문제 해결 전략
❶ 어떻게 움직인 것인지 알아보기
❷ 거울에 비친 수 구하기

5 현주가 ❶201이 쓰인 종이를 들고 거울을 보고 있습니다. ❷거울에 비친 수는 무엇인지 풀이 과정을 쓰고 답을 구하세요.

풀이 ❶ 거울에 비춘 모습은 오른쪽으로 (뒤집기 , 밀기) 한 것과 같습니다.

❷ 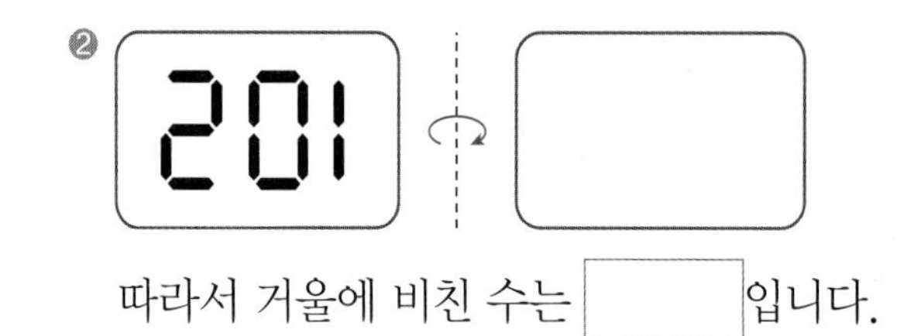

따라서 거울에 비친 수는 ☐입니다.

답 ____________

5-1 연습 문제
5가 쓰인 수 카드의 오른쪽에 거울을 놓고 비췄을 때 거울에 비친 수는 무엇인지 풀이 과정을 쓰고 답을 구하세요.

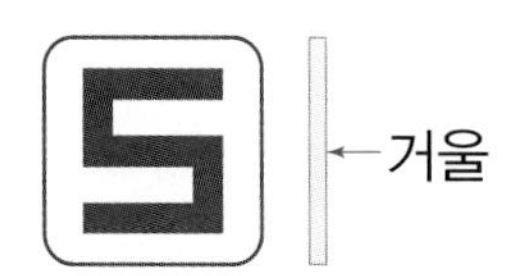

풀이
❶ 거울을 오른쪽에서 비춘 모습은 어느 쪽으로 뒤집은 것과 같은지 알아보기

❷ 거울에 비친 수 구하기

5 ☐

답 ____________

5-2 실전 문제
122가 쓰인 수 카드의 오른쪽에 거울을 놓고 비췄을 때 거울에 비친 수는 무엇인지 풀이 과정을 쓰고 답을 구하세요.

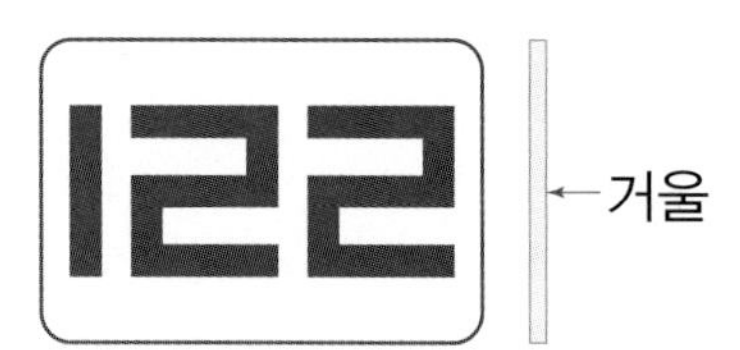

풀이

답 ____________

유형6

문제 해결 Key
도형이 어떻게 바뀌었는지 알아봅니다.

문제 해결 전략
❶ 각 부분의 위치가 움직인 방향 알아보기
❷ 어느 방향으로 얼마만큼 돌렸는지 설명하기

6 왼쪽 도형을❶돌리기 하였더니 오른쪽 도형이 되었습니다.❷어떻게 움직인 것인지 알맞은 말에 ○표 하여 설명해 보세요.

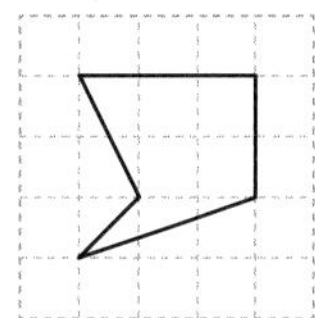
처음 도형

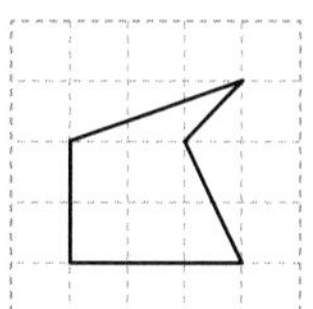
움직인 도형

풀이 ❶ 위쪽 부분이 (왼쪽 , 아래쪽)으로, 왼쪽 부분이 (오른쪽 , 위쪽)으로 바뀌었습니다.

❷ 시계 방향 또는 시계 반대 방향으로 (90° , 180° , 270° , 360°)만큼 돌리기 한 것입니다.

6-1 연습 문제

왼쪽 도형을 돌리기 하였더니 오른쪽 도형이 되었습니다. 어떻게 움직인 것인지 설명해 보세요.

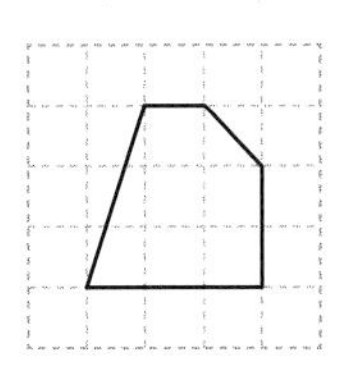
처음 도형

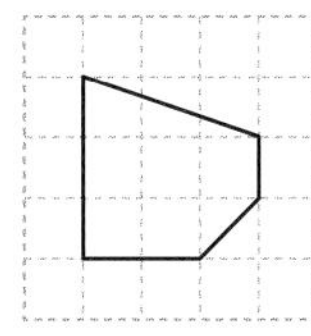
움직인 도형

❶ 각 부분의 위치가 움직인 방향 알아보기

❷ 어느 방향으로 얼마만큼 돌렸는지 설명하기

6-2 실전 문제

왼쪽 도형을 돌리고 뒤집기를 하였더니 오른쪽 도형이 되었습니다. 어떻게 움직인 것인지 설명해 보세요.

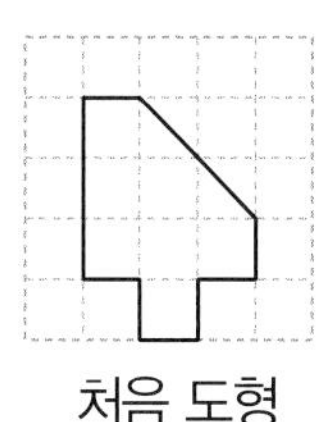
처음 도형

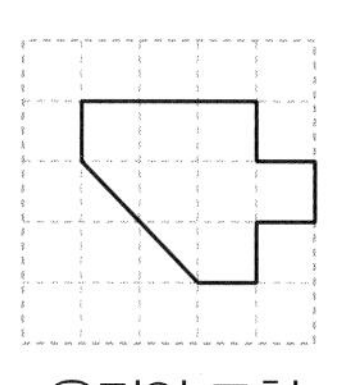
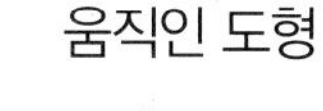
움직인 도형

진도 완료 체크

실력 UP 문제

01 도형을 오른쪽으로 뒤집고 시계 방향으로 180° 만큼 돌렸을 때의 도형을 그리세요.

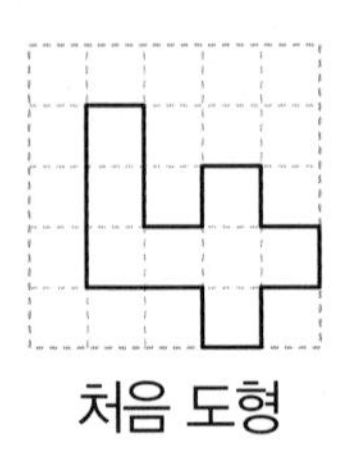
처음 도형

움직인 도형

02 어떤 도형을 아래쪽으로 뒤집고 시계 방향으로 90°만큼 5번 돌렸더니 오른쪽 도형이 되었습니다. 처음 도형을 그리세요.

처음 도형

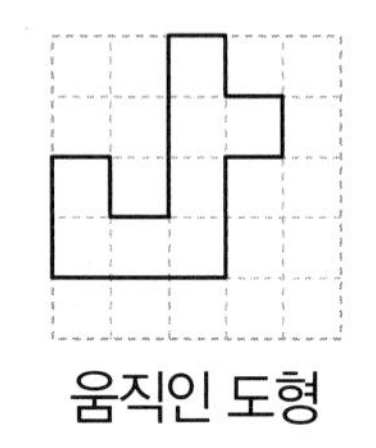
움직인 도형

03 도형 ㉠을 왼쪽으로 3번 뒤집어서 만든 도형은 ㉡입니다. ㉡을 시계 방향으로 180°만큼 5번 돌렸더니 ㉢ 도형이 되었습니다. ㉠, ㉡에 알맞은 도형을 각각 그리세요.

㉠

㉡
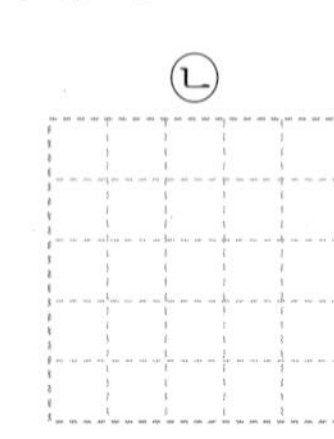

㉢
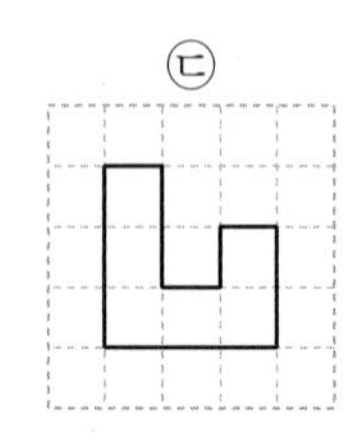

04 테트로미노는 정사각형 4개를 이어 붙여서 만든 도형입니다. 테트로미노 조각을 뒤집거나 돌려서 정사각형을 3개 만드세요.(단, 같은 모양 조각을 최대 2번씩 사용해도 됩니다.)

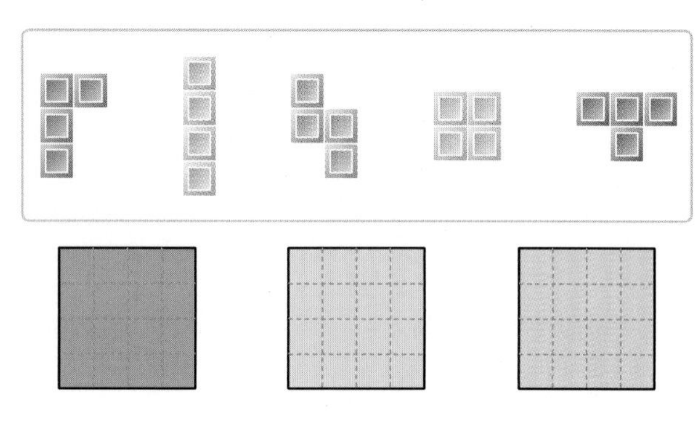

05 뒤집기를 이용하여 퍼즐 조각으로 정사각형을 완성하세요.

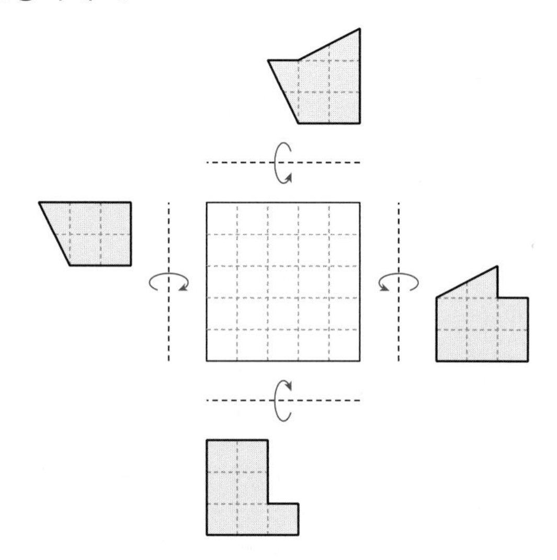

06 펜토미노는 정사각형 5개를 이어 붙여서 만든 도형입니다. 펜토미노 조각 중 알파벳 Y 모양과 Z 모양을 보고, 보기 의 낱말을 사용하여 물음에 답하세요.

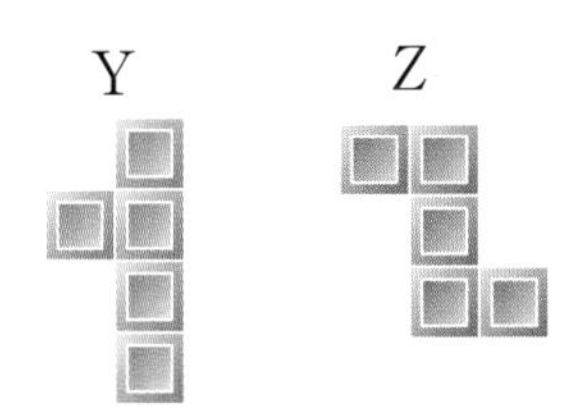

보기

오른쪽, 위쪽, 시계 방향,
90°, 180°, 270°, 뒤집기, 돌리기

(1) 오른쪽 빈칸에 Y 모양 펜토미노 조각을 넣으려고 합니다. 어떤 방법으로 움직여서 넣어야 하는지 쓰세요.

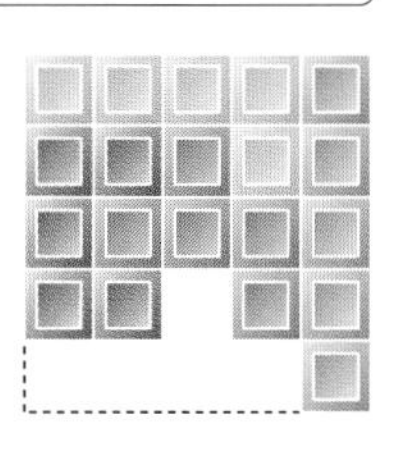

(　　　　　　　　　　　　　　　　)

(2) 오른쪽 빈칸에 Z 모양 펜토미노 조각을 넣으려고 합니다. 어떤 방법으로 움직여서 넣어야 하는지 쓰세요.

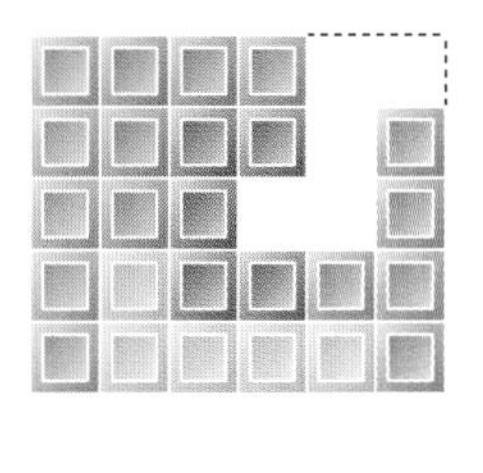

(　　　　　　　　　　　　　　　　)

07 다음 수를 시계 반대 방향으로 180°만큼 돌렸을 때 만들어지는 수와 처음 수의 차를 구하세요.

(　　　　　　　　　　)

서술형 문제

08 빨간색 자동차가 노란색 위치에 오도록 하려고 합니다. 차들의 이동 방향을 설명해 보세요.(단, 차를 앞과 뒤로만 밀 수 있습니다.)

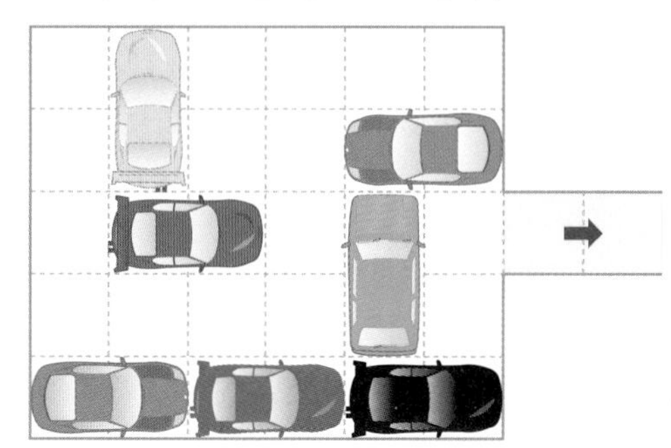

① ______________________

② ______________________

③ ______________________

4 단원

진도 완료 체크

서술형 문제

09  모양을 이용하여 규칙적인 무늬를 만들었습니다. 빈칸을 채워 무늬를 완성하고, 보기 의 낱말을 사용하여 무늬가 만들어진 규칙을 설명해 보세요.

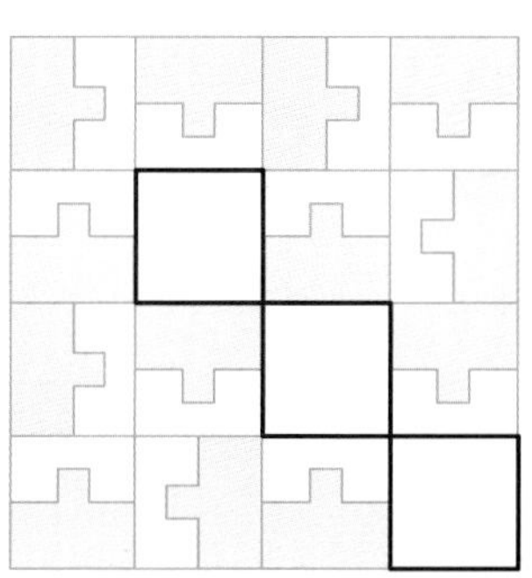

보기

오른쪽, 왼쪽, 위쪽, 아래쪽, 돌리기, 밀기
시계 방향, 시계 반대 방향, 90°, 180°

____

____

____

01 오른쪽 도형을 밀었을 때의 도형으로 알맞은 것의 기호를 쓰세요.

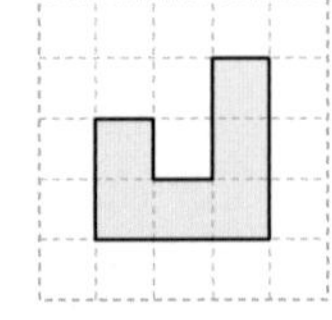

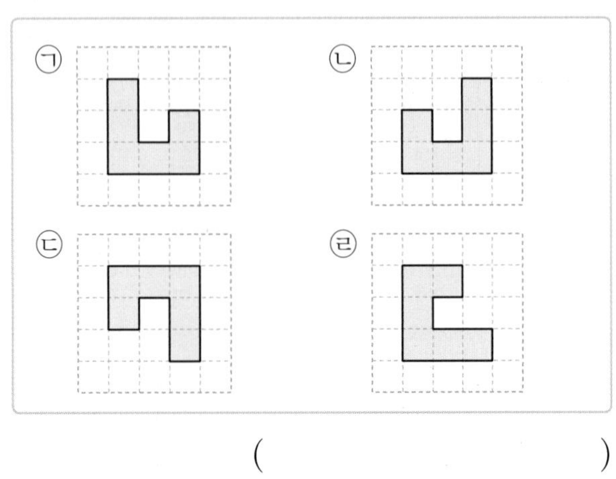

(　　　　　　　　)

02 도형을 오른쪽으로 뒤집었을 때의 도형을 그리세요.

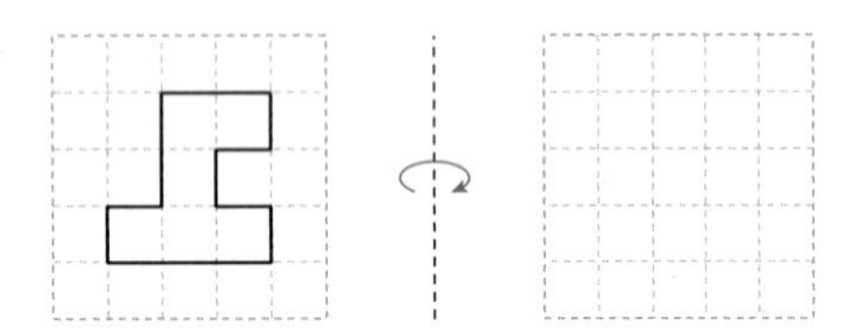

03 삼각형 ㄱㄴㄷ을 왼쪽과 오른쪽으로 각각 5 cm 밀었을 때의 도형을 각각 그리세요.

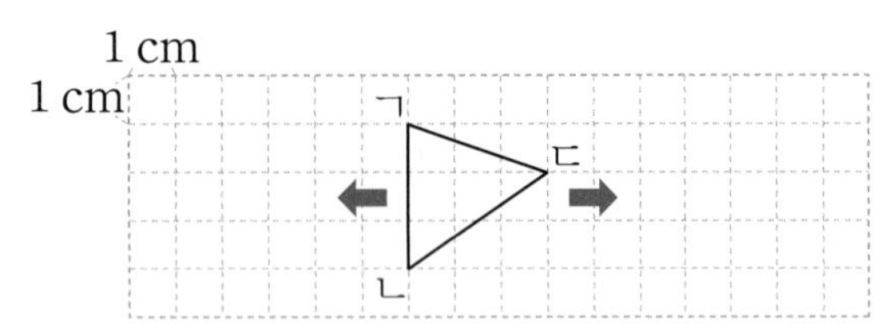

04 모양 조각을 오른쪽으로 뒤집었습니다. 옳은 것에 ○표 하세요.

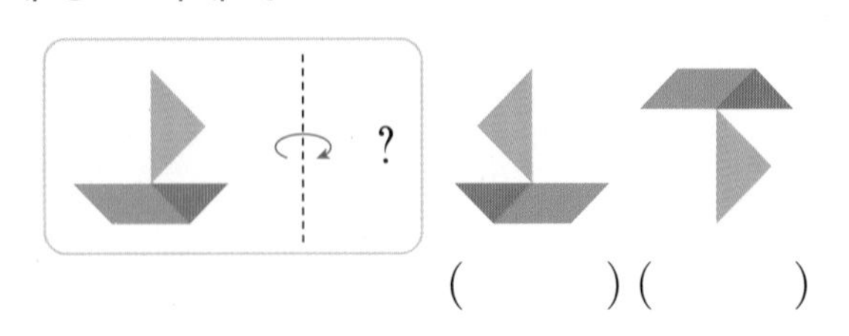

(　　　) (　　　)

05 도형을 왼쪽, 오른쪽, 위쪽으로 뒤집었을 때의 도형을 각각 그리세요.

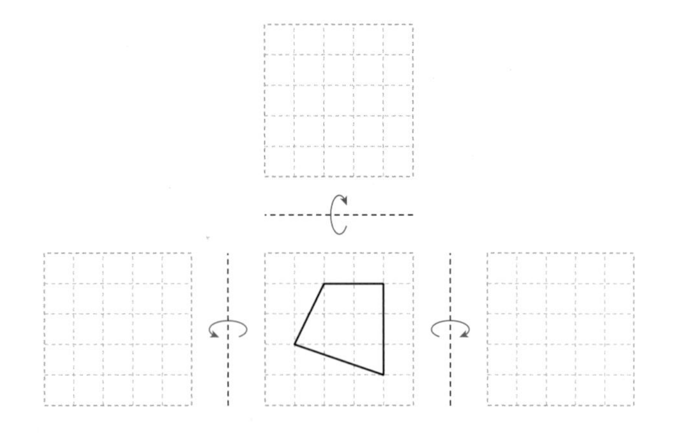

06 도형을 시계 방향으로 90°, 180°, 270°만큼 돌렸을 때의 도형을 각각 그리세요.

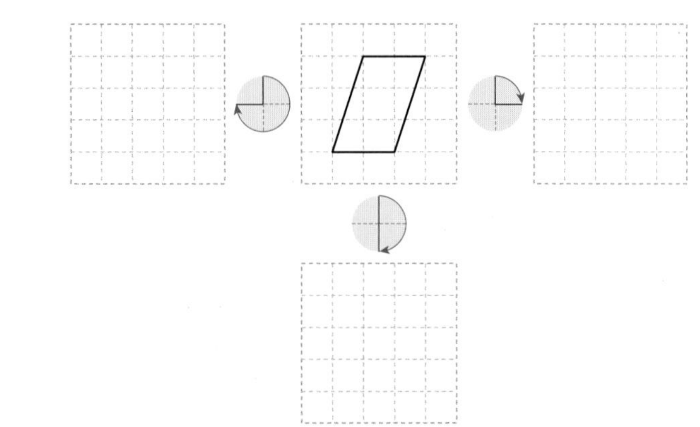

07 모양 조각 중에서 위쪽으로 뒤집었을 때 처음과 같은 것을 모두 고르세요. ··········(　　　　)

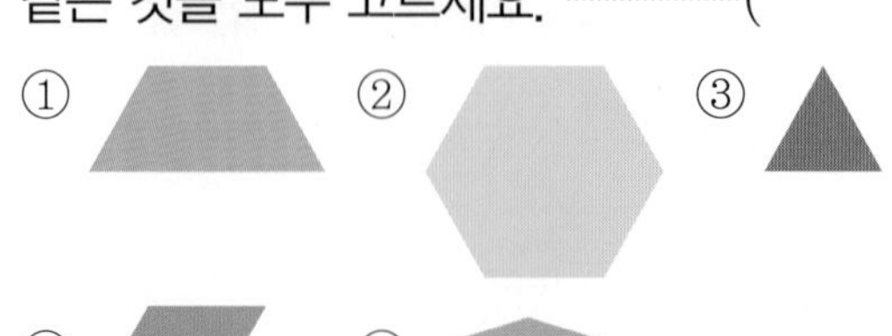

08 퍼즐 조각 4개를 밀기를 이용하여 퍼즐을 맞추면 정사각형이 됩니다. 완성된 퍼즐 모양에 조각을 그려 넣으세요.

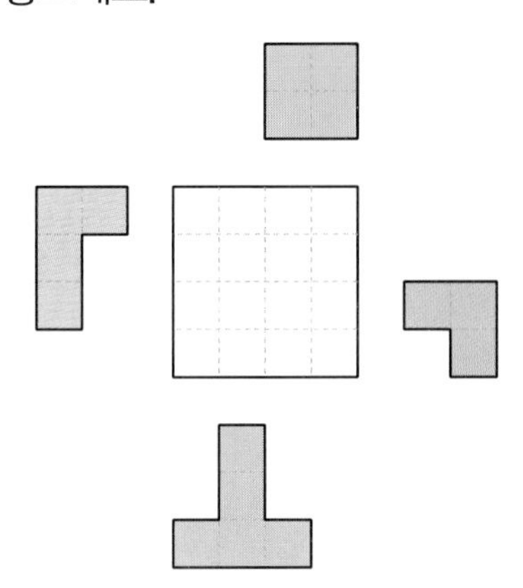

09 도형을 움직였더니 오른쪽 도형이 되었습니다. 움직인 방법으로 옳은 것을 모두 골라 기호를 쓰세요.

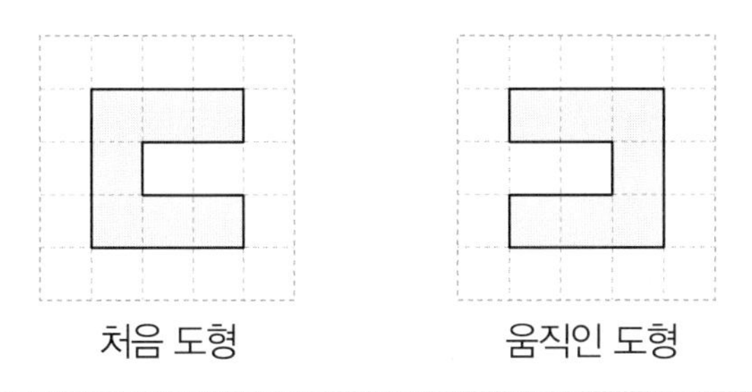

㉠ 도형을 오른쪽으로 밉니다.
㉡ 도형을 왼쪽으로 뒤집습니다.
㉢ 도형을 오른쪽으로 뒤집습니다.
㉣ 도형을 시계 방향으로 90°만큼 돌립니다.
㉤ 도형을 시계 방향으로 180°만큼 돌립니다.

( )

10 일정한 규칙에 따라 만든 무늬입니다. 빈칸을 채워 무늬를 완성하세요.

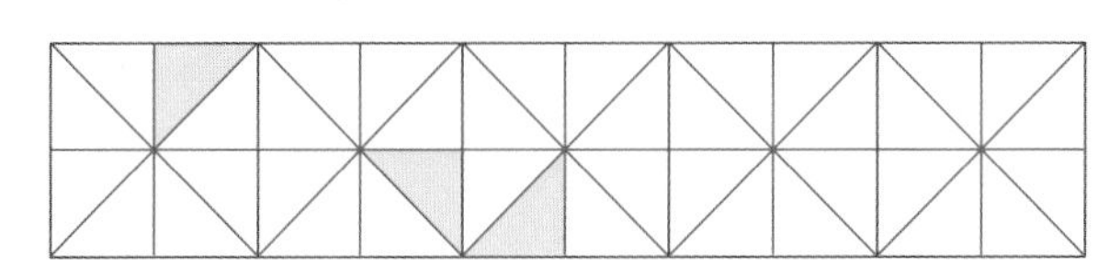

11 점을 위쪽으로 2 cm 이동한 다음 오른쪽으로 4 cm 이동한 곳에 점 (•)으로 표시하세요.

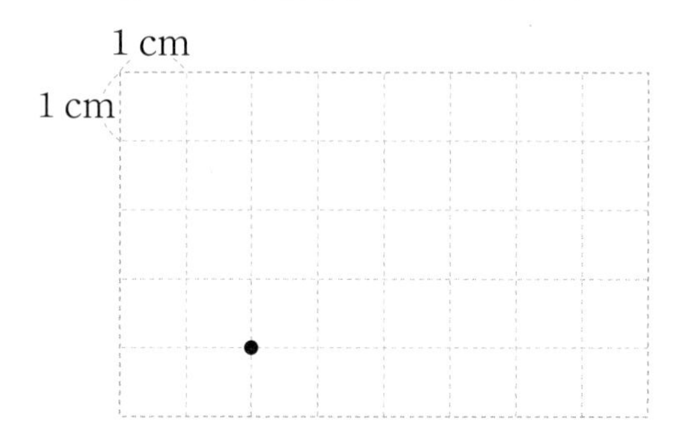

12 글자 카드 중 시계 방향으로 180°만큼 돌렸을 때 처음과 같은 글자가 되는 것은 어느 것일까요?

( )

13 거꾸로 놓인 수 카드 세 장을 시계 반대 방향으로 180°만큼 돌렸을 때 수 카드에 나타난 수 중 가장 큰 수는 얼마일까요?

( )

14 모양 조각을 시계 방향으로 90°만큼 돌렸을 때를 그리세요.

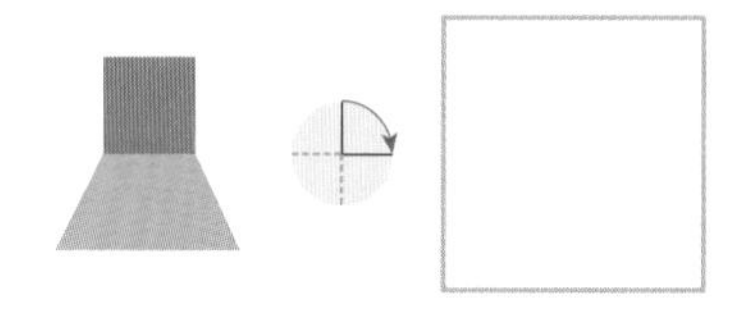

15 도형을 시계 방향으로 90°만큼 돌리고 위쪽으로 뒤집은 도형을 각각 그리세요.

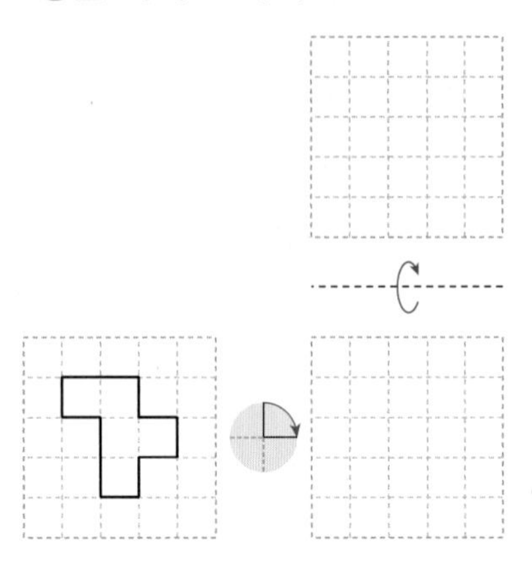

16 도형을 아래쪽으로 뒤집고 시계 반대 방향으로 270°만큼 돌린 도형을 각각 그리세요.

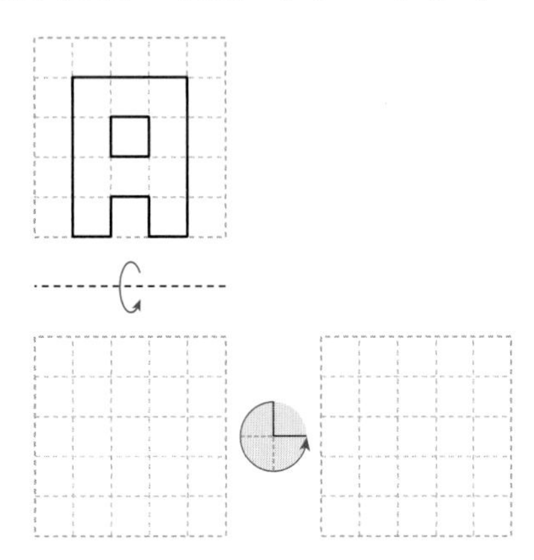

17 바르게 설명한 사람의 이름을 쓰세요.

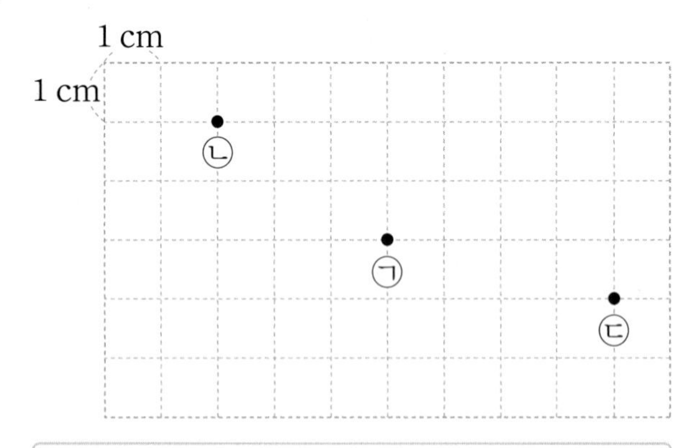

성호: 점 ㉠이 점 ㉡에 도착하려면 위쪽으로 2 cm, 오른쪽으로 3 cm 이동해야 해.
민주 : 점 ㉠이 점 ㉢에 도착하려면 아래쪽으로 1 cm, 오른쪽으로 4 cm 이동해야 해.

( )

18 도형을 아래쪽으로 뒤집고 오른쪽으로 뒤집었더니 다음과 같은 도형이 되었습니다. 빈 곳에 알맞은 도형을 각각 그리세요.

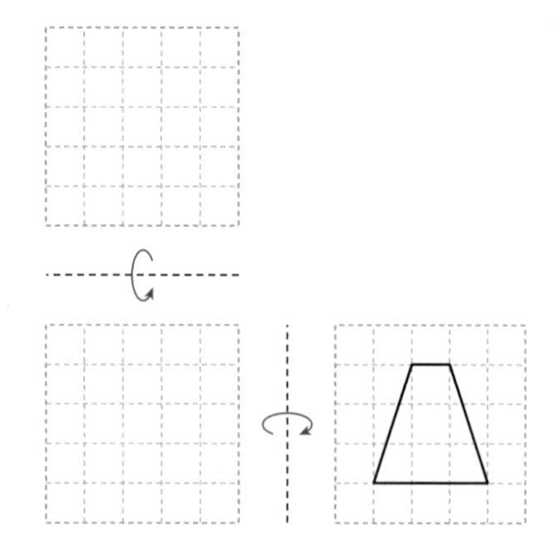

19 도형을 아래쪽으로 4번 뒤집고 시계 방향으로 270°만큼 돌린 도형을 그리세요.

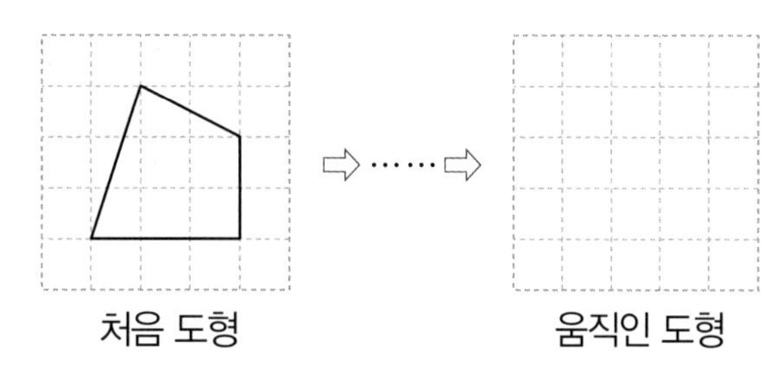

처음 도형 움직인 도형

20 오른쪽 도형은 어떤 도형을 시계 반대 방향으로 90°만큼 돌리고 위쪽으로 뒤집어서 만든 것입니다. 처음 도형을 그리세요.

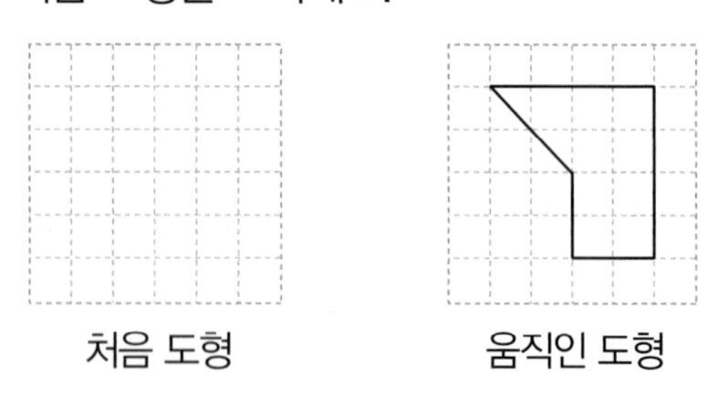

처음 도형 움직인 도형

과정 중심 평가 문제

21 조각을 움직여 정사각형을 완성하려고 합니다. 물음에 답하세요.

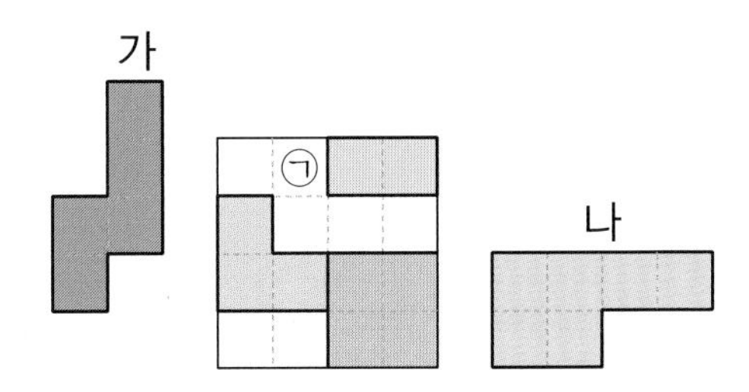

(1) ㉠에 들어갈 수 있는 조각은 어느 것인지 찾아 기호를 쓰세요.

(　　　　　　　　　)

(2) 위에서 고른 조각을 이용하여 ㉠을 채우려면 어떻게 움직여야 하는지 설명해 보세요.

설명 ____________________

____

과정 중심 평가 문제

22 ㉠ 도형을 ㉡의 위치로 밀기를 이용하여 이동하려고 합니다. 물음에 답하세요.

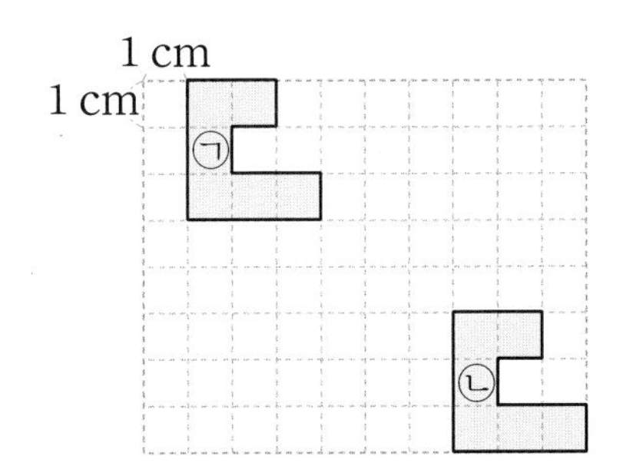

(1) 오른쪽으로 몇 cm 이동해야 할까요?

(　　　　　　　　　)

(2) 아래쪽으로 몇 cm 이동해야 할까요?

(　　　　　　　　　)

(3) □ 안에 알맞게 써넣으세요.

㉡ 도형은 ㉠ 도형을 오른쪽으로 □ cm 밀고 □쪽으로 □ cm 밀어서 이동한 도형입니다.

과정 중심 평가 문제

23 '6'을 움직여서 '9'가 되게 하려고 합니다. 뒤집기만을 사용하여 움직인 방법을 설명해 보세요.

설명 ____________________

____

과정 중심 평가 문제

24 도형을 2번 움직였더니 오른쪽 도형이 되었습니다. 도형을 어떤 방법으로 움직였는지 설명해 보세요.

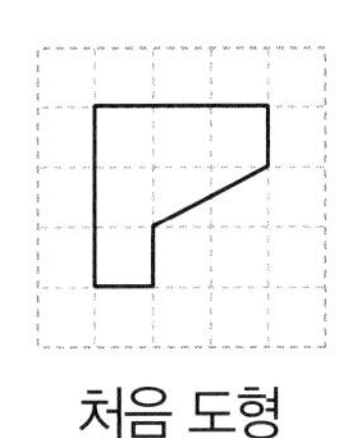
처음 도형

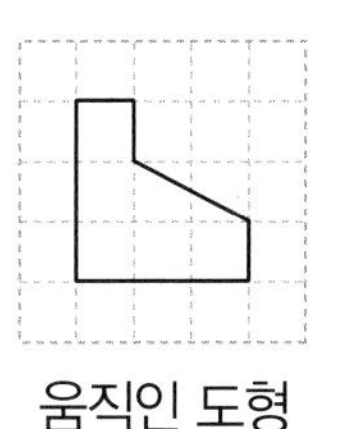
움직인 도형

설명 ____________________

____

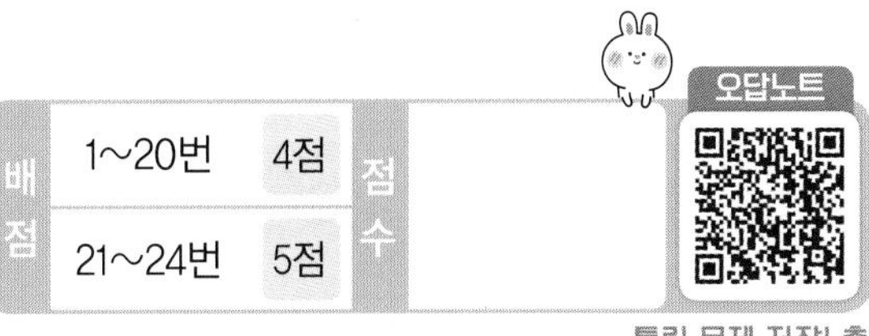

틀린 문제 저장! 출력!

막대그래프

웹툰으로 **단원 미리보기** 5화_ 인기남은 누구?

QR코드를 스캔하여 이어지는 내용을 확인하세요.

이전에 배운 내용

2-2 표

좋아하는 간식별 학생 수

간식	피자	햄버거	떡볶이	합계
학생 수(명)	22	14	23	59

3-2 그림그래프

좋아하는 간식별 학생 수

간식	학생 수
피자	☺☺☺☺
햄버거	☺☺☺☺☺
떡볶이	☺☺☺☺☺

☺ 10명 ☺ 1명

3-2 자료를 수집하여 분석하는 과정

① 주제 정하기
② 자료 수집하기
③ 그래프로 나타내기
④ 그래프로 자료 해석하기

이 단원에서 배울 내용

1 Step	교과 개념	막대그래프 알아보기
1 Step	교과 개념	막대그래프로 나타내기
2 Step	교과 유형 익힘	
1 Step	교과 개념	막대그래프로 자료를 해석하기
1 Step	교과 개념	자료를 수집하고 분석하기
2 Step	교과 유형 익힘	
3 Step	문제 해결	잘 틀리는 문제 / 서술형 문제
4 Step	실력 UP 문제	
	단원 평가	

이 단원을 배우면 막대그래프를 알 수 있어요.

교과 개념

막대그래프 알아보기

개념1 막대그래프 알아보기

막대그래프: 조사한 자료의 수량을 막대 모양으로 나타낸 그래프

여행 가고 싶어 하는 장소별 학생 수

장소	수목원	박물관	바다	산	합계
학생 수(명)	50	30	40	20	140

여행 가고 싶어 하는 장소별 학생 수

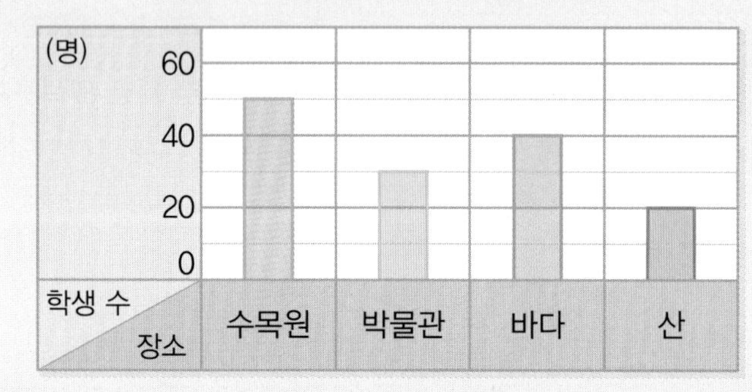

① 가로는 장소, 세로는 학생 수를 나타냅니다.
② 막대의 길이는 여행 가고 싶어 하는 장소별 학생 수를 나타냅니다.
③ 세로 눈금 한 칸은 10명을 나타냅니다.

- **그래프의 가로와 세로를 바꾸어 막대를 가로로 나타내기**

여행 가고 싶어 하는 장소별 학생 수

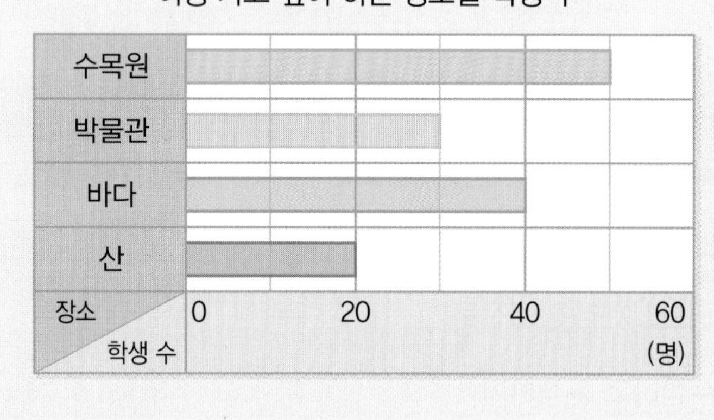

- **표로 나타내었을 때 좋은 점**
  ① 자료별 수를 알아보기 편리합니다.
  ② 조사한 합계를 쉽게 알 수 있습니다.
- **막대그래프로 나타내었을 때 좋은 점**
  자료의 크기를 한눈에 비교할 수 있습니다.

조사한 수를 한눈에 알아볼 수 있게 나타내려면 그래프로 나타내는 것이 좋겠어.

막대를 가로로 나타낼 때 무엇이 바뀔지, 어떤 모양이 될지 생각하면서 막대를 가로로 나타내어 봅니다.

개념확인 1 □ 안에 알맞은 말을 써넣고, 알맞은 말에 ○표 하세요.

(1) 조사한 자료의 수를 막대 모양으로 나타낸 그래프를 □ 라고 합니다.

(2) 자료의 수의 많고 적음을 한눈에 비교하기 쉬운 것은 (표 , 막대그래프)입니다.

2 지영이네 반 학생들이 좋아하는 계절을 조사하여 나타낸 막대그래프입니다. 물음에 답하세요.

좋아하는 계절별 학생 수

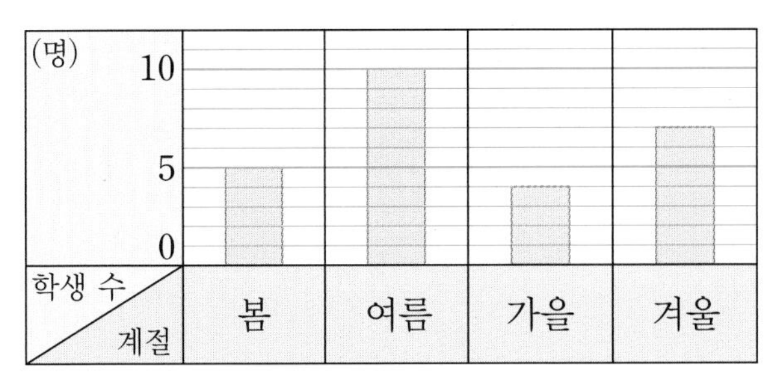

(1) 가로와 세로는 각각 무엇을 나타낼까요?

가로 (　　　　　　), 세로 (　　　　　　)

(2) 막대의 길이는 무엇을 나타낼까요?

(　　　　　　　　　　　　)

(3) 세로 눈금 한 칸은 몇 명을 나타낼까요?

(　　　　　　)

3 책꽂이에 꽂혀 있는 책의 수를 분야별로 조사하여 나타낸 막대그래프입니다. 물음에 답하세요.

분야별 책의 수

위인전
과학책
동화책
영어책
분야 / 책 수
0　10　20
(권)

(1) 가로와 세로는 각각 무엇을 나타낼까요?

가로 (　　　　　　)
세로 (　　　　　　)

(2) 가로 눈금 한 칸은 몇 권을 나타낼까요?

(　　　　　　)

4 연필꽂이에 꽂혀 있는 필기도구의 수를 종류별로 조사하여 나타낸 표와 막대그래프입니다. 전체 필기도구 수를 알아보려면 어느 자료가 더 편리한지 ○표 하세요.

필기도구 종류별 수

종류	연필	볼펜	사인펜	형광펜	합계
필기도구 수(자루)	4	8	6	5	23

필기도구 종류별 수

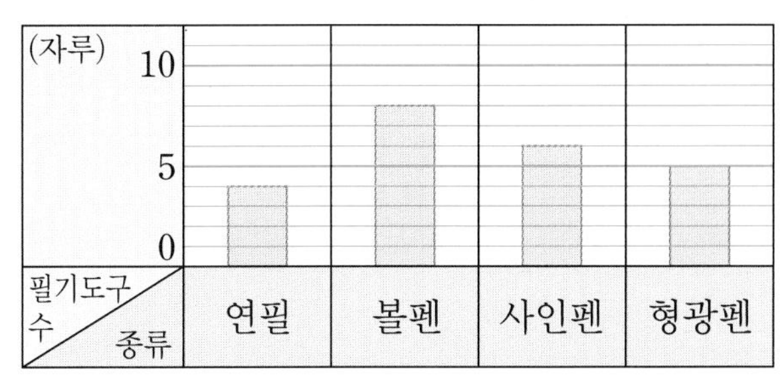

(표 , 막대그래프)

5 준수네 반 학생들이 좋아하는 운동을 조사하여 나타낸 표와 막대그래프입니다. □ 안에 알맞은 말을 써넣으세요.

좋아하는 운동별 학생 수

운동	달리기	배구	야구	축구	합계
학생 수(명)	11	7	9	4	31

좋아하는 운동별 학생 수

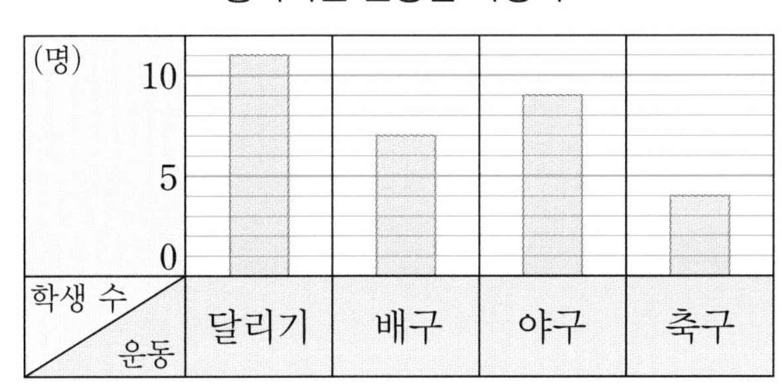

(1) 표와 막대그래프 모두 좋아하는 운동별 □를 나타냈습니다.

(2) 가장 많은 학생들이 좋아하는 운동을 알아보려면 표와 막대그래프 중 □가 한눈에 더 잘 드러납니다.

교과 개념

막대그래프로 나타내기

개념1 막대그래프로 나타내는 방법

- 가로와 세로 중 어느 쪽에 조사한 수를 나타낼 것인가를 정합니다.
- 눈금 한 칸의 크기를 정하고, 조사한 수 중 가장 큰 수를 나타낼 수 있도록 눈금의 수를 정합니다.
- 조사한 수에 맞도록 막대를 그립니다.
- 막대그래프에 알맞은 제목을 붙입니다.

개념2 표를 보고 막대그래프로 나타내기

좋아하는 과목별 학생 수

과목	수학	영어	미술	음악	합계
학생 수(명)	6	2	10	7	25

- 가로에 과목, 세로에 학생 수를 나타낼 수도 있고, 반대로 할 수도 있습니다.
- 세로(가로) 눈금 한 칸을 1명으로 하여 나타냅니다. → 미술의 학생 수가 10명이므로 10까지는 나타낼 수 있어야 합니다.
- 수학, 영어, 미술, 음악별 학생 수에 맞게 각각 막대를 그립니다.
- '좋아하는 과목별 학생 수'를 제목에 씁니다.

좋아하는 과목별 학생 수

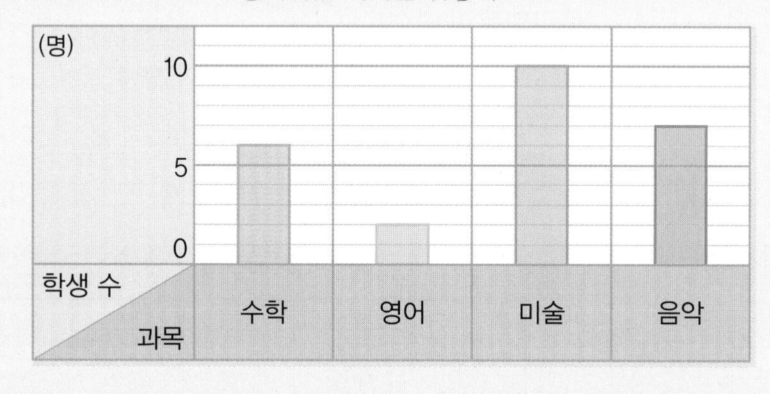

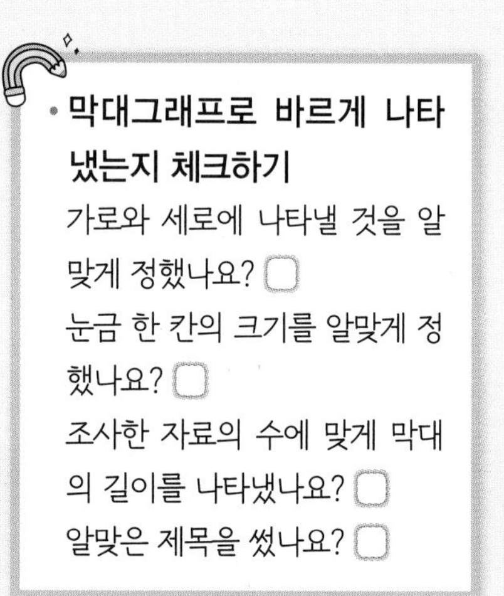

개념확인 1 다음 표를 보고 막대그래로 나타내려고 합니다. □ 안에 알맞은 수나 말을 써넣으세요.

혈액형별 학생 수

혈액형	A	B	O	AB	합계
학생 수(명)	12	4	6	4	26

(1) 그래프의 가로에 혈액형을 나타내면 세로에는 □를 나타냅니다.

(2) 세로 눈금 한 칸이 1명을 나타낸다면 B형의 막대의 길이를 □칸으로 나타냅니다.

2 정민이네 반 학생들이 좋아하는 과일을 조사하여 나타낸 표를 막대그래프로 나타내려고 합니다. 물음에 답하세요.

좋아하는 과일별 학생 수

과일	사과	배	참외	포도	합계
학생 수(명)	9	3	5	6	23

(1) 가로에 과일을 나타낸다면 세로에는 무엇을 나타내야 할까요?

( )

(2) 세로 눈금 한 칸이 1명을 나타낸다면 사과를 좋아하는 학생 수는 몇 칸으로 나타내야 할까요?

( )

(3) 표를 보고 막대그래프를 완성하세요.

좋아하는 과일별 학생 수

(명) 학생 수 / 과일	사과	배	참외	포도
10, 5, 0				

(4) (3)의 그래프의 가로와 세로를 서로 바꾸어 막대를 가로로 나타내세요.

좋아하는 과일별 학생 수

과일 / 학생 수	0 5 10 (명)
사과	
배	
참외	
포도	

3 네 마을의 나무 수를 조사하여 나타낸 표입니다. 물음에 답하세요.

마을별 나무 수

마을	가락	나루	솔빛	행복	합계
나무 수(그루)	9	18	16	12	55

(1) 가로 눈금 한 칸을 1그루로 나타내려면 적어도 몇 칸까지 있어야 할까요?

( )

(2) 표를 보고 막대그래프를 완성하세요.

마을별 나무 수

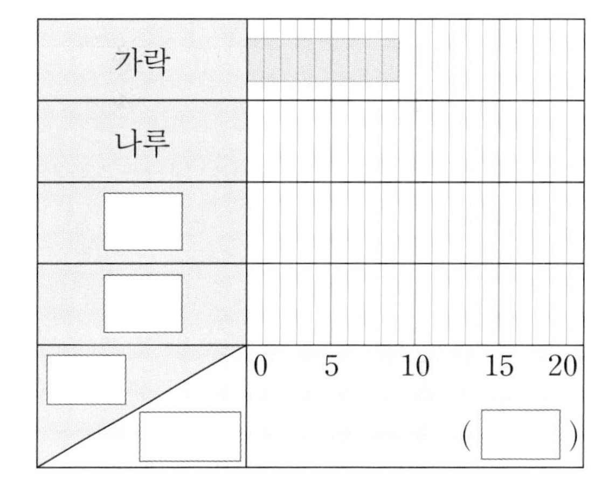

(3) (2)의 그래프의 가로와 세로를 서로 바꾸어 막대를 세로로 나타내세요.

마을별 나무 수

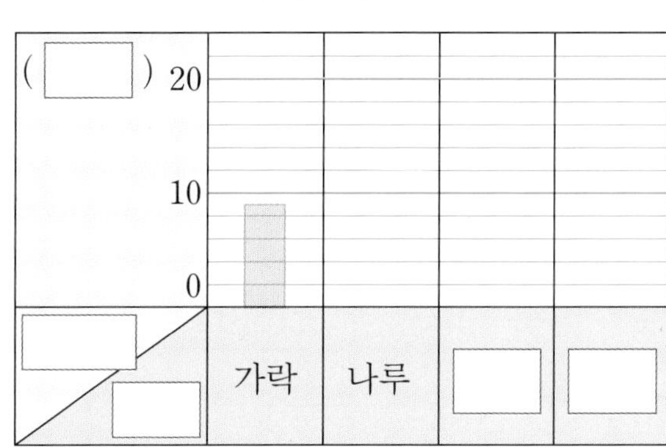

교과 유형 익힘

막대그래프 알아보기 ~ 막대그래프로 나타내기

[01~03] 수진이네 반 학생들이 좋아하는 우유를 조사하여 나타낸 표와 그래프입니다. 물음에 답하세요.

좋아하는 우유별 학생 수

우유	곡물	바나나	딸기	초코	합계
학생 수(명)	4	9	5	8	26

좋아하는 우유별 학생 수

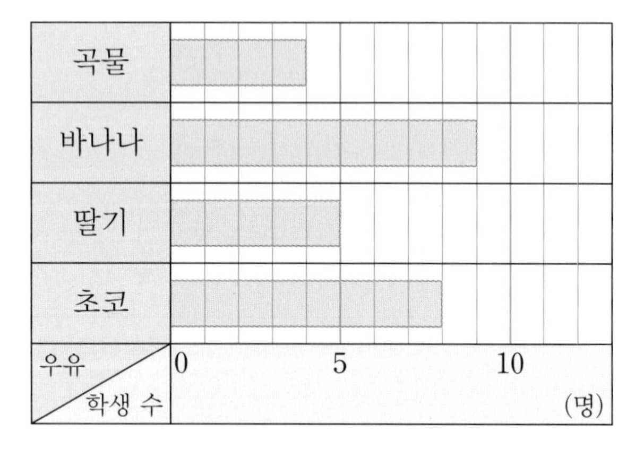

01 막대그래프에서 가로와 세로는 각각 무엇을 나타낼까요?

가로 ( )

세로 ( )

02 가로 눈금 한 칸은 몇 명을 나타낼까요?

( )

서술형 문제

03 표와 그래프를 보고 잘못 말한 친구의 이름을 쓰고 그 이유를 쓰세요.

전체 학생 수를 알아보기에는 표보다 막대그래프가 더 편리해.

가장 적은 학생이 좋아하는 우유를 한눈에 알아보기에는 그래프가 더 편리해.

수진

영호

이름 ____________________

이유 ____________________

____

[04~06] 유라네 반 학생들이 심고 싶어 하는 작물을 조사하여 나타낸 표입니다. 표를 보고 막대그래프로 나타내려고 합니다. 물음에 답하세요.

심고 싶어 하는 작물별 학생 수

작물	토마토	고추	오이	상추	합계
학생 수(명)	10	5	3		25

04 상추를 심고 싶어 하는 학생은 몇 명일까요?

( )

05 표를 보고 막대그래프를 2가지 방법으로 나타내세요.

심고 싶어 하는 작물별 학생 수

심고 싶어 하는 작물별 학생 수

토마토	
고추	
오이	
상추	
작물 / 학생 수	0 5 10 (명)

06 심고 싶어 하는 학생 수가 가장 적은 작물부터 차례로 쓰세요.

( )

07 민기네 학교 4학년 학생들이 쉬는 시간에 하고 싶어 하는 놀이를 조사하여 나타낸 그림그래프와 막대그래프입니다. 틀린 설명을 고르세요.

쉬는 시간에 하고 싶어 하는 놀이별 학생 수

놀이	학생 수
공기놀이	😊
보드게임	😊😊
블록 쌓기	😊☺☺☺☺
종이접기	☺☺☺☺☺☺☺☺

😊 10명
☺ 1명

쉬는 시간에 하고 싶어 하는 놀이별 학생 수

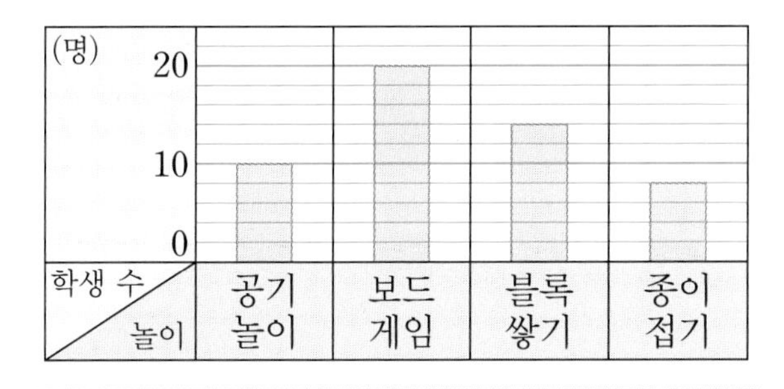

㉠ 조사한 자료의 항목과 자료 수가 같습니다.
㉡ 블록 쌓기를 하고 싶어 하는 학생 수가 가장 적습니다.

( )

08 네 마을의 자전거 수를 조사하여 나타낸 막대그래프입니다. 가로 눈금 한 칸이 4대를 나타낸다면 자전거가 가장 많은 마을의 자전거는 몇 대일까요?

마을별 자전거 수

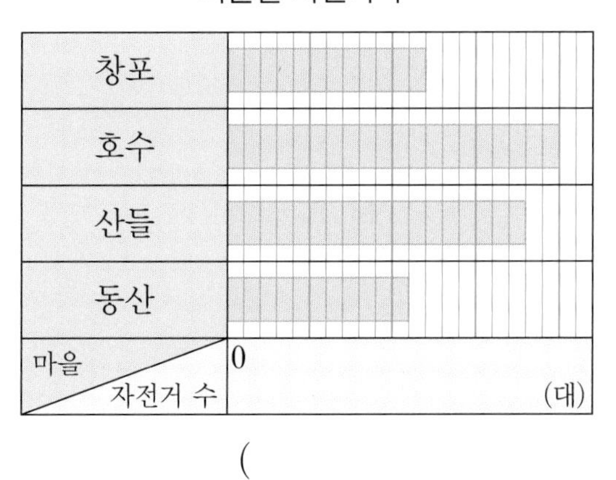

( )

09 정보처리 혜빈이네 반 학생들이 태어난 계절을 조사하여 나타낸 표와 막대그래프입니다. 표와 막대그래프를 각각 완성하세요.

태어난 계절별 학생 수

계절	봄	여름	가을	겨울	합계
학생 수(명)		7		6	

태어난 계절별 학생 수

10 추론 수호네 학교 4학년 학생 180명이 좋아하는 체육 활동을 조사하여 나타낸 막대그래프입니다. 농구를 좋아하는 학생은 발야구를 좋아하는 학생보다 15명 더 적을 때 막대그래프를 완성하세요.

좋아하는 체육 활동별 학생 수

농구
피구
발야구
축구
체육 활동 / 학생 수
0 25 50 (명)

교과 개념

막대그래프로 자료 해석하기

개념1 막대그래프로 자료 해석하기

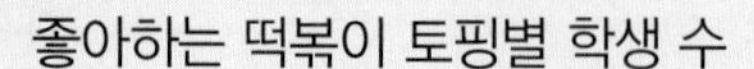

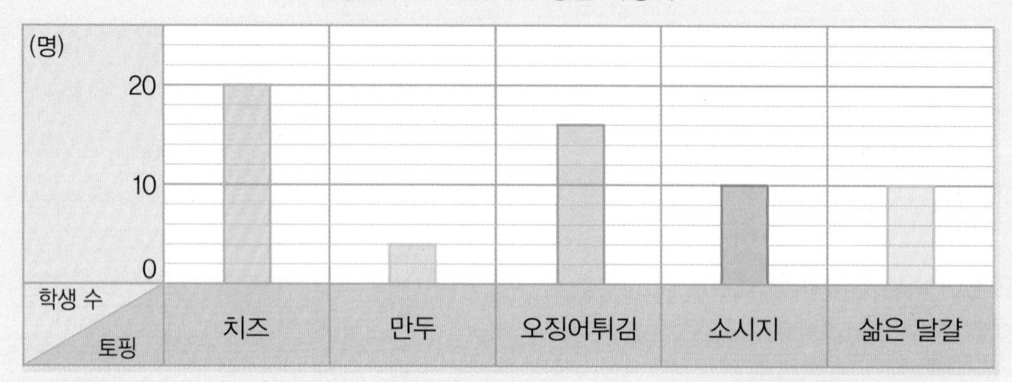

• 토핑별로 좋아하는 학생은 각각 치즈 20명, 만두 4명, 오징어튀김 16명, 소시지 10명, 삶은 달걀 10명입니다.

• 가장 많은 학생이 좋아하는 떡볶이 토핑은 치즈이고, 가장 적은 학생이 좋아하는 떡볶이 토핑은 만두입니다.

• 알뜰 장터에서 떡볶이를 판매하려고 합니다. 어떤 토핑을 가장 많이 준비하는 것이 좋겠습니까?

예 토핑 치즈

이유 가장 많은 학생이 좋아하는 떡볶이 토핑이기 때문입니다.

세로 눈금 5칸이 10명을 나타내므로 세로 눈금 한 칸은 2명을 나타냅니다.

개념확인 1 민주네 반 학생들이 좋아하는 색깔을 조사하여 나타낸 막대그래프입니다. 물음에 답하세요.

좋아하는 색깔별 학생 수

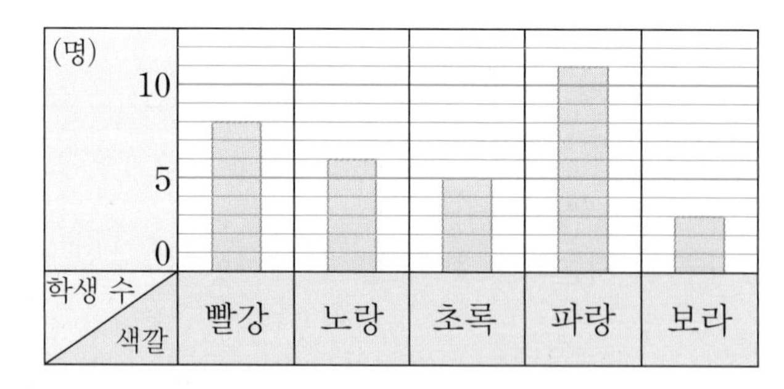

(1) 좋아하는 색깔을 조사하여 나온 색깔은 몇 가지일까요? (　　　　　　)

(2) 가장 많은 학생들이 좋아하는 색깔은 무엇일까요? (　　　　　　)

(3) 가장 적은 학생들이 좋아하는 색깔은 무엇일까요? (　　　　　　)

2 어느 날 여러 도시의 최저 기온을 조사하여 나타낸 막대그래프입니다. 물음에 답하세요.

도시별 최저 기온

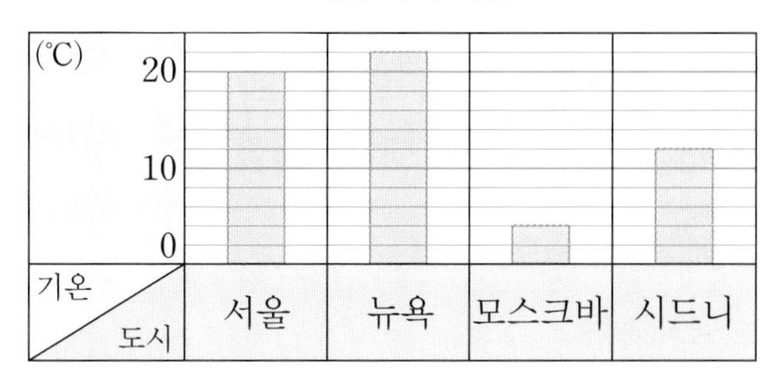

(1) 이날 뉴욕의 최저 기온은 몇 ℃일까요?

(　　　　　　　　　)

(2) 이날 시드니는 모스크바보다 최저 기온이 더 높을까요, 낮을까요?

(　　　　　　　　　)

3 음식을 만드는 데 넣은 양념의 양을 조사하여 나타낸 막대그래프입니다. 물음에 답하세요.

양념별 넣은 양

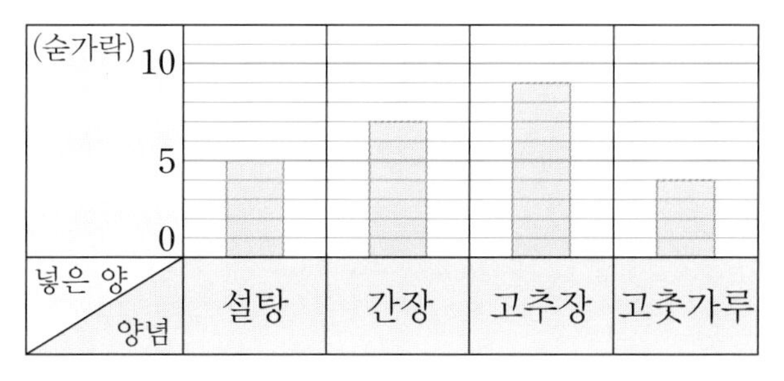

(1) 가장 많이 넣은 양념은 몇 숟가락을 넣었나요?

(　　　　　　　　　)

(2) 고추장보다 적게 넣고 설탕보다 많이 넣은 양념은 무엇일까요?

(　　　　　　　　　)

4 리듬 체조 선수인 은정이가 경기를 하고 난 뒤 기록을 막대그래프로 나타내었습니다. 물음에 답하세요.

리듬 체조 기록별 점수

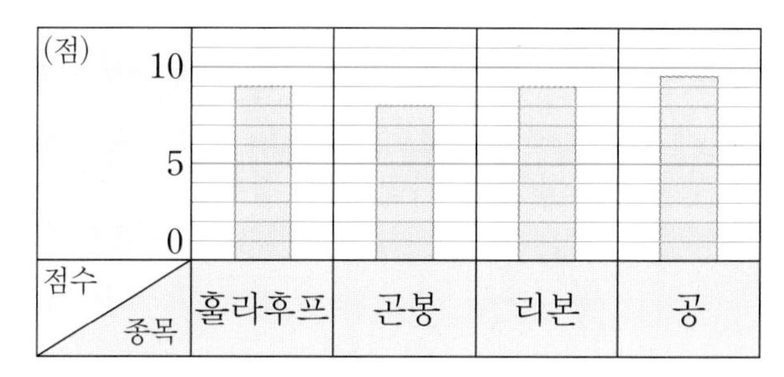

(1) □ 안에 알맞은 수를 써넣으세요.

> 리듬 체조 점수는 훌라후프가 □점이고 곤봉이 □점입니다.

(2) 곤봉과 리본의 점수의 차는 몇 점일까요?

(　　　　　　　　　)

5 상호네 모둠의 줄넘기 기록을 나타낸 막대그래프입니다. 막대그래프에 대해 바르게 이야기한 사람은 누구일까요?

학생별 줄넘기 기록

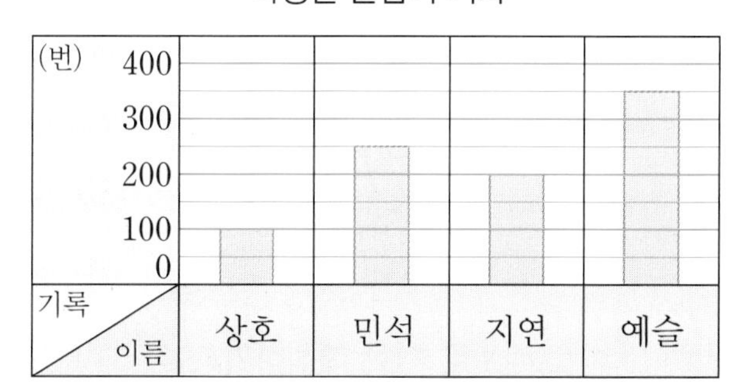

> 소현: 민석이의 기록은 250번이야.
> 지영: 예슬이는 지연이보다 줄넘기 횟수가 더 적어.
> 상재: 민석이의 줄넘기 기록은 상호 기록의 2배야.

(　　　　　　　　　)

5 단원

교과 개념

자료를 수집하고 분석하기

개념1 자료를 수집하고 분석하기

다음은 학생들이 어떤 경기 종목을 체험해 보고 싶어 하는지 붙임딱지를 붙여 조사한 자료입니다.

체험해 보고 싶어 하는 경기 종목

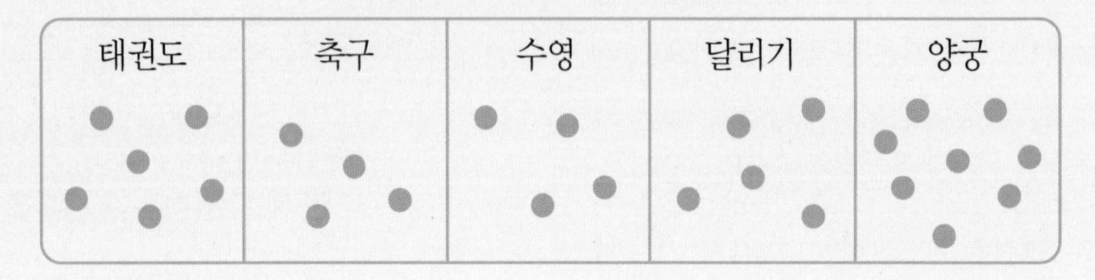

① **조사한 자료를 보고 표로 나타내기**

체험해 보고 싶어 하는 경기 종목별 학생 수

종목	태권도	축구	수영	달리기	양궁	합계
학생 수(명)	6	4	4	5	8	27

② **막대그래프로 나타내기**

체험해 보고 싶어 하는 경기 종목별 학생 수

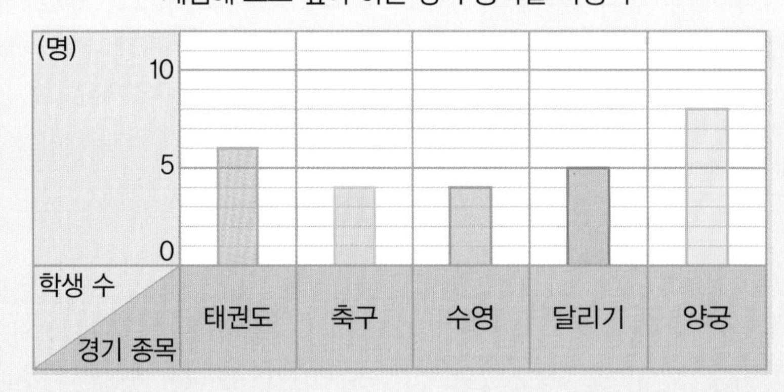

③ **막대그래프로 자료 해석하기**

- 가장 많은 학생이 체험하고 싶어 하는 경기 종목은 양궁이고, 가장 적은 학생이 체험해 보고 싶어 하는 경기 종목은 축구와 수영입니다.
- 태권도를 체험해 보고 싶어 하는 학생은 6명으로 축구를 체험해 보고 싶어 하는 학생보다 2명 더 많습니다.
- 가장 많은 학생이 체험해 보고 싶어 하는 경기 종목은 양궁이므로 한 가지를 체험해 본다면 양궁을 선택하는 것이 좋을 것 같습니다.

1 수현이네 반 학생들이 희망하는 체험 활동을 조사한 것입니다. 물음에 답하세요.

희망하는 체험 활동

티셔츠 꾸미기	로켓 만들기
● ● ● ●	● ● ● ● ● ● ● ● ●
향초 만들기	**동전 지갑 만들기**
● ●	● ● ●

(1) 조사한 것을 보고 표를 완성하세요.

희망하는 체험 활동별 학생 수

활동	티셔츠 꾸미기	로켓 만들기	향초 만들기	동전 지갑 만들기	합계
학생 수 (명)	4	9			

(2) 막대그래프로 나타내세요.

희망하는 체험 활동별 학생 수

(명)				
10				
5				
0				
학생 수 / 활동	티셔츠 꾸미기	로켓 만들기	향초 만들기	동전 지갑 만들기

서술형 문제

(3) 수현이네 반에서 체험 활동을 한 가지만 해야 한다면 무엇을 하면 좋을까요? 그 이유는 무엇일까요?

( )

이유 ____________________

2 주연이네 반 학생들이 현장 학습으로 가고 싶어 하는 장소를 조사한 것입니다. 물음에 답하세요.

현장 학습으로 가고 싶어 하는 장소

식물원	동물원
● ● ● ● ● ●	● ● ● ● ●
미술관	**놀이공원**
● ● ● ●	● ● ● ● ● ● ● ● ● ●

(1) 조사한 것을 보고 표를 완성하세요.

현장 학습으로 가고 싶어 하는 장소별 학생 수

장소	식물원	동물원	미술관	놀이공원	합계
학생 수 (명)	6	5			

(2) 막대그래프로 나타내세요.

현장 학습으로 가고 싶어 하는 장소별 학생 수

(명)				
10				
5				
0				
학생 수 / 장소	식물원	동물원	미술관	놀이공원

서술형 문제

(3) 현장 학습을 어느 곳으로 가면 좋을까요? 그 이유는 무엇일까요?

( )

이유 ____________________

5 단원

교과 유형 익힘

막대그래프로 자료 해석하기
~ 자료를 수집하고 분석하기

[01~04] 민섭이네 학교 학생들이 가고 싶어 하는 산을 조사하여 나타낸 막대그래프입니다. 물음에 답하세요.

가고 싶어 하는 산별 학생 수

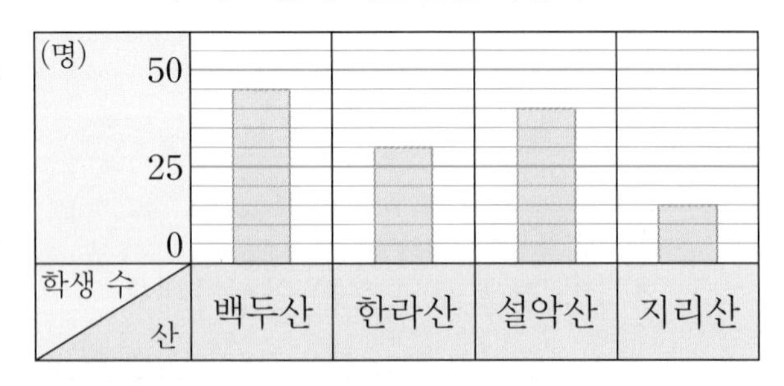

01 한라산에 가고 싶어 하는 학생은 몇 명일까요?

( )

02 두 번째로 많은 학생이 가고 싶어 하는 산은 어느 산일까요?

( )

03 가고 싶어 하는 학생 수가 지리산의 2배인 산은 어느 산일까요?

( )

04 설악산에 가고 싶어 하는 학생은 한라산에 가고 싶어 하는 학생보다 몇 명 더 많을까요?

( )

[05~07] 선재네 반 학생들의 혈액형을 조사하였습니다. 물음에 답하세요.

선재네 반 학생들의 혈액형

A형	B형	A형	O형	B형	AB형
AB형	B형	O형	A형	AB형	A형
O형	AB형	A형	B형	O형	B형
A형	B형	A형	O형	A형	A형

05 조사한 자료를 보고 표로 나타내세요.

혈액형별 학생 수

혈액형	A형	B형	O형	AB형	합계
학생 수(명)					

06 위 5의 표를 보고 막대그래프로 나타내세요.

(명)				
10				
5				
0				
학생 수				

07 학생 수가 가장 많은 혈액형은 가장 작은 혈액형보다 몇 명 더 많습니까?

( )

[08~11] 어느 초등학교에서 5년마다 4학년 학생들의 *평균 몸무게를 조사하여 나타낸 막대그래프입니다. 물음에 답하세요.

*평균: 여러 수의 중간값

연도별 4학년 학생들의 평균 몸무게

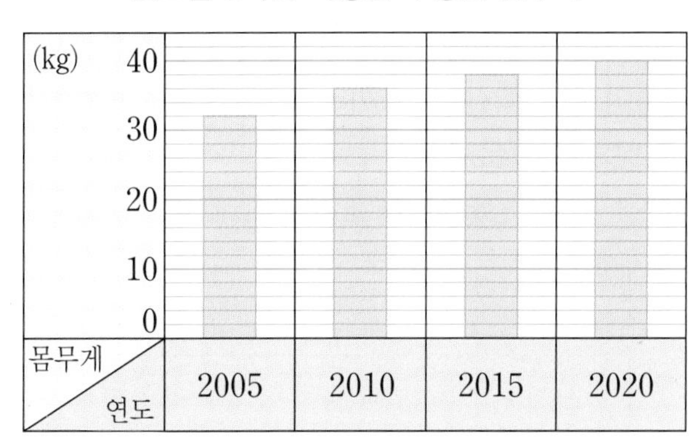

08 2015년의 4학년 학생들의 평균 몸무게는 몇 kg일까요?

( )

09 2020년과 2010년의 4학년 학생들의 평균 몸무게의 차는 몇 kg일까요?

( )

10 막대그래프에서 4학년 남학생과 여학생의 평균 몸무게의 차이를 알 수 있을까요?

( )

서술형 문제

11 위 막대그래프를 통해 알 수 있는 사실을 쓰세요.

____

____

[12~13] 수진이네 반과 영호네 반 학생들이 현장 체험 학습으로 가고 싶어 하는 장소를 조사하여 나타낸 막대그래프입니다. 물음에 답하세요.

가 현장 체험 학습으로 가고 싶어 하는 장소별 학생 수

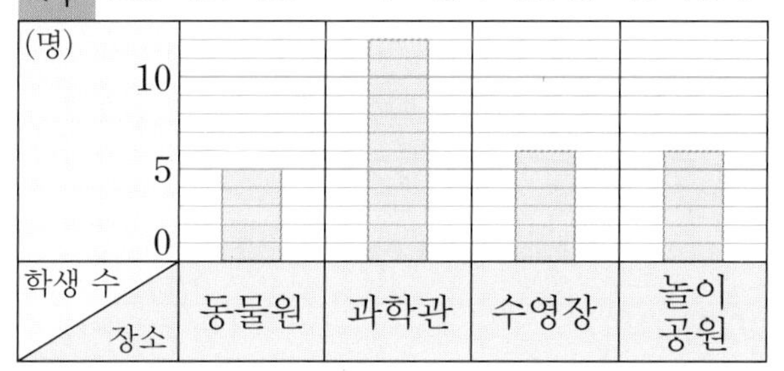

나 현장 체험 학습으로 가고 싶어 하는 장소별 학생 수

(명)
10
5
0
학생 수
장소
동물원
과학관
수영장
놀이공원

서술형 문제

12 수진이네 반과 영호네 반이 함께 현장 체험 학습을 가려고 합니다. 막대그래프를 보고 현장 체험 학습 장소를 정한다면 어디가 좋을지 쓰고, 그 이유를 설명하세요.

의사소통

( )

이유 ______________________________

____

13 가와 나 중 수진이네 반과 영호네 반 학생들이 현장 체험 학습으로 가고 싶어 하는 장소를 나타낸 그래프는 각각 어느 것인지 기호를 쓰세요.

추론

수진 ( ), 영호 ( )

5 단원

진도 완료 체크

문제 해결 (잘 틀리는 문제)

유형1 몇 배인지 구하기

1 형준이네 반 학생들이 여행하고 싶어 하는 나라를 조사하여 나타낸 막대그래프입니다. 미국을 여행하고 싶어 하는 학생은 영국을 여행하고 싶은 학생의 몇 배일까요?

여행하고 싶어 하는 나라별 학생 수

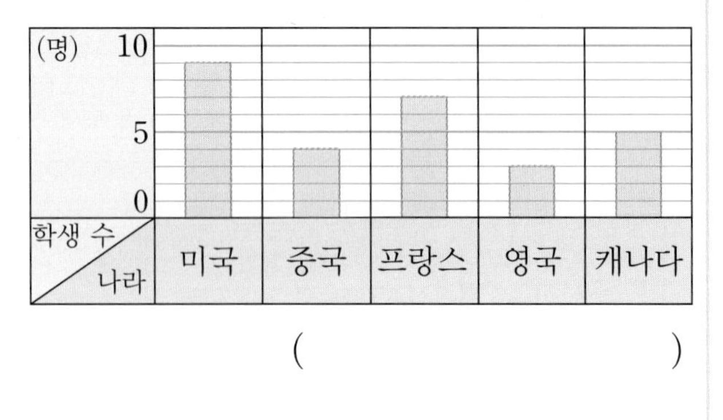

( )

Solution 비교 대상의 막대 길이를 알아보고 계산합니다.

1-1 정희네 반 학생들이 먹고 싶어 하는 간식을 조사하여 나타낸 막대그래프입니다. 햄버거를 먹고 싶은 학생은 라면을 먹고 싶은 학생의 몇 배일까요?

먹고 싶어 하는 간식별 학생 수

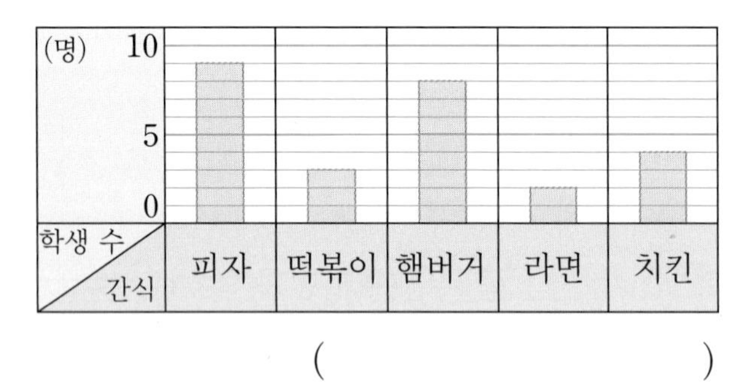

( )

1-2 위 1-1 그래프에서 햄버거를 먹고 싶어 하는 학생은 치킨을 먹고 싶어 하는 학생의 몇 배일까요?

( )

유형2 학생 수의 차 구하기

2 서영이네 학교 4학년 학생들이 좋아하는 동물을 조사하여 나타낸 막대그래프입니다. 호랑이를 좋아하는 학생은 코끼리를 좋아하는 학생보다 몇 명 더 많을까요?

좋아하는 동물별 학생 수

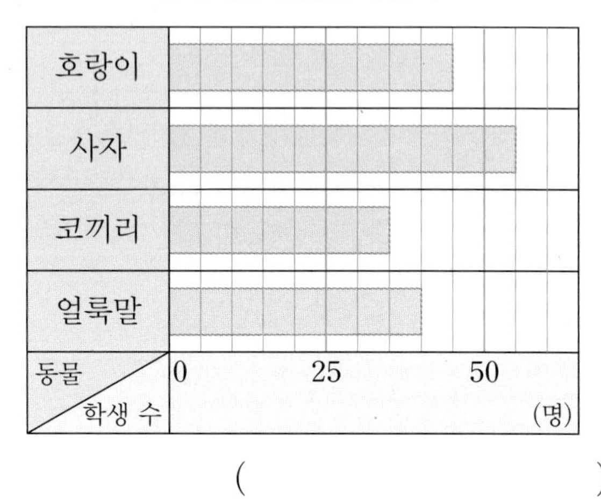

( )

Solution 가로 눈금 5칸이 몇 명을 나타내는지 알아보고 가로 눈금 한 칸의 크기를 구합니다.

2-1 우현이네 학교 학생들이 좋아하는 책을 조사하여 나타낸 막대그래프입니다. 과학책을 좋아하는 학생은 위인전을 좋아하는 학생보다 몇 명 더 많을까요?

좋아하는 책별 학생 수

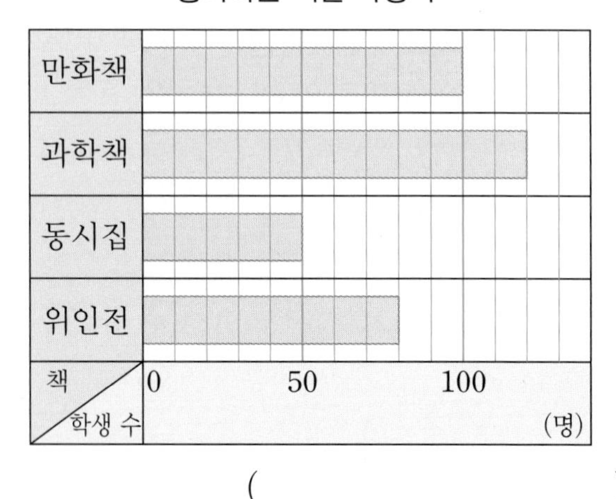

( )

유형3 일부분이 생략된 막대그래프 (1)

3 연지네 반 학생 28명이 배우고 싶어 하는 악기를 조사하여 나타낸 막대그래프입니다. 바이올린을 배우고 싶어 하는 학생은 클라리넷을 배우고 싶어 하는 학생보다 2명 더 많을 때, 피아노를 배우고 싶어 하는 학생은 몇 명일까요?

배우고 싶어 하는 악기별 학생 수

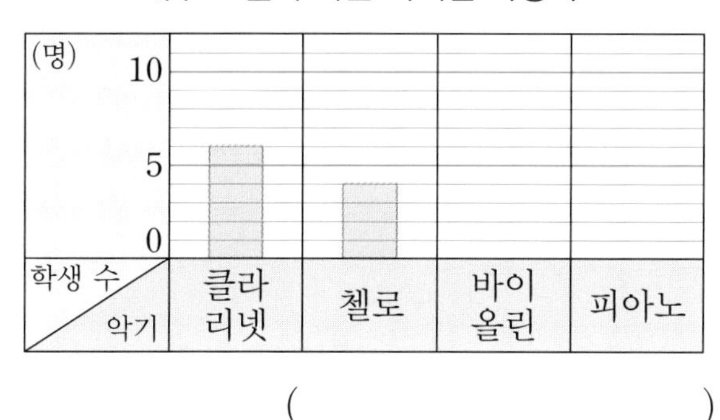

( )

Solution 바이올린을 배우고 싶어 하는 학생 수를 먼저 구한 후 전체 학생 수를 이용하여 피아노를 배우고 싶어 하는 학생 수를 구합니다.

3-1 준기네 반 학생 33명이 가고 싶어 하는 체험 학습 장소를 조사하여 나타낸 막대그래프입니다. 놀이공원을 가고 싶어 하는 학생은 목장을 가고 싶어 하는 학생보다 3명 더 많을 때, 수족관을 가고 싶어 하는 학생은 몇 명일까요?

가고 싶어 하는 체험 학습 장소별 학생 수

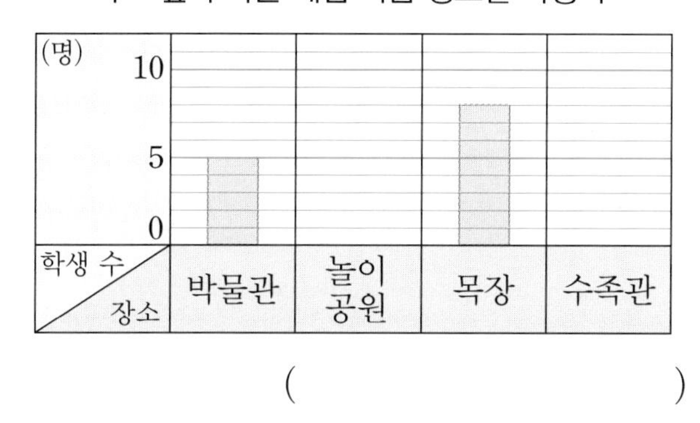

( )

유형4 일부분이 생략된 막대그래프 (2)

4 강민이가 한 달 동안 여가 시간에 한 활동을 조사하여 나타낸 막대그래프입니다. 여가 시간이 총 90시간이었고 독서를 컴퓨터보다 2시간 더 많이 했다면 강민이는 독서를 몇 시간 했을까요?

여가 시간에 할 활동별 보낸 시간

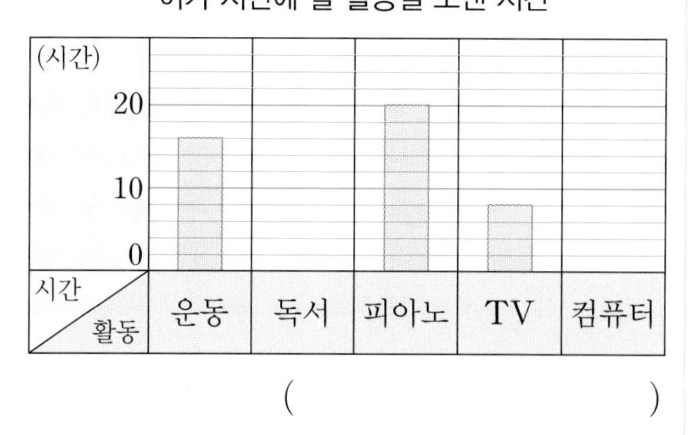

( )

Solution 전체 여가 시간 중에서 독서와 컴퓨터를 한 시간의 합을 먼저 구합니다.

4-1 꽃바구니 안에 있는 꽃 80송이의 종류를 조사하여 나타낸 막대그래프입니다. 카네이션이 수국보다 4송이 더 많다면 카네이션은 몇 송이 있는지 구하려고 합니다. 물음에 답하세요.

꽃바구니 안에 있는 종류별 꽃의 수

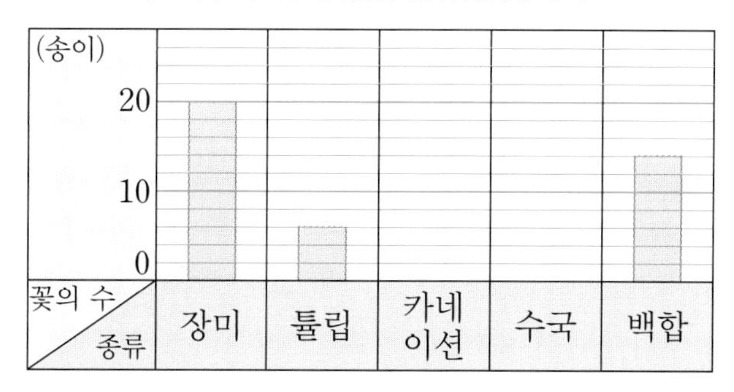

(1) 카네이션과 수국은 모두 몇 송이일까요?

( )

(2) 카네이션은 몇 송이가 있을까요?

( )

5 단원

문제 해결 서술형 문제

유형5

문제 해결 Key

다 마을에서 수확한 사과 상자의 수를 구한 후 나 마을에서 수확한 사과 상자의 수를 구합니다.

문제 해결 전략

❶ 다 마을에서 수확한 사과 상자의 수 구하기

❷ 나 마을에서 수확한 사과 상자의 수 구하기

5 나 마을에서 수확한 사과 상자의 수가 ❶다 마을에서 수확한 사과 상자 수의 2배일 때, ❷나 마을에서 수확한 사과 상자는 몇 상자인지 풀이 과정을 보고 □ 안에 알맞은 수를 써넣어 답을 구하세요.

마을별 수확한 사과 상자의 수

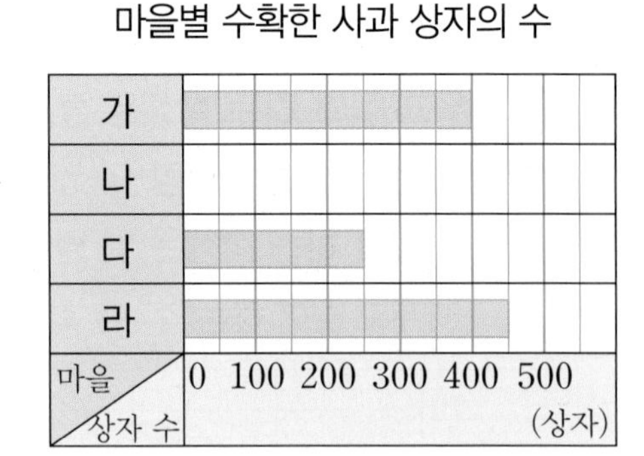

풀이 ❶ 가로 눈금 한 칸은 □ 상자를 나타내므로 다 마을에서 수확한 사과 상자는 □ 상자입니다.

❷ (나 마을에서 수확한 사과 상자 수)$=$ □ $\times 2=$ □ (상자)

답 ______

5-1 연습 문제

다 동에서 버려진 쓰레기의 양이 라 동에서 버려진 쓰레기 양의 2배일 때, 다 동에서 버려진 쓰레기의 양은 몇 kg인지 풀이 과정을 쓰고 답을 구하세요.

동별 버려진 쓰레기의 양

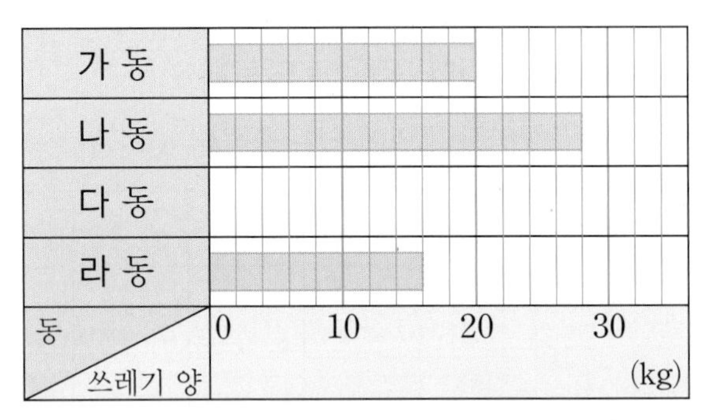

풀이

❶ 라 동에서 버려진 쓰레기의 양 구하기

❷ 다 동에서 버려진 쓰레기의 양 구하기

답 ______

5-2 실전 문제

1반에서 빌려 간 책의 수가 3반에서 빌려 간 책의 수의 3배일 때, 1반에서 빌려 간 책의 수는 몇 권인지 풀이 과정을 쓰고 답을 구하세요.

반별 빌려 간 책의 수

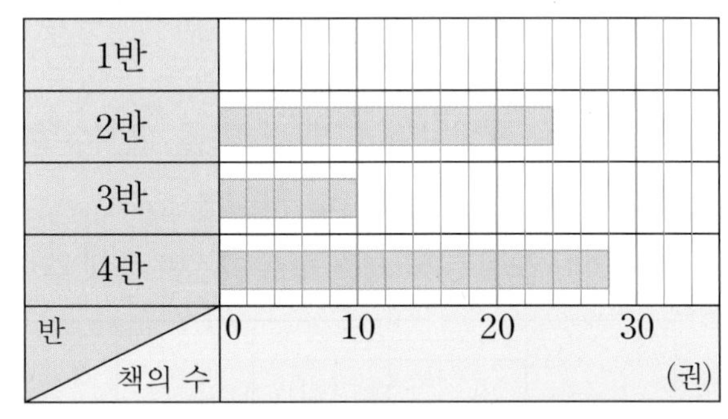

풀이

답 ______

유형6

문제 해결 Key
전체 여학생 수에서 2반을 제외한 나머지 반의 여학생 수를 뺍니다.

6 4학년 여학생 전체가 42명일 때, 2반 여학생은 몇 명인지 풀이 과정을 보고 □ 안에 알맞은 수를 써넣어 답을 구하세요.

❶ 반별 여학생 수

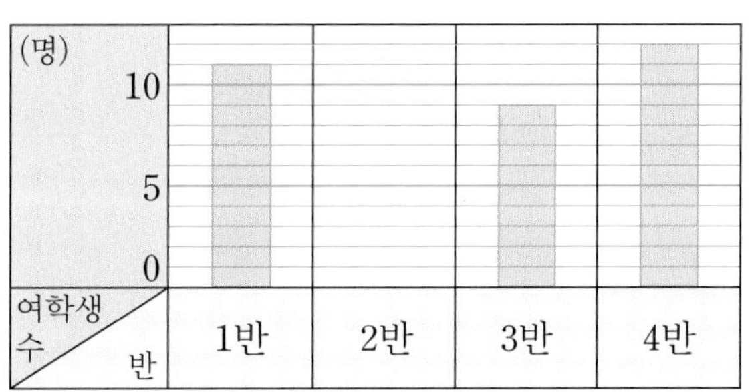

문제 해결 전략
❶ 반별 여학생 수 구하기
❷ 2반 여학생 수 구하기

풀이 ❶ 1반 여학생은 □명, 3반 여학생은 □명, 4반 여학생은 □명입니다.

❷ 4학년 여학생 전체가 42명이므로 2반 여학생은
42－□－□－□＝□(명)입니다.

답 ______________

5 단원

6-1 연습 문제

동전이 모두 70개 있을 때, 100원짜리 동전은 몇 개 있는지 풀이 과정을 쓰고 답을 구하세요.

종류별 동전 수

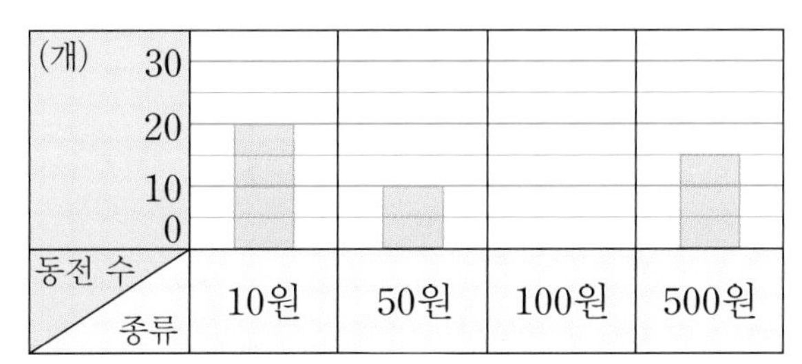

풀이
❶ 종류별 동전 수 구하기

❷ 100원짜리 동전의 수 구하기

답 ______________

6-2 실전 문제

어느 도시의 3월부터 6월까지의 강수량이 모두 270 mm일 때, 4월의 강수량은 몇 mm인지 풀이 과정을 쓰고 답을 구하세요.

월별 강수량

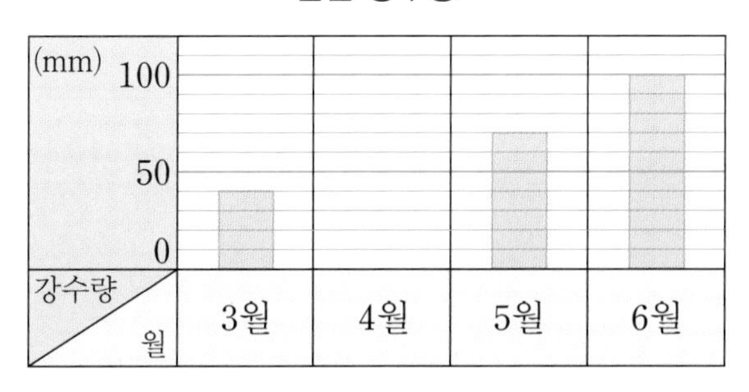

풀이

답 ______________

실력 UP 문제

[01~03] 과수원별 배 생산량을 조사하여 나타낸 표입니다. 공릉 과수원의 배 생산량은 태릉 과수원의 배 생산량보다 10상자 더 많다고 합니다. 물음에 답하세요.

과수원별 배 생산량

과수원	먹골	태릉	사릉	공릉	합계
생산량(상자)	160		50		400

01 태릉 과수원과 공릉 과수원의 배 생산량을 각각 구하세요.

태릉 (　　　　　　), 공릉 (　　　　　　)

02 표를 보고 막대그래프로 나타내세요.

과수원별 배 생산량

과수원 / 생산량	
먹골	
태릉	
사릉	
공릉	
	0　50　100　150　200 (상자)

서술형 문제

03 그래프에서 알 수 있는 사실을 2가지 쓰세요.

[04~05] 역대 월드컵 개최국 및 우승국을 조사하여 나타낸 것입니다. 물음에 답하세요.

역대 월드컵 개최국 및 우승국

개최국	개최 년도	우승국	개최국	개최 년도	우승국
			아르헨티나	1978	아르헨티나
			스페인	1982	이탈리아
우루과이	1930	우루과이	멕시코	1986	아르헨티나
이탈리아	1934	이탈리아	이탈리아	1990	독일
프랑스	1938	이탈리아	미국	1994	브라질
브라질	1950	우루과이	프랑스	1998	프랑스
스위스	1954	독일	한국/일본	2002	브라질
스웨덴	1958	브라질	독일	2006	이탈리아
칠레	1962	브라질	남아공	2010	스페인
잉글랜드	1966	잉글랜드	브라질	2014	독일
멕시코	1970	브라질	러시아	2018	프랑스
독일	1974	독일	카타르	2022	아르헨티나

04 조사한 것을 보고 막대그래프로 나타내세요.

나라별 역대 월드컵 우승 횟수

우승국 / 우승 횟수	
브라질	
이탈리아	
독일	
우루과이	
아르헨티나	
잉글랜드	
프랑스	
스페인	
	0　5　10 (번)

05 04의 그래프를 보고 월드컵 우승을 많이 한 세 나라를 차례로 쓰세요.

(　　　　　　　　　　　　　　)

서술형 문제

06 지구 온난화*의 주원인은 온실가스*인데, 온실가스의 대표적인 것으로 이산화 탄소가 있습니다. 다음은 나라별 이산화 탄소 배출량을 조사하여 나타낸 막대그래프입니다. 나라별 이산화 탄소 배출량을 막대그래프로 나타내면 좋은 점을 설명해 보세요.

나라별 이산화 탄소 배출량

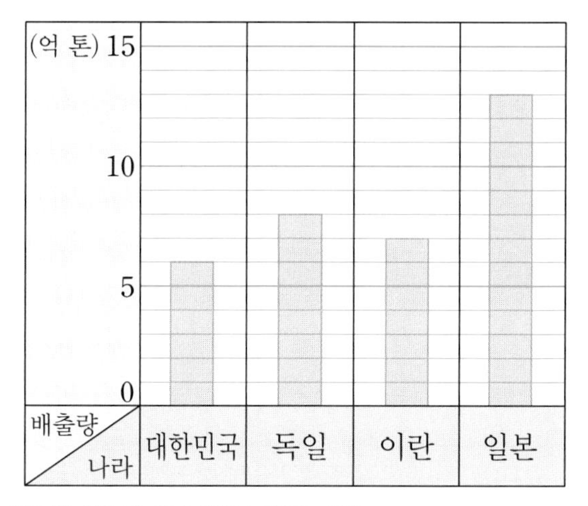

* **지구 온난화**: 지구의 기온이 높아지는 현상
* **온실가스**: 지구 대기를 오염시켜 온실 효과를 일으키는 이산화 탄소, 메탄 등의 가스

서술형 문제

07 어느 도시의 출생아 수를 조사하여 나타낸 막대그래프입니다. 출생아 수가 어떻게 변하고 있는지 쓰세요.

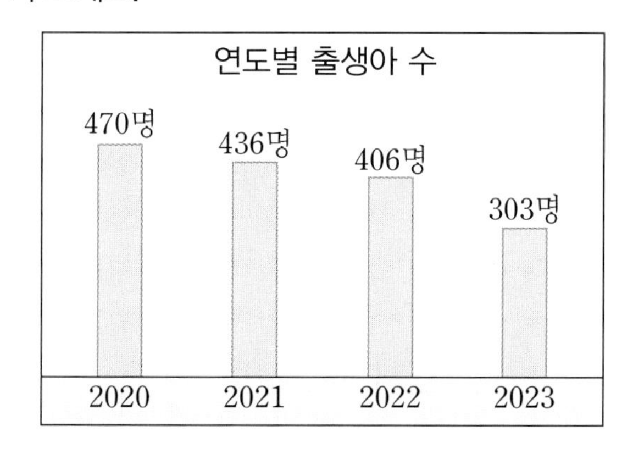

서술형 문제

08 6월부터 8월까지 어느 지역의 매달 비가 내린 날수와 내린 비의 양을 조사하여 나타낸 막대그래프입니다. 설명에서 잘못된 부분을 찾아 바르게 고치세요.

월별 비가 내린 날수

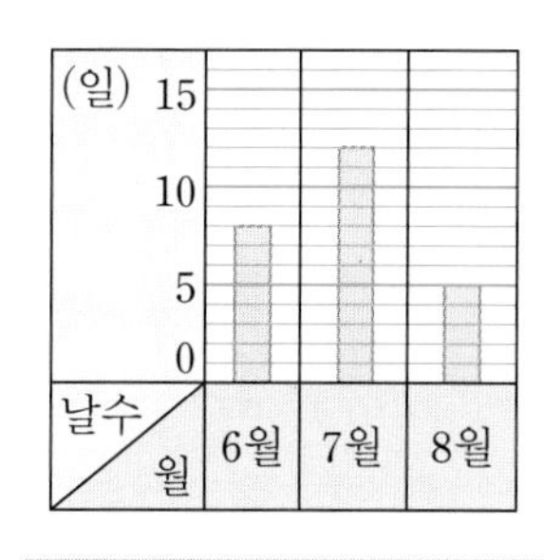

월별 내린 비의 양

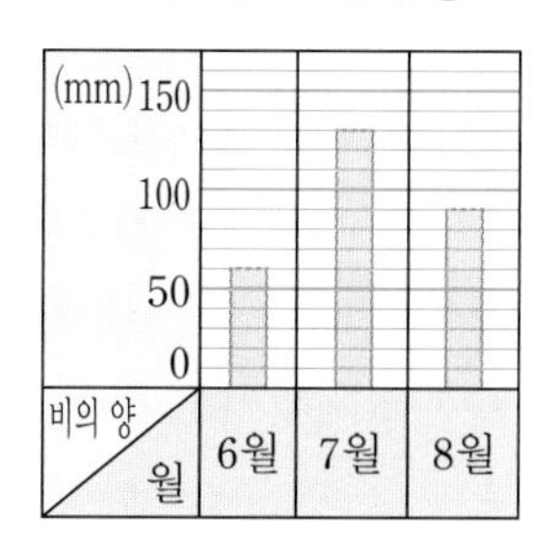

비가 내린 날수를 나타낸 그래프를 보면 내린 비의 양이 가장 많은 달을 알 수 있습니다.

바르게 고친 문장

09 준영이네 반 학생들이 좋아하는 음식을 조사하여 나타낸 표입니다. 짜장면을 좋아하는 학생 수가 만두를 좋아하는 학생 수의 2배입니다. 표를 보고 막대그래프를 완성하세요.

좋아하는 음식별 학생 수

음식	김치	불고기	떡볶이	만두	김밥	짜장면	합계
학생 수(명)	6	7	4		4		30

좋아하는 음식별 학생 수

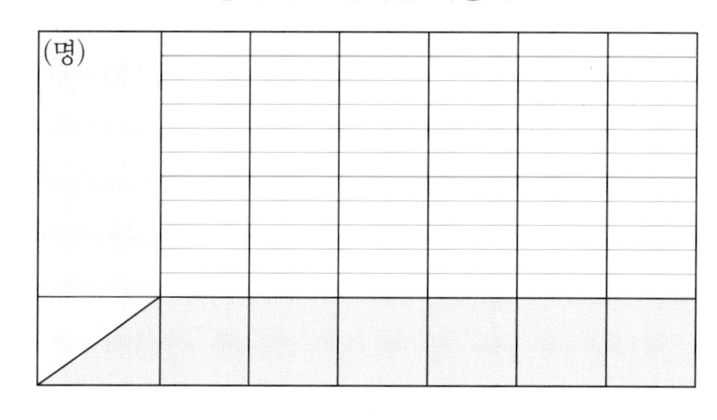

5 단원

진도 완료 체크

단원 평가

[01~04] 민재네 반 학생들이 사는 마을을 조사하여 나타낸 막대그래프입니다. 물음에 답하세요.

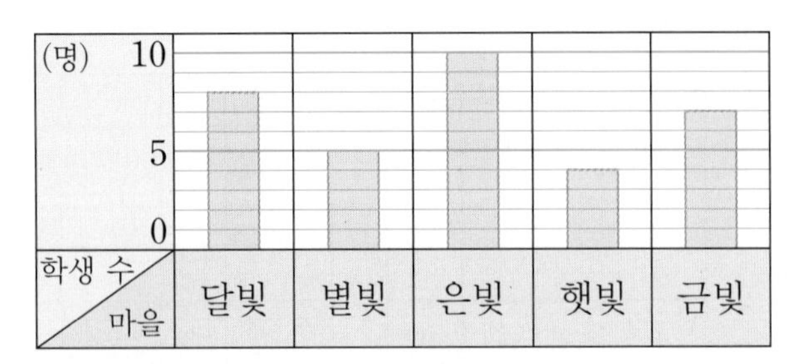

01 막대그래프에서 가로와 세로는 각각 무엇을 나타낼까요?

가로 (　　　　　　　　　　)

세로 (　　　　　　　　　　)

02 막대의 길이는 무엇을 나타낼까요?

(　　　　　　　　　　)

03 세로 눈금 한 칸은 몇 명을 나타낼까요?

(　　　　　　　　　　)

04 가장 적은 학생들이 사는 마을은 어느 마을일까요?

(　　　　　　　　　　)

[05~08] 몸무게가 50 kg인 사람이 5분 동안 운동했을 때 사용하는 열량을 나타낸 막대그래프입니다. 물음에 답하세요.

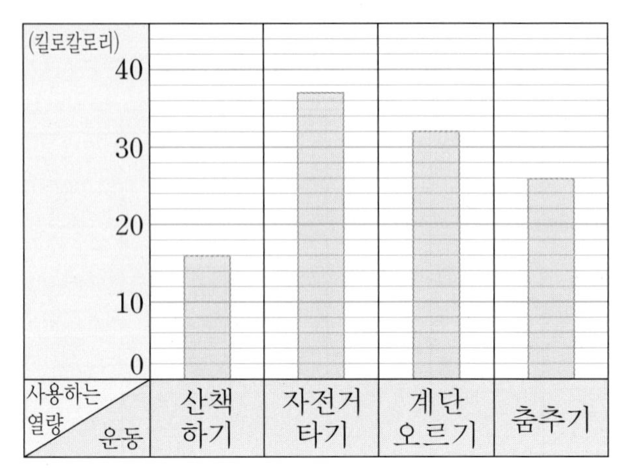

05 막대의 길이가 가장 긴 운동은 무엇일까요?

(　　　　　　　　　　)

06 열량을 가장 많이 사용하는 운동은 무엇일까요?

(　　　　　　　　　　)

07 춤추기를 할 때 사용하는 열량은 몇 킬로칼로리일까요?

(　　　　　　　　　　)

08 사용하는 열량이 산책하기의 2배인 운동은 무엇일까요?

(　　　　　　　　　　)

[09~12] 세진이네 반의 3월부터 6월까지의 독서량을 조사하여 나타낸 표를 보고 막대그래프를 그리려고 합니다. 물음에 답하세요.

월별 독서량

월	3월	4월	5월	6월	합계
독서량(권)	20	14	16	22	72

09 가로에는 월을 나타낸다면 세로에는 무엇을 나타내야 할까요?

( )

10 세로 눈금 한 칸이 독서량 2권을 나타낸다면 5월의 독서량은 모두 몇 칸으로 나타내야 할까요?

( )

11 표를 보고 막대그래프로 나타내세요.

월별 독서량

12 독서량이 적은 달부터 차례로 쓰세요.

( )

[13~15] 학교 앞 편의점에서 하루 동안 팔린 우유입니다. 물음에 답하세요.

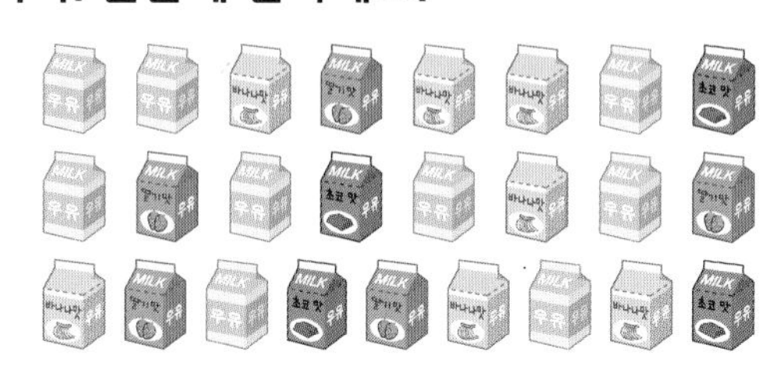

13 하루 동안 팔린 우유의 수를 표로 나타내세요.

종류별 팔린 우유 수

종류	흰 우유	딸기 맛 우유	초콜릿 맛 우유	바나나 맛 우유	합계
우유 수 (개)					

14 위 **13**의 표를 보고 가로로 된 막대그래프로 나타내세요.

종류별 팔린 우유 수

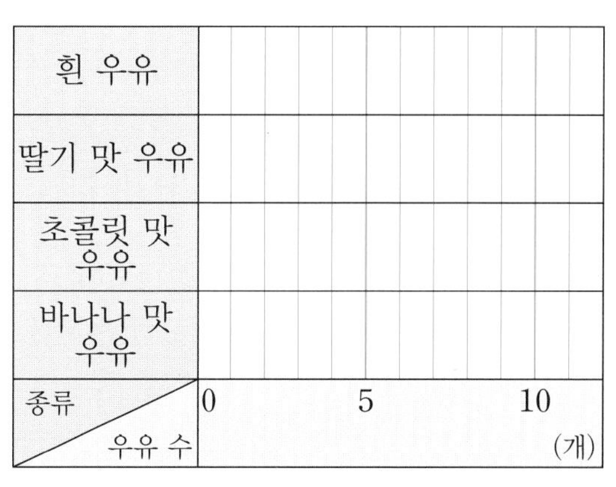

15 위 **14**의 막대그래프를 보고 알 수 있는 내용을 2가지 쓰세요.

[16~18] 사람들의 기대 수명을 조사하여 나타낸 막대그래프입니다. 물음에 답하세요.

연도별 기대 수명

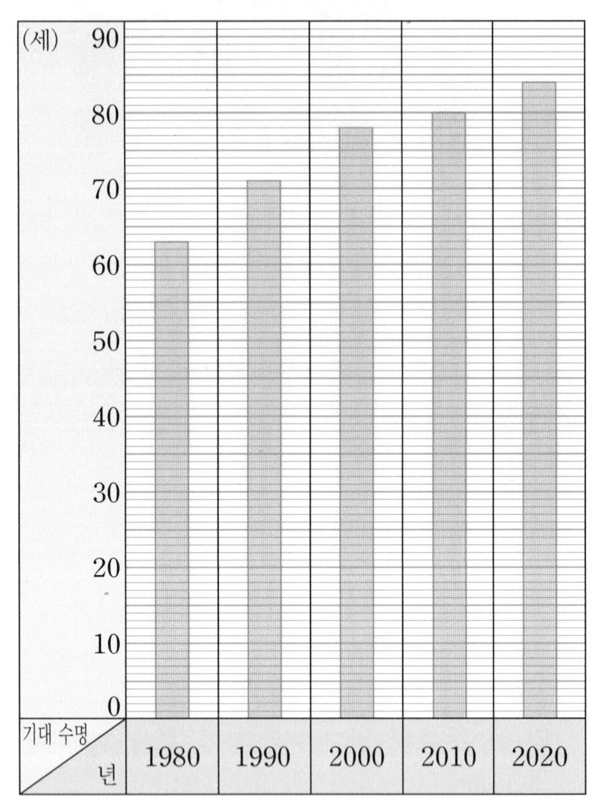

16 기대 수명이 가장 높은 때는 몇 년도일까요?

( )

17 기대 수명은 어떻게 변화하고 있는지 쓰세요.

____

____

____

18 막대그래프에서 남자와 여자의 기대 수명을 각각 알 수 있을까요?

( )

[19~20] 단비네 반 학생 31명이 여름 방학 때 가고 싶어 하는 장소를 조사하여 나타낸 막대그래프입니다. 놀이공원에 가고 싶어 하는 학생 수는 수영장에 가고 싶은 학생 수의 2배라고 합니다. 물음에 답하세요.

가고 싶어 하는 장소별 학생 수

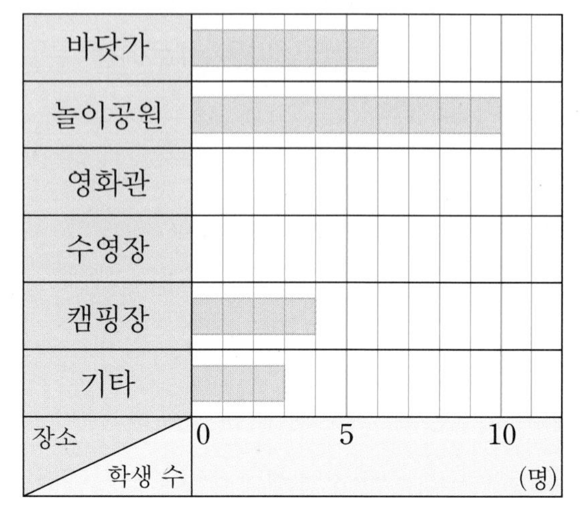

19 수영장에 가고 싶어 하는 학생은 몇 명일까요?

( )

20 영화관에 가고 싶어 하는 학생은 몇 명일까요?

( )

1~20번까지의 단원평가 유사 문제 제공

과정 중심 평가 문제

21 재범이가 줄넘기를 한 횟수를 조사하여 나타낸 막대그래프입니다. 일주일 동안 넘은 줄넘기 횟수는 모두 몇 번인지 구하려고 합니다. 물음에 답하세요.

요일별 넘은 줄넘기 횟수

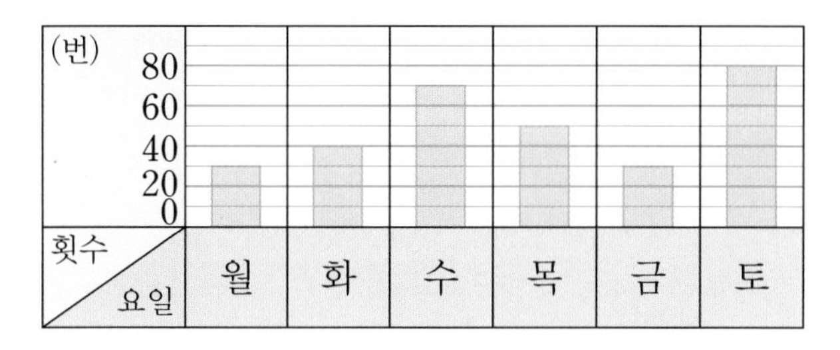

(1) 세로 눈금 한 칸은 몇 번을 나타낼까요?

( )

(2) 일주일 동안 넘은 줄넘기 횟수는 모두 몇 번일까요?

( )

과정 중심 평가 문제

22 음식물 쓰레기의 양을 조사하여 나타낸 것입니다. 한 달 동안 배출된 전체 음식물 쓰레기의 양이 240 kg이고, 상한 음식 쓰레기의 양은 과일 껍질 쓰레기 양의 3배일 때 상한 음식 쓰레기의 양을 구하려고 합니다. 물음에 답하세요.

종류별 음식물 쓰레기 양

(kg) 100, 50, 0

쓰레기 양 / 종류	남은 음식	상한 음식	과일 껍질	찌꺼기

(1) 상한 음식과 과일 껍질 쓰레기는 모두 몇 kg일까요?

( )

(2) 상한 음식 쓰레기의 양은 몇 kg일까요?

( )

[23~24] 수미와 도진이 중에서 양궁 대표 선수를 뽑으려고 합니다. 다음은 세트당 세 발씩 쏘아 얻은 기록의 합을 조사하여 나타낸 막대그래프입니다. 수미가 1세트부터 4세트까지 얻은 기록의 합은 94점입니다. 물음에 답하세요.

세트별 수미와 도진이의 기록

(점) 20, 10, 0

기록 / 세트	1세트	2세트	3세트	4세트

수미, 도진

과정 중심 평가 문제

23 수미가 4세트에서 얻은 기록은 몇 점인지 풀이 과정을 쓰고 답을 구하세요.

풀이 ______

답 ______

과정 중심 평가 문제

24 1세트에서 4세트까지의 기록의 합을 계산하여 합이 높은 사람이 양궁 대표 선수가 됩니다. 양궁 대표 선수는 누가 될지 풀이 과정을 쓰고 답을 구하세요.

풀이 ______

답 ______

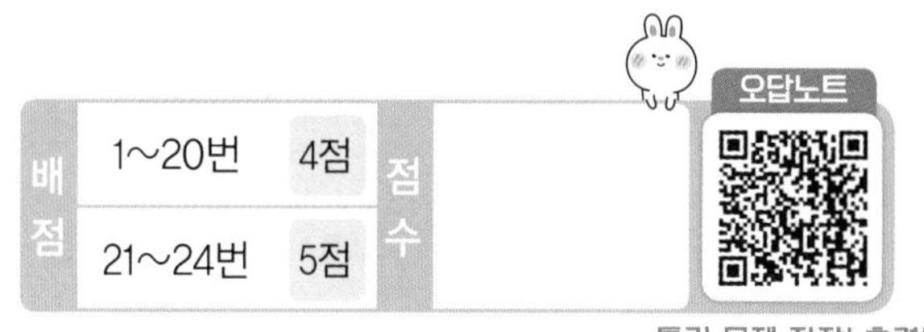

5 단원

진도 완료 체크

규칙 찾기

웹툰으로 단원 미리보기 6화_ 왕비와의 데이트

QR코드를 스캔하여 이어지는 내용을 확인하세요.

이전에 배운 내용

2-2 무늬에서 규칙 찾기

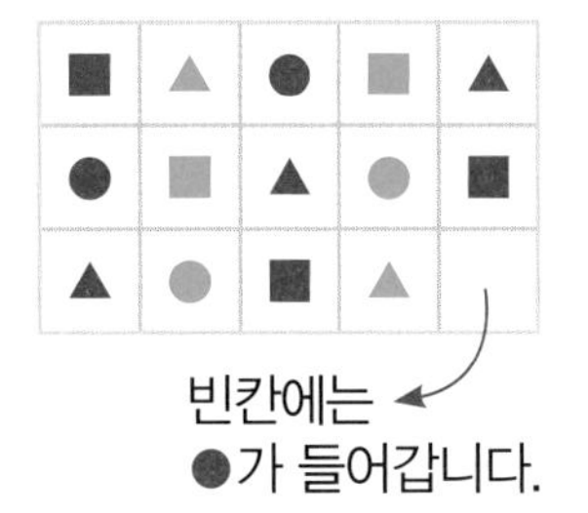

2-2 덧셈표에서 규칙 찾기

+	1	2	3
1	2	3	4
2	3	4	5
3	4	5	6

↓ 1씩 커집니다.

→ 1씩 커집니다.

2-2 곱셈표에서 규칙 찾기

×	1	2	3	
1	1	2	3	→ 1씩 커짐
2	2	4	6	→ 2씩 커짐
3	3	6	9	→ 3씩 커짐

이 단원에서 배울 내용

1 Step 교과 개념	규칙을 찾아보기
1 Step 교과 개념	규칙을 찾아 수로 나타내기
1 Step 교과 개념	규칙을 찾아 식으로 나타내기
2 Step 교과 유형 익힘	
1 Step 교과 개념	계산식에서 규칙 찾기 (1)
1 Step 교과 개념	계산식에서 규칙 찾기 (2)
1 Step 교과 개념	등호를 사용하여 식으로 나타내기
2 Step 교과 유형 익힘	
3 Step 문제 해결	잘 틀리는 문제 / 서술형 문제
☆ Step 실력 UP 문제	
단원 평가	

이 단원을 배우면 규칙을 찾을 수 있어요.

교과 개념

규칙을 찾아보기

개념1 수 배열표에서 규칙 찾기

111	211	311	411	511	611	711
121	221	321	421	521	621	721
131	231	331	431	531	631	731
141	241	341	441	541	641	741

세로 / 가로

- 가로(→) 방향으로 100씩 커집니다. ➡ 예 111, 211, 311, 411, 511, 611, 711
- 세로(↓) 방향으로 10씩 커집니다. ➡ 예 111, 121, 131, 141
- ↘ 방향으로 110씩 커집니다. ➡ 예 111, 221, 331, 441

개념2 수의 배열에서 규칙 찾기

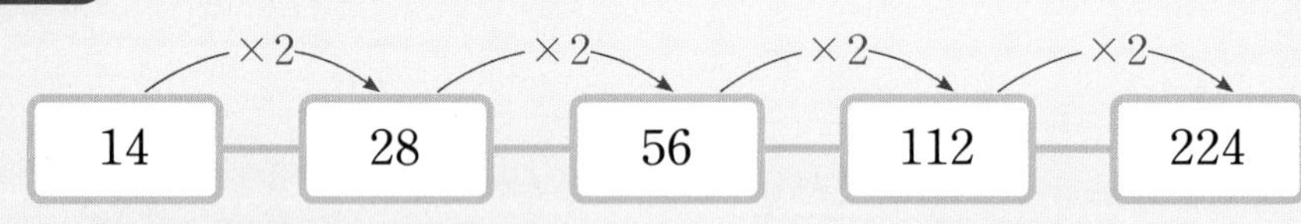

14부터 시작하여 2씩 곱해진 수가 오른쪽에 있습니다.

규칙을 찾을 때 수의 크기가 커지면 덧셈, 곱셈을 활용하고, 수의 크기가 작아지면 뺄셈, 나눗셈을 활용합니다.

개념확인 1 수 배열표를 보고 □ 안에 알맞은 수를 써넣으세요.

101	201	301	401	501	601
111	211	311	411	511	611
121	221	321	421	521	621

(1) 가로는 101부터 시작하여 오른쪽으로 □씩 커집니다.

(2) 세로는 101부터 시작하여 아래쪽으로 □씩 커집니다.

개념확인 2 수의 배열을 보고 □ 안에 알맞은 수를 써넣고 알맞은 말에 ○표 하세요.

15부터 시작하여 □씩 (곱해진 , 나누어진) 수가 오른쪽에 있습니다.

3 수 배열표를 보고 물음에 답하세요.

3050	3150	3250	3350	3450
4050		4250	4350	4450
5050	5150	5250	5350	5450
6050	6150		6350	

(1) 빈칸에 알맞은 수를 써넣으세요.

(2) □로 표시된 칸에서 규칙을 찾아 쓴 것입니다. □ 안에 알맞은 수를 써넣고 알맞은 말에 ○표 하세요.

> 3050부터 시작하여 오른쪽으로 □씩 (커집니다 , 작아집니다).

5 수 배열표를 보고 물음에 답하세요.

805	815	825	835	845
705		725	735	745
	615	625	635	
505	515	525		545

(1) 빈칸에 알맞은 수를 써넣으세요.

(2) 색칠된 칸에서 규칙을 찾아 쓴 것입니다. □ 안에 알맞은 수를 써넣고 알맞은 말에 ○표 하세요.

> 색칠된 칸은 835부터 시작하여 ↙ 방향으로 □씩 (커집니다 , 작아집니다).

4 벌집 모양에 있는 수의 배열을 보고 물음에 답하세요.

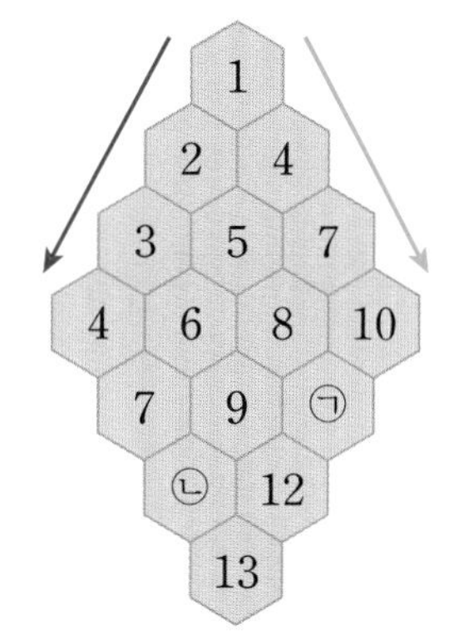

(1) 가로(→) 방향에서 규칙을 찾아보세요.
⇨ 오른쪽으로 □씩 커집니다.

(2) ↙ 방향에서 규칙을 찾아보세요.
⇨ □씩 커집니다.

(3) ↘ 방향에서 규칙을 찾아보세요.
⇨ □씩 커집니다.

(4) ㉠과 ㉡에 알맞은 수를 각각 구하세요.
㉠ (　　　　), ㉡ (　　　　)

6 나선 모양에 있는 수의 배열을 보고 물음에 답하세요.

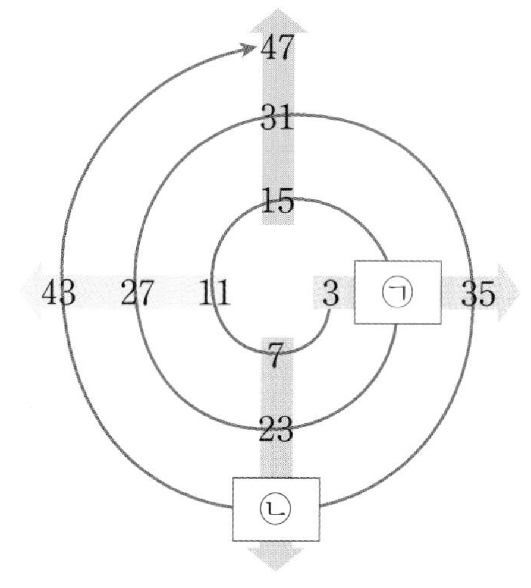

(1) ◎ 방향에서 규칙을 찾아보세요.
⇨ □부터 시작하여 □씩 커집니다.

(2) ⟵ 방향에서 규칙을 찾아보세요.
⇨ □부터 시작하여 □씩 커집니다.

(3) ㉠과 ㉡에 알맞은 수를 각각 구하세요.
㉠ (　　　　), ㉡ (　　　　)

교과 개념

규칙을 찾아 수로 나타내기

개념1 원의 배열에서 규칙을 찾아 수로 나타내기

첫째 둘째 셋째 넷째

① 원의 배열에는 어떤 규칙이 있는지 살펴보고, 표로 나타내기

순서	첫째	둘째	셋째	넷째
원의 수(개)	2	4	6	8

② 원의 배열에는 어떤 규칙이 있는지 알아보기

➡ 예 오른쪽으로 원이 **2개씩 늘어나고 있습니다.**

③ 찾은 규칙으로 다섯째의 원의 수 추측해 보기

➡ 원의 수가 2개씩 늘어나고 있으므로 다섯째에 원의 수는 넷째의 원의 수보다 2개가 더 많은 **10개** 입니다.

④ 다섯째에 알맞은 모양을 그려 확인해 보기

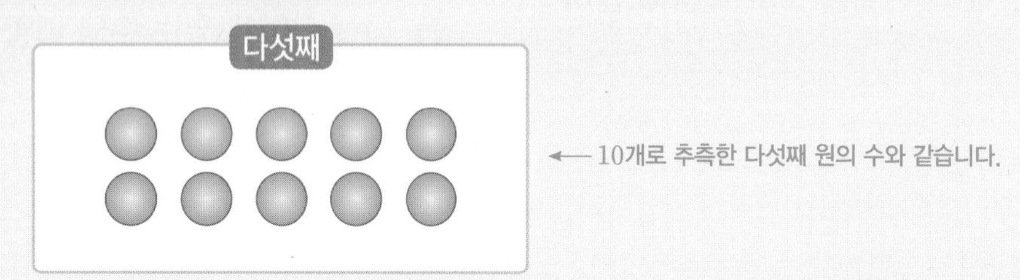

개념확인 1 □ 안에 알맞은 수를 써넣으세요.

(1) 첫째 둘째 셋째 넷째

2 3 4 □

⇨ 사각형의 수가 □개씩 늘어납니다.

(2) 첫째 둘째 셋째 넷째

2 6 10 □

⇨ 사각형의 수가 □개씩 늘어납니다.

2 사각형의 배열을 보고 물음에 답하세요.

첫째 둘째 셋째 넷째

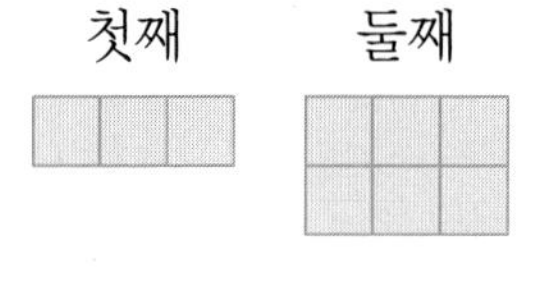
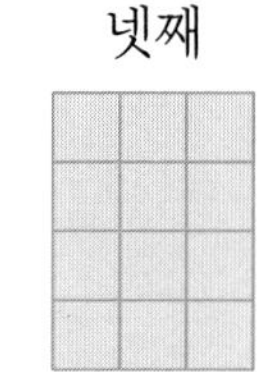

(1) 표를 완성하세요.

순서	사각형의 수(개)
첫째	3
둘째	
셋째	
넷째	

(2) 사각형의 배열에는 어떤 규칙이 있는지 □ 안에 알맞은 수를 써넣으세요.

사각형이 □개씩 늘어나고 있습니다.

(3) 찾은 규칙으로 다섯째의 사각형은 몇 개인지 구하세요.

( )

(4) 다섯째에 알맞은 모양을 그리세요.

3 수수깡의 배열을 보고 물음에 답하세요.

첫째 둘째 셋째

(1) 표를 완성하세요.

순서	수수깡의 수(개)
첫째	6
둘째	
셋째	

(2) 수수깡의 배열에는 어떤 규칙이 있는지 □ 안에 알맞은 수를 써넣으세요.

수수깡이 □개씩 늘어나고 있습니다.

(3) 찾은 규칙으로 넷째의 수수깡은 몇 개인지 구하세요.

( )

(4) 넷째에 알맞은 모양을 그리세요.

1 Step 교과 개념

규칙을 찾아 식으로 나타내기

개념1 쌓기나무로 쌓은 모양의 배열에서 규칙을 찾아 식으로 나타내기

첫째 둘째 셋째 넷째

① 모양의 배열에는 어떤 규칙이 있는지 살펴보고, 표로 나타내기

순서	첫째	둘째	셋째	넷째
쌓기나무의 수(개)	1	3	5	7

② 규칙을 찾아 식으로 나타내기

순서	첫째	둘째	셋째	넷째
식	1	1+2=3	1+2+2=5	1+2+2+2=7

③ 찾은 규칙으로 다섯째 모양을 만드는 데 필요한 쌓기나무의 수를 추측해 보기

➡ 다섯째 모양을 만드는 데 필요한 쌓기나무의 수를 구하는 식은 **1+2+2+2+2=9**이므로 다섯째 모양을 만드는 데 필요한 쌓기나무의 수는 **9개** 입니다.

④ 다섯째에 알맞은 모양은 그려 확인해 보기

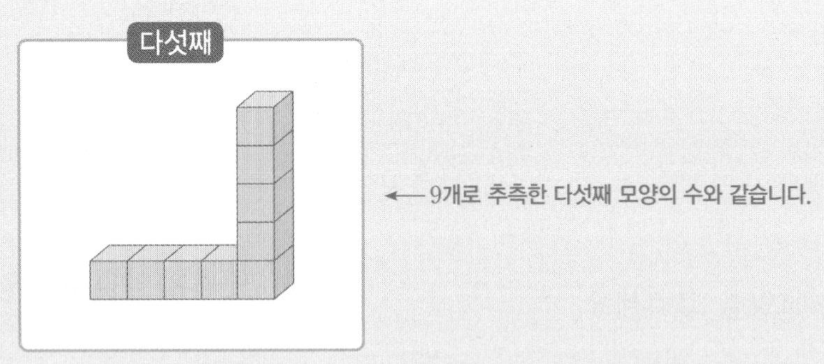

개념확인 1 모양의 배열에서 규칙을 찾아 □ 안에 알맞은 수를 써넣으세요.

첫째	둘째	셋째	넷째
2	4	□	□
2	2+2	2+2+□	2+2+□+□

2 모양의 배열을 보고 물음에 답하세요.

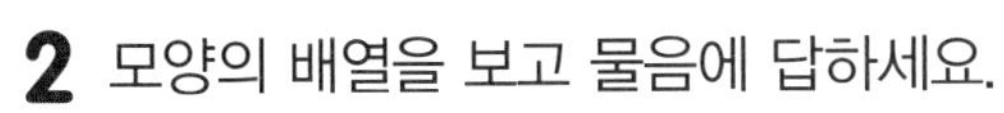

첫째 둘째 셋째 넷째

  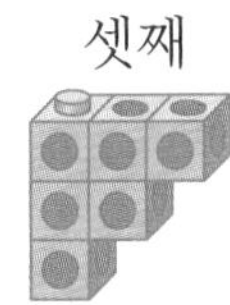 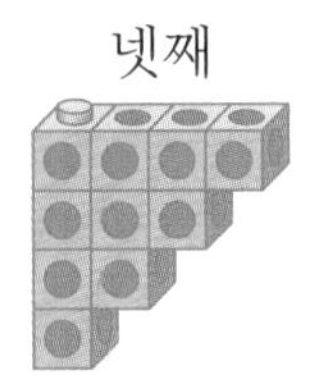

(1) 표를 완성하세요.

첫째	1	1
둘째	3	1+□
셋째	□	1+□+□
넷째	□	1+□+□+□

(2) 다섯째 모양을 만드는 데 필요한 모형의 수를 식으로 나타내고 답을 구하세요.

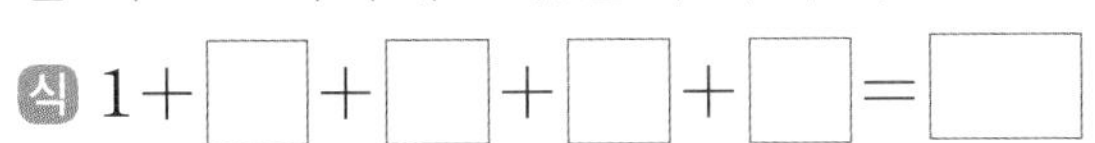

식 1+□+□+□+□=□

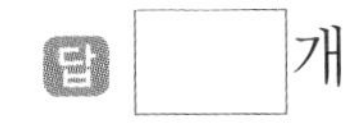

답 □개

(3) 다섯째에 알맞은 모양을 그리세요.
(단, 모형을 ▣ 대신 □로 그립니다.)

다섯째

3 도형의 배열을 보고 물음에 답하세요.

첫째 둘째 셋째

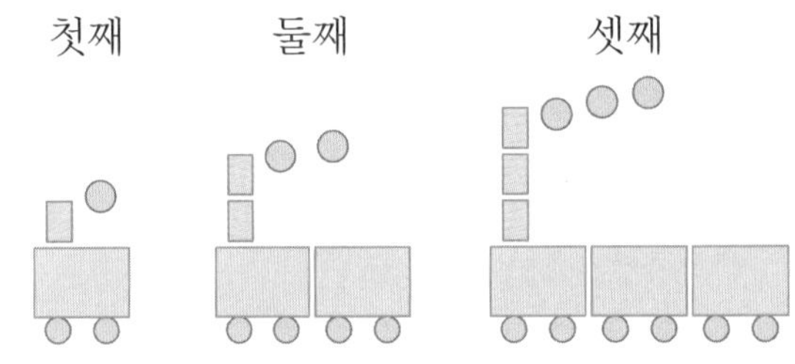

(1) 배열에 사용된 사각형과 원의 수를 표에 써넣으세요.

순서	첫째	둘째	셋째
사각형의 수(개)	2	4	
원의 수(개)	3	6	

(2) □ 안에 알맞은 수를 써넣으세요.

순서	첫째	둘째	셋째
사각형의 수(개)	2×1	2×□	2×□
원의 수(개)	3×1	3×□	3×□

(3) 넷째에 사용될 사각형과 원은 각각 몇 개일까요?

사각형 (　　　　), 원 (　　　　)

4 바둑돌로 만든 배열에서 수의 규칙을 찾아 □ 안에 알맞은 수를 써넣으세요.

첫째 둘째 셋째 넷째

순서	식
첫째	2
둘째	2+3=5
셋째	2+3+4=□
넷째	2+3+4+□=□
다섯째	2+3+4+□+□=□

6 단원

교과 유형 익힘

[01~02] 수 배열표를 보고 물음에 답하세요.

4054	4254	4454	4654	4854
5054		5454	5654	
6054	6254	6454		6854
7054		7454	7654	7854
8054	8254		8654	8854

01 규칙을 찾아 빈칸에 알맞은 수를 써넣으세요.

02 수 배열표에서 두 학생의 설명을 모두 만족하는 규칙적인 수의 배열을 찾아 색칠하세요.

[03~04] 모형으로 만든 배열을 보고 물음에 답하세요.

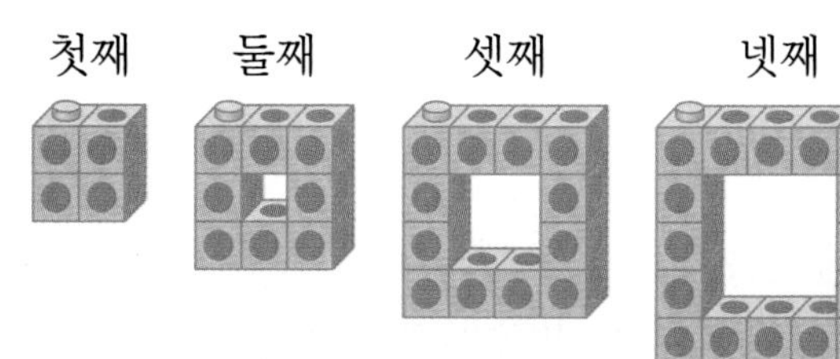

03 모형의 수의 규칙을 찾아 빈칸에 알맞은 식을 써넣으세요.

첫째	둘째
$1 \times 4 = 4$	$2 \times 4 = 8$
셋째	넷째

04 찾은 규칙으로 다섯째 모양의 모형의 수를 구하세요.

( )

[05~06] 수 배열의 규칙에 맞게 빈칸에 알맞은 수를 써넣으세요.

05

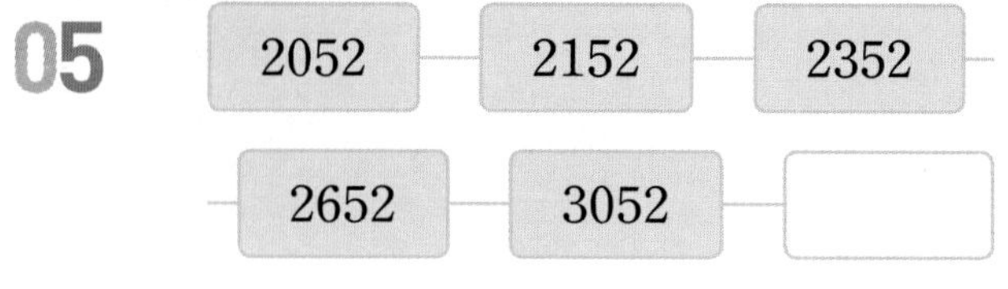

06

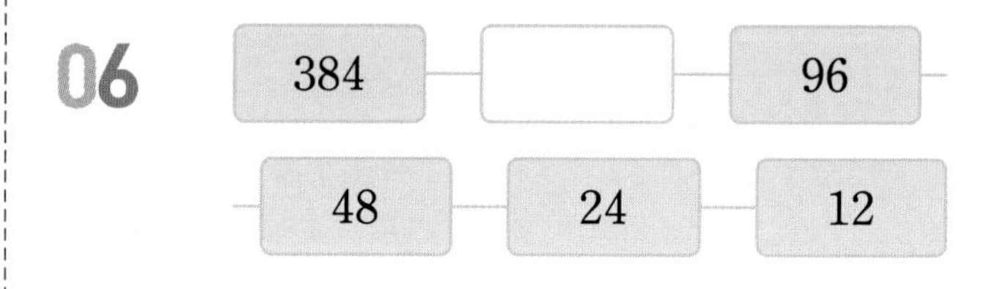

[07~08] 도형의 배열에서 규칙을 찾아 넷째의 도형의 수를 구하세요.

07

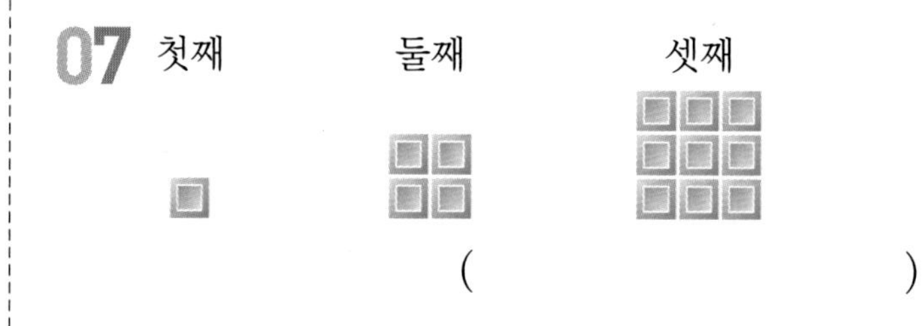

( )

08

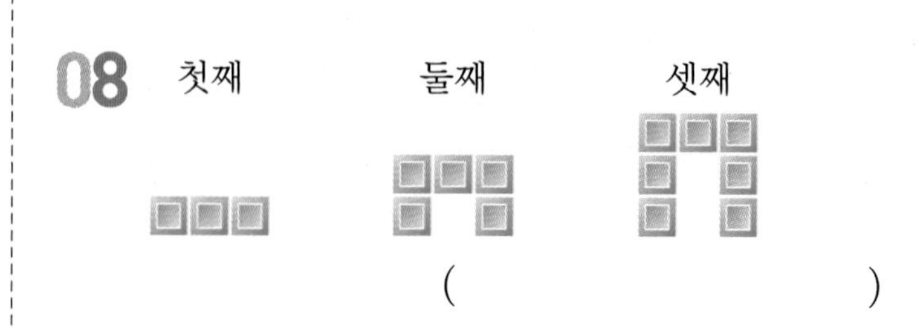

( )

[09~10] →, ↓, ↙ 방향으로 각각 일정한 규칙이 있는 배열표를 보고 물음에 답하세요.

27	9	3	1
54		6	
108	36	12	4
	72		

서술형 문제

09 →, ↓, ↙ 방향의 규칙을 각각 쓰세요.

→ 방향 ____________

↓ 방향 ____________

↙ 방향 ____________

10 찾은 규칙에 따라 빈칸에 알맞은 수를 써넣으세요.

11 바둑돌로 만든 배열에서 규칙을 찾아 다섯째 모양을 만드는 데 필요한 바둑돌의 수를 구하세요.

첫째 둘째 셋째 넷째

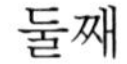

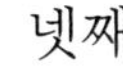
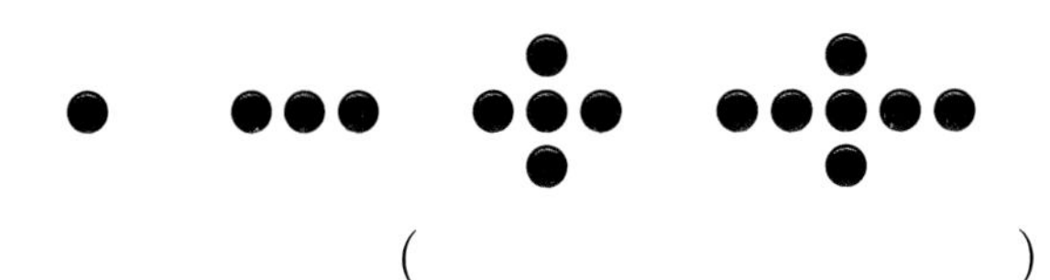

( )

12 삼각형 모양에 있는 수의 배열을 보고 ㉠에 알맞은 수를 구하세요.

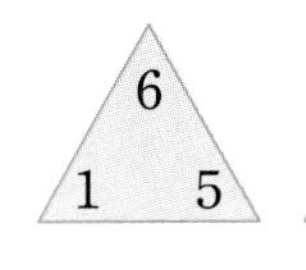

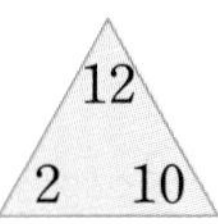

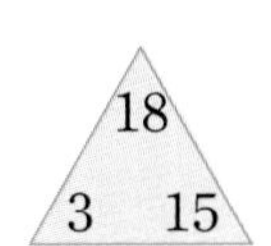

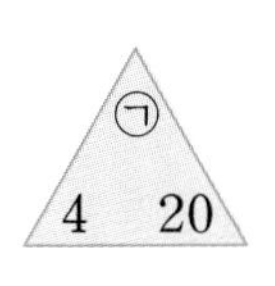

( )

서술형 문제

13 추론 보라색으로 채워진 삼각형의 수를 보고 규칙을 찾아 쓰고, 찾은 규칙으로 넷째의 보라색 삼각형의 수를 구하세요.

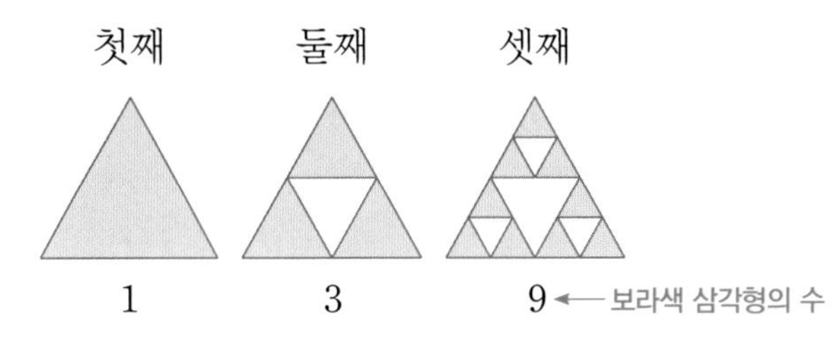

규칙 ____________

( )

14 추론 바둑돌로 만든 모양의 배열을 보고 다섯째 모양을 만드는 데 필요한 흰 돌과 검은 돌의 수의 차를 구하세요.

첫째 둘째 셋째 넷째

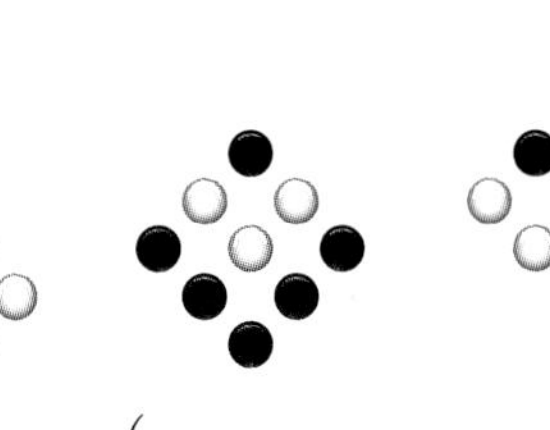
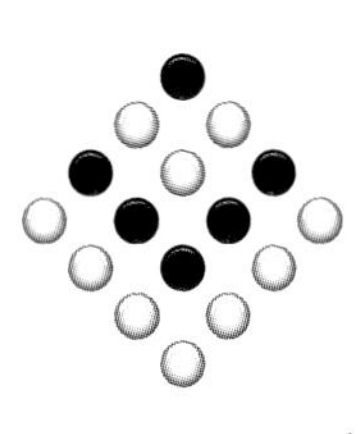

( )

15 정보처리 두 학생의 대화를 읽고 계단 모양의 수의 배열을 완성하세요.

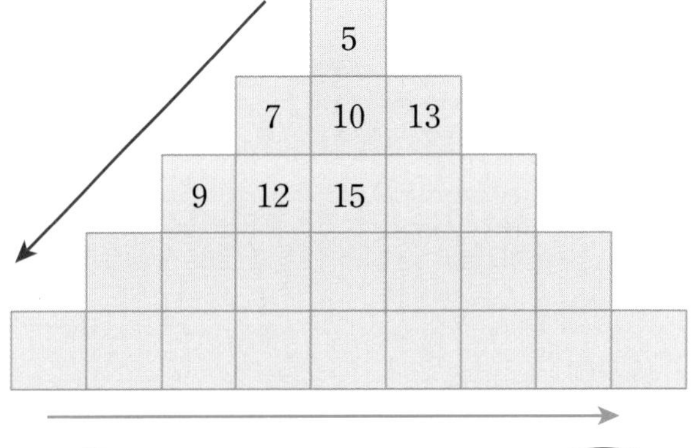

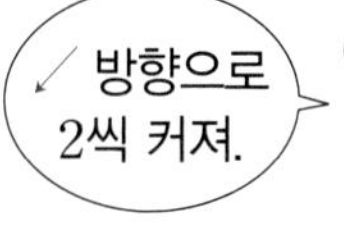

Step 1 교과 개념

계산식에서 규칙 찾기 (1)

개념1 덧셈식에서 규칙 찾기

100 + 500 = 600	101 + 202 = 303
200 + 400 = 600	111 + 212 = 323
300 + 300 = 600	121 + 222 = 343
400 + 200 = 600	131 + 232 = 363
500 + 100 = 600	141 + 242 = 383
100씩 커짐. / 100씩 작아짐. / 계산 결과가 같습니다.	10씩 커짐. / 10씩 커짐. / 20씩 커짐.
더해지는 수가 커지는 만큼 더하는 수가 작아지면 계산 결과는 같습니다.	더해지는 수와 더하는 수가 10씩 커지면 계산 결과는 20씩 커집니다.

개념2 뺄셈식에서 규칙 찾기

868 − 626 = 242	950 − 300 = 650
768 − 526 = 242	950 − 400 = 550
668 − 426 = 242	950 − 500 = 450
568 − 326 = 242	950 − 600 = 350
468 − 226 = 242	950 − 700 = 250
100씩 작아짐. / 100씩 작아짐. / 계산 결과가 같습니다.	같습니다. / 100씩 커짐. / 100씩 작아짐.
빼지는 수가 작아지는 만큼 빼는 수도 작아지면 계산 결과는 같습니다.	빼지는 수가 같을 때 빼는 수가 커지는 만큼 계산 결과는 작아집니다.

개념확인 1 설명에 맞는 계산식을 찾아 기호를 쓰세요.

㉠	㉡
101+202=303	700−100=600
102+203=305	701−100=601
103+204=307	702−100=602
104+205=309	703−100=603

(1) 더하는 두 수의 일의 자리 수가 1씩 커지면 계산 결과는 2씩 커집니다.

(　　　　　　)

(2) 일의 자리 수가 1씩 커지는 수에서 같은 수를 빼면 계산 결과는 1씩 커집니다.

(　　　　　　)

2 덧셈식을 보고 물음에 답하세요.

순서	덧셈식
첫째	$21+21=42$
둘째	$22+20=42$
셋째	$23+19=42$
넷째	$24+$♥$=42$
다섯째	★$+17=42$

(1) ♥와 ★에 알맞은 수를 각각 구하세요.

♥ (　　　　　), ★ (　　　　　)

(2) 규칙을 완성하세요.

더해지는 수는 □씩 커지고, 더하는 수는 □씩 (커집니다, 작아집니다).

3 뺄셈식을 보고 물음에 답하세요.

순서	뺄셈식
첫째	$350-340=10$
둘째	$355-345=10$
셋째	$360-350=10$
넷째	$365-$♥$=10$
다섯째	★$-360=10$

(1) ♥와 ★에 알맞은 수를 각각 구하세요.

♥ (　　　　　), ★ (　　　　　)

(2) 규칙을 완성하세요.

빼지는 수는 □씩 커지고, 빼는 수는 □씩 (커집니다, 작아집니다).

(3) 여섯째에 알맞은 뺄셈식을 완성하세요.

□ $-$ □ $=10$

4 덧셈식을 보고 물음에 답하세요.

순서	덧셈식
첫째	$0+3+6=9$
둘째	$3+6+9=18$
셋째	$6+9+12=27$
넷째	$9+12+15=36$

(1) □ 안에 알맞은 수를 써넣으세요.

3씩 커지는 수를 □개씩 더하는 규칙입니다.

(2) □ 안에 알맞은 수를 써넣으세요.

덧셈식에서 가운데 수의 □배는 계산 결과와 같으므로 가운데 수가 15인 식의 계산 결과는 □입니다.

(3) 다섯째에 알맞은 덧셈식을 쓰세요.

(　　　　　　　　　　)

5 계산식을 보고 물음에 답하세요.

순서	계산식
첫째	$1+1-1=1$
둘째	$2+2-1=3$
셋째	$3+3-1=5$
넷째	$4+4-1=7$

(1) □ 안에 알맞은 수를 써넣으세요.

1씩 커지는 같은 수를 2번 더한 후 □을 빼면 계산 결과는 □씩 커집니다.

(2) 다섯째에 알맞은 계산식을 쓰세요.

(　　　　　　　　　　)

Step 1 개념 강의

교과 개념

계산식에서 규칙 찾기 (2)

개념1 곱셈식에서 규칙 찾기

$10 \times 10 = 100$ $20 \times 10 = 200$ $30 \times 10 = 300$ $40 \times 10 = 400$ $50 \times 10 = 500$	$1 \times 1 = 1$ $11 \times 2 = 22$ $111 \times 3 = 333$ $1111 \times 4 = 4444$ $11111 \times 5 = 55555$
10, 20, 30, 40, 50과 같이 10씩 커지는 수에 10을 곱하면 계산 결과는 100씩 커집니다.	• 곱해지는 수는 1이 1개씩 늘어납니다. • 곱하는 수는 1씩 커집니다. • 계산 결과는 곱해지는 수의 자릿수와 같고 각 자리 수는 모두 곱하는 수와 같습니다.

개념2 나눗셈식에서 규칙 찾기

$100 \div 10 = 10$ $200 \div 10 = 20$ $300 \div 10 = 30$ $400 \div 10 = 40$ $500 \div 10 = 50$	$2222 \div 2 = 1111$ $3333 \div 3 = 1111$ $4444 \div 4 = 1111$ $5555 \div 5 = 1111$ $6666 \div 6 = 1111$
100, 200, 300, 400, 500과 같이 100씩 커지는 수를 10으로 나누면 계산 결과는 10씩 커집니다.	• 나누어지는 수는 각 자리 숫자가 같고 네 자리 수입니다. • 나누는 수는 나누어지는 수의 각 자리 숫자와 같습니다. • 계산 결과는 1111로 모두 같습니다.

개념확인 1 설명에 맞는 계산식을 찾아 기호를 쓰세요.

㉠	㉡
$100 \times 2 = 200$	$100 \div 5 = 20$
$200 \times 2 = 400$	$200 \div 10 = 20$
$300 \times 2 = 600$	$300 \div 15 = 20$
$400 \times 2 = 800$	$400 \div 20 = 20$

(1) 백의 자리 수가 1씩 커지는 수를 5씩 커지는 수로 나누면 계산 결과는 20으로 같습니다.

( )

(2) 백의 자리 수가 1씩 커지는 수에 2를 곱하면 계산 결과는 200씩 커집니다.

( )

2 곱셈식을 보고 물음에 답하세요.

순서	곱셈식
첫째	$10\times11=110$
둘째	$20\times11=220$
셋째	$30\times11=330$
넷째	$40\times$ ♥ $=440$
다섯째	★ $\times11=550$

(1) ♥와 ★에 알맞은 수를 각각 구하세요.

♥ ( ), ★ ( )

(2) 규칙을 완성하세요.

곱해지는 수는 10씩 커지고, 계산 결과는 ☐씩 (커집니다 , 작아집니다).

3 나눗셈식을 보고 물음에 답하세요.

순서	나눗셈식
첫째	$180\div18=10$
둘째	$270\div18=15$
셋째	$360\div18=20$
넷째	$450\div$ ♥ $=25$
다섯째	★ $\div18=30$

(1) ♥와 ★에 알맞은 수를 각각 구하세요.

♥ ( ), ★ ( )

(2) 규칙을 완성하세요.

나누어지는 수는 90씩 (커지고 , 작아지고) 몫은 ☐씩 (커집니다 , 작아집니다).

(3) 여섯째에 알맞은 나눗셈식을 완성하세요.

☐ $\div18=$ ☐

4 규칙적인 곱셈식을 보고 규칙적인 나눗셈식을 쓰세요.

곱셈식
$10\times22=220$
$20\times22=440$
$30\times22=660$
$40\times22=880$
$50\times22=1100$

⇩

나눗셈식
$220\div10=22$
$440\div20=22$

5 곱셈식을 보고 물음에 답하세요.

순서	곱셈식
첫째	$9\times12=108$
둘째	$9\times23=207$
셋째	$9\times34=306$
넷째	$9\times$ ☐ $=$ ☐

(1) 규칙에 따라 ☐ 안에 알맞은 수를 써넣으세요.

(2) 다섯째에 계산 결과를 구하세요.

( )

(3) 규칙에 따라 계산 결과가 603이 되는 곱셈식을 완성하세요.

☐ $\times$ ☐ $=603$

교과 개념

등호를 사용하여 식으로 나타내기

개념1 등호를 사용하여 식으로 나타내기

등호 '='는 왼쪽과 오른쪽의 두 양(값)이 같다는 것을 나타냅니다.
크기가 같은 두 양을 등호(=)를 사용하여 $5+1=2+4$와 같이 식으로 나타낼 수 있습니다.

• 저울의 양쪽 무게가 같은 경우를 찾고, 이를 등호(=)를 사용하여 식으로 나타내기

①

저울의 왼쪽 접시에 2 g을 더 올리고, 오른쪽 접시에 1 g을 더 올렸더니 저울이 어느 한쪽으로 기울어지지 않았습니다.

$$10+2=11+1$$

②

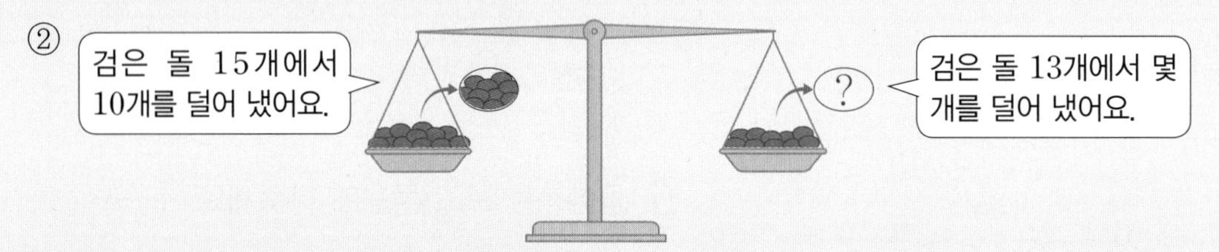

양쪽 접시에 검은 돌이 각각 15개, 13개로 오른쪽 접시에 2개 더 적습니다.
따라서 덜어 낸 돌 ?도 10개보다 2개 더 적어야 저울이 어느 한쪽으로 저울이 기울어지지 않습니다.

$$15-10=13-8$$

개념2 등호가 있는 식이 옳은지 판단하기

$35+17=35+10+7$	➡ 더해지는 수는 그대로이고 더하는 수를 두 수의 합으로 나타낸 것이므로 계산 결과가 같습니다.
$13+28=28+13$	➡ 더하는 두 수의 순서를 바꾸어 더했으므로 계산 결과가 같습니다.

1 식을 보고 옳으면 ○표, 옳지 않으면 ×표 하세요.

(1) $10+3=13-3$ (　　)

(2) $20+10=10+10$ (　　)

(3) $15+5=25-5$ (　　)

(4) $55-15=40$ (　　)

2 저울의 양쪽 무게가 같아지도록 □ 안에 들어갈 수 있는 것을 모두 찾아 ○표 해 보세요.

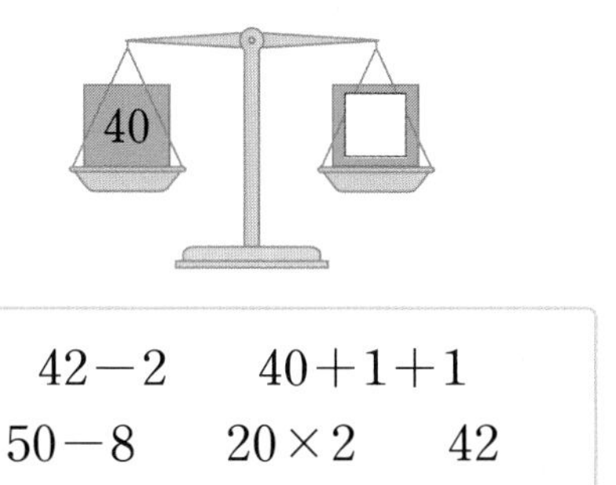

3 저울이 어느 한쪽으로 기울어지지 않도록 모형을 올렸습니다. □ 안에 알맞은 수를 써넣어 저울의 양쪽 무게를 등호를 사용하여 식으로 나타내 보세요.

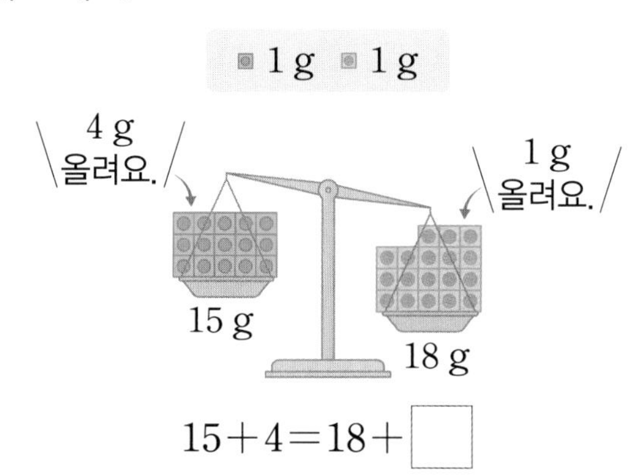

4 크기가 같은 두 양을 찾아 잇고 등호(=)를 사용한 식으로 각각 나타내 보세요.

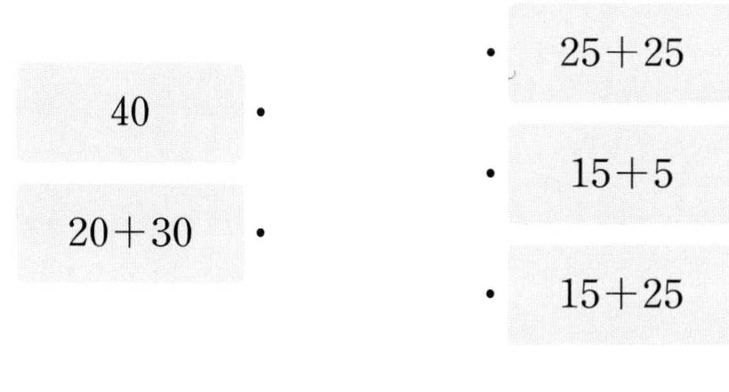

식 ______________________

[5~6] □ 안에 알맞은 수를 써넣고, 등호를 사용한 식을 완성하세요.

5

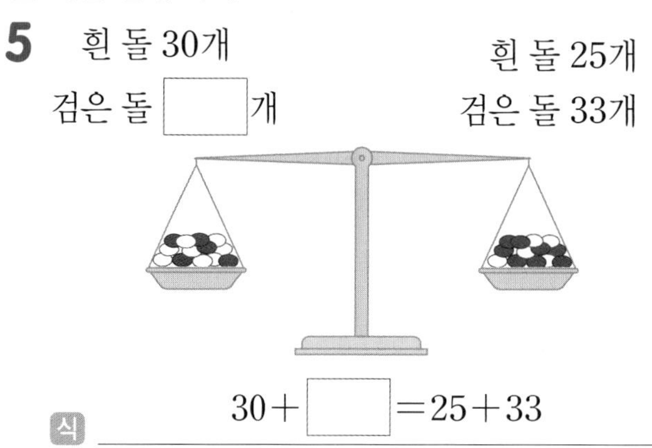

식 $30+\square=25+33$

6

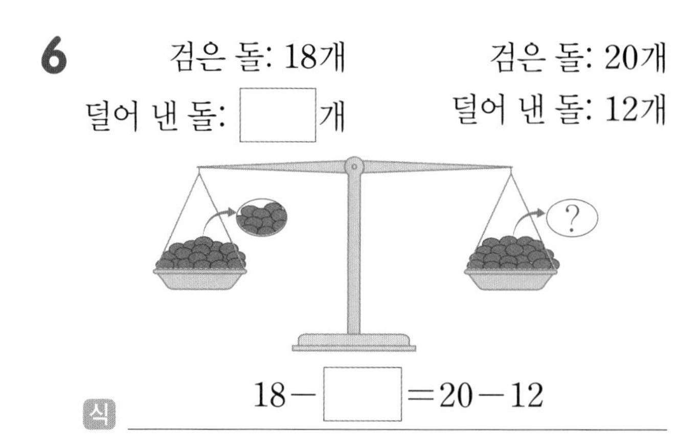

식 $18-\square=20-12$

6 단원

2 교과 유형 익힘

계산식에서 규칙 찾기(1) ~ 등호를 사용하여 식으로 나타내기

01 옳은 식인지 알아보세요.

33 − 10 = 30 − 7

33에서 30으로 ☐만큼 (커지고, 작아지고),
10에서 7로 ☐만큼 (커집니다, 작아집니다)
⇨ 33－10＝30－7은 (옳은, 옳지 않은) 식입니다.

02 뺄셈식의 배열에서 규칙을 찾아 빈칸에 알맞은 식을 써넣으세요.

23000－6000＝17000
33000－6000＝27000
43000－6000＝37000
☐

[03~04] 덧셈식의 배열을 보고 물음에 답하세요.

순서	덧셈식
첫째	1＋3＝4
둘째	1＋3＋5＝9
셋째	1＋3＋5＋7＝16
넷째	1＋3＋5＋7＋9＝25
다섯째	

03 다섯째 칸에 알맞은 덧셈식을 써넣으세요.

04 위의 규칙에 따라 계산 결과가 49가 되는 덧셈식을 쓰세요.

식 ____________________

05 저울 양쪽의 무게가 같도록 ☐ 안에 알맞은 수를 써넣고, 등호를 사용하여 식으로 나타내세요.

흰 돌: 28개
검은 돌: 21개

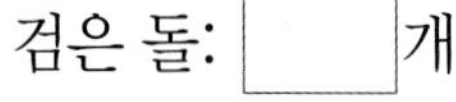

흰 돌: 33개
검은 돌: ☐개

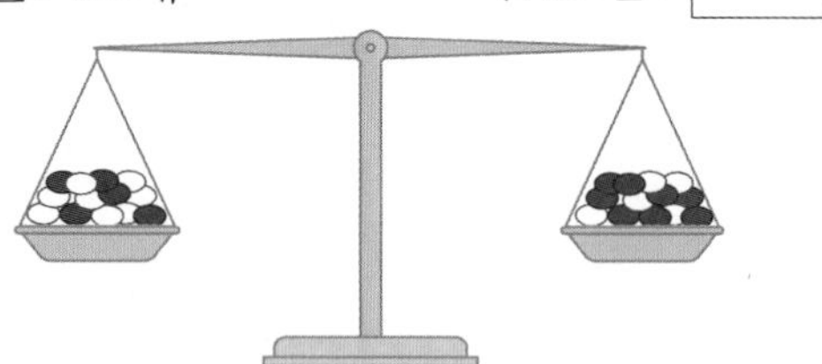

식 ____________________

06 같은 값을 나타내는 두 식을 찾아 색칠하고, 등호를 사용하여 식으로 나타내세요.

82－42	32＋9＋11	76－13－23

식 ____________________

07 나눗셈식의 배열에서 규칙을 찾아 넷째에 알맞은 식을 써넣으세요.

첫째	816÷8＝102
둘째	8016÷8＝1002
셋째	80016÷8＝10002
넷째	

08 □ 안에 알맞은 수를 써넣어 등호가 있는 식을 완성해 보세요.

$73+45=63+\square$

$83+55=73+\square$

$93+65=83+\square$

09 규칙적인 계산식을 보고 빈칸에 알맞은 계산식을 쓰세요.

순서	계산식
첫째	$100+300-200=200$
둘째	$200+400-300=300$
셋째	$300+500-400=400$
넷째	$400+600-500=500$
다섯째	

10 덧셈식을 다음과 같이 나타내었을 때 □ 안에 알맞은 수를 써넣으세요.

$1+3=2\times2$

$1+3+5=3\times3$

$1+3+5+7=4\times4$

$1+3+5+7+9=\square\times\square$

$1+3+5+7+9+11=\square\times\square$

⋮

$1+3+5+7+9+11+13+15+17=\square\times\square$

11 (추론) 계산식의 규칙에 따라 계산 결과가 770이 되는 계산식을 쓰세요.

$10\times11=110$
$20\times11=220$
$30\times11=330$
$40\times11=440$

식 ______________________

서술형 문제

12 (정보처리) 규칙에 따라 덧셈식을 완성하고, 규칙을 써 보세요.

첫째	$101+606=707$
둘째	$202+\square=707$
셋째	$303+\square=707$
넷째	$\square+\square=707$

규칙 ______________________

13 (추론) 규칙적인 계산식을 보고 규칙을 이용하여 계산 결과가 111111101이 되는 계산식을 쓰세요.

순서	계산식
첫째	$12\times9=108$
둘째	$123\times9=1107$
셋째	$1234\times9=11106$
넷째	$12345\times9=111105$

식 ______________________

6 단원

진도 완료 체크

문제 해결 (잘 틀리는 문제)

유형1 수 배열표에서 수의 규칙 찾기

1 수 배열표의 □로 표시된 칸에서 수의 규칙을 찾아 쓰세요.

306	308	310	312	314
416	418	420	422	424
526	528	530	532	534
636	638	640	642	644
746	748	750	752	754

규칙 ______________________

____

Solution □로 표시된 세로의 수가 몇씩 커지는지 또는 작아지는지를 알아보고 규칙을 찾습니다.

1-1 1의 수 배열표의 색칠된 칸에서 수의 규칙을 찾아 쓰세요.

규칙 ______________________

____

서술형 문제

1-2 덧셈을 이용한 수 배열표에서 ↓ 방향과 ↘ 방향에서 찾을 수 있는 수의 규칙을 각각 쓰세요.

	1002	1003	1004	1005
18	0	1	2	3
19	1	2	3	4
20	2	3	4	5
21	3	4	5	6

규칙 ______________________

____

유형2 등호를 사용한 식 만들기

2 주어진 카드를 모두 한 번씩만 사용하여 등호를 사용한 식을 만드세요.

25 | − | = | 9 | 32 | − | 2

식 ______________________

Solution − 를 이용하여 식을 세워야 하므로 두 수의 차를 생각해 봅니다.

2-1 주어진 카드를 모두 한 번씩만 사용하여 등호를 사용한 식을 만드세요.

13 | + | = | 21 | 15 | + | 7

식 ______________________

2-2 주어진 카드를 모두 한 번씩만 사용하여 등호를 사용한 식을 만드세요.

15 | + | = | 52 | 13 | − | 24

식 ______________________

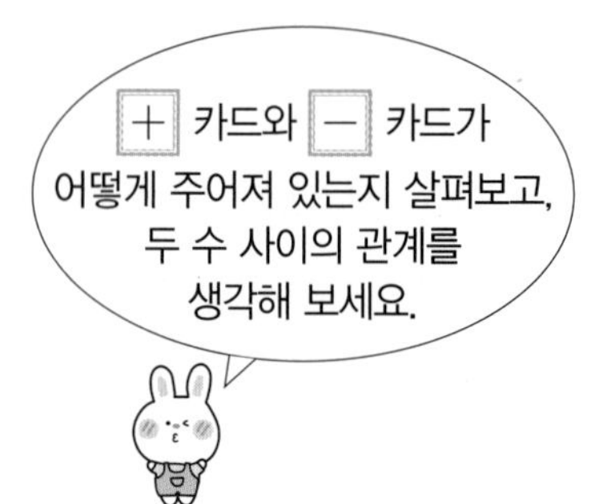

유형3 규칙을 이용하여 계산식 쓰기

3 곱셈식의 규칙을 찾아 다섯째에 알맞은 곱셈식을 빈칸에 써넣으세요.

순서	곱셈식
첫째	$9\times9=81$
둘째	$99\times9=891$
셋째	$999\times9=8991$
넷째	$9999\times9=89991$
다섯째	

Solution 곱해지는 수의 자릿수의 변화와 계산 결과가 어떻게 변하는지 알아보고 다음 단계를 추론합니다.

3-1 곱셈식의 규칙을 찾아 다섯째에 알맞은 곱셈식을 빈칸에 써넣으세요.

순서	곱셈식
첫째	$11\times1=11$
둘째	$11\times101=1111$
셋째	$11\times10101=111111$
넷째	$11\times1010101=11111111$
다섯째	

3-2 나눗셈식의 규칙을 찾아 1111111로 나누었을 때 몫이 1111111이 되는 나누어지는 수를 쓰세요.

$$121\div11=11$$
$$12321\div111=111$$
$$1234321\div1111=1111$$
$$123454321\div11111=11111$$

(　　　　　　　　　　)

유형4 달력에서 규칙적인 계산식 찾기

4 달력의 □ 안에 있는 수에서 규칙적인 계산식을 찾은 것입니다. □ 안에 알맞은 수를 써넣으세요.

일	월	화	수	목	금	토
	1	2	3	4	5	6
7	8	9	10	11	12	13
14	15	16	17	18	19	20
21	22	23	24	25	26	27
28	29	30	31			

(1)
$17-14=24-21$
$18-15=25-22$
$19-16=26-\square$
$\square-17=27-\square$

(2)
$14+15=21+22-14$
$15+16=22+23-\square$
$16+\square=23+24-\square$

Solution 수의 규칙을 찾아봅니다.

4-1 달력의 수 배열에서 색칠된 칸의 수로 규칙적인 계산식을 만들어 보세요.

일	월	화	수	목	금	토
					1	2
3	4	5	6	7	8	9
10	11	12	13	14	15	16
17	18	19	20	21	22	23
24	25	26	27	28	29	30

식 ____________________

문제 해결 (서술형 문제)

유형5

문제 해결 Key
수가 배열된 규칙을 알아봅니다.

문제 해결 전략
❶ 어떤 수들이 배열되어 있는지 순서대로 알아보기
❷ 수의 배열에서 규칙 찾기
❸ ㉠에 알맞은 수 구하기

5 ❶수의 배열에서 ❷규칙에 맞게 ❸㉠에 알맞은 수를 구하려고 합니다. 풀이 과정을 보고 □ 안에 알맞은 수를 써넣어 답을 구하세요.

풀이 ❶ 수가 배열된 순서는 21, 42, 84, 168, 336, □, ㉠, □입니다.

❷ 21 − 42 − 84 − 168 − 336 − 672 − ㉠ − 2688

×2 ×2 ×2 ×2 ×□ ×□ ×□

21부터 시작하여 □씩 곱하는 규칙입니다.

❸ 따라서 672×□=□, □×2=2688이므로 ㉠에 알맞은 수는 □입니다.

답 ____________

5-1 연습 문제

수의 배열에서 규칙에 맞게 ㉠에 알맞은 수를 구하는 풀이 과정을 쓰고 답을 구하세요.

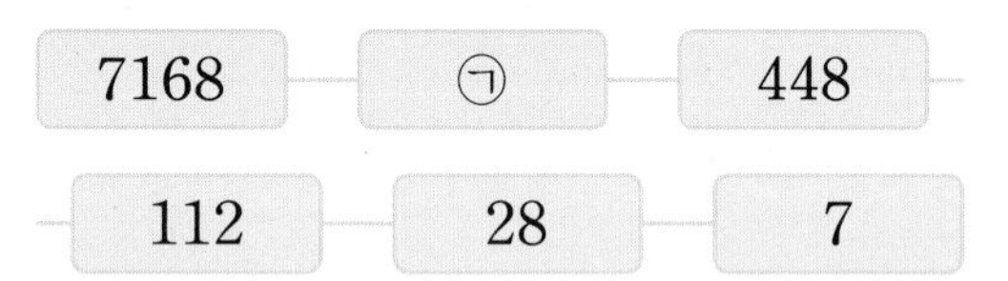

풀이
❶ 어떤 수들이 배열되어 있는지 순서대로 알아보기
❷ 수의 배열에서 규칙 찾기
❸ ㉠에 알맞은 수 구하기

답 ____________

5-2 실전 문제

수의 배열에서 규칙에 맞게 ㉠에 알맞은 수를 구하는 풀이 과정을 쓰고 답을 구하세요.

7168	㉠	448
112	28	7

유형6

문제 해결 Key
사각형이 몇 개씩 더 놓이는지 알아봅니다.

문제 해결 전략
❶ 사각형의 개수 세기
❷ 사각형이 놓인 방향과 늘어난 개수 알아보기
❸ 여섯째에 알맞은 도형에서 사각형의 개수 구하기

6 ❶도형의 배열에서 ❷규칙을 찾아 ❸여섯째에 알맞은 도형에서 사각형은 몇 개인지 구하려고 합니다. 풀이 과정을 보고 □ 안에 알맞은 수를 써넣어 답을 구하세요.

첫째 둘째 셋째 넷째 다섯째

풀이 ❶ 사각형이 1개, 3개, □개, □개, □개 놓여 있습니다.

❷ 사각형이 1개부터 시작하여 오른쪽에 ↘ 방향으로 2개, 3개, □개, □개씩 늘어납니다.

❸ 여섯째에 알맞은 도형에서 사각형은 다섯째보다 □개 더 많은 $15+\square=\square$(개)입니다.

답 ____________

6 단원

진도 완료 체크

6-1 연습 문제

도형의 배열에서 규칙을 찾아 다섯째에 알맞은 도형에서 사각형은 몇 개인지 풀이 과정을 쓰고 답을 구하세요.

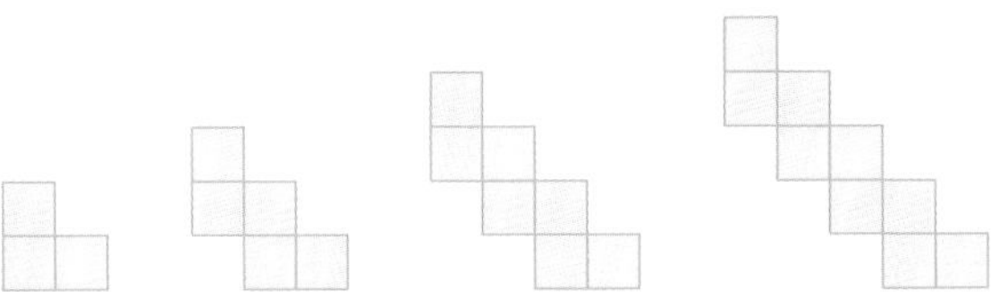

풀이
❶ 사각형의 개수 세기

❷ 사각형이 놓인 방향과 늘어난 개수 알아보기

❸ 다섯째 도형에서 사각형의 개수 구하기

답 ____________

6-2 실전 문제

도형의 배열에서 규칙을 찾아 다섯째에 알맞은 도형에서 사각형은 몇 개인지 풀이 과정을 쓰고 답을 구하세요.

첫째 둘째 셋째 넷째

풀이

답 ____________

실력UP문제

[01~02] 검은색, 흰색 바둑돌에 표시된 수의 배열을 보고 물음에 답하세요.

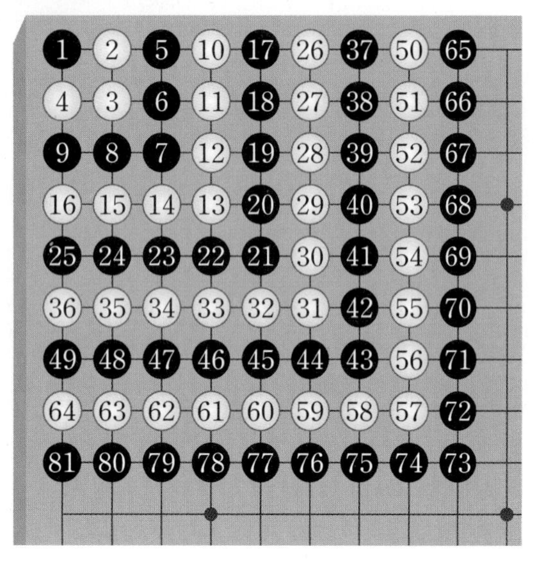

01 맨 윗줄에 있는 바둑돌의 수의 배열에서 규칙적인 덧셈식을 쓴 것입니다. 빈칸에 알맞은 덧셈식을 써넣으세요.

1
2 $=1+1$
5 $=2+3$
10 $=5+5$
17 $=10+7$
26 $=17+9$
37 $=$ ☐
50 $=$ ☐
65 $=$ ☐

02 01의 덧셈식에서 찾은 규칙으로 65 다음에 올 흰색 바둑돌의 수를 구하세요.

( )

03 전화기에 있는 수에서 규칙적인 계산식을 찾은 것입니다. ☐ 안에 알맞은 수를 써넣으세요.

(1) $1+7=4\times2$
$2+8=5\times$ ☐
$3+9=6\times$ ☐

(2) $1+3=2\times2$
$4+6=$ ☐ $\times2$
$7+9=$ ☐ $\times2$

04 바둑돌의 배열에서 일곱째 모양의 바둑돌은 몇 개일까요?

첫째 둘째 셋째 넷째

( )

05 승강기 번호판의 수 배열에서 보기 와 같이 수를 골라 ○ 안에 쓰고 규칙적인 계산식을 만들어 보세요.

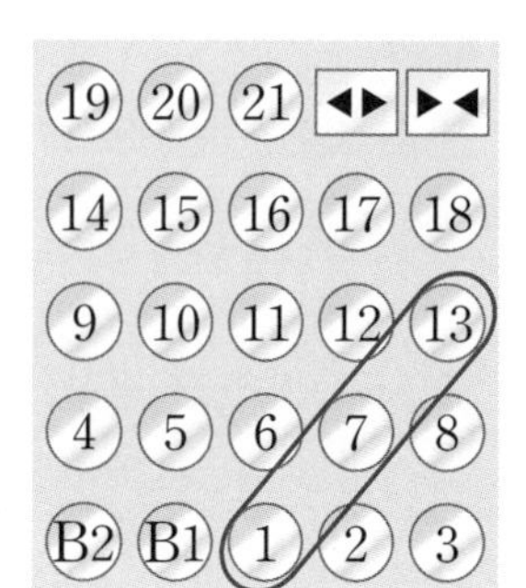

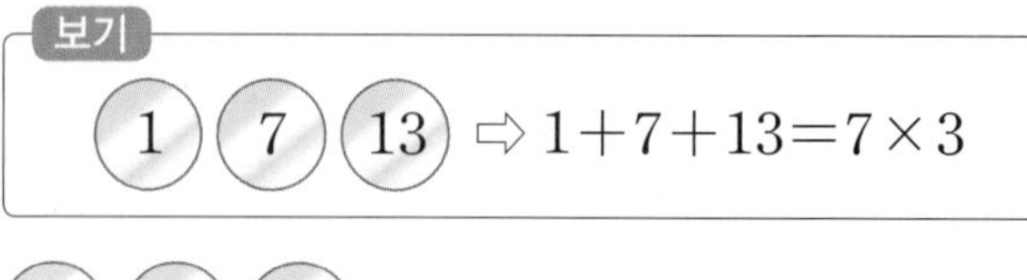

○ ○ ○ ⇨ ____________

06 삼각형이 1개씩 늘어나도록 막대를 놓고 있습니다. 삼각형이 6개가 되었을 때의 막대의 수를 덧셈식으로 나타내고 답을 구하세요.

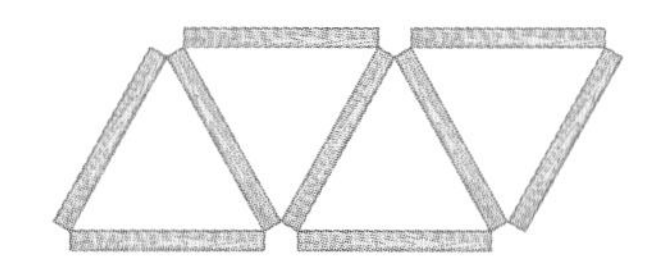

덧셈식 ____________________

답 ____________

07 등호가 있는 식을 완성하려고 합니다. ㉠, ㉡에 알맞은 수의 합을 구하세요.

18+51=20+㉠
63−36=㉡−40

(　　　　　　)

08 그림은 점의 수를 늘려 가면서 오각형 모양의 배열을 만드는 규칙입니다. 일곱째에 알맞은 점은 몇 개일까요?

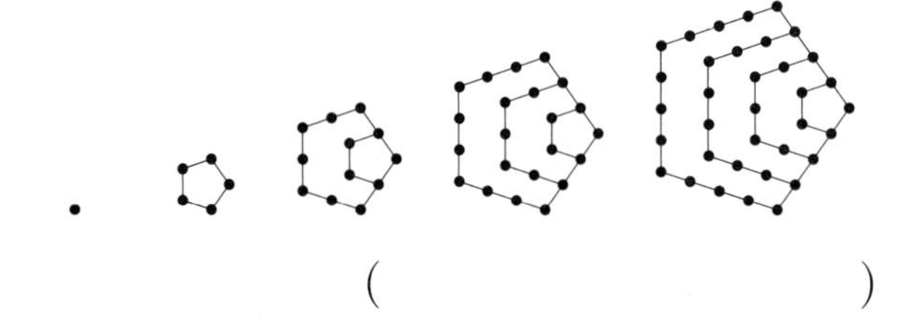

(　　　　　　)

09 조건 을 만족하는 규칙적인 수들을 찾아 모두 색칠하고, ●에 들어갈 수를 구하세요.

조건
- 가장 작은 수는 24285입니다.
- ↘ 방향으로 다음 수는 앞의 수보다 10001씩 커집니다.

24285	24286	24287	24288	
34285	34286	34287	34288	
44285	44286	44287	44288	
54285	54286	54287	54288	
				●

(　　　　　　)

10 1부터 10까지의 수를 모두 더하는 덧셈식을 보기 와 같이 곱셈식으로 바꾸어 계산할 수 있습니다. 이와 같은 방법으로 1부터 100까지의 수를 모두 더하는 덧셈식을 곱셈식으로 바꾸어 계산하세요.

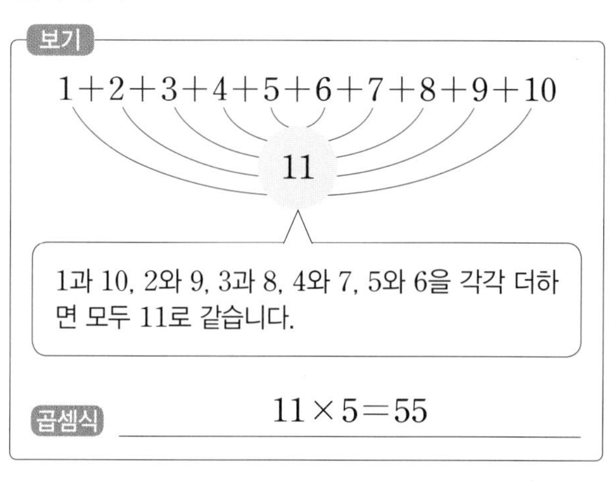

곱셈식 ____________________

[01~02] 수 배열표를 보고 물음에 답하세요.

1101	1201	1301	1401	1501
2101	2201	2301	2401	2501
3101	3201	3301	3401	3501
4101	4201	4301	4401	4501

01 다음은 ☐로 표시된 칸에서 찾은 규칙입니다. ☐ 안에 알맞은 수를 써넣으세요.

> ☐로 표시된 칸의 수는 1101부터 시작하여 오른쪽으로 ☐씩 커집니다.

02 다음은 색칠된 칸에서 찾은 규칙입니다. ☐ 안에 알맞은 수를 써넣으세요.

> 색칠된 칸의 수는 1101부터 시작하여 ↘ 방향으로 ☐씩 커집니다.

03 빈칸에 알맞은 수를 써넣어 표를 완성하세요.

10003	10104	10205	10306
21003	21104	21205	21306
32003	32104	32205	
43003	43104		43306
54003		54205	

04 옳은 식을 모두 찾아 기호를 쓰세요.

> ㉠ $18+5=20+3$
> ㉡ $28=20+8$
> ㉢ $7=10-7$
> ㉣ $52+19=19+52$

( )

05 같은 값을 나타내는 두 카드를 찾아 등호를 사용하여 식으로 나타내세요.

40-5	26+10	24+12

식 ______

06 ▒ 안의 수를 바르게 고쳐 옳은 식으로 나타내세요.

> $20+10=25+$ ▒30▒

옳은 식 ______

07 수 배열의 규칙에 맞게 빈칸에 알맞은 수를 써넣으세요.

2506	2607	2708	2809
		3112	

08 영화관 좌석표를 보고 좌석 번호의 규칙을 잘못 설명한 것을 찾아 기호를 쓰세요.

영화관 좌석표

A5	A6	A7	A8	A9	A10
B5	B6	B7	B8	B9	B10
C5	C6	C7	C8	C9	C10
D5	D6	D7	D8	D9	D10

㉠ A5부터 시작하여 가로 방향으로 알파벳은 그대로이고 수만 1씩 커집니다.
㉡ A7부터 시작하여 세로 방향으로 알파벳과 수가 그대로입니다.
㉢ A6부터 시작하여 ↘ 방향으로 알파벳과 수가 모두 바뀝니다.

(　　　　　　　)

09 규칙적인 수의 배열에서 빈칸에 알맞은 수를 써넣으세요.

5505	6505		8505		
		7615	8615		10615

[10~11] 규칙적인 계산식을 보고 물음에 답하세요.

$100+200=300$
$200+300=500$
$300+\square=700$
$\square+500=900$
$500+600=\square$

10 계산식 배열의 규칙에 맞게 □ 안에 알맞은 수를 써넣으세요.

11 규칙을 이용하여 계산 결과가 1500이 되는 계산식을 쓰세요.

식 ______________________

[12~13] 수 배열표를 보고 물음에 답하세요.

1	3	5	7	9
10	12	14	16	18
19	21	㉠	25	27
28	㉡	32	34	36
37	39	41	㉢	45

12 ㉠, ㉡, ㉢에 알맞은 수를 각각 구하세요.

㉠ (　　　　　　　)
㉡ (　　　　　　　)
㉢ (　　　　　　　)

13 다음은 색칠된 칸에서 찾은 규칙입니다. □ 안에 알맞은 수를 써넣으세요.

색칠된 칸의 수는 3부터 시작하여 ↘ 방향으로 □씩 커집니다.

6 단원

[14~16] 도형의 배열을 보고 규칙을 찾아 식으로 나타내세요.

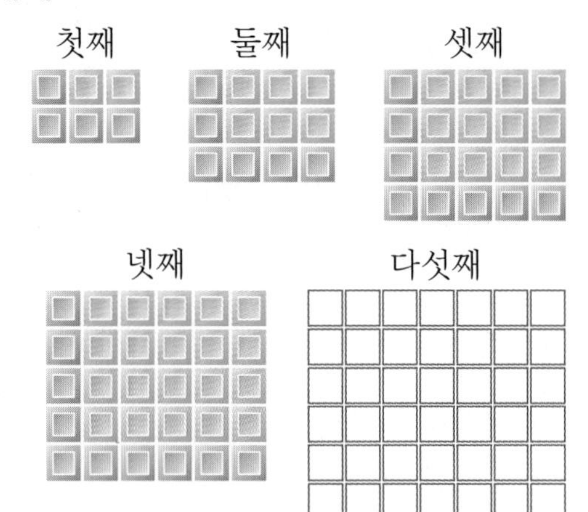

14 초록색 모양의 규칙

순서	식
첫째	$2\times1=2$
둘째	$3\times2=6$
셋째	
넷째	

15 주황색 모양의 규칙

순서	식
첫째	4
둘째	$4+2=6$
셋째	
넷째	

16 다섯째에 알맞은 도형을 그리세요.

17 도형 속의 수를 보고 빈 곳에 알맞은 수를 써넣으세요.

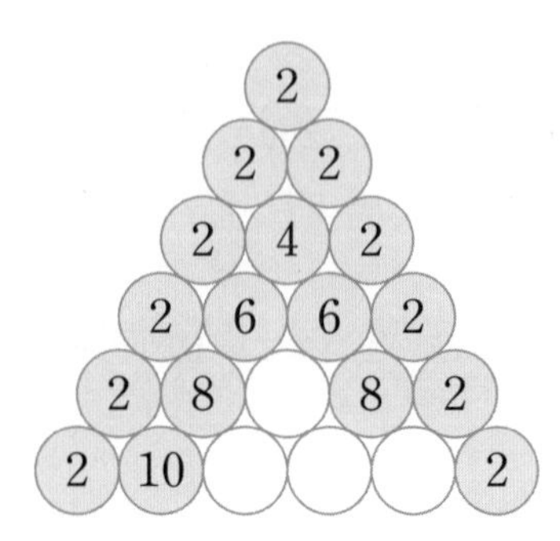

18 계산식 배열의 규칙에 맞게 빈칸에 알맞은 곱셈식을 써넣으세요.

$37\times3=111$
$37\times6=222$
$37\times9=333$
$37\times12=444$
[ ]

19 달력에서 [ ] 안에 있는 수에서 찾을 수 있는 규칙을 쓴 것입니다. 빈칸에 알맞은 계산식을 써넣으세요.

일	월	화	수	목	금	토
		1	2	3	4	5
6	7	8	9	10	11	12
13	14	15	16	17	18	19
20	21	22	23	24	25	26
27	28	29	30	31		

$1+17=9\times2$
$2+18=10\times2$
$3+19=$ [ ]

$3+15=9\times2$
$4+16=10\times2$
[ ] $=11\times2$

20 규칙적인 계산식을 보고 규칙을 이용하여 계산 결과가 $9876543-7$이 되는 계산식을 쓰세요.

순서	계산식
첫째	$1\times8=9-1$
둘째	$12\times8=98-2$
셋째	$123\times8=987-3$
넷째	$1234\times8=9876-4$

[ ] $\times8=9876543-7$

과정 중심 평가 문제

21 수 배열표의 일부가 찢어졌습니다. 물음에 답하세요.

33	36	39	42	45
133	136	139	142	145
333	336	339	342	
633			■	
1033	▲			

(1) ■와 ▲에 알맞은 수를 각각 구하세요.

■ (　　　　　　)

▲ (　　　　　　)

(2) 색칠된 칸에서 수의 규칙을 찾아 쓰세요.

규칙 ______________________

과정 중심 평가 문제

22 정사각형 조각을 규칙에 따라 배열한 것입니다. 물음에 답하세요.

첫째　둘째　셋째　넷째　다섯째

(1) 여섯째에 알맞은 정사각형의 수는 모두 몇 개일까요?

(　　　　　　)

(2) 여섯째에 알맞은 도형을 그리세요.

여섯째

과정 중심 평가 문제

23 승강기 번호판의 수 배열에서 찾을 수 있는 규칙을 2가지 쓰세요.

18	19	20	◀|▶	▶|◀
13	14	15	16	17
8	9	10	11	12
3	4	5	6	7
B3	B2	B1	1	2

규칙 1 ______________________

규칙 2 ______________________

과정 중심 평가 문제

24 규칙을 이용하여 계산 결과가 88110이 되는 순서는 몇째인지 풀이 과정을 쓰고 답을 구하세요.

순서	계산식
첫째	$99 \times 12 = 1188$
둘째	$99 \times 23 = 2277$
셋째	$99 \times 34 = 3366$
넷째	$99 \times 45 = 4455$

풀이 ______________________

우등생 세미나

넌 어디에서 왔니?

만의 10000배는 1억입니다.
억의 10000배는 얼마일까요?
(   )

단위	수
만	10000
억	10^8 (=100000000)
조	10^{12}
경	10^{16}

정답: 1조

뭘 좋아할지 몰라 다 준비했어♥ # 전과목 교재

전과목 시리즈 교재

●**우등생 해법시리즈**

– 국어/수학	1~6학년, 학기용
– 사회/과학	3~6학년, 학기용
– SET(전과목/국수, 국사과)	1~6학년, 학기용

●**똑똑한 하루 시리즈**

– 똑똑한 하루 독해	예비초~6학년, 총 14권
– 똑똑한 하루 글쓰기	예비초~6학년, 총 14권
– 똑똑한 하루 어휘	예비초~6학년, 총 14권
– 똑똑한 하루 한자	예비초~6학년, 총 14권
– 똑똑한 하루 수학	1~6학년, 총 12권
– 똑똑한 하루 계산	예비초~6학년, 총 14권
– 똑똑한 하루 도형	예비초~6학년, 총 8권
– 똑똑한 하루 사고력	1~6학년, 총 12권
– 똑똑한 하루 사회/과학	3~6학년, 학기용
– 똑똑한 하루 안전	1~2학년, 총 2권
– 똑똑한 하루 Voca	3~6학년, 학기용
– 똑똑한 하루 Reading	초3~초6, 학기용
– 똑똑한 하루 Grammar	초3~초6, 학기용
– 똑똑한 하루 Phonics	예비초~초등, 총 8권

●**독해가 힘이다 시리즈**

– 초등 수학도 독해가 힘이다	1~6학년, 학기용
– 초등 문해력 독해가 힘이다 문장제수학편	1~6학년, 총 12권
– 초등 문해력 독해가 힘이다 비문학편	3~6학년, 총 8권

영어 교재

●**초등영어 교과서 시리즈**

파닉스(1~4단계)	3~6학년, 학년용
영단어(1~4단계)	3~6학년, 학년용
●**LOOK BOOK 영단어**	3~6학년, 단행본
●**원서 읽는 LOOK BOOK 영단어**	3~6학년, 단행본

국가수준 시험 대비 교재

●**해법 기초학력 진단평가 문제집**	2~6학년·중1 신입생, 총 6권

홈스쿨링 우등생

학교 시험 대비

평가 자료집

초등 수학

4·1

천재교육

평가 자료집
포인트 3가지

▶ 지필 평가, 구술 평가 대비

▶ 서술형 문제로 과정 중심 평가 대비

▶ 기본·실력 단원평가로 학교 시험 대비

평가 자료집

4-1

기본 단원평가 지필 평가 대비

점수

01 다음은 어떤 수에 대한 설명일까요?
하

9999보다 1만큼 더 큰 수
9000보다 1000만큼 더 큰 수

( )

02 □ 안에 알맞은 수를 써넣으세요.
하

10000은 7000보다 □만큼 더 큰 수입니다.

03 다음을 수로 나타내세요.
하

삼만 육백구

( )

04 다음 수를 읽으세요.
하

56268709

( )

05 □ 안에 알맞은 수를 써넣으세요.
중

10000이 4개
1000이 12개
100이 5개 ─ 이면 □
10이 7개
1이 5개

[06~07] 수를 보고 물음에 답하세요.

546932	57682	68954

06 만의 자리 숫자가 6인 수를 찾아 쓰세요.
중

( )

07 숫자 5가 500000을 나타내는 수를 찾아 쓰세요.
중

( )

08 얼마씩 뛰어 세었는지 쓰세요.
중

1억 ─ 2억 ─ 3억 ─ 4억 ─ 5억

( )씩

09 빈 곳에 알맞은 수를 써넣으세요.
중

10만 →(10배)→ □ →(10배)→ □ →(10배)→ □

10 지구와 태양의 거리는 149600000 km입니다. 숫자 6은 얼마를 나타내는지 구하세요.

중

(   )

11 보기 와 같이 쓰고 읽으세요.

중

보기

36919754859163
⇨ 36조 9197억 5485만 9163
⇨ 삼십육조 구천백구십칠억 오천사백팔십오만 구천백육십삼

98776539562872

⇨ ______________________

⇨ ______________________

____

[12~13] 어느 나라의 연도별 국가 총예산을 나타낸 표입니다. 물음에 답하세요.

연도	총예산
2017년	백구십칠조 팔천육백억 원
2018년	211967000000000원
2019년	이백사십육조 오천억 원
2020년	319260000000000원

12 2017년의 총예산을 수로 나타내세요.

중

(   )원

13 2020년의 총예산을 읽으세요.

중

______________________ 원

14 10억씩 뛰어 세기 하세요.

중

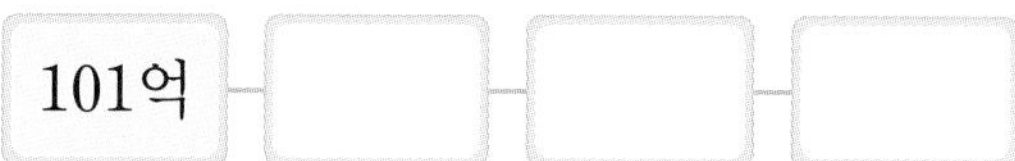

[15~16] 뛰어 세기를 하여 빈 곳에 알맞은 수를 써넣으세요.

15

중

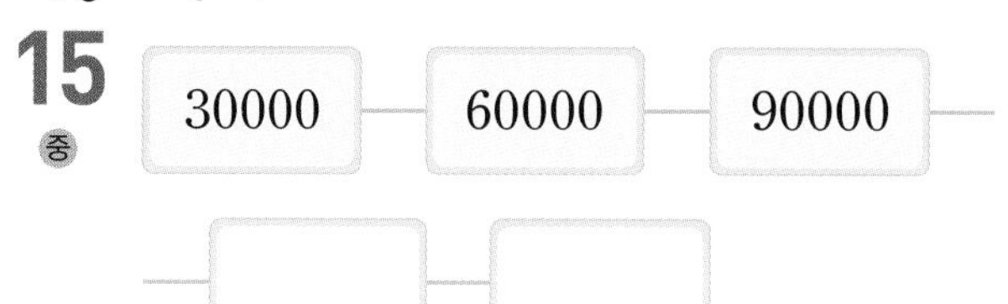

16

중

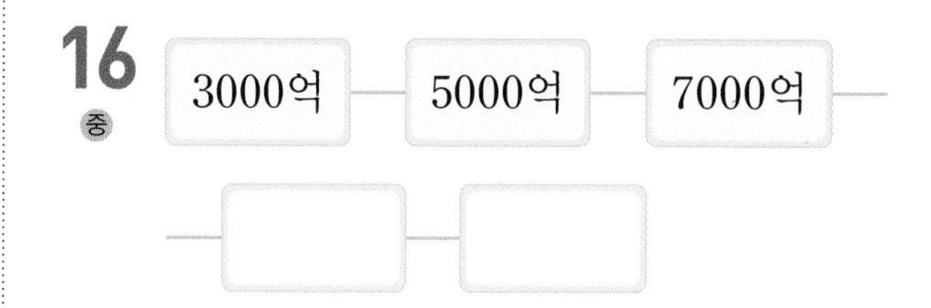

[17~18] 두 수의 크기를 비교하여 ◯ 안에 >, < 중 알맞은 것을 써넣으세요.

17 59672 ◯ 54995

중

18 522조 100억 ◯ 581760035210279

중

• 정답 56쪽

19 ㉠과 ㉡이 나타내는 수를 수직선에 ●으로 나타내고 크기를 비교하여 더 큰 수의 기호를 쓰세요.
중

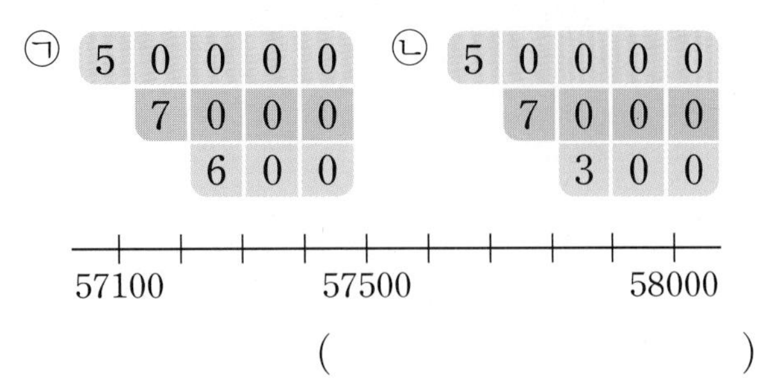

(　　　　　　　　)

[20~21] 민재는 나라의 인구를 조사하였습니다. 물음에 답하세요.

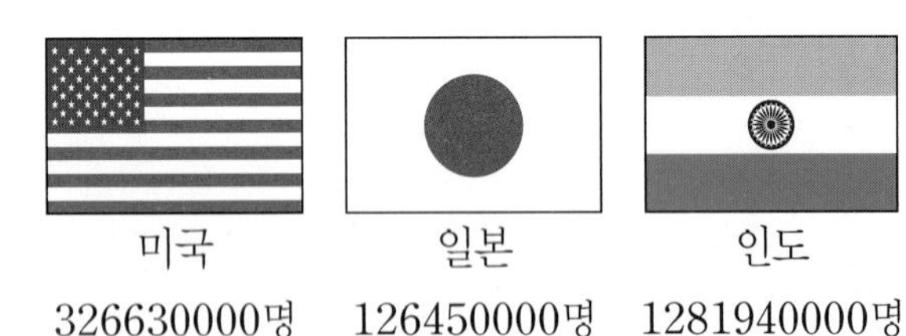

(출처: CIA The World Factbook(2017))

20 미국의 인구에서 ㉠이 나타내는 값은 ㉡이 나타내는 값의 몇 배인가요?
중

326630000 (㉠: 3, ㉡: 6)

(　　　　　　　　)

정보 처리

21 인구가 가장 많은 나라는 어디인지 쓰세요.
중

(　　　　　　　　)

추론

22 □ 안에 들어갈 수 있는 숫자에 모두 ○표 하세요.
중

$45\square32839 < 45820002$

(6 , 7 , 8 , 9)

서술형 문제

23 지혜가 저금통을 열었더니 10000원짜리 지폐가 17장, 1000원짜리 지폐가 52장, 100원짜리 동전이 49개 있었습니다. 지혜가 모은 돈은 모두 얼마인지 풀이 과정을 쓰고 답을 구하세요.
상

풀이 ______________________

답 ______________________

[24~25] 수 카드를 모두 한 번씩만 사용하여 여덟 자리 수를 만들려고 합니다. 물음에 답하세요.

1	9	7	6	5	3	8	4

24 십만의 자리 숫자가 5인 가장 큰 수를 만드세요.
상

(　　　　　　　　)

25 천만의 자리 숫자가 8인 가장 작은 수를 만드세요.
상

(　　　　　　　　)

실력 단원평가 지필 평가 대비

1. 큰 수

점수

01 다음 중 만에 대하여 잘못 설명한 것은 어느 것인가요? [4점] ( )

하

① 9000보다 1000만큼 더 큰 수입니다.
② 9999보다 1만큼 더 큰 수입니다.
③ 9700보다 300만큼 더 큰 수입니다.
④ 100의 10배인 수입니다.
⑤ 9990보다 10만큼 더 큰 수입니다.

02 만의 자리 숫자가 다른 것을 찾아 기호를 쓰세요. [4점]

하

㉠ 69237	㉡ 67209
㉢ 60672	㉣ 16278

( )

03 다음을 수로 나타내세요. [5점]

하

삼십사조 이천구백십억 팔백삼만

( )

04 숫자 3이 나타내는 값이 가장 큰 수는 어느 것일까요? [5점] ( )

중

① 39578
② 8294369
③ 302169
④ 13506274
⑤ 92038657000

05 어느 해 우리나라의 인구입니다. 우리나라의 남자 인구를 읽으세요. [5점]

중

우리나라의 인구

남자	25300784
여자	24082956

(단위: 명)

( )

06 다음을 수로 나타낼 때, 0은 모두 몇 개인가요? [5점]

중

삼천육백만 팔천이십구

( )

07 100억씩 뛰어 세어 보세요. [5점]

중

3억 5만 — □ — □ —

— □ — □

08 다음은 부산과 서울 두 야구장의 수용 인원입니다. 더 많은 인원을 수용할 수 있는 야구장은 어디인가요? [5점]

중

부산 사직구장
28000명

서울 잠실구장
30500명

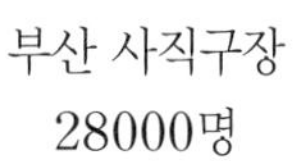

( )

1 단원

• 정답 56쪽

09 설명하는 수가 얼마인지 쓰세요. [8점]

중

100만이 13개, 10만이 8개, 만이 9개인 수

(   )

추론

10 설명에 알맞은 수를 쓰세요. [8점]

중

- 수 카드 1, 2, 3, 4, 5를 모두 한 번씩만 사용하여 만든 수입니다.
- 34000보다 큰 수입니다.
- 34200보다 작은 수입니다.
- 일의 자리 숫자는 짝수입니다.

(   )

서술형 문제

11 주은이네 가족은 LED TV 한 대를 사고 백만 원짜리 수표 2장, 십만 원짜리 수표 9장, 만 원짜리 지폐 8장을 냈습니다. LED TV의 가격은 얼마인지 풀이 과정을 쓰고 답을 구하세요. [8점]

중

풀이

답

서술형 문제

12 올해 어느 컴퓨터 회사의 1년 수출액이 3조 7650억 원이라고 합니다. 수출액을 매년 1000억 원씩 늘린다면 10년 후 수출액은 얼마가 되는지 풀이 과정을 쓰고 답을 구하세요. [8점]

상

풀이

답

13 어떤 수에서 100조씩 3번 뛰어서 세었더니 1326조가 되었습니다. 어떤 수는 얼마인지 구하세요. [10점]

상

(   )

문제 해결

14 수 카드를 모두 한 번씩만 사용하여 아홉 자리 수를 만들려고 합니다. 천만의 자리 숫자가 4인 가장 작은 수를 만드세요. [10점]

상

7 2 4 9 5 0 1 8 6

(   )

추론

15 여덟 자리 수가 적힌 종이 2장의 일부분이 찢어졌습니다. 두 수의 크기를 비교하여 ○ 안에 >, < 중 알맞은 것을 써넣으세요. [10점]

상

9439 2 1 ○ 43 01 2

1 단원

진도 완료 체크

과정 중심 단원평가 지필·구술 평가 대비

1. 큰 수

점수

(지필 평가) 종이에 답을 쓰는 형식의 평가

1 다음은 세희가 신문에서 큰 수를 잘라 낸 것입니다. 숫자 7이 70000을 나타내는 수는 어느 것인지 풀이 과정을 쓰고 답을 구하세요. [10점]

749321	297405	379008

풀이

답

(지필 평가)

2 진혁이는 스마트폰과 노트북의 가격을 비교하려고 합니다. 가격이 더 높은 것은 무엇인지 풀이 과정을 쓰고 답을 구하세요. [10점]

스마트폰
7235000원

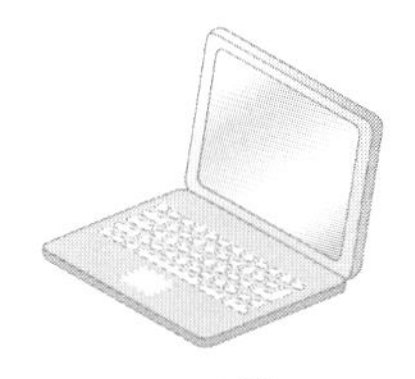

노트북
7902200원

풀이

답

(지필 평가)

3 다음 수에서 천억의 자리 숫자와 십만의 자리 숫자의 합은 얼마인지 풀이 과정을 쓰고 답을 구하세요. [10점]

29318500476003

풀이

답

(지필 평가)

4 지수가 저금통에 저금한 돈은 오늘까지 42000원입니다. 앞으로 매일 1000원씩 저금을 한다면 일주일 후에 저금통에 있는 돈은 모두 얼마가 되는지 풀이 과정을 쓰고 답을 구하세요. [10점]

풀이

답

1 단원

• 정답 57쪽

지필 평가

5 신문 기사를 읽고 태양과 행성 A 사이의 거리는 몇 km인지 풀이 과정을 쓰고 답을 구하세요. [15점]

새로운 행성 발견

ㅇㅇ연구소는 새로운 행성 A를 발견했다고 발표했습니다. 태양과 행성 A 사이의 거리는 태양과 지구 사이의 거리인 1억 4960만 km의 10배입니다.

풀이

답

지필 평가

6 수 카드를 모두 한 번씩만 사용하여 만들 수 있는 가장 큰 수의 100배는 얼마인지 풀이 과정을 쓰고 답을 구하세요. [15점]

3 7 0 5 9 4

풀이

답

지필 평가

7 연말이 되면 구세군 자선냄비에 모금을 합니다. 자선냄비에 10000원짜리 지폐 470장, 1000원짜리 지폐 730장, 100원짜리 동전 294개가 모였다고 할 때 모금액은 모두 얼마인지 풀이 과정을 쓰고 답을 구하세요. [15점]

풀이

답

지필 평가

8 어머니께서는 은행에서 8670000원을 100만 원짜리 수표로 바꾸려고 합니다. 최대 몇 장까지 바꿀 수 있는지 풀이 과정을 쓰고 답을 구하세요. [15점]

풀이

답

1 단원

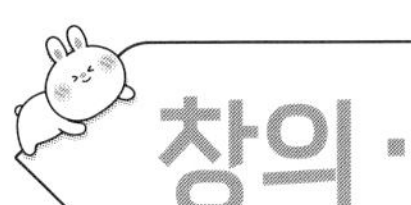

창의·융합 문제

[1~2] 다음을 보고 물음에 답하세요. (창의·융합) (정보 처리)

옛날부터 사람들은 사는 지역과 그 시대의 삶의 모습에 따라 수를 나타내는 방식이 있었습니다.
옛날 이집트에서는 호숫가에 많이 있는 올챙이로 '십만'을 나타내었고, 양손을 하늘로 들어 올린 사람의 모습으로 '백만'이라는 수를 나타내었습니다.
지금 우리가 사용하고 있는 0, 1, 2, 3, 4, 5, 6, 7, 8, 9는 인도 아라비아 숫자로 세계에서 널리 사용되는 숫자 표현 기호입니다.

옛날 이집트에서 수를 표현한 방법

인도 아라비아 수	옛날 이집트 수	설명
1		막대기 모양
10		말발굽 모양
100		밧줄을 둥그렇게 감은 모양
1000		나일강에 피어 있는 연꽃 모양
10000		하늘을 가리키는 손가락 모양
100000		나일강에 사는 올챙이 모양
1000000		너무 놀라 양손을 하늘로 들어 올린 사람 모양

1 (보기)와 같이 옛날 이집트 수를 인도 아라비아 수로 나타내세요.

보기

⇨ 2351200

(1) ( )

(2) ( )

2 옛날 이집트 수를 사용하여 나타낸 두 수의 합을 구하여 인도 아라비아 수로 나타내세요.

(1) + ( )

(2) + ( )

1 단원

진도 완료 체크

기본 단원평가 지필 평가 대비

2. 각도

점수

01 진수와 친구들이 두 막대를 벌려서 각을 만들었습니다. 가장 큰 각을 만든 사람은 누구인가요?
하

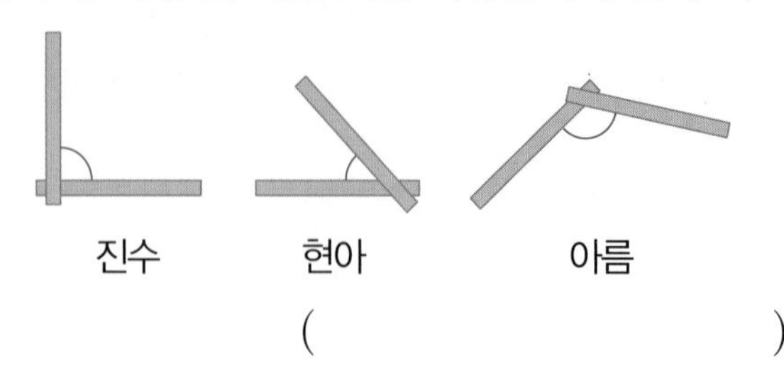

( )

02 각도를 구하세요.
하

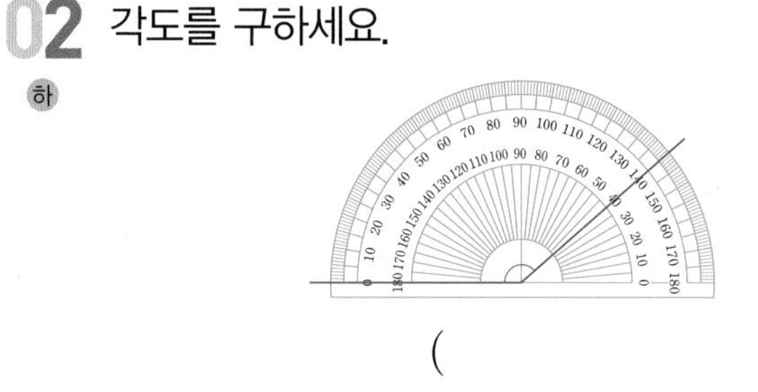

( )

03 각도기를 이용하여 각도를 재어 보세요.
하

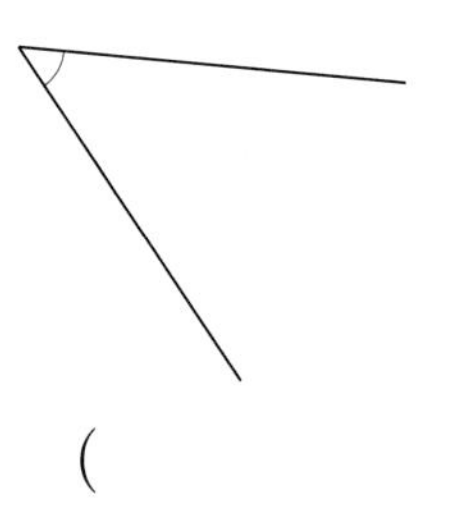

( )

창의 · 융합

04 오른쪽 시계의 긴바늘과 짧은 바늘이 이루는 작은 쪽의 각은 예각, 직각, 둔각 중 어느 것인지 쓰세요.
하

( )

05 두 각도의 합과 차를 구하세요.
중

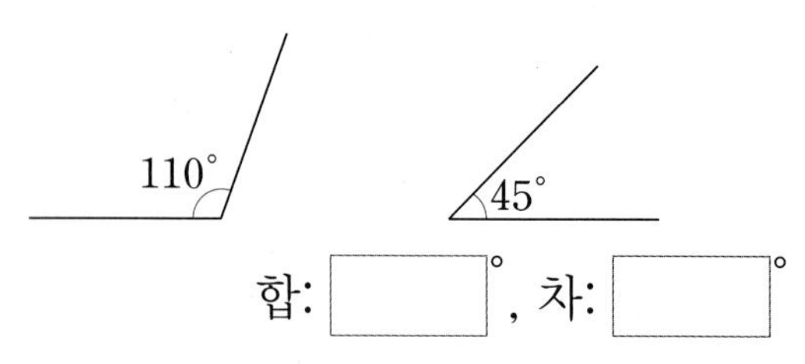

합: □°, 차: □°

[06~07] 각을 보고 물음에 답하세요.

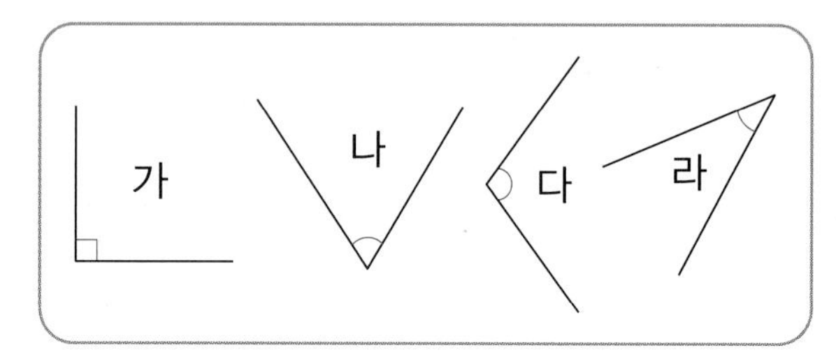

06 예각을 모두 찾아 기호를 쓰세요.
중

( )

07 둔각을 찾아 기호를 쓰세요.
중

( )

08 각도의 합과 차를 구하세요.
중

(1) $55^\circ + 115^\circ =$ □°

(2) $170^\circ - 45^\circ =$ □°

09 예각과 둔각을 각각 그리세요.
중

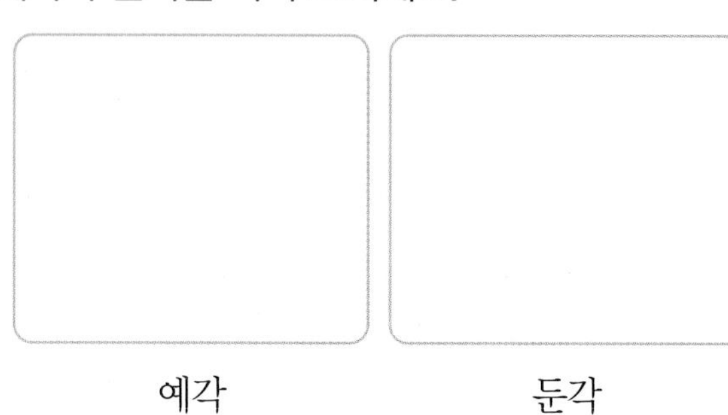

예각 둔각

10 나무 막대로 다음과 같이 만들었습니다. 각도를 어림하고, 각도기를 이용하여 각도를 재어 보세요.

중

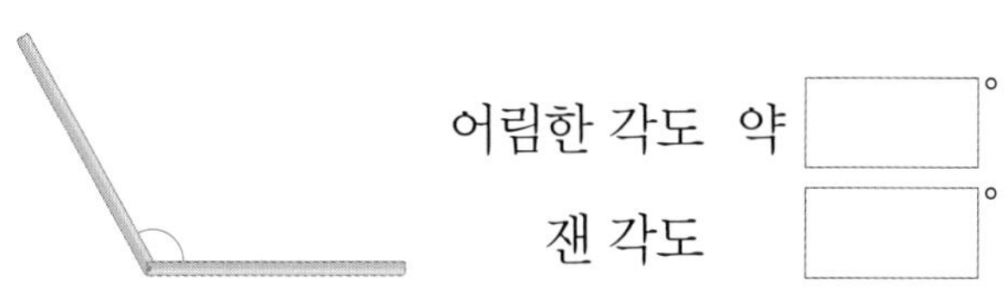

어림한 각도 약 □°

잰 각도 □°

11 각도를 비교하여 ○ 안에 >, =, < 중 알맞은 것을 써넣으세요.

중

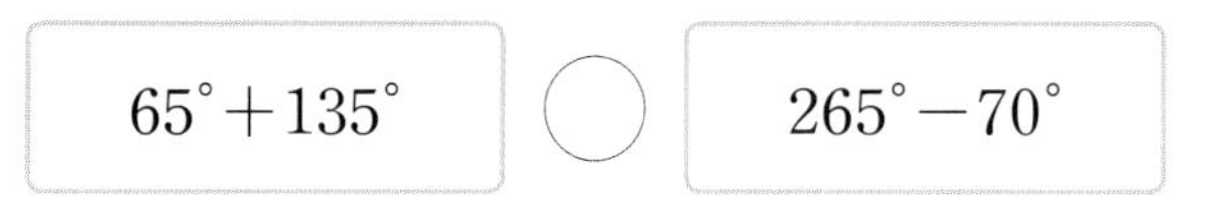

$65^\circ + 135^\circ$ ○ $265^\circ - 70^\circ$

12 각도가 가장 큰 것을 찾아 기호를 쓰세요.

중

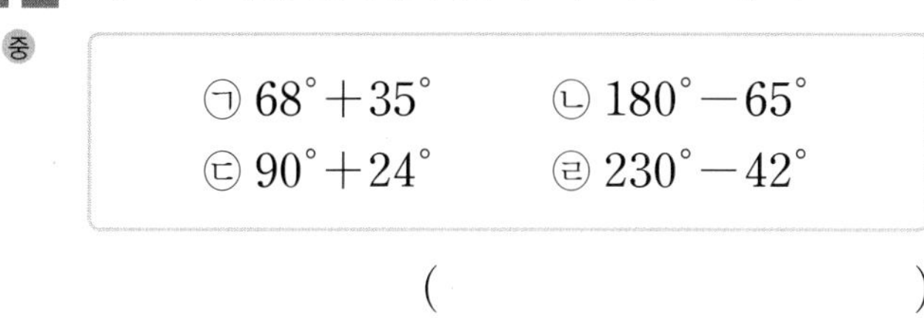

㉠ $68^\circ + 35^\circ$　㉡ $180^\circ - 65^\circ$

㉢ $90^\circ + 24^\circ$　㉣ $230^\circ - 42^\circ$

(　　　　　)

13 다음 중 각도가 잘못 표시된 것은 어느 것인가요? (　　　)

중

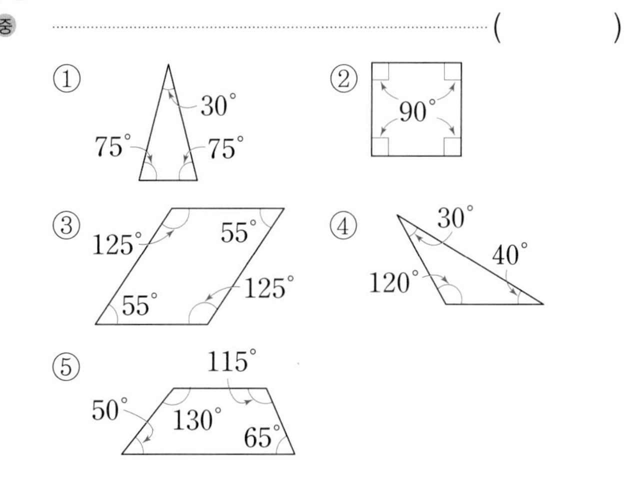

[14~15] □ 안에 알맞은 수를 써넣으세요.

14

중

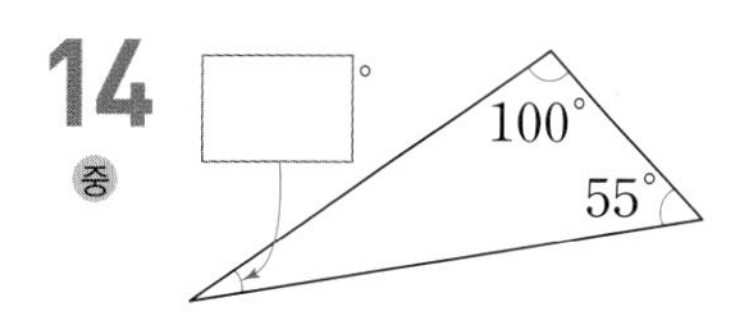

15

중

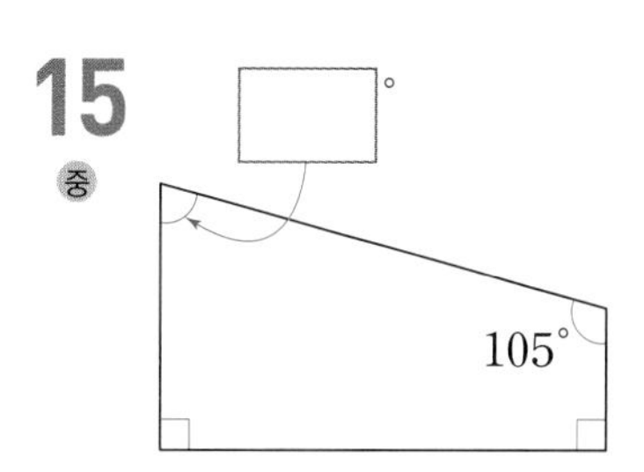

창의 · 융합

16 배에 있는 돛은 삼각형입니다. ㉠과 ㉡의 각도의 합은 몇 도인지 구하세요.

중

돛: 바람의 힘을 이용하여 배가 앞으로 나갈 수 있도록 만든 넓은 천

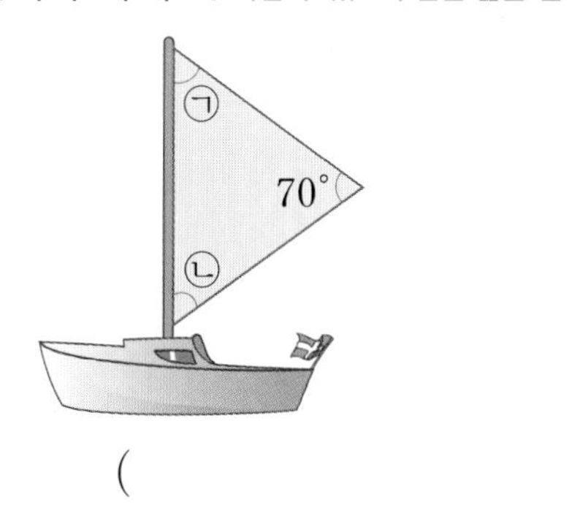

(　　　　　)

서술형 문제

17 사각형에서 ㉠과 ㉡의 각도의 합은 얼마인지 풀이 과정을 쓰고 답을 구하세요.

중

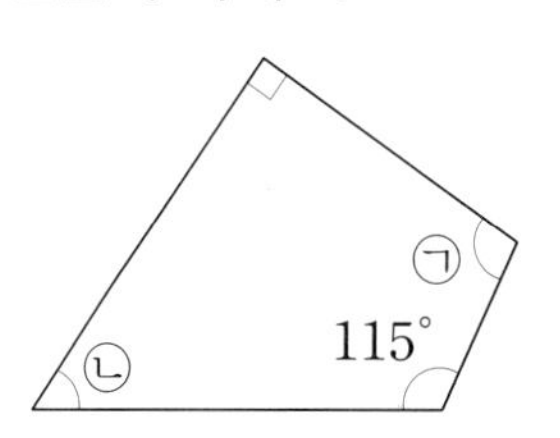

풀이 ______________________

____

____

____

답 ______________________

2 단원

• 정답 58쪽

18 시계의 긴바늘과 짧은바늘이 이루는 작은 쪽의 각이 둔각인 시각은 어느 것일까요? ( )
중

① 5시 30분 ② 6시 45분
③ 8시 30분 ④ 9시
⑤ 9시 15분

19 삼각형을 잘라서 세 꼭짓점이 한 점에 모이도록 겹치지 않게 이어 붙였습니다. ㉠의 각도를 구하세요.
중

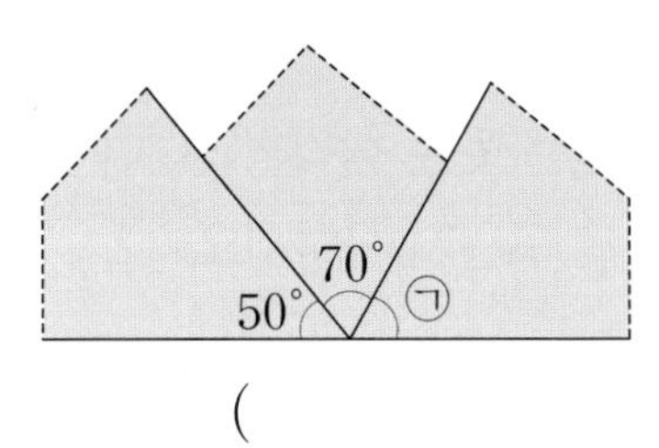

( )

20 □ 안에 알맞은 수를 써넣으세요.
중

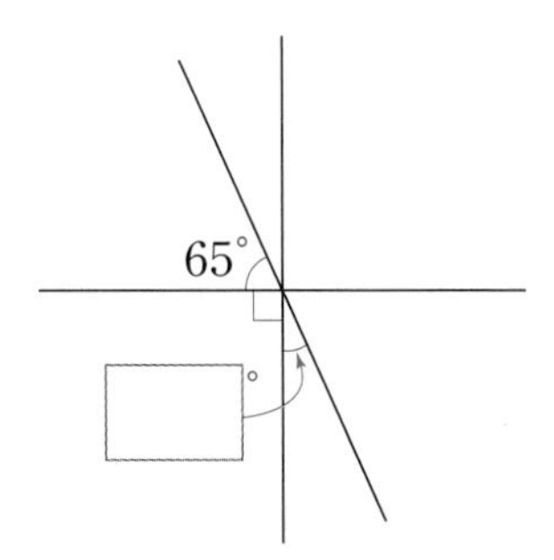

21 다음은 삼각형의 세 각 중 두 각의 크기만 나타낸 것입니다. 나머지 한 각의 크기가 가장 작은 것은 어느 것일까요? ( )
중

① 20°, 50° ② 40°, 40° ③ 55°, 40°
④ 45°, 45° ⑤ 33°, 42°

22 □ 안에 알맞은 수를 써넣으세요.
중

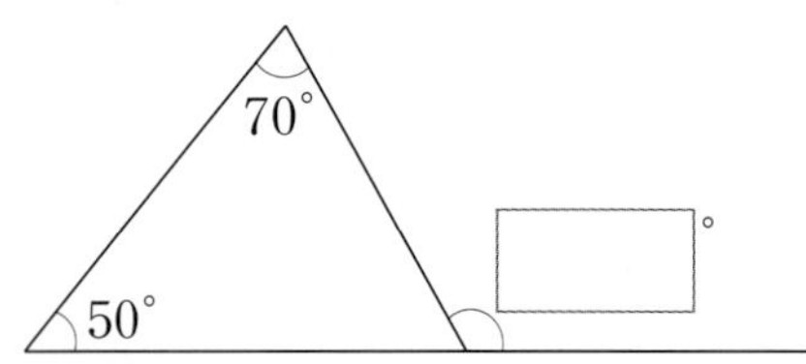

서술형 문제

23 수진이와 영호가 각도를 어림했습니다. 각도기로 재어 더 잘 어림한 사람은 누구인지 풀이 과정을 쓰고 답을 구하세요.
상

풀이 ______

답 ______

24 ㉠은 몇 도인지 구하세요.
상

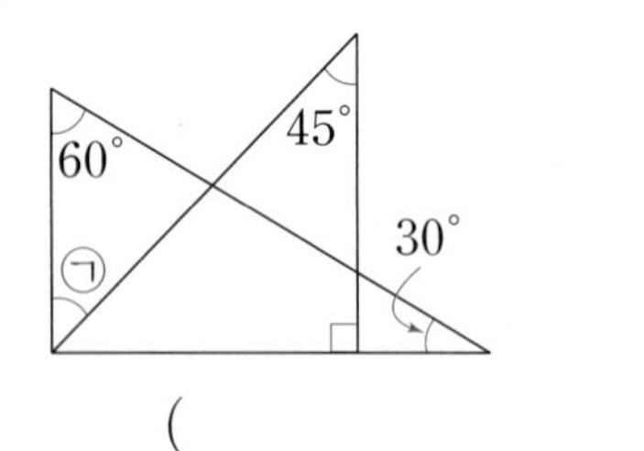

( )

추론

25 주은이가 지금 시계를 보았더니 3시였습니다. 시계를 보기 30분 전의 시각에서 시계의 긴바늘과 짧은바늘이 이루는 작은 쪽의 각은 예각과 둔각 중 어느 것일까요?
상

( )

2 단원

01 큰 각부터 차례로 기호를 쓰세요. [4점]
하

가 나 다

( )

02 보기의 각도를 이용하여 주어진 각도를 어림하세요. [4점]
하

보기

약 ( )

03 각도를 구하세요. [5점]
중

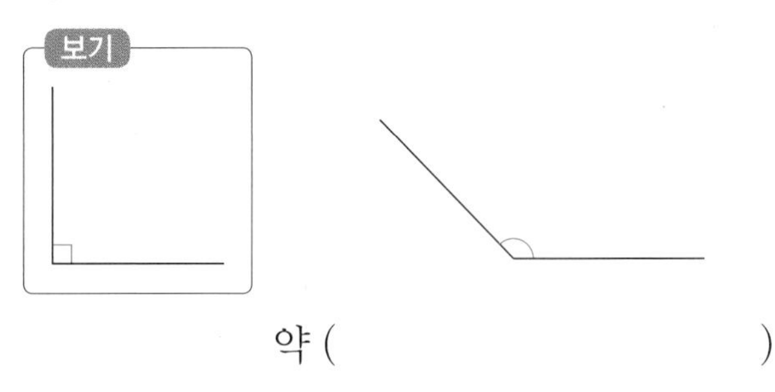

( )

창의 · 융합

04 시계의 긴바늘과 짧은바늘이 이루는 작은 쪽의 각을 예각, 둔각으로 구분하여 쓰세요. [5점]
중

(1) 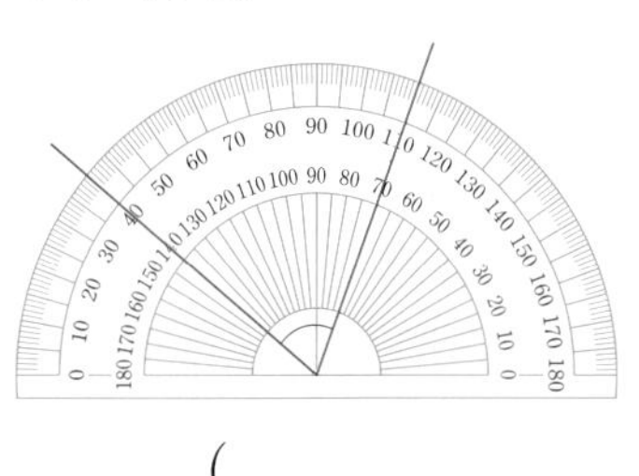 (2) 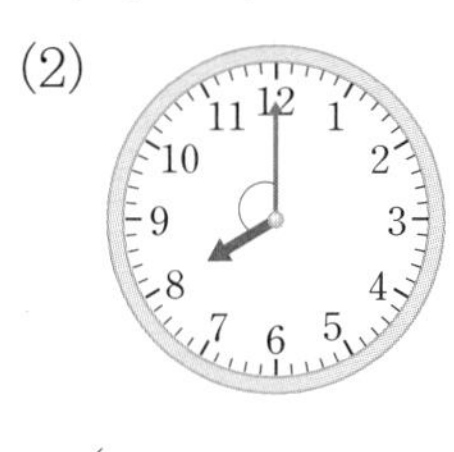

( ) ( )

[05~07] 각을 보고 물음에 답하세요.

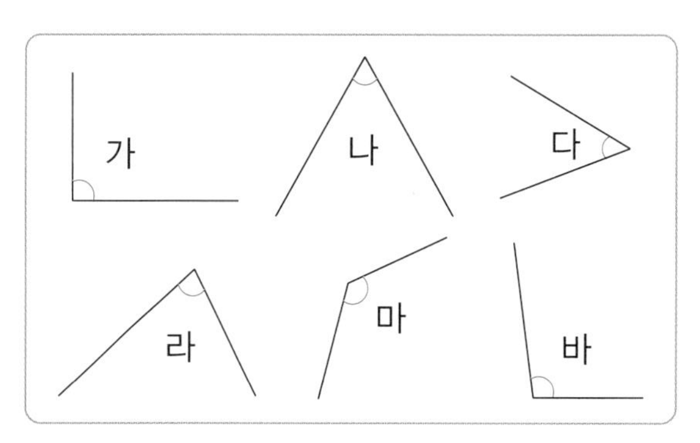

05 예각을 모두 찾아 기호를 쓰세요. [5점]
중

( )

06 둔각을 모두 찾아 기호를 쓰세요. [5점]
중

( )

07 직각은 몇 개인가요? [5점]
중

( )

08 □ 안에 알맞은 수를 써넣으세요. [5점]
중

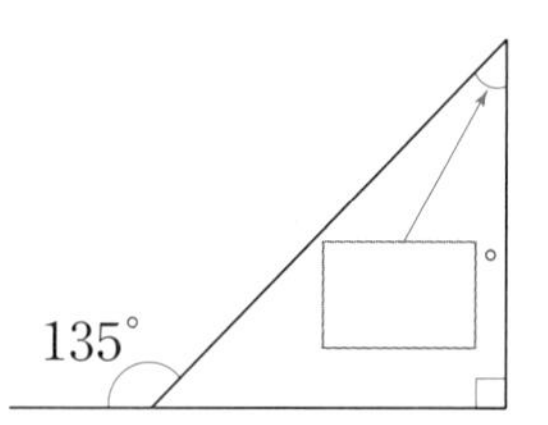

09 ㉠과 ㉡의 각도의 합은 몇 도인지 구하세요. [5점]
중

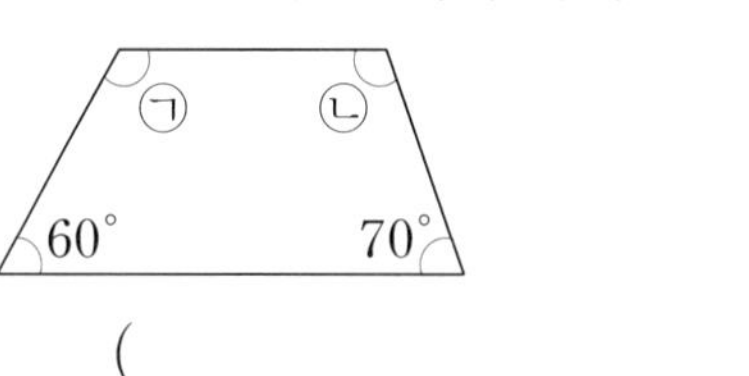

( )

2 단원

• 정답 59쪽

10 다음 중 각의 크기가 가장 큰 것은 어느 것일까요?
중 [5점] ( )

① $75° + 45°$
② $185° - 70°$
③ $90°$보다 $35°$만큼 더 큰 각
④ $270°$보다 $150°$만큼 더 작은 각
⑤ $35° + 45° + 55°$

11 직사각형 모양의 종이를 다음과 같이 접었습니다. 표시된 각의 크기는 몇 도인지 구하세요. [8점]
중

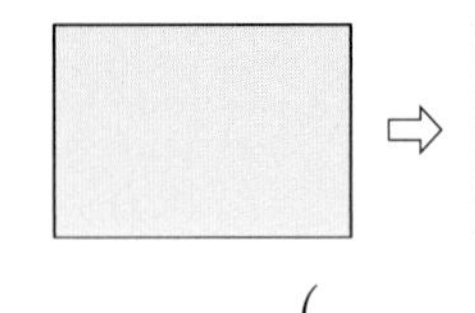
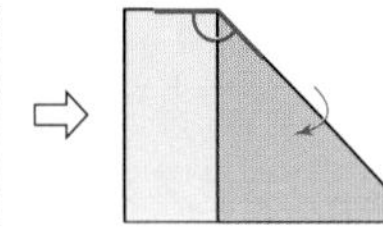

( )

창의 · 융합

12 학교에서 돌아온 수민이는 냉장고에 붙여 놓은 엄마의 메모를 보았습니다. ㉠과 ㉡의 각도의 합을 구하세요. [8점]
중

( )

추론

13 형우와 은지가 각도기를 이용하여 사각형의 네 각의 크기를 재었습니다. 사각형의 네 각의 크기를 잘못 잰 사람은 누구일까요? [8점]
상

형우: $110°$, $70°$, $80°$, $100°$
은지: $120°$, $60°$, $90°$, $80°$

( )

문제 해결

14 도형에서 ㉠과 ㉡의 각도의 합을 구하세요. [8점]
상

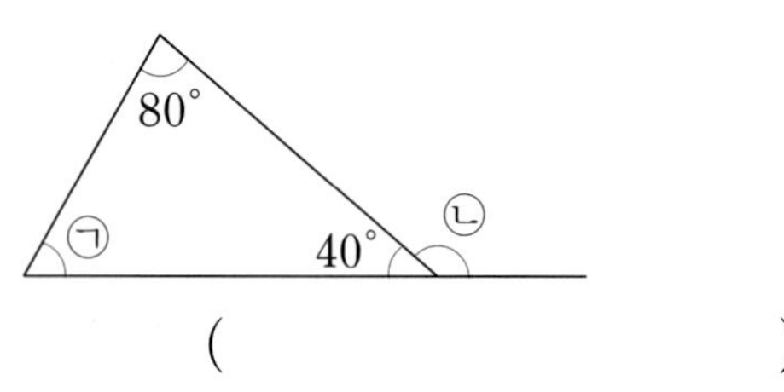

( )

서술형 문제

15 도형에 표시된 모든 각의 크기의 합은 얼마인지 풀이 과정을 쓰고 답을 구하세요. [10점]
상

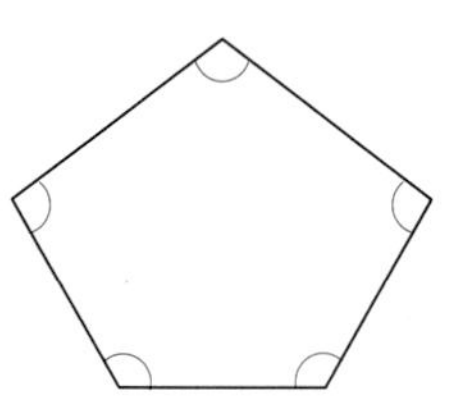

풀이

답

서술형 문제

16 도형에서 ㉠과 ㉡의 각도의 차는 몇 도인지 풀이 과정을 쓰고 답을 구하세요. [10점]
상

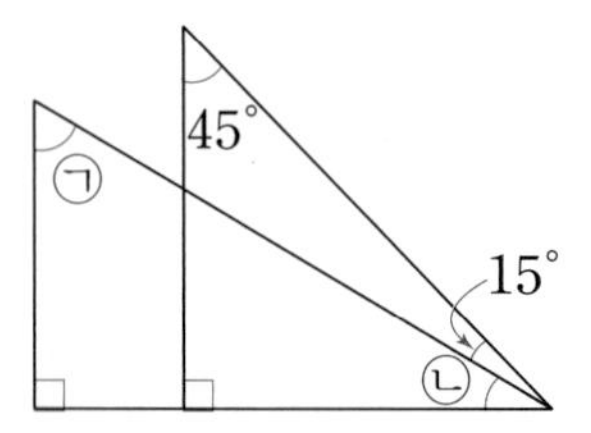

풀이

답

2 단원

진도 완료 체크

과정 중심 단원평가 지필·구술 평가 대비

2. 각도

점수

(구술 평가) 발표를 통해 이해 정도를 평가

1 라희와 준호는 다음과 같이 각도를 재었습니다. 각도를 잘못 잰 사람은 누구인지 쓰고 잘못 잰 이유를 쓰세요. [10점]

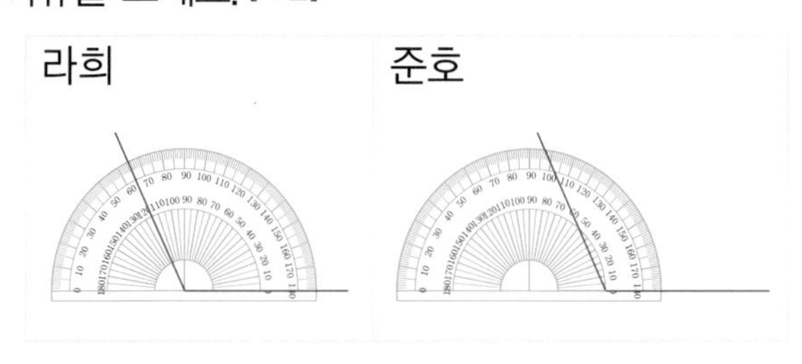

답

이유

(지필 평가) 종이에 답을 쓰는 형식의 평가

2 둔각은 모두 몇 개인지 풀이 과정을 쓰고 답을 구하세요. [10점]

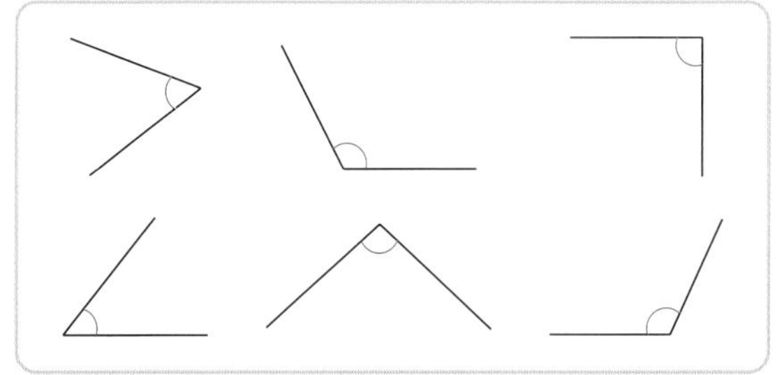

풀이

답

(지필 평가)

3 삼각형 모양의 종이 한쪽이 그림과 같이 찢어졌습니다. 찢어진 곳에 있던 나머지 한 각의 크기는 몇 도인지 풀이 과정을 쓰고 답을 구하세요.

[10점]

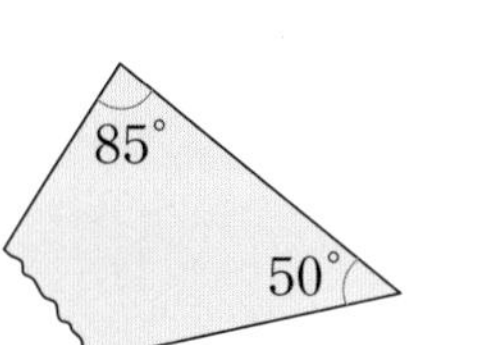

풀이

답

(지필 평가)

4 다음 가오리연에 표시한 도형의 네 각의 크기의 합은 몇 도인지 풀이 과정을 쓰고 답을 구하세요.

[10점]

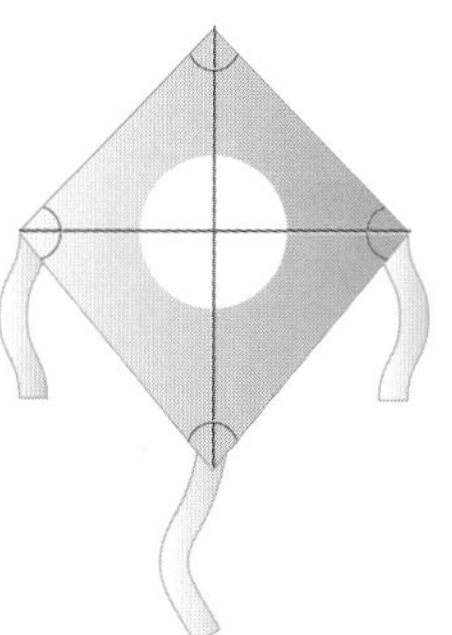

풀이

답

2 단원

• 정답 60쪽

지필 평가

5 도형에서 ㉠의 각도는 몇 도인지 풀이 과정을 쓰고 답을 구하세요. [15점]

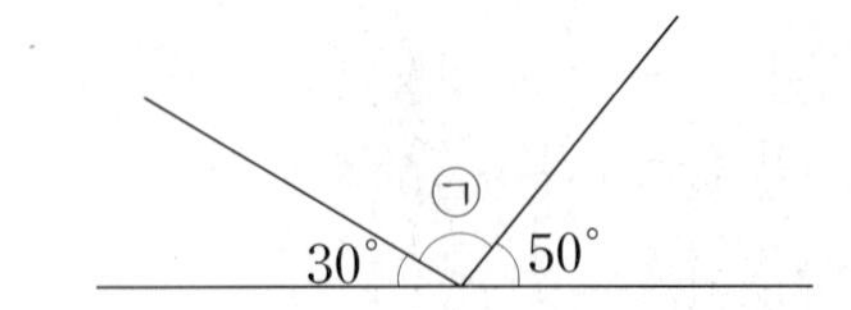

풀이

답

지필 평가

6 네 각 중 세 각의 크기가 다음과 같은 사각형이 있습니다. 사각형의 나머지 한 각의 크기는 몇 도인지 풀이 과정을 쓰고 답을 구하세요. [15점]

110°　75°　40°

풀이

답

지필 평가

7 삼각형의 세 각의 크기의 합을 이용하여 육각형의 여섯 각의 크기의 합은 몇 도인지 풀이 과정을 쓰고 답을 구하세요. [15점]

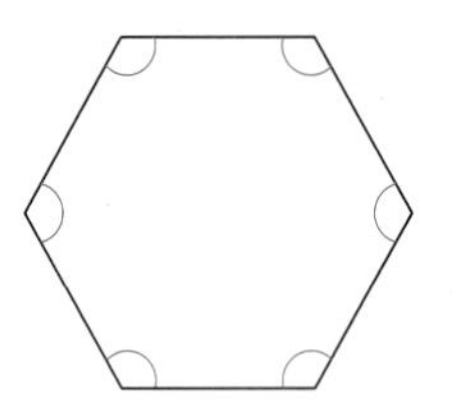

풀이

답

지필 평가

8 도형에서 ㉠의 각도는 몇 도인지 풀이 과정을 쓰고 답을 구하세요. [15점]

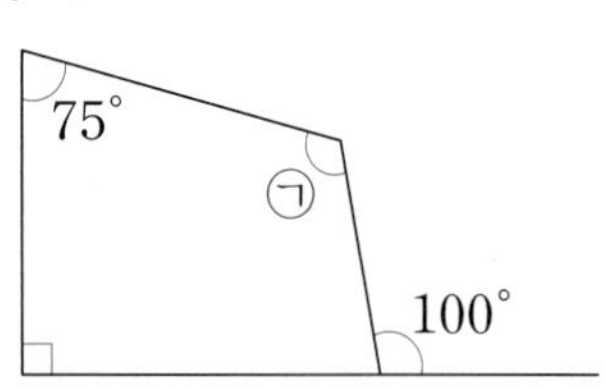

풀이

답

2 단원

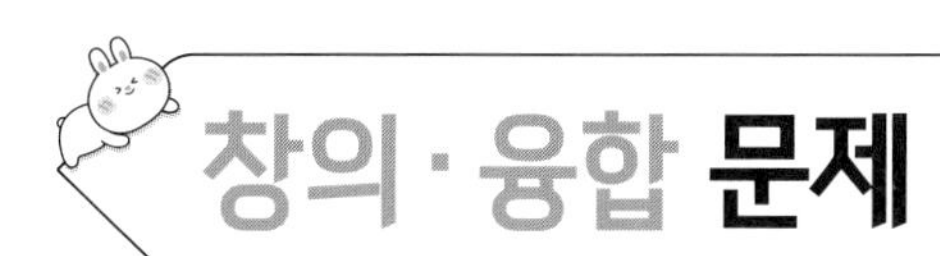

[1~3] 민주, 도준, 선영이는 각자 가지고 있는 모양 조각에 대해 이야기하고 있습니다. 세 사람은 각도기를 사용하지 않고 모양 조각의 각도를 구하려고 합니다.

2 단원

진도 완료 체크

민주, 도준, 선영이의 모양 조각에서 ★로 표시된 부분의 각도를 구하세요. (단, 세 모양 조각의 각 변의 길이는 모두 같습니다.) 창의·융합 의사소통

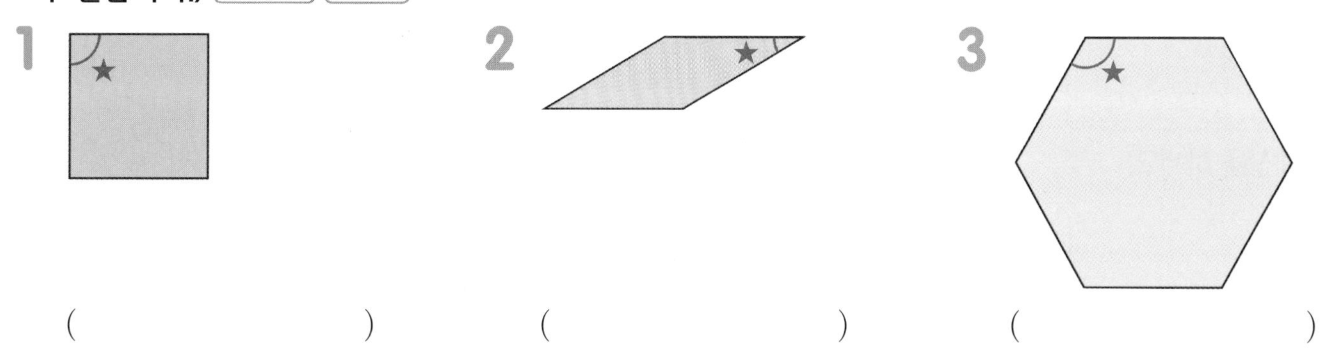

1 ( )

2 ( )

3 ( )

01 빈 곳에 두 수의 곱을 써넣으세요.
하

900	20

[02~03] 계산을 하세요.

02
하

$$\begin{array}{r} 756 \\ \times\ \ 60 \\ \hline \end{array}$$

03
하

$$\begin{array}{r} 257 \\ \times\ \ 35 \\ \hline \end{array}$$

04 □ 안에 알맞은 수를 써넣으세요.
하

$357 \div 60 = \square \cdots \square$

05 계산을 하세요.
하

$45\overline{)669}$

06 곱을 비교하여 ◯ 안에 >, =, < 중 알맞은 것을 써넣으세요.
중

 700×59 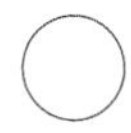 426×96

07 몫이 두 자리 수인 나눗셈은 어느 것일까요?
중
( )

① 548÷60 ② 423÷49
③ 246÷21 ④ 813÷82
⑤ 688÷78

08 계산을 하고 계산 결과가 맞는지 확인하세요.
중

$46\overline{)346}$

확인

09 ㉠에 알맞은 수를 구하세요.
중

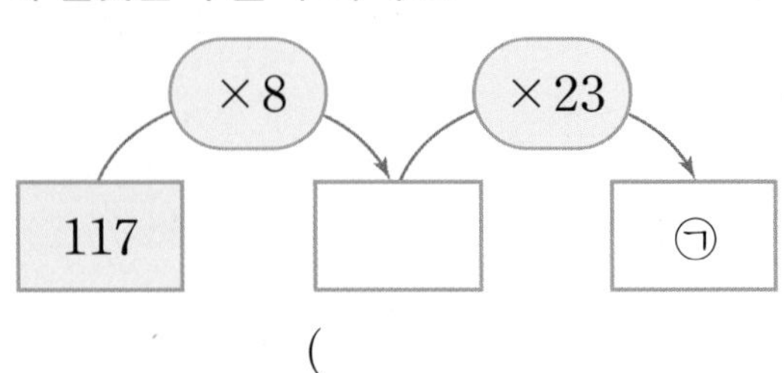

( )

10 어떤 수를 32로 나누었을 때 나머지가 될 수 없는 수는 어느 것인가요? ( )
중

① 4 ② 10 ③ 20
④ 30 ⑤ 40

창의·융합

11 민수의 일기를 읽고 반 학생들이 낸 입장료는 모두 얼마인지 구하세요.
중

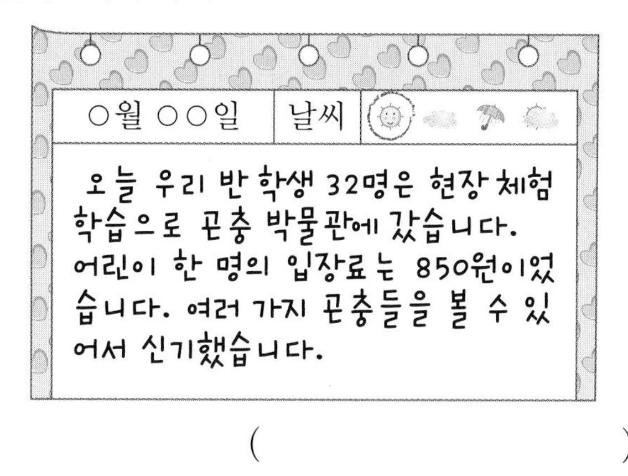

( )

12 □ 안에 몫을 쓰고 ○ 안에 나머지를 써넣으세요.
중

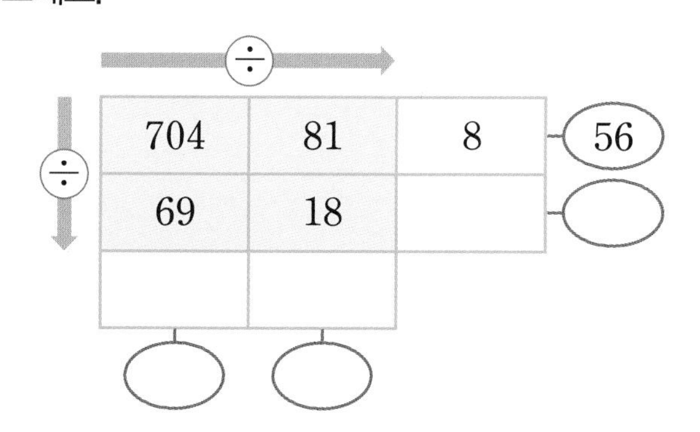

13 몫이 가장 큰 것을 찾아 기호를 쓰세요.
중

㉠ 80÷17 ㉡ 74÷29
㉢ 96÷25 ㉣ 68÷13

( )

14 곱이 큰 것부터 차례로 ○ 안에 번호를 써넣으세요.
중

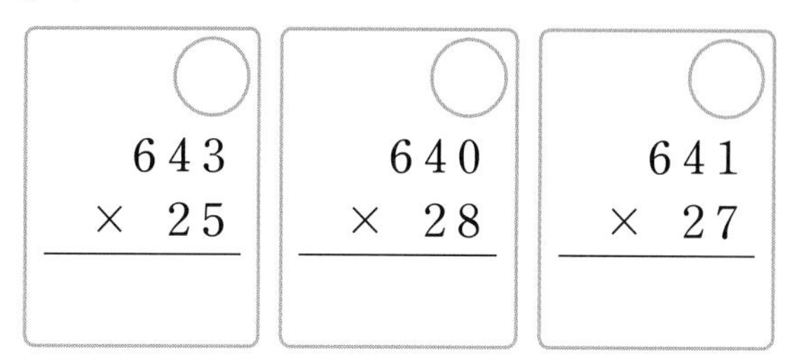

15 나머지가 다른 하나를 찾아 기호를 쓰세요.
중

㉠ 508÷35 ㉡ 133÷23
㉢ 379÷52 ㉣ 498÷32

( )

16 잘못된 곳을 찾아 바르게 고치세요.
중

```
    5 5 4
  ×   3 6
  -------
  3 3 2 4
  1 6 6 2
  -------
  4 9 8 6
```
⇨

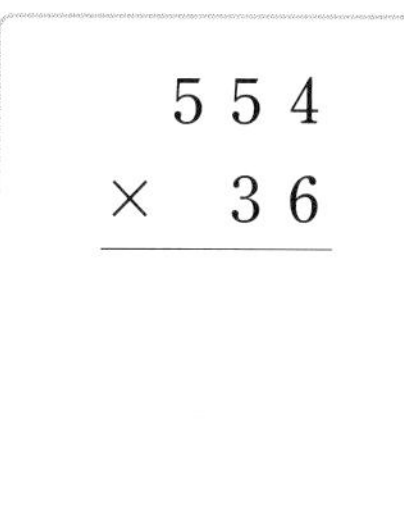

17 빈 곳에 알맞은 수를 써넣으세요.
중

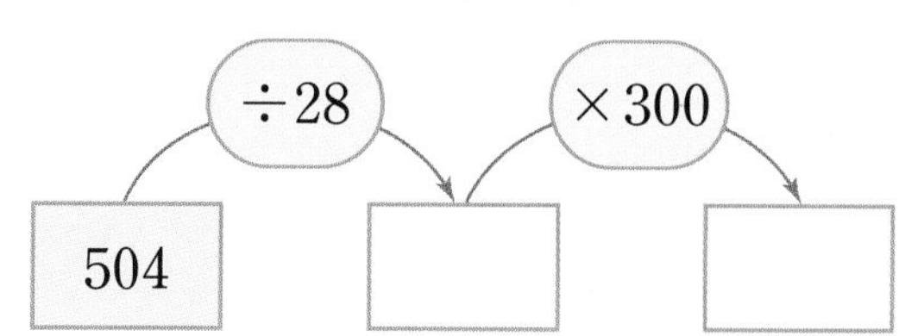

3 단원

• 정답 61쪽

18 중 민경이네 가족은 농장에서 수확한 감자를 한 상자에 24 kg씩 담아 포장하였습니다. 포장하고 남은 감자는 몇 kg일까요?

(　　　　　　　　)

19 중 사자 인형 한 개를 만드는 데 980원씩 비용이 든다고 합니다. 사자 인형 23개를 만드는 데 드는 비용은 모두 얼마일까요?

(　　　　　　　　)

서술형 문제

20 중 어떤 수를 25로 나눌 때 나올 수 있는 나머지 중에서 가장 큰 수는 얼마인지 풀이 과정을 쓰고 답을 구하세요.

풀이 ______________________

____

____

답 ______________

21 중 다음 수를 36배 한 수를 구하세요.

100이 2개, 10이 57개, 1이 34개인 수

(　　　　　　　　)

22 상 A4 용지 665장을 한 사람에게 16장씩 나누어 주려고 합니다. 몇 명에게 나누어 줄 수 있고 몇 장이 남을까요?

(　　　　　　　　), (　　　　　　　　)

23 상 수지가 어떤 수를 46으로 나누었더니 몫이 19이고 나머지가 7이었습니다. 어떤 수는 얼마일까요?

(　　　　　　　　)

문제 해결

24 상 도매 시장에서 한 상자에 46개씩 들어 있는 사과를 16상자 사 왔습니다. 이 사과를 한 상자에 25개씩 다시 담아 팔려고 합니다. 팔 수 있는 사과는 몇 상자이고 몇 개가 남을까요?

(　　　　　　　　), (　　　　　　　　)

문제 해결

25 상 수 카드를 한 번씩만 사용하여 몫이 가장 큰 (세 자리 수)÷(두 자리 수)를 만들어 몫과 나머지를 구하세요.

2　3　4　7　9

몫 (　　　　　　　　)

나머지 (　　　　　　　　)

실력 단원평가 지필 평가 대비

점수

01 하 계산을 하세요. [4점]

$$\begin{array}{r} 863 \\ \times \quad 17 \\ \hline \end{array}$$

02 하 계산을 하세요. [4점]

(1) 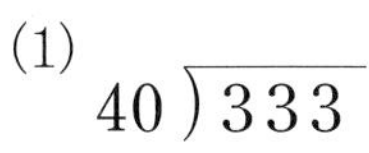
$40\overline{)333}$

(2) $80\overline{)625}$

03 하 곱이 다른 것은 어느 것인가요? [4점] .... (　　　)

① 400×60　② 800×30
③ 80×300　④ 60×300
⑤ 600×40

04 중 □ 안에 알맞은 수를 써넣으세요. [5점]

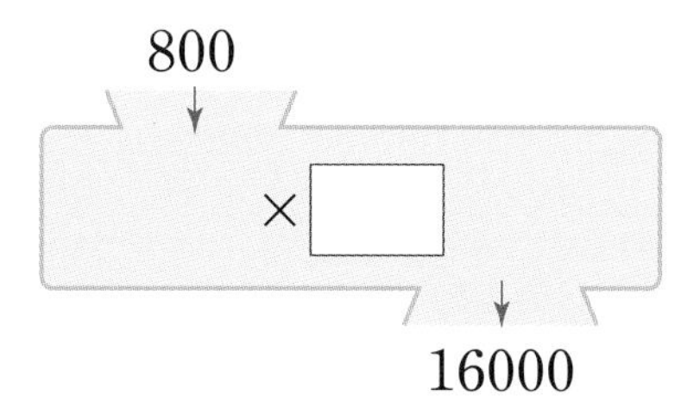

05 중 □÷20에서 나머지가 될 수 없는 수는 어느 것인가요? [5점] .... (　　　)

① 1　② 2　③ 10
④ 12　⑤ 21

06 중 곱을 비교하여 ○ 안에 >, =, < 중 알맞은 것을 써넣으세요. [5점]

769×80 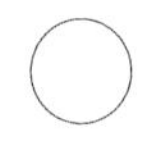 832×59

07 중 계산을 하고 계산 결과가 맞는지 확인하세요. [5점]

$32\overline{)791}$

확인 ....

08 중 가장 큰 수와 가장 작은 수의 곱을 구하세요. [5점]

326　85　64　197

(　　　)

09 중 빈 곳에 알맞은 수를 써넣으세요. [5점]

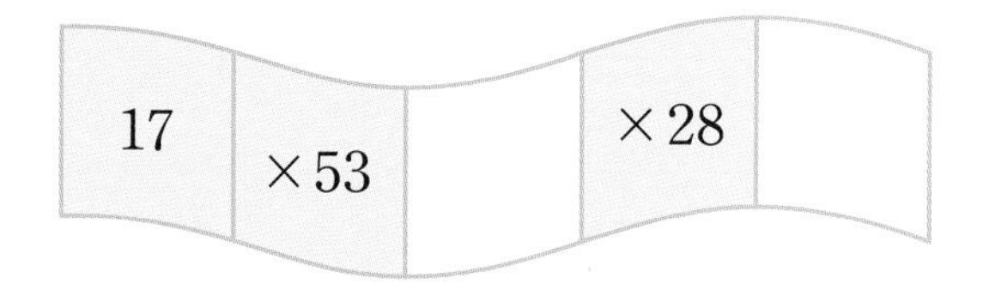

10 중 나눗셈에서 잘못된 곳을 찾아 바르게 계산하세요. [5점]

$$\begin{array}{r} 7 \\ 12\overline{)98} \\ 84 \\ \hline 14 \end{array} \Rightarrow 12\overline{)98}$$

3 단원

• 정답 62쪽

11 곱이 큰 것부터 차례로 기호를 쓰세요. [5점]

중

㉠ 569×45	㉡ 713×29
㉢ 197×87	㉣ 283×69

( )

12 나머지가 가장 큰 것을 찾아 기호를 쓰세요. [5점]

중

㉠ $612 \div 45$	㉡ $316 \div 27$
㉢ $528 \div 72$	㉣ $495 \div 58$

( )

창의·융합

13 과학 시간에 선생님께서 240 mL의 물을 한 모둠에 30 mL씩 눈금실린더에 나누어 주셨습니다. 모두 몇 모둠에 나누어 주셨는지 구하세요. [5점]

중

( )

14 어느 오토바이 공장에서 오토바이를 하루에 935대씩 생산한다고 합니다. 이 공장에서 45일 동안 생산하는 오토바이는 모두 몇 대가 될까요? [5점]

중

( )

15 민희네 가족은 배추 모종을 심으려고 합니다. 배추 모종 300개를 한 줄에 48개씩 심으면 몇 줄을 심을 수 있고 남는 모종은 몇 개일까요? [5점]

중

( ), ( )

추론

16 □ 안에 들어갈 수 있는 수 중 가장 큰 수를 구하세요. [8점]

상

$26 \times \square < 594$

( )

서술형 문제

17 수 카드를 한 번씩 사용하여 (가장 큰 세 자리 수) ×(가장 작은 두 자리 수)를 만들었을 때 곱은 얼마인지 풀이 과정을 쓰고 답을 구하세요. [10점]

상

2 1 5 7 9

풀이 ______

______

______

답 ______

문제 해결

18 어떤 수를 32로 나눌 때, 몫이 9가 되는 가장 큰 수와 가장 작은 수를 구하세요. [10점]

상

가장 큰 수 ( )

가장 작은 수 ( )

3 단원

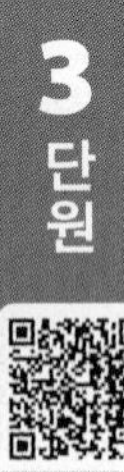

과정 중심 단원평가 지필·구술 평가 대비

점수

지필 평가 종이에 답을 쓰는 형식의 평가

1 다연이네 반의 학급 신문을 보고 다연이네 반 학생들이 모은 돈은 모두 얼마인지 풀이 과정을 쓰고 답을 구하세요. [10점]

학급신문

동전 모으기 운동

우리 반 학생들은 지난 한 주 동안 500원짜리 동전 모으기 운동을 해서 500원짜리 동전을 80개 모았습니다.

풀이 ______________________________

답 ______________

지필 평가

2 ㉠과 ㉡ 중에서 몫이 더 작은 나눗셈은 어느 것인지 풀이 과정을 쓰고 답을 구하세요. [10점]

㉠ $579 \div 42$
㉡ $421 \div 29$

풀이 ______________________________

답 ______________

지필 평가

3 제은이는 문구점에서 한 장에 290원인 도화지를 43장 샀습니다. 제은이가 산 도화지의 가격은 모두 얼마인지 풀이 과정을 쓰고 답을 구하세요. [10점]

풀이 ______________________________

답 ______________

지필 평가

4 성장기에 줄넘기, 농구, 수영, 배드민턴 같은 운동을 하면 키 크는 데 도움이 된다고 합니다. 상민이는 매일 배드민턴을 124분씩 했습니다. 29일 동안 배드민턴을 모두 몇 분 했는지 풀이 과정을 쓰고 답을 구하세요. [10점]

풀이 ______________________________

답 ______________

3 단원

• 정답 63쪽

지필 평가

5 소민이는 가족들과 울산으로 여행을 가기 위해 광명역에서 KTX를 탔습니다. 울산역까지 가는 데 걸리는 시간은 몇 시간 몇 분인지 풀이 과정을 쓰고 답을 구하세요. [15점]

이 열차는 광명역에서 출발하여 153분 후에 울산역에 도착할 예정입니다.

풀이

답

지필 평가

6 꽃 한 송이를 만드는 데 색 테이프 41 cm가 필요합니다. 색 테이프 374 cm로 꽃을 최대한 많이 만들 때 몇 송이까지 만들 수 있는지 풀이 과정을 쓰고 답을 구하세요. [15점]

풀이

답

지필 평가

7 일정한 크기의 얼음을 312개까지 채울 수 있는 빈 석빙고 안에 매일 일정한 크기의 얼음을 26개씩 채우려고 합니다. 석빙고를 가득 채우는 데 며칠이 걸리는지 풀이 과정을 쓰고 답을 구하세요. [15점]

▲석빙고: 조선 시대 얼음 보관 창고

풀이

답

지필 평가

8 어느 빵집에서 빵 863개를 만들어 72개는 사람들에게 나누어 주고 남은 빵을 한 상자에 42개씩 담았습니다. 상자에 담고 남은 빵은 몇 개인지 풀이 과정을 쓰고 답을 구하세요. [15점]

풀이

답

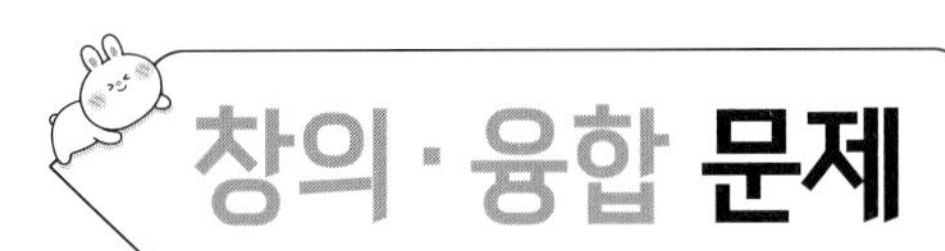

창의·융합 문제

[1~2] 고대 이집트는 거대한 피라미드를 지을 수 있을 정도로 수학과 과학이 발달한 나라였습니다. 123×12를 고대 이집트의 방법으로 계산한 것을 보고 물음에 답하세요. 창의·융합

123×12의 계산

1부터 내려가면서 바로 위의 수를 두 번 더한 수를 차례로 씁니다.

1	123
2	246
④	492
⑧	984
16	1968
⋮	⋮

곱해지는 수 123부터 내려가면서 두 번 더한 수를 차례로 씁니다.

$4+8=12$이므로
$123 \times 12=492+984=1476$입니다.

1 고대 이집트의 방법으로 표를 완성하고 □ 안에 알맞은 수를 써넣어 142×36을 계산하세요.

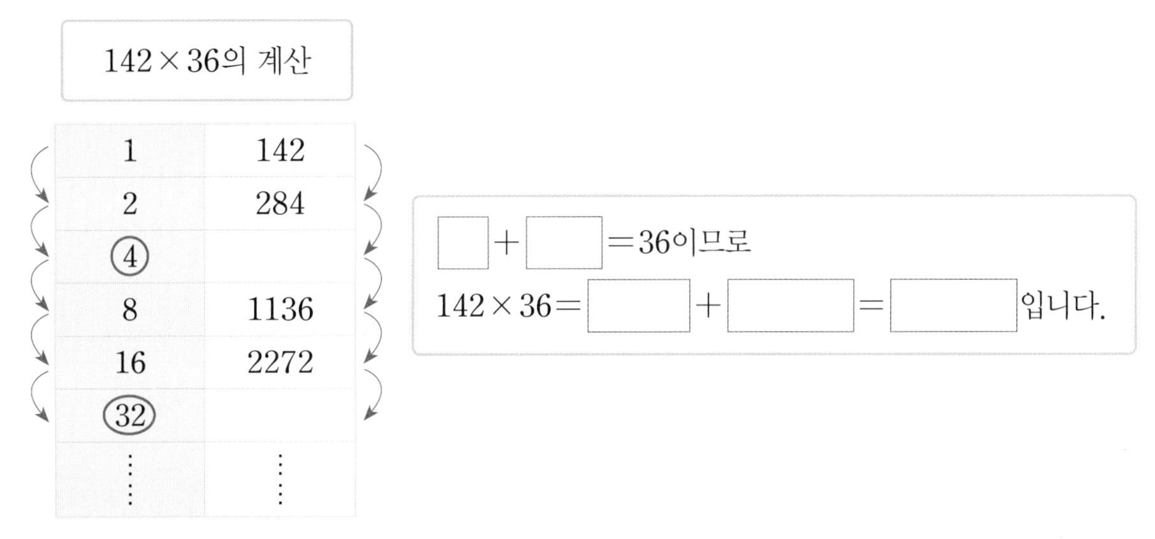

142×36의 계산

1	142
2	284
④	
8	1136
16	2272
㉜	
⋮	⋮

□+□$=36$이므로
$142 \times 36=$□+□=□입니다.

2 1번의 표를 보고 142×24를 계산하세요.

01 도형을 왼쪽으로 밀었을 때의 도형을 그리세요.
하

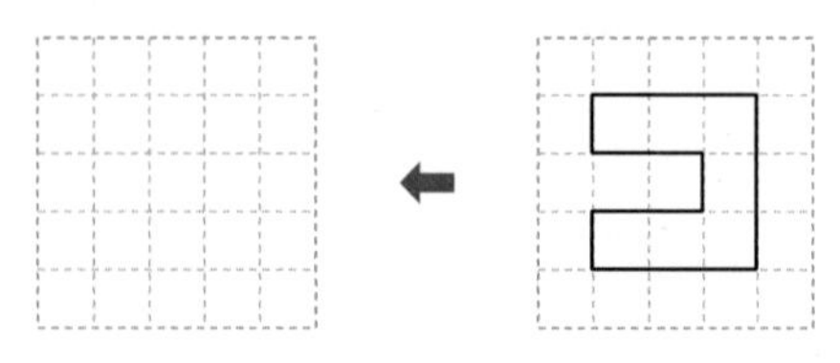

[02~03] 그림을 보고 물음에 답하세요.

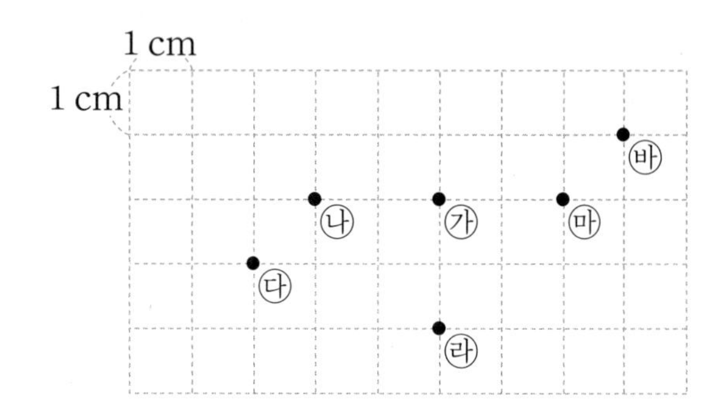

02 점 ㉮를 오른쪽으로 2 cm 이동하면 어디에 도착하나요?
하

( )

03 □ 안에 알맞은 수나 말을 써넣으세요.
하

점 ㉰가 점 ㉳에 도착하려면 오른쪽으로 □ cm, □으로 □ cm 이동해야 합니다.

의사소통

04 정사각형을 완성하려면 왼쪽 조각을 어떻게 움직여야 하는지 알맞은 말에 각각 ○표 하세요.
하

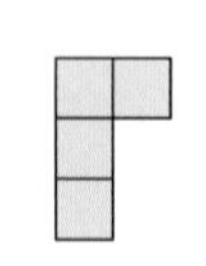

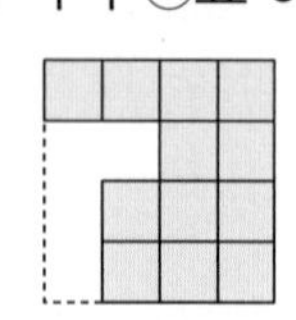

(왼쪽, 오른쪽)으로 (밀기, 뒤집기)를 합니다.

05 도형을 왼쪽으로 10 cm 밀었을 때의 도형을 그리세요.
중

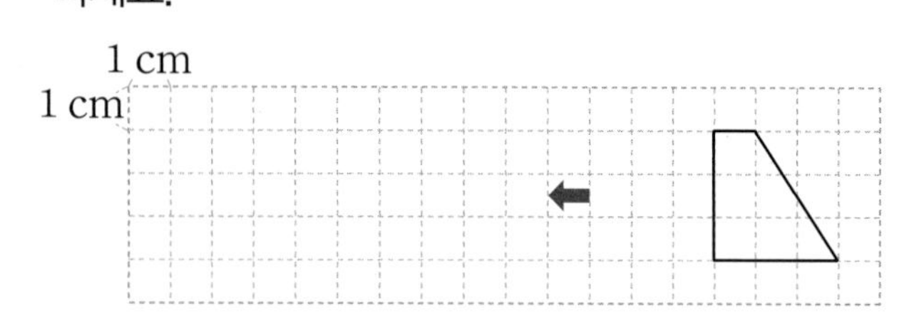

06 보기 의 도형을 시계 반대 방향으로 90°만큼 돌렸을 때의 도형에 ○표 하세요.
중

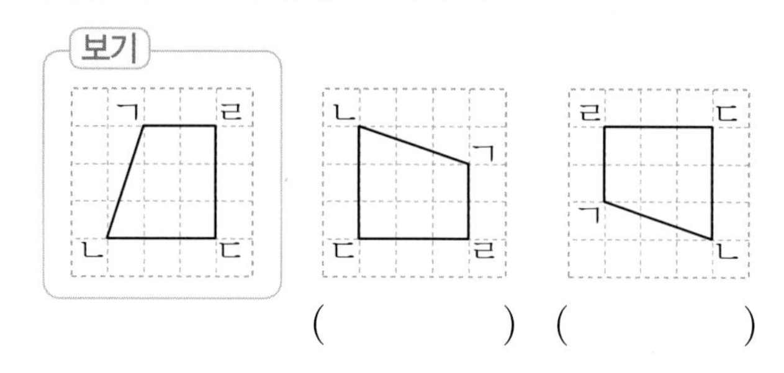

( ) ( )

07 도형을 오른쪽으로 뒤집은 도형을 그리세요.
중

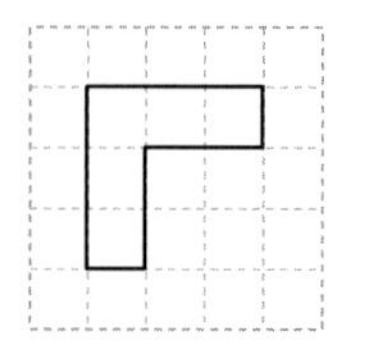

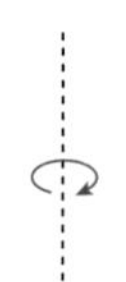

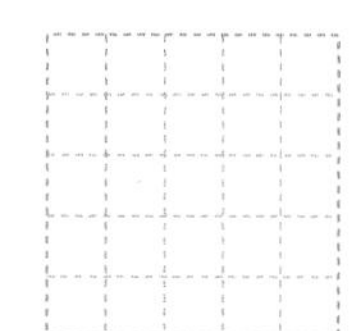

08 도형을 왼쪽으로 뒤집은 도형과 오른쪽으로 뒤집은 도형을 각각 그리세요.
중

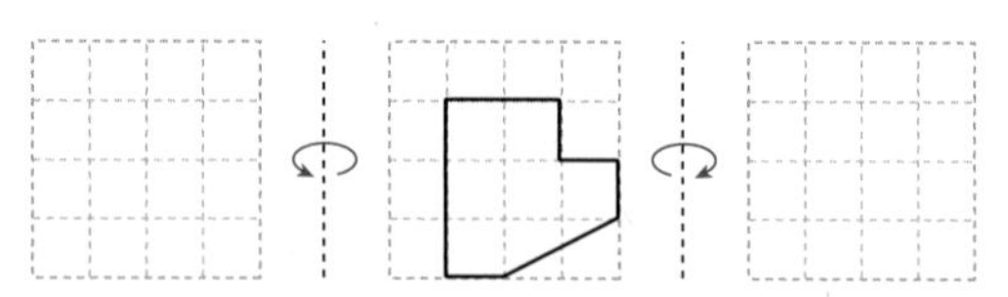

09 왼쪽이나 오른쪽으로 뒤집어도 처음과 같은 도형을 모두 골라 기호를 쓰세요.
중

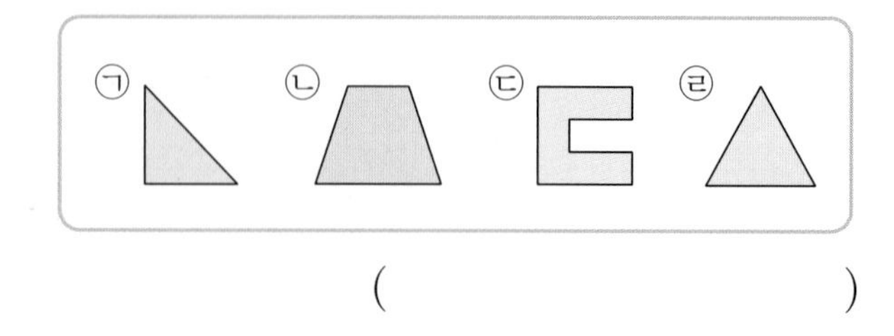

( )

10 도형을 위쪽으로 뒤집은 도형과 왼쪽으로 뒤집은 도형을 각각 그리세요.

중

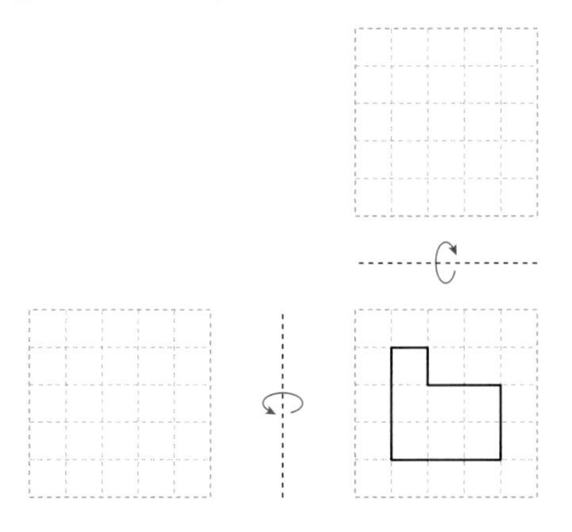

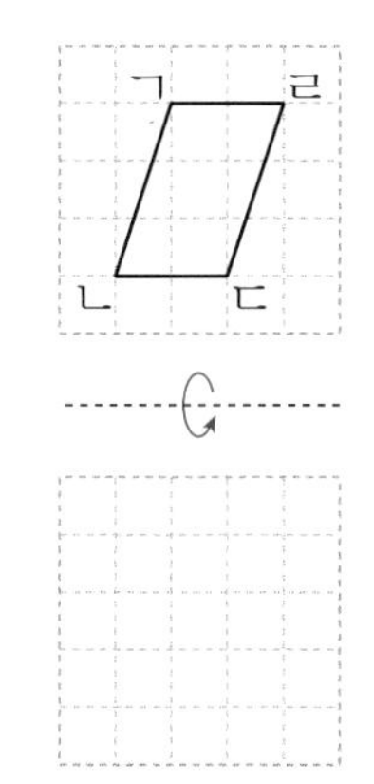

11 사각형 ㄱㄴㄷㄹ을 아래쪽으로 뒤집었을 때의 도형을 그리세요.

중

12 모양 조각을 돌린 모양을 보고, 알맞은 것에 각각 ○표 하세요.

중

처음 모양

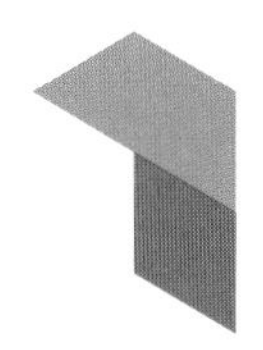

움직인 모양

(시계 방향, 시계 반대 방향)으로 (90°, 180°) 만큼 돌린 것입니다.

의사소통

13 바르게 말한 사람의 이름을 쓰세요.

중

수현: 어떤 도형을 시계 방향으로 180°만큼 돌린 도형과 아래쪽으로 뒤집은 도형은 같아.

진영: 어떤 도형을 시계 반대 방향으로 90° 만큼 돌린 도형과 시계 방향으로 270° 만큼 돌린 도형은 같아.

(　　　　　　　　)

14 삼각형 ㄱㄴㄷ을 시계 방향으로 90°만큼 돌렸을 때의 도형을 그리세요.

중

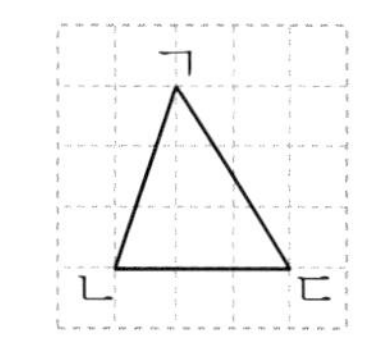

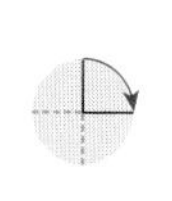

15 도형을 시계 방향으로 180°만큼 돌렸을 때의 도형을 그리세요.

중

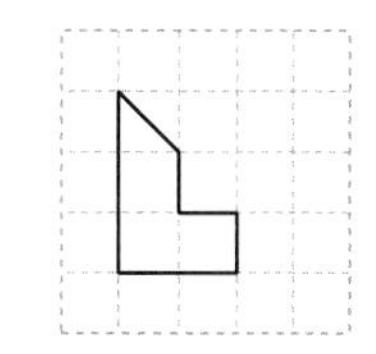

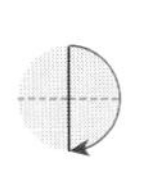

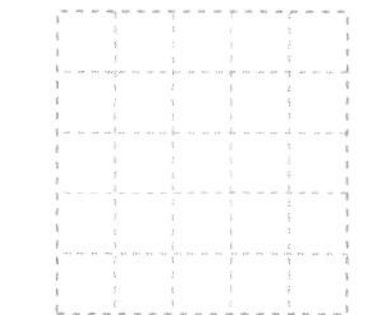

16 수 21을 오른쪽으로 뒤집었을 때 나오는 수를 쓰세요.

중

(　　　　　　　　)

추론

17 오른쪽 도형을 움직였을 때 처음과 같지 않은 도형은 어느 것인지 모두 고르세요. (　　　　)

중

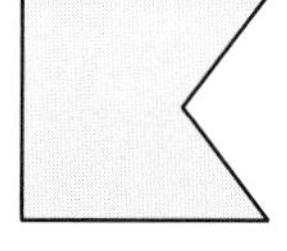

① 오른쪽으로 밀었을 때
② 위쪽으로 뒤집었을 때
③ 오른쪽으로 뒤집었을 때
④ 시계 반대 방향으로 180°만큼 돌렸을 때
⑤ 위쪽으로 밀었을 때

• 정답 64쪽

18 시계 방향으로 180°만큼 돌렸을 때 처음과 같은 글자는 어느 것일까요? ( )
중

①  ②  ③ 

④  ⑤ 

19 도형을 돌린 그림입니다. ? 안에 알맞은 것은 어느 것일까요? ( )
중

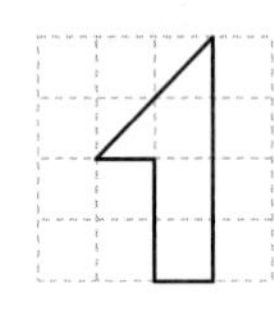

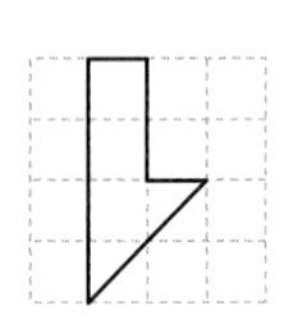

① 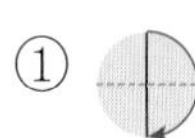 ② 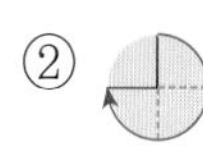 ③ 

④ 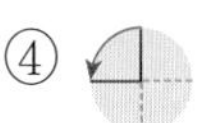 ⑤ 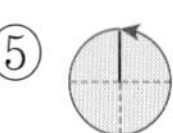

20 도형을 오른쪽으로 뒤집고 시계 반대 방향으로 270°만큼 돌린 도형을 각각 그리세요.
중

21 도형을 시계 방향으로 180°만큼 돌리고 아래쪽으로 뒤집은 도형을 각각 그리세요.
중

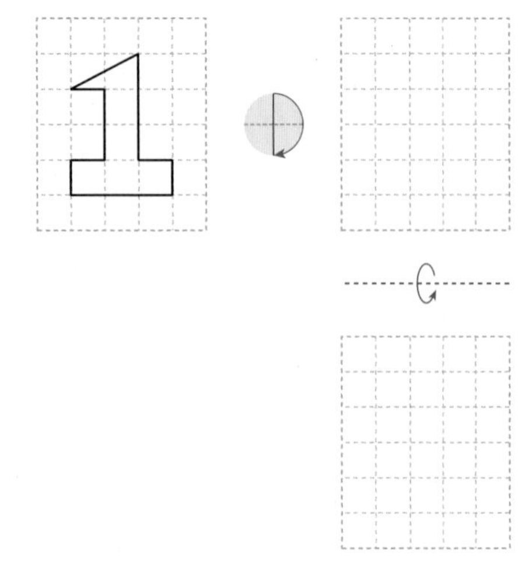

22 모양으로 만든 무늬입니다. 밀기, 뒤집기, 돌리기 중 어떤 방법을 이용했는지 모두 쓰세요.
중

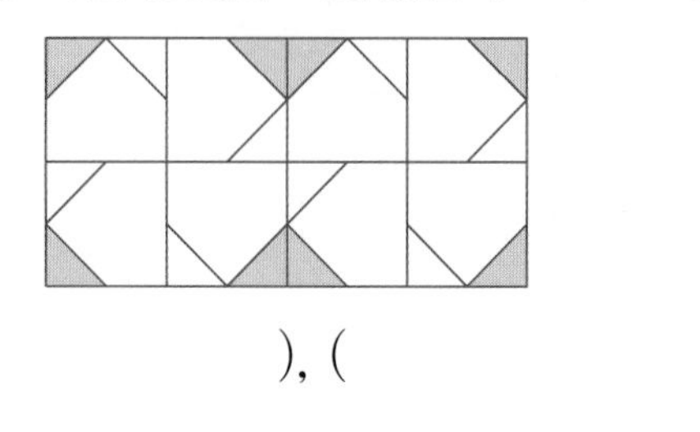

( ), ( )

23 모양을 사용하여 규칙적인 무늬를 만들려고 합니다. 뒤집기를 이용하여 무늬를 완성하세요.
중

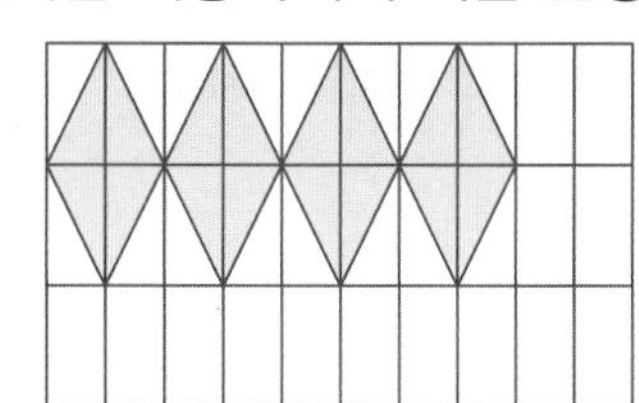

24 어떤 도형을 오른쪽으로 뒤집고 시계 방향으로 90°만큼 돌린 도형입니다. 처음 도형과 두 번째 도형을 각각 그리세요.
상

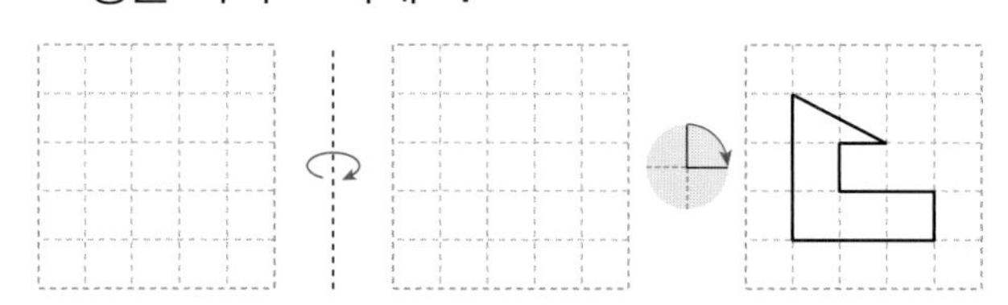

구술 평가

25 잘못된 것을 찾아 바르게 설명해 보세요. [4점]
하

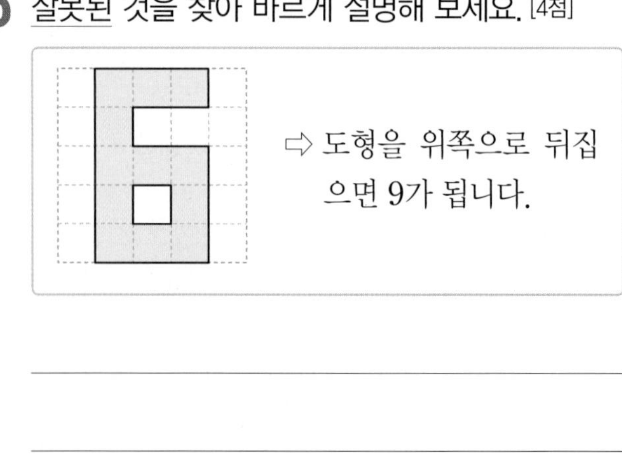

의사소통

01 알맞은 말에 ○표 하고, □ 안에 알맞은 수를 써 넣으세요. [5점]

하

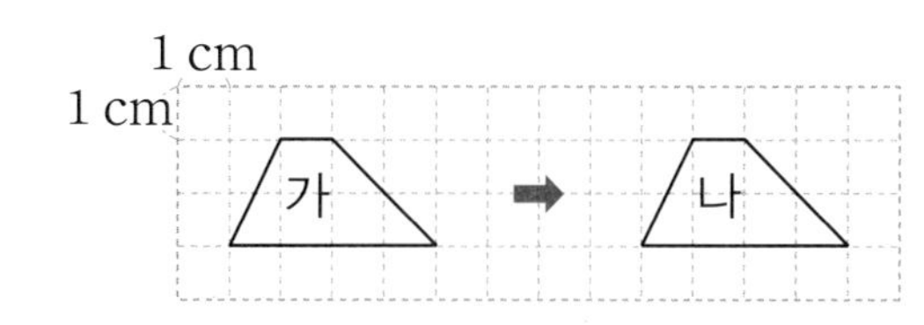

나 도형은 가 도형을 (오른, 왼)쪽으로 □ cm만큼 밀어서 이동한 도형입니다.

02 도형을 위쪽으로 뒤집은 도형을 그리세요. [5점]

하

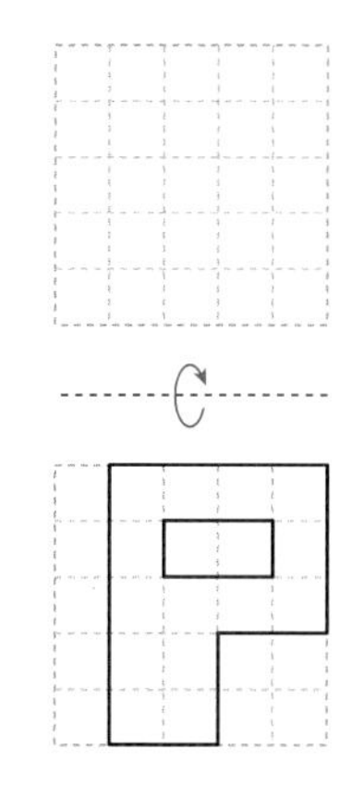

창의 · 융합

03 글자 카드의 오른쪽에 거울을 놓고 비췄을 때 거울에 비친 모양을 빈칸에 그리세요. [5점]

중

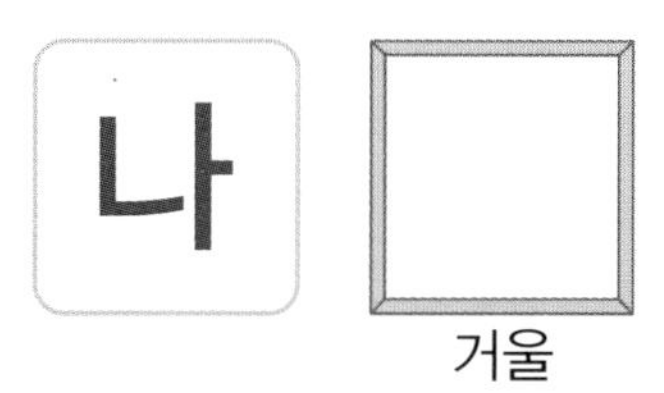

04 왼쪽이나 오른쪽으로 뒤집어도 처음과 같은 것을 모두 고르세요. [5점] .... (　　　　)

중

① F　② Y　③ C

④ H　⑤ K

05 도형을 시계 반대 방향으로 360°만큼 돌린 도형을 그리세요. [5점]

중

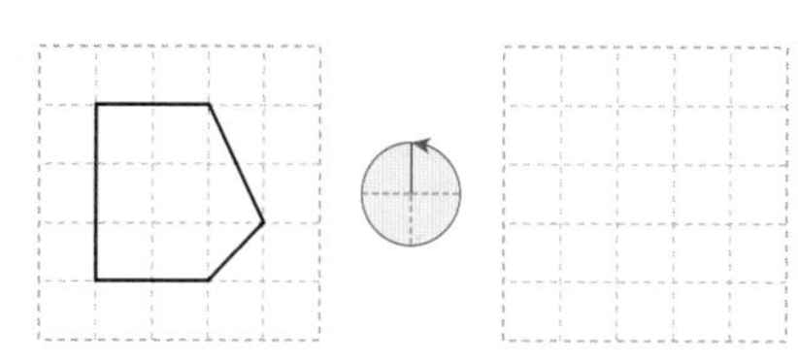

[06~07] 그림을 보고 물음에 답하세요.

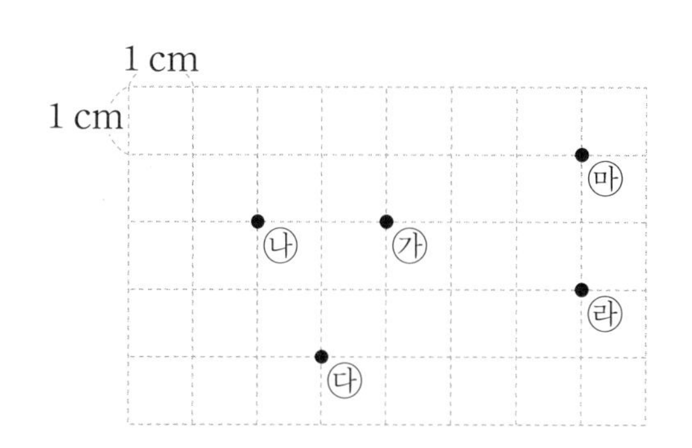

06 점 ㉮를 아래쪽으로 2 cm, 왼쪽으로 1 cm 이동하면 어디에 도착하나요? [5점]

중

(　　　　　　　　　)

07 점 ㉮는 처음 위치에서 아래쪽으로 1 cm, 왼쪽으로 3 cm 이동하여 도착한 점입니다. 처음 위치는 어느 지점인가요? [8점]

중

(　　　　　　　　　)

4 단원

08 도형 ㉠을 도형 ㉡으로 움직인 방법을 바르게 설명한 것은 어느 것일까요? [8점] ··················· (　　　　)

중

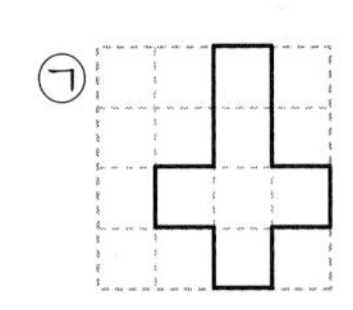
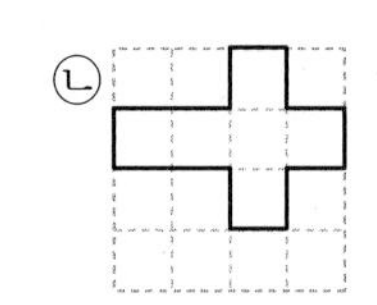

① 위쪽으로 뒤집었습니다.
② 오른쪽으로 뒤집었습니다.
③ 시계 방향으로 90°만큼 돌렸습니다.
④ 시계 방향으로 180°만큼 돌렸습니다.
⑤ 시계 방향으로 270°만큼 돌렸습니다.

09 도형을 시계 반대 방향으로 90°만큼 돌린 도형을 그리세요. [8점]

중

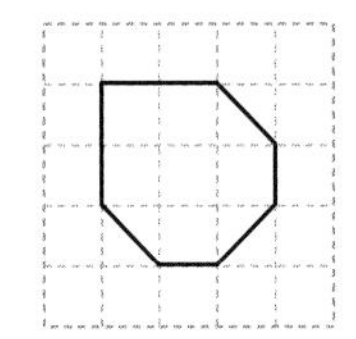
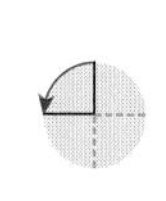
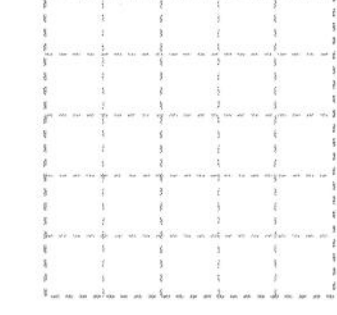

4 단원

진도 완료 체크

10 도형을 시계 방향으로 270°만큼 돌린 도형을 그리세요. [8점]

중

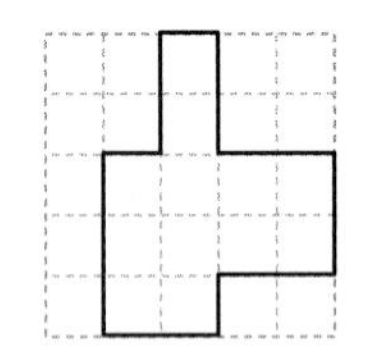
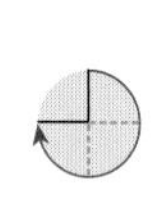

11 도형을 돌렸을 때 방향이 같은 것끼리 선으로 이으세요. [8점]

중

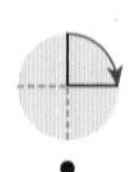
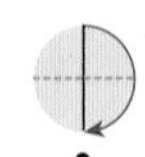
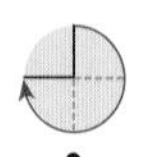
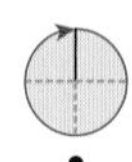

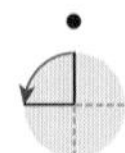

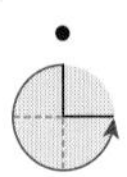

12 오른쪽 도형으로 뒤집기를 이용하여 무늬를 만드세요. [10점]

중

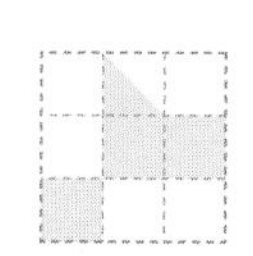

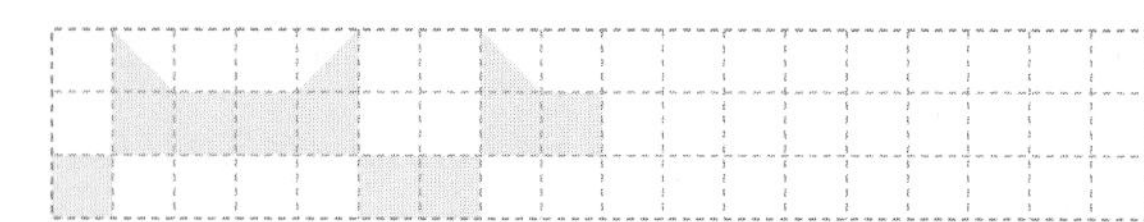

추론

13 왼쪽으로 뒤집고 시계 방향으로 90°만큼 돌린 도형이 처음과 같은 것을 모두 고르세요. [10점]

상

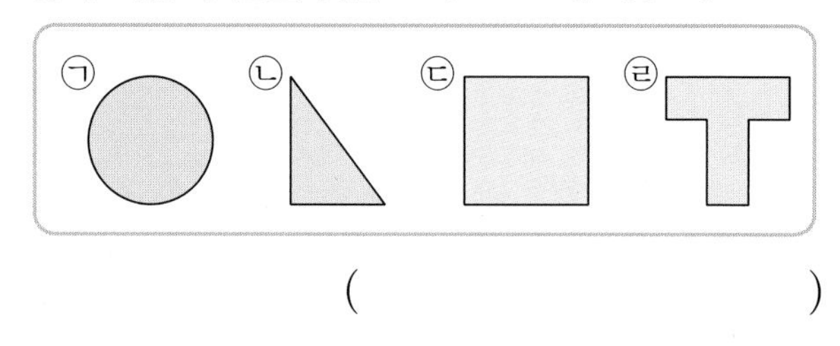

(　　　　　　　　　　)

14 도형을 오른쪽으로 뒤집고 시계 반대 방향으로 180°만큼 돌린 도형을 그리세요. [10점]

상

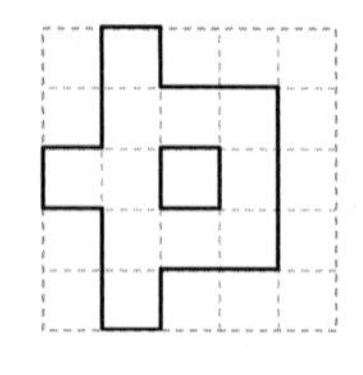
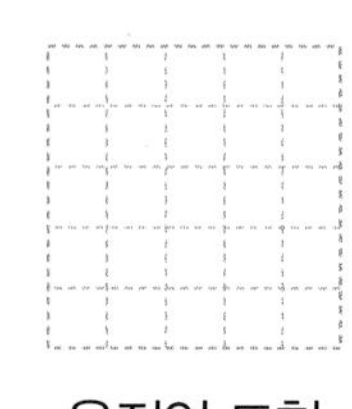

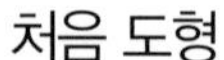
처음 도형　　　움직인 도형

과정 중심 단원평가 지필·구술 평가 대비

점수

구술 평가 발표를 통해 이해 정도를 평가

1 도형의 이동 방법을 설명해 보세요. [10점]

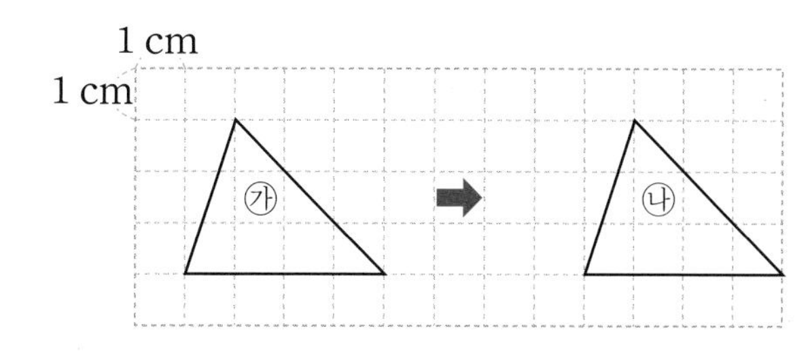

구술 평가

2 퍼즐을 완성하려면 오른쪽 조각을 어떻게 움직여야 하는지 설명해 보세요. [10점]

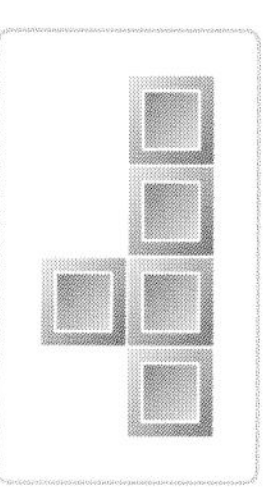

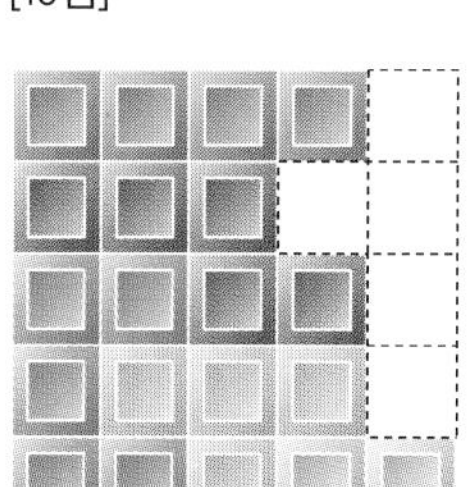

구술 평가

3 점 ㉮~㉱ 중 한 점을 이동하여 네 점을 이었을 때 정사각형이 되도록 이동하는 방법을 설명해 보세요. [10점]

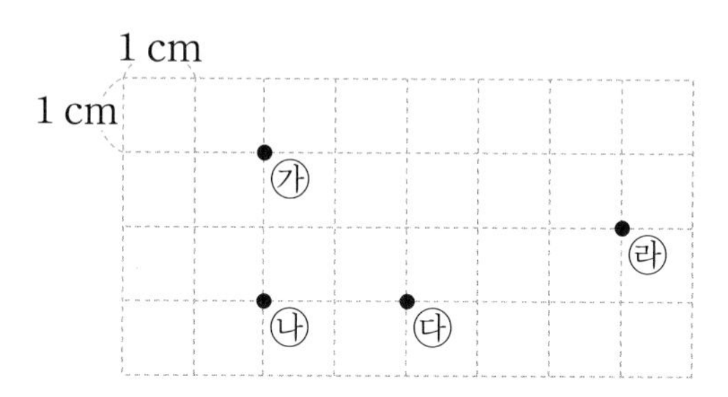

방법

구술 평가

4 왼쪽 도형을 돌렸더니 오른쪽 도형이 되었습니다. 어떻게 돌린 것인지 설명해 보세요. [10점]

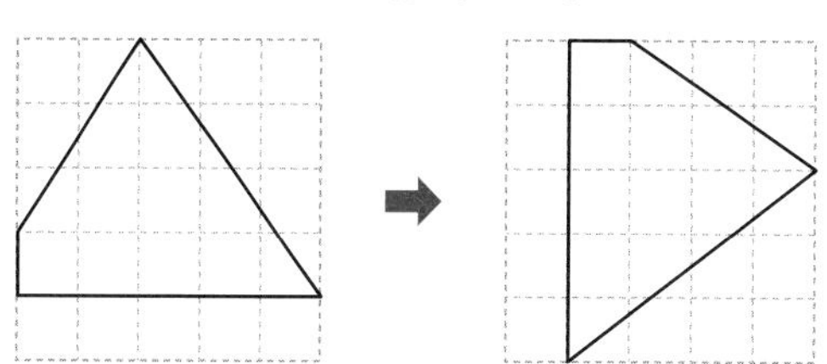

4 단원

• 정답 66쪽

관찰 평가 관찰을 통해 이해 정도를 평가

5 주어진 도형을 아래쪽으로 뒤집고 시계 방향으로 180°만큼 돌린 도형을 각각 그리세요. [15점]

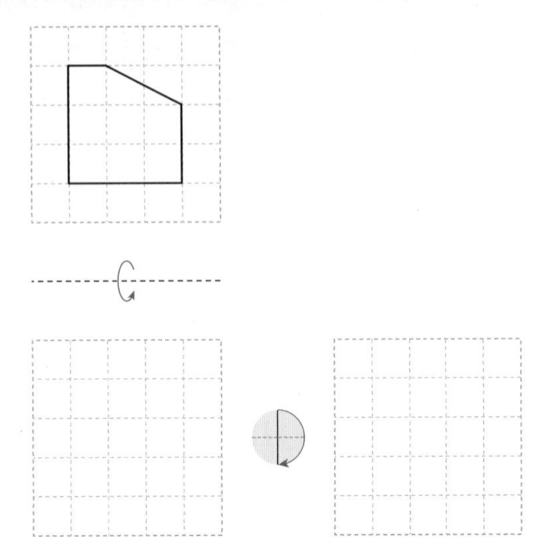

구술 평가

6 위 5에서 처음 도형을 한 번 움직여서 마지막 도형과 같게 하려면 어떻게 움직여야 하는지 설명해 보세요. [15점]

지필 평가 종이에 답을 쓰는 형식의 평가

7 다음 두 자리 수가 적힌 카드를 시계 방향으로 180°만큼 돌렸을 때 만들어지는 수와 처음 수의 합을 구하는 풀이 과정을 쓰고 답을 구하세요. [15점]

풀이

답

구술 평가

8 모양을 사용하여 다음과 같은 무늬를 만들고 있습니다. 어떻게 움직여서 무늬를 만들었는지 설명하고, 완성된 무늬에서 '가'에 들어갈 알맞은 모양을 그리세요. [15점]

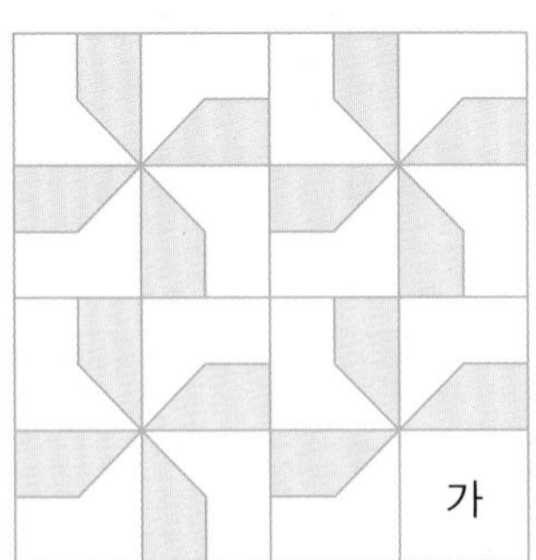

가에 알맞은 모양

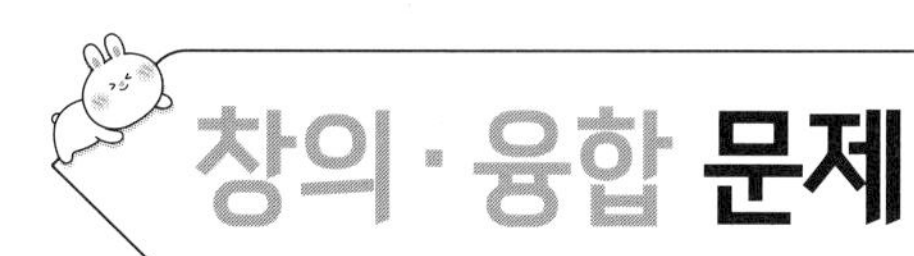

[1~2] **위에서 내려오는 블록을 밀거나 돌려서 아래에 있는 블록들 위에 쌓는 게임을 하려고 합니다. 게임의 규칙과 그림을 보고 물음에 답하세요.** (창의·융합)

규칙
- 한 줄이 모두 채워지면 그 줄에 있는 블록들이 없어집니다.
- 어느 한 칸이라도 채우지 못하고 비어 있으면 블록이 사라지지 않고 계속 쌓입니다.
- 블록이 천장에 닿으면 게임이 끝납니다.

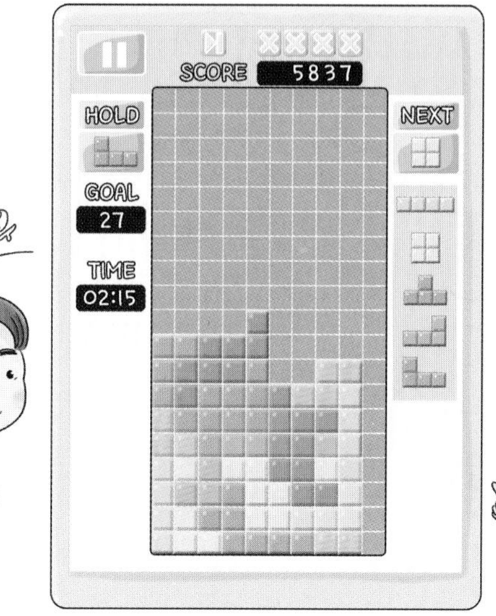

1 블록이 위에서 내려올 때, 밀기, 돌리기를 사용하여 오른쪽 끝에 세워서 넣을 수 있는 방법을 2가지로 설명하세요.

설명1 ______________________________

____

설명2 ______________________________

____

2 위의 그림에서 블록을 쌓아 한 줄을 없애려면 어떻게 돌려야 하는지 옳은 것을 모두 고르세요.

( )

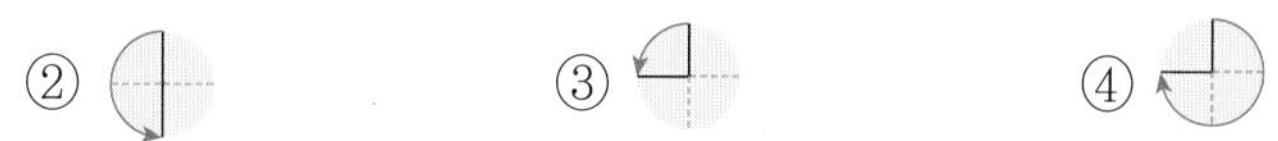
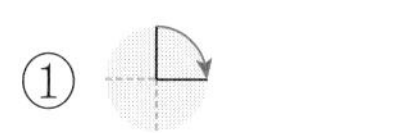

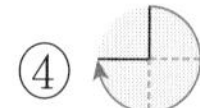
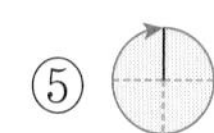

① ② ③ ④ ⑤

[01~05] 시영이네 반 학생들이 좋아하는 동물을 조사하여 붙임딱지를 붙여 나타냈습니다. 물음에 답하세요. (단, 붙임딱지 1장은 1명을 나타냅니다.)

좋아하는 동물

강아지	●●●●●●●●
고양이	●●●●●●●
곰	●●●
새	●●●●

01 조사한 내용을 보고 막대그래프를 완성하세요. (하)

좋아하는 동물별 학생 수

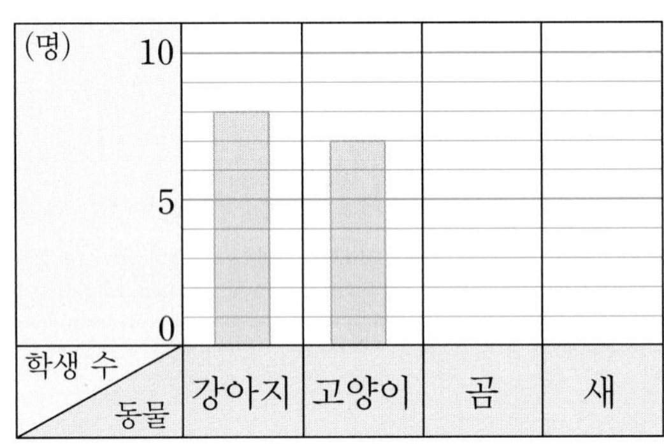

02 막대의 길이는 무엇을 나타낼까요? (하)

( )

03 세로 눈금 한 칸은 몇 명을 나타낼까요? (하)

( )

04 세로 눈금은 몇 명까지 나타낼 수 있을까요? (하)

( )

05 가장 많은 학생들이 좋아하는 동물은 무엇일까요? (하)

( )

[06~09] 연아네 학교 4학년 학생들이 식목일에 나무를 심었습니다. 반별로 심은 나무 수를 조사하여 나타낸 표를 보고 물음에 답하세요.

반별 심은 나무 수

반	1	2	3	4	5	합계
나무 수 (그루)	7	4	10	8	6	35

정보 처리

06 표를 보고 막대그래프로 나타내세요. (중)

반별 심은 나무 수

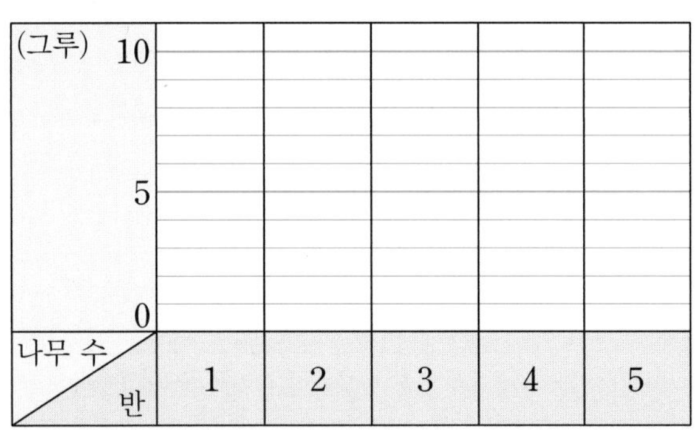

07 나무를 가장 많이 심은 반은 몇 반일까요? (중)

( )

08 표와 막대그래프 중 심은 나무 수가 모두 몇 그루인지 알기 쉬운 것은 어느 것일까요? (중)

( )

09 4반이 심은 나무 수는 2반이 심은 나무 수의 몇 배일까요? (중)

( )

• 정답 67쪽

[10~13] 민서와 친구들이 좋아하는 과일을 조사한 것입니다. 물음에 답하세요.

좋아하는 과일

민서	진희	수연	지영	경민
정훈	성일	영은	관수	나리
지만	현태	현주	연아	석원

10 조사한 것을 보고 표를 완성하세요.
중

좋아하는 과일별 학생 수

과일	사과	귤	수박	바나나	합계
학생 수(명)					

11 표를 보고 막대그래프로 나타내세요.
중

좋아하는 과일별 학생 수

(명)				
10				
5				
0				
학생 수 / 과일	사과	귤	수박	바나나

12 위 막대그래프에서 가로와 세로는 각각 무엇을 나타낼까요?
중

가로 (　　　　　　　　)

세로 (　　　　　　　　)

13 좋아하는 학생 수가 두 번째로 많은 것은 무엇일까요?
중

(　　　　　　　　)

[14~17] 형규네 학교 학생들이 좋아하는 음식을 조사하여 나타낸 막대그래프입니다. 물음에 답하세요.

좋아하는 음식별 학생 수

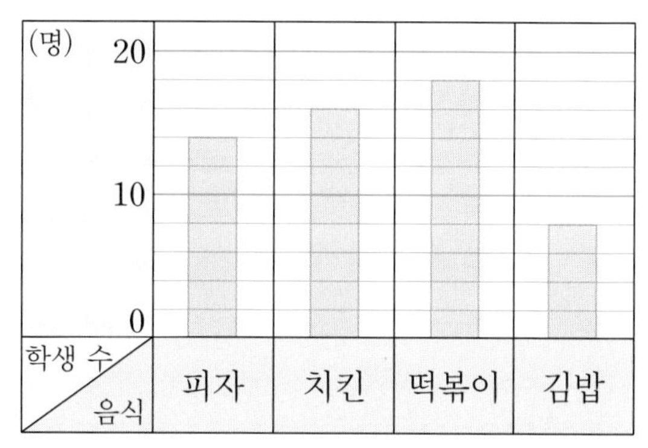

14 세로 눈금 한 칸은 몇 명을 나타낼까요?
중

(　　　　　　　　)

15 가장 많은 학생들이 좋아하는 음식은 무엇이고 몇 명이 좋아할까요?
중

(　　　　　　　　), (　　　　　　　　)

16 가장 적은 학생들이 좋아하는 음식은 무엇이고 몇 명이 좋아할까요?
중

(　　　　　　　　), (　　　　　　　　)

17 가장 많은 학생들이 좋아하는 음식과 가장 적은 학생들이 좋아하는 음식의 학생 수의 차는 몇 명일까요?
중

(　　　　　　　　)

• 정답 67쪽

[18~25] 지역별 쌀 생산량을 조사하여 나타낸 표입니다. 표를 보고 물음에 답하세요.

지역별 쌀 생산량

지역	가	나	다	라	합계
생산량(섬)*	250		400	300	1300

*섬: 곡식, 가루 등의 부피를 잴 때 쓰는 단위

18 표를 완성하세요.
중

정보 처리

19 표를 보고 막대그래프로 나타내세요.
중

지역별 쌀 생산량

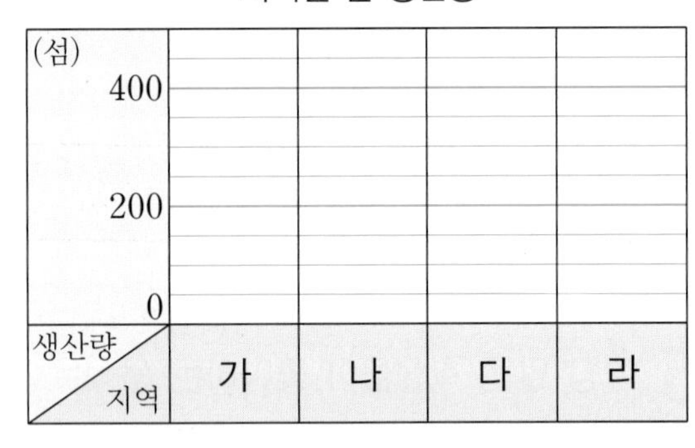

20 위 그래프의 가로와 세로를 바꾸어 막대가 가로로 되어 있는 막대그래프로 나타내세요.
중

지역별 쌀 생산량

가	
나	
다	
라	
지역 / 생산량	0 200 400 (섬)

21 쌀이 가장 많이 생산된 지역의 기호를 쓰세요.
중

( )

의사소통

22 대화를 읽고 소민이와 연준이 중 바르게 말한 사람의 이름을 쓰세요.
상

( )

23 쌀이 적게 생산된 지역부터 차례로 기호를 쓰세요.
상

( )

서술형 문제

24 나 지역의 쌀 생산량은 다 지역의 쌀 생산량보다 몇 섬 더 적은지 풀이 과정을 쓰고 답을 구하세요.
상

풀이 ______________________

답 ______________________

서술형 문제

25 가 지역의 인구가 가장 적다고 할 수 있을까요? '예' 또는 '아니요'로 대답하고 그 이유를 설명해 보세요.
상

( )

이유 ______________________

[01~05] 별무리 반 학생들을 대상으로 실천한 환경 보호 활동을 조사하여 나타낸 표입니다. 물음에 답하세요.

실천한 환경 보호 활동별 학생 수

활동	분류 배출	음식 남기지 않기	일회용품 사용하지 않기	합계
학생 수(명)	7	8	12	27

01 표를 보고 막대그래프로 나타내세요. [4점]

하

실천한 환경 보호 활동별 학생 수

02 막대의 길이는 무엇을 나타낼까요? [4점]

하 (　　　　　　　　)

03 위 막대그래프에서 가로와 세로는 각각 무엇을 나타낼까요? [5점]

하

가로 (　　　　　　　　)

세로 (　　　　　　　　)

04 가장 많은 학생들이 실천한 환경 보호 활동은 무엇일까요? [5점]

중 (　　　　　　　　)

05 가장 적은 학생들이 실천한 환경 보호 활동은 무엇일까요? [5점]

중 (　　　　　　　　)

[06~08] 과목별로 준희와 나래의 점수를 표로 나타낸 것입니다. 표를 보고 물음에 답하세요.

과목별 점수

과목	수학	국어	사회	과학
준희의 점수(점)	50	90	70	60
나래의 점수(점)	90	90	50	80

06 표를 보고 막대그래프로 나타내세요. [각 5점]

중

(1) 준희의 과목별 점수

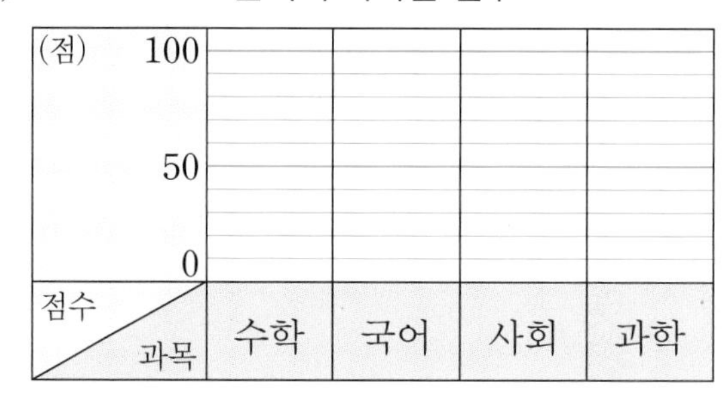

(2) 나래의 과목별 점수

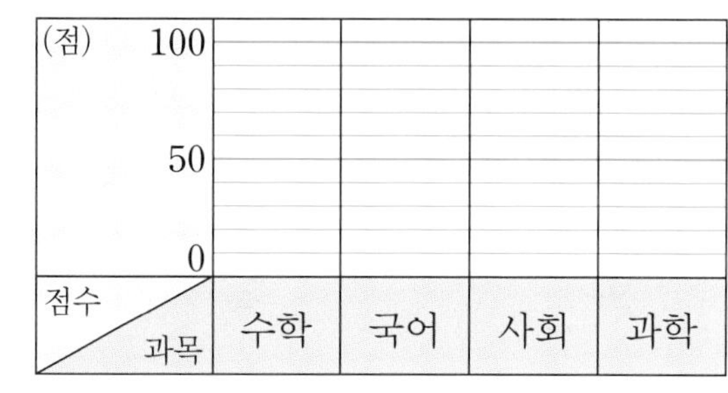

07 준희의 과목별 점수에서 가장 높은 점수와 두 번째로 높은 점수의 차를 구하세요. [5점]

중 (　　　　　　　　)

정보 처리

08 나래의 과목별 점수를 나타낸 막대그래프를 보고 알 수 있는 것을 모두 고르세요. [5점]

중 (　　　　)

① 수학과 점수가 같은 과목은 과학입니다.

② 점수가 가장 낮은 과목은 사회입니다.

③ 나래가 네 과목에서 받은 점수의 합은 300점입니다.

④ 사회와 과학의 점수의 차는 30점입니다.

• 정답 68쪽

[09~12] 외국을 방문한 우리나라 관광객 수를 조사하여 나타낸 막대그래프입니다. 물음에 답하세요.

외국을 방문한 우리나라 관광객 수

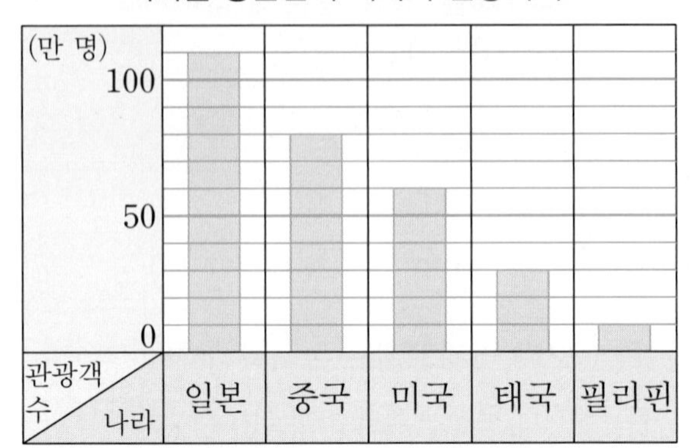

09 위 막대그래프에서 가로와 세로는 각각 무엇을 나타낼까요? [5점]
하

가로 (　　　　　　　　　)

세로 (　　　　　　　　　)

10 우리나라 관광객이 두 번째로 많이 방문한 나라는 어디일까요? [5점]
중

(　　　　　　　　　)

창의·융합 추론

11 외국 관광 안내 책을 한 가지만 만들어 판다면 어느 나라 책을 만드는 것이 가장 좋을 것 같나요? [5점]
중

(　　　　　　　　　)

서술형 문제

12 위의 11에서 답한 이유를 설명해 보세요. [5점]
중

이유 ______________________

____

____

[13~17] 유진이네 학교 4학년 학생들이 받고 싶어 하는 선물을 조사하여 나타낸 막대그래프입니다. 선물로 옷을 받고 싶어 하는 남학생 수는 선물로 옷을 받고 싶어 하는 여학생 수의 반이라고 합니다. 물음에 답하세요.

받고 싶어 하는 선물별 학생 수

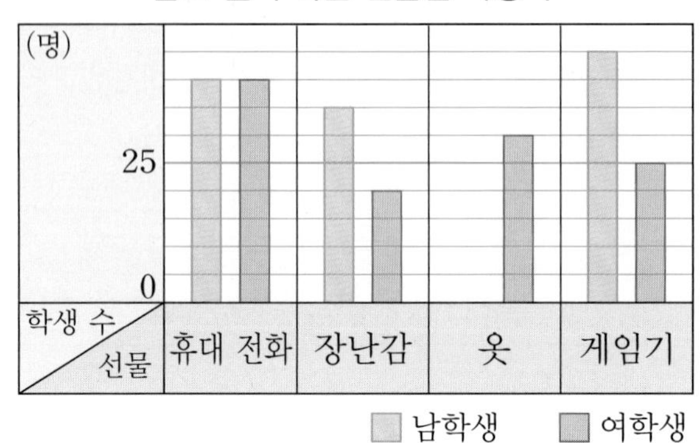

추론 문제 해결

13 선물로 옷을 받고 싶어 하는 남학생은 몇 명일까요? [5점]
상

(　　　　　　　　　)

14 남학생보다 여학생이 더 받고 싶어 하는 선물은 무엇일까요? [8점]
상

(　　　　　　　　　)

15 가장 많은 학생들이 받고 싶어 하는 선물은 무엇일까요? [8점]
상

(　　　　　　　　　)

16 조사한 4학년 학생은 모두 몇 명일까요? [8점]
상

(　　　　　　　　　)

17 학생들이 받고 싶어 하는 선물 중 남학생 수와 여학생 수의 차가 가장 큰 선물은 무엇일까요? [8점]
상

(　　　　　　　　　)

5 단원

진도 완료 체크

점수

(지필 평가) 종이에 답을 쓰는 형식의 평가

1 좋아하는 과목을 조사하여 나타낸 막대그래프입니다. 세로 눈금 한 칸은 몇 명인지 풀이 과정을 쓰고 답을 구하세요. [10점]

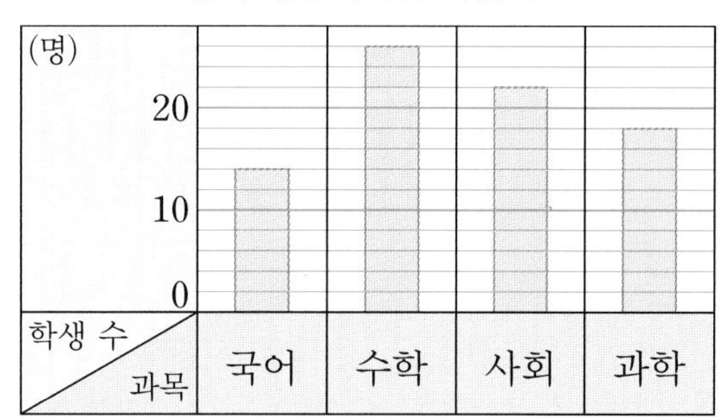

풀이

답

(지필 평가)

2 좋아하는 동물을 조사하여 나타낸 막대그래프입니다. 토끼를 좋아하는 학생은 몇 명인지 풀이 과정을 쓰고 답을 구하세요. [10점]

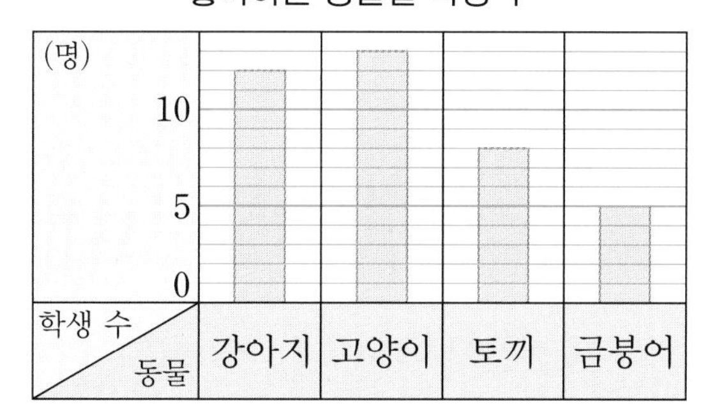

풀이

답

(지필 평가)

3 꽃의 수를 조사하여 나타낸 막대그래프입니다. 가장 적게 있는 꽃은 몇 송이인지 풀이 과정을 쓰고 답을 구하세요. [10점]

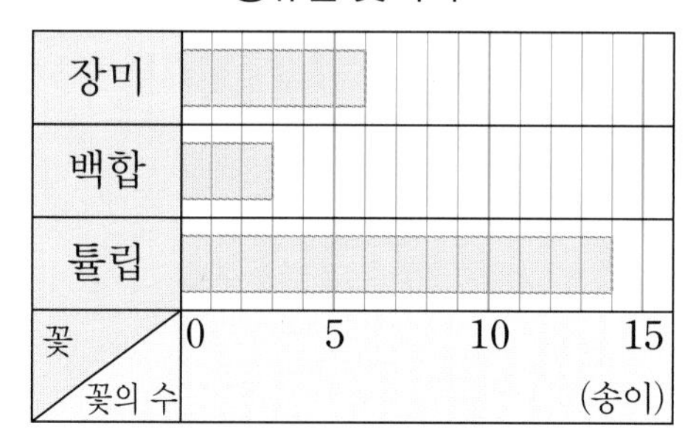

풀이

답

(지필 평가)

4 나무 수를 조사하여 나타낸 막대그래프입니다. 가장 많이 있는 나무는 몇 그루인지 풀이 과정을 쓰고 답을 구하세요. [10점]

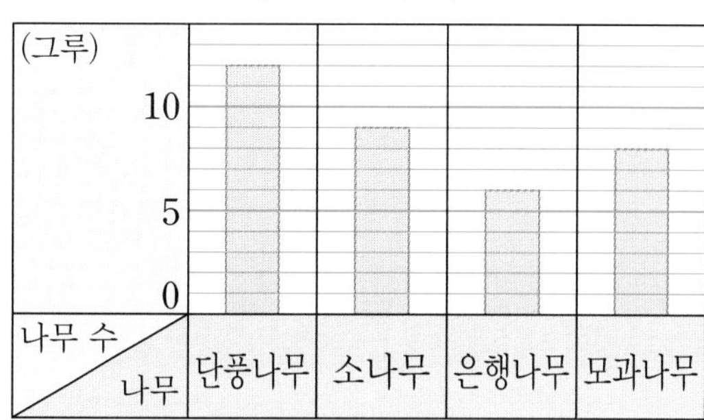

풀이

답

5 단원

• 정답 69쪽

지필 평가

5 좋아하는 계절을 조사하여 나타낸 막대그래프입니다. 조사한 학생은 모두 몇 명인지 풀이 과정을 쓰고 답을 구하세요. [15점]

좋아하는 계절별 학생 수

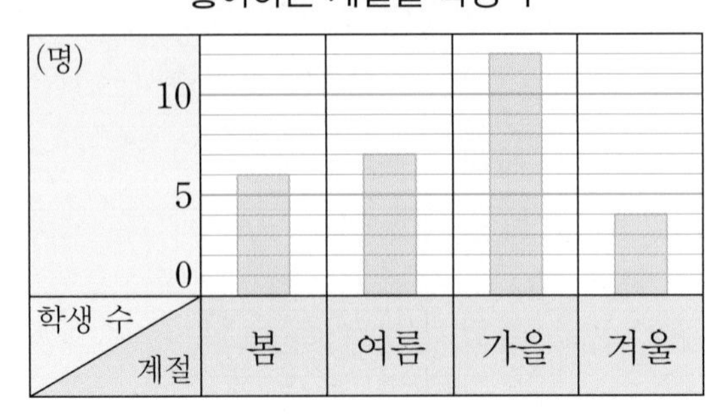

풀이

답

지필 평가

6 지훈이가 5일 동안 달리기를 한 시간을 조사하여 나타낸 막대그래프입니다. 달리기를 24분보다 더 오래 한 날은 모두 며칠인지 풀이 과정을 쓰고 답을 구하세요. [15점]

요일별 달리기를 한 시간

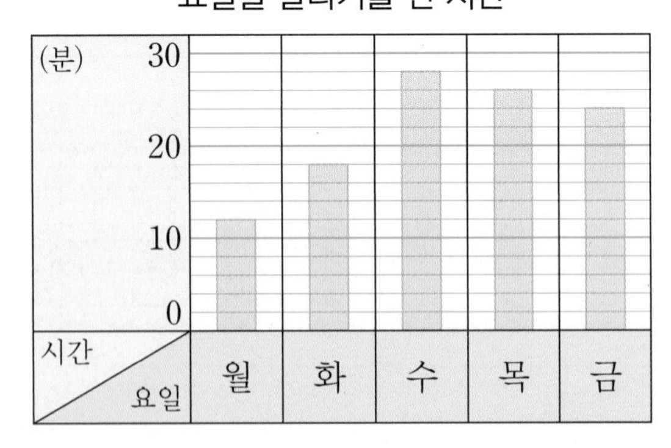

풀이

답

지필 평가

7 좋아하는 음식을 조사하여 나타낸 막대그래프입니다. 좋아하는 학생 수가 가장 많은 음식과 가장 적은 음식의 학생 수의 차는 몇 명인지 풀이 과정을 쓰고 답을 구하세요. [15점]

좋아하는 음식별 학생 수

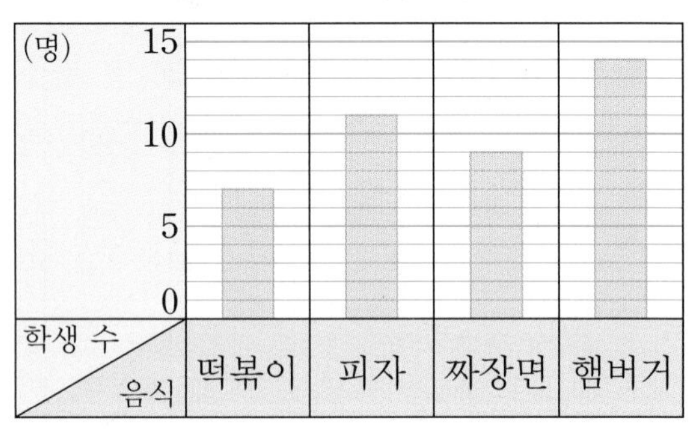

풀이

답

지필 평가

8 회장 선거에 나온 후보자별 득표 수를 조사하여 나타낸 막대그래프입니다. 누가 몇 표로 회장에 당선되었는지 풀이 과정을 쓰고 답을 구하세요. [15점]

후보자별 득표 수

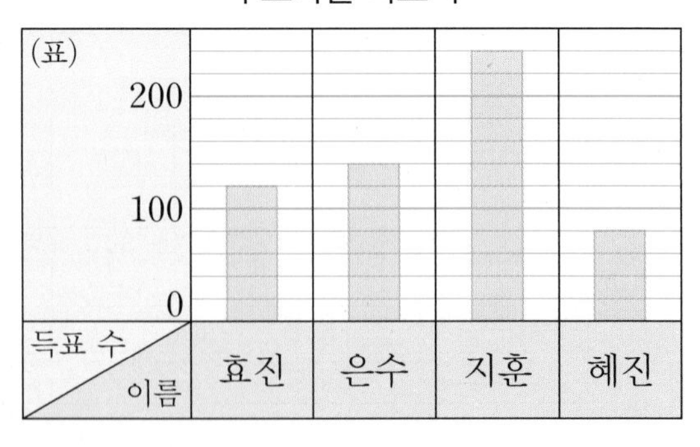

풀이

답

창의·융합 문제

[1~3] 다음 글을 읽고 물음에 답하세요. (창의·융합) (의사소통) (문제 해결)

우리나라의 역대 하계 올림픽 메달 수는?

세계인의 스포츠 축제인 올림픽은 1896년 그리스 아테네에서 제1회로 열렸습니다. 우리나라는 1936년 베를린 올림픽 때 손기정 선수가 마라톤 종목에서 우승을 하여 최초로 금메달을 획득하였습니다.

다음은 여러 하계 올림픽에서 우리나라가 획득한 메달 수를 조사하여 나타낸 막대그래프입니다. 1948년 제14회 런던 올림픽에서 획득한 동메달 2개를 시작으로 서서히 메달 수가 늘어나고 있습니다. 특히, 1984년 제23회 로스앤젤레스 올림픽을 기점으로 메달 수가 전체적으로 증가한 모습을 띄고 있습니다.

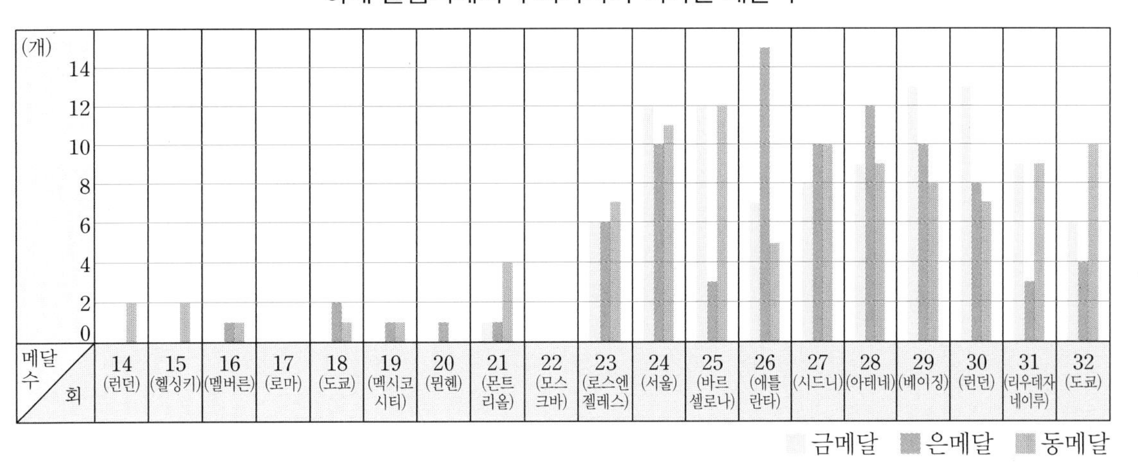

1 우리나라가 가장 많은 은메달을 획득한 올림픽의 개최지는 어디일까요?

( )

2 우리나라가 가장 적은 금메달을 획득한 올림픽의 개최지는 어디일까요? (단, 금메달을 획득하지 못한 경우는 제외합니다.)

( )

3 획득한 금메달 수가 제 24회 서울 올림픽보다 많은 올림픽의 개최지를 모두 쓰세요.

( )

5 단원

진도 완료 체크

[01~03] 규칙적인 수의 배열에서 빈칸에 알맞은 수를 써넣으세요.

01 하

3002	3102	3202		3402

02 하

2018	2118	2318	2618	

03 하

1024	256		16	4

[04~05] 수 배열표를 보고 물음에 답하세요.

104	114	124	134	144
204	214	224	234	244
304	314	324	334	344
404	414	424	434	444
504	514	524	534	544

04 하 ☐로 표시된 칸에서 규칙을 찾아 쓰세요.

규칙 504부터 시작하여 오른쪽으로 ☐씩 커집니다.

05 중 초록색으로 색칠된 칸에서 규칙을 찾아 쓰세요.

규칙 104부터 시작하여 ↘ 방향으로 ☐씩 커집니다.

06 중 규칙을 찾아 표를 완성하세요.

100	200	300	400	
	300	450	600	750
200	400		800	1000
250	500	750		1250
300	600	900	1200	1500

[07~08] 수 배열표의 일부가 찢어졌습니다. 물음에 답하세요.

33	36	39	42	45
133	136	139	142	145
333	336	339	342	
633	636	639	■	

추론

07 중 수 배열표의 규칙에 맞게 ■에 들어갈 수를 구하세요.

( )

08 중 색칠된 세로(↓)에서 규칙을 찾아 쓰세요.

규칙 39부터 시작하여 세로(↓)로

09 중 보기와 같이 빈칸에 알맞은 수나 말을 써넣으세요.

보기

2만큼 더 커집니다.

$3+4=5+2$

2만큼 더 작아집니다.

☐만큼 더 ☐.

$17+5=14+8$

☐만큼 더 ☐.

• 정답 70쪽

[10~11] 모양의 배열을 보고 식을 쓰세요.

첫째 둘째 셋째 넷째

10 중

빨간색 모양

순서	식
첫째	1
둘째	$1+2=3$
셋째	$1+2+2=5$
넷째	
다섯째	

11 중

초록색 모양

순서	식
첫째	0
둘째	$1\times1=1$
셋째	$2\times2=4$
넷째	$3\times3=9$
다섯째	

[12~13] 곱셈식을 보고 물음에 답하세요.

순서	곱셈식
첫째	$1\times1=1$
둘째	$11\times11=121$
셋째	$111\times111=12321$
넷째	$1111\times1111=1234321$
다섯째	

12 중 어떤 규칙이 있는지 찾아 쓰세요.

추론

13 중 다섯째 빈칸에 들어갈 곱셈식을 쓰세요.

식

[14~15] 보기 의 계산식을 보고 설명에 맞는 계산식을 찾아 기호를 쓰세요.

보기

㉠ $101+212=313$
$102+213=315$
$103+214=317$

㉡ $712+225=937$
$712+235=947$
$712+245=957$

㉢ $795-323=472$
$695-423=272$
$595-523=72$

㉣ $455-353=102$
$555-453=102$
$655-553=102$

14 중

일의 자리 수가 각각 1씩 커지는 두 수의 합은 2씩 커집니다.

( )

15 중

같은 자리의 수가 똑같이 커지는 두 수의 차는 항상 일정합니다.

( )

[16~17] 도형의 배열을 보고 물음에 답하세요.

첫째 둘째 셋째 넷째

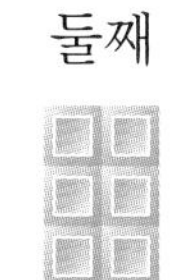

16 중 규칙을 찾아 표를 완성하세요.

첫째	둘째	셋째	넷째
3×1	3×2	3×3	
3	6	9	

17 중 다섯째에 알맞은 도형을 그려 보세요.

6 단원

[18~19] 수 배열표를 보고 물음에 답하세요.

201	203	205	207	209	211	213
202	204	206	208	210	212	214

18 다섯째 빈칸에 알맞은 식을 써넣으세요.
중

$201+204=202+203$
$203+206=204+205$
$205+208=206+207$
$207+210=208+209$

□

19 □ 안에 알맞은 수를 써넣으세요.
중

$201+203+205=203\times\square$
$203+205+207=205\times\square$
$205+207+209=207\times\square$
$207+209+211=\square\times3$

[20~21] 규칙적인 계산식을 보고 물음에 답하세요.

순서	계산식
첫째	$100+700-300=500$
둘째	$200+800-400=600$
셋째	$300+900-500=700$
넷째	$400+1000-600=800$
다섯째	

20 계산식에서 다섯째 빈칸에 들어갈 식을 쓰세요.
중

식 ____________________

21 규칙을 이용하여 계산 결과가 1100이 나오는 계산식을 쓰세요.
중

식 ____________________

22 처음 저울이 다음과 같이 기울어져 있었습니다. 왼쪽 접시에 17 g을 더 올리고, 오른쪽 접시에 몇 g을 더 올렸더니 저울이 어느 한쪽으로 기울어지지 않았습니다. 저울의 양쪽 무게를 등호를 사용하여 식으로 나타낼 때, □ 안에 알맞은 수를 써넣으세요.
중

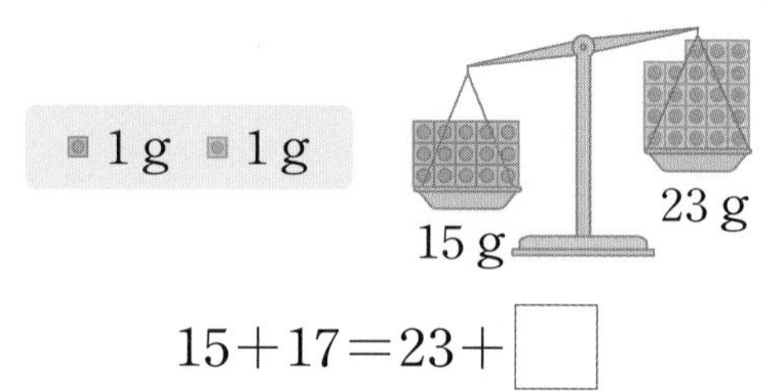

$15+17=23+\square$

23 같은 값을 나타내는 두 카드를 찾아 선으로 잇고, 등호를 사용한 식으로 나타내세요.
중

14+20 •

• 20+14
• 15+21
• 13+18

식 ____________________

24 □ 안에 알맞은 수를 써넣으세요.
중

(1) $91+95=93\times\square$

(2) $133+135+137=135\times\square$

추론 의사소통

25 오른쪽 엘리베이터 버튼에 나타난 수의 배열에서 찾을 수 있는 규칙을 쓰세요.
상

규칙 ____________________

01 하 주어진 곱셈식의 규칙을 이용하여 나눗셈식의 □ 안에 알맞은 수를 쓰세요. [5점]

곱셈식	나눗셈식
$50\times110=5500$	$5500\div50=$ □
$60\times110=6600$	$6600\div60=$ □
$70\times110=7700$	$7700\div$ □ $=110$

02 하 좌석표에서 ㉠, ㉡에 알맞은 좌석 번호는 무엇일까요? [5점]

콘서트홀 좌석표

A1	A2	A3	A4	A5	A6
B1	B2	B3	B4	B5	B6
C1	C2	C3	C4	㉠	C6
D1	D2	D3	D4	D5	D6
E1	㉡	E3	E4	E5	E6

㉠ (   )

㉡ (   )

03 중 도형의 빈 곳에 알맞은 수를 써넣고, 도형 속의 수들의 규칙을 찾아 쓰세요. [8점]

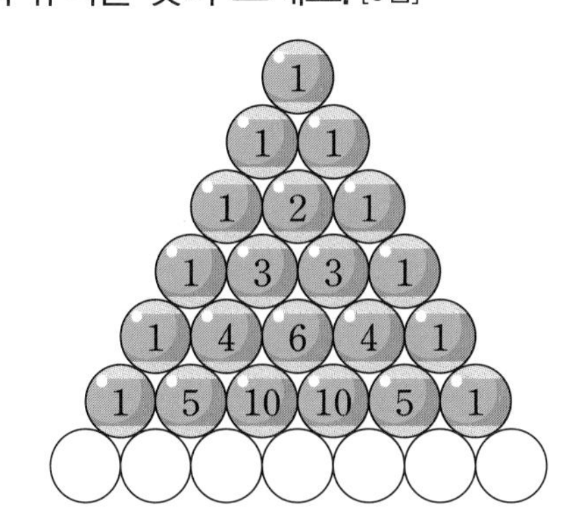

규칙 ____________________

[04~05] **수 배열표를 보고 물음에 답하세요.**

26401	26412	26423	26434	26445
36401	36412	36423	36434	36445
46401	46412	46423	46434	46445
56401	56412	56423	56434	56445
■	66412	66423	66434	66445

04 중 조건 을 만족하는 규칙적인 수의 배열을 찾아 색칠하세요. [8점]

조건
- 가장 작은 수는 26401입니다.
- 다음 수는 앞의 수보다 10011씩 커집니다.

05 중 수 배열표의 규칙에 맞게 ■에 들어갈 수를 구하세요. [8점]

(   )

06 중 승강기 번호판의 □ 안에 있는 수의 배열에서 규칙적인 계산식을 찾은 것입니다. □ 안에 알맞은 수를 써넣으세요. [8점]

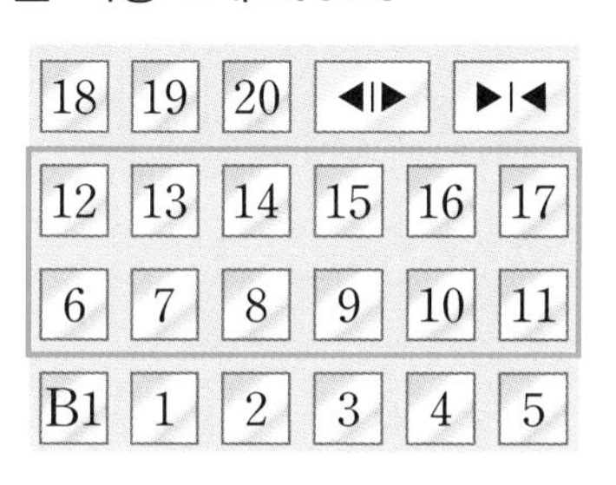

$13+8=14+7$

$14+9=15+$ □

$15+10=16+$ □

□ $+11=17+$ □

6 단원

• 정답 71쪽

07 규칙적인 수의 배열에서 ㉠, ㉡에 알맞은 수를 구하세요. [8점]
중

1600	800	㉠	200	
	4000	2000	㉡	500

㉠ (　　　　　　)
㉡ (　　　　　　)

추론
08 규칙에 맞게 다섯째 빈칸에 알맞은 나눗셈식을 써넣으세요. [8점]
중

순서	나눗셈식
첫째	111111111÷9=12345679
둘째	222222222÷18=12345679
셋째	333333333÷27=12345679
넷째	444444444÷36=12345679
다섯째	

6 단원

진도 완료 체크

[09~10] 규칙적인 계산식을 보고 물음에 답하세요.

순서	계산식
첫째	9×9=90−9
둘째	99×9=900−9
셋째	999×9=9000−9
넷째	9999×9=90000−9
다섯째	

09 계산식에서 다섯째 빈칸에 들어갈 식을 쓰세요. [8점]
중

식 ＿＿＿＿＿＿＿＿＿＿

10 규칙을 이용하여 계산 결과가 9000000−9가 나오는 계산식을 쓰세요. [8점]
중

식 ＿＿＿＿＿＿＿＿＿＿

추론 정보 처리
11 주어진 카드를 모두 한 번씩만 사용하여 등호를 사용한 식을 만드세요. [8점]
중

11　10　+　+　4　=　5

식 ＿＿＿＿＿＿＿＿＿＿

12 옳은 식이 되도록 □ 안에 알맞은 수를 써넣으세요. [각 2점]
중

(1) 52+9=□+2+9

(2) 17×6=□×17

(3) 50−13=40−□

(4) 22+22=32+□

문제해결
13 가, 나에 들어갈 수 있는 수 카드를 쓰세요. [10점]
중

5　7　10　9

19 −가= 24 −나

가 (　　　　　), 나 (　　　　　)

점수

구술 평가 발표를 통해 이해 정도를 평가

1 수 배열표를 보고 색칠된 칸에서 규칙을 찾아 쓰세요. [10점]

5010	5020	5030	5040	5050
6010	6020	6030	6040	6050
7010	7020	7030	7040	7050
8010	8020	8030	8040	8050
9010	9020	9030	9040	9050

규칙 ______________________

구술 평가

2 수 배열의 규칙을 찾아 쓰세요. [10점]

3 — 9 — 27 — 81 — 243 — 729

규칙 ______________________

지필 평가 종이에 답을 쓰는 형식의 평가

3 그림을 보고 규칙을 찾아 쓴 것입니다. □ 안에 알맞은 수를 써넣고 다섯째에 알맞은 점의 수는 몇 개인지 구하세요. [10점]

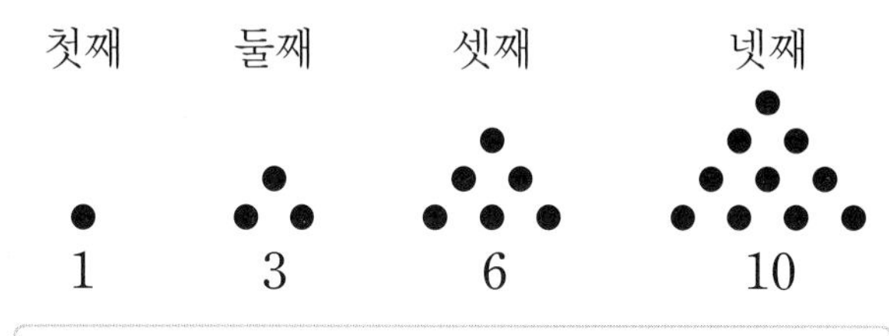

점의 수가 2개, □개, □개……씩 늘어나는 규칙입니다.

다섯째에 알맞은 점의 수: □개

지필 평가

4 영화관 좌석표를 보고 잘못된 규칙을 찾아 기호를 쓰고 바르게 고치세요. [15점]

영화관 좌석표

A1	A2	A3	A4	A5	A6
B1	B2	B3	B4	B5	B6
C1	C2	C3	C4	C5	C6
D1	D2	D3	D4	D5	D6

㉠ A1부터 시작하는 가로(→)는 알파벳은 그대로이고 수만 1씩 커집니다.
㉡ A2부터 시작하는 세로(↓)는 알파벳과 수가 그대로입니다.
㉢ A3부터 시작하는 ↘ 방향은 알파벳과 수가 모두 바뀝니다.

( )

____

6 단원

• 정답 72쪽

구술 평가

5 덧셈식의 규칙을 찾아 쓰세요. [15점]

순서	덧셈식
첫째	$0+2+4=6$
둘째	$2+4+6=12$
셋째	$4+6+8=18$
넷째	$6+8+10=24$

규칙 ______________________

____

____

____

지필 평가

6 보기 의 규칙을 이용하여 나누는 수가 5일 때의 계산식을 2개 더 쓰세요. [15점]

보기

$3\div3=1$
$9\div3\div3=1$
$27\div3\div3\div3=1$
$81\div3\div3\div3\div3=1$

$5\div5=1$
$25\div5\div5=1$

[   ]

[   ]

[7~8] 규칙을 정하여 도형을 배열한 것을 보고 물음에 답하세요.

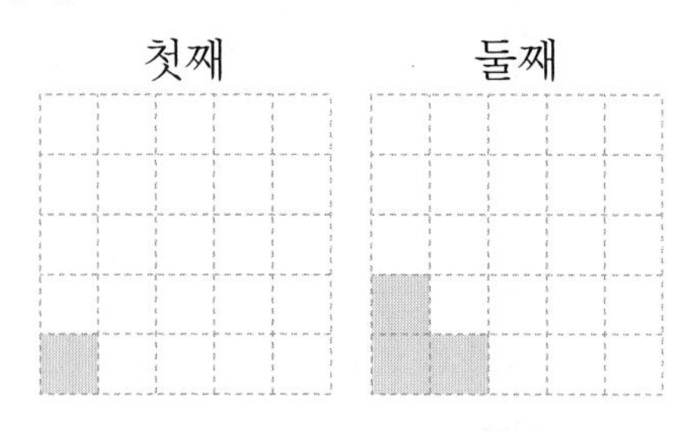

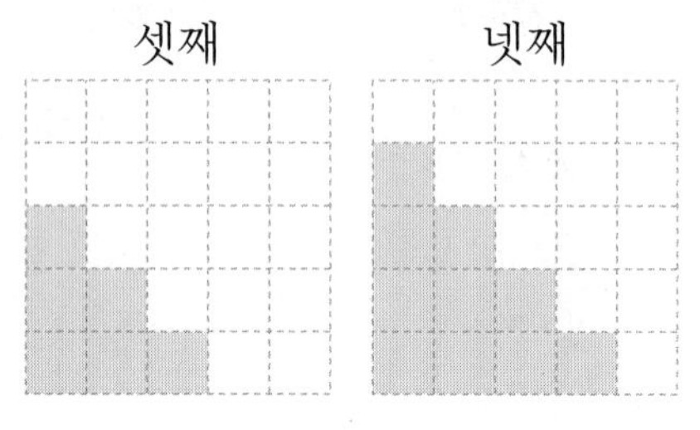

구술 평가

7 규칙을 찾아 식을 써보세요. [15점]

순서	식
첫째	1
둘째	$1+2=3$
셋째	$1+2+3=6$
넷째	
다섯째	

관찰 평가 관찰을 통해 이해 정도를 평가

8 여섯째에 알맞은 도형의 사각형의 수를 구하세요. [15점]

(   )

어떤 교과서를 쓰더라도 ALWAYS

우등생 시리즈

국어/수학 | 초 1~6(학기별), **사회/과학** | 초 3~6학년(학기별)

세트 구성 | 초 1~2(국/수), 초 3~6(국/사/과, 국/수/사/과)

POINT 1

동영상 강의와 스케줄표로
쉽고 빠른 홈스쿨링 학습서

POINT 2

모든 교과서의 개념과
문제 유형을 빠짐없이 수록

POINT 3

온라인 성적 피드백 &
오답노트 앱(수학) 제공

평 가
자료집

수학 전문 교재

- **연산 학습**

빅터연산	예비초~6학년, 총 20권
참의융합 빅터연산	예비초~4학년, 총 16권

- **개념 학습**

개념클릭 해법수학	1~6학년, 학기용

- **수준별 수학 전문서**

해결의법칙(개념/유형/응용)	1~6학년, 학기용

- **단원평가 대비**

수학 단원평가	1~6학년, 학기용
일등전략 초등 수학	1~6학년, 학기용

- **단기완성 학습**

초등 수학전략	1~6학년, 학기용

- **상위권 학습**

최고수준 S 수학	1~6학년, 학기용
최고수준 수학	1~6학년, 학기용
최강 TOT 수학	1~6학년, 학년용

- **경시대회 대비**

해법 수학경시대회 기출문제	1~6학년, 학기용

예비 중등 교재

●해법 반편성 배치고사 예상문제	6학년
●해법 신입생 시리즈(수학/영어)	6학년

맞춤형 학교 시험대비 교재

●열공 전과목 단원평가	1~6학년, 학기용(1학기 2~6년)

한자 교재

●한자능력검정시험 자격증 한번에 따기	8~3급, 총 9권
●씽씽 한자 자격시험	8~5급, 총 4권
●한자 전략	8~5급Ⅱ, 총 12권

배움으로 행복한 내일을 꿈꾸는

천재교육 커뮤니티 안내

교재 안내부터 구매까지 한 번에!

천재교육 홈페이지

자사가 발행하는 참고서, 교과서에 대한 소개는 물론
도서 구매도 할 수 있습니다. 회원에게 지급되는 별을 모아
다양한 상품 응모에도 도전해 보세요!

다양한 교육 꿀팁에 깜짝 이벤트는 덤!

천재교육 인스타그램

천재교육의 새롭고 중요한 소식을 가장 먼저 접하고 싶다면?
천재교육 인스타그램 팔로우가 필수!
깜짝 이벤트도 수시로 진행되니 놓치지 마세요!

수업이 편리해지는

천재교육 ACA 사이트

오직 선생님만을 위한, 천재교육 모든 교재에 대한 정보가 담긴
아카 사이트에서는 다양한 수업자료 및 부가 자료는 물론
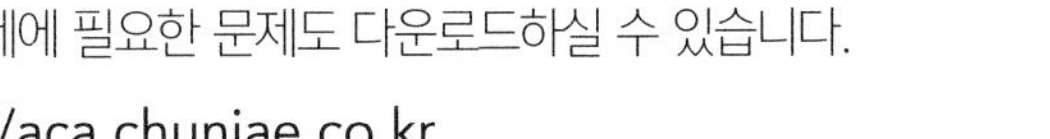
시험 출제에 필요한 문제도 다운로드하실 수 있습니다.

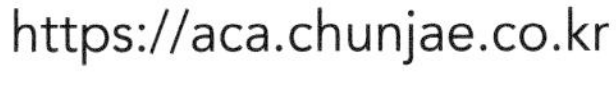
https://aca.chunjae.co.kr

천재교육을 사랑하는 샘들의 모임

천사샘

학원 강사, 공부방 선생님이시라면 누구나 가입할 수 있는 천사샘!
교재 개발 및 평가를 통해 교재 검토진으로 참여할 수 있는 기회는 물론
다양한 교사용 교재 증정 이벤트가 선생님을 기다립니다.

아이와 함께 성장하는 학부모들의 모임공간

튠맘 학습연구소

튠맘 학습연구소는 초·중등 학부모를 대상으로 다양한 이벤트와 함께
교재 리뷰 및 학습 정보를 제공하는 네이버 카페입니다.
초등학생, 중학생 자녀를 둔 학부모님이라면 튠맘 학습연구소로 오세요!

정답

문제의 풀이 중에서
이해가 되지 않는 부분은
우등생 홈페이지
(home.chunjae.co.kr)
일대일 문의에 올려주세요.

초등 수학

4·1

천재교육

꼼꼼 풀이집
포인트 3가지

- 참고, 주의, 다른 풀이 등과 함께 친절한 해설 제공
- 단계별 배점과 채점 기준을 제시하여 서술형 문항 완벽 대비
- 틀린 과정을 분석하여 과정 중심 평가 완벽 대비

꼼꼼 풀이집

정답과 풀이

4-1

	본책	평가 자료집

1단원 큰 수

Step 1 교과 개념 8~9쪽

1 (1) 10000 (2) 만
2 (1) 63984 (2) 3, 7
3 (1) 1000 (2) 10
4 예

1000	1000	1000	1000	1000
1000	1000	1000	1000	1000
1000	1000	1000	1000	1000

5 100, 10, 1
6 9960, 10000
7 9997, 10000
8 5000, 7
9 (위에서부터) 삼만 이천삼백사십오 ; 75924 ;
이만 육천사십칠 ; 54362

2 (1) 60000+3000+900+80+4=63984
(2) 35472=30000+5000+400+70+2

3 (1) 9000원에 1000원을 더하면 10000원이 되므로 10000은 9000보다 1000만큼 더 큰 수입니다.
(2) 1000원짜리 지폐 10장은 10000원이므로 10000은 1000이 10개인 수입니다.

4 10000은 1000이 10개인 수이므로 1000을 10개만큼 묶습니다.

6 9950보다 10만큼 더 큰 수는 9960이고, 9990보다 10만큼 더 큰 수는 10000입니다.

7 1씩 커지는 규칙이므로 9996보다 1만큼 더 큰 수는 9997이고, 9999보다 1만큼 더 큰 수는 10000입니다.

9 • 수를 읽을 때에는 높은 자리부터 차례로 숫자와 자릿값을 함께 읽습니다.

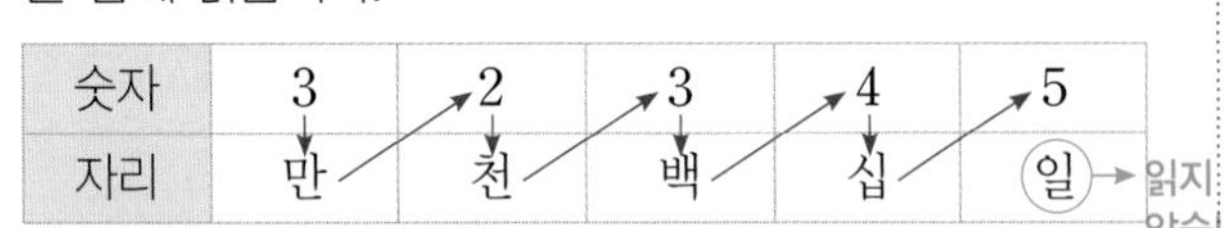

⇨ 삼만 이천삼백사십오 → 만의 자리와 천의 자리 사이는 띄어 읽습니다.

• 자리의 숫자가 0일 때는 숫자와 자릿값을 모두 읽지 않습니다.

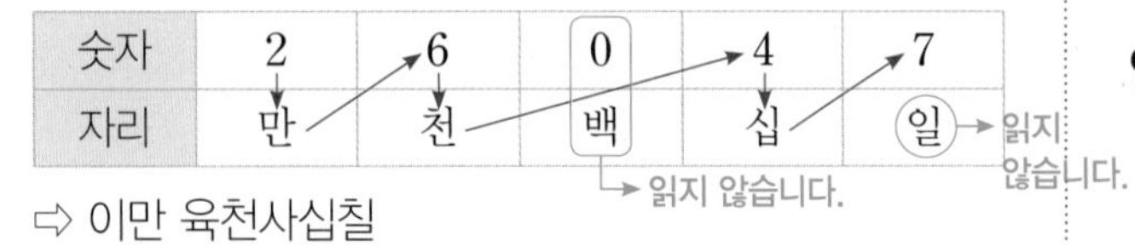

⇨ 이만 육천사십칠

Step 1 교과 개념 10~11쪽

1 (1) 10/0000 또는 10만
(2) 100/0000 또는 100만
(3) 1000/0000 또는 1000만
2 (1) 60/0000 (2) 5409/0000 또는 5409만 (3) 십만
3 10만, 100만, 1000만
4 5000/0000, 20/0000
5 (1) 4932만 1089 ; 사천구백삼십이만 천팔십구
(2) 340만 7852 ; 삼백사십만 칠천팔백오십이
6 9283/0000 또는 9283만
7 (위에서부터) 육백십오만 ; 3854/0000 ;
삼천오백이십구만 칠천백팔 ; 5408/0760
8 4000/0000, 4000
9 ㉣, ㉡, ㉠, ㉢

2 참고
만, 억, 조 단위의 큰 수를 쓸 때에는 단위를 사용하여 답을 써도 정답으로 합니다.

3 1만의 10배는 10만(10/0000), 10만의 10배는 100만(100/0000), 100만의 10배는 1000만(1000/0000)입니다.

4

천만	백만	십만	만	천	백	십	일
5	4	2	6	0	0	0	0
5	0	0	0	0	0	0	0
	4	0	0	0	0	0	0
		2	0	0	0	0	0
			6	0	0	0	0

6 1000만이 9개, 100만이 2개, 10만이 8개, 1만이 3개인 수는 9283만(9283/0000)입니다.

7 • 615/0000 ⇨ 615만 ⇨ 육백십오만
• 삼천팔백오십사만 ⇨ 3854만 ⇨ 3854/0000
• 3529/7108 ⇨ 3529만 7108
⇨ 삼천오백이십구만 칠천백팔
• 오천사백팔만 칠백육십 ⇨ 5408만 760 ⇨ 5408/0760

8 ㉠은 천만의 자리 숫자이므로 4000/0000을 나타내고, ㉡은 천의 자리 숫자이므로 4000을 나타냅니다.

9 각 수의 십만의 자리 숫자를 알아보면 다음과 같습니다.
㉠ 6048/0000 ⇨ 4 ㉡ 765/0000 ⇨ 6
㉢ 2439/0000 ⇨ 3 ㉣ 5176/0000 ⇨ 7

2 교과 유형 익힘 12~13쪽

01 81456
02 민규
03 50000, 7000, 30, 8
04 (1) 10 (2) 1000
05 3장
06 ㉡
07 36500원
08 지은▸5점 ; 예 구만 천오십육은 91056이야.▸5점
09 6379만(6397/0000)
10 51568, 오만 천오백육십팔
11 예 2, 0 ; 1, 5 ; 0, 10
12 ㉢, ㉠, ㉡, ㉣
13 9287/6543 ; 구천이백팔십칠만 육천오백사십삼

04 (1) 1000이 10개이면 10000이므로 10000원이 되려면 1000원짜리 지폐가 10장 있어야 합니다.
(2) 10이 1000개이면 10000이므로 10000원이 되려면 10원짜리 동전이 1000개 있어야 합니다.

05 10000원이 되려면 1000원짜리 지폐가 10장 있어야 하므로 1000원짜리 지폐 3장이 더 필요합니다.

06 ㉠ 2576/0000
⇨ 십만의 자리 숫자이므로 70/0000을 나타냅니다.
㉡ 3764/2150
⇨ 백만의 자리 숫자이므로 700/0000을 나타냅니다.
㉢ 847/0000
⇨ 만의 자리 숫자이므로 7/0000을 나타냅니다.

07 인형은 10000원이므로 인형 3개는 30000원, 볼펜은 1000원이므로 볼펜 6자루는 6000원, 구슬은 100원이므로 구슬 5개는 500원입니다.
따라서 모두 $30000+6000+500=36500$(원)이 필요합니다.

08 '구만 천오백육은 91506이야.'라고 고쳐 쓴 경우도 정답입니다.

09 1000만이 6개이면 6000만, 10만이 37개이면 370만, 1만이 9개이면 9만이므로 설명하는 수는 6379만(6379/0000)입니다.

10 • 천의 자리 숫자가 1, 일의 자리 숫자가 8인 다섯 자리 수는 □1□□8입니다.
• 수 모형으로 나타낼 때 십 모형은 6개 필요하므로 □1□68입니다.
• 숫자 5가 2개 있으므로 조건을 모두 만족하는 다섯 자리 수는 51568입니다.

11 1000원짜리 지폐 9장은 9000원이므로 500원짜리 동전과 100원짜리 동전으로 1000원을 만들어 봅니다.

12 • 52000에서 만의 자리 숫자는 5입니다. ⇨ ㉠=5
• 38545에서 4는 40을 나타냅니다. ⇨ ㉡=4
• 16035에서 천의 자리 숫자는 6입니다. ⇨ ㉢=6
• 86420에서 0은 0을 나타냅니다. ⇨ ㉣=0
따라서 ㉢>㉠>㉡>㉣입니다.

13 백만의 자리 숫자가 2인 여덟 자리 수는 □2□□/□□□□입니다. 가장 큰 수를 만들려면 높은 자리에 큰 수부터 차례로 넣으면 되므로 백만의 자리 숫자가 2인 가장 큰 여덟 자리 수는 9287/6543이고, 구천이백팔십칠만 육천오백사십삼이라고 읽습니다.

1 교과 개념 14~15쪽

1 500/0000/0000 ; 20/0000/0000
2 1000만, 100만, 10만, 1만
3 1억
4 1000억, 100억, 10억
5 6, 2, 4, 8 ; 200조, 8조
6 (1) 9504, 8319, 467 (2) 9000/0000/0000, 90000
7 7, 1, 3, 9 ;
(1) 7000/0000/0000/0000
(2) 30/0000/0000/0000
8 (1) 이천팔백구십일억 사백칠십육만
(2) 칠십사조 삼천억
9 (1) 8456/4753/0000 (2) 24/0091/3500/0000

3 1000만의 10배는 1억입니다.

6 (2) 같은 숫자라도 어느 자리에 놓이느냐에 따라 나타내는 값이 다릅니다.

7 (1) 숫자 7은 천조의 자리 숫자이고, 7000/0000/0000/0000를 나타냅니다.
(2) 숫자 3은 십조의 자리 숫자이고, 30/0000/0000/0000를 나타냅니다.

8 일의 자리에서부터 네 자리씩 끊은 다음 '조', '억', '만', '일'의 단위를 사용하여 왼쪽부터 차례대로 읽습니다.

9 (1) 팔천사백오십육억 사천칠백오십삼만
⇨ 8456억 4753만 ⇨ 8456/4753/0000
(2) 조가 24개, 억이 91개, 만이 3500개인 수
⇨ 24조 91억 3500만 ⇨ 24/0091/3500/0000

Step 2 교과 유형 익힘 16~17쪽

01 (○)
( )
02 6378/0000/0000/0000 또는 6378조
03 (1) 9017조 6785억 1950만 3355
(2) 36조 14억 6189만 5050
04 843/5500/0000 ; 팔백사십삼억 오천오백만
05 6530/0501/0000/0000 ; 육천오백삼십조 오백일억
06 ③
07 74억 또는 74/0000/0000
08 ④
09 ㉠ 100억이 48개이면 4800억, 억이 62개이면 62억, 10만이 35개이면 350만이므로 12자리 수로 나타내면 4862/0350/0000입니다.▸4점
따라서 0은 모두 6개입니다.▸2점 ; 6개▸4점
10 ㉠
11 10000배
12 ㉡ ; ㉠ 백억의 자리 숫자는 3입니다.
13 11

01 1억이 3460개이면 3460억이고, 1만이 67개이면 67만이므로 3460억 67만(3460/0067/0000)입니다.

02 1000조가 6개이면 6000조, 100조가 3개이면 300조, 10조가 7개이면 70조, 1조가 8개이면 8조이므로 6378조(6378/0000/0000/0000)입니다.

03 (1) 9017/6785/1950/3355
⇨ 9017조 6785억 1950만 3355
(2) 36/0014/6189/5050
⇨ 36조 14억 6189만 5050

04 843/5500/0000 ⇨ 843억 5500만
⇨ 팔백사십삼억 오천오백만

05 6530/0501/0000/0000 ⇨ 6530조 501억
⇨ 육천오백삼십조 오백일억

06 각 수의 백억의 자리 숫자를 알아봅니다.
① 3 ② 4 ③ 6 ④ 2 ⑤ 5
따라서 백억의 자리 숫자가 6인 수는 ③입니다.

07 740만 →(10배) 7400만 →(10배) 7억 4000만 →(10배) 74억
740만 →(1000배) 74억

08 1만이 10000개이면 1억이고, 1억이 10000개이면 1조입니다.

09 4800억+62억+350만=4862억 350만
⇨ 4862/0350/0000

채점 기준		
12자리 수로 바르게 나타낸 경우	4점	10점
0의 개수를 구한 경우	2점	
답을 바르게 쓴 경우	4점	

10 ㉠에서 8은 조의 자리 숫자이므로 8/0000/0000/0000를 나타내고, ㉡에서 8은 천억의 자리 숫자이므로 8000/0000/0000을 나타냅니다.

참고
같은 숫자라도 어느 자리에 놓이느냐에 따라 나타내는 값이 다릅니다.

11 ㉠이 나타내는 값은 20/0000/0000이고, ㉡이 나타내는 값은 20/0000이므로 ㉠이 나타내는 값은 ㉡이 나타내는 값의 10000배입니다.

12 360/0000/0000에서 백억의 자리 숫자는 3이고, 6은 십억의 자리 숫자입니다.

13 1조가 73개, 1억이 6945개, 1만이 182개인 수는 73조 6945억 182만이고 이 수를 100배한 수는 7369조 4501억 8200만입니다.
따라서 10조의 자리 숫자는 6이고 100억의 자리 숫자는 5이므로 두 수의 합은 6+5=11입니다.

Step 1 교과 개념 18~19쪽

1 100/0000 또는 100만 2 십만, 10/0000 또는 10만
3 56879, 66879, 76879
4 1000억 또는 1000/0000/0000
5 (1) 1720억, 1920억, 2120억, 2320억
(2) 7/0000, 10/0000, 13/0000, 16/0000
6 8280억, 9280억, 1조 280억
7 ③ 8 5894/0000, 6894/0000
9 8조 300억, 8조 1300억, 8조 2300억

1 380/0000 − 480/0000 − 580/0000 − 680/0000 − 780/0000
⇨ 백만의 자리 수가 1씩 커집니다.

2 4743/0000 − 4753/0000 − 4763/0000 − 4773/0000 − 4783/0000 − 4793/0000
⇨ 십만의 자리 수가 1씩 커지므로 10/0000씩 뛰어 세기를 한 것입니다.

3 10000씩 뛰어 세면 만의 자리 수가 1씩 커집니다.

4 3024억 − 4024억 − 5024억 − 6024억
⇨ 천억의 자리 수가 1씩 커지므로 1000억씩 뛰어 세기를 한 것입니다.

5 (1) 200억씩 뛰어 세면 백억의 자리 수가 2씩 커집니다.
(2) 30000씩 뛰어 세면 만의 자리 수가 3씩 커집니다.

6 천억의 자리 수가 1씩 커지므로 1000억씩 뛰어 세기를 한 것입니다.

7 만의 자리 수가 1씩 커지므로 10000씩 뛰어 세기를 한 것입니다.
⇨ 548/2900 − 549/2900 − 550/2900 − 551/2900 (㉠)

8 천만의 자리 수가 1씩 커지므로 1000만씩 뛰어 세기를 한 것입니다.

9 천억의 자리 수가 1씩 커지므로 1000억씩 뛰어 세기를 한 것입니다.

Step 1 교과 개념 20~21쪽

1 (1) > (2) <　　2 (1) ㉢ (2) ㉡ (3) 4830만
3 민수
4 57100, 57500, 58000 (수직선: 57400, 57800 표시)
; 57800, 57400
5 (1) < (2) > (3) < (4) <
6 (1) > (2) >
7 (○) (　) (　)　　8 (△) (○) (　)

1 (1) 1733/0000은 8자리 수이고, 896/0000은 7자리 수이므로 1733/0000이 더 큽니다.
(2) 두 수의 자리 수는 12자리 수로 같습니다.
가장 높은 자리부터 차례로 비교하면 백억의 자리 수가 6인 5640/0000/0000이 더 큽니다.

2 (1) 4830만은 4800만과 4900만 사이의 수이므로 ㉢에 나타낼 수 있습니다.
(2) 4370만은 4300만과 4400만 사이의 수이므로 ㉡에 나타낼 수 있습니다.
(3) 4830만이 4370만보다 오른쪽에 있으므로 4830만이 더 큽니다.

학부모 지도 가이드
수의 크기를 비교하는 방법 중 수직선을 이용하여 오른쪽에 위치한 수가 왼쪽에 위치한 수보다 더 큰 값을 가지고 있음을 알게 합니다.

3 가장 높은 자리인 만의 자리 수를 비교하면 4<6이므로 43720보다 63450이 더 큽니다.
따라서 더 큰 수를 말한 사람은 민수입니다.

4 57100, 57500, 58000 (수직선: 57400, 57800 표시)
오른쪽으로 갈수록 수가 커집니다.
수직선에서 57800은 57400보다 오른쪽에 있으므로 57800이 57400보다 큽니다.

5 (1) (5자리 수)<(6자리 수)이므로 50/3500이 더 큽니다.
(2) (8자리 수)>(7자리 수)이므로 1306/8071이 더 큽니다.
(3) 자리 수를 비교하면 8자리 수로 같습니다. 천만, 백만의 자리 수가 같으므로 십만의 자리 수를 비교하면 1<3이므로 2534/2897이 더 큽니다.
(4) 자리 수를 비교하면 9자리 수로 같습니다. 억의 자리에서 백만의 자리 수까지 비교하면 모두 같습니다. 십만의 자리 수를 비교하면 0<5이므로 6/9854/3200이 더 큽니다.

6 (1) 백억의 자리 수가 같으므로 십억의 자리 수를 비교합니다.
⇨ 592억 60만>558억 5948만 (9>5)
(2) 백조의 자리 수가 같으므로 십조의 자리 수를 비교합니다.
⇨ 123조 1491억>118조 2900억 (2>1)

8 41300 ⇨ 5자리 수, 23/7000 ⇨ 6자리 수, 16/9000 ⇨ 6자리 수
따라서 자리 수가 가장 적은 41300이 가장 작고, 23/7000>16/9000이므로 23/7000이 가장 큽니다. (2>1)

본책 16~21쪽

Step 2 교과 유형 익힘 22~25쪽

01 2810억, 3110억, 3410억, 3710억
02 4164조, 4564조, 4964조, 5364조, 5764조
03 4조 1990억, 4조 2040억, 4조 2090억
04 940000 (945000, 948000) 950000 ; <
05 715/7900 ; 예 30만씩 뛰어 센 것입니다.
06 (1) > (2) >
07 텔레비전
08 1조 4950억
09 성우
10 ㉡, ㉢, ㉠
11 (왼쪽부터) 853억, 953억 ; 773억 ; 787억
12 6개월
13 9/8765/3210, 1/0235/6789
14 예 남학생 수와 여학생 수의 만의 자리 수를 비교하면 8>3이므로 38/9400>33/5900입니다.▸4점
따라서 남학생이 더 많습니다.▸2점
; 남학생▸4점
15 478조
16 30만 원
17 ㉡
18 5806만
19 7, 8, 9
20 54123
21 2조 7000억
22 예 40/1235/6789
; 사십억 천이백삼십오만 육천칠백팔십구
23 상파울루
24 <
25 2022년

01 300억씩 뛰어 세면 백억의 자리 수가 3씩 커집니다.

02 백조의 자리 수가 4씩 커지므로 400조씩 뛰어 세는 규칙입니다.

03 십억의 자리 수가 5씩 커지므로 50억씩 뛰어 세는 규칙입니다.

04 94/0000에서 95/0000까지 수직선의 작은 눈금이 10칸이므로 작은 눈금 한 칸의 크기는 1000입니다.
94/5000이 94/8000보다 왼쪽에 있으므로 94/5000이 94/8000보다 더 작습니다.

05 십만의 자리 수가 3씩 커지므로 30만씩 뛰어 세는 규칙입니다. 685/7900에서 30만이 커지면 715/7900입니다.

06 (1) 48억 7400만 ⇨ 48/7400/0000 (10자리 수)
⇨ 4874/0000은 8자리 수이므로 48억 7400만이 더 큽니다.
(2) 920/5000/0000/0000 ⇨ 920조 5000억
⇨ 920조 5000억>920조 5000만

07 130/0000>87/5000>82/0000
(7자리 수) (6자리 수) (6자리 수)
⇨ 가격이 가장 높은 물건은 텔레비전입니다.

08 2000억씩 뛰어 세면 천억의 자리 수가 2씩 커지므로
6950억－8950억－1조 950억－1조 2950억
－1조 4950억입니다.

09 • 민주: 3764억>3096억
• 주성: 1702조 6000만>1682조

10 ㉠, ㉢은 14자리 수이고 ㉡은 13자리 수이므로 ㉡이 가장 작습니다.
㉠, ㉢의 십조의 자리, 일조의 자리, 천억의 자리 수가 같으므로 백억의 자리 수의 크기를 비교하면 8>7이므로 ㉠이 가장 큰 수입니다.
따라서 작은 수부터 차례로 기호를 쓰면 ㉡, ㉢, ㉠입니다.

11 • 왼쪽 세로는 백억의 자리 수가 1씩 커지므로 100억씩 뛰어 세기를 한 것입니다.
• 가로는 십억의 자리 수가 1씩 커지므로 10억씩 뛰어 세기를 한 것입니다.
• 오른쪽 세로는 억의 자리 수가 2씩 커지므로 2억씩 뛰어 세기를 한 것입니다.

12 20만씩 뛰어 세어 120만이 되려면 몇 번 뛰어 세어야 하는지 알아봅니다.
0－20만－40만－60만－80만－100만－120만
(1번) (2번) (3번) (4번) (5번) (6번)
따라서 지금부터 적어도 6개월이 걸립니다.

13 가장 작은 수를 만들 때 억의 자리에 0이 아닌 1을 써야 합니다.

14

채점 기준		
두 수의 크기를 바르게 비교한 경우	4점	10점
큰 수를 찾아 남학생이 더 많다고 쓴 경우	2점	
답을 바르게 쓴 경우	4점	

15 438조에서 10번 뛰어 세어 100조만큼 더 커져 538조가 되었으므로 10조씩 뛰어 세기를 한 것입니다.
따라서 ㉠은 438조에서 10조씩 4번 뛰어 세기 한 수이므로
438조－448조－458조－468조－478조입니다.

16 4월부터 9월까지 6개월 동안 모은 것이므로 0원에서 5만 원씩 6번 뛰어 세기를 하면 30만 원이 됩니다.
0－5만－10만－15만－20만－25만－30만
(4월) (5월) (6월) (7월) (8월) (9월)

17 ㉠ 천사십조 육백팔십억 구천사십육
⇨ 1040조 680억 9046 ⇨ 1040/0680/0000/9046
㉡ 조가 1040개, 억이 1300개, 만이 4000개인 수
⇨ 1040조 1300억 4000만
⇨ 1040/1300/4000/0000
높은 자리 수부터 차례대로 비교했을 때 천억의 자리 수가 0＜1이므로 ㉠보다 ㉡이 더 큽니다.

18 두 칸을 뛰어 세어 400만이 커졌으므로 200만씩 뛰어 세는 규칙입니다. 따라서 5606만에서 200만 뛰어 센 수는 5806만입니다.

19 49/7265 ＜ 49/□837 (6자리 수, 6자리 수; 49는 같습니다.)
십만, 만의 자리 수가 같으므로 천의 자리 수를 비교하면 7＜□로 □ 안에는 8, 9가 들어갈 수 있습니다.
□＝7인 경우에도 식을 만족하는지 확인합니다.
□ 안에 7을 넣어 보면 49/7265＜49/7837이므로 식을 만족합니다.
따라서 □ 안에 들어갈 수 있는 수는 7, 8, 9입니다.

20 54000보다 크고 54200보다 작은 수이므로 만의 자리 숫자는 5, 천의 자리 숫자는 4, 백의 자리 숫자는 1입니다. 일의 자리 숫자가 홀수이므로 일의 자리 숫자는 3이 되고 나머지 2는 십의 자리 숫자가 됩니다. 따라서 조건을 모두 만족하는 수는 54123입니다.

21 어떤 수에서 3000억씩 6번 뛰어 센 수가 4조 5000억이므로 어떤 수는 4조 5000억에서 3000억씩 거꾸로 6번 뛰어 센 수입니다.
4조 5000억－4조 2000억－3조 9000억－3조 6000억－3조 3000억－3조－2조 7000억이므로 어떤 수는 2조 7000억입니다.

22 10자리 수이므로 십억의 자리에 4 또는 4보다 큰 수를 놓고 나머지 자리에 남은 수를 놓습니다.

23 2204/3000(상파울루)＞2046/3000(베이징)＞1880/4000(뉴욕)＞960/2000(서울)＞492/6000(시드니)

24 두 수의 자리 수를 비교하면 11자리 수로 같습니다.
가장 높은 자리부터 차례대로 비교하면 일억의 자리까지 같고 □ 안에 0을 넣어도 오른쪽 수의 십만의 자리 수가 더 크므로 오른쪽 수가 더 큽니다.

25 수출액이 10년 동안 6500만－1500만＝5000만 (달러) 증가했으므로 해마다 500만 달러씩 증가하고 있습니다.
6500만(2019년)－7000만(2020년)－7500만(2021년)－8000만(2022년)이므로 수출액이 처음으로 8000만 달러가 되는 해는 2022년입니다.

Step 3 문제 해결 26~29쪽

1	5000/0000	**1-1**	②
1-2	③	**1-3**	㉡, ㉠, ㉢
2	10000배	**2-1**	100/0000배
2-2	10000배	**2-3**	10/0000배
3	7654/3201	**3-1**	140/2356
3-2	83/7641	**3-3**	7/0123/4569
4	＞	**4-1**	＜
4-2	＜	**4-3**	㉡, ㉢, ㉠

5 ❶ 432/0000/0000▸1점 ❷ 1233/0000▸1점
❸ 2131▸1점 ❹ 432/1233/2131▸3점
; 432/1233/2131원▸4점

5-1 예 ❶ 1억 원짜리 17장은 17/0000/0000원입니다.▸1점
❷ 만 원짜리 78장은 78/0000원입니다.▸1점
❸ 1원짜리 34개는 34원입니다.▸1점
❹ 선영이가 가진 모형 돈은 모두 17/0078/0034원입니다.▸3점
; 17/0078/0034원▸4점

5-2 예 1억 원짜리 320장은 320/0000/0000원이고, 만 원짜리 9578장은 9578/0000원이고, 1원짜리 45개는 45원이므로 재영이가 가지고 있는 모형 돈은 320/9578/0045원입니다.▸2점
1억 원짜리 302장은 302/0000/0000원이고, 만 원짜리 2054장은 2054/0000원이고, 1원짜리 8832개는 8832원이므로 진우가 가지고 있는 모형 돈은 302/2054/8832원입니다.▸2점
따라서 320/9578/0045＞302/2054/8832이므로 재영이가 가지고 있는 모형 돈이 더 많습니다.▸2점
; 재영▸4점

6 ❶ 482/0000, 20/0000, 5, 502/0000, 522/0000, 542/0000, 562/0000, 582/0000▸4점
❷ 582/0000▸2점 ; 582/0000원▸4점

6-1 예 ❶ 오늘까지 저금한 돈은 70만 원이므로 70만에서 2만씩 7번 뛰어 셉니다.

70만 - 72만 - 74만 - 76만 - 78만 - 80만 - 82만 - 84만 ▸4점

❷ 따라서 7개월 후에 저금한 돈은 모두 84만 원이 됩니다.▸2점 ; 84만 원▸4점

6-2 예 현재 통장에 있는 돈이 543억 원이므로 543억에서 5000만씩 6번 뛰어 셉니다.

543억 - 543억 5000만 - 544억 - 544억 5000만 - 545억 - 545억 5000만 - 546억 ▸4점

따라서 6개월 후에는 모두 546억 원이 됩니다.▸2점 ; 546억 원▸4점

1 98/5214/6722에서 숫자 5는 천만의 자리 숫자이므로 5000/0000을 나타냅니다.

1-1 ① 800/0000/0000 ② 8000/0000 ③ 8 ④ 800/0000 ⑤ 80000

1-2 ① 20/0000 ② 20 ③ 2 ④ 20000 ⑤ 200
⇨ 숫자 2가 나타내는 값이 가장 작은 것은 ③입니다.

1-3 ㉠ 3000/0000/0000 ㉡ 3/0000/0000/0000 ㉢ 3/0000/0000
⇨ 숫자 3이 나타내는 값이 큰 것부터 차례로 기호를 쓰면 ㉡, ㉠, ㉢입니다.

2 ㉠이 나타내는 값은 700/0000이고, ㉡이 나타내는 값은 700이므로 ㉠이 나타내는 값은 ㉡이 나타내는 값의 10000배입니다.

2-1 ㉠이 나타내는 값은 2/0000/0000이고, ㉡이 나타내는 값은 200이므로 ㉠이 나타내는 값은 ㉡이 나타내는 값의 100/0000배입니다.

2-2 ㉠이 나타내는 값은 60/0000이고, ㉡이 나타내는 값은 60이므로 ㉠이 나타내는 값은 ㉡이 나타내는 값의 10000배입니다.

2-3 ㉠이 나타내는 값은 400/0000이고, ㉡이 나타내는 값은 40이므로 ㉠이 나타내는 값은 ㉡이 나타내는 값의 10/0000배입니다.

3 십의 자리에 먼저 0을 놓고 가장 높은 자리부터 큰 수를 차례로 놓으면 7654/3201입니다.

3-1 십만의 자리에 먼저 4를 놓고 백만의 자리에 1을 놓으면 [1][4][ ]/[ ][ ][ ][ ]이고, 남은 자리 중 가장 높은 자리부터 작은 수를 차례로 놓으면 140/2356입니다.

3-2 만의 자리에 먼저 3을 놓으면 [ ][3]/[ ][ ][ ][ ]이고, 남은 자리 중 가장 높은 자리부터 큰 수를 차례로 놓으면 83/7641입니다.

3-3 9자리 수에서 억의 자리 숫자가 7, 일의 자리 숫자가 9인 수는 [7]/[ ][ ][ ][ ]/[ ][ ][ ][9]이고, 남은 자리 중 가장 높은 자리부터 작은 수를 차례로 놓으면 7/0123/4569입니다.

4 자리 수가 같고 천만, 백만의 자리 수가 같습니다.
□ 안에 9를 넣어도 왼쪽 수가 더 크므로 4293/4179 > 42□0/2982입니다.

4-1 자리 수가 같고 억, 천만, 백만, 십만의 자리 수가 같습니다.
□ 안에 9를 넣어도 왼쪽 수가 오른쪽 수보다 더 작으므로 3/658□/1254 < 3/6589/1872입니다.

4-2 자리 수가 같고 억, 천만, 백만의 자리 수가 같습니다.
□ 안에 0을 넣어도 오른쪽 수가 왼쪽 수보다 더 크므로 4/7208/5692 < 4/72□9/5832입니다.

4-3 ㉠, ㉡, ㉢의 세 수는 자리 수가 모두 같습니다.
㉡의 □ 안에 9를 넣어도 ㉡이 가장 작습니다.
㉠과 ㉢의 백만의 자리 수를 비교해 보면 ㉠이 더 큽니다.
따라서 작은 수부터 차례로 기호를 쓰면 ㉡, ㉢, ㉠입니다.

5-1

채점 기준		
1억 원짜리 금액을 구한 경우	1점	10점
만 원짜리 금액을 구한 경우	1점	
1원짜리 금액을 구한 경우	1점	
선영이가 가진 모형 돈의 금액을 구한 경우	3점	
답을 바르게 쓴 경우	4점	

5-2

채점 기준		
재영이가 가지고 있는 돈의 금액을 구한 경우	2점	10점
진우가 가지고 있는 돈의 금액을 구한 경우	2점	
누가 더 많은 돈을 가지고 있는지 구한 경우	2점	
답을 바르게 쓴 경우	4점	

6-1

채점 기준		
2만씩 7번 뛰어 세기를 바르게 한 경우	4점	10점
7개월 후의 금액을 구한 경우	2점	
답을 바르게 쓴 경우	4점	

6-2

채점 기준		
5000만씩 6번 뛰어 세기를 바르게 한 경우	4점	10점
6개월 후의 금액을 구한 경우	2점	
답을 바르게 쓴 경우	4점	

Step 4 실력UP 문제 30~31쪽

01 2000 02 1, 30

03 ㉡, ㉢, ㉠

04
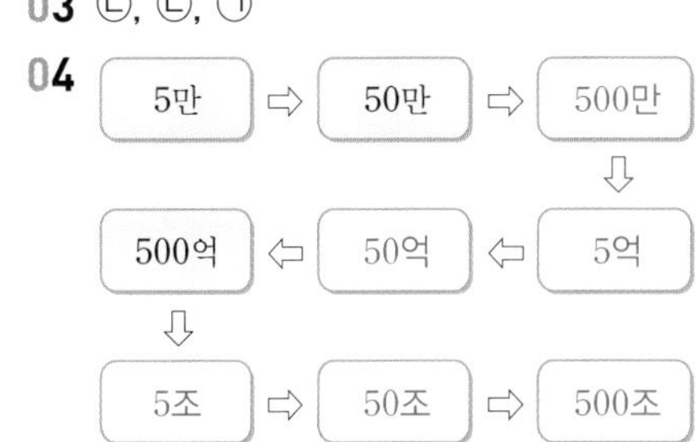

05 6억 5000만 원 또는 6/5000/0000원

06 4/1235/6789 07 캐나다

08 1개 09 408/4800

10 6650억

11 예 두 수는 모두 11자리 수이고 백억의 자리 수가 같습니다. 십억의 자리 수를 비교하면 □<5이고 억의 자리 수를 비교하면 0<1이므로 □ 안에 들어갈 수 있는 수는 0, 1, 2, 3, 4, 5입니다.▸4점
따라서 □ 안에 들어갈 수 있는 수는 모두 6개입니다.▸2점
; 6개▸4점

01 두 친구가 가지고 있는 돈은 모두 8000원입니다.
따라서 8000원에서 10000원이 되려면 2000원이 더 있어야 합니다.

02 은지: 100원이 90개이면 9000원이고 1000원이 더 있어야 10000원이 되므로 1000원은 1장입니다.
영주: 1000원이 7장이면 7000원이고 3000원이 더 있어야 10000원이 되므로 100원은 30개입니다.

03 휴대 전화: 2만 5000마리,
컴퓨터 자판: 274만 1340마리,
플라스틱 컵: 3만 6200마리
⇨ 274만 1340 > 3만 6200 > 2만 5000
㉡ ㉢ ㉠

04 10배, 100배 한 수는 오른쪽에 각각 0을 1개, 2개 더 붙인 수와 같습니다.
50만의 10배는 500만, 500만의 100배는 5억,
5억의 10배는 50억, 500억의 100배는 5조,
5조의 10배는 50조, 50조의 10배는 500조입니다.

주의
500만의 100배를 50000만, 500억의 100배를 50000억이라고 쓰지 않도록 합니다.
네 자리마다 단위가 바뀌는 것을 생각하도록 합니다.

05 • 100만 원짜리 수표 340장 ⇨ 만 원짜리 34000장
⇨ 1억 원짜리 3장, 만 원짜리 4000장
⇨ 3억 4000만 원
• 10만 원짜리 수표 3100장 ⇨ 만 원짜리 31000장
⇨ 1억 원짜리 3장, 만 원짜리 1000장
⇨ 3억 1000만 원
따라서 은행이 일주일 동안 발행한 수표는 모두 6억 5000만 원입니다.

06 4억과의 차가 가장 작아야 하므로 억의 자리 숫자가 4인 가장 작은 9자리 수를 만듭니다. 억의 자리에 4를 놓고 나머지 자리에 작은 수부터 차례로 놓습니다.
따라서 4억보다 크면서 4억에 가장 가까운 수는 4/1235/6789입니다.

07 각 나라별 수출한 금액을 알아보면 다음과 같습니다.
영국: 341/0000/0000 ⇨ 341억
캐나다: 170/0000/0000 ⇨ 170억
호주: 31/0000/0000 ⇨ 31억
따라서 수출한 금액의 숫자 1이 나타내는 값이 영국은 1억, 캐나다는 100억, 호주는 1억이므로 숫자 1이 나타내는 값이 가장 큰 나라는 캐나다입니다.

08 태양과 가장 멀리 있는 행성은 해왕성이고, 거리를 수로 나타내면 44/9700/0000 km로 0이 6개입니다.
태양과 가장 가까이 있는 행성은 수성이고, 거리를 수로 나타내면 5790/0000 km로 0이 5개입니다.
따라서 0의 개수의 차는 $6-5=1$(개)입니다.

09 408만보다 크고 409만보다 작은 일곱 자리 수는 408/□□□□입니다. 만의 자리 숫자와 백의 자리 숫자가 같으므로 408/□8□□이고, 백만의 자리 숫자와 천의 자리 숫자가 같으므로 408/48□□입니다. 0이 3개 있으므로 십의 자리 숫자와 일의 자리 숫자는 0입니다.
따라서 설명하는 수는 408/4800입니다.

10 1조 250억에서 1000억씩 작아지도록 4번 뛰어 세면
1조 250억−9250억−8250억−7250억−6250억이므로 어떤 수는 6250억입니다.
6250억에서 100억씩 4번 뛰어 세면
6250억−6350억−6450억−6550억−6650억이므로 바르게 뛰어 센 수는 6650억입니다.

11

채점 기준		
□ 안에 들어갈 수 있는 수를 구한 경우	4점	10점
□ 안에 들어갈 수 있는 수의 개수를 구한 경우	2점	
답을 바르게 쓴 경우	4점	

단원 평가 32~35쪽

01 ⑤
02 6, 8, 0, 7, 5
03 (1) 85472 (2) 62758
04 (1) 73529
(2) 팔십삼조 칠천이백육십억 사천오백일만
05 59613=50000+9000+600+10+3
06 40000원
07 (1) 1216, 7575 (2) 2, 200/0000 또는 200만
08

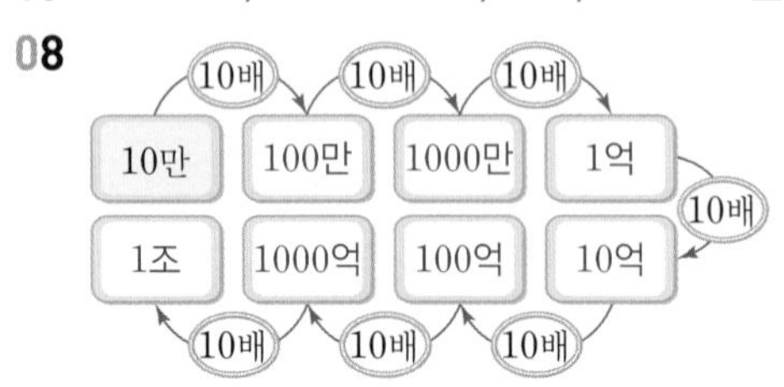

09 7000/0000 또는 7000만
10 ④
11 49073
12 428/7000, 728/7000
13 (1) < (2) >
14 부산 아시아드 주경기장
15 3562/1093/5567
16 7875억, 7895억, 7905억
17 ㉡, ㉢, ㉠
18 금성, 지구, 목성
19 7684/3210, 1082/3467
20 ㉢, ㉠, ㉡
21 (1) 3060/0008/0000▸3점 (2) 9개▸2점
22 예 10000원짜리 지폐 4장은 40000원, 1000원짜리 지폐 17장은 17000원, 100원짜리 동전 25개는 2500원입니다.▸1점
따라서 준서가 저금통에 모은 돈은 모두 40000+17000+2500=59500(원)입니다.▸2점
; 59500원▸2점
23 (1) 19/2400/7853/0000▸3점
(2) 천억의 자리 숫자▸2점
24 예 ㉠은 십억의 자리 숫자이고 20/0000/0000을 나타냅니다.▸1점
㉡은 십만의 자리 숫자이고 20/0000을 나타냅니다.▸1점
20/0000/0000은 20/0000의 10000배이므로 ㉠이 나타내는 값은 ㉡이 나타내는 값의 10000배입니다.▸1점
; 10000배▸2점

01 ⑤ 9999보다 1만큼 더 작은 수는 9998입니다.

02 68075=60000+8000+70+5
⇨ 68075는 10000이 6개, 1000이 8개, 100이 0개, 10이 7개, 1이 5개인 수입니다.

03 (1) 만의 자리 숫자를 알아보면
76258 ⇨ 7, 85472 ⇨ 8, 62758 ⇨ 6입니다.
(2) 숫자 2가 나타내는 값을 알아보면
76258 ⇨ 200, 85472 ⇨ 2, 62758 ⇨ 2000입니다.

04 (1) 칠만 삼천오백이십구 ⇨ 7만 3529 ⇨ 73529
(2) 83/7260/4501/0000 ⇨ 83조 7260억 4501만
⇨ 팔십삼조 칠천이백육십억 사천오백일만

05

만의 자리	천의 자리	백의 자리	십의 자리	일의 자리
5	9	6	1	3
50000	9000	600	10	3

⇨ 59613=50000+9000+600+10+3

06 10000이 3개이면 30000, 5000이 2개이면 10000입니다.
⇨ 30000+10000=40000(원)

참고
5000은 1000이 5개인 수이므로 5000이 2개인 수는 1000이 10개인 수와 같습니다.

07 (1) 1216/7575 ⇨ 1216만 7575
(2) 250/3728
└▸백만의 자리 숫자 ⇨ 200/0000

08 어떤 수를 10배 하면 0이 1개 늘어납니다.
10만 —10배→ 100만 —10배→ 1000만 —10배→ 1억
—10배→ 10억 —10배→ 100억 —10배→ 1000억 —10배→ 1조

09 1879581334 ⇨ 숫자 7은 7000/0000을 나타냅니다.
억 만 일
└▸천만의 자리 숫자

10 숫자 9가 나타내는 값을 알아봅니다.
① 9000/0000 ② 900/0000 ③ 90/0000
④ 90000 ⑤ 900/0000

11

10000이 4개	1000이 9개	100이 0개	10이 7개	1이 3개
40000	9000	0	70	3

⇨ 40000+9000+0+70+3=49073

12 528/7000에서 628/7000으로 백만의 자리 수가 1 커졌으므로 100만씩 뛰어 세기를 한 것입니다.
328/7000에서 백만의 자리 수가 1 큰 수는 428/7000, 628/7000에서 백만의 자리 수가 1 큰 수는 728/7000입니다.

13 (2) 십팔억 사천팔만 ⇨ 18/4008/0000
자리 수가 같으므로 높은 자리의 수부터 차례로 비교합니다.
⇨ 18/4723/5094 > 18/4008/0000
(7>0)

14 53769>42176이므로 부산 아시아드 주경기장의 관람석 수가 더 많습니다.

15 억이 3562개, 만이 1093개, 일이 5567개인 수
⇨ 3562억 1093만 5567
⇨ 3562/1093/5567

16 10억 원씩 늘어나므로 10억씩 뛰어 셉니다.
따라서 십억의 자리 수가 1씩 커지도록 뛰어 셉니다.
7865억 − 7875억 − 7885억 − 7895억 − 7905억
(+1, +1, +1, +1)

17 ⓛ 145/7490 < ⓒ 175/2457 < ㉠ 267/2843
⇨ 작은 수부터 차례로 기호를 쓰면 ⓛ, ⓒ, ㉠입니다.

18 목성: 7억 7830만 km ⇨ 7/7830/0000 km
⇨ 1/0820/0000 < 1/4960/0000 < 7/7830/0000이므로 태양에서 금성, 지구, 목성의 순서대로 가깝습니다.

19 • 가장 큰 수는 8을 십만의 자리에 놓은 후 나머지 수는 가장 높은 자리부터 큰 수를 차례로 놓습니다.
⇨ | 7 | 6 | 8 | 4 | 3 | 2 | 1 | 0 | (만, 일)
• 가장 작은 수는 8을 십만의 자리에 놓은 후 나머지 수는 가장 높은 자리부터 작은 수를 차례로 놓습니다. (단, 0은 가장 높은 자리에 놓을 수 없습니다.)
⇨ | 1 | 0 | 8 | 2 | 3 | 4 | 6 | 7 | (만, 일)

20 ㉠, ⓛ, ⓒ의 세 수는 자리 수가 모두 같습니다.
ⓛ의 □ 안에 9를 넣고 ⓒ의 □ 안에 0을 넣어도 ⓛ이 가장 작고 ⓒ이 가장 큽니다.
따라서 큰 수부터 차례로 기호를 쓰면 ⓒ, ㉠, ⓛ입니다.

21 (1) 삼천육십억 팔만 ⇨ 3060억 8만
⇨ 3060/0008/0000
(2) 3060/0008/0000 ⇨ 0은 모두 9개입니다.

틀린 과정을 분석해 볼까요?

틀린 이유	이렇게 지도해 주세요
삼천육십억 팔만을 수로 나타내지 못한 경우	억, 만을 알아보고 수를 읽고 쓰는 방법을 다시 확인하도록 지도합니다.
0의 개수를 잘못 구한 경우	0의 개수를 셀 때 실수하지 않고 표시하며 세도록 지도합니다.

22

채점 기준		
만 원짜리, 천 원짜리, 백 원짜리가 각각 얼마인지 구한 경우	1점	5점
저금통에 모은 돈을 바르게 구한 경우	2점	
답을 바르게 쓴 경우	2점	

틀린 과정을 분석해 볼까요?

틀린 이유	이렇게 지도해 주세요
각 지폐와 동전의 금액을 구하지 못한 경우	10000이 ■개이면 ■0000, 1000이 ▲개이면 ▲000, 100이 ●개이면 ●00을 나타낸다는 것을 지도합니다.
준서가 저금통에 모은 돈을 잘못 구한 경우	큰 수의 자릿값을 이해하고 금액의 합을 하나의 수로 나타낼 수 있도록 지도합니다.

23 (1) 1924/0078/5300의 100배
⇨ 19/2400/7853/0000
(2) 19/2400/7853/0000에서 숫자 2는 천억의 자리 숫자입니다.

틀린 과정을 분석해 볼까요?

틀린 이유	이렇게 지도해 주세요
1924/0078/5300을 100배 한 수를 잘못 구한 경우	수를 10배 할 때마다 끝에 0이 하나씩 붙는다는 것을 지도합니다. 100배 한 수는 끝에 0이 2개 붙습니다.
100배 한 수에서 2가 어느 자리 숫자인지 구하지 못한 경우	큰 수에서 각 자리의 숫자가 나타내는 값을 알아보도록 지도합니다. 일의 자리부터 네 자리씩 표시하여 만, 억, 조 단위를 구분하면 어느 자리 숫자인지 알기 쉽습니다.

24

채점 기준		
㉠과 ⓛ이 나타내는 값을 각각 바르게 구한 경우	각 1점	5점
㉠이 나타내는 값은 ⓛ이 나타내는 값의 몇 배인지 구한 경우	1점	
답을 바르게 쓴 경우	2점	

틀린 과정을 분석해 볼까요?

틀린 이유	이렇게 지도해 주세요
㉠과 ⓛ이 나타내는 값을 구하지 못한 경우	일의 자리부터 네 자리씩 표시하며 만, 억 단위를 구분한 후 각 자리의 숫자가 나타내는 값을 알아보도록 지도합니다.
㉠이 나타내는 값이 ⓛ이 나타내는 값의 몇 배인지 구하지 못한 경우	수를 10배 할 때마다 끝에 0이 하나씩 붙는다는 것을 이해하고 0의 개수가 몇 개 차이가 나는지 확인하도록 지도합니다.

2단원 각도

Step 1 교과 개념 38~39쪽

1 (1) 1° (2) 90°
2 ( )(○)
3 ( )(○)
4 다
5 ( )(○)
6 ( )(○)
7 (1) 60° (2) 80°

2 오른쪽 그림의 빛이 더 넓게 퍼졌으므로 오른쪽 그림의 빛이 퍼지는 각의 크기가 더 큽니다.

참고
각의 크기가 비슷해 보이는 경우 투명 종이에 한 각을 본뜨고 다른 각 위에 투명 종이를 옮겨 비교해 봅니다. 투명 종이에 주어진 각 중 한 각을 그대로 그려 다른 각에 겹쳐 보면 각의 크기를 쉽게 비교할 수 있습니다.

3 부챗살이 이루는 각이 왼쪽에는 4개, 오른쪽에는 6개 있으므로 오른쪽 부채가 더 많이 벌어졌고 오른쪽 부채의 갓대가 이루는 각의 크기가 더 큽니다.

4 두 변이 벌어진 정도가 가장 작은 각은 다입니다.

5 왼쪽은 각의 꼭짓점을 각도기의 중심에 꼭 맞게 맞추지 않았습니다.
오른쪽은 각의 한 변과 각도기의 밑금, 각의 꼭짓점과 각도기의 중심을 바르게 맞췄습니다.

6 눈금이 시작하는 밑금에 정확히 맞추어야 합니다.

참고
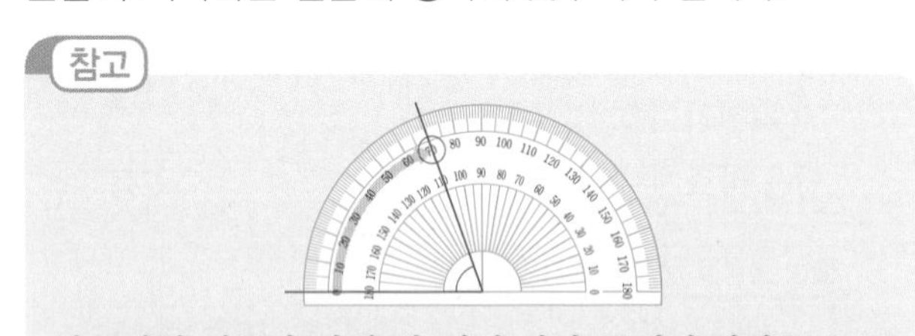
각도기의 밑금과 각의 한 변이 만난 쪽에서 바깥쪽 눈금이 0°로 시작하므로 각의 나머지 변이 만나는 각도기의 바깥쪽 눈금을 읽어야 합니다.
따라서 주어진 각도는 70°입니다.

7 (1) 각의 한 변과 각도기의 밑금이 만난 쪽에서 안쪽 눈금이 0°로 시작하므로 각의 나머지 변이 만나는 각도기의 안쪽 눈금을 읽으면 60°입니다.

Step 1 교과 개념 40~41쪽

1 가, 다 ; 나, 바 ; 라, 마, 사
2 (1) 예각 (2) 180
3 (1) 예각 (2) 둔각
4 (1) 나, 다 (2) 라
5 40°, 80° ; 135°
6 (1) 둔각 (2) 직각 (3) 예각
7 예

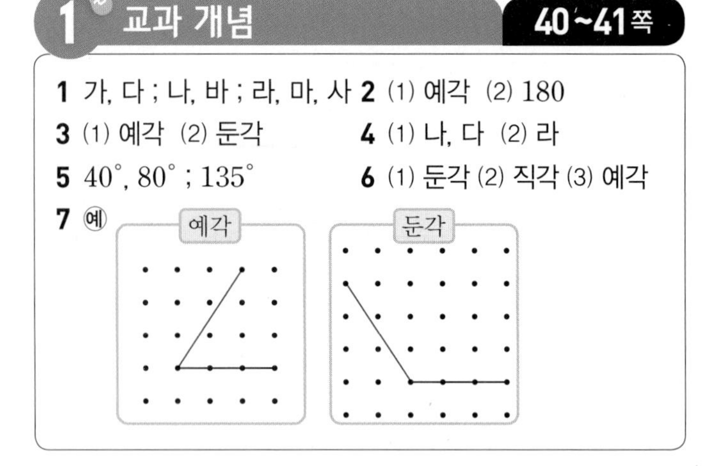

3 (1) 각도가 0°보다 크고 직각보다 작은 각이므로 예각입니다.
(2) 각도가 직각보다 크고 180°보다 작은 각이므로 둔각입니다.

4 가 나 다 라
직각 예각 예각 둔각

6 (1) 시계의 긴바늘과 짧은바늘이 이루는 작은 쪽의 각이 직각보다 크고 180°보다 작으므로 둔각입니다.
(3) 시계의 긴바늘과 짧은바늘이 이루는 작은 쪽의 각이 직각보다 작으므로 예각입니다.

7 주어진 선분을 이용하여 직각보다 덜 벌어진 각(예각), 직각보다 더 벌어진 각(둔각)을 각각 그립니다.

Step 2 교과 유형 익힘 42~43쪽

01 (1) 4 (2) 나
02 나, 라, 바 ; 가, 마
03 110°
04

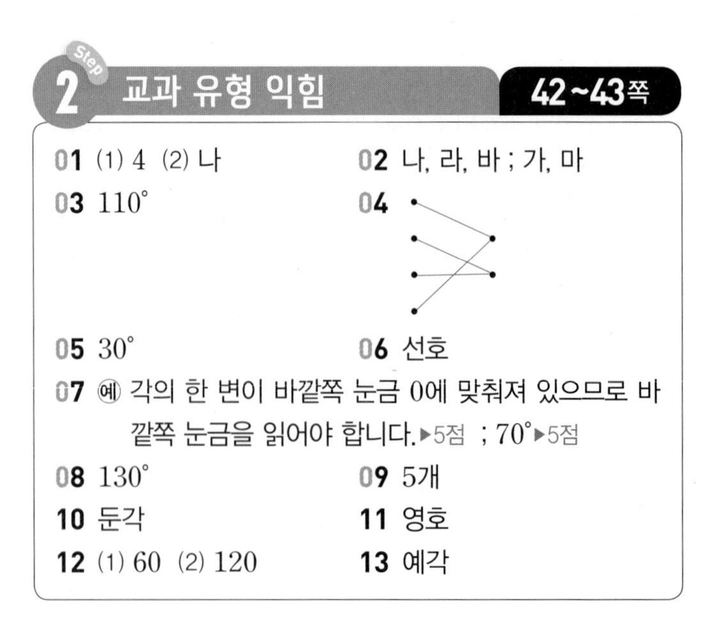

05 30°
06 선호
07 예 각의 한 변이 바깥쪽 눈금 0에 맞춰져 있으므로 바깥쪽 눈금을 읽어야 합니다.▶5점 ; 70°▶5점
08 130°
09 5개
10 둔각
11 영호
12 (1) 60 (2) 120
13 예각

01 보기 와 같은 크기의 각이 몇 개 들어가는지 세어 보면 어느 각이 더 큰지 알 수 있습니다.

02 직각과 비교하여 직각보다 작은 각은 예각, 직각보다 큰 각은 둔각입니다.

03 각도기의 중심을 각의 꼭짓점에 맞추고 각도기의 밑금을 각의 한 변에 맞춘 후 나머지 변이 만나는 눈금을 읽으면 110°입니다.

04 • 72°와 56°는 직각보다 작은 각이므로 예각입니다.
• 109°와 144°는 직각보다 큰 각이므로 둔각입니다.

05 각도기의 중심과 각도기의 밑금을 각각 각의 꼭짓점과 각의 한 변에 잘 맞춘 후 나머지 변이 가리키는 눈금을 읽습니다.

06 두 변의 길이와 관계없이 두 변이 더 많이 벌어져 있는 각이 더 큰 각입니다.

07

채점 기준		
각도를 잘못 잰 이유를 바르게 쓴 경우	5점	10점
바르게 잰 각도를 구한 경우	5점	

08 왼쪽에 있는 각이 더 큰 각이고 각도를 재면 130°입니다.

09 ①, ②, ③, ④, ②+③
⇨ 5개

10 각도가 직각보다 크고 180°보다 작으므로 둔각입니다.

11 영호가 그린 각의 두 변이 가장 많이 벌어졌으므로 가장 큰 각이고 민수가 그린 각의 두 변이 가장 적게 벌어졌으므로 가장 작은 각입니다.

12 각도기의 중심과 각도기의 밑금을 각각 각의 꼭짓점과 각의 한 변에 맞춰서 각도를 잽니다.

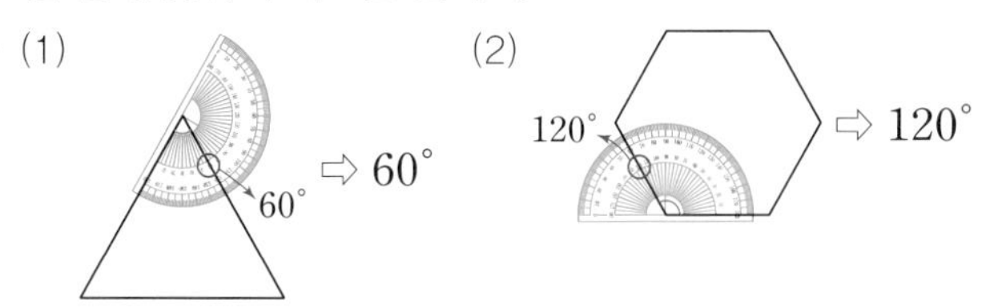

13 3시부터 30분 후의 시각은 3시 30분이고 시계에 나타내면 다음과 같습니다.

따라서 시계의 긴바늘과 짧은바늘이 이루는 작은 쪽의 각은 예각입니다.

Step 1 교과 개념 44~45쪽

1 (1) 예 80 (2) 70
2 (1) 예 30, 30 (2) 예 60, 60 (3) 예 90, 90
(4) 예 120, 120 (5) 예 150, 150
3 (1) 예 45, 45 (2) 예 135, 135
4 80, 지은
5 예

예 120, 예 120

2 ① 직각의 반보다 큰지, 작은지 생각해 봅니다.

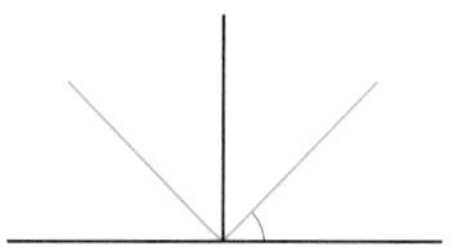

45°, 90°, 135°, 180°를 기준으로 어림해야 하는 각이 기준보다 큰지, 작은지 생각해 봅니다.

② 직각을 3등분한 것보다 큰지 작은지 생각해 봅니다.

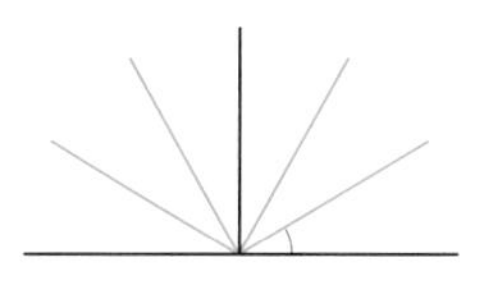

30°, 60°, 90°, 120°, 150°, 180°를 기준으로 어림해야 하는 각이 기준보다 큰지, 작은지 생각해 봅니다.

4 어림한 각도가 각도기로 잰 각도와 가까울수록 더 정확하게 어림한 것입니다.

Step 1 교과 개념 46~47쪽

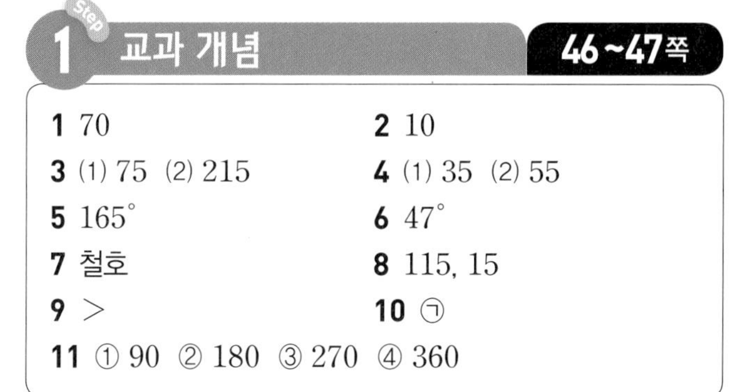

1 70
2 10
3 (1) 75 (2) 215
4 (1) 35 (2) 55
5 165°
6 47°
7 철호
8 115, 15
9 >
10 ㉠
11 ① 90 ② 180 ③ 270 ④ 360

3 (1) $40^\circ+35^\circ$ ⇨ $40+35=75$ ⇨ $40^\circ+35^\circ=75^\circ$
(2) $135^\circ+80^\circ$ ⇨ $135+80=215$ ⇨ $135^\circ+80^\circ=215^\circ$

4 (1) $55^\circ-20^\circ$ ⇨ $55-20=35$ ⇨ $55^\circ-20^\circ=35^\circ$
(2) $125^\circ-70^\circ$ ⇨ $125-70=55$ ⇨ $125^\circ-70^\circ=55^\circ$

5 $110^\circ+55^\circ=165^\circ$

6 $75^\circ-28^\circ=47^\circ$

7 $45^\circ+85^\circ=130^\circ$, $57^\circ+48^\circ=105^\circ$이므로 바르게 계산한 사람은 철호입니다.

8 합: $65^\circ+50^\circ=115^\circ$, 차: $65^\circ-50^\circ=15^\circ$

9 $95^\circ+115^\circ=210^\circ$, $245^\circ-85^\circ=160^\circ$ ⇨ $210^\circ>160^\circ$

10 ㉠ $90^\circ-15^\circ=75^\circ$ ㉡ $40^\circ+25^\circ=65^\circ$ ㉢ 73°
⇨ $75^\circ>73^\circ>65^\circ$이므로 가장 큰 각도는 ㉠입니다.

11 ① 직각의 크기: 90°
② 직각 2개를 이어 붙인 각도: $90^\circ+90^\circ=180^\circ$
③ 직각 3개를 이어 붙인 각도: $90^\circ+90^\circ+90^\circ=270^\circ$
④ 직각 4개를 이어 붙인 각도:
$90^\circ+90^\circ+90^\circ+90^\circ=360^\circ$

Step 2 교과 유형 익힘 48~49쪽

01 155°, 95° **02** 예 135, 130
03 (선 잇기)
04 $110^\circ-20^\circ$ $150^\circ-55^\circ$ $60^\circ+25^\circ$
05 100, 15, 115 ; 100, 15, 85
└▸순서를 바꿔 써도 정답입니다.
06 ㉢, ㉡, ㉠ **07** 45°
08 지은
09 예 직선이 이루는 각도는 180°입니다. ▸2점
따라서 ㉠$=180^\circ-90^\circ-55^\circ=35^\circ$입니다. ▸4점
; 35° ▸4점
10 (1) 예 각 ㄱㄴㅁ (2) 각 ㄱㄴㅁ
11 65° **12** 나, 25
13 35

02 직각(90°)과 직각의 반(45°)만큼을 이용하여 노트북이 벌어진 각도를 어림할 수 있습니다. 노트북이 벌어진 각도를 재어 보면 130°입니다.

03 $135^\circ-60^\circ=75^\circ$, $120^\circ-35^\circ=85^\circ$, $155^\circ-95^\circ=60^\circ$

04 $110^\circ-20^\circ=90^\circ$ ⇨ 직각
$150^\circ-55^\circ=95^\circ$ ⇨ 둔각
$60^\circ+25^\circ=85^\circ$ ⇨ 예각

05 가 나 다 라

가장 큰 각은 가, 가장 작은 각은 다이고 두 각의 크기를 각도기를 이용하여 재어 보면 각각 100°, 15°입니다.
합: $100^\circ+15^\circ=115^\circ$, 차: $100^\circ-15^\circ=85^\circ$

참고
가: 100°, 나: 70°, 다: 15°, 라: 90°

06 ㉠ $120^\circ-67^\circ=53^\circ$ ㉡ $50^\circ+45^\circ=95^\circ$
㉢ $22^\circ+94^\circ=116^\circ$
따라서 각도가 큰 것부터 차례로 기호를 쓰면 ㉢, ㉡, ㉠입니다.

07 $105^\circ-60^\circ=45^\circ$

08 각도를 재어 보면 120°이므로 120°에 더 가깝게 어림한 사람을 알아봅니다.
민수: $120^\circ-100^\circ=20^\circ$, 지은: $125^\circ-120^\circ=5^\circ$이므로 지은이가 어림을 더 잘했습니다.

09

채점 기준		
직선이 이루는 각도를 구한 경우	2점	10점
㉠의 각도를 구한 경우	4점	
답을 바르게 쓴 경우	4점	

11

⇨ 책을 읽을 때: 20°

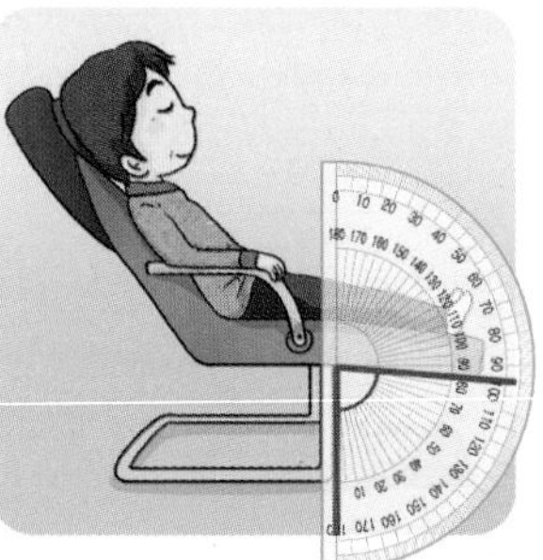

⇨ 휴식을 할 때: 85°

휴식을 할 때에는 책을 읽을 때보다 다리 받침의 각도를 $85^\circ-20^\circ=65^\circ$ 더 높였습니다.

12

가 쪽의 경사는 25°이고 나 쪽의 경사는 50°이므로 나 쪽이 $50°-25°=25°$ 더 가파릅니다.

13 일직선은 180°이므로 $㉠+90°+35°=180°$, $㉠=55°$입니다.
따라서 $□=90°-㉠=90°-55°=35°$입니다.

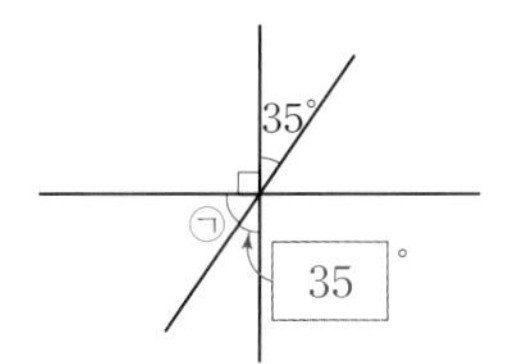

1 교과 개념 50~51쪽

1 (1) 90, 180 (2) 90, 180
2 180 **3** 180°
4 (1) 30°, 100°, 50° (2) 30, 100, 50, 180
5 55° **6** 105
7 55 **8** 80
9 ( ) (×) **10** 95°

1 (1) 세 각의 크기가 45°, 45°, 90°인 삼각자의 세 각의 크기의 합은 180°입니다.
(2) 세 각의 크기가 60°, 30°, 90°인 삼각자의 세 각의 크기의 합은 180°입니다.

3 세 꼭짓점이 한 점에 모이도록 겹치지 않게 이어 붙였을 때 직선을 이루므로 삼각형의 세 각의 크기의 합은 180° 입니다.

5 $40°+85°+㉠=180°$, $125°+㉠=180°$, $㉠=180°-125°=55°$

6 삼각형의 세 각의 크기의 합은 180°이므로 $□=180°-30°-45°=105°$입니다.

7 삼각형의 세 각의 크기의 합은 180°이므로 $□=180°-90°-35°=55°$입니다.

8 삼각형의 세 각의 크기의 합은 180°이므로 $□=180°-65°-35°=80°$입니다.

9 $50°+110°+20°=180°$이므로 삼각형의 세 각의 크기가 될 수 있습니다.
$20°+80°+70°=170°$이므로 삼각형의 세 각의 크기가 될 수 없습니다.

10 삼각형의 세 각의 크기의 합이 180°이므로 두 각의 크기의 합이 85°이면 나머지 한 각의 크기는 $180°-85°=95°$ 입니다.

1 교과 개념 52~53쪽

1 (1) 90, 360 (2) 90, 90, 90, 360
2 360°
3 (1) 130°, 70°, 60°, 100° (2) 360°
4 2, 360 **5** 75°
6 120 **7** 70
8 50

1 직사각형과 정사각형은 네 각이 모두 직각(90°)입니다.
따라서 네 각의 크기의 합은
$90°+90°+90°+90°=360°$입니다.

2 네 꼭짓점이 한 점에 모이도록 겹치지 않게 이어 붙였을 때 한 바퀴 돌아 360°가 됩니다.
따라서 사각형의 네 각의 크기의 합은 360°입니다.

3 각도기로 네 각의 크기를 각각 잰 뒤 네 각의 크기의 합을 구합니다.
⇨ $130°+70°+60°+100°=360°$

4 삼각형 2개로 나눌 수 있으므로 사각형의 네 각의 크기의 합은 두 삼각형의 각 6개의 각도를 모두 더한 것과 같습니다.
따라서 $180°+180°=180°\times2=360°$가 됩니다.

5 $105°+80°+㉠+100°=360°$이므로 $㉠=360°-105°-80°-100°=75°$입니다.

6 사각형의 네 각의 크기의 합은 360°이므로 $□=360°-60°-100°-80°=120°$입니다.

7 사각형의 네 각의 크기의 합은 360°이므로
□$=360°-110°-90°-90°=70°$입니다.

8 사각형의 네 각의 크기의 합은 360°이므로
□$=360°-100°-120°-90°=50°$입니다.

2 교과 유형 익힘 54~55쪽

01 45 **02** 110
03 160°
04 혜윤▸5점 ; 예 삼각형의 세 각의 크기의 합은 180°인데 $70°+70°+30°=170°$이므로 잘못 재었습니다.▸5점
05 80° **06** 210°
07 115 **08** 70
09 105
10 예 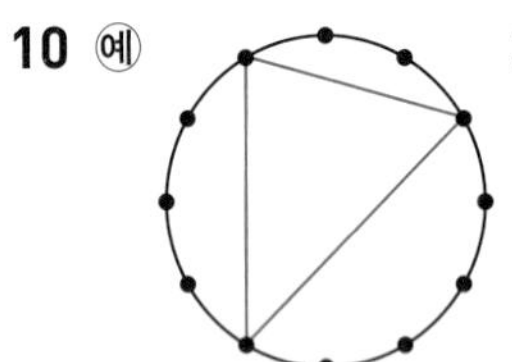 ; 예 75, 45, 60, 180
11 75°
12 180, 540 ; 540, 180, 360
13 예 삼각형의 세 각의 크기의 합이 모두 180°로 같습니다.▸10점

01 삼각형의 세 각의 크기의 합은 180°이므로
□$=180°-90°-45°=45°$입니다.

02 사각형의 네 각의 크기의 합은 360°이므로
□$=360°-90°-90°-70°=110°$입니다.

03 사각형의 네 각의 크기의 합은 360°이므로
(나머지 한 각의 크기)$=360°-105°-55°-40°$
$=160°$입니다.

04

채점 기준		
잘못 말한 친구를 구한 경우	5점	10점
잘못 잰 이유를 바르게 쓴 경우	5점	

05 삼각형의 세 각의 크기의 합은 180°이므로
㉠+㉡$+100°=180°$, ㉠+㉡$=180°-100°=80°$입니다.

06 사각형의 네 각의 크기의 합은 360°이므로
㉠$+60°+$㉡$+90°=360°$,
㉠+㉡$=360°-60°-90°=210°$입니다.

07

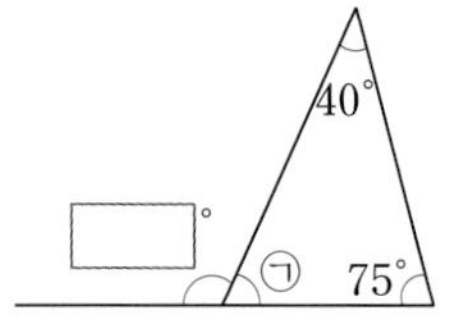

삼각형의 세 각의 크기의 합은 180°이므로
㉠$=180°-40°-75°=65°$이고
□$=180°-65°=115°$입니다.

08

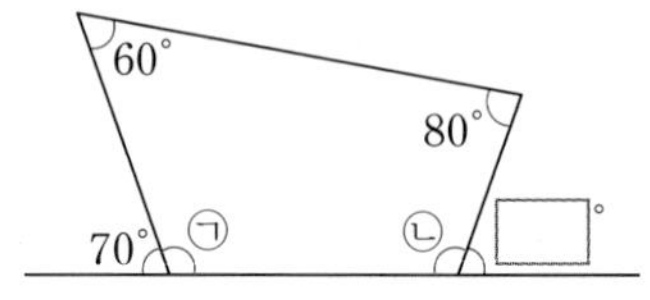

㉠$=180°-70°=110°$이고 사각형의 네 각의 크기의 합은 360°이므로 $60°+110°+$㉡$+80°=360°$,
㉡$=360°-60°-110°-80°=110°$입니다.
⇨ □$=180°-110°=70°$

09

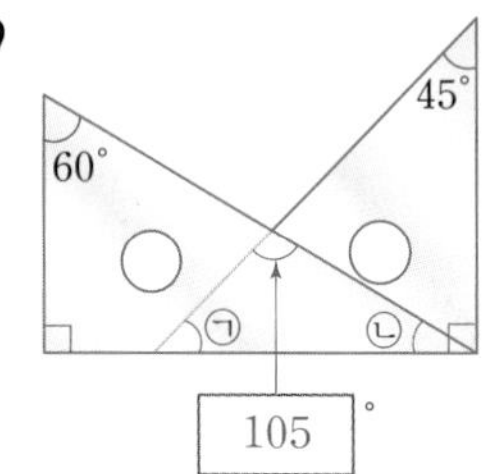

㉡의 각도는 $180°-60°-90°=30°$이고
㉠의 각도는 $180°-45°-90°=45°$입니다.
따라서 □$=180°-$㉠$-$㉡$=180°-45°-30°=105°$입니다.

11

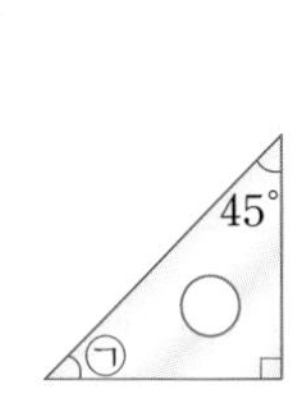

⇨

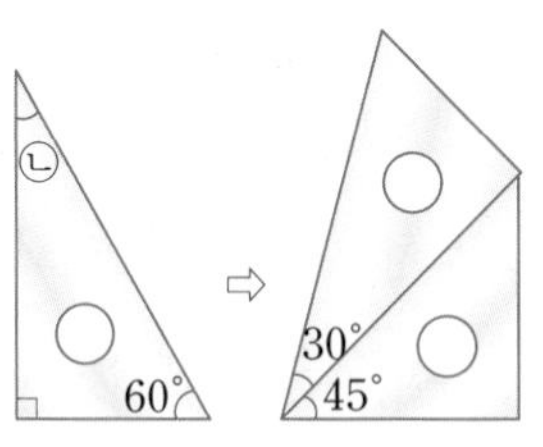

삼각자의 나머지 한 각의 크기는 각각
㉠$=180°-45°-90°=45°$,
㉡$=180°-90°-60°=30°$입니다.
따라서 두 삼각자를 겹치지 않게 이어 붙여서 만들 수 있는 가장 작은 각도는 $45°+30°=75°$입니다.

12 삼각형의 세 각의 크기의 합이 180°임을 이용하여 사각형의 네 각의 크기의 합을 구할 수 있습니다.

13 삼각형은 크기와 모양에 상관없이 세 각을 모았을 때 항상 180°가 됩니다.

Step 3 문제 해결 56~59쪽

1  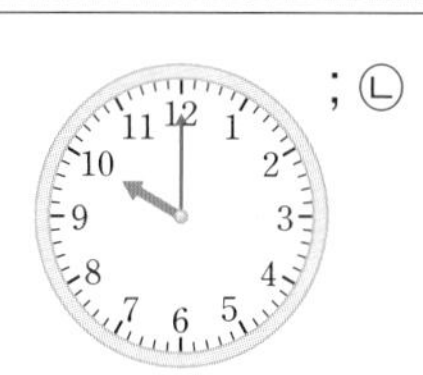 ; ㉡

1-1   ; ㉡

1-2 (1)  ; 예각

(2) 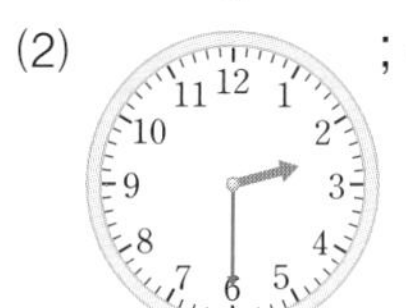 ; 둔각

2 110° **2-1** 165°

2-2 80° **2-3** 100°

3 15°

3-1 15° **3-2** 30°

4 30°

4-1 45° **4-2** 90°

5 ❶ 180▸2점 ❷ 35, 180, 180, 35, 120▸4점
; 120°▸4점

5-1 예 ❶ 삼각형을 잘라서 세 꼭짓점이 한 점에 모이도록 겹치지 않게 이어 붙인 각은 직선을 이루므로 180°입니다.▸2점
❷ 55°+㉠+30°=180°이고
㉠=180°−55°−30°=95°입니다.▸4점
; 95°▸4점

5-2 예 삼각형을 잘라서 세 꼭짓점이 한 점에 모이도록 겹치지 않게 이어 붙인 각은 직선을 이루므로 180° 입니다.▸2점
40°+㉠+38°=180°이고
㉠=180°−40°−38°=102°입니다.▸4점
; 102°▸4점

6 ❶ 360, 110, 110, 360▸3점
❷ 360, 110, 140, 140▸3점 ; 140°▸4점

6-1 예 ❶ 사각형의 네 각의 크기의 합은 360°이므로
㉠+130°+㉡+130°=360°입니다.▸3점
❷ ㉠+㉡=360°−130°−130°=100°이므로
㉠과 ㉡의 각도의 합은 100°입니다.▸3점
; 100°▸4점

6-2 예 사각형의 네 각의 크기의 합은 360°이므로
㉠+80°+㉡+75°=360°입니다.▸3점
㉠+㉡=360°−80°−75°=205°이므로 ㉠과 ㉡의 각도의 합은 205°입니다.▸3점
; 205°▸4점

1 ㉠ 4시 45분의 긴바늘과 짧은바늘이 이루는 작은 쪽의 각은 직각보다 크고 180°보다 작으므로 둔각입니다.
㉡ 10시의 긴바늘과 짧은바늘이 이루는 작은 쪽의 각은 직각보다 작으므로 예각입니다.

1-1 ㉠ 8시 30분의 긴바늘과 짧은바늘이 이루는 작은 쪽의 각은 직각보다 작으므로 예각입니다.
㉡ 6시 10분의 긴바늘과 짧은바늘이 이루는 작은 쪽의 각은 직각보다 크고 180°보다 작으므로 둔각입니다.

1-2 (1) 8시 55분의 긴바늘과 짧은바늘이 이루는 작은 쪽의 각은 직각보다 작으므로 예각입니다.
(2) 2시 30분의 긴바늘과 짧은바늘이 이루는 작은 쪽의 각은 직각보다 크고 180°보다 작으므로 둔각입니다.

2 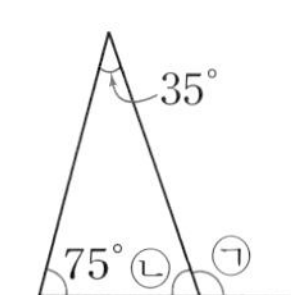

삼각형의 세 각의 크기의 합은 180°이므로
㉡=180°−35°−75°=70°입니다.
직선이 이루는 각은 180°이므로
㉠=180°−70°=110°입니다.

2-1 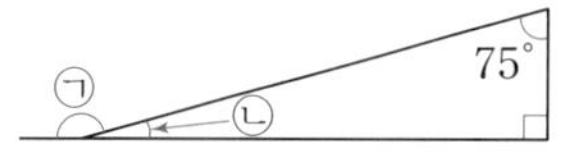

삼각형의 세 각의 크기의 합은 180°이므로
㉡=180°−75°−90°=15°이고
㉠=180°−15°=165°입니다.

본책 53~59쪽

2-2

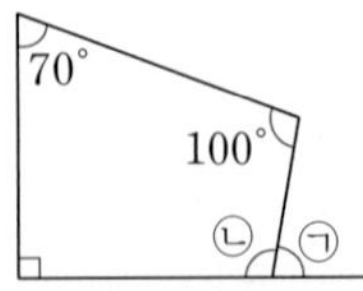

사각형의 네 각의 크기의 합은 360°이므로

㉡$=360°-70°-90°-100°=100°$이고

㉠$=180°-100°=80°$입니다.

2-3

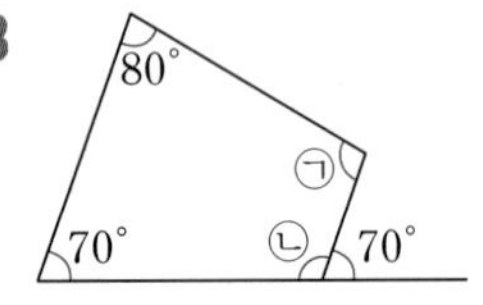

㉡$=180°-70°=110°$이고 사각형의 네 각의 크기의 합은 360°이므로

㉠$=360°-80°-70°-110°=100°$입니다.

3

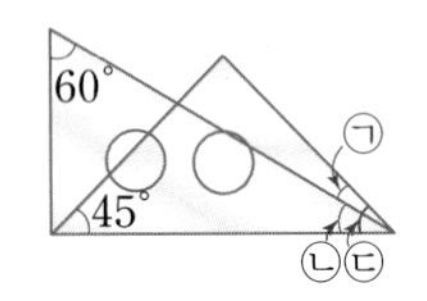

삼각자의 한 각은 직각이고 삼각형의 세 각의 크기의 합은 180°이므로

㉡$=180°-60°-90°=30°$,

㉢$=180°-90°-45°=45°$입니다.

따라서 ㉠$=45°-30°=15°$입니다.

3-1

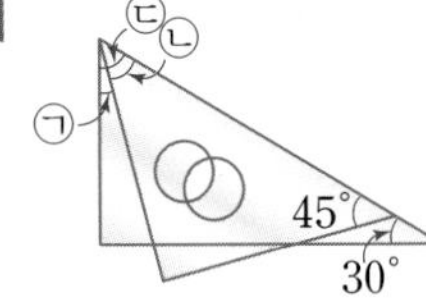

㉡$=180°-90°-45°=45°$,

㉢$=180°-90°-30°=60°$

⇨ ㉠$=60°-45°=15°$

3-2

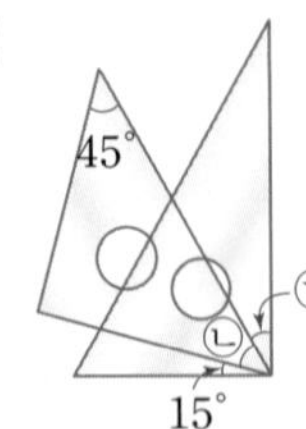

㉡$=180°-90°-45°=45°$

㉠$=90°-45°-15°=30°$

4

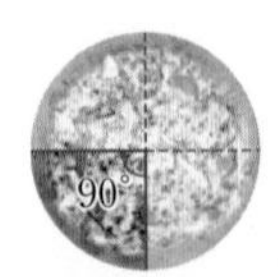

㉠은 $360°\div4=90°$이고 ㉡은 $360°\div6=60°$입니다.

따라서 ㉠과 ㉡의 각도의 차는 $90°-60°=30°$입니다.

4-1 색종이를 2번 접어 만들어진 각은 360°를 4등분 한 각이므로

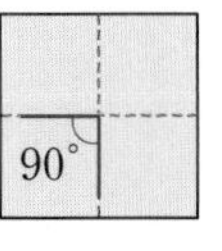

$360°\div4=90°$입니다.

색종이를 3번 접어 만들어진 각은 360°를 8등분 한 각이므로

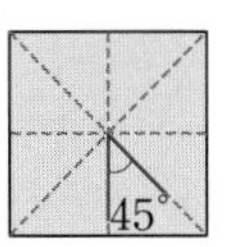

$360°\div8=45°$입니다.

따라서 두 각의 각도의 차는 $90°-45°=45°$입니다.

4-2

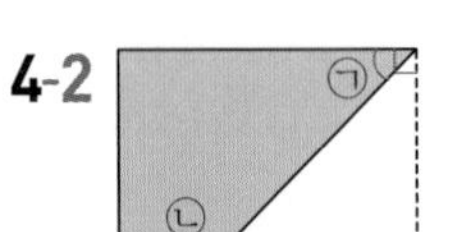

㉠은 90°를 2등분 한 각이므로 45°입니다.

사각형의 네 각의 크기의 합은 360°이므로

㉡$=360°-45°-90°-90°=135°$입니다.

따라서 ㉠과 ㉡의 각도의 차는 $135°-45°=90°$입니다.

5-1

채점 기준		
직선을 이루는 각이 180°임을 아는 경우	2점	10점
각도의 차를 계산하여 ㉠의 각도를 구한 경우	4점	
답을 바르게 쓴 경우	4점	

5-2

채점 기준		
직선을 이루는 각이 180°임을 아는 경우	2점	10점
각도의 차를 계산하여 ㉠의 각도를 구한 경우	4점	
답을 바르게 쓴 경우	4점	

6-1

채점 기준		
사각형의 네 각의 크기의 합이 360°임을 알고 식을 쓴 경우	3점	10점
㉠과 ㉡의 각도의 합을 구한 경우	3점	
답을 바르게 쓴 경우	4점	

6-2

채점 기준		
사각형의 네 각의 크기의 합이 360°임을 알고 식을 쓴 경우	3점	10점
㉠과 ㉡의 각도의 합을 구한 경우	3점	
답을 바르게 쓴 경우	4점	

4 실력UP문제 60~61쪽

01 10°	**02** 5개
03 540°	**04** (1) 30, 100 (2) 다
05 15°	**06** 123°
07 50°	**08** 360°
09 120°	**10** 95°
11 15°	

01 액자를 바르게 걸었을 때와 비교하여 기울어진 각도를 구하면 액자는 10°만큼 기울어졌습니다.

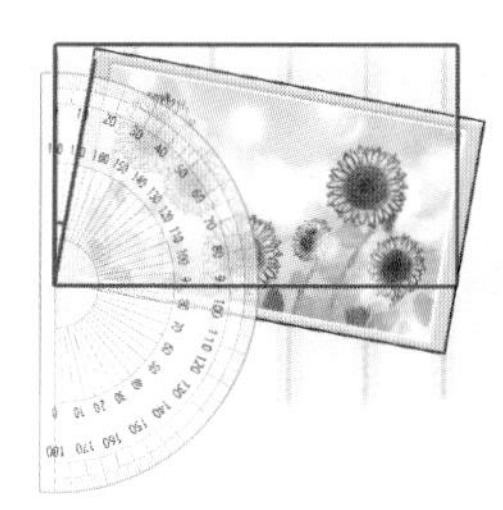

02

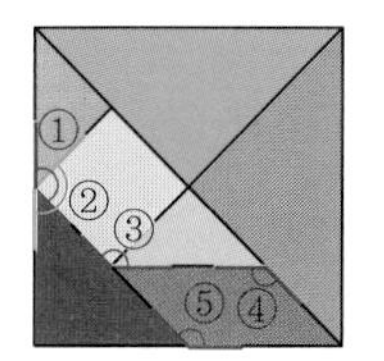

⇨ ①~⑤까지 둔각은 모두 5개 그릴 수 있습니다.

03

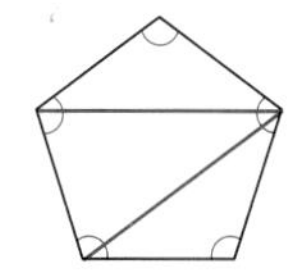

(도형에 표시된 모든 각의 크기의 합)
$=$(삼각형 3개의 모든 각의 크기의 합)
$=$(삼각형의 세 각의 크기의 합)$\times 3$
$=180^\circ \times 3 = 540^\circ$

다른 풀이
삼각형 1개와 사각형 1개로 나눌 수 있으므로 모든 각의 크기의 합은 $180^\circ + 360^\circ = 540^\circ$입니다.

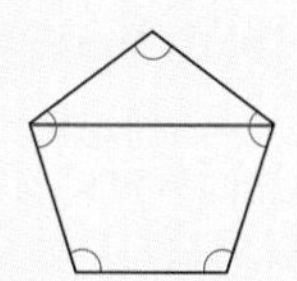

04 (1) ㉠$=$(각 ㄱㄴㄷ)$+$(각 ㄱㄷㄴ)$=30^\circ+70^\circ=100^\circ$
(2) 가: 삼각형의 바깥쪽의 각 ㉠은 옆에 있는 안쪽의 각 ①을 제외한 다른 안쪽의 두 각 ②와 ③의 합과 같습니다.
나: 직선이 이루는 각에서 ①을 빼면 ㉠이 됩니다.

05

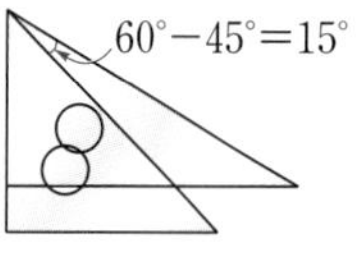

삼각자의 60°와 45° 부분을 겹쳐 보면 $60^\circ-45^\circ=15^\circ$입니다.

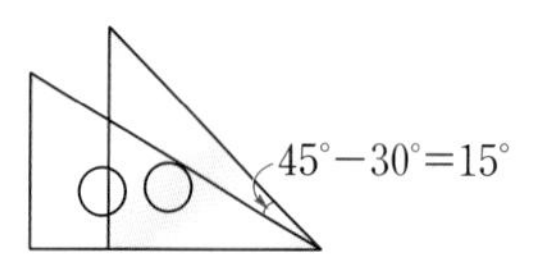

삼각자의 45°와 30° 부분을 겹쳐 보면 $45^\circ-30^\circ=15^\circ$입니다.
따라서 직각 삼각자 2개를 겹쳐서 만들 수 있는 가장 작은 각은 $60^\circ-45^\circ=15^\circ$ 또는 $45^\circ-30^\circ=15^\circ$입니다.

06

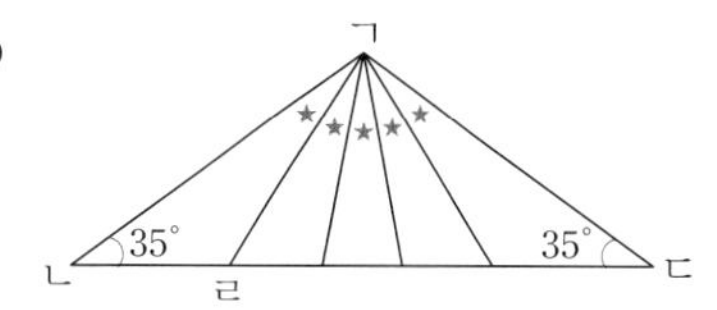

(각 ㄴㄱㄷ)$=180^\circ-35^\circ-35^\circ=110^\circ$이므로
★$=110^\circ \div 5 = 22^\circ$입니다. 삼각형 ㄱㄴㄹ에서
(각 ㄴㄹㄱ)$=180^\circ-35^\circ-22^\circ=123^\circ$입니다.

07 왼쪽 삼각형은 세 각의 크기가 모두 같으므로 한 각의 크기는 $180^\circ \div 3 = 60^\circ$입니다.
오른쪽 삼각형에서 아래쪽 두 각의 크기의 합이 $180^\circ-40^\circ=140^\circ$이고, 이 두 각의 크기가 같으므로 $70^\circ+70^\circ=140^\circ$에서 한 각의 크기는 70°입니다.
⇨ ㉠$=180^\circ-60^\circ-70^\circ=50^\circ$

08 ㉮$+$㉯$+$㉰$+$(삼각형의 세 각의 크기의 합)
$=180^\circ+180^\circ+180^\circ=540^\circ$
삼각형의 세 각의 크기의 합이 180°이므로
㉮$+$㉯$+$㉰$=540^\circ-180^\circ=360^\circ$입니다.

09 시곗바늘이 일직선으로 놓일 때 큰 눈금이 6칸이고 180°를 나타내므로 큰 눈금 한 칸은 30°입니다.
시계가 4시를 가리킬 때 긴바늘과 짧은바늘이 이루는 작은 쪽의 각도는 큰 눈금 4칸이므로 $30^\circ \times 4 = 120^\circ$입니다.

10 사각형의 네 각의 크기의 합은 360°이므로
사각형 ㄱㄴㄷㄹ에서
㉠$=360^\circ-70^\circ-40^\circ-65^\circ-90^\circ=95^\circ$입니다.

11 삼각형의 세 각의 크기의 합은 180°이므로
삼각형 ㅁㄷㄹ에서
(각 ㅁㄹㄷ)$=180^\circ-35^\circ-110^\circ=35^\circ$,
삼각형 ㄱㄴㄹ에서 ㉠$=180^\circ-130^\circ-35^\circ=15^\circ$입니다.

단원 평가 62~65쪽

01 ( )(○)
02 70°
03 1, 2, 3
04 ⑤
05 (1) 가 (2) 다
06 둔각, 예각, 예각
07 ②
08 (1) 105 (2) 75
09 360
10 (1) 35 (2) 140
11 예

; 120, 120

12 100°
13 55°
14 예 사다리의 다리 사이의 각을 좁혀 사다리의 높이를 더 높게 만듭니다.▸4점
15 ㉠, ㉡
16 60°
17 예
18 150°
19 85
20 140°
21 (1) 90°▸1점 (2) 60°▸2점 (3) 30°▸2점
22 인호▸3점
; 예 삼각형의 세 각의 크기의 합은 180°인데▸1점 인호가 잰 세 각의 크기의 합은 55°+100°+35°=190°이므로 잘못 재었습니다.▸1점
23 (1) 68°▸2점 (2) 112°▸3점
24 예 삼각형의 세 각의 크기의 합이 180°이므로
각 ㄱㄷㄹ은 180°−90°−30°=60°이고▸2점
각 ㄴㄷㄱ은 180°−60°=120°입니다.▸1점
; 120°▸2점

01 두 변이 더 적게 벌어진 것을 찾으면 오른쪽 각입니다.

02 각도기의 밑금이 맞춰진 변에서 0°로 시작하는 쪽의 눈금을 읽습니다.

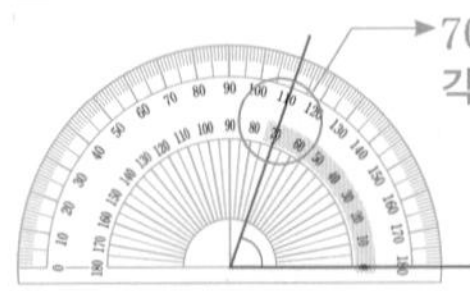

03 두 변이 벌어진 정도가 가장 작은 각부터 순서대로 번호를 씁니다.

04 각의 한 변인 변 ㄴㄷ이 각도기의 안쪽 눈금 0에 맞춰져 있으므로 안쪽 눈금이 55인 점 ⑤와 이어서 각을 그려야 합니다.

05 (1) 예각은 각도가 0°보다 크고 직각보다 작은 각입니다.
(2) 둔각은 각도가 직각보다 크고 180°보다 작은 각입니다.

06 긴바늘과 짧은바늘이 이루는 작은 쪽의 각이 직각보다 작으면 예각, 직각보다 크면 둔각을 써넣습니다.

주의
12시 15분은 짧은바늘이 숫자 12보다 조금 더 간 곳을 가리키므로 긴바늘과 짧은바늘이 이루는 작은 쪽의 각은 직각보다 작습니다.

07 점 ㄱ과 이었을 때 직각보다 작은 각이 그려지는 점을 찾아보면 ②입니다.

참고
주어진 선분을 이용하여 점 ㄱ이 꼭짓점인 직각을 그렸을 때 새로 그은 선분보다 왼쪽에 있는 점과 점 ㄱ을 이으면 예각이 그려지고 새로 그은 선분보다 오른쪽에 있는 점과 점 ㄱ을 이으면 둔각이 그려집니다.

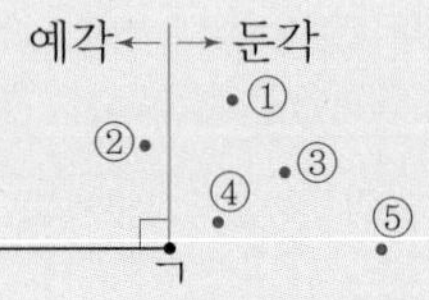

08 (1) 40°+65° ⇨ 40+65=105 ⇨ 40°+65°=105°
(2) 160°−85° ⇨ 160−85=75 ⇨ 160°−85°=75°

09 사각형을 네 조각으로 잘라서 네 꼭짓점이 한 점에 모이도록 겹치지 않게 이어 붙이면 네 각이 꼭 맞으므로 네 각의 크기의 합은 360°입니다.

10 (1) 삼각형의 세 각의 크기의 합은 180°이므로
□=180°−80°−65°=35°입니다.
(2) 사각형의 네 각의 크기의 합은 360°이므로
□=360°−70°−70°−80°=140°입니다.

11 각도기의 중심과 각도기의 밑금을 각각 각의 꼭짓점과 각의 한 변에 잘 맞춘 후 생각한 각도가 되는 눈금에 점을 찍어 나머지 한 변을 그립니다.

참고
각도가 주어진 각을 그릴 때 각도기의 밑금을 각의 변에 정확히 맞추어야 하고 각의 꼭짓점을 어디로 정하느냐에 따라 각의 방향이 달라집니다.

12 각도기를 이용하여 허리와 다리가 이루는 각을 재어 보면 100°입니다.

13 35°+20°=55°

15 ㉠ 직각+70°=90°+70°=160°
㉡ 125°−47°=78°
㉢ 53°+98°=151°
따라서 가장 큰 각은 ㉠, 가장 작은 각은 ㉡입니다.

16 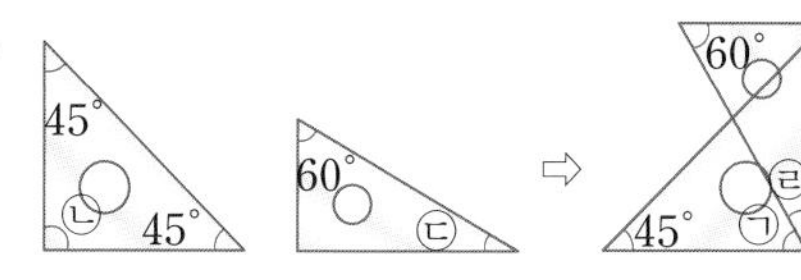

삼각자의 한 각은 직각이고 삼각형의 세 각의 크기의 합은 180°이므로 ㉡=90°, ㉢=180°−60°−90°=30°입니다.
겹쳐 놓은 그림에서 ㉣=30°이고 ㉠+㉣=㉡=90°이므로 ㉠=90°−30°=60°입니다.

17 0°보다 크고 90°보다 작은 각이 2개, 90°보다 크고 180°보다 작은 각이 2개가 만들어지도록 여러 가지 방법으로 반지름을 3개 더 그어 봅니다.

18 시계에서 숫자 눈금은 12칸 있고 한 바퀴 돌면 360°이므로 시곗바늘이 숫자 눈금 한 칸만큼 벌어져 있으면 시곗바늘이 이루는 작은 쪽의 각은 360°÷12=30°입니다.
5시에는 시곗바늘이 숫자 눈금 5칸만큼 벌어져 있으므로 30°×5=150°입니다.

19 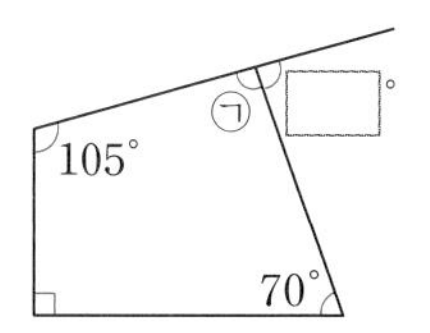

사각형의 네 각의 크기의 합은 360°이므로
㉠=360°−105°−90°−70°
=95°이고
□=180°−95°=85°입니다.

20 ㉠=180°−80°=100°
삼각형의 세 각의 크기의 합은 180°이므로
㉡=180°−80°−60°=40°입니다.
따라서 ㉠+㉡=100°+40°=140°입니다.

21 (1) 각 ㄱㅁㄷ이 직각이므로 각 ㄷㅁㄹ은
180°−90°=90°입니다.
(2) 각 ㅁㄷㄹ은 180°−120°=60°입니다.
(3) 삼각형 ㅁㄷㄹ에서 세 각의 크기의 합은 180°이므로
각 ㄷㄹㅁ은 180°−90°−60°=30°입니다.

틀린 과정을 분석해 볼까요?

틀린 이유	이렇게 지도해 주세요
각 ㄷㅁㄹ 또는 각 ㅁㄷㄹ의 각도를 구하지 못한 경우	직선은 180°임을 알고 180°에서 주어진 한 각의 크기를 빼어 구하도록 지도합니다. (각 ㄷㅁㄹ)=180°−(각 ㄱㅁㄷ) (각 ㅁㄷㄹ)=180°−(각 ㄴㄷㅁ)
각 ㄷㄹㅁ의 각도를 구하지 못한 경우	삼각형의 세 각의 크기의 합이 180°임을 이해하고 주어진 두 각의 크기를 빼어 구하도록 지도합니다. (각 ㄷㄹㅁ) =180°−(각 ㄷㅁㄹ)−(각 ㅁㄷㄹ)

22

채점 기준		
삼각형의 세 각의 크기의 합이 180°임을 알고 있는 경우	1점	5점
인호가 잰 각의 크기의 합을 구한 경우	1점	
답을 바르게 쓴 경우	3점	

틀린 과정을 분석해 볼까요?

틀린 이유	이렇게 지도해 주세요
각도의 합을 잘못 구한 경우	각도의 합은 자연수의 덧셈과 같은 방법으로 계산한 후 단위(°)를 붙여 나타낼 수 있음을 지도합니다.
각도를 잘못 잰 사람을 찾지 못한 경우	삼각형의 세 각의 크기의 합은 180°이므로 세 각의 크기의 합이 180°가 아니면 각도를 잘못 잰 것임을 지도합니다.

23 (1) 종이를 접었을 때 접힌 부분은 접기 전의 부분과 같으므로 ㉡의 각도는 68°입니다.
(2) ㉠+68°+90°+90°=360°
⇨ ㉠=360°−68°−90°−90°=112°

틀린 과정을 분석해 볼까요?

틀린 이유	이렇게 지도해 주세요
㉡의 각도를 구하지 못한 경우	종이를 접기 전과 접은 후의 부분이 같음을 이해하고 ㉡을 접었을 때 겹쳐지는 각을 찾아보게 합니다.
㉠의 각도를 구하지 못한 경우	직사각형은 네 각이 모두 직각인 사각형이고, 사각형의 네 각의 크기의 합은 360°임을 이용하여 ㉠의 각도를 구하도록 지도합니다.

24

채점 기준		
삼각형의 세 각의 크기의 합이 180°임을 알고 각 ㄱㄷㄹ의 크기를 구한 경우	2점	5점
직선을 이루는 각이 180°임을 알고 각 ㄴㄷㄱ의 크기를 구한 경우	1점	
답을 바르게 쓴 경우	2점	

틀린 과정을 분석해 볼까요?

틀린 이유	이렇게 지도해 주세요
각 ㄱㄷㄹ의 크기를 구하지 못한 경우	삼각형의 세 각의 크기의 합이 180°임을 이해하고 삼각형의 세 각의 크기의 합에서 주어진 두 각의 크기를 빼어 구하도록 지도합니다.
각 ㄴㄷㄱ의 크기를 구하지 못한 경우	직선을 이루는 각이 180°임을 알고 180°에서 주어진 한 각의 크기를 빼어 구하도록 지도합니다. (각 ㄴㄷㄱ)=180°−(각 ㄱㄷㄹ)

3단원 곱셈과 나눗셈

Step 1 교과 개념 68~69쪽

1

	천의 자리	백의 자리	십의 자리	일의 자리		결과
241		2	4	1		241
241×3		7	2	3	⇨	723
241×30	7	2	3	0		7230

2 (1) 12720 (2) 980, 9800 (3) 3444, 34440

3

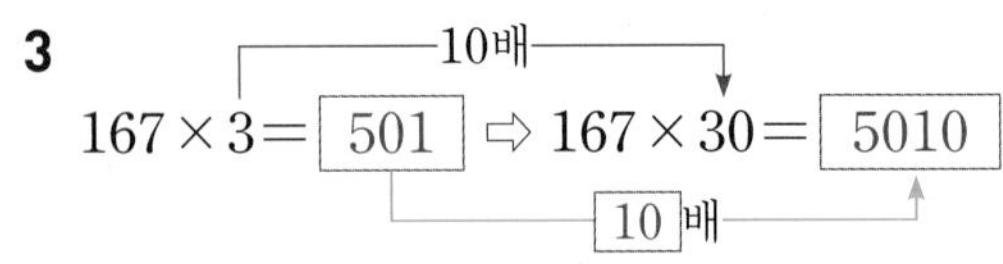

4

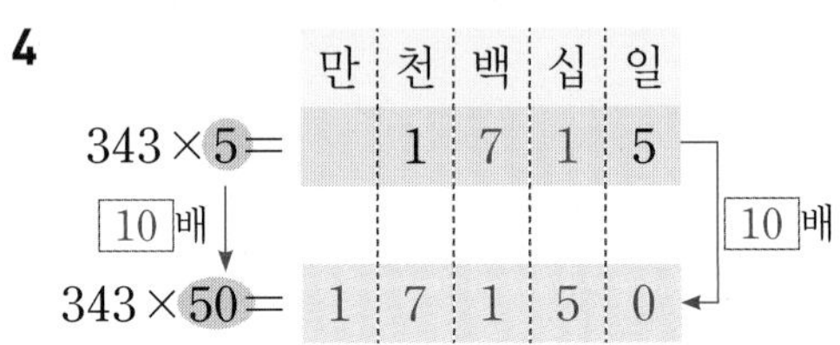

5 (1) 820 ; 8200 (2) 730 ; 7300

6 (1) 6510 (2) 67440

7 (1) 45000 (2) 6750 (3) 22020

8 ㉢

9 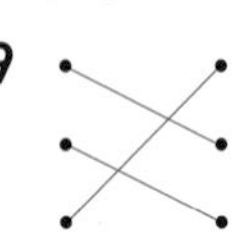

10 ( )(○)( )

2 (1) 318×40은 318×4의 값에 0을 1개 붙입니다.
(2) 140×70은 140×7의 값에 0을 1개 붙입니다.
(3) 574×60은 574×6의 값에 0을 1개 붙입니다.

3~4 곱하는 수를 10배 하면 곱도 10배가 됩니다.

5 (1) 410×20은 410×2의 값에 0을 1개 붙입니다.
(2) 146×50은 146×5의 값에 0을 1개 붙입니다.

6 (1) $217\times3=651$ ⇨ $217\times30=6510$
(2) $843\times8=6744$ ⇨ $843\times80=67440$

7 (1) $500\times9=4500$ ⇨ $500\times90=45000$
(2) $225\times3=675$ ⇨ $225\times30=6750$
(3) $367\times6=2202$ ⇨ $367\times60=22020$

8 ㉠ $200\times60=12000$
㉡ $300\times40=12000$
㉢ $260\times50=13000$
㉣ $30\times400=400\times30=12000$
따라서 계산 결과가 다른 것은 ㉢입니다.

9 $30\times300=300\times30=9000$
$270\times30=8100$
$237\times20=4740$

10

$$\begin{array}{r} 523 \\ \times\ \ 30 \\ \hline 15690 \end{array}\qquad \begin{array}{r} 356 \\ \times\ \ 50 \\ \hline 17800 \end{array}\qquad \begin{array}{r} 408 \\ \times\ \ 40 \\ \hline 16320 \end{array}$$

⇨ $17800>16320>15690$

Step 1 교과 개념 70~71쪽

1 (1) 8250, 1375, 9625 ;

$$\begin{array}{rl} 275 & \\ \times\ \ 35 & \\ \hline \boxed{1375} & \leftarrow 275\times5 \\ \boxed{8250} & \leftarrow 275\times30 \\ \hline \boxed{9625} & \end{array}$$

(2) 3580, 537, 4117 ;

$$\begin{array}{rl} 179 & \\ \times\ \ 23 & \\ \hline \boxed{537} & \leftarrow 179\times\boxed{3} \\ \boxed{3580} & \leftarrow 179\times\boxed{20} \\ \hline \boxed{4117} & \end{array}$$

2 (1) 8316 (2) 9648 (3) 24124 (4) 47170

3 (1) 15078 (2) 36480

4 13110

5

$$\begin{array}{r} 547 \\ \times\ \ 23 \\ \hline 1641 \\ 10940 \\ \hline 12581 \end{array}$$

6 (1) = (2) <

7 (선 잇기)

8 23, 3450 ; 3450 cm

9 31, 9021 ; 9021개

2 (1)

$$\begin{array}{r} 231 \\ \times\ \ 36 \\ \hline 1386 \\ 6930 \\ \hline 8316 \end{array}$$

(2)

$$\begin{array}{r} 402 \\ \times\ \ 24 \\ \hline 1608 \\ 8040 \\ \hline 9648 \end{array}$$

(3)

$$\begin{array}{r} 652 \\ \times\ \ 37 \\ \hline 4564 \\ 19560 \\ \hline 24124 \end{array}$$

(4)

$$\begin{array}{r} 890 \\ \times\ \ 53 \\ \hline 2670 \\ 44500 \\ \hline 47170 \end{array}$$

3 (1)
$$\begin{array}{r} 359 \\ \times\ \ 42 \\ \hline 718 \\ 14360 \\ \hline 15078 \end{array}$$
(2)
$$\begin{array}{r} 640 \\ \times\ \ 57 \\ \hline 4480 \\ 32000 \\ \hline 36480 \end{array}$$

4
$$\begin{array}{r} 285 \\ \times\ \ 46 \\ \hline 1710 \\ 11400 \\ \hline 13110 \end{array}$$

5 곱하는 수의 십의 자리 계산에서 자리를 잘못 맞춰 썼습니다.

6 (1) $250 \times 12 = 3000$
(2) $341 \times 22 = 7502$ ⇨ $7500 < 341 \times 22$

7
$$\begin{array}{r} 584 \\ \times\ \ 17 \\ \hline 4088 \\ 5840 \\ \hline 9928 \end{array} \qquad \begin{array}{r} 354 \\ \times\ \ 25 \\ \hline 1770 \\ 7080 \\ \hline 8850 \end{array} \qquad \begin{array}{r} 469 \\ \times\ \ 18 \\ \hline 3752 \\ 4690 \\ \hline 8442 \end{array}$$

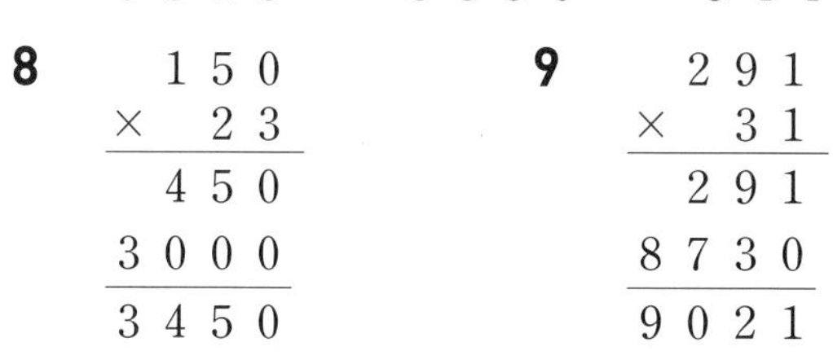

8
$$\begin{array}{r} 150 \\ \times\ \ 23 \\ \hline 450 \\ 3000 \\ \hline 3450 \end{array}$$

9
$$\begin{array}{r} 291 \\ \times\ \ 31 \\ \hline 291 \\ 8730 \\ \hline 9021 \end{array}$$

Step 2 교과 유형 익힘 72~73쪽

01 ㉡
02 (1) 42000 (2) 38290
03 (1) > (2) <
04 16445
05

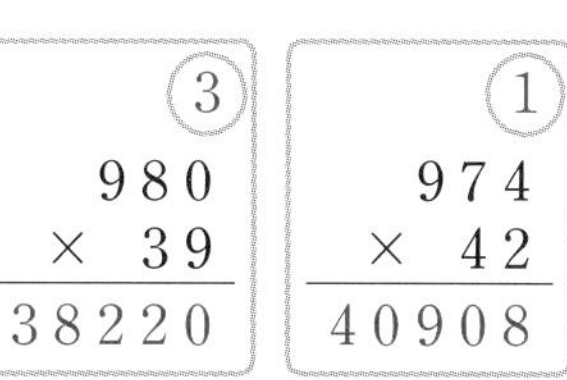

② $978 \times 40 = 39120$ ③ $980 \times 39 = 38220$ ① $974 \times 42 = 40908$

06 30000, 커야에 ○표
07 1251
08 예 $450 \times 40 = 18000$▸5점 / 18000원▸5점
(순서를 바꿔 써도 정답입니다.)
09 247, 30 ; 7410개
10 예 $365 \times 25 = 9125$▸5점 ; 9125분▸5점
11 예 8월과 9월의 날수의 합은 $31 + 30 = 61$(일)입니다.▸3점 따라서 민규가 8월과 9월 두 달 동안 마신 우유의 양은 $190 \times 61 = 11590$ (mL)입니다.▸3점 ; 11590 mL▸4점
12 2, 5
13 은지, 75쪽
14 5, 4, 8, 43200
15 46

01
$$\begin{array}{r} 600 \\ \times\ \ 90 \\ \hline 54000 \end{array}$$
0이 3개
㉠ ㉡ ㉢ ㉣ ㉤
따라서 숫자 4는 ㉡의 자리에 써야 합니다.

02 (1) $700 \times 60 = 42000$ (2) $547 \times 70 = 38290$

03 (1)
$$\begin{array}{r} 710 \\ \times\ \ 30 \\ \hline 21300 \end{array} \qquad \begin{array}{r} 800 \\ \times\ \ 22 \\ \hline 1600 \\ 16000 \\ \hline 17600 \end{array}$$
⇨ $21300 > 17600$

(2)
$$\begin{array}{r} 854 \\ \times\ \ 63 \\ \hline 2562 \\ 51240 \\ \hline 53802 \end{array} \qquad \begin{array}{r} 829 \\ \times\ \ 70 \\ \hline 58030 \end{array}$$
⇨ $53802 < 58030$

04 $299 > 126 > 72 > 55$이므로 가장 큰 수와 가장 작은 수의 곱은 $299 \times 55 = 16445$입니다.
$$\begin{array}{r} 299 \\ \times\ \ 55 \\ \hline 1495 \\ 14950 \\ \hline 16445 \end{array}$$

05
$$\begin{array}{r} 978 \\ \times\ \ 40 \\ \hline 39120 \end{array} \qquad \begin{array}{r} 980 \\ \times\ \ 39 \\ \hline 8820 \\ 29400 \\ \hline 38220 \end{array} \qquad \begin{array}{r} 974 \\ \times\ \ 42 \\ \hline 1948 \\ 38960 \\ \hline 40908 \end{array}$$
⇨ $40908 > 39120 > 38220$

07
$$\begin{array}{r} 342 \\ \times\ \ 30 \\ \hline 10260 \end{array} \qquad \begin{array}{r} 429 \\ \times\ \ 21 \\ \hline 429 \\ 8580 \\ \hline 9009 \end{array}$$
따라서 두 곱셈의 계산 결과의 차는 $10260 - 9009 = 1251$입니다.

08 (막대사탕 값)
=(막대사탕 한 개의 가격)×(막대사탕의 개수)
$= 450 \times 40 = 18000$(원)
식을 쓰는 문제에서 '450×40'이라고 써도 정답입니다.

09 (상자에 담은 귤의 수)

=(한 상자에 담은 귤의 수)×(상자 수)

⇨ $247 \times 30 = 7410$(개)

참고

한 상자에 담은 귤의 수를 30, 상자 수를 247이라고 써도 정답입니다.

⇨ $30 \times 247 = 7410$(개)

10

$$\begin{array}{r} 365 \\ \times\ \ 25 \\ \hline 1825 \\ 7300 \\ \hline 9125 \end{array}$$

식을 쓰는 문제에서 '365×25'라고 써도 정답입니다.

11

채점 기준		
8월과 9월의 날수를 구한 경우	3점	10점
민규가 두 달 동안 마신 우유의 양을 구한 경우	3점	
답을 바르게 쓴 경우	4점	

12 500원짜리 동전 50개는 $500 \times 50 = 25000$(원)입니다. 따라서 만 원짜리 지폐 2장과 천 원짜리 지폐 5장으로 바꿀 수 있습니다.

13 은지: $140 \times 26 = 3640$(쪽)

민호: $115 \times 31 = 3565$(쪽)

따라서 은지가 $3640 - 3565 = 75$(쪽) 더 많이 읽었습니다.

14 계산 결과가 가장 큰 곱셈식을 만들려면 수 카드 중 가장 큰 수인 8을 세 자리 수의 첫 번째 빈칸이나 두 자리 수의 빈칸에 넣고, 그 다음으로 큰 수인 5와 4를 나머지 빈칸에 넣어 계산 결과를 각각 비교합니다.

$$\begin{array}{r} 840 \\ \times\ \ 50 \\ \hline 42000 \end{array} \qquad \begin{array}{r} 850 \\ \times\ \ 40 \\ \hline 34000 \end{array} \qquad \begin{array}{r} 540 \\ \times\ \ 80 \\ \hline 43200 \end{array}$$

⇨ 계산 결과가 가장 큰 곱셈식은 $540 \times 80 = 43200$입니다.

15 $216 \times 46 = 9936$, $216 \times 47 = 10152$에서 $10000 - 9936 = 64$, $10152 - 10000 = 152$이므로 곱이 10000에 가장 가까운 수가 되는 □=46입니다.

Step 1 교과 개념 74~75쪽

1 (1)

$$\begin{array}{r} \boxed{6} \\ 14\,\overline{)\,84} \\ \underline{\boxed{84}} \\ 0 \end{array} \leftarrow 14 \times \boxed{6}$$

(2)

$$\begin{array}{r} \boxed{4} \\ 50\,\overline{)\,206} \\ \underline{\boxed{200}} \\ \boxed{6} \end{array} \leftarrow 50 \times \boxed{4}$$

2 40, 80, 120, 160 ; 3

3 (1) 8 (2) 3 (3) 3…2 (4) 4…6

4 4에 ○표 **5** ( )(○)

6 (1) 9 (2) 9, 261

7 (1) 9, 15 ; 9, 15 (2) 3, 12 ; 3, 12

8 3 ; 7 ; 3, 90, 90, 7

2 40을 3배 한 값이 120이므로 $120 \div 40 = 3$입니다.

3 (1)

$$\begin{array}{r} 8 \\ 30\,\overline{)\,240} \\ \underline{240} \\ 0 \end{array}$$

(2)

$$\begin{array}{r} 3 \\ 28\,\overline{)\,84} \\ \underline{84} \\ 0 \end{array}$$

(3)

$$\begin{array}{r} 3 \\ 30\,\overline{)\,92} \\ \underline{90} \\ 2 \end{array}$$

(4)

$$\begin{array}{r} 4 \\ 20\,\overline{)\,86} \\ \underline{80} \\ 6 \end{array}$$

4 $76 \div 18$을 $80 \div 20$으로 어림하여 계산하면 몫은 4입니다.

5

$$\begin{array}{r} 3 \\ 31\,\overline{)\,94} \\ \underline{93} \\ 1 \end{array} \qquad \begin{array}{r} 9 \\ 59\,\overline{)\,531} \\ \underline{531} \\ 0 \end{array}$$

⇨ $94 \div 31 = 3 \cdots 1$, $531 \div 59 = 9$이므로 나누어떨어지는 식은 $531 \div 59$입니다.

7 (1)

$$\begin{array}{r} 9 \\ 70\,\overline{)\,645} \\ \underline{630} \\ 15 \end{array}$$

(2)

$$\begin{array}{r} 3 \\ 23\,\overline{)\,81} \\ \underline{69} \\ 12 \end{array}$$

나누는 수와 몫의 곱에 나머지를 더하면 나누어지는 수가 되는지 확인합니다.

8

$$\begin{array}{r} 3 \\ 30\,\overline{)\,97} \\ \underline{90} \\ 7 \end{array}$$

(3 ← 몫, 7 ← 나머지)

$97 \div 30 = 3 \cdots 7$

⇨ $30 \times 3 = 90$, $90 + 7 = 97$

참고

$30 \times 2 = 60$

$30 \times 3 = 90$

$30 \times 4 = 120$

⇨ 나누어지는 수인 97보다 크지 않으면서 가장 가까운 수는 90이므로 $30 \times 3 = 90$에서 몫은 3으로 정합니다.

1 교과 개념 76~77쪽

1 (1)
```
        27
13 ) 3 5 1
     2 6 0  ← 13×20
       9 1
       9 1  ← 13×7
         0
```
(2)
```
        23
28 ) 6 4 9
     5 6 0  ← 28×20
       8 9
       8 4  ← 28×3
         5
```
(3)
```
        28
26 ) 7 4 2
     5 2 0  ← 26×20
     2 2 2
     2 0 8  ← 26×8
       1 4
```
2 2, 14 **3** 16

4 (1) 190, 380, 570 (2) 20, 30 (3) 23

5 15, 339, 295, 44 ; 15, 44

6 13 **7** (1) 15⋯14 (2) 11⋯17

8 영호

9 26 ; 13 ; 26, 416, 416, 13

3 나머지가 없을 때: (나누는 수)×(몫)=(나누어지는 수)

4
```
      23
19 ) 437
     380
      57
      57
       0
```

6
```
      13
45 ) 585
     450
     135
     135
       0
```

7 (1)
```
      15
31 ) 479
     310
     169
     155
      14
```
(2)
```
      11
72 ) 809
     720
      89
      72
      17
```

8 나머지는 나누는 수보다 작아야 합니다.

9
```
      26  ← 몫
16 ) 429
     320
     109
      96
      13  ← 나머지
```
$429 \div 16 = 26 \cdots 13$ ⇨ $16 \times 26 = 416$, $416 + 13 = 429$

2 교과 유형 익힘 78~79쪽

01 예 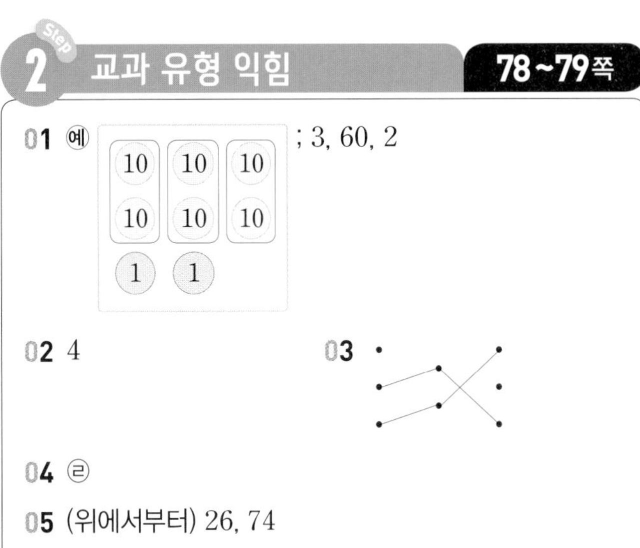

; 3, 60, 2

02 4 **03** (선 잇기)

04 ㉣

05 (위에서부터) 26, 74

06 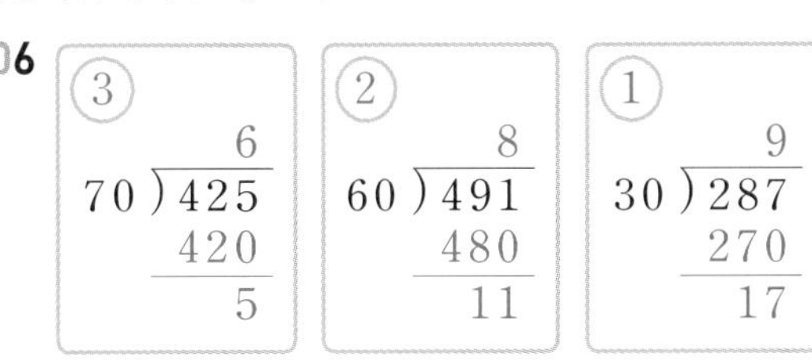

07 6, 6 **08** 73

09 156

10 예 $90 \div 15 = 6$ ▸5점 ; 6장 ▸5점

11 예 1시간=60분이므로 $176 \div 60 = 2 \cdots 56$입니다. ▸4점
따라서 우석이가 관람한 뮤지컬의 공연 시간은 2시간 56분입니다. ▸2점 ; 2시간 56분 ▸4점

12 수미네 반 **13** 10일

14 7켤레

15 7 6 4 ÷ 2 3 = 33 ⋯ 5

16
```
        8
56 ) 4 5 8
     4 4 8
       1 0
```

01 수 모형을 20씩 묶으면 3묶음까지 묶을 수 있고 2가 남습니다. ⇨ $63 \div 20 = 3 \cdots 2$

02 $80 > 20$이므로 $80 \div 20 = 4$입니다.

03

```
        4          5
13 ) 6 4   17 ) 8 6
     5 2        8 5
     1 2          1
```

04 나머지는 나누는 수보다 항상 작아야 하므로 □÷50의 나머지는 50보다 작은 수여야 합니다.

05

```
        2 6           7 4
37 ) 9 6 2   13 ) 9 6 2
     7 4 0        9 1 0
     2 2 2          5 2
     2 2 2          5 2
         0            0
```

06

```
        6          8          9
70 ) 4 2 5   60 ) 4 9 1   30 ) 2 8 7
     4 2 0        4 8 0        2 7 0
         5          1 1          1 7
```

⇨ 9 > 8 > 6

07 90÷14=6⋯6이므로 상자는 6개가 필요하고 쿠키는 6개가 남습니다.

08 365÷49=7⋯22, 365÷73=5, 365÷65=5⋯40
⇨ 나누어떨어지는 식은 365÷73입니다.

09 22×7=154, 154+2=156 ⇨ □=156

10 '90÷15'라고 써도 정답입니다.

11

채점 기준		
알맞은 나눗셈식을 세워 계산한 경우	4점	10점
우석이가 관람한 뮤지컬 공연 시간은 몇 시간 몇 분인지 구한 경우	2점	
답을 바르게 쓴 경우	4점	

12 수미네 반: 160÷20=8(권)
지호네 반: 112÷16=7(권)
따라서 8 > 7이므로 한 명이 가진 공책이 더 많은 반은 수미네 반입니다.

13 298÷30=9 ⋯ 28이므로 동화책을 모두 읽으려면 9+1=10(일)이 걸립니다.

14 (상자 속에 들어 있는 양말의 무게)=271−75=196 (g)
⇨ (상자 속에 들어 있는 양말의 수)=196÷28=7(켤레)

15 나누어지는 수는 가장 크게, 나누는 수는 가장 작게 하면 몫이 가장 큽니다.
가장 큰 세 자리 수: 764, 가장 작은 두 자리 수: 23
⇨ 764÷23=33⋯5

16

```
          ㉠
56 ) 4 ㉡ 8
     ㉢ 4 8
        1 0
```

56×㉠에서 6×㉠의 일의 자리가 8인 경우는 6×3, 6×8입니다. 56×3, 56×8 중에서 계산 결과가 ㉢48인 것은 56×8=448입니다. ⇨ ㉠=8, ㉢=4
4㉡8=448+10=458이므로 ㉡=5입니다.

Step 3 문제 해결 80~83쪽

1	(위에서부터) 3, 8	1-1	(위에서부터) 6, 2
1-2	(위에서부터) 1, 1, 9	1-3	6
2	280	2-1	990
2-2	420	2-3	3840
3	7상자	3-1	7봉지
3-2	9봉투	3-3	8번
4	7	4-1	6, 6
4-2	72, 10	4-3	49, 3

5 ❶ 3900 ▸2점 ❷ 2340 ▸2점
❸ 3900, 2340, 1560 ▸2점 ; 1560 mL ▸4점

5-1 예 ❶ 20×118=2360 (L) ▸2점
❷ 189×15=2835 (L) ▸2점
❸ 2360+2835=5195 (L) ▸2점 ; 5195 L ▸4점

5-2 예 한 등 끄기를 하여 아파트에서 하루 동안 절약한 전기 요금은 587×35=20545(원)입니다. ▸2점
플러그 뽑기를 하여 아파트에서 하루 동안 절약한 전기 요금은 587×25=14675(원)입니다. ▸2점
따라서 아파트에서 하루 동안 절약한 전기 요금은 모두 20545+14675=35220(원)입니다. ▸2점
; 35220원 ▸4점

6 ❶ 18, 20 ▸3점 ❷ 20, 21 ▸3점 ; 21개 ▸4점

6-1 예 ❶ (도로의 길이)÷(깃발 사이의 간격)
=385÷11=35(군데) ▸3점
❷ (필요한 깃발 수)=(깃발 사이의 간격 수)+1
=35+1=36(개) ▸3점
; 36개 ▸4점

6-2 예 (나무 사이의 간격 수)
=(도로의 길이)÷(나무 사이의 간격)
=400÷10=40(군데) ▸3점
(필요한 나무 수)=(나무 사이의 간격 수)+1
=40+1=41(그루)
따라서 필요한 나무는 모두 41그루입니다. ▸3점
; 41그루 ▸4점

1

$$\begin{array}{r} 6\ 0\ 6 \\ \times \quad \boxed{㉠}\ 0 \\ \hline 1\ \boxed{㉡}\ 1\ 8\ 0 \end{array}$$

$6 \times$ ㉠ $= 18$이므로 ㉠ $= 3$이고,

$606 \times 30 = 18180$이므로 ㉡ $= 8$입니다.

1-1

$$\begin{array}{r} 5\ 3\ 7 \\ \times \quad \boxed{㉠}\ 0 \\ \hline 3\ 2\ \boxed{㉡}\ 2\ 0 \end{array}$$

$7 \times$ ㉠ $= 42$이므로 ㉠ $= 6$이고,

$537 \times 60 = 32220$이므로 ㉡ $= 2$입니다.

1-2

$$\begin{array}{r} 4\ 8\ \boxed{㉠} \\ \times \quad \boxed{㉡}\ 6 \\ \hline 2\ 8\ 8\ 6 \\ 4\ 8\ 1\ 0\ \ \\ \hline 7\ 6\ \boxed{㉢}\ 6 \end{array}$$

48㉠ $\times 6 = 2886$이므로 ㉠ $= 1$이고,

$481 \times$ ㉡$0 = 4810$이므로 ㉡ $= 1$, ㉢ $= 9$입니다.

1-3

$$\begin{array}{r} 2\ 1\ 5 \\ \times \quad \boxed{㉠}\ 0 \\ \hline 8\ \boxed{\ }\ 0\ 0 \end{array}$$

$215 \times$ ㉠$0 = 8\square00$에서 일의 자리 숫자가 0입니다.

$215 \times \boxed{4}0 = 8\boxed{6}00$이므로 ㉠ $= 4$입니다.

$$\begin{array}{r} 1\ 8\ \boxed{\ } \\ \times \quad \boxed{㉡}\ 3 \\ \hline 5\ 5\ 2 \\ 3\ 6\ 8\ 0 \\ \hline 4\ 2\ \boxed{\ }\ 2 \end{array}$$

$18\square \times 3$의 일의 자리 숫자가 2이므로

$18\boxed{4} \times 3 = 552$입니다.

$184 \times$ ㉡$0 = 3680$에서 $184 \times 20 = 3680$이므로

㉡ $= 2$입니다.

⇨ ㉠ $+$ ㉡ $= 4 + 2 = 6$

2 어떤 수를 □라 하면 $\square \div 20 = 14$이므로

$\square = 20 \times 14 = 280$입니다.

2-1 $\square \div 30 = 33$ ⇨ $30 \times 33 = \square$, $\square = 990$

2-2 어떤 수를 □라 하면 $\square \div 35 = 12$이므로

$\square = 35 \times 12 = 420$입니다.

2-3 어떤 수를 □라 하여 잘못 계산한 식을 세우면

$\square \div 16 = 15$이므로 $\square = 16 \times 15 = 240$입니다.

따라서 바르게 계산하면 $240 \times 16 = 3840$입니다.

3 $100 \div 15 = 6 \cdots 10$이므로 사과를 15개씩 6상자에 담고 10개가 남습니다. 남은 사과 10개도 담아야 하므로 1상자가 더 필요합니다.

따라서 적어도 $6 + 1 = 7$(상자)가 필요합니다.

3-1 $78 \div 12 = 6 \cdots 6$이므로 사탕을 12개씩 6봉지에 담고 6개가 남습니다. 남은 사탕 6개도 담아야 하므로 1봉지가 더 필요합니다.

따라서 적어도 $6 + 1 = 7$(봉지)가 필요합니다.

3-2 $800 \div 90 = 8 \cdots 80$이므로 색종이를 90장씩 8봉투에 담고 80장이 남습니다. 남는 색종이 80장도 담아야 하므로 1봉투가 더 필요합니다.

따라서 적어도 $8 + 1 = 9$(봉투)가 필요합니다.

3-3 운반하려는 밀가루의 양은

$14 \times 10 = 140$, $140 + 3 = 143$(포대)입니다.

밀가루 143포대를 18포대씩 실어 운반하면

$143 \div 18 = 7 \cdots 17$이므로 18포대씩 7번 운반하고 17포대가 남습니다.

남은 17포대도 운반해야 하므로 적어도 $7 + 1 = 8$(번) 운반해야 합니다.

4 가장 큰 두 자리 수: 84,

가장 작은 두 자리 수: 12

⇨ $84 \div 12 = 7$이므로 몫은 7입니다.

4-1 가장 큰 두 자리 수: 96,

가장 작은 두 자리 수: 15

⇨ $96 \div 15 = 6 \cdots 6$이므로 몫은 6, 나머지는 6입니다.

4-2 가장 큰 세 자리 수: 874,

가장 작은 두 자리 수: 12

⇨ $874 \div 12 = 72 \cdots 10$이므로 몫은 72, 나머지는 10입니다.

4-3 가장 큰 세 자리 수: 983,

가장 작은 두 자리 수: 20

⇨ $983 \div 20 = 49 \cdots 3$이므로 몫은 49, 나머지는 3입니다.

5-1

채점 기준		
샤워 시간을 3분 줄여 절약한 물의 양을 구한 경우	2점	10점
빨랫감을 모아 세탁하여 절약한 물의 양을 구한 경우	2점	
한 달 동안 절약한 물의 양을 구한 경우	2점	
답을 바르게 쓴 경우	4점	

5-2

채점 기준		
한 등 끄기를 하여 아파트에서 하루 동안 절약한 전기 요금을 구한 경우	2점	10점
플러그 뽑기를 하여 아파트에서 하루 동안 절약한 전기 요금을 구한 경우	2점	
아파트에서 하루 동안 절약한 전기 요금을 구한 경우	2점	
답을 바르게 쓴 경우	4점	

6-1

채점 기준		
깃발 사이의 간격 수를 구한 경우	3점	10점
필요한 깃발 수를 구한 경우	3점	
답을 바르게 쓴 경우	4점	

6-2

채점 기준		
나무 사이의 간격 수를 구한 경우	3점	10점
필요한 나무 수를 구한 경우	3점	
답을 바르게 쓴 경우	4점	

Step 4 실력 UP 문제 84~85쪽

01 9216발
02 1815 mm
03 42, 35
04 8개, 45 cm
05 4에 ○표
06 12봉지
07

```
        [1][1]
[7]3 ) [8] 7  4
        7  3  0
      ---------
        1 [4][4]
           7 [3]
      ---------
          [7] 1
```

08 33 m
09 8832개
10 16 m
11 13명
12 13 kg

01 $144 \times 64 = 9216$(발)

02 $275 \div 25 = 11$ (mm)이므로 165 g짜리 추를 매달면 $11 \times 165 = 1815$ (mm)만큼 늘어납니다.

03 $630 \div 21 = 30$, $630 \div 14 = 45$이므로 규칙은 (노란색 칸에 있는 수)÷(빨간색 칸에 있는 수)를 파란색 칸에 적는 것입니다.
⇨ ㉠: $630 \div 15 = 42$, ㉡: $630 \div 18 = 35$

05 몫이 7이 되려면 나누어지는 수는 $94 \times 7 = 658$보다 크거나 같고 $94 \times 8 = 752$보다 작아야 하므로 나누어지는 수의 십의 자리 숫자는 5와 같거나 커야 합니다.
따라서 나누어지는 수의 십의 자리 숫자에는 4가 들어갈 수 없습니다.

06 (거름흙의 양)$= 36 \times 8 = 288$ (kg)
⇨ $288 \div 23 = 12 \cdots 12$이므로 23 kg짜리 거름흙을 12봉지 만들 수 있고 12 kg이 남습니다.

07

```
         ㉠ ㉡
㉢3 ) ㉣  7  4
       7  3  0
     ---------
       1 ㉤ ㉥
          7 ㉦
     ---------
         ㉧  1
```

㉢3×㉠=73에서 ㉠=1, ㉢=7입니다.
㉣7−73=1㉤에서 ㉣=8, ㉤=4이고 ㉥=4입니다.
73×㉡=7㉦에서 ㉡=1, ㉦=3입니다.
144−73=㉧1이므로 ㉧=7입니다.

08 나무 사이의 간격 수는 30군데입니다.
⇨ (나무 사이의 간격)
=(호수의 둘레)÷(나무 사이의 간격 수)
$= 990 \div 30 = 33$ (m)

09 9월은 30일이고 한 달에 6일을 쉬므로 24일 동안 일합니다.
(하루에 만들 수 있는 공의 수)$= 46 \times 8 = 368$(개)
⇨ (9월 한 달 동안 만들 수 있는 공의 수)
$= 368 \times 24 = 8832$(개)

10 (나무 사이의 간격 수)=(심으려는 나무 수)-1
$= 16 - 1 = 15$(군데)
⇨ (나무 사이의 간격)
=(도로의 길이)÷(나무 사이의 간격 수)
$= 240 \div 15 = 16$ (m)

11 221을 10과 15 사이의 수로 나누었을 때 나누어떨어지는 경우를 찾아봅니다.
$221 \div 13 = 17$이므로 한 팀당 13명씩으로 나누어야 합니다.

참고
$221 \div 11 = 20 \cdots 1$, $221 \div 12 = 18 \cdots 5$,
$221 \div 13 = 17$, $221 \div 14 = 15 \cdots 11$

12 3월 1일부터 5월 11일까지의 날수는 $31 + 30 + 11 = 72$(일)이므로 코끼리에게 하루에 준 사료는 $936 \div 72 = 13$ (kg)입니다.

단원 평가 86~89쪽

01 36000
02 8
03 ㉢
04
```
  4 1 6        4 1 6        4 1 6
×   2 0      ×     3      ×   2 3
[8 3 2 0]    [1 2 4 8] → [1 2 4 8]
                          [8 3 2 0]
                          [9 5 6 8]
```
05 (1) 31520 (2) 20054
06 ㉣
07 4, 7 ; $30\times4=120$, $120+7=127$
08 9…13 ; $28\times9=252$, $252+13=265$
09 (위에서부터) 20 ; 500 ; 25, 7 ; 175, 175
10 (1) < (2) >
11 ㉡, ㉢
12 ② $495\times82=40590$ ③ $723\times50=36150$ ① $600\times70=42000$
13 $702\div23$: 몫 30, $23\times30=690$, $702-690=12$; 30, 12
14 ( )(○)( )
15 238
16 20400 g
17 11, 7, 11, 7, 18
18 2, 2, 45
19 4개
20 $38 \overline{)8[7]4}$, 몫 [2]3
21 (1) □$\div52=13\cdots28$ ▸1점
(2) 704 ▸2점 (3) 28, 4 ▸2점
22 (1) 986, 12 ▸2점
(2) [9][8][6]÷[1][2] ▸1점
(3) 82, 2 ▸2점
23 예 $28\times16=448$이고, ▸1점
$448\div12=37\cdots4$이므로 □>37입니다.
따라서 □ 안에 들어갈 수 있는 가장 작은 자연수는 38입니다. ▸2점
; 38 ▸2점
24 예 80으로 나누었을 때 나머지가 될 수 있는 가장 큰 자연수는 79입니다. ▸1점
$80\times4=320$, $80\times5=400$이므로 80으로 나누었을 때 나머지가 79인 수는 $320+79=399$, $400+79=479$입니다.
이 중 400에 가장 가까운 수는 399입니다. ▸2점
; 399 ▸2점

01 $900\times40=36000$
$9\times4=36$

02 $640\div80=8$

03 $240\times70=16800$ ⇨
```
    2 4 0
  ×   7 0
1 6 8 0 0
```
$24\times7=168$

05 (1)
```
    3 9 4
  ×   8 0
3 1 5 2 0
```
(2)
```
    5 4 2
  ×   3 7
  3 7 9 4
1 6 2 6 0
2 0 0 5 4
```

06 나머지는 나누는 수보다 작아야 하므로 나머지가 될 수 없는 수로만 짝 지어진 것은 ㉣ 16, 24입니다.

07 127은 120과 150 사이의 수이므로 몫은 4가 됩니다.

참고
30과의 곱이 나누어지는 수인 127보다 크지 않으면서 가장 가까운 수는 $30\times4=120$이므로 몫은 4로 정합니다.

08
```
       9 ← 몫
28 ) 2 6 5
     2 5 2
       1 3 ← 나머지
```
$265\div28=9\cdots13$ ⇨ $28\times9=252$, $252+13=265$

10 (1) $453\div63=7\cdots12$, $286\div35=8\cdots6$ ⇨ $7<8$
(2) $295\div36=8\cdots7$, $341\div47=7\cdots12$ ⇨ $8>7$

11 ㉠ $298\div35=8\cdots18$ ㉡ $729\div63=11\cdots36$
㉢ $613\div46=13\cdots15$ ㉣ $532\div74=7\cdots14$

다른 풀이
(세 자리 수)÷(두 자리 수)에서
나누어지는 수의 왼쪽 두 자리 수가 나누는 수보다 작으면 몫은 한 자리 수이고,
나누어지는 수의 왼쪽 두 자리 수가 나누는 수보다 크거나 같으면 몫은 두 자리 수입니다.
㉠ $29<35$ ⇨ 몫: 한 자리 수
㉡ $72>63$ ⇨ 몫: 두 자리 수
㉢ $61>46$ ⇨ 몫: 두 자리 수
㉣ $53<74$ ⇨ 몫: 한 자리 수

12 $495\times82=40590$, $723\times50=36150$, $600\times70=42000$
⇨ $42000>40590>36150$

13 23＜70이므로 몫은 두 자리 수입니다.

14 $63\div13=4\cdots11$, $80\div37=2\cdots6$, $92\div24=3\cdots20$
⇨ $6<11<20$

15 $29\times8=232$, $232+6=238$ ⇨ □$=238$

16 $385\times30=11550$ (g)
$295\times30=8850$ (g)
⇨ $11550+8850=20400$ (g)

다른 풀이
$385+295=680$ (g) ⇨ $680\times30=20400$ (g)

17
$$\begin{array}{r} 11 \\ 13\overline{)150} \\ 130 \\ \hline 20 \\ 13 \\ \hline 7 \end{array}$$
⇨ 11개씩 나눠 먹으면 7개가 남으므로 지은이는 $11+7=18$(개) 먹을 수 있습니다.

19 전체 고구마의 수는 $18\times21=378$(개)입니다.
$378\div22=17\cdots4$이므로 고구마를 한 상자에 22개씩 담으면 17상자가 되고 4개가 남습니다.

20
$$\begin{array}{r} ㉠3 \\ 38\overline{)8㉡4} \\ 760 \\ \hline 114 \\ 114 \\ \hline 0 \end{array}$$
• $38\times20=760$, $38\times30=1140$이므로 ㉠$=2$입니다.
• $38\times23=874$이므로 ㉡$=7$입니다.

21 (2) 어떤 수를 □라 하면 □$\div52=13\cdots28$이므로 $52\times13=676$, $676+28=704$에서 □$=704$입니다.
(3) 바르게 계산하면 $704\div25=28\cdots4$이므로 몫은 28이고 나머지는 4입니다.

틀린 과정을 분석해 볼까요?

틀린 이유	이렇게 지도해 주세요
잘못 계산한 식을 쓰지 못한 경우	문장을 읽고 나눗셈식을 쓰는 방법과 몫, 나머지에 대해 다시 공부하도록 지도합니다.
어떤 수를 구하지 못한 경우	나눗셈을 맞게 계산했는지 확인하는 방법(검산)을 이용하여 나누어지는 수를 구하도록 지도합니다. (나누는 수)×(몫)=■, ■+(나머지)=(나누어지는 수)
바르게 계산한 몫과 나머지를 구하지 못한 경우	바르게 계산하는 나눗셈식을 세우고 (세 자리 수)÷(두 자리 수)를 바르게 계산할 수 있도록 지도합니다.

22 몫이 가장 크려면 가장 큰 세 자리 수를 가장 작은 두 자리 수로 나누어야 합니다. ⇨ $986\div12=82\cdots2$

틀린 과정을 분석해 볼까요?

틀린 이유	이렇게 지도해 주세요
가장 큰 세 자리 수와 가장 작은 두 자리 수를 잘못 구한 경우	가장 큰 수는 가장 높은 자리부터 큰 수를 차례로 놓고, 가장 작은 수는 가장 높은 자리부터 작은 수를 차례로 놓아야 함을 지도합니다.
몫이 가장 큰 (세 자리 수)÷(두 자리 수)를 잘못 만든 경우	몫이 가장 큰 나눗셈식을 만들려면 나누어지는 수를 가장 크게, 나누는 수를 가장 작게 만들어야 함을 지도합니다.
몫과 나머지를 잘못 구한 경우	(세 자리 수)÷(두 자리 수)를 계산하는 방법을 이해하고 실수하지 않고 계산하도록 지도합니다.

23

채점 기준		
28×16을 바르게 계산한 경우	1점	5점
□ 안에 들어갈 수 있는 자연수 중 가장 작은 수를 구한 경우	2점	
답을 바르게 쓴 경우	2점	

틀린 과정을 분석해 볼까요?

틀린 이유	이렇게 지도해 주세요
28×16의 값을 잘못 구한 경우	(두 자리 수)×(두 자리 수)의 계산 방법을 이해하고 실수하지 않고 계산하도록 지도합니다.
□ 안에 들어갈 수 있는 가장 작은 자연수를 구하지 못한 경우	곱셈과 나눗셈의 관계를 이용하여 12×□=448일 때 □ 안에 들어갈 수 있는 수의 범위를 구한 후 그중 가장 작은 자연수를 구하도록 지도합니다.

24

채점 기준		
80으로 나누었을 때 나머지가 될 수 있는 가장 큰 자연수를 구한 경우	1점	5점
나머지가 79이고 400에 가장 가까운 수를 구한 경우	2점	
답을 바르게 쓴 경우	2점	

틀린 과정을 분석해 볼까요?

틀린 이유	이렇게 지도해 주세요
가장 큰 나머지를 구하지 못한 경우	나머지는 항상 나누는 수보다 작아야 함을 지도합니다.
80으로 나누었을 때 나머지가 가장 큰 자연수 중 400에 가장 가까운 수를 구하지 못한 경우	몫을 어림하여 나누는 수가 80이고 나머지가 79일 때의 나누어지는 수를 알아보고 그중 400에 가장 가까운 자연수를 구하도록 지도합니다.

4단원 평면도형의 이동

Step 1 교과 개념 92~93쪽

1 왼에 ○표, 2에 ○표

2 (1) 오이 (2) 당근

3 1 cm, 1 cm

4

5 (1) 1, 아래쪽, 3 (2) 6, 위쪽, 1

6 나

2

4

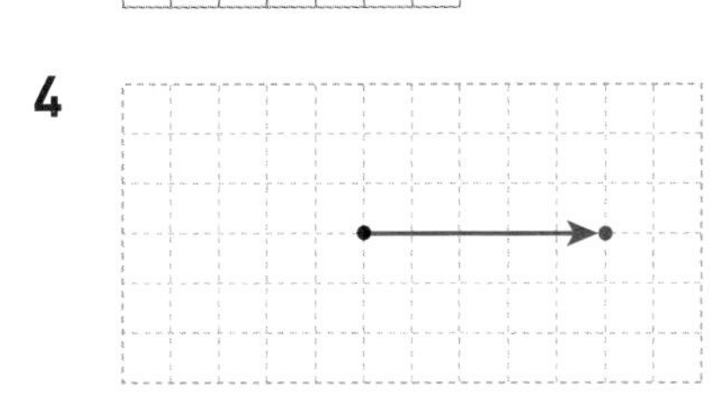

5 1 cm, 1 cm

(1) 점 ㉠을 오른쪽으로 1 cm, 아래쪽으로 3 cm 이동하면 점 ㉡에 도착합니다.

(2) 점 ㉠을 왼쪽으로 6 cm, 위쪽으로 1 cm 이동하면 점 ㉢에 도착합니다.

6 가: ☆의 위치로부터 위쪽으로 4칸, 왼쪽으로 2칸 움직인 위치에 ♡를 표시했습니다.

나: ☆의 위치로부터 아래쪽으로 1칸, 오른쪽으로 3칸 움직인 위치에 ♡를 표시했습니다.

Step 1 교과 개념 94~95쪽

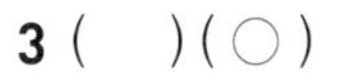

1 (1) 변하지 않습니다에 ○표

(2) 변합니다에 ○표

2 (○) (   )   3 (   ) (○)

4 위, 7

5 1 cm, 1 cm

6 1 cm, 1 cm

7 1 cm, 1 cm

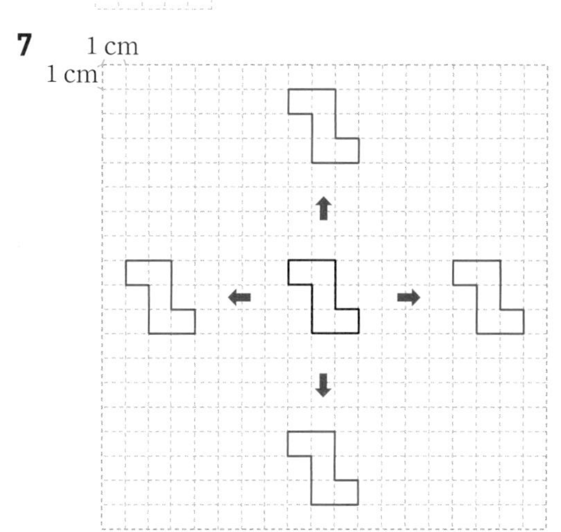

2 도형을 밀면 도형의 모양은 변하지 않고 위치만 변합니다.

3 처음과 같은 모양 조각을 찾습니다.

4 한 변을 기준으로 하여 위쪽으로 7 cm 이동했습니다.

5 도형을 왼쪽으로 밀었을 때의 도형은 처음 도형과 모양이 같습니다.

6 도형을 아래쪽으로 밀었을 때의 도형은 처음 도형과 모양이 같습니다.

7 도형을 왼쪽, 오른쪽, 위쪽, 아래쪽으로 각각 밀었을 때의 도형은 처음 도형과 모양이 같습니다.

Step 2 교과 유형 익힘 96~97쪽

01
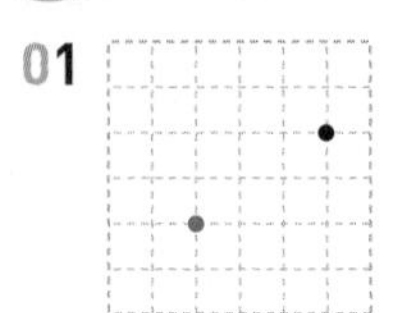

02
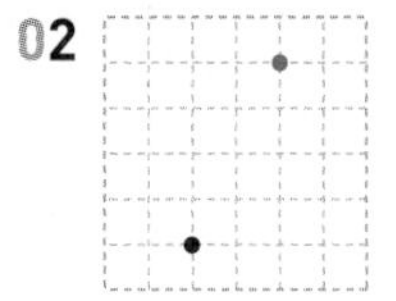

03 1 cm, 1 cm

04 예 점 가를 왼쪽으로 3 cm 이동한 다음 ▶5점 아래쪽으로 2 cm 이동합니다. ▶5점

05 ㉠

06 예 아래쪽으로 5 cm 밀었을 때의 도형입니다. ▶10점

07 1 cm, 1 cm

08
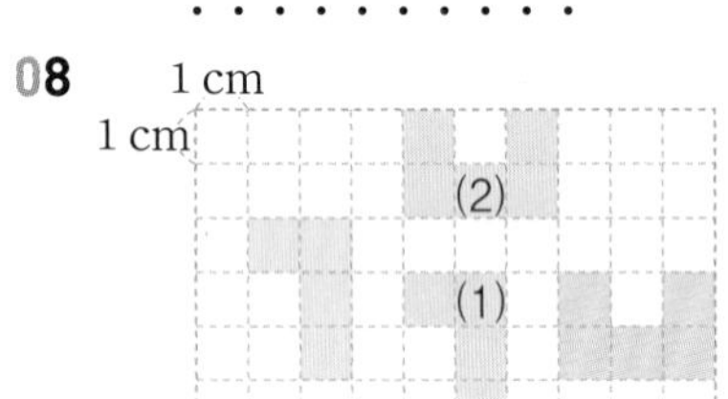

09 지은

10 예 점 ㉡을 왼쪽으로 1 cm 이동하고, 점 ㉣을 오른쪽으로 1 cm 이동합니다. ▶10점

11 ① 위에 ○표, 2 ② 오른에 ○표, 4

12
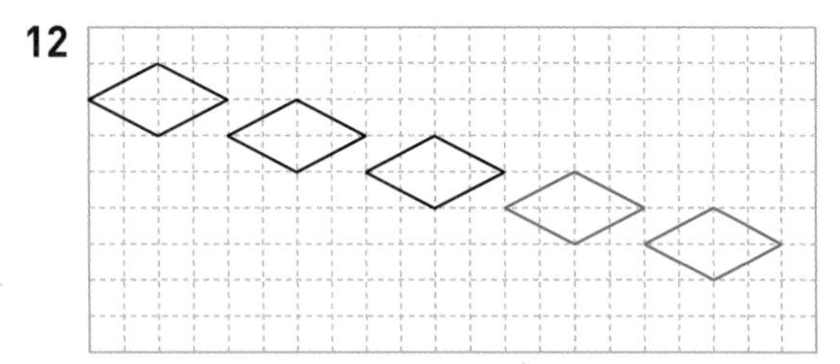

01
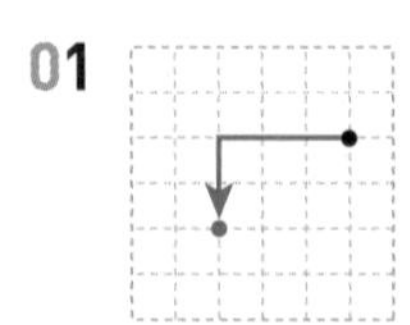

02
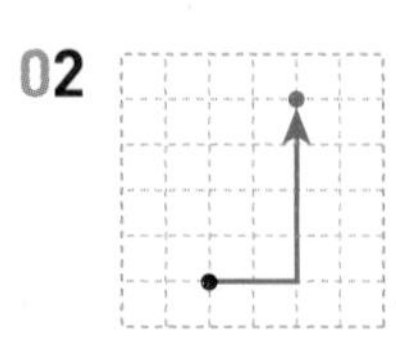

04
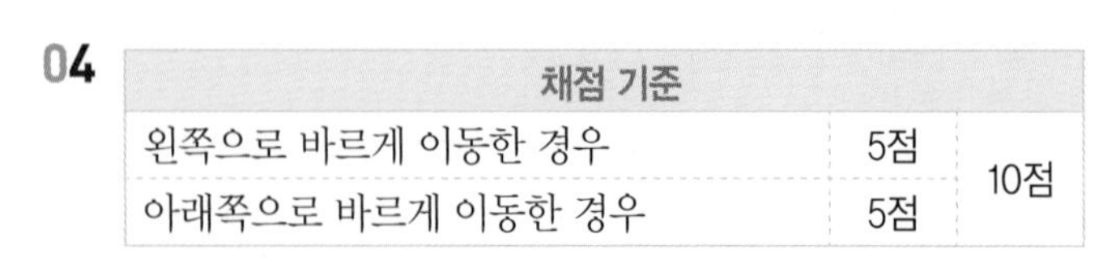

채점 기준		
왼쪽으로 바르게 이동한 경우	5점	10점
아래쪽으로 바르게 이동한 경우	5점	

05
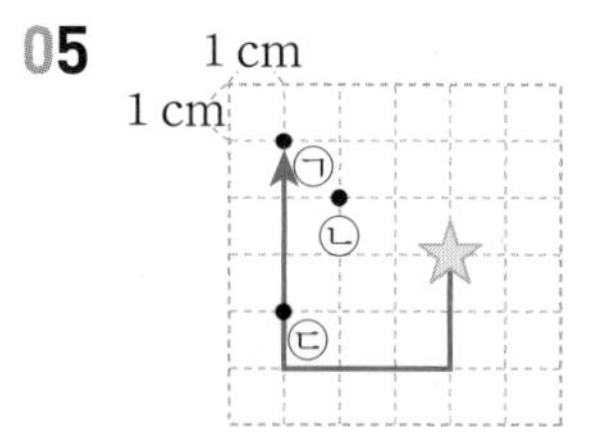

☆을 차례로 이동시키면 점 ㉠에 도착합니다.

06 나 도형은 가 도형과 모양은 같지만 위치가 변하였습니다.

07 한 변을 기준으로 하여 위쪽으로 3 cm 이동한 도형을 그립니다.

09 세 사람이 이동시킨 점의 위치가 다음과 같으므로 도착한 점이 다른 사람은 지은입니다.

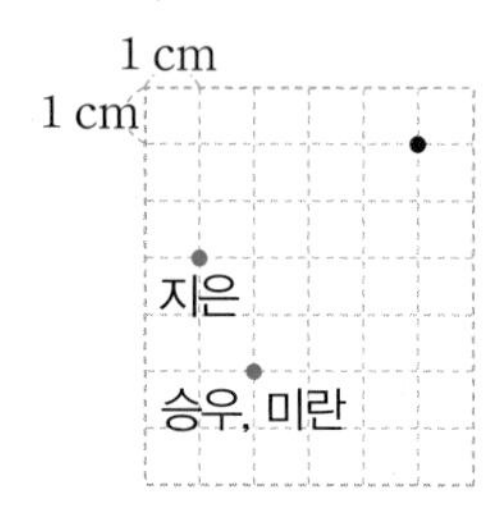

11 빨간색 차가 나가기 위해서는 먼저 파란색 차를 위쪽으로 2 cm 밀어야 합니다. 그후 빨간색 차를 오른쪽으로 4 cm 밉니다.

> **주의**
> 빨간색 차 끝부분까지 완전히 노란색 위치에 와야 하므로 4 cm 밀어야 합니다.

12 한 변을 기준으로 오른쪽으로 4칸, 아래쪽으로 1칸 밉니다.

Step 1 교과 개념 98~99쪽

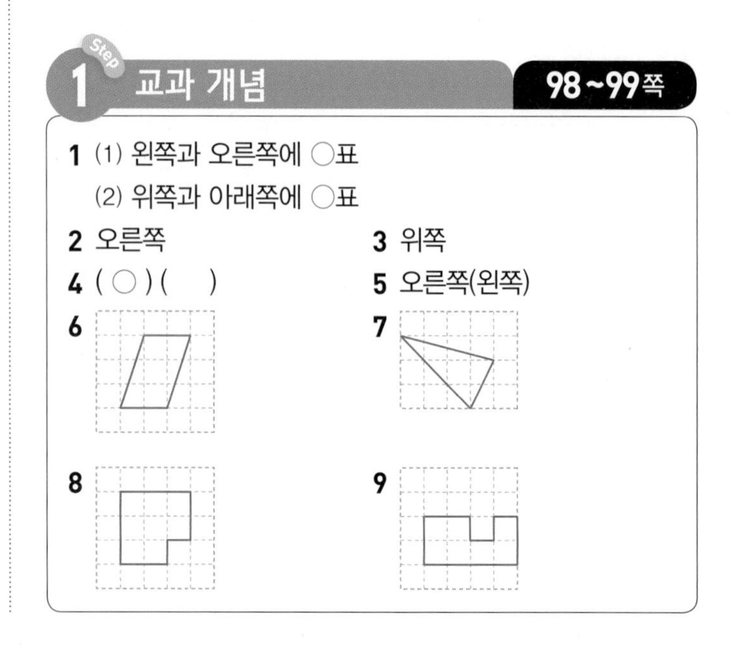

1 (1) 왼쪽과 오른쪽에 ○표
(2) 위쪽과 아래쪽에 ○표

2 오른쪽

3 위쪽

4 (○) (　)

5 오른쪽(왼쪽)

6

7

8

9

2 도형을 왼쪽이나 오른쪽으로 뒤집으면 왼쪽이 오른쪽으로, 오른쪽이 왼쪽으로 방향이 바뀝니다.

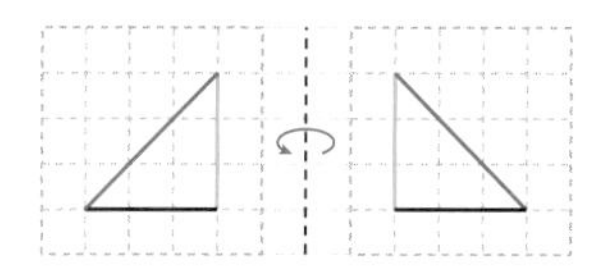

3 도형을 아래쪽이나 위쪽으로 뒤집으면 위쪽이 아래쪽으로, 아래쪽이 위쪽으로 방향이 바뀝니다.

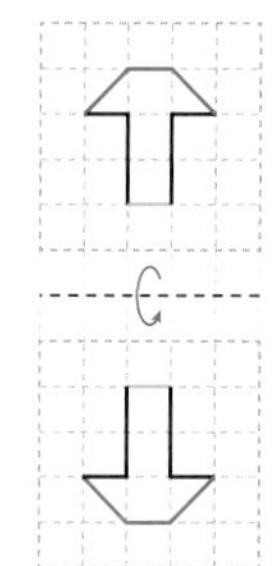

4 도형을 위쪽이나 아래쪽으로 뒤집으면 위쪽이 아래쪽으로, 아래쪽이 위쪽으로 방향이 바뀝니다.

5 오른쪽과 왼쪽이 바뀌었으므로 오른쪽 또는 왼쪽으로 뒤집었습니다.

6 도형을 오른쪽으로 뒤집으면 도형의 오른쪽과 왼쪽이 서로 바뀝니다.

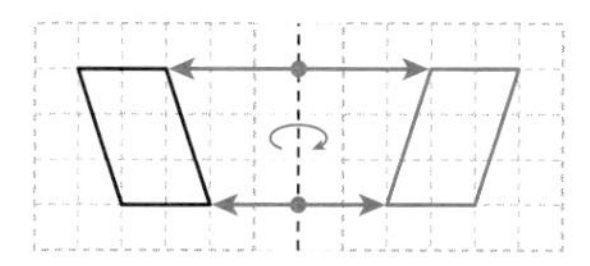

7 도형을 아래쪽으로 뒤집으면 도형의 아래쪽과 위쪽이 서로 바뀝니다.

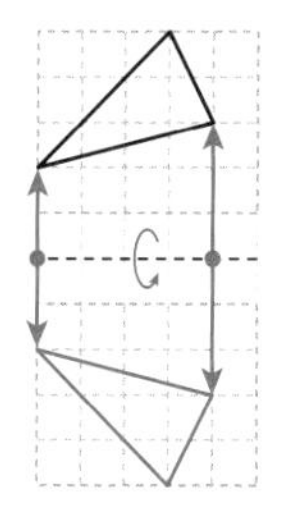

8 도형을 왼쪽으로 뒤집으면 도형의 오른쪽과 왼쪽이 서로 바뀝니다.

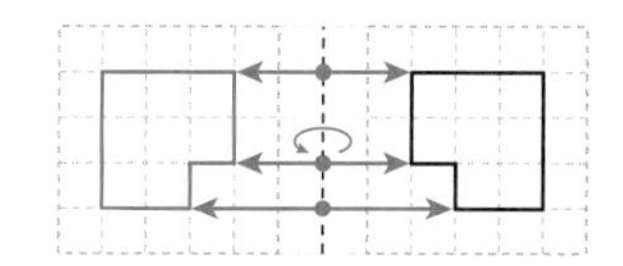

9 도형을 위쪽으로 뒤집으면 도형의 위쪽과 아래쪽이 서로 바뀝니다.

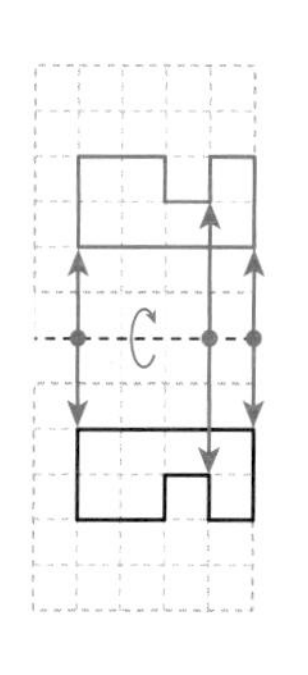

Step 1 교과 개념 100~101쪽

1 (○)( )　　**2** (○)( )

3　　**4**

5 90　　**6** 다

7

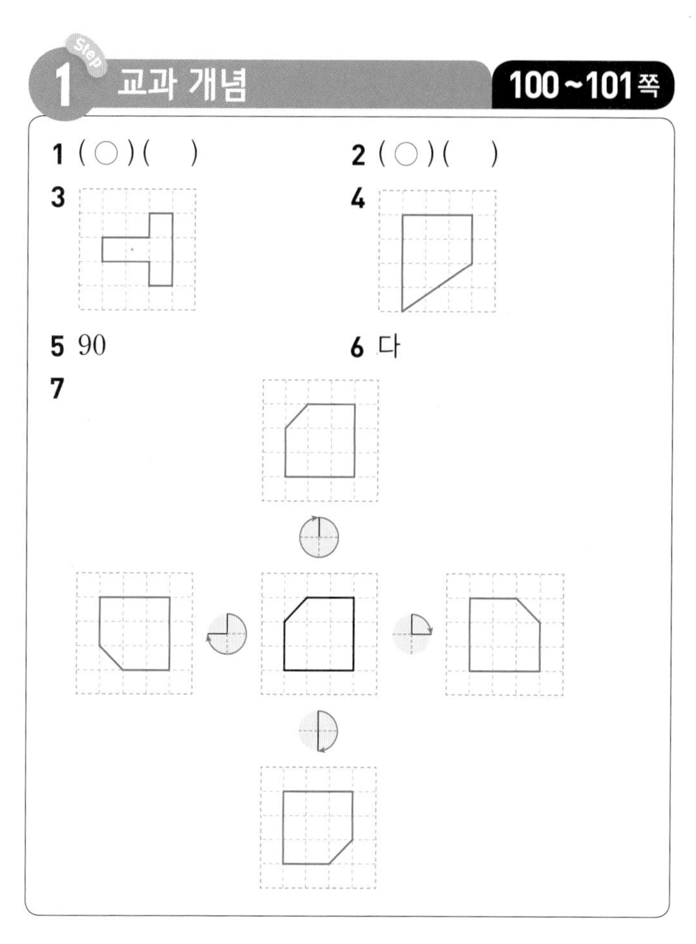

1 모양 조각을 시계 방향으로 90°만큼 돌리면 왼쪽에 있던 빨간색 사각형이 위쪽으로 이동합니다.

2 모양 조각을 시계 반대 방향으로 180°만큼 돌리면 왼쪽에 있던 파란색 사각형이 오른쪽으로 이동합니다.

학부모 지도 가이드

도형을 180°만큼 돌릴 때는 시계 방향으로 돌린 도형과 시계 반대 방향으로 돌린 도형이 서로 같음을 지도합니다.

3 도형을 시계 방향으로 90°만큼 돌리면 위쪽 부분이 오른쪽으로, 왼쪽 부분이 위쪽으로 이동합니다.

4 도형을 시계 반대 방향으로 180°만큼 돌리면 위쪽 부분이 아래쪽으로, 왼쪽 부분이 오른쪽으로 이동합니다.

5 시계 방향으로 90°만큼 돌린 도형은 위쪽 부분이 오른쪽으로, 아래쪽 부분이 왼쪽으로 이동합니다.

6 가: 주어진 도형을 시계 방향으로 90° 또는 시계 반대 방향으로 270°만큼 돌린 도형입니다.
나: 주어진 도형을 시계 방향으로 270° 또는 시계 반대 방향으로 90°만큼 돌린 도형입니다.
다: 주어진 도형을 위쪽 또는 아래쪽으로 뒤집은 도형입니다.

Step 1 교과 개념 102~103쪽

1 (1) 민에 ○표, 밀기에 ○표
(2) 뒤집은에 ○표, 뒤집기에 ○표
(3) 90°에 ○표, 90°에 ○표

2 90°에 ○표, 밀어서에 ○표

3 가

4 나

5

6 예 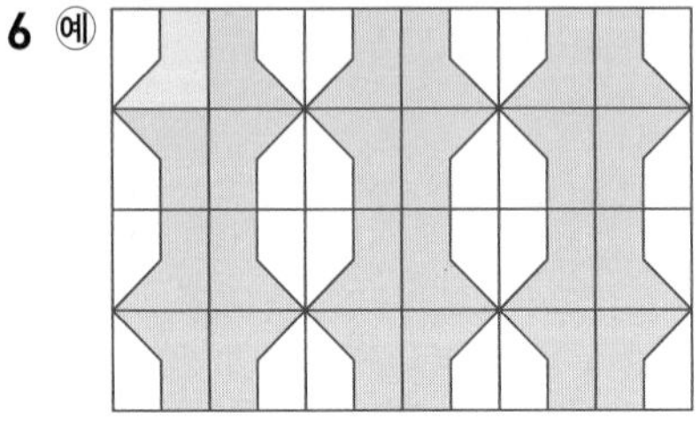

7 예 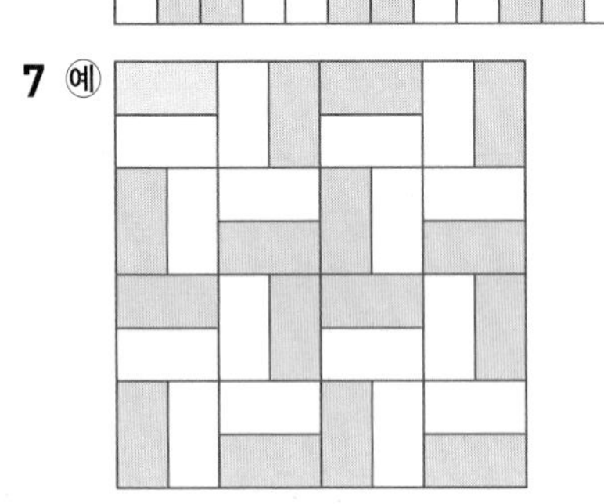

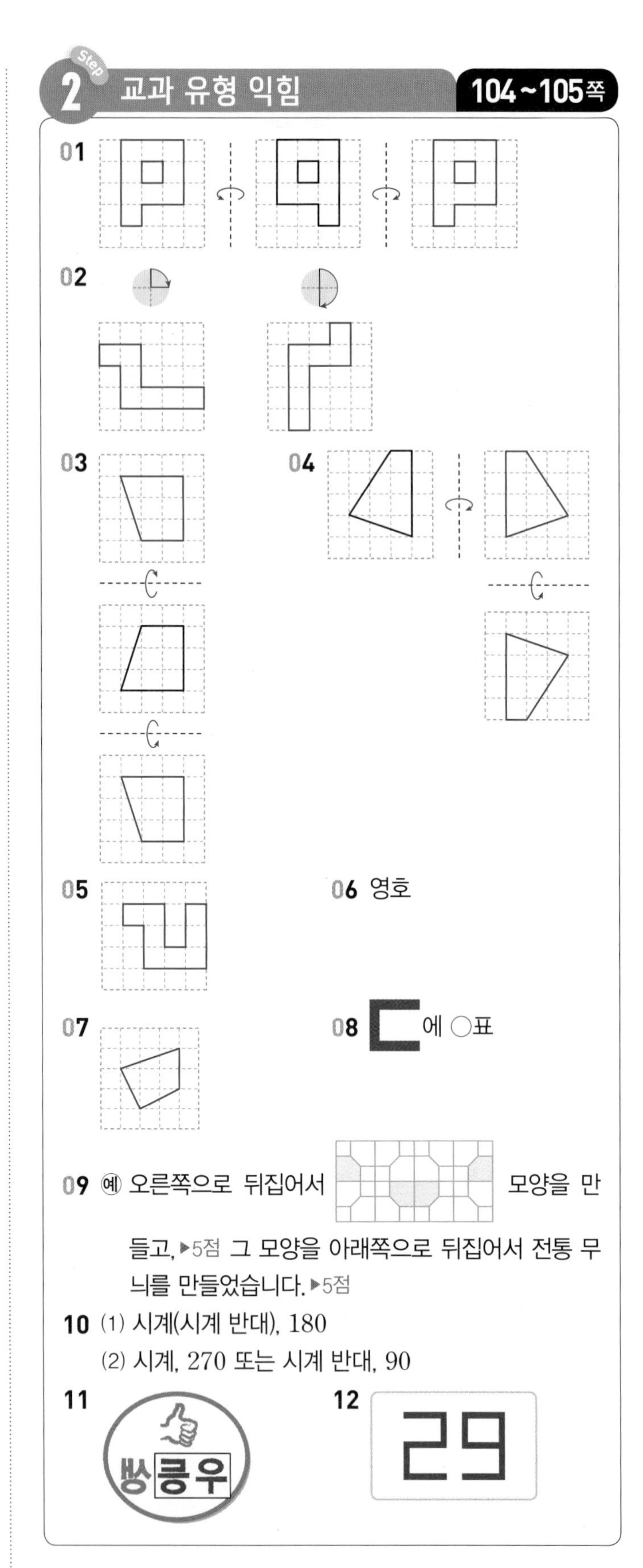

Step 2 교과 유형 익힘 104~105쪽

01

02

03

04

05

06 영호

07

08 ㄷ에 ○표

09 예 오른쪽으로 뒤집어서 모양을 만들고, ▸5점 그 모양을 아래쪽으로 뒤집어서 전통 무늬를 만들었습니다. ▸5점

10 (1) 시계(시계 반대), 180
(2) 시계, 270 또는 시계 반대, 90

11 쌍쿵우

12 29

3 가: 주어진 모양을 시계 방향으로 90°만큼 돌리는 것을 반복했습니다.
나: 주어진 모양을 오른쪽으로 뒤집고, 윗줄을 아래쪽으로 밀었습니다.
다: 주어진 모양을 아래쪽으로 뒤집고, 왼쪽 줄을 오른쪽으로 밀었습니다.

4 가: 주어진 모양을 오른쪽과 아래쪽으로 밀었습니다.
나: 주어진 모양을 오른쪽으로 뒤집고, 주어진 모양을 아래쪽으로 뒤집은 후 왼쪽 줄을 오른쪽으로 뒤집었습니다.

6 뒤집기를 이용하여 여러 가지 규칙적인 무늬를 만들 수 있습니다.

7 돌리기를 이용하여 여러 가지 규칙적인 무늬를 만들 수 있습니다.

02 처음 도형을 시계 방향으로 180°만큼 돌린 도형은 시계 방향으로 90°만큼 돌린 도형을 다시 시계 방향으로 90°만큼 돌린 도형과 같습니다.

03 도형을 위쪽으로 뒤집은 도형과 아래쪽으로 뒤집은 도형은 서로 같습니다.

04 도형을 오른쪽으로 뒤집으면 왼쪽과 오른쪽이 서로 바뀌고 아래쪽으로 뒤집으면 아래쪽과 위쪽이 서로 바뀝니다.

05 도형을 시계 반대 방향으로 270°만큼 돌리면 위쪽 부분이 오른쪽으로 이동합니다.

06 수진: E를 시계 방향으로 180°만큼 돌리면 Ǝ입니다.

07 오른쪽 도형을 시계 반대 방향으로 270°만큼 돌리면 처음 도형이 됩니다.

08 ㄱㄴㄷㄹ

09

채점 기준		
오른쪽으로 뒤집는 내용이 있는 경우	5점	10점
아래쪽으로 뒤집는 내용이 있는 경우	5점	

10 (2) '시계 반대'와 '90°'라고 써도 됩니다.

11 도장에 새긴 글자와 종이에 찍은 글자는 오른쪽과 왼쪽이 바뀝니다. 따라서 도장에 새긴 글자는 '**쿵우**'입니다.

12 시계 방향으로 180°만큼 돌리기 전의 수를 구하기 위해서는 시계 반대 방향으로 180°만큼 돌려 봅니다.

Step 3 문제 해결 106~109쪽

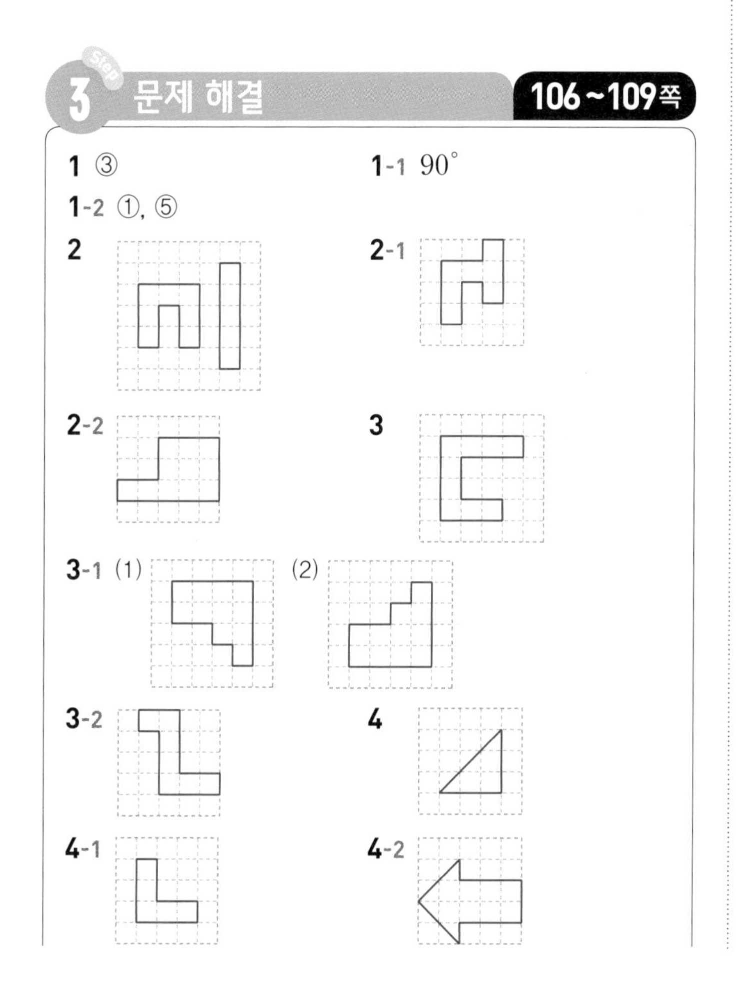

4-3

5 ❶ 뒤집기에 ○표 ▸2점

❷

▸2점, 105 ▸2점

; 105 ▸4점

5-1 예 ❶ 거울을 오른쪽에서 비추면 왼쪽과 오른쪽이 서로 바뀌므로 오른쪽으로 뒤집은 것과 같습니다. ▸2점

❷

▸2점

따라서 거울에 비친 수는 2입니다. ▸2점

; 2 ▸4점

5-2 예 거울을 오른쪽에서 비추면 왼쪽과 오른쪽이 서로 바뀌므로 오른쪽으로 뒤집은 것과 같습니다. ▸2점

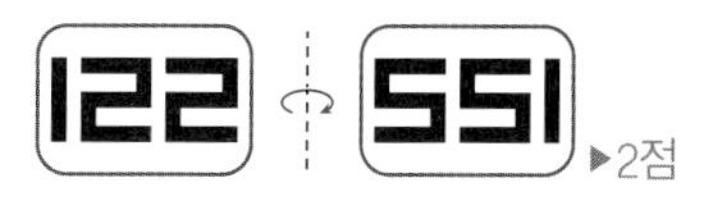

▸2점

따라서 거울에 비친 수는 551입니다. ▸2점

; 551 ▸4점

6 ❶ 아래쪽에 ○표, 오른쪽에 ○표 ▸5점

❷ 180°에 ○표 ▸5점

6-1 예 ❶ 위쪽 부분이 오른쪽으로, 오른쪽 부분이 아래쪽으로 바뀌었습니다. ▸5점

❷ 시계 방향으로 90°만큼 또는 시계 반대 방향으로 270°만큼 돌리기 한 것입니다. ▸5점

6-2 예 시계 반대 방향으로 90°만큼 돌리고 ▸5점 아래쪽으로 뒤집었습니다. ▸5점

1

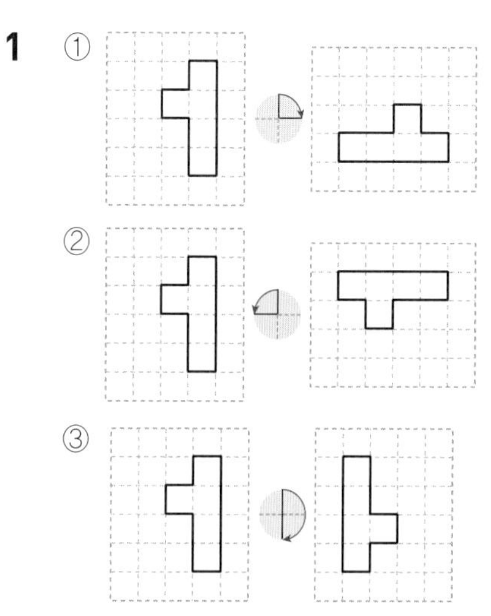

④ 시계 반대 방향으로 270°만큼 돌린 것은 시계 방향으로 90°만큼 돌린 것과 같습니다.

⑤ 시계 반대 방향으로 360°만큼 돌린 것은 처음 도형과 같습니다.

1-1 위쪽이 왼쪽으로 바뀌었으므로 시계 반대 방향으로 90° 만큼 돌린 것입니다.

참고
도형을 전체적으로 보았을 때 뚫린 곳이 위쪽에서 왼쪽으로 돌아갔으므로 시계 반대 방향으로 90°만큼 돌린 것입니다.

1-2 위쪽이 오른쪽으로 바뀌었으므로 시계 방향으로 90°만큼 또는 시계 반대 방향으로 270°만큼 돌린 것입니다.

2

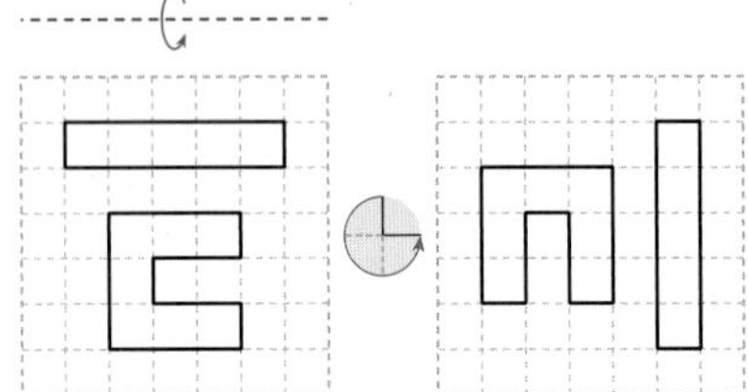

① 도형을 아래쪽으로 뒤집으면 위쪽과 아래쪽으로 서로 바뀝니다.

② 도형을 시계 반대 방향으로 270°만큼 돌리면 위쪽이 오른쪽으로 바뀝니다.

참고
길쭉한 직사각형의 위치를 잘 잡고, 'ㄷ'에서 뚫린 부분이 어떻게 움직이는지를 생각해 보면 쉽게 그릴 수 있습니다.

2-1

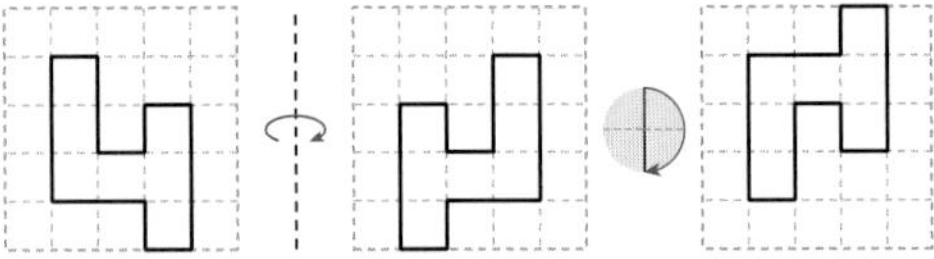

① 도형을 오른쪽으로 뒤집으면 왼쪽과 오른쪽이 서로 바뀝니다.

② 도형을 시계 방향으로 180°만큼 돌리면 위쪽과 아래쪽, 왼쪽과 오른쪽이 바뀝니다.

2-2

① 도형을 시계 방향으로 270°만큼 돌리면 위쪽이 왼쪽으로 바뀝니다.

② 도형을 오른쪽으로 뒤집으면 오른쪽과 왼쪽이 서로 바뀝니다.

3-1 (1) 위쪽으로 2번 뒤집으면 처음 도형과 같습니다.

(2) 위쪽으로 3번 뒤집은 도형은 위쪽으로 한 번 뒤집은 도형과 같습니다.

3-2 시계 방향으로 90°만큼 2번 돌린 것은 시계 방향으로 180°만큼 돌린 것과 같습니다.
따라서 위쪽과 아래쪽의 방향이 서로 바뀌고, 왼쪽과 오른쪽의 방향이 서로 바뀌도록 그립니다.

4 시계 방향으로 90°만큼 돌리면 처음 도형이 됩니다.

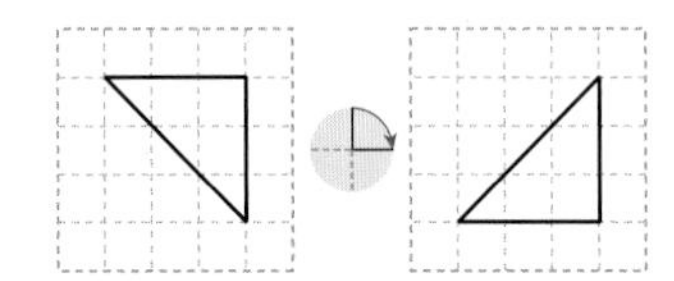

4-1 오른쪽 도형을 시계 방향으로 180°만큼 돌리면 처음 도형이 나옵니다.
따라서 위쪽과 아래쪽의 방향이 서로 바뀌고, 왼쪽과 오른쪽의 방향이 서로 바뀌도록 그립니다.

4-2 오른쪽 도형을 왼쪽으로 뒤집으면 처음 도형이 나옵니다. 왼쪽과 오른쪽의 방향이 바뀌도록 그립니다.

4-3 시계 반대 방향으로 270°만큼 돌린 것은 시계 방향으로 90°만큼 돌린 것과 같습니다. 따라서 시계 반대 방향으로 90°만큼 돌리면 처음 도형이 됩니다.

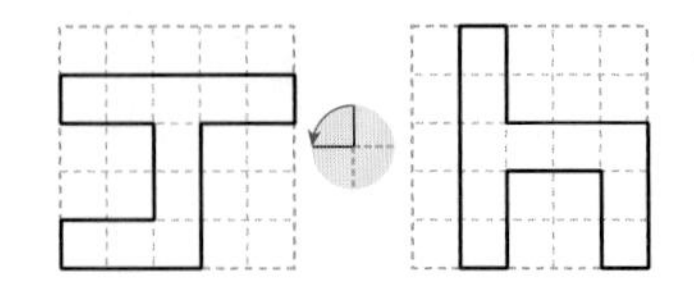

5-1 참고

거울에 비치는 모습과 관련된 문제는 도형 뒤집기를 이용해야 하는 문제입니다.

채점 기준		
거울에 비춘 모습이 오른쪽으로 뒤집기임을 알고 있는 경우	2점	10점
뒤집은 모양을 바르게 그린 경우	2점	
거울에 비친 수를 구한 경우	2점	
답을 바르게 쓴 경우	4점	

5-2 주의

기준점이나 기준이 되는 부분을 정하고 뒤집었을 때 그 부분이 어느 쪽으로 위치가 바뀌는지 주의하여 거울에 비친 수를 알아봅니다.

채점 기준		
거울에 비춘 모습이 오른쪽으로 뒤집기임을 알고 있는 경우	2점	10점
뒤집은 모양을 바르게 그린 경우	2점	
거울에 비친 수를 구한 경우	2점	
답을 바르게 쓴 경우	4점	

6 학부모 지도 가이드

주어진 도형을 어떻게 돌렸는지 알아보려면 먼저 처음 도형의 위쪽 부분이 어느 부분으로 바뀌었는지 찾아보도록 지도합니다.

6-1

채점 기준		
각 부분의 위치가 움직인 방향을 바르게 쓴 경우	5점	10점
돌린 방향과 각도를 바르게 쓴 경우	5점	

6-2

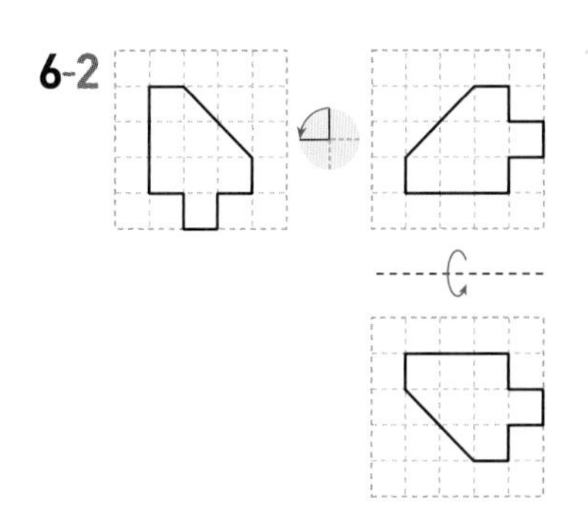

또는 '시계 방향으로 90°만큼 돌리고 오른쪽으로 뒤집었습니다.' 등 다양한 방법으로 설명할 수 있습니다.

채점 기준		
돌린 방향과 각도를 바르게 쓴 경우	5점	10점
뒤집은 방향을 바르게 쓴 경우	5점	

Step 4 실력UP문제 110~111쪽

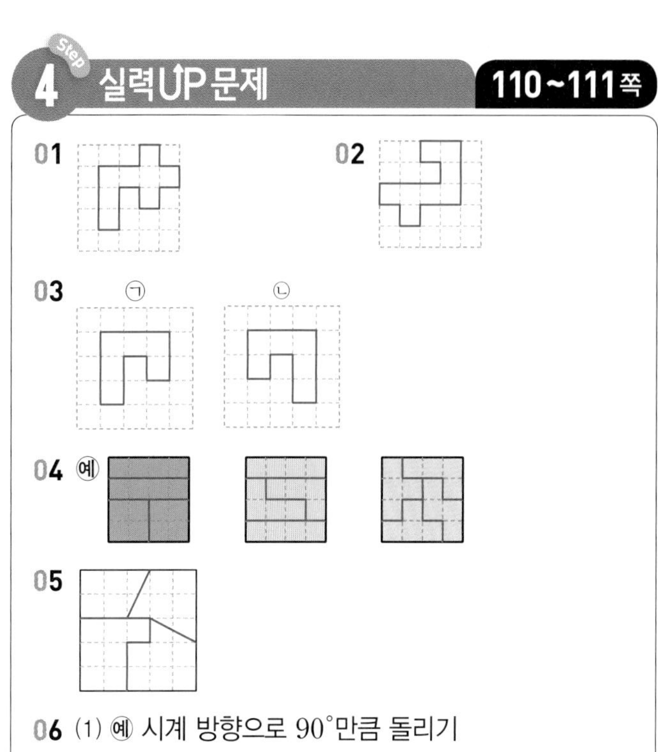

06 (1) 예 시계 방향으로 90°만큼 돌리기

(2) 예 위쪽(아래쪽)으로 뒤집기

07 2421

08 ① 파란색 차를 왼쪽으로 2칸 밉니다. ▸4점

② 초록색 차를 위쪽으로 2칸 밉니다. ▸3점

③ 빨간색 차를 오른쪽으로 5칸 밉니다. ▸3점

09

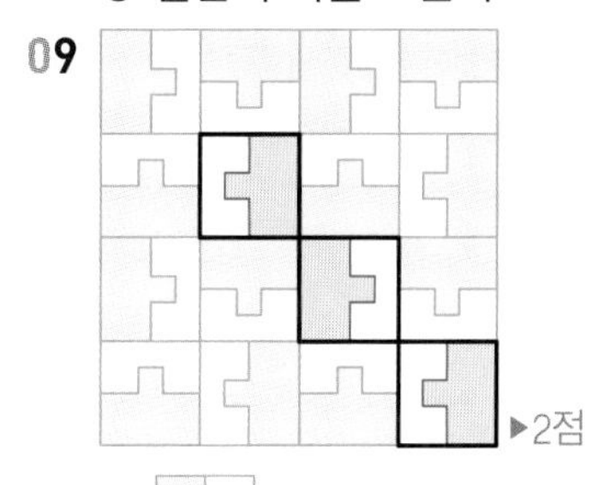

예 모양을 시계 방향으로 90°만큼 돌리는 것을 반복해서 모양을 만들고 ▸4점 그 모양을 오른쪽과 아래쪽으로 밀어서 무늬를 만들었습니다. ▸4점

01

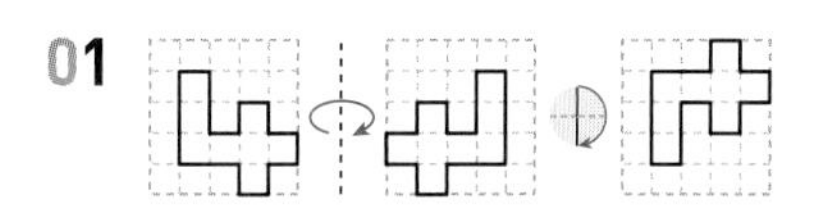

02 거꾸로 생각하여 시계 반대 방향으로 90°만큼 5번 돌리고 위쪽으로 뒤집은 도형을 그립니다. 시계 반대 방향으로 90°만큼 5번 돌린 도형은 시계 반대 방향으로 90°만큼 1번 돌린 도형과 같습니다.

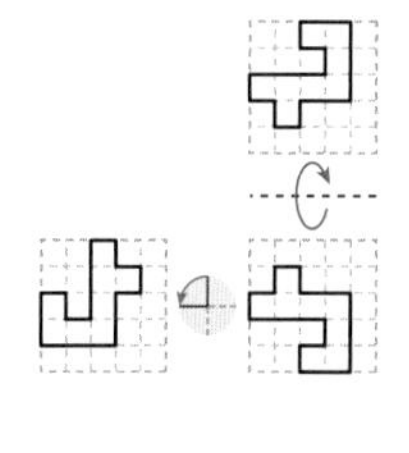

03 • 왼쪽으로 3번 뒤집기는 왼쪽으로 1번 뒤집기와 같습니다.

• 시계 방향으로 180°만큼 5번 돌리기는 시계 방향으로 180°만큼 1번 돌리기와 같습니다.

04 ㉮

06 (1) 시계 반대 방향으로 270°만큼 돌려도 됩니다.
(2) 아래쪽(왼쪽)으로 뒤집어도 됩니다.

07 처음 수는 8619이고 이 수를 시계 반대 방향으로 180°만큼 돌렸을 때 만들어지는 수는 6198입니다.
⇨ $8619-6198=2421$

08 빨간색 차가 나가려면 앞을 막고 있는 초록색 차를 움직여야 합니다. 그러나 초록색 차를 파란색 차가 가로막고 있으므로 가장 먼저 움직여야 하는 것은 파란색 차입니다.

채점 기준		
파란색 차를 바르게 민 경우	4점	10점
초록색 차를 바르게 민 경우	3점	
빨간색 차를 바르게 민 경우	3점	

09

채점 기준		
무늬를 완성한 경우	2점	10점
돌리기를 이용하여 모양을 만든 방법을 설명한 경우	4점	
밀기를 이용하여 모양을 만든 방법을 설명한 경우	4점	

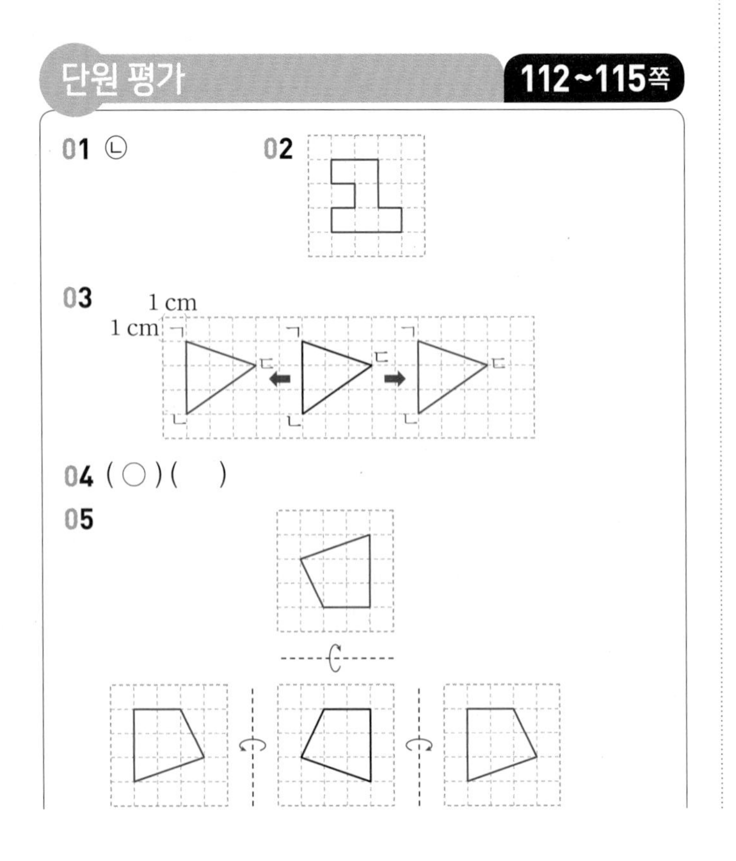

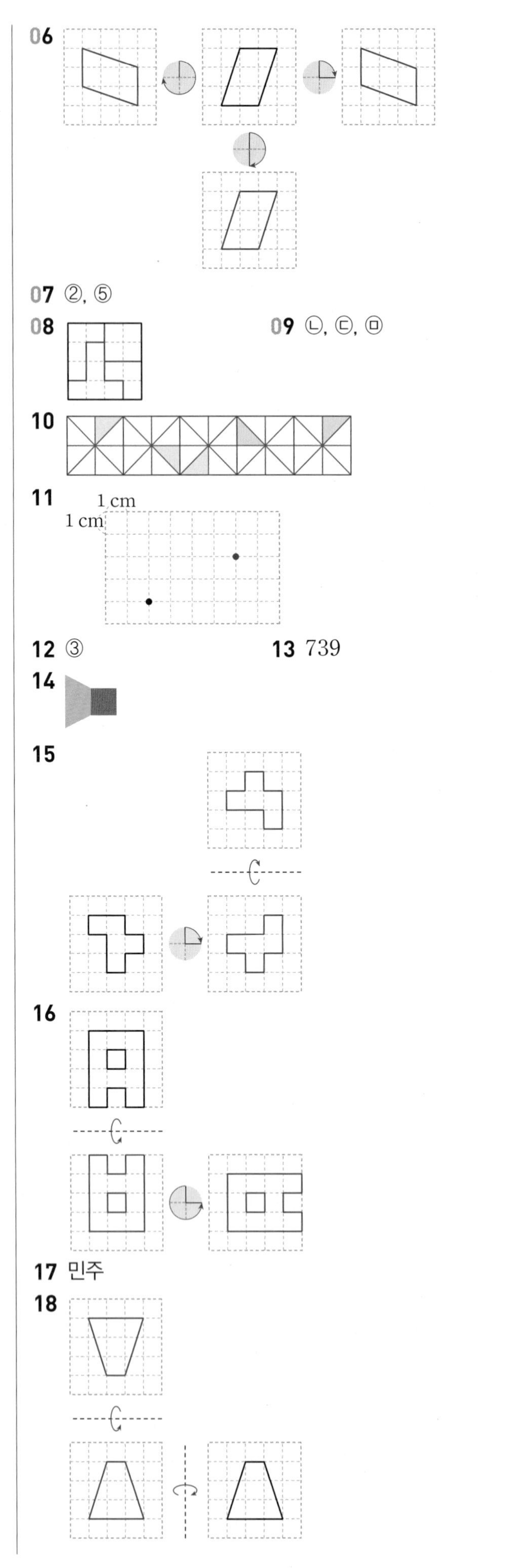

19

20

21 (1) 가▶2점
(2) 예 시계 방향으로 90°만큼 돌립니다.▶3점

22 (1) 6 cm▶1점 (2) 5 cm▶1점 (3) 6, 아래, 5▶3점

23 예 숫자 6을 아래쪽으로 뒤집고▶2점 오른쪽으로 뒤집습니다.▶3점

24 예 도형을 시계 방향으로 180°만큼 돌리고▶2점 오른쪽으로 뒤집습니다.▶3점

01 도형을 밀면 처음 도형과 같습니다.

02 왼쪽과 오른쪽이 바뀐 도형을 그립니다.

03 변 ㄱㄴ을 기준으로 각각 왼쪽과 오른쪽으로 5 cm 밀었을 때의 도형을 그립니다.

04 도형을 오른쪽으로 뒤집으면 왼쪽과 오른쪽의 모양이 서로 바뀝니다.

05 도형을 왼쪽 또는 오른쪽으로 뒤집으면 왼쪽과 오른쪽이 서로 바뀌고 도형을 위쪽 또는 아래쪽으로 뒤집으면 위쪽과 아래쪽이 서로 바뀝니다.

06 도형을 시계 방향으로 90°, 180°, 270°만큼 돌려 봅니다.

07 위쪽으로 뒤집어 보면 다음과 같습니다.

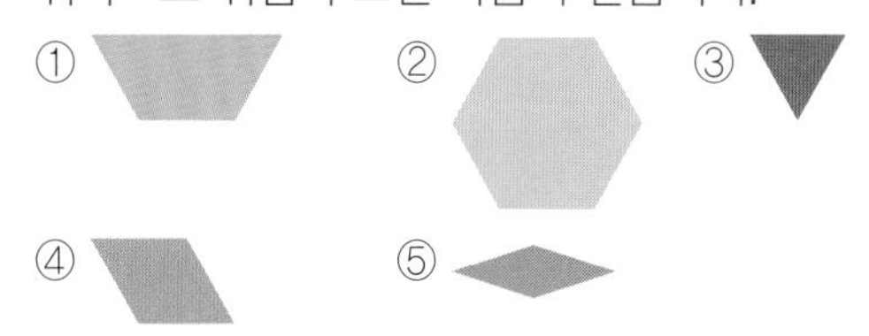

참고
위와 아래가 같은 도형은 위쪽으로 뒤집어도 처음 도형과 같습니다.

08 퍼즐 조각을 왼쪽, 오른쪽, 위쪽, 아래쪽으로 밀어서 퍼즐을 완성할 수 있습니다.

09 도형의 왼쪽과 오른쪽이 바뀌었으므로 왼쪽 또는 오른쪽으로 뒤집은 것이고, 도형을 시계 방향 또는 시계 반대 방향으로 180°만큼 돌려도 됩니다.

10 모양을 시계 방향으로 90°만큼 돌리는 것을 반복해서 만든 무늬입니다.

11

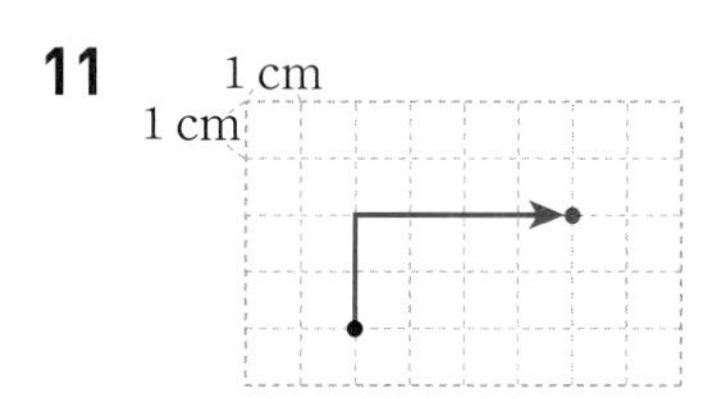

12 글자 카드를 시계 방향으로 180°만큼 돌린 모양은 다음과 같습니다.

①  ② 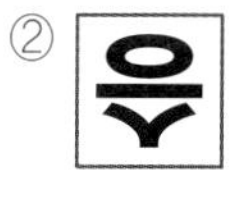 ③ 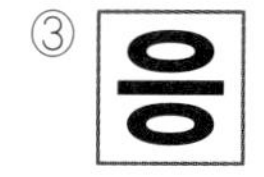

④ ⑤ 

학부모 지도 가이드
시계 방향으로 180°만큼 돌려도 처음과 모양이 같으려면, 처음 글자는 위아래와 양 옆의 모양이 각각 서로 같아야 합니다.

13 시계 반대 방향으로 180°만큼 돌렸을 때 나타나는 수는 739, 645, 582이므로 가장 큰 수는 739입니다.

14 모양 조각을 시계 방향으로 90°만큼 돌리면 위쪽은 오른쪽으로, 아래쪽은 왼쪽으로 바뀝니다.

16 도형을 아래쪽으로 뒤집고 시계 방향으로 90°만큼 돌려도 됩니다.

17 성호: 점 ㉠이 점 ㉡에 도착하려면 위쪽으로 2 cm, 왼쪽으로 3 cm 이동해야 합니다.

18 도형을 왼쪽으로 뒤집고 위쪽으로 뒤집습니다.

19 같은 방향으로 2번, 4번 뒤집으면 처음 도형과 같으므로 처음 도형을 시계 방향으로 270°만큼 돌린 도형을 그립니다.

20

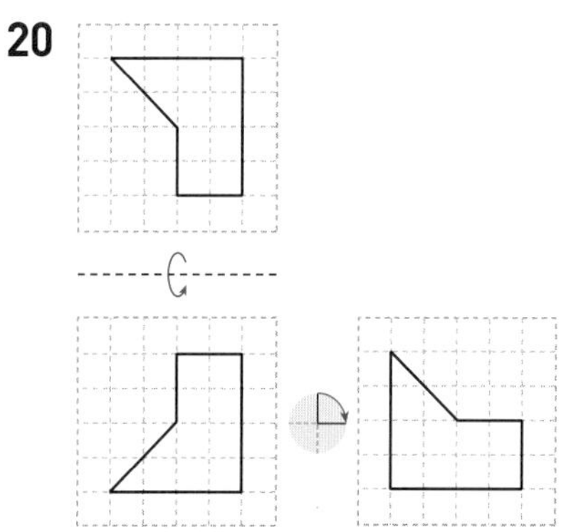

도형을 거꾸로 움직이면 움직이기 전 처음 도형을 알 수 있으므로 오른쪽 도형을 아래쪽으로 뒤집고 시계 방향으로 90°만큼 돌립니다.

21 가 조각을 시계 방향으로 90°만큼 돌린 모양은 오른쪽과 같습니다.

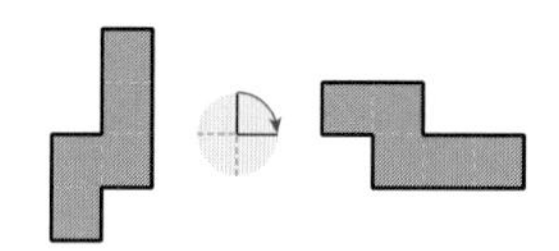

틀린 과정을 분석해 볼까요?

틀린 이유	이렇게 지도해 주세요
㉠에 들어갈 수 있는 조각을 찾지 못한 경우	나 조각은 ㉠에 들어갈 수 없음을 확인합니다.
가 조각을 어떻게 움직여야 하는지 설명하지 못한 경우	가 조각의 위쪽이 오른쪽으로 이동했음을 확인시키고 시계 방향으로 90° 만큼 돌려야 한다고 지도합니다.

22 틀린 과정을 분석해 볼까요?

틀린 이유	이렇게 지도해 주세요
몇 cm 이동했는지 틀리게 쓴 경우	도형의 기준점을 정하고 몇 cm 이동했는지 칸 수를 정확히 세도록 지도합니다.

23 숫자 6을 아래쪽으로 뒤집고 오른쪽으로 뒤집은 모양은 오른쪽과 같습니다.

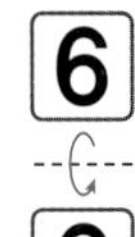

채점 기준		
첫 번째 움직인 방법을 바르게 설명한 경우	2점	5점
두 번째 움직인 방법을 바르게 설명한 경우	3점	

틀린 과정을 분석해 볼까요?

틀린 이유	이렇게 지도해 주세요
뒤집기가 아닌 방법으로 설명한 경우	문제를 정확히 읽도록 지도합니다.
뒤집기를 이용했으나 답이 틀린 경우	먼저 한 방향으로 뒤집어 본 후 어떻게 뒤집어야 움직인 도형이 될지 지도합니다.

24

채점 기준		
첫 번째 움직인 방법을 바르게 설명한 경우	2점	5점
두 번째 움직인 방법을 바르게 설명한 경우	3점	

틀린 과정을 분석해 볼까요?

틀린 이유	이렇게 지도해 주세요
1번 움직이고 그 다음 움직이는 방법을 쓰지 못한 경우	뒤집기를 썼다면 돌리기를 이용해 보고, 돌리기를 썼다면 뒤집기를 이용해 보도록 지도합니다.
위쪽(아래쪽)으로 뒤집었다고 쓴 경우	도형을 2번 움직인 경우를 찾는 문제라는 것을 다시 한 번 확인하도록 지도합니다.

5단원 막대그래프

Step 1 교과 개념 118~119쪽

1 (1) 막대그래프 (2) 막대그래프에 ○표
2 (1) 계절, 학생 수 (2) 좋아하는 계절별 학생 수
(3) 1명
3 (1) 책 수, 분야 (2) 2권
4 표에 ○표
5 (1) 학생 수 (2) 막대그래프

1 (2) 막대의 길이를 비교하여 많고 적음을 한눈에 알아볼 수 있습니다.

참고
표도 자료의 수의 크기를 비교하여 많고 적음을 알아볼 수 있지만 한눈에 알아보기 더 편리한 것은 막대그래프입니다.

2 (1) 가로: 학생들이 좋아하는 계절을 나타냅니다.
세로: 각 계절을 좋아하는 학생 수를 나타냅니다.
(3) 세로 눈금 5칸이 5명을 나타내므로 한 칸은 1명을 나타냅니다.

3 (1) 가로: 분야별 책 수를 나타냅니다.
세로: 책꽂이에 꽂혀 있는 책의 분야를 나타냅니다.
(2) 가로 눈금 5칸이 10권을 나타내므로 가로 눈금 한 칸은 2권을 나타냅니다.

4 표의 합계를 보면 전체 필기도구 수를 알아보기 편리합니다.

5 (1) 표와 막대그래프의 공통점은 좋아하는 운동별 학생 수를 알 수 있다는 것입니다.
(2) 막대의 길이가 가장 긴 것이 가장 많은 학생들이 좋아하는 운동이므로 막대그래프가 한눈에 더 잘 드러납니다.

Step 1 교과 개념 120~121쪽

1 (1) 학생 수 (2) 4
2 (1) 학생 수 (2) 9칸
(3)

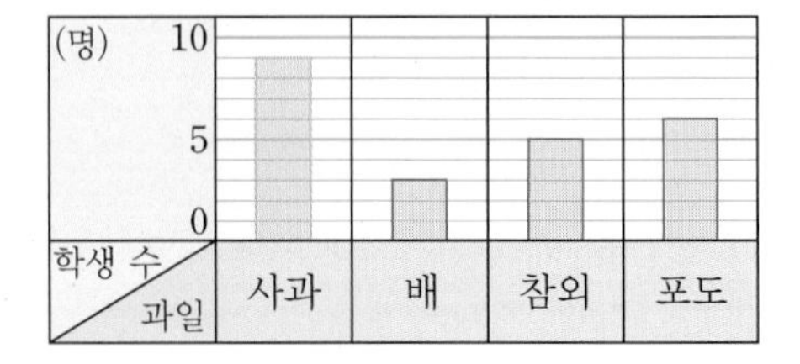

(4) 좋아하는 과일별 학생 수

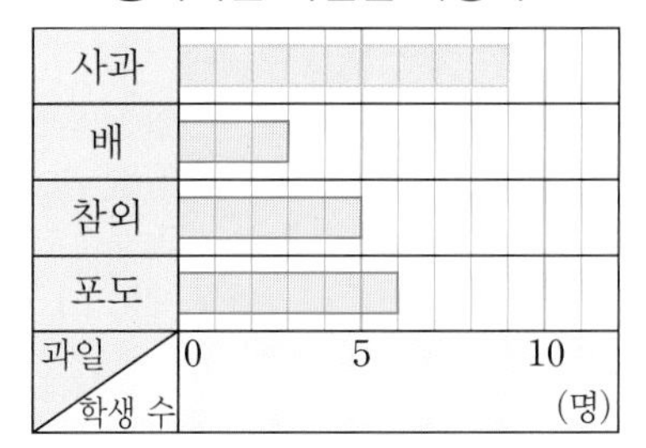

3 (1) 18칸

(2) 마을별 나무 수

(3) 마을별 나무 수

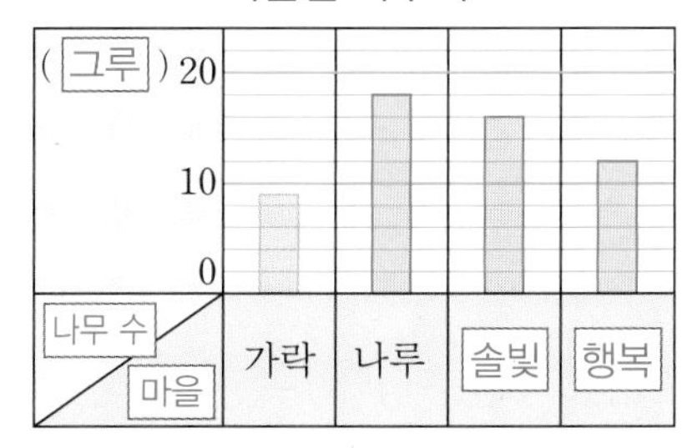

2 (1) 막대그래프에 과일과 학생 수를 나타내야 합니다. 가로에 과일을 나타낸다면 세로에는 학생 수를 나타내야 합니다.

(2) 사과를 좋아하는 학생은 9명이고, 세로 눈금 한 칸이 1명을 나타내므로 사과를 좋아하는 학생은 9칸으로 나타내야 합니다.

(3) 세로 눈금 한 칸이 1명을 나타내므로 배는 3칸, 참외는 5칸, 포도는 6칸인 막대를 세로로 그립니다.

(4) 가로 눈금 한 칸이 1명을 나타내므로 배는 3칸, 참외는 5칸, 포도는 6칸인 막대를 가로로 그립니다.

3 (1) 가장 큰 수가 18이므로 가로 눈금은 18칸까지는 있어야 합니다.

(2) 가로 눈금 한 칸이 나무 1그루를 나타내므로 나루는 18칸, 솔빛은 16칸, 행복은 12칸인 막대를 가로로 그립니다.

(3) 세로 눈금 5칸이 10그루를 나타내므로 세로 눈금 한 칸은 $10 \div 5 = 2$(그루)를 나타냅니다.
따라서 나루는 9칸, 솔빛은 8칸, 행복은 6칸인 막대를 세로로 그립니다.

참고
세로 눈금 한 칸이 2그루를 나타내므로 가락 마을은 8과 10 중간까지 막대를 그립니다.

Step 2 교과 유형 익힘 122~123쪽

01 학생 수, 우유 **02** 1명

03 수진▸5점, 예 전체 학생 수를 알아보기에는 표가 더 편리합니다.▸5점

04 7명

05 심고 싶어 하는 작물별 학생 수

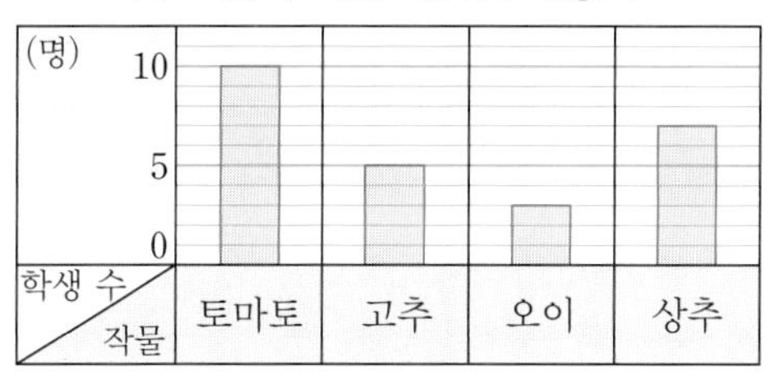

심고 싶어 하는 작물별 학생 수

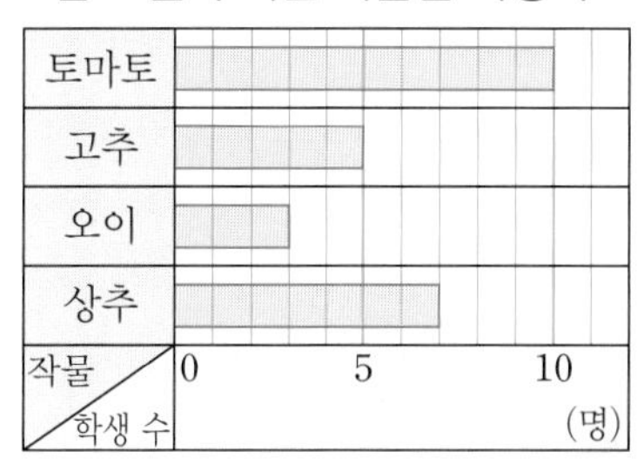

06 오이, 고추, 상추, 토마토

07 ㉡ **08** 80대

09 5, 4, 22 ;

태어난 계절별 학생 수

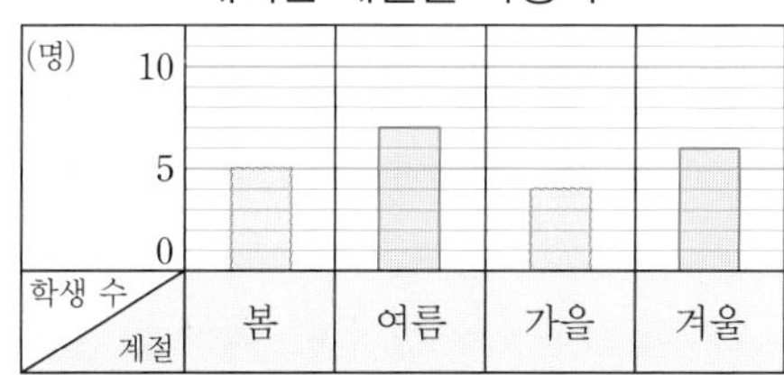

10 좋아하는 체육 활동별 학생 수

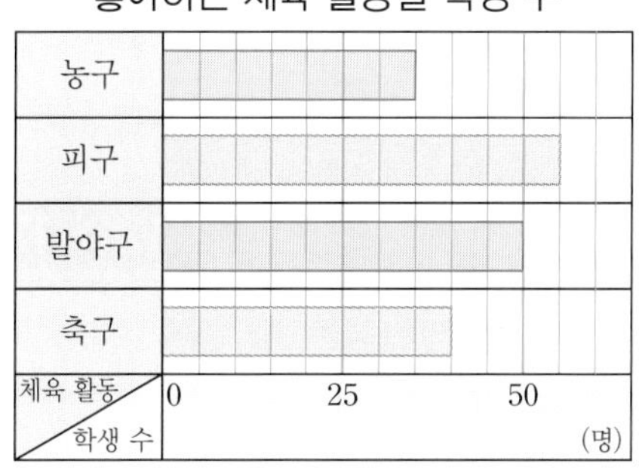

01 막대를 가로로 나타낸 막대그래프에서 가로는 학생 수, 세로는 우유를 나타냅니다.

02 가로 눈금 5칸이 5명을 나타내므로 가로 눈금 한 칸은 1명을 나타냅니다.

03

채점 기준		
잘못 말한 친구를 쓴 경우	5점	10점
이유을 설명한 경우	5점	

04 합계에서 상추를 제외한 나머지 작물을 심고 싶어 하는 학생 수를 뺍니다.
⇨ $25-10-5-3=7$(명)

05 위에 있는 그래프:
각 작물별 학생 수에 맞게 막대를 세로로 그립니다.
아래에 있는 그래프:
각 작물별 학생 수에 맞게 막대를 가로로 그립니다.

06 막대의 길이가 짧은 것부터 차례로 씁니다.

07 ㉡ 학생 수가 가장 적은 놀이는 종이접기입니다.

08 가로 눈금 한 칸이 4대를 나타낸다면 굵은 가로 눈금(가로 눈금 5칸)은 20대를 나타냅니다. 막대의 길이가 가장 긴 것은 호수 마을이므로 80대를 나타냅니다.

09 여름은 7명이므로 그래프에 7칸, 겨울은 6명이므로 그래프에 6칸을 각각 그립니다.
그래프에서 봄은 5명이고 가을은 4명이므로 표에 각각 써 넣습니다.
(합계)$=5+7+4+6=22$(명)

10 가로 눈금 한 칸의 크기가 5명이므로 피구를 좋아하는 학생은 55명, 축구를 좋아하는 학생은 40명입니다.
⇨ (농구와 발야구를 좋아하는 학생 수)
$=180-55-40=85$(명)
$85-15=70$이고 $70\div2=35$이므로 농구를 좋아하는 학생은 35명이고, 발야구를 좋아하는 학생은
$35+15=50$(명)입니다.

1 교과 개념 124~125쪽

1 (1) 5가지 (2) 파랑 (3) 보라
2 (1) 22 ℃ (2) 높습니다.
3 (1) 9숟가락 (2) 간장
4 (1) 9, 8 (2) 1점
5 소현

1 (1) 빨강, 노랑, 초록, 파랑, 보라로 5가지입니다.
(2) 막대 길이가 가장 긴 것은 파랑입니다.
(3) 막대 길이가 가장 짧은 것은 보라입니다.

2 (1) 세로 눈금 한 칸은 2 ℃를 나타내고 뉴욕의 막대는 눈금 20에서 한 칸 위까지이므로 22 ℃입니다.
(2) 시드니가 모스크바보다 막대가 더 길므로 이날의 최저 기온은 시드니가 모스크바보다 더 높습니다.

3 (1) 가장 많이 넣은 양념은 막대의 길이가 가장 긴 고추장입니다. 고추장의 눈금을 읽어 보면 9숟가락입니다.
(2) 막대 길이가 고추장보다 짧고 설탕보다 긴 것을 찾습니다.

다른 풀이
설탕: 5숟가락, 간장: 7숟가락, 고추장: 9숟가락, 고춧가루: 4숟가락
고추장>간장>설탕>고춧가루이므로 고추장보다 적게 넣고 설탕보다 많이 넣은 양념은 간장입니다.

참고
각 양념을 넣은 양을 구하여 크기를 비교해 답을 알아볼 수도 있지만 막대의 길이를 비교하여 답을 알아보는 것이 더 편리합니다.

4 (1) 세로 눈금 5칸이 5점을 나타내므로 세로 눈금 한 칸은 1점을 나타냅니다. 훌라후프는 세로 눈금 9칸이므로 9점, 곤봉은 세로 눈금 8칸이므로 8점입니다.
(2) 곤봉은 8점, 리본은 9점이므로 점수 차는
$9-8=1$(점)입니다.

5 • 예슬이는 지연이보다 줄넘기 횟수가 많습니다.
• 상호는 100번, 민석이는 250번 했으므로 2배가 아닙니다.

1 교과 개념 126~127쪽

1 (1) 2, 3, 18
(2) 희망하는 체험 활동별 학생 수

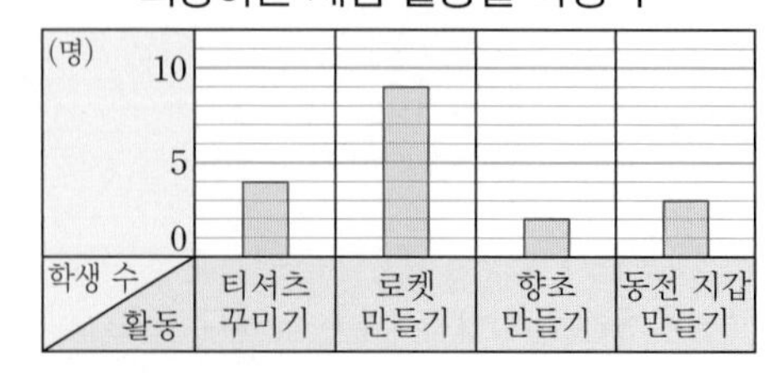

(3) 예 로켓 만들기▸5점 ;
예 로켓 만들기를 하고 싶어 하는 학생이 가장 많기 때문입니다.▸5점

2 (1) 4, 10, 25

(2) 현장 학습으로 가고 싶어 하는 장소별 학생 수

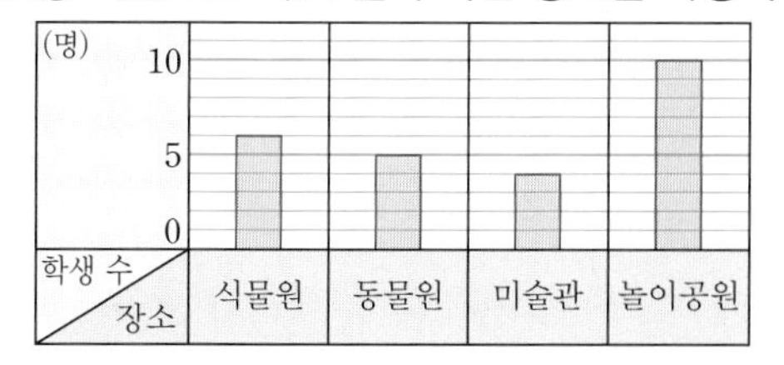

(3) ㊉ 놀이공원▶5점;

㊉ 놀이공원으로 가고 싶어 하는 학생이 가장 많기 때문입니다.▶5점

1 (1) ●의 개수를 세어 봅니다.

(2) 세로 눈금 한 칸의 크기를 1명으로 하는 막대그래프로 그립니다.

Step 2 교과 유형 익힘 128~129쪽

01 30명
02 설악산
03 한라산
04 10명
05 9, 6, 5, 4, 24
06 ㊉ 혈액형별 학생 수

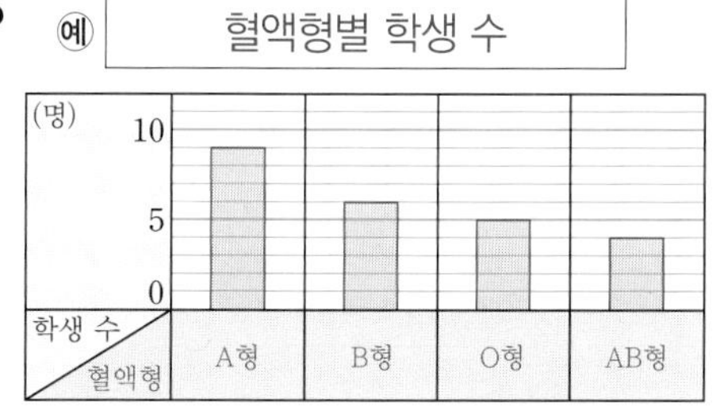

07 5명
08 38 kg
09 4 kg
10 ㊉ 알 수 없습니다.
11 ㊉ 4학년 학생들의 평균 몸무게가 계속 늘어납니다.▶10점
12 ㊉ 과학관▶5점 ; ㊉ 수진이네 반과 영호네 반의 조사 결과를 살펴보았을 때 가장 많이 가고 싶어 하는 장소이기 때문입니다.▶5점
13 가, 나

01 세로 눈금 5칸이 25명을 나타내므로 세로 눈금 한 칸은 5명을 나타냅니다. 한라산의 막대는 세로 눈금 25보다 한 칸 위까지이므로 30명을 나타냅니다.

02 막대 길이가 두 번째로 긴 것은 설악산이므로 두 번째로 많은 학생이 가고 싶어 하는 산은 설악산입니다.

03 지리산의 막대 길이는 3칸이므로 6칸인 막대를 찾으면 한라산입니다.

다른 풀이

백두산: 45명, 한라산: 30명, 설악산: 40명, 지리산: 15명
지리산에 가고 싶어 하는 학생은 15명이므로 지리산의 2배인 산은 $15 \times 2 = 30$(명)인 한라산입니다.

04 세로 눈금 한 칸은 5명을 나타냅니다. 설악산을 가고 싶어 하는 학생은 한라산을 가고 싶어 하는 학생보다 2칸 더 위에 있으므로 10명을 나타냅니다.

주의

2칸 더 위에 있다고 2명이라고 쓰지 않도록 합니다.

05 / 표시를 하면서 빠뜨리지 않도록 셉니다.

06 세로 눈금 한 칸이 1명을 나타내므로 A형은 9칸, B형은 6칸, O형은 5칸, AB형은 4칸이 되도록 그립니다.

07 $9-4=5$(명)

08 세로 눈금 5칸이 10 kg을 나타내므로 세로 눈금 한 칸은 2 kg을 나타냅니다. 세로 눈금 40에서 한 칸 아래까지 막대가 있으므로 38 kg입니다.

09 막대의 길이가 2칸 차이 나므로 4 kg입니다.

10 주어진 막대그래프는 4학년 학생들의 평균 몸무게를 나타낸 것으로 남학생과 여학생의 평균 몸무게의 차이를 알 수 없습니다.

11 막대그래프를 보면 2005년부터 2020년까지 막대의 길이가 점점 길어집니다.

12

채점 기준		
장소를 바르게 쓴 경우	5점	10점
이유을 설명한 경우	5점	

13 가 그래프는 한 종류의 장소를 많은 학생들이 가고 싶어 하는 것으로 나타났고, 나 그래프는 여러 종류의 장소를 가고 싶어 하는 학생 수가 비슷한 것으로 나타났습니다.

학부모 지도 가이드

막대그래프에서 알 수 있는 내용을 찾아서 문제를 해결하고, 더 나아가 예측해 보는 활동을 해 보도록 지도합니다.

Step 3 문제 해결 130~133쪽

1	3배	**1-1**	4배
1-2	2배	**2**	10명
2-1	40명	**3**	10명
3-1	9명	**4**	24시간

4-1 (1) 40송이 (2) 22송이

5 ❶ 50, 250▸3점 ❷ 250, 500▸3점 ; 500상자▸4점

5-1 예 ❶ 가로 눈금 한 칸은 2 kg을 나타내므로 라 동에서 버려진 쓰레기의 양은 16 kg입니다.▸3점
❷ 따라서 다 동에서 버려진 쓰레기의 양은 $16\times2=32$ (kg)입니다.▸3점 ; 32 kg▸4점

5-2 예 가로 눈금 한 칸은 2권을 나타내므로 3반에서 빌려 간 책의 수는 10권입니다.▸3점
따라서 1반에서 빌려 간 책의 수는 $10\times3=30$(권)입니다.▸3점 ; 30권▸4점

6 ❶ 11, 9, 12▸3점 ❷ 11, 9, 12, 10▸3점 ; 10명▸4점
순서를 바꿔 써도 정답입니다.

6-1 예 ❶ 세로 눈금 한 칸은 5개를 나타내므로 10원짜리 동전은 20개, 50원짜리 동전은 10개, 500원짜리 동전은 15개입니다.▸3점
❷ 동전이 모두 70개 있으므로 100원짜리 동전은 $70-20-10-15=25$(개)입니다.▸3점
; 25개▸4점

6-2 예 세로 눈금 한 칸은 10 mm를 나타내므로 3월의 강수량은 40 mm, 5월의 강수량은 70 mm, 6월의 강수량은 100 mm입니다.▸3점
3월부터 6월까지의 강수량이 모두 270 mm이므로 4월의 강수량은
$270-40-70-100=60$ (mm)입니다.▸3점
; 60 mm▸4점

1 미국을 여행하고 싶어 하는 학생은 9명, 영국을 여행하고 싶어 하는 학생은 3명입니다. ⇨ $9\div3=3$(배)

1-1 햄버거를 먹고 싶어 하는 학생은 8명이고 라면을 먹고 싶어 하는 학생은 2명입니다. 따라서 햄버거를 먹고 싶어 하는 학생은 라면을 먹고 싶어 하는 학생의 $8\div2=4$(배)입니다.

1-2 햄버거: 8명, 치킨: 4명
⇨ $8\div4=2$(배)

2 가로 눈금 5칸이 25명을 나타내므로 가로 눈금 한 칸은 5명을 나타냅니다. 호랑이를 좋아하는 학생은 눈금이 9칸이므로 $5\times9=45$(명)이고, 코끼리를 좋아하는 학생은 눈금이 7칸이므로 $5\times7=35$(명)입니다.
⇨ $45-35=10$(명)

2-1 가로 눈금 5칸이 50명을 나타내므로 가로 눈금 한 칸은 10명을 나타냅니다. 과학책을 좋아하는 학생은 12칸이므로 $10\times12=120$(명)이고, 위인전을 좋아하는 학생은 8칸이므로 $10\times8=80$(명)입니다.
⇨ $120-80=40$(명)

3 (바이올린을 배우고 싶어 하는 학생 수)$=6+2=8$(명)
(피아노를 배우고 싶어 하는 학생 수)
$=28-6-4-8=10$(명)

배우고 싶어 하는 악기별 학생 수

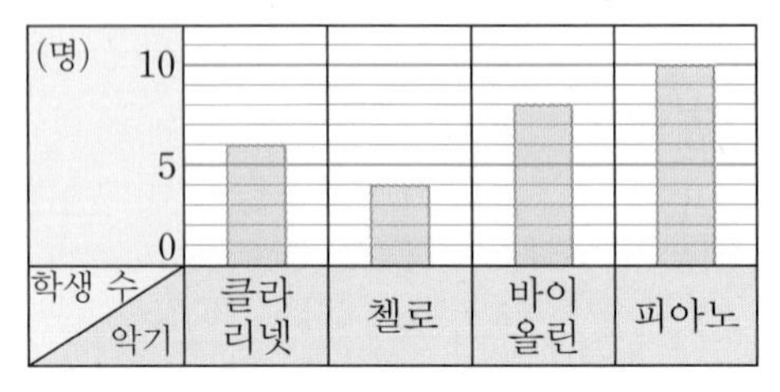

3-1 (놀이공원을 가고 싶어 하는 학생 수)$=8+3=11$(명)
전체 학생 수는 33명이므로
(수족관을 가고 싶어 하는 학생 수)
$=33-5-11-8=9$(명)입니다.

가고 싶어 하는 체험 학습 장소별 학생 수

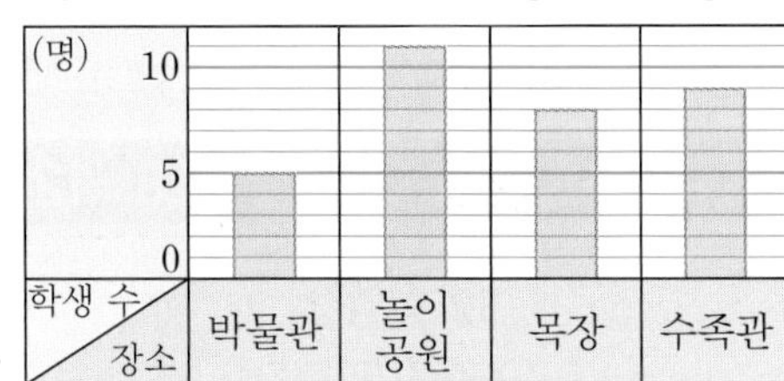

4 독서와 컴퓨터를 한 시간은 모두
$90-16-20-8=46$(시간)입니다.
컴퓨터를 □시간 했다면 독서를 (□$+2$)시간 했으므로
□$+$□$+2=46$, □$+$□$=44$, □$=22$입니다.
⇨ (독서를 한 시간)$=22+2=24$(시간)

여가 시간에 한 활동별 보낸 시간

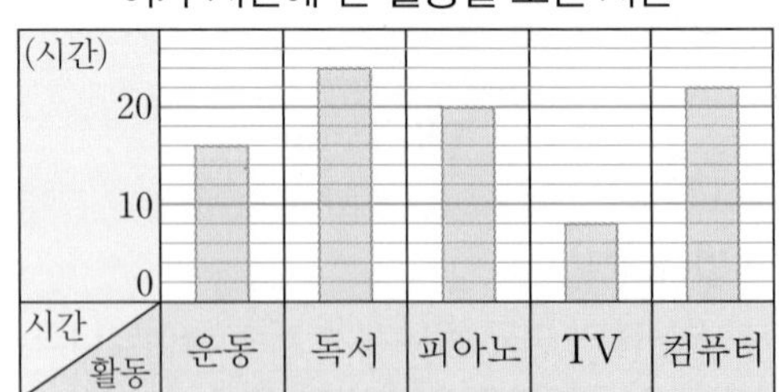

4-1 (1) 세로 눈금 5칸이 10송이를 나타내므로 세로 눈금 한 칸은 2송이를 나타냅니다. 전체 꽃의 수가 80송이이므로 카네이션과 수국은 $80-20-6-14=40$(송이)입니다.
(2) 수국이 □송이 있다면 카네이션은 (□$+4$)송이 있으므로 □$+$□$+4=40$, □$+$□$=36$, □$=18$입니다.
따라서 카네이션은 $18+4=22$(송이)가 있습니다.

5 마을별 수확한 사과 상자의 수

가	
나	
다	
라	
마을 / 상자 수	0 100 200 300 400 500 (상자)

다른 풀이
다 마을을 나타내는 막대: 5칸
나 마을을 나타내는 막대: $5\times2=10$(칸)
가로 눈금 한 칸이 50상자를 나타내므로 나 마을에서 수확한 상자는 $50\times10=500$(상자)입니다.

5-1

채점 기준		
라 동에서 버려진 쓰레기의 양을 구한 경우	3점	10점
다 동에서 버려진 쓰레기의 양을 구한 경우	3점	
답을 바르게 쓴 경우	4점	

다른 풀이
라 동: 8칸, 다 동: $8\times2=16$(칸)
⇨ (다 동에서 버려진 쓰레기의 양)$=16\times2=32$ (kg)

5-2 빌려 간 책의 수

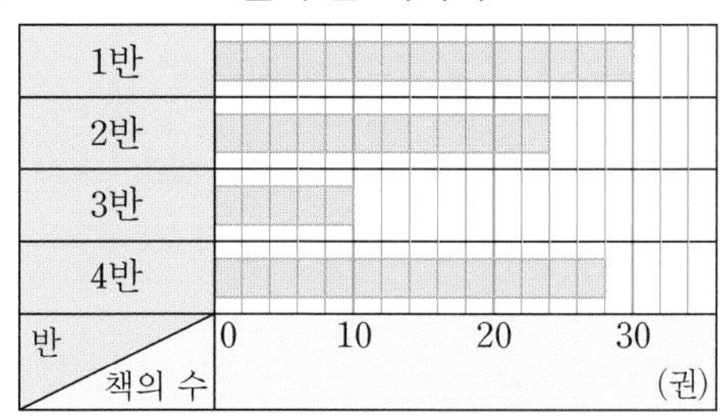

채점 기준		
3반에서 빌려 간 책의 수를 구한 경우	3점	10점
1반에서 빌려 간 책의 수를 구한 경우	3점	
답을 바르게 쓴 경우	4점	

6 반별 여학생 수

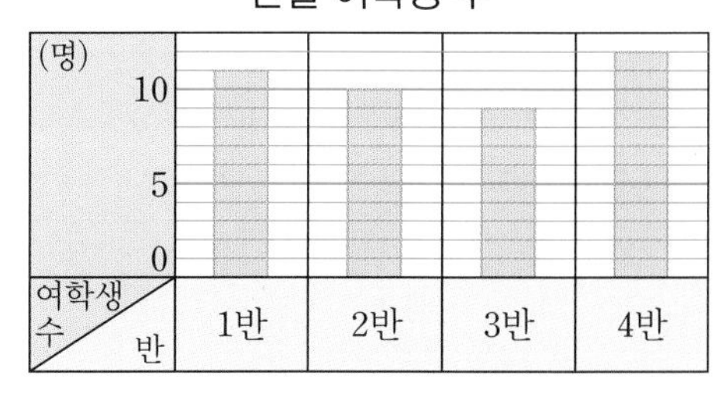

6-1

채점 기준		
10원짜리, 50원짜리, 500원짜리 동전 수를 각각 구한 경우	3점	10점
100원짜리 동전의 수를 구한 경우	3점	
답을 바르게 쓴 경우	4점	

6-2

채점 기준		
3, 5, 6월의 강수량을 각각 구한 경우	3점	10점
4월의 강수량을 구한 경우	3점	
답을 바르게 쓴 경우	4점	

Step 4 실력UP 문제 134~135쪽

01 90상자, 100상자

02 과수원별 배 생산량

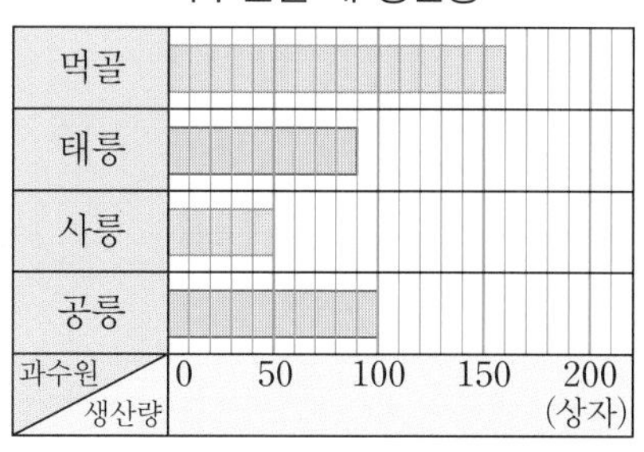

03 예 배 생산량이 가장 많은 과수원은 먹골 과수원입니다.▸5점
배 생산량이 가장 적은 과수원은 사릉 과수원입니다.▸5점

04 나라별 역대 월드컵 우승 횟수

05 브라질, 이탈리아, 독일

06 예 나라별 이산화 탄소 배출량의 많고 적음을 한눈에 비교할 수 있습니다.▸10점

07 예 출생아 수가 점점 줄어들고 있습니다.▸10점

08 예 월별 내린 비의 양을 나타낸 그래프를 보면 내린 비의 양이 가장 많은 달을 알 수 있습니다.▸10점

09 좋아하는 음식별 학생 수

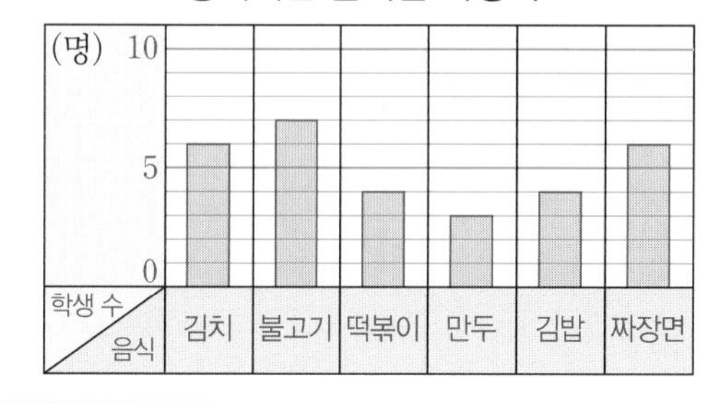

본책 130~135쪽

01 태릉 과수원과 공릉 과수원의 생산량의 합은
$400-160-50=190$(상자)입니다.
태릉 과수원의 생산량을 □상자라고 하면
공릉 과수원의 생산량은 (□+10)상자입니다.
⇨ □+□+10=190, □+□=180, □=90
따라서 태릉 과수원의 생산량은 90상자, 공릉 과수원의 생산량은 100상자입니다.

참고
표에서 2개의 자료의 수를 구해야 하는 문제를 푸는 방법
① 합계를 이용하여 2개의 자료의 합을 구합니다.
② 크기 비교한 부분을 보고 □를 사용하여 두 수를 나타냅니다.
③ 두 자료의 수의 합을 이용하여 □를 구합니다.
④ 두 자료의 수를 구합니다.

02 가로 눈금 5칸이 50상자를 나타내므로 가로 눈금 한 칸은 10상자를 나타냅니다.

03 여러 가지 답이 있습니다.
예 배 생산량이 많은 과수원부터 차례로 쓰면 먹골, 공릉, 태릉, 사릉 과수원입니다.
먹골과 태릉 과수원의 배 생산량의 차이는 사릉과 공릉 과수원의 배 생산량의 차이보다 큽니다.

04 / 표시를 하면서 빠뜨리지 않도록 셉니다.

참고

역대 월드컵 우승 횟수

우승국	브라질	이탈리아	독일	우루과이
우승 횟수(번)	5	4	4	2

아르헨티나	잉글랜드	프랑스	스페인	합계
3	1	2	1	22

05 막대그래프에서 막대의 길이가 긴 나라부터 차례로 씁니다.

09 (만두와 짜장면을 좋아하는 학생 수)
$=30-6-7-4-4=9$(명)
만두를 좋아하는 학생 수를 □명이라 하면 짜장면을 좋아하는 학생 수는 (□×2)명이므로
□+□×2=9, □×3=9, □=3입니다.
⇨ 만두를 좋아하는 학생 수: 3명,
짜장면을 좋아하는 학생 수: 6명
세로 눈금 한 칸이 1명을 나타내는 막대그래프를 그려 봅니다.
김치: 6명 ⇨ 6칸, 불고기: 7명 ⇨ 7칸, 떡볶이: 4명 ⇨ 4칸, 만두: 3명 ⇨ 3칸, 김밥: 4명 ⇨ 4칸, 짜장면: 6명 ⇨ 6칸

단원 평가 136~139쪽

01 마을, 학생 수
02 학생 수
03 1명
04 햇빛 마을
05 자전거 타기
06 자전거 타기
07 26킬로칼로리
08 계단 오르기
09 독서량
10 8칸
11 월별 독서량

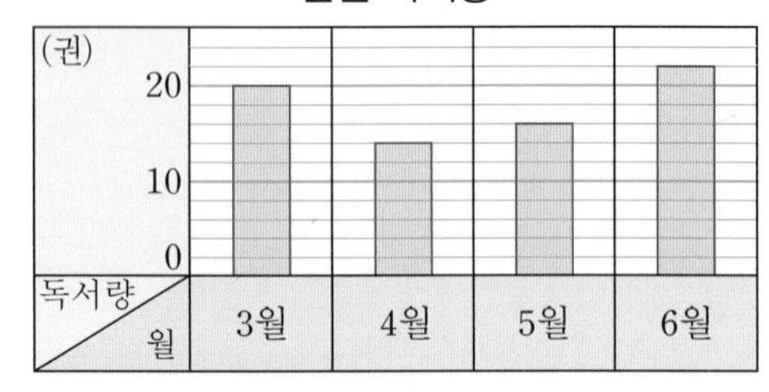

12 4월, 5월, 3월, 6월
13 9, 5, 4, 7, 25
14 종류별 팔린 우유 수

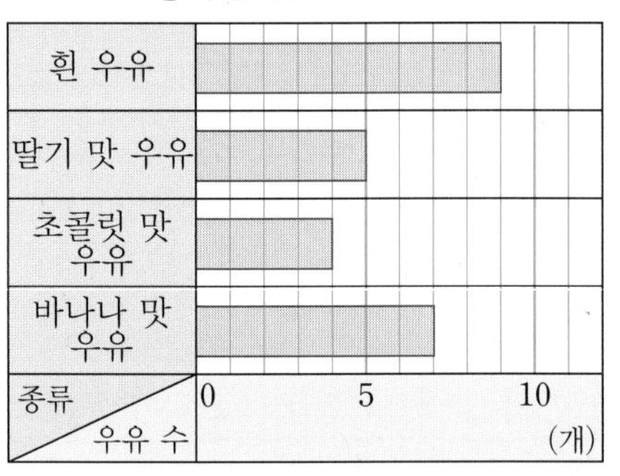

15 예 하루 동안 흰 우유가 가장 많이 팔렸습니다. ▸2점
; 하루 동안 초콜릿 맛 우유가 가장 적게 팔렸습니다. ▸2점
16 2020년
17 예 1980년부터 2020년까지 기대 수명은 계속 높아지고 있습니다. ▸4점
18 예 알 수 없습니다.
19 5명
20 3명
21 (1) 10번 ▸2점 (2) 300번 ▸3점
22 (1) 80 kg ▸2점 (2) 60 kg ▸3점
23 예 세로 눈금 한 칸의 크기는 2점입니다. ▸1점
1세트: 22점, 2세트: 22점, 3세트: 24점
⇨ $94-22-22-24=26$(점) ▸2점
; 26점 ▸2점
24 예 (도진이의 기록의 합)
$=24+24+24+24=96$(점) ▸2점
⇨ 94<96이므로 도진이가 양궁 대표 선수가 됩니다. ▸1점
; 도진 ▸2점

01 가로: 학생들이 사는 마을을 나타냅니다.
세로: 사는 마을별 학생 수를 나타냅니다.

02 막대의 길이는 사는 마을별 학생 수를 나타냅니다.

03 세로 눈금 5칸이 5명을 나타내므로 세로 눈금 한 칸은 1명을 나타냅니다.

04 막대의 길이가 가장 짧은 것은 햇빛 마을입니다.

05 자전거 타기의 막대의 길이가 가장 깁니다.

06 자전거 타기의 막대의 길이가 가장 길므로 열량을 가장 많이 사용하는 운동은 자전거 타기입니다.

07 세로 눈금 5칸이 10킬로칼로리를 나타내므로 세로 눈금 한 칸은 2킬로칼로리를 나타냅니다. 세로 눈금 20에서 3칸 위까지 막대가 올라가 있으므로 26킬로칼로리입니다.

참고
자전거 타기는 세로 눈금 36과 38 중간에 있으므로 37킬로칼로리입니다.

08 산책하기는 세로 눈금 10에서 3칸 위까지이므로 16킬로칼로리입니다. $16 \times 2 = 32$(킬로칼로리)이므로 세로 눈금 30에서 1칸 위까지 막대가 올라간 것을 찾으면 계단 오르기입니다.

09 그래프의 가로에 조사 항목을 나타내면 세로에는 조사한 수를 나타냅니다.

10 세로 눈금 한 칸이 독서량 2권을 나타내고 5월의 독서량은 16권이므로 5월의 독서량은 $16 \div 2 = 8$(칸)으로 나타내야 합니다.

11 세로 눈금 5칸이 10권을 나타내므로 세로 눈금 한 칸은 2권을 나타냅니다.
3월: 세로 눈금 20까지
4월: 세로 눈금 10에서 2칸 위까지
5월: 세로 눈금 10에서 3칸 위까지
6월: 세로 눈금 20에서 한 칸 위까지

12 막대그래프에서 막대의 길이가 짧은 달부터 차례로 씁니다.

13 / 표시를 하면서 빠뜨리지 않도록 셉니다.

14 가로 눈금 5칸이 5개를 나타내므로 가로 눈금 한 칸은 1개를 나타냅니다.
흰 우유: 가로 눈금 10에서 한 칸 왼쪽까지,
딸기 맛 우유: 가로 눈금 5까지,
초콜릿 맛 우유: 가로 눈금 5에서 한 칸 왼쪽까지,
바나나 맛 우유: 가로 눈금 5에서 2칸 오른쪽까지

15 하루 동안 팔린 종류별 우유 수를 나타낸 막대그래프를 보고 다양한 해석을 할 수 있습니다.
예 딸기 맛 우유가 초콜릿 맛 우유보다 더 많이 팔렸습니다.
초콜릿 맛 우유가 바나나 맛 우유보다 더 적게 팔렸습니다.

16 2020년의 막대의 길이가 가장 길므로 기대 수명이 가장 높은 때는 2020년입니다.

17 막대의 길이가 점점 길어지고 있습니다.

18 그래프에 나와 있지 않은 내용은 알 수 없습니다.

19 놀이공원에 가고 싶은 학생은 10명이므로 수영장에 가고 싶은 학생은 $10 \div 2 = 5$(명)입니다.

참고
(놀이공원)$=$(수영장)$\times 2$
⇨ (놀이공원)$\div 2 =$(수영장)

20 바닷가: 6명, 놀이공원: 10명, 수영장: 5명, 캠핑장: 4명, 기타: 3명
⇨ (영화관)$= 31 - 6 - 10 - 5 - 4 - 3 = 3$(명)

가고 싶어 하는 장소별 학생 수

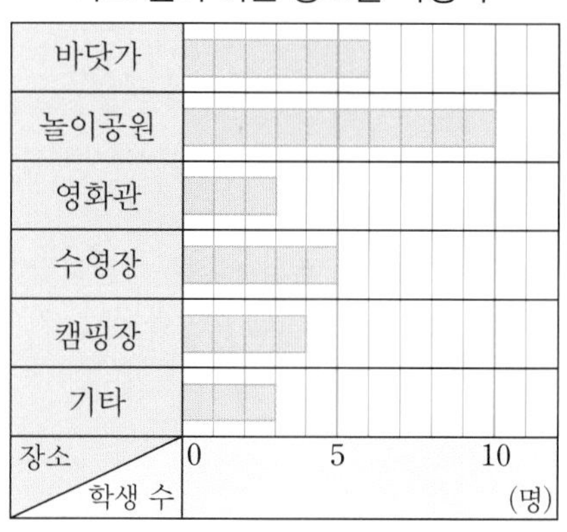

21 (1) 세로 눈금 2칸이 20번을 나타내므로 세로 눈금 한 칸은 10번을 나타냅니다.
(2) 월요일: 30번, 화요일: 40번, 수요일: 70번, 목요일: 50번, 금요일: 30번, 토요일: 80번
⇨ $30 + 40 + 70 + 50 + 30 + 80 = 300$(번)

틀린 과정을 분석해 볼까요?

틀린 이유	이렇게 지도해 주세요
세로 눈금 한 칸의 크기를 잘못 구한 경우	세로 눈금에서 0 바로 위에 쓰인 수와 칸 수를 세어 세로 눈금 한 칸의 크기를 구하도록 지도합니다.
일주일 동안 넘은 줄넘기 횟수를 잘못 구한 경우	요일별 줄넘기 횟수를 잘못 구한 곳을 찾거나 덧셈식에서 잘못 계산한 부분이 있는지 찾아보도록 지도합니다.

22 (1) 세로 눈금 한 칸은 10 kg을 나타내므로 상한 음식과 과일 껍질 쓰레기의 합은
$240-90-70=80$ (kg)입니다.
(2) 과일 껍질 쓰레기의 양을 □ kg이라 하면 상한 음식 쓰레기의 양은 (□×3) kg이므로
□+□×3=80, □×4=80, □=20입니다.
따라서 상한 음식 쓰레기의 양은 $20\times3=60$ (kg)입니다.

틀린 과정을 분석해 볼까요?

틀린 이유	이렇게 지도해 주세요
상한 음식과 과일 껍질 쓰레기 양의 합을 구하지 못한 경우	눈금 한 칸의 크기를 살펴보고 각 종류의 쓰레기의 양을 바르게 구했는지 살펴보거나 계산에서 잘못된 부분을 찾아봅니다.
상한 음식 쓰레기의 양을 구하지 못한 경우	상한 음식과 과일 껍질 쓰레기 양을 기호를 사용하여 나타낸 다음 계산하도록 지도합니다.

23

채점 기준		
눈금 한 칸의 크기를 구한 경우	1점	5점
4세트에서 얻은 기록을 구한 경우	2점	
답을 바르게 쓴 경우	2점	

틀린 과정을 분석해 볼까요?

틀린 이유	이렇게 지도해 주세요
각 세트에서 얻은 점수를 잘못 구한 경우	눈금 한 칸의 크기는 2점이라는 점을 확인시키고 수치를 잘못 읽은 부분을 찾아보도록 지도합니다.
4세트에서 얻은 기록을 구하지 못한 경우	전체 기록의 합에서 1세트부터 3세트까지의 점수를 빼야 한다는 것을 지도합니다.

24

채점 기준		
도진이의 기록의 합을 구한 경우	2점	5점
두 사람의 기록을 바르게 비교한 경우	1점	
답을 바르게 쓴 경우	2점	

틀린 과정을 분석해 볼까요?

틀린 이유	이렇게 지도해 주세요
도진이의 기록의 합을 구하지 못한 경우	눈금 한 칸의 크기는 2점이고 20에서 눈금 2칸 위는 24점임을 지도합니다.
양궁 대표 선수를 구하지 못한 경우	두 사람의 기록의 합을 비교하여 큰 쪽이 양궁 대표 선수가 됨을 지도합니다.

6단원 규칙 찾기

Step 1 교과 개념 142~143쪽

1 (1) 100 (2) 10
2 3, 곱해진에 ○표
3 (1) (위에서부터) 4150 ; 6250, 6450
(2) 100, 커집니다에 ○표
4 (1) 2 (2) 1 (3) 3 (4) 11, 10
5 (1) (위에서부터) 715 ; 605, 645 ; 535
(2) 110, 작아집니다에 ○표
6 (1) 3, 4 (2) 11, 16 (3) 19, 39

2 15 — 45 — 135 — 405 — 1215로 3씩 곱해진 수가 (×3, ×3, ×3, ×3) 오른쪽에 있습니다.

3 (2) 3050부터 시작하는 □로 표시된 칸에 있는 수는 3050, 3150, 3250, 3350, 3450으로 100씩 커지는 규칙입니다.

4 (1) (2, 4), (3, 5, 7), (4, 6, 8, 10)……을 보면 2씩 커집니다.
(2) (1, 2, 3, 4), (4, 5, 6, 7)……을 보면 1씩 커집니다.
(3) (1, 4, 7, 10), (2, 5, 8, ㉠), (3, 6, 9, 12)……를 보면 3씩 커집니다.
(4) 가로(→) 방향에서 보면 ㉠$=9+2=11$, ㉡$=12-2=10$입니다.

다른 풀이
↙ 방향에서 보면 ㉠$=10+1=11$, ㉡$=9+1=10$입니다.
↘ 방향에서 보면 ㉠$=8+3=11$, ㉡$=7+3=10$입니다.

5 (1) 가로(→) 방향으로 10씩 커지고, 세로(↓) 방향으로 100씩 작아지는 수 배열표입니다.
(2) 색칠된 칸의 ↙ 방향의 수 835, 725, 615, 505는 백의 자리 수와 십의 자리 수가 각각 1씩 작아지므로 110씩 작아지는 규칙입니다.

6 (1) 3, 7, 11, 15……로 4씩 커집니다.
(2) 11, 27, 43으로 16씩 커집니다.
(3) ◎ 방향으로 4씩 커지므로
㉠$=15+4=19$, ㉡$=35+4=39$입니다.

다른 풀이
㉠$=3+16=19$, ㉡$=23+16=39$

1 Step 교과 개념 144~145쪽

1 (1) 5, 1 (2) 14, 4

2 (1) (위에서부터) 6, 9, 12 (2) 3 (3) 15개

(4) 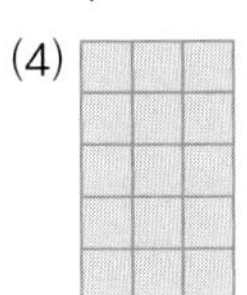

3 (1) (위에서부터) 11, 16 (2) 5 (3) 21개

(4) 

2 (3) 사각형이 3개씩 늘어나고 있으므로 다섯째의 사각형은 넷째 사각형보다 3개가 더 많은 12+3=15(개)입니다.

3 (3) 수수깡이 5개씩 늘어나고 있으므로 넷째의 수수깡은 셋째의 수수깡보다 5개 더 많은 16+5=21(개)입니다.

1 Step 교과 개념 146~147쪽

1 (위에서부터) 6, 8 ; 2, 2, 2

2 (1) (위에서부터) 2 ; 6, 2, 3 ; 10, 2, 3, 4

(2) 2, 3, 4, 5, 15 ; 15

(3) 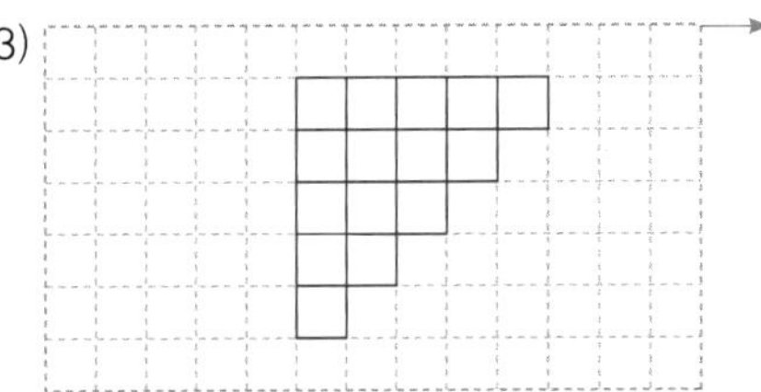

→ 위치에 상관없이 모양을 바르게 그렸으면 정답입니다.

3 (1) (위에서부터) 6, 9 (2) (위에서부터) 2, 3 ; 2, 3

(3) 8개, 12개

4 9 ; 5, 14 ; 5, 6, 20

2 (3) 다섯째에 알맞은 모양은 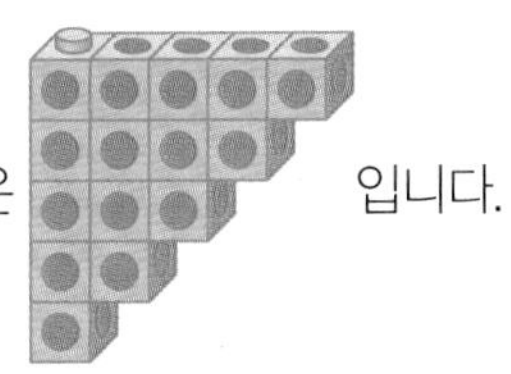 입니다.

3 (3) (사각형의 수)=2×4=8(개),

(원의 수)=3×4=12(개)

4 바둑돌의 수가 2개부터 시작하여 3개, 4개, 5개, 6개씩 늘어납니다.

2 Step 교과 유형 익힘 148~149쪽

01~02

4054	4254	4454	4654	4854
5054	5254	5454	5654	5854
6054	6254	6454	6654	6854
7054	7254	7454	7654	7854
8054	8254	8454	8654	8854

03 3×4=12, 4×4=16

04 20개

05 3552

06 192

07 16개

08 9개

09 → 방향: 예 이전 수를 3으로 나눈 몫입니다. ▸3점

↓ 방향: 예 이전 수에 2를 곱한 수입니다. ▸3점

↙ 방향: 예 이전 수에 6을 곱한 수입니다. ▸4점

10

27	9	3	1
54	18	6	2
108	36	12	4
216	72	24	8

11 9개

12 24

13 예 3배로 늘어나는 규칙입니다. ▸5점 ; 27개 ▸5점

14 5개

15 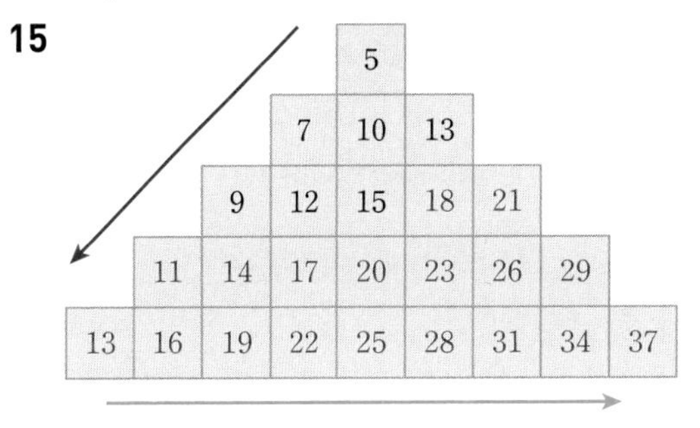

01 → 방향으로 200씩 커지고, ↓ 방향으로 1000씩 커집니다.

02 4054−5254−6454−7654−8854이므로 4054부터 ↘ 방향의 수를 색칠합니다.

03 (모형의 수)=(순서)×4의 규칙입니다.

04 다섯째 모양을 만드는 데 필요한 모형의 수를 구하는 식은 5×4=20이므로 다섯째 모양을 만드는 데 필요한 모형은 20개입니다.

05 수 배열의 규칙은

2052 − 2152 − 2352 − 2652 − 3052로
(+100, +200, +300, +400)

100, 200, 300, 400씩 커지므로 빈칸에 알맞은 수는 3052보다 500만큼 더 큰 수인 3552입니다.

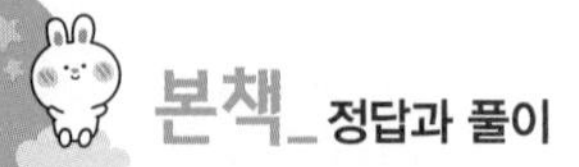

06 96부터 시작하여 수 배열의 규칙을 보면

$96 - 48 - 24 - 12$이므로 (각각 $\div 2$)

빈칸에 알맞은 수는 $384 \div 2 = 192$입니다.

07 첫째: $1 \times 1 = 1$(개), 둘째: $2 \times 2 = 4$(개), 셋째: $3 \times 3 = 9$(개)이므로 넷째에 놓일 도형의 수는 $4 \times 4 = 16$(개)입니다.

08 첫째: 3개, 둘째: $3+2=5$(개), 셋째: $3+2+2=7$(개)이므로 넷째에 놓일 도형의 수는 $3+2+2+2=9$(개)입니다.

09 • → 방향: $27 \div 3 = 9$, $9 \div 3 = 3$, $3 \div 3 = 1$이므로 이전 수를 3으로 나눈 몫입니다.

• ↓ 방향: $27 \times 2 = 54$, $54 \times 2 = 108$이므로 이전 수에 2를 곱한 수입니다.

• ↙ 방향: $1 \times 6 = 6$, $6 \times 6 = 36$이므로 이전 수에 6을 곱한 수입니다.

10

27	9	3	1
54	㉠	6	㉡
108	36	12	4
㉢	72	㉣	㉤

㉠ $54 \div 3 = 18$
㉡ $6 \div 3 = 2$
㉢ $108 \times 2 = 216$
㉣ $12 \times 2 = 24$
㉤ $4 \times 2 = 8$

11 바둑돌이 2개씩 늘어나는 규칙이므로 다섯째 모양을 만드는 데 필요한 바둑돌의 수는 $7+2=9$(개)입니다.

12 $1+5=6$, $2+10=12$, $3+15=18$이므로 왼쪽과 오른쪽의 수를 더하면 위쪽의 수가 됩니다. ⇨ ㉠$=4+20=24$

13 첫째: 1개, 둘째: $1 \times 3 = 3$(개), 셋째: $3 \times 3 = 9$(개), 넷째: $9 \times 3 = 27$(개)

14 검은 돌의 수: $1+5+9=15$(개)

흰 돌의 수: $3+7=10$(개)

따라서 다섯째 모양을 만드는 데 필요한 흰 돌과 검은 돌의 수의 차는 $15-10=5$(개)입니다.

Step 1 교과 개념 150~151쪽

1 (1) ㉠ (2) ㉡
2 (1) 18, 25 (2) 1, 1, 작아집니다에 ○표
3 (1) 355, 370 (2) 5, 5, 커집니다에 ○표 (3) 375, 365
4 (1) 3 (2) 3, 45 (3) $12+15+18=45$
5 (1) 1, 2 (2) $5+5-1=9$

2 더해지는 수가 커지는 만큼 더하는 수가 작아지면 계산 결과는 같습니다.

3 빼지는 수가 커지는 만큼 빼는 수도 커지면 계산 결과는 같습니다.

5 (2) 넷째 계산식의 수인 4보다 1만큼 더 큰 수인 5를 2번 더한 후 1을 빼면 계산 결과는 넷째 계산식의 결과인 7보다 2만큼 더 큰 9가 됩니다.

Step 1 교과 개념 152~153쪽

1 (1) ㉡ (2) ㉠
2 (1) 11, 50 (2) 110, 커집니다에 ○표
3 (1) 18, 540 (2) 커지고에 ○표, 5, 커집니다에 ○표 (3) 630, 35
4 $660 \div 30 = 22$, $880 \div 40 = 22$, $1100 \div 50 = 22$
5 (1) 45, 405 (2) 504 (3) 9, 67

3 (3) 540보다 90만큼 더 큰 수인 630을 쓰고, 30보다 5만큼 더 큰 수인 35를 써서 규칙적인 계산식을 만듭니다.

4 □×△=○일 때 ○÷△=□ 또는 ○÷□=△를 이용합니다.

$10 \times 22 = 220$을 $220 \div 10 = 22$로 나타내었으므로 곱해지는 수를 나누는 수로 바꾸어 나눗셈식을 씁니다.

5 (1) 곱하는 수가 11씩 커지고 계산 결과가 백의 자리 수는 1씩 커지고, 일의 자리 수는 1씩 작아지는 규칙입니다.

(2) 백의 자리 숫자는 5, 십의 자리 숫자는 0, 일의 자리 숫자는 4가 됩니다.

(3) 다섯째: $9 \times 56 = 504$
여섯째: $9 \times 67 = 603$

Step 1 교과 개념 154~155쪽

1 (1) × (2) × (3) ○ (4) ○
2 $42-2$, 20×2에 ○표
3 1
4 ; $40=15+25$, $20+30=25+25$
5 28, 28 **6** 10, 10

1 (1) $10+3=13$, $13-3=10$ (×)
(2) $20+10=30$, $10+10=20$ (×),
(3) $15+5=20$, $25-5=20$ ⇨ $15+5=25-5$ (○)
(4) $55-15=40$ (○)

2 $42-2=40$ (○)
$40+1+1=42$ (×)
$50-8=42$ (×)
$20\times2=40$ (○)
42 (×)

3 15 g에 4 g을 더 올리면 19 g입니다.
18 g에 1 g을 더 올리면 19 g입니다.
⇨ $15+4=18+1$

5 흰 돌 30개와 25개를 비교하면 5개의 차이가 나므로 □는 33보다 5만큼 작아야 합니다.

6 검은 돌 18개와 20개를 비교하면 2개의 차이가 나므로 □는 12보다 2만큼 작아야 양쪽의 무게가 같아집니다.

Step 2 교과 유형 익힘 156~157쪽

01 3, 작아지고에 ○표, 3, 작아집니다에 ○표, 옳은에 ○표
02 $53000-6000=47000$
03 $1+3+5+7+9+11=36$
04 $1+3+5+7+9+11+13=49$
05 16, $28+21=33+16$
06

82−42	32+9+11	76−13−23

; $82-42=76-13-23$
07 $800016\div8=100002$
08 55, 65, 75
09 $500+700-600=600$
10 5, 5 ; 6, 6 ; 9, 9
11 $70\times11=770$
12 505, 404 ; 404, 303 ▸5점 ; ㉔ 백의 자리와 일의 자리 수가 1씩 커지는 수에 백의 자리와 일의 자리 수가 1씩 작아지는 수를 더하면 합은 707로 일정합니다. ▸5점
13 $123456789\times9=1111111101$

02 10000씩 커지는 수에서 같은 수를 빼면 계산 결과는 10000씩 커집니다.

03 넷째에 1부터 시작하는 홀수를 5개 더했으므로 다섯째에는 1부터 시작하는 홀수를 차례로 6개 더합니다.
⇨ $\underbrace{1+3+5+7+9+11}_{6개}=36$

04 49는 7×7과 같으므로 1부터 시작하는 홀수를 차례로 7개 더합니다.

05 흰 돌이 5개 많아졌으므로 검은 돌은 5개 적어져야 저울 양쪽의 무게가 같아집니다.

06 $82-42=40$, $32+9+11=52$, $76-13-23=40$
⇨ $82-42=76-13-23$

07 나누어지는 수 8과 1 사이에 0이 하나씩 늘어나면 몫의 1과 2 사이에 0이 하나씩 늘어나는 규칙입니다.
⇨ 넷째: $800016\div8=100002$

08 73에서 63으로, 83에서 73으로, 93에서 83으로 더해지는 수가 10씩 작아진만큼 더하는 수는 10씩 커져야 계산 결과가 같아집니다.

09 더하는 두 수가 각각 100씩 커지고 빼는 수도 100씩 커집니다. 따라서 계산 결과도 100씩 커집니다.
⇨ 다섯째 계산식은 넷째 계산식보다 100이 큰 $500+700-600=600$입니다.

10 더하는 홀수의 개수를 2번 곱하는 규칙입니다.
$\underbrace{1+3+5+7+9}_{5개}=5\times5$
$\underbrace{1+3+5+7+9+11}_{6개}=6\times6$
$\underbrace{1+3+5+7+9+11+13}_{7개}=7\times7$
$\underbrace{1+3+5+7+9+11+13+15}_{8개}=8\times8$
$\underbrace{1+3+5+7+9+11+13+15+17}_{9개}=9\times9$

11 ■$0\times11=$■■0이므로 $70\times11=770$입니다.

본책 148~157쪽

12 $101+606=707$

$202+505=707$

$303+404=707$

$404+303=707$

↑ 101씩 커짐. ↑ 101씩 작아짐. ↑ 같음.

13 $12 \times 9 = 108$

$123 \times 9 = 1107$

$1234 \times 9 = 11106$

$12345 \times 9 = 111105$

↑ 자릿수가 한 자리씩 늘어남. ↑ 같음. ↑ 1의 개수가 1개씩 늘어나고, 일의 자리 수가 1씩 작아짐.

곱해지는 수가 12, 123, 1234……로 늘어나면 계산 결과의 0 앞에 1의 개수가 1개씩 늘어나고 일의 자리 수는 1씩 작아집니다. 따라서 계산 결과가 1이 8개이고 일의 자리 숫자가 1이므로 $123456789 \times 9=1111111101$입니다.

Step 3 문제 해결 158~161쪽

1 예 □로 표시된 칸은 312부터 시작하여 세로(↓)로 110씩 커지는 규칙입니다.

1-1 예 색칠된 칸은 306부터 시작하여 ↘ 방향으로 112씩 커집니다.

1-2 예 ↓ 방향으로 1씩 커집니다. ▸5점

; 예 ↘ 방향으로 2씩 커집니다. ▸5점

2 예 $32-9=25-2$

2-1 예 $21+7=13+15$

2-2 예 $52-15=24+13$

3 $99999 \times 9=899991$

3-1 $11 \times 101010101=1111111111$

3-2 1234567654321

4 (1) 23 ; 20, 24 (2) 14 ; 17, 14

4-1 예 $3+19=11 \times 2$, $4+20=12 \times 2$, $5+21=13 \times 2$

5 ❶ 672, 2688 ▸1점 ❷ 2, 2, 2, 2 ▸3점

❸ 2, 1344, 1344, 1344 ▸2점 ; 1344 ▸4점

5-1 예 ❶ 수가 배열된 순서는 14, 42, 126, 378, ㉠, 3402입니다. ▸1점

❷ 14 − 42 − 126 − 378 − ㉠ − 3402이므로 (×3, ×3, ×3, ×3, ×3) 14부터 시작하여 3씩 곱하는 규칙입니다. ▸3점

❸ 따라서 $378 \times 3=1134$, $1134 \times 3=3402$이므로 ㉠에 알맞은 수는 1134입니다. ▸2점

; 1134 ▸4점

5-2 예 수가 배열된 순서를 뒤에서부터 보면 7, 28, 112, 448, ㉠, 7168입니다. ▸1점

7 − 28 − 112 − 448 − ㉠ − 7168이므로 (×4, ×4, ×4, ×4, ×4)

7168 − ㉠ − 448 − 112 − 28 − 7입니다. (÷4, ÷4, ÷4, ÷4, ÷4)

따라서 7168부터 4씩 나누는 규칙이므로 ▸3점

㉠에 알맞은 수는 $7168 \div 4=1792$입니다. ▸2점

; 1792 ▸4점

6 ❶ 6, 10, 15 ▸1점 ❷ 4, 5 ▸3점

❸ 6, 6, 21 ▸2점 ; 21개 ▸4점

6-1 예 ❶ 사각형이 3개, 5개, 7개, 9개 놓여 있습니다. ▸1점

❷ 사각형이 3개부터 시작하여 오른쪽 아래로 2개씩 늘어납니다. ▸3점

❸ 따라서 다섯째에 알맞은 도형에서 사각형은 넷째보다 2개 더 많은 $9+2=11$(개)입니다. ▸2점

; 11개 ▸4점

6-2 예 사각형이 2개, 6개, 12개, 20개 놓여 있습니다. ▸1점 가로와 세로로 각각 1개씩 늘어나는 직사각형 모양이고 사각형이 2개부터 시작하여 4개, 6개, 8개씩 늘어납니다. ▸3점

따라서 다섯째에 알맞은 도형에서 사각형은 넷째보다 10개 더 많은 $20+10=30$(개)입니다. ▸2점

; 30개 ▸4점

1 312 − 422 − 532 − 642 − 752로 110씩 커집니다. (+110, +110, +110, +110)

1-1 306 − 418 − 530 − 642 − 754로 112씩 커집니다. (+112, +112, +112, +112)

1-2 수 배열표에서 규칙은 두 수의 덧셈 결과의 일의 자리 숫자만 쓴 것입니다.

- ↓ 방향의 수: 0 − 1 − 2 − 3으로 1씩 커집니다. (+1, +1, +1)
- ↘ 방향의 수: 0 − 2 − 4 − 6으로 2씩 커집니다. (+2, +2, +2)

2 차가 같은 두 수씩 짝 지어보면 $32-9=25-2$입니다.

2-1 합이 같은 두 수씩 짝 지어보면 $21+7=13+15$입니다.

2-1 합과 차의 계산 결과가 같은 식을 만들어 봅니다.

3 규칙은 곱해지는 수의 자릿수가 1개씩 늘어날 때마다 계산 결과의 8과 1 사이에 9가 1개씩 늘어납니다. 따라서 둘째부터 8과 1 사이에 9가 1개씩 들어가므로 다섯째의 곱해지는 수는 9가 5개이고 계산 결과의 8과 1 사이에 9가 4개 들어갑니다.

3-1 곱하는 수의 자릿수가 1과 0으로 두 자리씩 늘어날 때마다 계산 결과의 1이 2개씩 늘어납니다.

⇨ $11\times1=11$

$11\times101=1111$

$11\times10101=111111$

$11\times1010101=11111111$

따라서 다섯째 곱셈식에는 곱하는 수는 1과 0을 4번 쓰고 1을 쓴 후 계산 결과는 1을 10개 씁니다.

⇨ $11\times101010101=\underbrace{1111111111}_{10개}$

3-2 나누는 수는 나누어지는 수의 가운데 수의 개수만큼 1을 쓰고 이때 나누는 수와 몫은 같습니다.

$121\div11=11$

$12321\div111=111$

$1234321\div1111=1111$

$123454321\div11111=11111$

⇨ $1234567654321\div1111111=1111111$ (1이 7개)

4 (1)

◇			○
△			□

○－◇＝□－△가 되도록 규칙적인 계산식을 세웁니다.

(2)

○	◇
□	△

○＋◇＝□＋△－14가 되도록 규칙적인 계산식을 세웁니다.

참고

달력에서 한 줄 아래로 내려갈 때마다 7씩 커지므로 윗줄의 두 수의 합은 아랫줄의 두 수의 합보다 14만큼 더 작습니다.

4-1 달력의 색칠된 칸의 수로 찾을 수 있는 규칙적인 계산식을 알아봅니다.

예 $3+11=19-5$

$4+12=20-4$

$5+13=21-3$

5-1

채점 기준		
배열된 수를 순서대로 쓴 경우	1점	10점
수의 배열에서 규칙을 찾아 바르게 쓴 경우	3점	
㉠에 알맞은 수를 구한 경우	2점	
답을 바르게 쓴 경우	4점	

5-2

채점 기준		
배열된 수를 앞에서부터 또는 뒤에서부터 순서대로 쓴 경우	1점	10점
수의 배열에서 규칙을 찾아 바르게 쓴 경우	3점	
㉠에 알맞은 수를 구한 경우	2점	
답을 바르게 쓴 경우	4점	

6-1

채점 기준		
사각형의 개수를 바르게 센 경우	1점	10점
사각형이 늘어난 방향과 개수를 찾은 경우	3점	
다섯째에 알맞은 사각형의 개수를 구한 경우	2점	
답을 바르게 쓴 경우	4점	

6-2

채점 기준		
사각형의 개수를 바르게 센 경우	1점	10점
사각형이 어떤 규칙으로 늘어나는지 찾은 경우	3점	
다섯째에 알맞은 사각형의 개수를 구한 경우	2점	
답을 바르게 쓴 경우	4점	

Step 4 실력UP문제 162~163쪽

01 $26+11$, $37+13$, $50+15$

02 82

03 (1) 2, 2 (2) 5, 8

04 28개

05 예 5, 11, 17 ; $5+11+17=11\times3$

06 예 $3+2+2+2+2+2=13$ ▸5점 ; 13개 ▸5점

07 116

08 70개

09

24285	24286	24287	24288
34285	34286	34287	34288
44285	44286	44287	44288
54285	54286	54287	54288

; 64289

10 $101\times50=5050$

본책 157~163쪽

01

더해지는 수	더하는 수
1 (+1) 2 (+3) 5 (+5) 10 (+7) 17 (+9) 26 ⋮	1 (+2) 3 (+2) 5 (+2) 7 (+2) 9 ⋮

더해지는 수는 1, 3, 5, 7, 9……씩 커지고 더하는 수는 2씩 커집니다.

02 65 다음에 올 흰색 바둑돌의 수는 $65+17=82$입니다.

03 (1) 세로의 세 수를 이용하여 맨 윗줄과 맨 아랫줄의 수의 합이 가운데 수의 2배가 되도록 식을 만듭니다.
(2) 가로의 세 수를 이용하여 식을 만듭니다.

04 바둑돌 수가 1 − 3 − 6 − 10으로 2개, 3개, 4개씩 늘어나는 규칙입니다. (+2, +3, +4) 따라서 일곱째 모양의 바둑돌의 수는 넷째 모양의 바둑돌의 개수인 10개에서 $5+6+7=18$(개) 더 늘어난 28개입니다.

05 일정하게 커지거나 작아지는 세 수의 합은 (가운데 수)$\times$3과 같습니다.

06 삼각형을 1개, 2개 3개, 4개 만들 때 필요한 막대의 수를 식으로 나타내면 3, $3+2$, $3+2+2$, $3+2+2+2$입니다. 따라서 6개의 삼각형을 만들기 위해 필요한 막대의 수는 $3+2+2+2+2+2=13$(개)입니다.

07
- 18에서 20으로 더해지는 수가 2만큼 더 커졌으므로 더하는 수는 51에서 2만큼 더 작은 수인 49입니다.
⇨ ㉠$=49$
- 빼는 수가 36에서 40으로 4만큼 더 커졌으므로 빼지는 수는 63에서 4만큼 더 큰 수인 67입니다. ⇨ ㉡$=67$

⇨ ㉠+㉡$=49+67=116$

08 점의 수가 1 − 5 − 12 − 22 − 35로 1개부터 시작하여 4개, 7개, 10개, 13개씩 늘어나는 규칙입니다. (+4, +7, +10, +13)
따라서 여섯째 모양의 점의 수는 $35+16=51$(개)이고 일곱째 모양의 점의 수는 $51+19=70$(개)입니다.

09 24285부터 시작하여 ↘ 방향으로 10001씩 커지는 규칙이므로 ●에 들어갈 수는 54288보다 10001 큰 수인 64289입니다.

10 1부터 100까지의 수를 모두 더하는 덧셈은 양 끝의 두 수를 더한 $1+100=101$을 50번 더한 것과 같습니다. 따라서 곱셈식으로 바꾸어 계산하면 $101\times50=5050$입니다.

단원 평가 164~167쪽

01 100
02 1100
03 (위에서부터) 32306 ; 43205 ; 54104, 54306
04 ㉠, ㉡, ㉣
05 $26+10=24+12$
06 $20+10=25+5$
07 2910, 3011
08 ㉡
09 (위에서부터) 7505 ; 9615
10 (위에서부터) 400 ; 400 ; 1100
11 $700+800=1500$
12 23, 30, 43
13 11
14 $4\times3=12$, $5\times4=20$
15 예 $4+2+2=8$, $4+2+2+2=10$
16
17 (위에서부터) 12 ; 20, 20, 10 (또는 8 ; 10, 10, 10)
18 $37\times15=555$
19 (왼쪽부터) 11×2 ; $5+17$
20 1234567
21 (1) 642 ▸1점, 1036 ▸1점
(2) 예 39에서 시작하는 세로의 수는 39, 139, 339, 639……로 100, 200, 300……씩 커집니다. ▸3점
22 (1) 21개 ▸2점 (2)
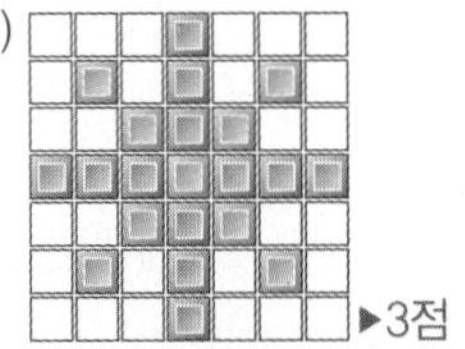
▸3점
23 규칙 1 예 3부터 시작하여 가로는 오른쪽으로 1씩 커집니다. ▸3점
규칙 2 예 18부터 시작하여 ↘ 방향으로 4씩 작아집니다. ▸2점
24 예 99에 곱하는 수가 12부터 11씩 커지면 곱은 1188부터 천의 자리 수와 백의 자리 수는 각각 1씩 커지고, 십의 자리 수와 일의 자리 수는 각각 1씩 작아집니다. ▸2점 따라서 계산 결과가 8811이 되는 순서는 여덟째입니다. ▸1점
; 여덟째 ▸2점

06 20에서 25로 5만큼 커졌으므로 10에서 5만큼 작은 수인 5로 고쳐야 합니다.

07 수 배열의 규칙은 2506 — 2607 — 2708 — 2809로 (+101, +101, +101) 오른쪽으로 101씩 커집니다.
따라서 빈칸에 알맞은 수는 $2809+101=2910$, $2910+101=3011$입니다.

08 ㉡ A7부터 시작하여 세로 방향으로 A7, B7, C7, D7로 알파벳은 순서대로 바뀌고 수는 7로 같습니다.

09 가로는 1000씩 커지고 세로는 110씩 커집니다.

11 더하는 두 수가 각각 100씩 커지면 그 합은 200씩 커집니다. 더해지는 수가 더하는 수보다 100 더 작으므로 계산 결과가 1500이 되는 계산식은 700과 800의 합인 $700+800=1500$입니다.

12 가로는 2씩 커지고, 세로는 9씩 커지는 규칙입니다.
따라서 ㉠$=21+2=23$, ㉡$=21+9=30$, ㉢$=34+9=43$입니다.

13 색칠된 칸의 수는 ↘ 방향으로 3, 14, 25, 36으로 11씩 커지는 규칙입니다.

14 첫째: 가로 2칸, 세로 1칸 ⇨ $2\times1=2$
둘째: 가로 3칸, 세로 2칸 ⇨ $3\times2=6$
셋째: 가로 4칸, 세로 3칸 ⇨ $4\times3=12$
넷째: 가로 5칸, 세로 4칸 ⇨ $5\times4=20$

16 다섯째에는 초록색 정사각형이 $6\times5=30$(개), 주황색 정사각형이 12개 놓입니다.

17 오른쪽과 왼쪽 끝에는 2가 반복되고 위의 왼쪽과 오른쪽의 두 수를 더하여 아래 수가 되거나 안에 놓이는 수가 4, 6, 8, 10이 되는 규칙입니다.

18 곱해지는 수는 37로 같고 곱하는 수가 3부터 3씩 커지면 곱은 111, 222, 333……으로 커집니다.

19 ▭에서 ↘ 방향의 수 (1, 9, 17), (2, 10, 18), (3, 11, 19)와 ↙ 방향의 수 (3, 9, 15), (4, 10, 16), (5, 11, 17)에서 양 끝의 두 수의 합은 가운데 수의 2배입니다.

21 틀린 과정을 분석해 볼까요?

틀린 이유	이렇게 지도해 주세요
■와 ▲를 구하지 못한 경우	수 배열표에서 가로와 세로의 규칙을 찾도록 지도합니다.
색칠된 칸의 수의 규칙을 찾지 못한 경우	어느 자리의 숫자가 어떻게 변하는지 살펴본 후 글로 정리해서 쓸 수 있도록 지도합니다.

22 (1) 도형의 수는 1 — 5 — 9 — 13 — 17로 (+4, +4, +4, +4) 4개씩 늘어나므로 여섯째에 알맞은 정사각형은 $17+4=21$(개)입니다.

틀린 과정을 분석해 볼까요?

틀린 이유	이렇게 지도해 주세요
여섯째에 알맞은 정사각형의 수를 구하지 못한 경우	수를 세어 규칙을 알아볼 수도 있고 모양의 규칙을 알아볼 수도 있습니다. 쉬운 방법으로 정사각형의 개수를 구할 수 있도록 지도합니다.
여섯째에 알맞은 정사각형을 그리지 못한 경우	모양의 규칙을 찾아서 다섯째에서 어떻게 추가되게 그리면 여섯째가 되는지 알아보도록 지도합니다.

23 틀린 과정을 분석해 볼까요?

틀린 이유	이렇게 지도해 주세요
가로 또는 세로의 규칙을 찾지 못한 경우	가로 또는 세로의 수들이 몇씩 커지는지 또는 몇씩 작아지는지 찾도록 지도합니다.
대각선의 규칙을 찾지 못한 경우	대각선의 수를 선으로 그어 보게 하고 수가 몇씩 커지는지 또는 몇씩 작아지는지 찾도록 지도합니다.
다른 규칙을 썼으나 잘못된 경우	어느 부분이 잘못되었는지 다시 한번 찾아보게 지도합니다. 다른 사람이 이해하지 못하게 글을 쓴 경우 생각을 정리해서 글을 쓰는 훈련을 하도록 지도합니다.

24

채점 기준		
규칙을 바르게 쓴 경우	2점	5점
순서가 몇째인지 바르게 구한 경우	1점	
답을 바르게 쓴 경우	2점	

틀린 과정을 분석해 볼까요?

틀린 이유	이렇게 지도해 주세요
곱하는 수의 규칙을 찾지 못한 경우	12, 23, 34, 45의 수들을 몇씩 커지고 있는지 확인하도록 지도합니다.
계산 결과의 규칙을 찾지 못한 경우	1188, 2277, 3366, 4455의 수들을 살펴보고, 천과 백의 자리 숫자와 십과 일의 자리 숫자로 나누어 규칙을 찾도록 지도합니다.
계산 결과가 8811이 되는 순서를 잘못 구한 경우	■째 계산식에서 곱하는 수의 십의 자리 숫자는 ■이고, 계산 결과의 천의 자리 숫자도 ■임을 확인시킵니다.

1단원 큰 수

기본 단원평가 2~4쪽

01 10000　02 3000
03 30609
04 오천육백이십육만 팔천칠백구
05 52575　06 68954
07 54/6932　08 1억
09 100만, 1000만, 1억
10 60/0000
11 98조 7765억 3956만 2872
; 구십팔조 칠천칠백육십오억 삼천구백오십육만 이천 팔백칠십이
12 197/8600/0000/0000
13 삼백십구조 이천육백억
14 111억, 121억, 131억
15 12/0000, 15/0000
16 9000억, 1조 1000억
17 >　18 <
19 (수직선: 57100, ㉡, 57500㉠, 58000) ; ㉠
20 10000배　21 인도
22 6, 7에 ○표
23 예 10000원짜리 지폐가 17장이면 17/0000원, 1000원짜리 지폐가 52장이면 52000원, 100원짜리 동전이 49개이면 4900원이므로▸1점 모두 22/6900원입니다.▸1점
; 22/6900원▸2점
24 9857/6431　25 8134/5679

03 삼만 육백구 ⇨ 3만 609 ⇨ 30609

05 10000이 4개이면 40000, 1000이 12개이면 12000, 100이 5개이면 500, 10이 7개이면 70, 1이 5개이면 5입니다. ⇨ 40000+12000+500+70+5=52575

06 만의 자리 숫자를 알아보면
54/6932 ⇨ 4, 57682 ⇨ 5, 68954 ⇨ 6입니다.

07 숫자 5가 나타내는 값을 알아보면
54/6932 ⇨ 50/0000, 57682 ⇨ 50000, 68954 ⇨ 50입니다.

09 어떤 수를 10배 하면 어떤 수 뒤에 0이 1개 더 붙습니다.

10 1/4960/0000에서 숫자 6은 십만의 자리 숫자이므로 60/0000을 나타냅니다.

14 10억씩 뛰어 세면 십억의 자리 수가 1씩 커집니다.

17 59672 > 54995 (9>4)

18 522/0100/0000/0000 < 581/7600/3521/0279 (2<8)

19 57600 > 57300 (6>3)

20 ㉠이 나타내는 값은 3/0000/0000이고, ㉡이 나타내는 값은 30000입니다. 따라서 ㉠이 나타내는 값은 ㉡이 나타내는 값의 10000배입니다.

21 12/8194/0000>3/2663/0000>1/2645/0000
따라서 인구가 가장 많은 나라는 인도입니다.

22 □=8일 때 4583/2839>4582/0002이므로 □=8이 될 수 없습니다. 따라서 □<8입니다.

23

채점 기준		
만 원짜리, 천 원짜리, 백 원짜리가 각각 얼마인지 구한 경우	1점	4점
지혜가 모은 돈이 모두 얼마인지 구한 경우	1점	
답을 바르게 쓴 경우	2점	

24 십만의 자리에 5를 쓰고 나머지는 높은 자리부터 큰 수를 차례로 씁니다.

25 천만의 자리에 8을 쓰고 나머지는 높은 자리부터 작은 수를 차례로 씁니다.

실력 단원평가 5~6쪽

01 ④　02 ㉣
03 34/2910/0803/0000　04 ⑤
05 이천오백삼십만 칠백팔십사
06 3개
07 103억 5만, 203억 5만, 303억 5만, 403억 5만
08 서울 잠실구장
09 1389/0000 또는 1389만
10 34152
11 예 백만 원짜리 수표 2장은 200/0000원, 십만 원짜리 수표 9장은 90/0000원, 만 원짜리 지폐 8장은 80000원이므로▸2점 LED TV의 가격은 298/0000원입니다.▸3점 ; 298/0000원▸3점

12 예 수출액을 매년 1000억 원씩 10년 동안 늘린다면 10년 후 수출액은 1조 원이 늘어납니다.▶2점
따라서 10년 후 수출액은 4조 7650억 원이 됩니다.▶3점 ; 4조 7650억 원▶3점

13 1026조 14 1/4025/6789

15 >

01 ④ 10000은 1000의 10배인 수이고, 100의 100배인 수입니다.

04 ① 30000 ② 300 ③ 30/0000
④ 300/0000 ⑤ 3000/0000

05 2530/0784 ⇨ 2530만 784
⇨ 이천오백삼십만 칠백팔십사

08 28000 < 30500
2<3

09 100만이 13개 ⇨ 13000000
10만이 8개 ⇨ 800000
1만이 9개 ⇨ 90000
13890000

10 34000보다 크고 34200보다 작은 수이므로 만의 자리 숫자는 3, 천의 자리 숫자는 4, 백의 자리 숫자는 1입니다. 일의 자리 숫자가 짝수이므로 일의 자리 숫자는 2이고 5는 십의 자리 숫자가 됩니다.
따라서 설명에 알맞은 수는 34152입니다.

11

채점 기준		
백만 원짜리, 십만 원짜리, 만 원짜리가 각각 얼마인지 구한 경우	2점	8점
LED TV의 가격을 구한 경우	3점	
답을 바르게 쓴 경우	3점	

12

채점 기준		
10년 동안 늘어난 수출액을 구한 경우	2점	8점
10년 후 수출액을 구한 경우	3점	
답을 바르게 쓴 경우	3점	

13 1326조에서 100조씩 작아지도록 3번 뛰어서 세어 봅니다.

14 천만의 자리에 4를 쓰고 억의 자리에 1을 쓴 후 나머지는 높은 자리부터 작은 수를 차례로 씁니다.

15 왼쪽 수의 찢어진 부분에 0을, 오른쪽 수의 찢어진 부분에 9를 넣어도 왼쪽의 수가 더 큽니다.
⇨ 9439/0201 > 9439/0192

과정 중심 단원평가 7~8쪽

1 예 숫자 7이 나타내는 값을 각각 알아보면 74/9321에서 70/0000, 29/7405에서 7000, 37/9008에서 70000입니다.▶3점 따라서 숫자 7이 70000을 나타내는 수는 37/9008입니다.▶3점 ; 37/9008▶4점

2 예 723/5000과 790/2200의 십만의 자리 숫자를 비교하면 2<9이므로 723/5000<790/2200입니다.▶3점
따라서 스마트폰과 노트북 중 가격이 더 높은 것은 노트북입니다.▶3점 ; 노트북▶4점

3 예 29/3185/0047/6003에서 천억의 자리 숫자는 3, 십만의 자리 숫자는 4입니다.▶3점
따라서 천억의 자리 숫자와 십만의 자리 숫자의 합은 3+4=7입니다.▶3점 ; 7▶4점

4 예 42000원에서 1000원씩 7번 뛰어 세면 42000−43000−44000−45000−46000−47000−48000−49000입니다.▶3점
따라서 일주일 후에 저금통에 있는 돈은 49000원이 됩니다.▶3점 ; 49000원▶4점

5 예 1억 4960만의 10배는 14억 9600만입니다.▶5점
따라서 태양과 행성 A 사이의 거리는 14억 9600만 km입니다.▶4점
; 14억 9600만 km 또는 14/9600/0000 km▶6점

6 예 3, 7, 0, 5, 9, 4를 사용하여 가장 큰 여섯 자리 수를 만들면 97/5430입니다.▶5점 97/5430의 100배는 97/5430의 뒤에 0을 2개 붙이면 되므로 9754/3000입니다.▶4점 ; 9754/3000▶6점

7 예 10000원짜리 지폐 470장은 470/0000원, 1000원짜리 지폐 730장은 73/0000원, 100원짜리 동전 294개는 29400원입니다.▶5점 따라서 모금액은 모두 470/0000+73/0000+29400=545/9400(원)입니다.▶4점 ; 545/9400원▶6점

8 예 867/0000은 100만이 8개, 10만이 6개, 만이 7개인 수입니다.▶6점 따라서 100만 원짜리 수표로 최대 8장까지 바꿀 수 있습니다.▶4점 ; 8장▶5점

1

채점 기준		
세 수에서 숫자 7이 나타내는 값을 각각 구한 경우	3점	10점
숫자 7이 70000을 나타내는 수를 구한 경우	3점	
답을 바르게 쓴 경우	4점	

2

채점 기준		
가격을 바르게 비교한 경우	3점	10점
가격이 높은 것을 구한 경우	3점	
답을 바르게 쓴 경우	4점	

3

채점 기준		
천억의 자리 숫자와 십만의 자리 숫자를 구한 경우	3점	10점
천억의 자리 숫자와 십만의 자리 숫자의 합을 구한 경우	3점	
답을 바르게 쓴 경우	4점	

4

채점 기준		
42000에서 1000씩 7번 뛰어 센 경우	3점	10점
일주일 후 저금통에 있는 돈을 구한 경우	3점	
답을 바르게 쓴 경우	4점	

5

채점 기준		
1억 4960만의 10배를 구한 경우	5점	15점
태양과 행성 A 사이의 거리를 구한 경우	4점	
답을 바르게 쓴 경우	6점	

6

채점 기준		
수 카드로 만들 수 있는 가장 큰 여섯 자리 수를 구한 경우	5점	15점
975430의 100배를 구한 경우	4점	
답을 바르게 쓴 경우	6점	

7

채점 기준		
만 원짜리, 천 원짜리, 백 원짜리가 각각 얼마인지 구한 경우	5점	15점
모금액이 모두 얼마인지 구한 경우	4점	
답을 바르게 쓴 경우	6점	

8

채점 기준		
100만, 10만, 만이 각각 몇 개인지 구한 경우	6점	15점
100만 원짜리 수표로 최대 몇 장까지 바꿀 수 있는지 구한 경우	4점	
답을 바르게 쓴 경우	5점	

창의·융합 문제 9쪽

1 (1) 42536 (2) 136/0000
2 (1) 4232 (2) 153/0300

1 (1) 10000이 4개, 1000이 2개, 100이 5개, 10이 3개, 1이 6개인 수이므로 42536입니다.
(2) 100/0000이 1개, 10/0000이 3개, 10000이 6개인 수이므로 136/0000입니다.

2 (1) $4200+32=4232$
(2) 32만+121만 300=153만 300

2단원 각도

기본 단원평가 10~12쪽

01 아름 **02** 140° **03** 50°
04 둔각 **05** 155, 65 **06** 나, 라
07 다 **08** (1) 170 (2) 125
09

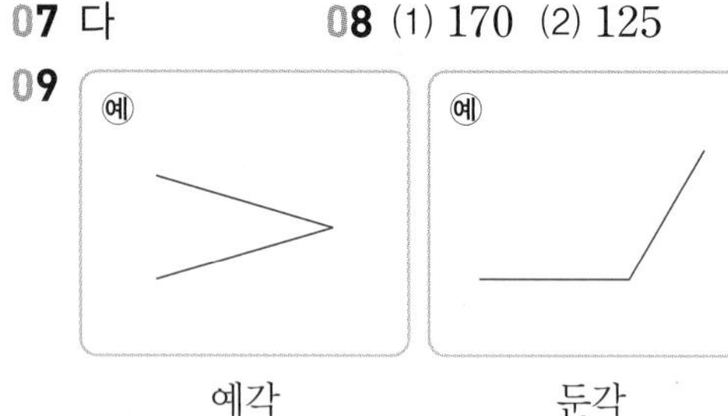

10 예 120, 120
11 > **12** ㉣ **13** ④
14 25 **15** 75 **16** 110°
17 예 사각형의 네 각의 크기의 합은 360°이므로 $90°+㉡+115°+㉠=360°$입니다. ▸1점
따라서 $㉠+㉡=360°-90°-115°=155°$입니다. ▸1점 ; 155° ▸2점
18 ⑤ **19** 60° **20** 25
21 ③ **22** 120
23 예 각도를 재어 보면 75°이고 ▸1점
어림한 각도와의 차가 수진이는 $75°-60°=15°$, 영호는 $75°-70°=5°$이므로 영호가 더 잘 어림하였습니다. ▸1점 ; 영호 ▸2점
24 45° **25** 둔각

01 아름이가 만든 각의 두 변이 가장 많이 벌어져 있습니다.

02 각도기의 밑금에 맞춰진 변에서 0°로 시작되는 각도기의 바깥쪽의 각을 읽습니다.

03 각의 꼭짓점에 각도기의 중심을 맞추고 두 변 중에서 한 변에 각도기의 밑금을 맞춰 각도를 잽니다.

04 7시의 긴바늘과 짧은바늘이 이루는 작은 쪽의 각은 직각보다 크고 180°보다 작으므로 둔각입니다.

05 합: $110°+45°=155°$, 차: $110°-45°=65°$

08 (1) $55°+115°=170°$ (2) $170°-45°=125°$

10 직각보다 직각을 3등분 한 만큼 더 크므로 약 120°로 어림할 수 있습니다.

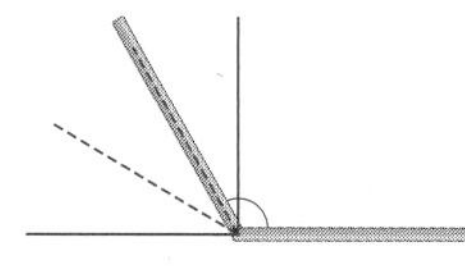

11 $65^\circ+135^\circ=200^\circ$, $265^\circ-70^\circ=195^\circ$
⇨ $200^\circ>195^\circ$

12 ㉠ 103° ㉡ 115° ㉢ 114° ㉣ 188°

13 삼각형의 세 각의 크기의 합은 180°, 사각형의 네 각의 크기의 합은 360°이어야 합니다.
① $30^\circ+75^\circ+75^\circ=180^\circ$
② $90^\circ+90^\circ+90^\circ+90^\circ=360^\circ$
③ $125^\circ+55^\circ+125^\circ+55^\circ=360^\circ$
④ $30^\circ+120^\circ+40^\circ=190^\circ$
⑤ $130^\circ+50^\circ+65^\circ+115^\circ=360^\circ$

14 □$=180^\circ-100^\circ-55^\circ=25^\circ$

15 □$=360^\circ-105^\circ-90^\circ-90^\circ=75^\circ$

16 삼각형의 한 각의 크기가 70°이므로 나머지 두 각의 크기의 합은 $180^\circ-70^\circ=110^\circ$입니다.

17

채점 기준		
사각형의 네 각의 크기의 합이 360°인 것을 이용하여 식을 쓴 경우	1점	4점
㉠과 ㉡의 각도의 합을 구한 경우	1점	
답을 바르게 쓴 경우	2점	

18 시계를 그려서 긴바늘과 짧은바늘이 이루는 작은 쪽의 각의 크기를 알아봅니다.

① 
예각

② 
예각

③ 
예각

④ 
직각

⑤ 
둔각

19 $50^\circ+70^\circ+㉠=180^\circ$, $120^\circ+㉠=180^\circ$,
$㉠=180^\circ-120^\circ=60^\circ$

20 $180^\circ-65^\circ-90^\circ=25^\circ$

21 ① $180^\circ-20^\circ-50^\circ=110^\circ$
② $180^\circ-40^\circ-40^\circ=100^\circ$
③ $180^\circ-55^\circ-40^\circ=85^\circ$
④ $180^\circ-45^\circ-45^\circ=90^\circ$
⑤ $180^\circ-33^\circ-42^\circ=105^\circ$
⇨ $85^\circ<90^\circ<100^\circ<105^\circ<110^\circ$

22

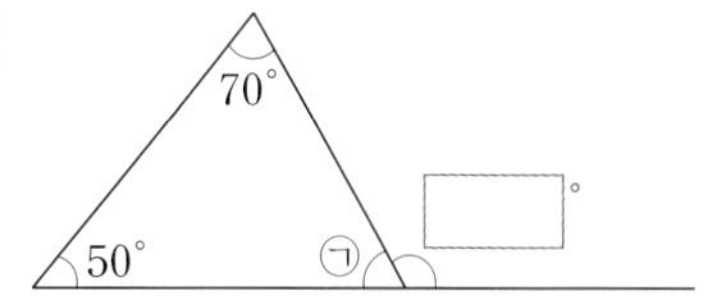

삼각형의 세 각의 크기의 합은 180°이므로
$㉠=180^\circ-50^\circ-70^\circ=60^\circ$입니다.
직선이 이루는 각은 180°이므로 □$=180^\circ-60^\circ=120^\circ$입니다.

23

채점 기준		
각도기로 재어 각도를 바르게 구한 경우	1점	4점
더 잘 어림한 사람을 구한 경우	1점	
답을 바르게 쓴 경우	2점	

24

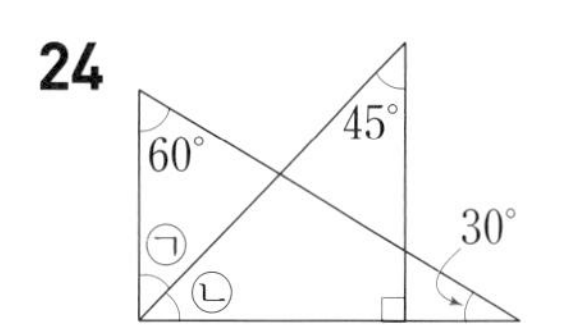

$㉠+㉡=180^\circ-60^\circ-30^\circ=90^\circ$
$㉡=180^\circ-45^\circ-90^\circ=45^\circ$
⇨ $㉠=90^\circ-45^\circ=45^\circ$

25 3시에서 30분 전의 시각은 2시 30분입니다.

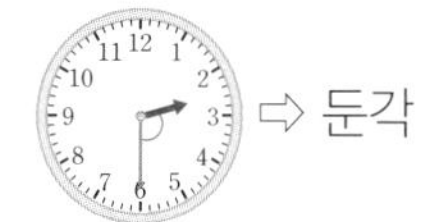
⇨ 둔각

실력 단원평가 13~14쪽

01	가, 나, 다	**02**	예 135°
03	70°	**04**	(1) 예각 (2) 둔각
05	나, 다, 라	**06**	마, 바
07	1개	**08**	45
09	230°	**10**	⑤
11	135°	**12**	215°
13	은지	**14**	200°

15 예 도형은 삼각형 3개로 나눌 수 있습니다.▸3점 따라서 표시된 모든 각의 크기의 합은 $180^\circ+180^\circ+180^\circ=540^\circ$입니다.▸3점 ; 540°▸4점

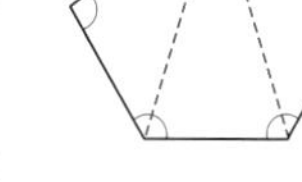

16 예 $㉡=180^\circ-90^\circ-45^\circ-15^\circ=30^\circ$이고
$㉠=180^\circ-90^\circ-30^\circ=60^\circ$입니다.▸3점
따라서 $㉠-㉡=60^\circ-30^\circ=30^\circ$입니다.▸3점
; 30°▸4점

02 주어진 각은 보기 의 각인 직각보다 크고 직선을 이루는 180°보다 작으므로 약 135°라고 어림할 수 있습니다.

03 $110^\circ-40^\circ=70^\circ$

04 (1) 2시의 긴바늘과 짧은바늘이 이루는 작은 쪽의 각은 직각보다 작으므로 예각입니다.
(2) 8시의 긴바늘과 짧은바늘이 이루는 작은 쪽의 각은 직각보다 크고 180°보다 작으므로 둔각입니다.

08 직선이 이루는 각은 180° ⇨ $180^\circ-135^\circ=45^\circ$입니다.
삼각형의 세 각의 크기의 합이 180°이므로
$\square=180^\circ-45^\circ-90^\circ=45^\circ$입니다.

09 사각형의 네 각의 크기의 합은 360°이므로
㉠+㉡$+60^\circ+70^\circ=360^\circ$입니다.
따라서 ㉠+㉡$=360^\circ-60^\circ-70^\circ=230^\circ$입니다.

10 ① 120° ② 115° ③ 125° ④ 120° ⑤ 135°

11 ㉠은 90°를 2등분 한 각이므로 45°입니다. 사각형의 네 각의 크기의 합은 360°이므로 ㉡은
$360^\circ-45^\circ-90^\circ-90^\circ=135^\circ$입니다.

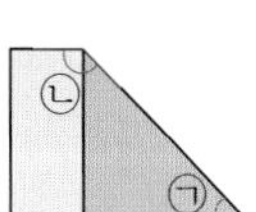

12 사각형의 네 각의 크기의 합은 360°이므로
㉠+㉡$+75^\circ+70^\circ=360^\circ$입니다.
⇨ ㉠+㉡$=360^\circ-75^\circ-70^\circ=215^\circ$

13 사각형의 네 각의 크기의 합은 360°이어야 하는데 은지가 잰 네 각의 크기의 합은 $120^\circ+60^\circ+90^\circ+80^\circ=350^\circ$이므로 은지가 잘못 재었습니다.

14 ㉠$=180^\circ-80^\circ-40^\circ=60^\circ$, ㉡$=180^\circ-40^\circ=140^\circ$
⇨ ㉠+㉡$=60^\circ+140^\circ=200^\circ$

15 다른 풀이
도형은 삼각형과 사각형으로 나눌 수 있습니다.
따라서 표시된 모든 각의 크기의 합은 $180^\circ+360^\circ=540^\circ$입니다.

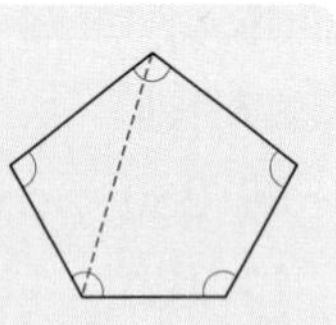

채점 기준		
도형을 삼각형 또는 사각형으로 나눌 수 있다고 쓴 경우	3점	10점
표시된 모든 각의 크기의 합을 구한 경우	3점	
답을 바르게 쓴 경우	4점	

16

채점 기준		
㉠과 ㉡의 각도를 구한 경우	3점	10점
㉠과 ㉡의 각도의 차를 구한 경우	3점	
답을 바르게 쓴 경우	4점	

과정 중심 단원평가 15~16쪽

1 준호 ▸5점
; 예 각도기의 중심을 각의 꼭짓점에 맞추지 않아서 각도를 잘못 재었습니다. ▸5점

2 예 둔각은 직각보다 크고 180°보다 작은 각입니다. ▸3점
따라서 둔각은 모두 3개입니다. ▸3점
; 3개 ▸4점

3 예 삼각형의 세 각의 크기의 합은 180°입니다. ▸3점
따라서 나머지 한 각의 크기는
$180^\circ-85^\circ-50^\circ=45^\circ$입니다. ▸3점
; 45° ▸4점

4 예 가오리연은 사각형이고, 사각형의 네 각의 크기의 합은 360°이므로 ▸3점 가오리연에 표시한 네 각의 크기의 합은 360°입니다. ▸3점
; 360° ▸4점

5 예 직선이 이루는 각은 180°이므로
$30^\circ+$㉠$+50^\circ=180^\circ$입니다. ▸5점
따라서 ㉠$=180^\circ-30^\circ-50^\circ=100^\circ$입니다. ▸5점
; 100° ▸5점

6 예 사각형의 네 각의 크기의 합은 360°입니다. ▸4점
따라서 나머지 한 각의 크기는
$360^\circ-110^\circ-75^\circ-40^\circ=135^\circ$입니다. ▸6점
; 135° ▸5점

7 예 한 꼭짓점에서 선을 3개 그어 보면 삼각형 4개로 나눌 수 있습니다. ▸4점 따라서 육각형의 여섯 각의 크기의 합은 $180^\circ\times4=720^\circ$입니다. ▸6점
; 720° ▸5점

8 예

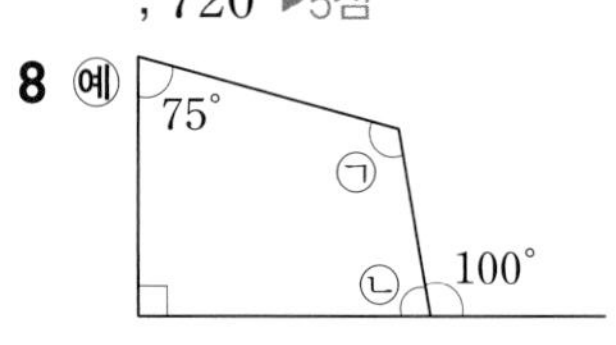

직선이 이루는 각은 180°이므로
㉡$=180^\circ-100^\circ=80^\circ$입니다. ▸4점
사각형의 네 각의 크기의 합은 360°이므로
㉠$=360^\circ-75^\circ-90^\circ-80^\circ=115^\circ$입니다. ▸6점
; 115° ▸5점

2

채점 기준		
둔각의 뜻을 아는 경우	3점	10점
둔각을 모두 찾은 경우	3점	
답을 바르게 쓴 경우	4점	

3

채점 기준		
삼각형의 세 각의 크기의 합이 180°임을 아는 경우	3점	10점
나머지 한 각의 크기를 구한 경우	3점	
답을 바르게 쓴 경우	4점	

4

채점 기준		
사각형의 네 각의 크기의 합이 360°임을 아는 경우	3점	10점
가오리연에 표시한 네 각의 크기의 합을 구한 경우	3점	
답을 바르게 쓴 경우	4점	

5

채점 기준		
직선이 이루는 각이 180°인 것을 이용하여 식을 쓴 경우	5점	15점
㉠의 각도를 구한 경우	5점	
답을 바르게 쓴 경우	5점	

6

채점 기준		
사각형의 네 각의 크기의 합이 360°임을 아는 경우	4점	15점
나머지 한 각의 크기를 구한 경우	6점	
답을 바르게 쓴 경우	5점	

7

채점 기준		
도형을 삼각형으로 바르게 나눈 경우	4점	15점
육각형의 여섯 각의 크기의 합을 구한 경우	6점	
답을 바르게 쓴 경우	5점	

8

채점 기준		
직선이 이루는 각이 180°인 것을 이용하여 사각형의 나머지 한 각의 크기를 구한 경우	4점	15점
사각형의 네 각의 크기의 합을 이용하여 ㉠의 각도를 구한 경우	6점	
답을 바르게 쓴 경우	5점	

창의·융합 문제 17쪽

1 90° **2** 30° **3** 120°

1 정사각형이므로 ★=90°입니다.

참고
정사각형은 네 각이 모두 직각이고 네 변의 길이가 모두 같은 사각형입니다.

2 선영이의 모양 조각 3개를 정사각형에 붙이면 꼭 맞게 겹쳐지므로 ★=90°÷3=30°입니다.

3 [90°] 과 [30°] 이 하나씩 꼭 맞게 겹쳐지므로 ★=90°+30°=120°입니다.

3단원 곱셈과 나눗셈

기본 단원평가 18~20쪽

01 18000 **02** 45360 **03** 8995
04 5, 57 **05** 14…39 **06** >
07 ③ **08** 7…24 ; 46×7=322, 322+24=346
09 21528 **10** ⑤ **11** 27200원
12

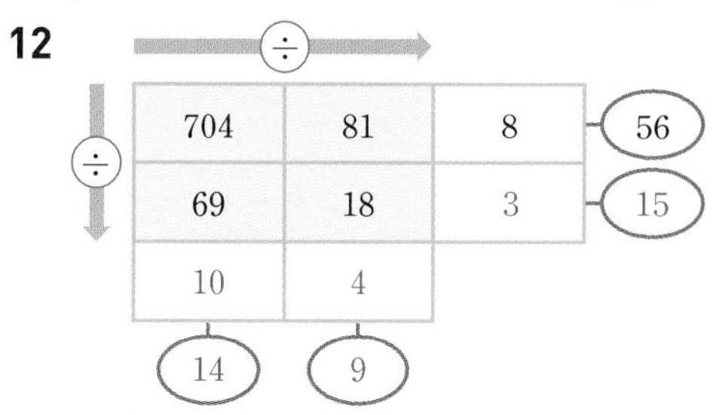

13 ㉣ **14** 3, 1, 2 **15** ㉢
16
$$\begin{array}{r} 554 \\ \times\ 36 \\ \hline 3324 \\ 16620 \\ \hline 19944 \end{array}$$
17 18, 5400
18 12 kg
19 22540원
20 예 나머지는 항상 나누는 수보다 작아야 하므로 ▸1점 나올 수 있는 나머지 중에서 가장 큰 수는 24입니다.▸1점 ; 24▸2점
21 28944 **22** 41명, 9장 **23** 881
24 29상자, 11개 **25** 42, 8

01 900×20=18000

02
$$\begin{array}{r} 756 \\ \times\ 60 \\ \hline 45360 \end{array}$$

03
$$\begin{array}{r} 257 \\ \times\ 35 \\ \hline 1285 \\ 7710 \\ \hline 8995 \end{array}$$

04 60)357 → 몫 5, 300, 나머지 57

05 45)669 → 14, 450, 219, 180, 39

06 700×59=41300 ⊘> 426×96=40896

07 ① 548÷60=9…8 ② 423÷49=8…31
③ 246÷21=11…15 ④ 813÷82=9…75
⑤ 688÷78=8…64

평가 자료집 13~20쪽

다른 풀이
(세 자리 수)÷(두 자리 수)에서 나누어지는 수의 왼쪽 두 자리 수가 나누는 수보다 크거나 같으면 몫은 두 자리 수가 됩니다.
① 54<60 ② 42<49 ③ 24>21
④ 81<82 ⑤ 68<78

08 **참고**
(나누는 수)×(몫)+(나머지)=(나누어지는 수)
⇨ 46×7+24=346

09 117×8=936, 936×23=21528

10 나머지는 나누는 수보다 작아야 하므로 32로 나누었을 때의 나머지는 32보다 작아야 합니다.

11 850×32=27200(원)

12 69÷18=3…15, 704÷69=10…14, 81÷18=4…9

13 ㉠ 80÷17=4…12 ㉡ 74÷29=2…16
㉢ 96÷25=3…21 ㉣ 68÷13=5…3

14 643×25=16075, 640×28=17920, 641×27=17307

15 ㉠ 508÷35=14…18 ㉡ 133÷23=5…18
㉢ 379÷52=7…15 ㉣ 498÷32=15…18

16 36에서 3은 십의 자리 숫자이므로 세로셈에서 554×30을 계산하여 자리를 맞춰 써야 합니다.
⇨ 554×36=19944

17 504÷28=18, 18×300=5400

18 876÷24=36…12이므로 포장하고 남은 감자는 12 kg입니다.

19 980×23=22540(원)

20

채점 기준		
나머지는 나누는 수보다 작아야 한다고 쓴 경우	1점	4점
나올 수 있는 나머지 중 가장 큰 수를 구한 경우	1점	
답을 바르게 쓴 경우	2점	

21 100이 2개이면 200, 10이 57개이면 570, 1이 34개이면 34이므로 200+570+34=804입니다.
따라서 804를 36배 한 수는 804×36=28944입니다.

22 665÷16=41…9이므로 41명에게 나누어 줄 수 있고 9장이 남습니다.

23 (어떤 수)÷46=19…7
⇨ 46×19=874, 874+7=(어떤 수), (어떤 수)=881

24 (도매 시장에서 사 온 사과 수)=46×16=736(개)
736÷25=29…11이므로 팔 수 있는 사과는 29상자이고 11개가 남습니다.

25 몫이 가장 크려면
(가장 큰 세 자리 수)÷(가장 작은 두 자리 수)이어야 합니다.
가장 큰 세 자리 수: 974,
가장 작은 두 자리 수: 23
⇨ 974÷23=42…8

실력 단원평가 21~22쪽

01 14671
02 (1) 8…13 (2) 7…65
03 ④ **04** 20
05 ⑤ **06** >
07 24…23 ; 32×24=768, 768+23=791
08 20864 **09** 901, 25228
10

```
      8
12 ) 98
     96
     --
      2
```

11 ㉠, ㉡, ㉣, ㉢
12 ㉣
13 8모둠
14 42075대
15 6줄, 12개 **16** 22
17 예 가장 큰 세 자리 수는 975, 가장 작은 두 자리 수는 12입니다. ▸3점 따라서 두 수의 곱은 975×12=11700입니다. ▸3점 ; 11700 ▸4점
18 319, 288

01

```
    8 6 3
  ×   1 7
  -------
    6 0 4 1
    8 6 3 0
  ---------
  1 4 6 7 1
```

02 (1)

```
        8
40 ) 333
     320
     ---
      13
```

(2)

```
        7
80 ) 625
     560
     ---
      65
```

03 ①, ②, ③, ⑤ 24000 ④ 18000

04 $800\times\square=16000$에서 곱의 0의 개수가 3개이므로 $\square=20$입니다.

05 나머지는 나누는 수보다 항상 작아야 합니다. 따라서 나머지가 될 수 없는 수는 ⑤ 21입니다.

06 $769\times80=61520$, $832\times59=49088$
⇨ $61520>49088$

07
$$\begin{array}{r} 24 \\ 32\overline{)791} \\ 64 \\ \hline 151 \\ 128 \\ \hline 23 \end{array}$$
⇨ $32\times24=768$, $768+23=791$

08 가장 큰 수: 326, 가장 작은 수: 64
⇨ $326\times64=20864$

09 $17\times53=901$, $901\times28=25228$

10 나머지 14에 12가 한 번 더 들어가므로 몫을 1 크게 하여 계산합니다.

11 ㉠ $569\times45=25605$ ㉡ $713\times29=20677$
㉢ $197\times87=17139$ ㉣ $283\times69=19527$
⇨ ㉠>㉡>㉣>㉢

12 ㉠ $612\div45=13\cdots27$ ㉡ $316\div27=11\cdots19$
㉢ $528\div72=7\cdots24$ ㉣ $495\div58=8\cdots31$

13 $240\div30=8$(모둠)

14 $935\times45=42075$(대)

15 $300\div48=6\cdots12$이므로 한 줄에 48개씩 심으면 6줄을 심을 수 있고 12개가 남습니다.

16 $594\div26=22\cdots22$이므로 □ 안에 들어갈 수 있는 수 중 가장 큰 수는 22입니다.

17

채점 기준		
가장 큰 세 자리 수와 가장 작은 두 자리 수를 구한 경우	3점	10점
두 수의 곱을 구한 경우	3점	
답을 바르게 쓴 경우	4점	

18 32로 나눌 때 몫이 9가 되는 가장 큰 수는 나머지가 31일 때이고, 몫이 9가 되는 가장 작은 수는 나누어떨어질 때입니다. 따라서 가장 큰 수는 $32\times9=288$, $288+31=319$이고, 가장 작은 수는 $32\times9=288$입니다.

과정 중심 단원평가 23~24쪽

1 예 500원짜리 동전이 80개이므로 500과 80의 곱을 구하면 $500\times80=40000$입니다.▶3점 따라서 다연이네 반 학생들이 모은 돈은 모두 40000원입니다.▶3점
; 40000원▶4점

2 예 ㉠ $579\div42=13\cdots33$이므로 몫은 13이고,
㉡ $421\div29=14\cdots15$이므로 몫은 14입니다.▶4점
따라서 몫이 더 작은 나눗셈은 ㉠입니다.▶2점
; ㉠▶4점

3 예 한 장에 290원인 도화지를 43장 샀으므로 전체 금액은 모두 $290\times43=12470$(원)입니다.▶3점
따라서 제은이가 산 도화지의 가격은 모두 12470원입니다.▶3점 ; 12470원▶4점

4 예 상민이는 배드민턴을 하루에 124분씩 29일 동안 했으므로 모두 $124\times29=3596$(분) 했습니다.▶3점
따라서 상민이가 배드민턴을 한 시간은 모두 3596분입니다.▶3점 ; 3596분▶4점

5 예 1시간은 60분이므로 153을 60으로 나누면
$153\div60=2\cdots33$입니다.▶6점 따라서 울산역까지 가는 데 걸리는 시간은 2시간 33분입니다.▶4점
; 2시간 33분▶5점

6 예 전체 색 테이프의 길이인 374 cm를 꽃 한 송이를 만들 때 필요한 길이인 41 cm로 나누면
$374\div41=9\cdots5$입니다.▶6점
따라서 꽃을 최대 9송이까지 만들 수 있습니다.▶4점
; 9송이▶5점

7 예 석빙고 안에 얼음을 312개까지 채울 수 있고 매일 26개씩 채우려고 하므로 312를 26으로 나누면
$312\div26=12$입니다.▶6점 따라서 석빙고를 가득 채우는 데 12일이 걸립니다.▶4점 ; 12일▶5점

8 예 사람들에게 나누어 주고 남은 빵은
$863-72=791$(개)입니다.▶4점
남은 빵을 42개씩 상자에 담으면 $791\div42=18\cdots35$이므로 18상자에 담을 수 있고 35개가 남습니다.▶6점
; 35개▶5점

1

채점 기준		
500과 80을 곱한 경우	3점	10점
다연이네 반 학생들이 모은 돈을 구한 경우	3점	
답을 바르게 쓴 경우	4점	

2

채점 기준		
㉠과 ㉡의 나눗셈을 바르게 계산한 경우	4점	10점
몫이 더 작은 나눗셈을 고른 경우	2점	
답을 바르게 쓴 경우	4점	

3

채점 기준		
전체 금액을 구하는 곱셈식을 쓴 경우	3점	10점
제은이가 산 도화지의 가격을 구한 경우	3점	
답을 바르게 쓴 경우	4점	

4

채점 기준		
전체 시간을 구하는 곱셈식을 쓴 경우	3점	10점
상민이가 배드민턴을 한 시간을 구한 경우	3점	
답을 바르게 쓴 경우	4점	

5

채점 기준		
1시간이 60분인 것을 이용하여 나눗셈을 한 경우	6점	15점
울산역까지 가는 데 걸리는 시간을 구한 경우	4점	
답을 바르게 쓴 경우	5점	

6

채점 기준		
전체 색 테이프의 길이를 꽃 한 송이를 만드는 데 필요한 길이로 나눈 경우	6점	15점
만들 수 있는 꽃의 최대 개수를 구한 경우	4점	
답을 바르게 쓴 경우	5점	

7

채점 기준		
전체 얼음 개수를 매일 채우는 얼음 개수로 나눈 경우	6점	15점
석빙고를 가득 채우는 데 걸리는 날수를 구한 경우	4점	
답을 바르게 쓴 경우	5점	

8

채점 기준		
사람들에게 나누어 주고 남은 빵의 개수를 구한 경우	4점	15점
상자에 담고 남은 빵의 개수를 구한 경우	6점	
답을 바르게 쓴 경우	5점	

창의·융합 문제 25쪽

1 (왼쪽에서부터) 568, 4544
; 4, 32, 568, 4544, 5112

2 예 $8+16=24$이므로
$142\times24=1136+2272=3408$입니다.

1 $4+32=36$이므로 4의 오른쪽에 있는 값인 568과 32의 오른쪽에 있는 값인 4544의 합을 구하면
$142\times36=568+4544=5112$입니다.

4단원 평면도형의 이동

기본 단원평가 26~28쪽

01 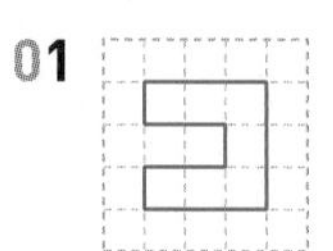

02 점 ㉤

03 6, 위쪽, 2

04 오른쪽, 밀기에 ○표

05 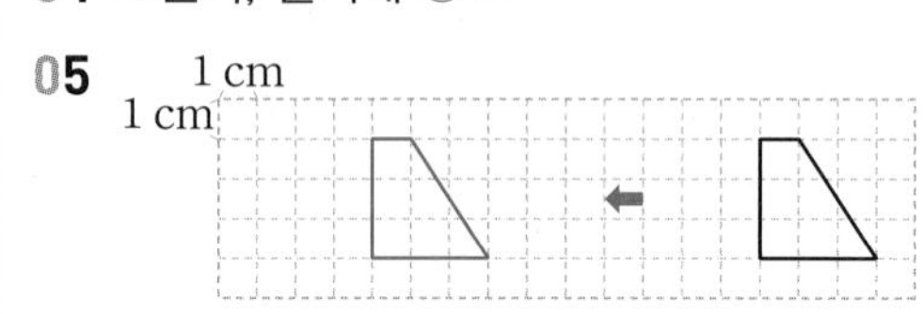

06 ( )(○)

07

08 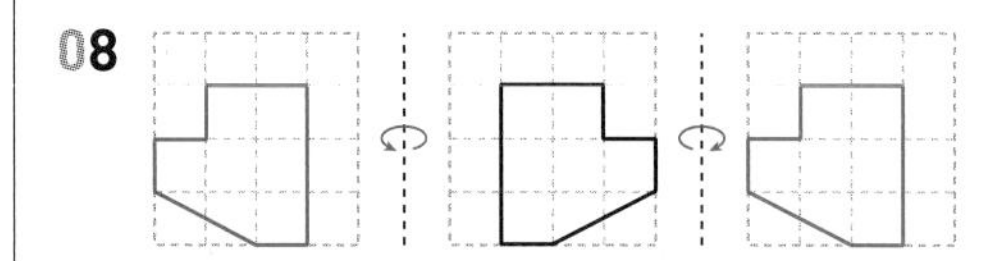

09 ㉡, ㉣

10 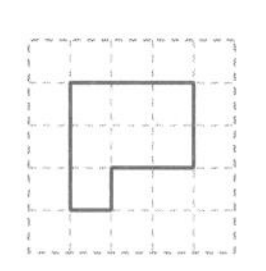
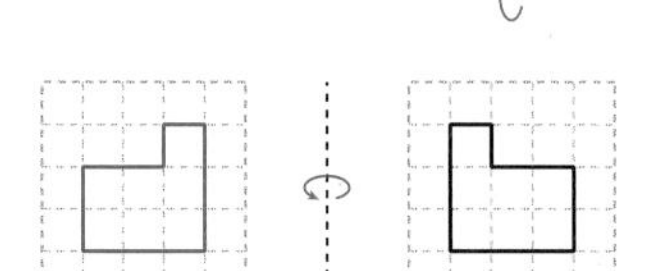

11

12 시계 반대 방향, 90°에 ○표

13 진영

14

15 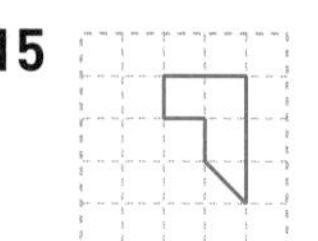

16 15

17 ③, ④

18 ④

19 ①

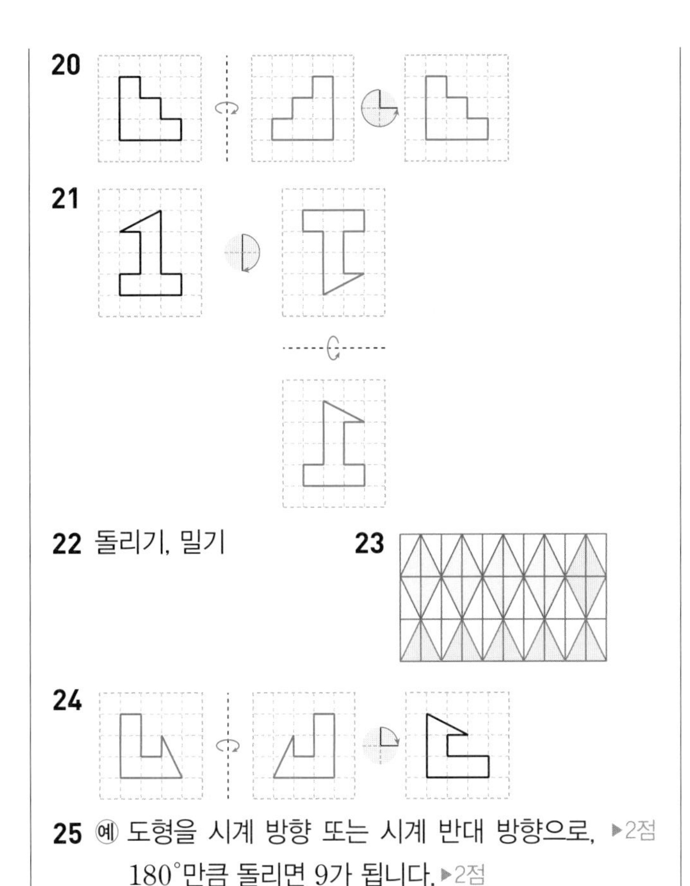

22 돌리기, 밀기 **23**

24

25 예 도형을 시계 방향 또는 시계 반대 방향으로, ▸2점
180°만큼 돌리면 9가 됩니다. ▸2점

01 오른쪽 도형과 같게 그립니다.

02 점 ㉮를 선을 따라 이동합니다.

04 조각의 모양을 바꾸지 않고 위치만 이동하려면 밀기를 해야 합니다.

05 도형의 네 모서리의 위치를 왼쪽으로 10칸씩 각각 이동하여 그립니다.

06 시계 반대 방향으로 90°만큼 돌리면 도형의 위쪽은 왼쪽으로, 오른쪽은 위쪽으로 바뀝니다.

07 도형을 오른쪽으로 뒤집으면 왼쪽과 오른쪽이 바뀝니다.

08 도형을 왼쪽 또는 오른쪽으로 뒤집었을 때의 도형은 서로 같습니다.

09 ㉠ ㉡ ㉢ ㉣

10 도형을 위쪽으로 뒤집으면 위쪽과 아래쪽이 서로 바뀌고, 도형을 왼쪽으로 뒤집으면 왼쪽과 오른쪽이 서로 바뀝니다.

11 아래쪽으로 뒤집은 모양에서 꼭짓점 ㄴ, ㄷ은 위에 있고, 꼭짓점 ㄱ, ㄹ은 아래에 있습니다.

주의
꼭짓점의 기호를 쓸 때 위치를 잘 보고 써야 합니다.

13 도형을 와 같이 돌린 것은 와 같이 돌린 것과 같습니다.

14 위에 있던 점 ㄱ은 오른쪽으로, 아래에 있던 두 점 ㄴ, ㄷ은 왼쪽으로 위치가 바뀝니다.

16 오른쪽과 같이 21을 오른쪽으로 뒤집었을 때 나오는 수는 15입니다.

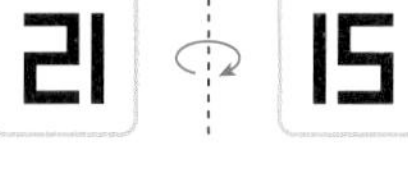

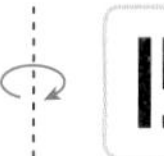

17 ③ ④

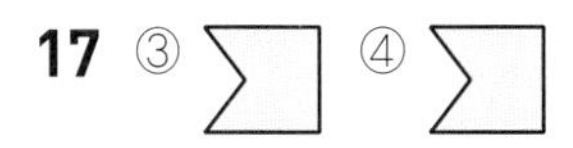

18 ① ㄷ ② |ㅁ ③ 공 ④ 를 ⑤ 옹

19 위쪽과 아래쪽이 서로 바뀌고, 왼쪽과 오른쪽이 서로 바뀌었습니다.

22 시계 방향으로 90°만큼 돌려서 만든 모양을 오른쪽으로 밀어서 만든 무늬입니다.

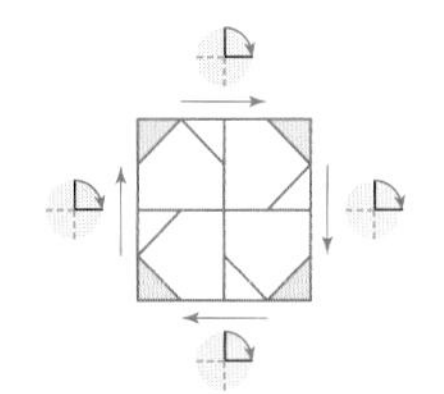

24 오른쪽 도형을 시계 반대 방향으로 90°만큼 돌린 도형을 가운데에 그리고, 가운데 그린 도형을 왼쪽으로 뒤집은 도형을 왼쪽에 그립니다.

학부모 지도 가이드
움직인 도형이 주어지고 처음 도형을 그려야 할 때 움직인 과정을 거꾸로 하여 생각해 봅니다.
① 처음 도형을 뒤집고 돌려서 만든 과정을 거꾸로 하면 돌리고 뒤집으면 됩니다.
② 시계 방향으로 90°만큼 돌리기를 거꾸로 하면 시계 반대 방향으로 90°만큼 돌리기이고, 오른쪽으로 뒤집기를 거꾸로 하면 왼쪽으로 뒤집기입니다.

25

채점 기준		
돌리기 한 방향을 바르게 설명한 경우	2점	4점
돌리기 한 각도를 바르게 설명한 경우	2점	

평가 자료집 23~28쪽

실력 단원평가 29~30쪽

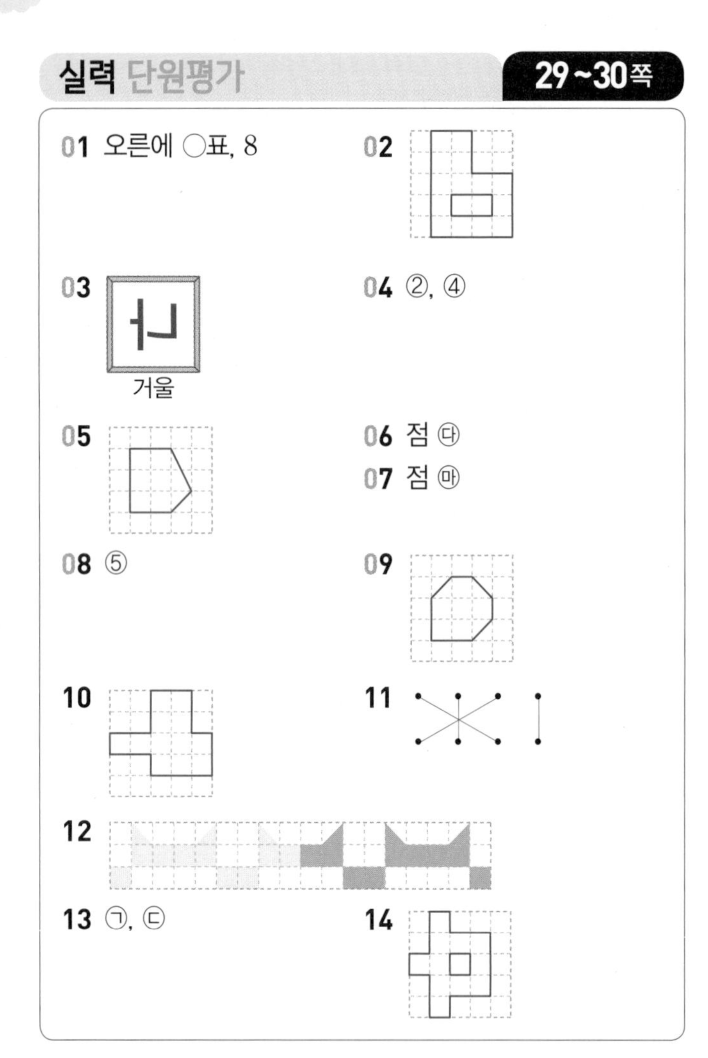
01 오른에 ○표, 8
03 거울
04 ②, ④
06 점 ㉰
07 점 ㉳
08 ⑤
13 ㉠, ㉢

01

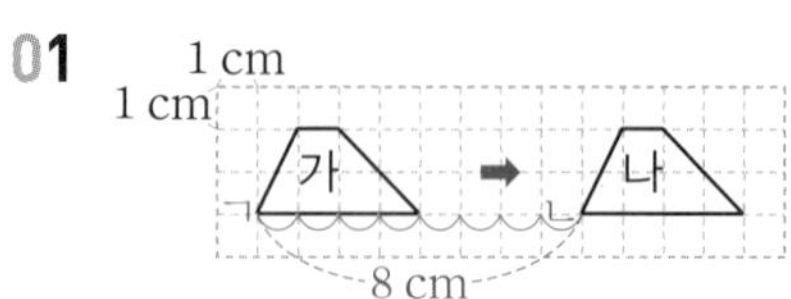

점 ㄱ에서 점 ㄴ까지 8칸 이동하였으므로 8 cm 이동한 것입니다.

02 도형을 위쪽이나 아래쪽으로 뒤집으면 도형의 위쪽과 아래쪽이 서로 바뀝니다.

03 거울을 옆에서 비추면 왼쪽과 오른쪽이 바뀌어 보입니다.

04 왼쪽이나 오른쪽으로 뒤집으면 다음과 같습니다.

05 어느 방향이든 상관없이 360°만큼 돌리면 처음 도형과 같은 도형이 됩니다.

07 이동한 방향의 반대 방향으로 이동하면 됩니다. 오른쪽으로 3 cm, 위쪽으로 1 cm 이동하면 점 ㉳에 도착합니다.

09 도형의 위쪽이 왼쪽으로, 왼쪽이 아래쪽으로, 아래쪽이 오른쪽으로, 오른쪽이 위쪽으로 방향이 바뀝니다.

10 시계 방향으로 270°만큼 돌린 도형은 시계 반대 방향으로 90°만큼 돌린 도형과 같습니다.

11 화살표의 끝이 가리키는 지점이 같으면 돌렸을 때의 방향이 같습니다.

12 오른쪽(또는 왼쪽)으로 뒤집어 가며 무늬를 만들었습니다.

13

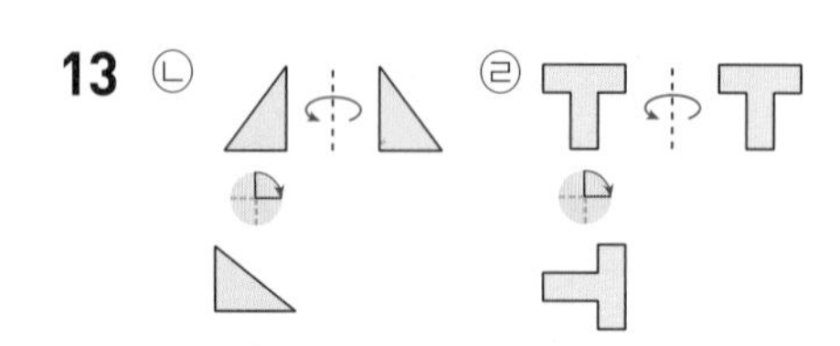

14

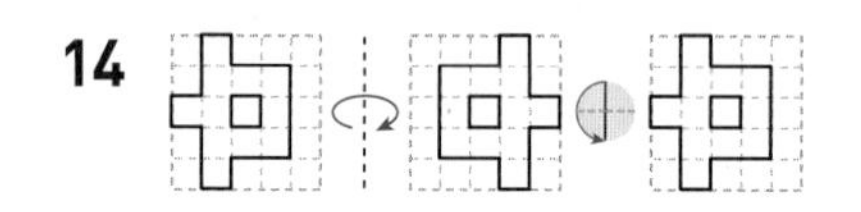

과정 중심 단원평가 31~32쪽

1 예 ㉯ 도형은 ㉮ 도형을 오른쪽으로▸5점 8 cm만큼 밀어서 이동한 도형입니다.▸5점

2 예 조각을 위쪽이나 아래쪽으로▸5점 뒤집습니다.▸5점

3 예 점 ㉱를▸5점 위쪽으로 1 cm, 왼쪽으로 3 cm 이동하면 네 점을 이었을 때 정사각형이 됩니다.▸5점

4 예 위쪽이 오른쪽으로 이동했으므로 시계 방향으로▸5점 90°만큼 돌린 것입니다.▸5점

5

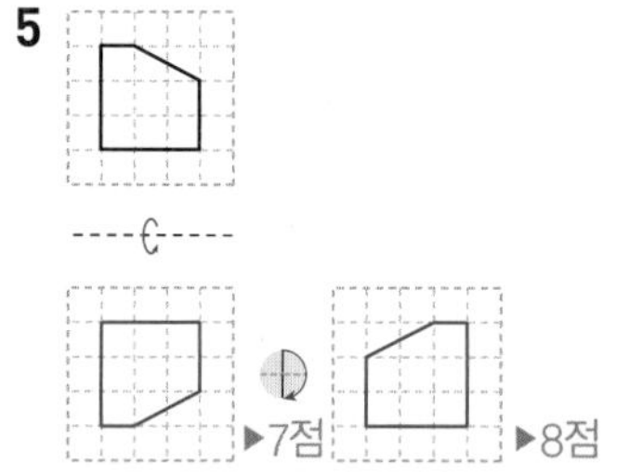

6 예 마지막 도형은 처음 도형을 오른쪽 또는 왼쪽으로▸8점 뒤집기 한 것과 같습니다.▸7점

7 예 25를 시계 방향으로 180°만큼 돌리면 52가 됩니다.▸6점 따라서 두 수의 합은 $52+25=77$입니다.▸4점 ; 77▸5점

8 예 모양을 시계 방향으로 90°만큼씩 돌리면서

모양을 만들고▸5점 그 모양을 밀어서 만들었습니다.▸6점 ;  ▸4점

1

채점 기준		
밀기 한 방향을 바르게 설명한 경우	5점	10점
밀기 한 길이를 바르게 설명한 경우	5점	

2

채점 기준		
조각의 이동 방향을 바르게 설명한 경우	5점	10점
조각의 이동 방법을 뒤집기로 바르게 설명한 경우	5점	

3

채점 기준		
이동해야 하는 점을 찾는 경우	5점	10점
이동 방법을 바르게 설명한 경우	5점	

4

채점 기준		
돌리기 한 방향을 바르게 설명한 경우	5점	10점
돌리기 한 각도를 바르게 설명한 경우	5점	

5

채점 기준		
주어진 도형을 아래쪽으로 뒤집은 도형을 바르게 그린 경우	7점	15점
주어진 도형을 아래쪽으로 뒤집고 시계 방향으로 180°만큼 돌린 도형을 그린 경우	8점	

6

채점 기준		
도형을 움직인 방향을 바르게 설명한 경우	8점	15점
주어진 도형의 이동 방법을 쓴 경우	7점	

7

채점 기준		
시계 방향으로 180°만큼 돌렸을 때 만들어지는 수를 구한 경우	6점	15점
두 수의 합을 구한 경우	4점	
답을 바르게 쓴 경우	5점	

8

채점 기준		
돌리기 한 방법을 바르게 설명한 경우	5점	15점
밀기 한 방법을 바르게 설명한 경우	6점	
가에 들어갈 알맞은 모양을 그린 경우	4점	

창의·융합 문제 33쪽

1 설명1 예 시계 방향으로 90°만큼 돌리고 오른쪽으로 밀어서 내립니다.

설명2 예 시계 반대 방향으로 90°만큼 돌리고 오른쪽으로 밀어서 내립니다.

2 ③, ④

5단원 막대그래프

기본 단원평가 34~36쪽

01 좋아하는 동물별 학생 수

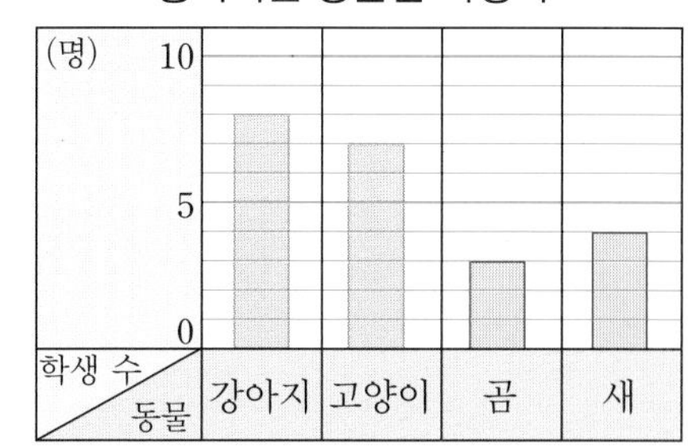

02 예 좋아하는 동물별 학생 수

03 1명

04 11명

05 강아지

06 반별 심은 나무 수

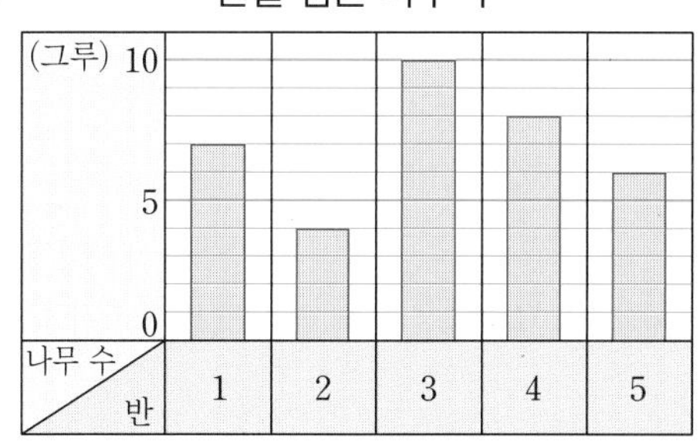

07 3반

08 표

09 2배

10 3, 6, 4, 2, 15

11 좋아하는 과일별 학생 수

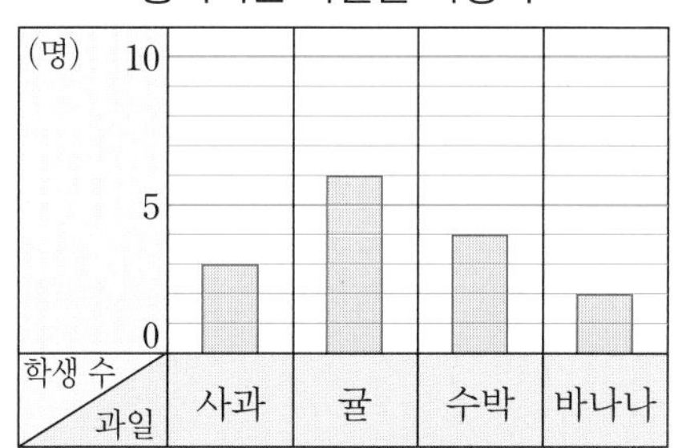

12 예 좋아하는 과일(또는 과일), 학생 수

13 수박

14 2명

15 떡볶이, 18명

16 김밥, 8명

17 10명

18 350

19 지역별 쌀 생산량

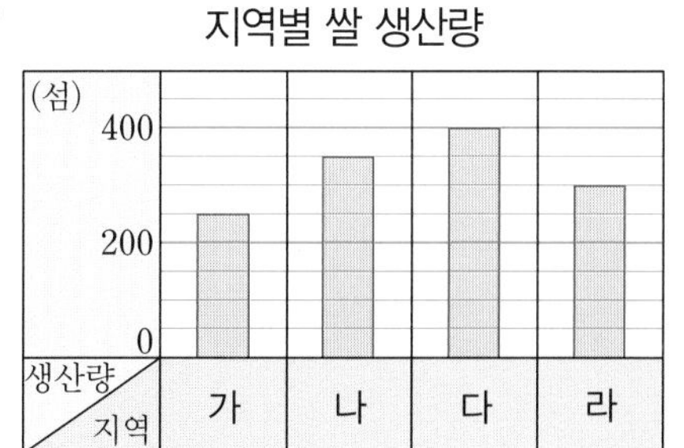

20 지역별 쌀 생산량

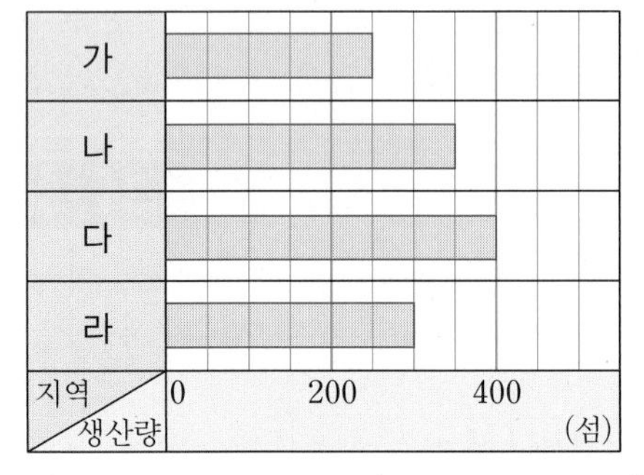

21 다 **22** 소민 **23** 가, 라, 나, 다

24 ⓔ 나 지역의 쌀 생산량은 350섬, 다 지역의 쌀 생산량은 400섬이므로▸1점 나 지역의 쌀 생산량은 다 지역의 쌀 생산량보다 400−350=50(섬) 더 적습니다.▸1점 ; 50섬▸2점

25 아니요▸2점 ⓔ 그래프는 지역별 쌀 생산량을 나타낸 것이므로 지역의 인구는 알 수 없기 때문입니다.▸2점

03 세로 눈금 5칸이 5명을 나타내므로 세로 눈금 한 칸은 1명을 나타냅니다.

07 나무를 가장 많이 심은 반은 막대의 길이가 가장 긴 3반입니다.

08 조사한 수의 합계를 알기 쉬운 것은 표입니다.

09 4반이 심은 나무는 8그루이고 2반이 심은 나무는 4그루입니다. ⇨ 8÷4=2(배)

13 막대의 길이가 두 번째로 긴 것은 수박입니다.

14 세로 눈금 5칸이 10명을 나타내므로 세로 눈금 한 칸은 10÷5=2(명)을 나타냅니다.

15 막대의 길이가 가장 긴 것은 떡볶이이고 18명이 좋아합니다.

17 18명이 좋아하는 떡볶이와 8명이 좋아하는 김밥의 학생 수의 차는 18−8=10(명)입니다.

18 (나 지역의 쌀 생산량)=1300−250−400−300=350(섬)

19 그래프에서 세로 눈금 4칸이 200섬을 나타내므로 세로 눈금 1칸은 200÷4=50(섬)을 나타냅니다.

20 막대가 가로로 되어 있는 막대그래프에서 가로는 생산량, 세로는 지역을 나타냅니다. 가로 눈금 1칸은 50섬을 나타냅니다.

22 막대그래프는 막대의 길이를 비교하여 자료의 양의 크기 비교를 한눈에 쉽게 할 수 있습니다.

23 막대의 길이가 짧은 것부터 차례로 기호를 씁니다.

24

채점 기준		
나 지역과 다 지역의 쌀 생산량을 구한 경우	1점	4점
나 지역의 쌀 생산량이 다 지역의 쌀 생산량보다 몇 섬 더 적은지 구한 경우	1점	
답을 바르게 쓴 경우	2점	

실력 단원평가 37~38쪽

01 실천한 환경 보호 활동별 학생 수

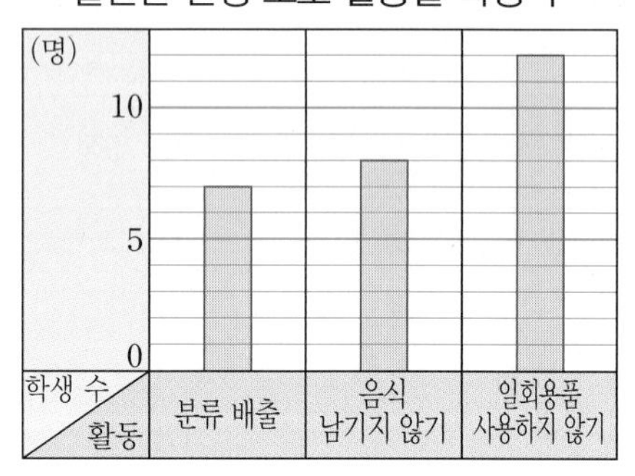

02 ⓔ 실천한 환경 보호 활동별 학생 수

03 ⓔ 환경 보호 활동(또는 활동), 학생 수

04 일회용품 사용하지 않기 **05** 분류 배출

06 (1) 준희의 과목별 점수

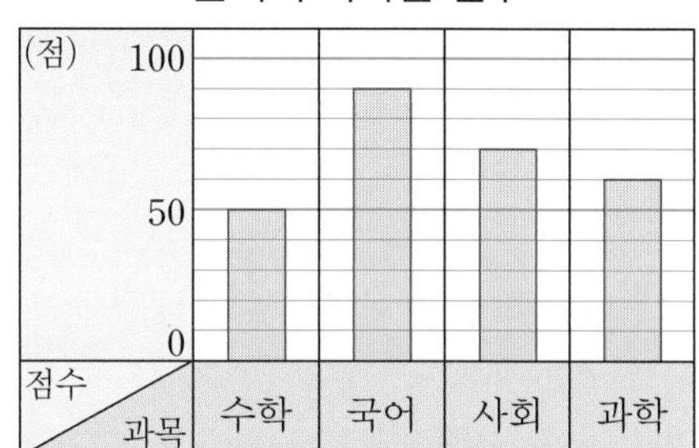

(2) 나래의 과목별 점수

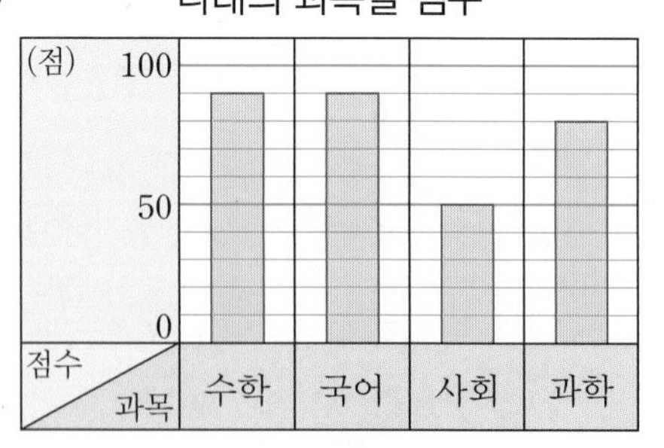

07 20점 **08** ②, ④

09 방문한 나라(또는 나라), 우리나라 관광객 수

10 중국 **11** ⓔ 일본

12 ⓔ 우리나라 관광객들이 일본을 가장 많이 방문하므로▸3점 일본 관광 안내 책이 잘 팔릴 것 같습니다.▸2점

13 15명 **14** 옷

15 휴대 전화 **16** 250명

17 게임기

01 주의

막대가 가로 또는 세로인 막대그래프를 나타낼 때에는 막대그래프의 가로와 세로가 무엇을 나타내는지 꼭 확인해야 합니다.

04 막대의 길이가 가장 긴 것을 찾습니다.

05 막대의 길이가 가장 짧은 것을 찾습니다.

06 그래프에서 세로 눈금 5칸은 50점을 나타냅니다. 따라서 세로 눈금 1칸을 10점으로 세어 막대그래프를 그립니다.

07 가장 높은 점수는 90점, 두 번째로 높은 점수는 70점입니다.
⇨ $90-70=20$(점)

08 ① 수학과 점수가 같은 과목은 국어입니다.
③ $90+90+50+80=310$(점)

10 막대의 길이가 가장 긴 나라는 일본이고, 막대의 길이가 두 번째로 긴 나라는 중국입니다.

12

채점 기준		
일본을 가장 많이 방문한다고 쓴 경우	3점	5점
일본 관광 안내 책이 가장 잘 팔린다고 쓴 경우	2점	

13 선물로 옷을 받고 싶어 하는 여학생이 30명이므로 남학생은 30명의 반인 15명입니다.

14 여학생 수를 나타내는 막대가 남학생 수를 나타내는 막대보다 긴 것은 옷입니다.

15 휴대 전화: $40+40=80$(명),
장난감: $35+20=55$(명),
옷: $15+30=45$(명),
게임기: $45+25=70$(명)
⇨ 휴대 전화가 가장 많습니다.

주의

받고 싶어 하는 선물별로 남학생 수와 여학생 수의 합을 확인해야 합니다. 막대의 길이만 보고 게임기를 가장 많이 받고 싶어한다고 생각하면 안 됩니다.

16 (남학생 수)$=40+35+15+45=135$(명)
(여학생 수)$=40+20+30+25=115$(명)
⇨ $135+115=250$(명)

17 두 막대의 길이의 차는 휴대 전화 0칸, 장난감 3칸, 옷 3칸, 게임기 4칸이므로 남학생 수와 여학생 수의 차가 가장 큰 선물은 게임기입니다.

과정 중심 단원평가 39~40쪽

1 예 세로 눈금 5칸이 10명을 나타내므로▸3점 세로 눈금 한 칸은 $10 \div 5=2$(명)을 나타냅니다.▸3점
; 2명▸4점

2 예 막대그래프의 세로 눈금 한 칸은 1명을 나타냅니다.▸3점 토끼를 좋아하는 학생의 막대의 길이는 8칸이므로 8명입니다.▸3점 ; 8명▸4점

3 예 가장 적은 꽃은 막대의 길이가 가장 짧은 백합입니다.▸3점 막대그래프의 가로 눈금 한 칸은 1송이를 나타내고 백합은 막대의 길이가 3칸이므로 3송이입니다.▸3점 ; 3송이▸4점

4 예 가장 많이 있는 나무는 막대의 길이가 가장 긴 단풍나무입니다.▸3점 막대그래프의 세로 눈금 한 칸은 1그루를 나타내고 단풍나무의 막대의 길이는 12칸이므로 12그루입니다.▸3점 ; 12그루▸4점

5 예 좋아하는 계절별 학생 수를 각각 세어 보면
봄: 6명, 여름: 7명, 가을: 12명, 겨울: 4명입니다.▸5점
따라서 전체 학생 수는
$6+7+12+4=29$(명)입니다.▸5점 ; 29명▸5점

6 예 달리기를 24분보다 더 오래 한 요일은 수요일과 목요일입니다.▸5점 따라서 달리기를 24분보다 더 오래 한 날은 모두 2일입니다.▸5점 ; 2일▸5점

7 예 좋아하는 학생이 가장 많은 음식은 햄버거로 14명이고, 좋아하는 학생이 가장 적은 음식은 떡볶이로 7명입니다.▸5점 따라서 햄버거를 좋아하는 학생 수와 떡볶이를 좋아하는 학생 수의 차는
$14-7=7$(명)입니다.▸5점
; 7명▸5점

8 예 세로 눈금 5칸이 100표를 나타내므로 세로 눈금 한 칸은 $100 \div 5=20$(표)를 나타냅니다.▸2점 당선된 사람은 막대의 길이가 가장 긴 지훈이로▸4점 240표를 얻었습니다.▸4점
; 지훈, 240표▸5점

1

채점 기준		
세로 눈금 5칸이 10명을 나타냄을 아는 경우	3점	10점
세로 눈금 한 칸이 몇 명인지 구한 경우	3점	
답을 바르게 쓴 경우	4점	

2

채점 기준		
세로 눈금 1칸이 1명을 나타냄을 아는 경우	3점	10점
토끼를 좋아하는 학생이 몇 명인지 구한 경우	3점	
답을 바르게 쓴 경우	4점	

3

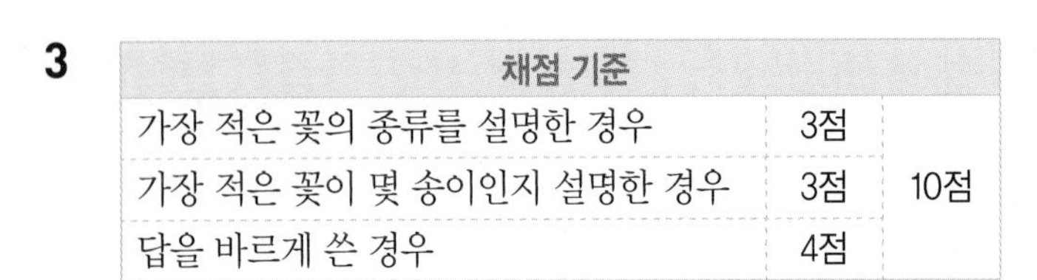

채점 기준		
가장 적은 꽃의 종류를 설명한 경우	3점	10점
가장 적은 꽃이 몇 송이인지 설명한 경우	3점	
답을 바르게 쓴 경우	4점	

4

채점 기준		
가장 많은 나무의 종류를 설명한 경우	3점	10점
가장 많은 나무가 몇 그루인지 설명한 경우	3점	
답을 바르게 쓴 경우	4점	

5

채점 기준		
좋아하는 계절별 학생 수를 각각 구한 경우	5점	15점
전체 학생 수를 구한 경우	5점	
답을 바르게 쓴 경우	5점	

6

채점 기준		
달기기를 24분보다 더 오래한 요일을 구한 경우	5점	15점
달리기를 24분보다 더 오래한 날의 수를 구한 경우	5점	
답을 바르게 쓴 경우	5점	

7

채점 기준		
학생 수가 가장 많은 음식과 가장 적은 음식을 쓴 경우	5점	15점
두 음식의 학생 수의 차를 구한 경우	5점	
답을 바르게 쓴 경우	5점	

8

채점 기준		
세로 눈금 한 칸이 나타내는 표 개수를 구한 경우	2점	15점
누가 당선되었는지 설명한 경우	4점	
몇 표로 당선되었는지 설명한 경우	4점	
답을 바르게 쓴 경우	5점	

창의·융합 문제 41쪽

1 애틀랜타 **2** 몬트리올
3 베이징, 런던

1 애틀랜타의 은메달 막대 길이가 가장 깁니다.

2 몬트리올의 금메달 막대 길이가 가장 짧으므로 우리나라가 가장 적은 금메달을 획득한 올림픽의 개최지는 몬트리올입니다.

3 서울의 금메달 막대 길이보다 긴 곳을 찾습니다.

6단원 규칙 찾기

기본 단원평가 42~44쪽

01 3302
02 3018
03 64
04 10
05 110
06 (위에서부터) 500, 150, 600, 1000
07 642
08 예 100, 200, 300……씩 커집니다.
09 3, 작아집니다 ; 3, 커집니다
10 $1+2+2+2=7$
$1+2+2+2+2=9$
11 $4\times4=16$
12 예 1이 1개씩 늘어나는 두 수를 곱한 결과는 가운데 수를 중심으로 양쪽에 같은 숫자가 놓입니다.
13 $11111\times11111=123454321$
14 ㉠
15 ㉣
16 3×4 ; 12
17

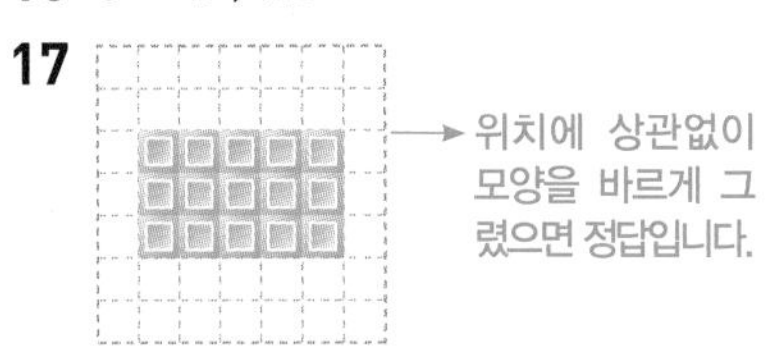

18 $209+212=210+211$
19 (위에서부터) 3, 3, 3, 209
20 $500+1100-700=900$
21 $700+1300-900=1100$
22 9
23 ; $14+20=20+14$
24 (1) 2 (2) 3
25 예 왼쪽에서 오른쪽으로 수가 1씩 커지고, 위아래의 수가 3씩 차이가 납니다.

01 오른쪽으로 100씩 커집니다.

02 오른쪽으로 100, 200, 300……씩 커집니다.

03 1024 (÷4) 256 (÷4) □ (÷4) 16 (÷4) 4이므로
오른쪽으로 4씩 나누는 규칙입니다.

04 [ ]로 표시된 칸의 수는

504, 514, 524, 534, 544이므로
(+10 +10 +10 +10)

10씩 커집니다.

05 색칠한 칸의 ↘ 방향의 수는

104, 214, 324, 434, 544이므로
(+110 +110 +110 +110)

110씩 커집니다.

07 수 배열표는 33부터 가로(→)는 3씩 커지고 세로(↓)는 100, 200, 300……씩 커집니다.

따라서 ■는 639보다 3만큼 더 큰 수이므로 642입니다.

10 빨간색 모양: 1개부터 시작하여 오른쪽과 아래쪽으로 각각 1개씩 늘어납니다.

따라서 넷째는 셋째보다 2개 더 많고, 다섯째는 넷째보다 2개 더 많습니다.

11 첫째 둘째 셋째 넷째

초록색 정사각형 수 → 0, 1×1, 2×2, 3×3

초록색 모양: 첫째는 0개, 둘째는 가로 1개, 세로 1개, 셋째는 가로 2개, 세로 2개, 넷째는 가로 3개, 세로 3개의 정사각형 모양이므로 가로와 세로가 각각 1개씩 더 늘어나는 규칙입니다. 따라서 다섯째 모양은 가로 4개, 세로 4개로 이루어진 정사각형 모양입니다.

14 ㉠ $101+212=313$

$102+213=315$

$103+214=317$

더하는 두 수의 일의 자리 수가 각각 1씩 커지면 덧셈의 결과 일의 자리 수가 2씩 커집니다.

17 규칙을 찾아 곱셈식으로 나타내면 첫째는 3×1, 둘째는 3×2, 셋째는 3×3, 넷째는 3×4이므로 다섯째는 3×5입니다.

따라서 다섯째에 알맞은 도형은 가로는 5개, 세로는 3개로 이루어진 사각형 모양입니다.

19 일정하게 커지는 세 수의 합은 가운데 있는 수의 3배입니다.

20 더하는 두 수가 각각 100씩 커지고 빼는 수가 100씩 커지면 계산 결과는 100씩 커집니다.

21 계산 결과가 1100이 나오는 계산식은 일곱째입니다.

23 같은 값을 나타내는 두 수 카드를 찾아 식으로 나타냅니다.

⇨ $14+20=20+14$

24 (1) 91, 93, 95는 2씩 뛰어 세는 규칙이 있으므로 91과 95의 합은 93의 2배입니다.

(2) 133, 135, 137은 2씩 뛰어 세는 규칙이 있으므로 133, 135, 137의 합은 135의 3배입니다.

실력 단원평가 45~46쪽

01 (위에서부터) 110, 110, 70

02 C5, E2

03 (왼쪽에서부터) 1, 6, 15, 20, 15, 6, 1 ;

예 왼쪽과 오른쪽의 끝에는 1이 반복되고, 위의 왼쪽과 오른쪽의 두 수를 더하면 아래의 수가 되는 규칙입니다.

04

26401	26412	26423	26434	26445
36401	36412	36423	36434	36445
46401	46412	46423	46434	46445
56401	56412	56423	56434	56445
■	66412	66423	66434	66445

05 66401

06 (위에서부터) 8, 9, 16, 10

07 400, 1000

08 $555555555\div45=12345679$

09 $99999\times9=900000-9$

10 $999999\times9=9000000-9$

11 예 $10+5=11+4$

12 (1) 50 (2) 6 (3) 3 (4) 12

13 5, 10

평가 자료집 39~46쪽

02 가로(→)는 알파벳은 그대로이고 수만 1, 2, 3……으로 1씩 커지는 규칙입니다. 따라서 ㉠은 C4 다음 칸이므로 C5이고, ㉡은 E1 다음 칸이므로 E2입니다.

03 $1+5=6$, $5+10=15$, $10+10=20$, $10+5=15$, $5+1=6$

04 조건을 만족하는 수는 26401부터 시작하여 ↘ 방향의 수인 26401, 36412, 46423, 56434, 66445입니다.

참고
26401부터 시작하는 세로(↓)의 수는 10000씩 커지는 규칙입니다. 또 26401부터 시작하는 가로(→)의 수는 11씩 커지는 규칙입니다.

05 26401부터 시작하는 세로(↓)의 수는 10000씩 커지는 규칙입니다.
따라서 □ 안에 들어갈 수는 56401보다 10000 더 큰 수인 66401입니다.

06

○	×
×	○

○끼리, ×끼리 서로 엇갈려 더한 수가 각각 같도록 규칙적인 계산식을 만듭니다.

07 가로(→)는 1600에서부터 오른쪽으로 2씩 나누는 규칙이므로 $800\div2=400$, ㉠$=400$입니다.
$2000\div2=1000$이므로 ㉡$=1000$입니다.

08 나누어지는 수는 111111111, 222222222, 333333333……, 나누는 수는 9, 18, 27……이고 나눗셈의 결과는 12345679로 모두 같습니다.
따라서 나누어지는 수와 나누는 수가 각각 첫째 수의 2배, 3배……씩 커지면 몫은 일정합니다.

09 $\underset{1개}{\underline{9}}\times9=\underset{1개}{9\underline{0}}-9$

$\underset{2개}{\underline{99}}\times9=\underset{2개}{9\underline{00}}-9$

⋮

$\underset{5개}{\underline{99999}}\times9=\underset{5개}{9\underline{00000}}-9$

10 $9000000-9$의 0의 개수가 6개이므로 곱해지는 수의 9를 6개 씁니다.

11 등호를 사용한 식으로 만들려면 등호의 왼쪽과 오른쪽의 두 값이 같아야 합니다.

12 (1) 등호의 왼쪽에 52와 9가 있고 등호의 오른쪽에 2와 9가 있으므로 □=50입니다.
(2) 두 수를 바꾸어 곱하면 계산 결과는 같으므로 □=6입니다.
(3) 50이 40으로 10만큼 더 작아졌으므로 □ 안에 알맞은 수는 13보다 10만큼 더 작은 3입니다.
(4) 22가 32로 10만큼 더 커졌으므로 □ 안에 알맞은 수는 22보다 10만큼 더 작은 12입니다.

13 24는 19보다 5만큼 더 크므로 가는 나보다 5만큼 더 작아야 합니다. 따라서 등호를 사용한 식으로 나타내면 $19-5=24-10$입니다.

과정 중심 단원평가 47~48쪽

1 예 색칠된 칸의 수는 5010, 6020, 7030, 8040, 9050으로▸3점 1010씩 커집니다.▸7점
2 예 3씩 곱한 수를▸6점 오른쪽에 쓰는 규칙입니다.▸4점
3 3 ; ▸3점 4 ; ▸3점 15▸4점
4 ㉡ ; ▸5점 예 ㉡ A2부터 시작하는 세로(↓)는 알파벳은 순서대로 바뀌고▸5점 수는 그대로입니다.▸5점
5 예 2씩 커지는 수를▸5점 3개씩 더하면▸5점 합은 6씩 커집니다.▸5점
6 (1) $125\div5\div5\div5=1$▸7점
(2) $625\div5\div5\div5\div5=1$▸8점
7 $1+2+3+4=10$▸7점
$1+2+3+4+5=15$▸8점
8 21▸15점

1

채점 기준		
색칠된 칸의 수를 열거한 경우	3점	10점
규칙을 바르게 쓴 경우	7점	

2

채점 기준		
3을 곱하는 규칙을 바르게 쓴 경우	6점	10점
3을 곱한 수를 쓰는 위치를 바르게 쓴 경우	4점	

4

채점 기준		
잘못된 규칙을 찾은 경우	5점	15점
알파벳에 대한 규칙을 바르게 쓴 경우	5점	
수에 대한 규칙을 바르게 쓴 경우	5점	

5

채점 기준		
더하는 수의 규칙을 바르게 쓴 경우	5점	15점
더하는 수의 개수를 바르게 쓴 경우	5점	
수들의 합의 규칙을 바르게 쓴 경우	5점	

6 몫이 1이 되려면 5, 25, 125, 625를 5로 각각 1번, 2번, 3번, 4번 나눕니다.

정답은
이안에
있어!

언제나
우등생

초등 문해력
독해가 힘이다
문장제 수학편
끊어읽기
조건과 구하려는 것
문장제
문해력 어휘 백과